collection dirigée par Xavier MERLIN

METHOD'S

Mathématiques Première S

conforme au **nouveau programme**

250 méthodes
135 exercices corrigés

Thomas PETIT
Professeur agrégé de mathématiques
au lycée Marie Curie (Nogent-sur-Oise)

ellipses

ISBN 978-2-7298-6674-7

32, rue Bargue 75740 Paris cedex 15

www.editions-ellipses.fr

Avant-propos

"Les plus belles victoires,
les seules qui ne donnent aucun regret,
sont celles que l'on fait sur l'ignorance".

Général Napoléon BONAPARTE
extrait du discours prononcé à l'Institut,
au retour de la campagne d'Egypte

BONAPARTE dit vrai : comprendre, acquérir des connaissances, rendre intelligibles des notions qui paraissent floues, c'est remporter la plus belle des victoires. Sans méthode, les égyptologues et les scientifiques n'auraient sans doute pas pu autant découvrir, sans méthode on ne peut rien.

La méthode c'est le fondement de ce livre, METHOD'S PREMIERE S, et aussi de tous les autres livres de la collection METHOD'S et METHODIX, collection qui vous donne une liste de méthodes à maîtriser pour répondre à la plupart des questions qui vous sont posées au cours de l'année. La méthode c'est la clef de la réussite.

Peut-être avez-vous déjà feuilleté ce livre en vous interrogeant sur son mode d'emploi, résolument différent des autres manuels ? Comment donc l'utiliser, vous demandez-vous ? Et bien justement, de la manière la plus simple et la plus naturelle possible, dans un ton décontracté mais sérieux, fun mais rigoureux, cool et méthodique pour vous faire apprendre et comprendre tout le programme de première (et ainsi, vous permettre de progresser et de vous perfectionner !). Cependant, voici quelques indications de bon usage de cet ouvrage.

Comment utiliser les méthodes ?

L'originalité de cette collection tient dans l'exposé des méthodes, présentées sans détour et de manière immédiate : plus de 250 méthodes vous permettront d'acquérir le savoir-faire que l'on exige des élèves. Très visuelles par leur intitulé, elles vous permettront de retrouver rapidement une notion que vous voulez comprendre (ou approfondir). Elles couvrent l'ensemble du programme et sont toujours illustrées par un ou plusieurs exemples (souvent des classiques voire des incontournables), vous permettant de les assimiler et de les maîtriser d'autant plus vite !

Comment utiliser les trois rubriques en fin de chapitre ?

- **La rubrique "Réflexes"**

On vous conseille de bien étudier cette rubrique. En effet, dans une situation donnée, il suffit parfois d'une petite indication pour savoir quelle méthode immédiatement appliquer. Apprendre par cœur les rubriques "réflexes" vous sera donc d'une aide précieuse (surtout les jours de DS). Pour vous faciliter la tâche, on vous les a récapitulés sous forme de tableau, afin de les mémoriser en un clin d'œil !

- **La rubrique "Astuces"**

Si vous bloquez sur un point, si vous avez du mal à retenir une formule ou le nom d'un théorème, cette rubrique vous sera d'un grand secours : un peu comme si un bon génie vous chuchotait directement à l'oreille les réponses que vous cherchez. Pas besoin de frotter une lampe à huile, simplement bien lire cette rubrique !

- **La rubrique "Erreurs"**

Pour éviter de commettre des erreurs archi-classiques (tellement classiques d'ailleurs qu'elles énervent beaucoup vos professeurs), bien lire cette rubrique, véritable caverne d'Ali Baba des bourdes, confusions et erreurs à ne pas commettre. Nous vous conseillons de bien en prendre connaissance pendant vos révisions afin de ne pas les reproduire le jour J : vous éviterez ainsi l'exaspération de votre prof ainsi que beaucoup de ratures (rouges) sur votre copie.

Recommandations avant d'attaquer la partie "Exercices"

Les chapitres d'exercices comportent deux rubriques : les énoncés et les corrigés. Voici quelques conseils...

- **Comment faire les exercices ?**

Le futur "roi des DS" que vous rêvez d'être se doit de s'exercer avant de se jeter dans la gueule du loup. Cela tombe bien : 135 exercices de Mathématiques ont été sélectionnés pour vous permettre de bien vous tester et vous mettre en condition ! Bien sûr, le plus efficace reste de bien chercher avant de lire la correction (ce qui vous permettra de passer en revue les méthodes du chapitre). Plus vous aurez cherché, plus vous aurez mémorisé les méthodes, et plus vous aurez les idées claires !

- **Comment étudier les corrigés ?**

Après avoir bien cherché les exercices, vous serez sans doute impatient de regarder leur correction. Bonne nouvelle : les corrigés des exercices sont méthodiquement rédigés, de manière complète (pour vous permettre d'assimiler efficacement toutes les méthodes), et les méthodes utilisées pour les résoudre sont indiquées en début de correction (au cas où vous vous sentiriez un peu perdu).

Quand utiliser ce livre ?

Quand vous voulez, et le plus souvent (si possible) ! Peut-on l'utiliser après les cours ? Bien sûr, pour retrouver vite le théorème ou la définition que l'on n'a pas "pigés" : le format de ce livre permet d'aider ceux qui veulent comprendre vite une notion sans avoir besoin forcément de relire quinze ou vingt pages avant. Peut-on l'utiliser avant les cours ? Oh que oui, et c'est même très efficace pour savoir à l'avance de quoi le cours parle, et quelles sont les méthodes hyper classiques qui vous attendent ! (Dans une ambiance détendue, cool et sans se prendre la tête !). De même, vous pouvez l'utiliser en même temps que vous apprenez votre cours (comme ça vous assimilerez le cours ET les méthodes en même temps) et aussi, bien sûr, pour réviser avant vos DS. N'hésitez pas à en user et à en abuser ! ! En choisissant METHOD'S, vous prenez l'habitude, dès votre entrée au lycée, de travailler directement sur les méthodes. Gain de temps, efficacité, automatisme : vous constaterez très vite par vous-même les nombreux avantages de cette nouvelle façon de travailler. Ensuite, la collection METHOD'X vous accompagnera jusqu'au BAC, et même en classe prépa si vous choisissez cette orientation. Et ça, vous pouvez vérifier : il n'y a que CETTE collection qui vous l'offre ! !

Alors bon courage, bonnes méthodes et au travail !

Thomas PETIT Xavier MERLIN

Table des matières

PARTIE ANALYSE

PARTIE GEOMETRIE

EXERCICES ET CORRIGES

Chapitre 1

METHODES DU SECOND DEGRE

En maths, on résout des équations, pas pour le plaisir mais parce que c'est utile et on ne les résout pas n'importe comment. En 2nde, vous avez rencontré le cas le plus simple d'équation, celles du 1er degré, par exemple $2x-3=0$. Vous avez même rencontré des cas très simples d'équations du 2nd degré, comme $x^2=3$ ou $(2x-3)(x+1)=0$. Mais en réalité les équations du 2nd degré sont beaucoup plus générales, comme par exemple l'équation $x^2-3x+6=0$. Sans méthode on ne voit pas comment la résoudre. L'objet de ce chapitre est justement de vous donner les méthodes pour y parvenir.
Mais l'objet de ce chapitre est également de vous donner les méthodes pour étudier tous les autres problèmes relatifs au 2nd degré : tracé graphique des paraboles, propriétés des solutions ou des racines, tableaux de signes, inéquations, factorisations, problèmes ou situations menant au 2nd degré... Vous êtes prêt ? Alors allons-y !

1. Mise sous forme canonique

La mise sous forme canonique (c'est-à-dire la mise sous la forme $f(x)=a(x-\alpha)^2+\beta$) date d'il y a longtemps, très longtemps (au secours on dirait une histoire du Père Fouras...) puisqu'elle date d'environ 4000 ans lorsque dans la région de Mésopotamie (en Irak), un homme (ou une femme, ou peut-être Passe-partout... on ne sait pas : on n'a pas retrouvé de nom sur la tablette d'argile découverte lors de fouilles archéologiques) eut l'idée géniale suivante : pour résoudre l'équation $x^2+2x=8$, on cherche à « compléter » le carré. x^2+2x n'est pas un carré mais par contre x^2+2x+1 en est un, lui (Quoi, vous n'aviez pas reconnu l'identité remarquable $(x+1)^2=x^2+2x+1$? C'est pas possible, les vacances ont été trop longues ou quoi...). $x^2+2x=8$ devient $x^2+2x+1=8+1$ soit $(x+1)^2=9$ ce qui nous donne $\begin{cases} x+1=\sqrt{9} \\ \text{ou} \\ x+1=-\sqrt{9} \end{cases}$ soit $\begin{cases} x+1=3 \\ \text{ou} \\ x+1=-3 \end{cases}$

soit : $\begin{cases} x=2 \\ \text{ou} \\ x=-4 \end{cases}$. Génial... Mettre sous forme canonique c'est donc arriver à mettre le trinôme du 2nd degré ax^2+bx+c sous la forme : $f(x)=a(x-\alpha)^2+\beta$, (forme qu'on voit en 2nde) et qui est très commode pour résoudre des équations, mais aussi centrer ou tracer la courbe $y=ax^2+bx+c$ (une parabole) trouver l'abscisse et l'ordonnée du sommet, etc.

METHODE 1 : Comment mettre sous forme canonique ?

■ **Principe**

1) Factoriser par a (si $a \neq 1$)

2) Chercher des identités remarquables :

N'oubliez pas que ces identités remarquables sont (Voir Method's 3e) :

- $(m+p)^2 = m^2 + 2mp + p^2$
- $(m-p)^2 = m^2 - 2mp + p^2$
- $(m-p)(m+p) = m^2 - p^2$

■ **Exemple :** *Mettre sous forme canonique le trinôme du 2nd degré :* $x^2 + 4x$.

On a : $x^2 + 4x = x^2 + 4x + 4 - 4 = (x+2)^2 - 4$

Vérification (optionnelle) : $(x+2)^2 - 4 = x^2 + 4x + 4 - 4 = x^2 + 4x$. C'est bon !

■ **Exemple :** *Mettre sous forme canonique :* $2x^2 + 8x + 3$.

On a : $2x^2 + 8x + 3 = 2\cdot\left(x^2 + 4x + \dfrac{3}{2}\right) = 2\cdot\left(x^2 + 4x + 4 - 4 + \dfrac{3}{2}\right) = 2\cdot\left((x+2)^2 - 4 + \dfrac{3}{2}\right)$

soit $2x^2 + 8x + 3 = 2\cdot\left((x+2)^2 - \dfrac{8}{2} + \dfrac{3}{2}\right) = 2\cdot\left((x+2)^2 - \dfrac{5}{2}\right) = 2(x+2)^2 - 5$. Ok ?

Vérif' : $2(x+2)^2 - 5 = 2(x^2 + 4x + 4) - 5 = 2x^2 + 8x + 8 - 5 = 2x^2 + 8x + 3$. Cool...

■ **Exemple :** *Mettre sous forme canonique :* $-3x^2 + 6x - 5$.

On a : $-3x^2 + 6x - 5 = -3\cdot\left(x^2 - 2x + \dfrac{5}{3}\right) = -3\cdot\left(x^2 - 2x + 1 - 1 + \dfrac{5}{3}\right) = -3\cdot\left((x-1)^2 + \dfrac{2}{3}\right)$

soit : $-3x^2 + 6x - 5 = -3(x-1)^2 - 2$

Vérif' : $-3(x-1)^2 - 2 = -3(x^2 - 2x + 1) - 2 = -3x^2 + 6x - 3 - 2 = -3x^2 + 6x - 5$. Yes !

■ **Exemple :** *Mettre sous forme canonique :* $x^2 - 5x + 1$.

On a : $x^2 - 5x + 1 = x^2 - 5x + \left(\dfrac{5}{2}\right)^2 - \left(\dfrac{5}{2}\right)^2 + 1 = \left(x - \dfrac{5}{2}\right)^2 - \dfrac{25}{4} + 1 = \left(x - \dfrac{5}{2}\right)^2 - \dfrac{21}{4}$

Vérif' : $\left(x - \dfrac{5}{2}\right)^2 - \dfrac{21}{4} = x^2 - 5x + \dfrac{25}{4} - \dfrac{21}{4} = x^2 - 5x + \dfrac{4}{4} = x^2 - 5x + 1$. Oh yeah...

REMARQUES : 1) Observez qu'on utilise toujours la même astuce (c'est une astuce mésopotamienne !) pour faire apparaître une identité remarquable : on ajoute 0 que l'on remplace par $+4-4$ *dans le 1er et 2e exemple, par* $+1-1$ *dans le 3e et par* $+\left(\dfrac{5}{2}\right)^2 - \left(\dfrac{5}{2}\right)^2$ *dans le 4e*. Un jeu d'enfant, non ?

2) Au fait, quel est l'intérêt de la mise sous forme canonique de ax^2+bx+c *? Ce n'est pas parce que votre prof veut se faire plaisir ! Il y a principalement quatre applications qui en découlent :*
La 1re, graphique, est qu'elle permet de déterminer l'abscisse du sommet de la parabole $y=ax^2+bx+c$*. Ce sommet a pour abscisse* $\frac{-b}{2a}$ *(voir méthode 2).*
La 2e est que l'on peut tout à fait résoudre une équation du 2nd degré en utilisant une mise sous forme canonique (voir méthode 6).
La 3e est qu'elle permet de justifier les formules de résolution par le discriminant d'une équation du 2nd degré (voir méthode 7), méthode expéditive, comme on le verra.
La 4e est que lorsque vous étudierez les équations de cercle (voir Chapitre 16) vous effectuerez deux mises sous formes canoniques (une pour les x, une autre pour les y) afin de trouver les coordonnées du centre du cercle et son rayon.
3) On peut toujours vérifier ses calculs en développant le résultat, ce n'est pas obligatoire mais c'est toujours bon de le faire pendant un DS s'il reste du temps. N'oubliez pas qu'il vaut mieux vérifier ses calculs afin d'assurer la moyenne plutôt que de chercher à aller trop vite (et claquer le 20 sur 20) ! Nous le répétons, à moins que vous ne soyez vraiment entraîné et sûr de vous (ce qui nécessite d'avoir un certain niveau, du genre : je fais trois identités remarquables par seconde, je connais toutes mes tables de Pythagore jusqu'à la 27e, pour moi cosinus et sinus sont mes meilleurs potes et je lis les œuvres d'Archimède directement en grec ancien avec mes écouteurs sur un morceau de reggae…), nous vous conseillons de faire cette vérification : dans un DS, il faut avant tout assurer les points !
4) On peut trouver la mise sous forme canonique directement avec un logiciel de calcul formel comme Xcas (ce n'est pas vraiment de la triche, c'est même conseillé de savoir le faire !), tenez, demandons-lui de mettre x^2+6x+1 *sous forme canonique :*

```
canonical_form(x^2+6x+1)
                                  (x + 3)^2 - 8
```

ou même $2x^2+8x+3$ *par exemple :*

```
canonical_form(2x^2+8x+3)
                                  2(x + 2)^2 - 5
```

5) En fait, il y a une formule de mise sous forme canonique : $ax^2+bx+c=a\left(x+\frac{b}{2a}\right)^2-\frac{b^2-4ac}{4a}$ *(mais elle fait peur, non ? Attention : Ne cherchez pas à retenir cette formule par cœur (ni même à l'appliquer), ça ne vous servira à rien si ce n'est à encombrer votre mémoire. Il vaut mieux savoir effectuer directement les calculs sur chaque exemple !)*

2. Courbe et variations d'une fonction trinôme du second degré

A- Comment tracer la courbe d'une fonction trinôme du second degré ?

La courbe de la fonction trinôme du second degré $x \to ax^2 + bx + c$ est une parabole. Cette parabole a pour sommet le point d'abscisse $\frac{-b}{2a}$, et un axe de symétrie vertical (passant par le sommet) d'équation $x = \frac{-b}{2a}$. Selon le signe de a, elle est dans le bon ou dans le mauvais sens (si elle est dans le mauvais, on dit qu'elle est inversée). Ce qui nous donne la méthode suivante.

METHODE 2 : En utilisant l'équation $y = ax^2 + bx + c$

■ **Principe**

1) Calculer $\frac{-b}{2a}$ puis la placer comme valeur centrale du tableau de valeurs (c'est logique vu que c'est l'abscisse du sommet).

2) "Mettre" $+0,5$ et $-0,5$, (ou $+0,25$ et $-0,25$) (deux fois) autour du sommet pour affiner le tracé puis aller de 1 en 1, comme ci-dessous (en essayant de tomber sur des valeurs "pratiques") :

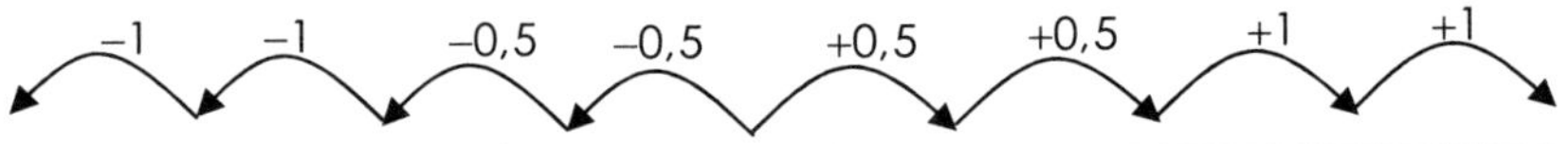

x					$\frac{-b}{2a}$				
f(x)									

3) Calculer chacune des images (dans la deuxième ligne du tableau) : avec la calculatrice et la fonction table, c'est fait en deux secondes !

■ **Exemple :** *Soit* f *la fonction trinôme du* 2nd *degré définie par :* $f : x \to f(x) = x^2 - 4x + 1$. *Tracer* C_f *dans un repère orthonormé* $(O;\vec{i},\vec{j})$. *Donner l'équation de son axe de symétrie.*

$$\begin{cases} a = 1 \\ b = -4 \\ c = 1 \end{cases} \text{ d'où } \frac{-b}{2a} = \frac{-(-4)}{2 \cdot 1} = \frac{4}{2} = 2 \text{ (c nous est inutile)}$$

On construit alors le tableau de valeurs, centré en **2** (utiliser la fonction table de votre calculatrice avec *tblstart:* -1 et $\Delta tbl = 0,5$).

x	−1	0	1	1,5	**2**	2,5	3	4	5
f(x)	6	1	−2	−2,75	−3	−2,75	−2	1	6

Puis la courbe C_f :

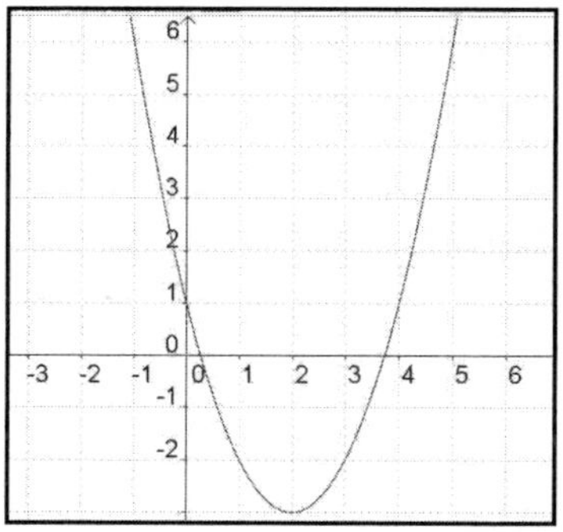

L'axe vertical de symétrie a pour équation $x = \frac{-b}{2a} = 2$ (on n'est pas obligé de le tracer, ça se voit non ?).

■ **Exemple :** *Soit f la fonction trinôme du 2nd degré définie par :* $f(x) = 2x^2 - 5x + 3$. *Tracer* C_f *dans un repère orthonormé* $(O;\vec{i},\vec{j})$. *Donner l'équation de son axe de symétrie.*

$$\begin{cases} a = 2 \\ b = -5 \\ c = 3 \end{cases} \text{ d'où } \frac{-b}{2a} = \frac{-(-5)}{2 \cdot 2} = \frac{5}{4} = 1{,}25.$$

On construit alors le tableau de valeurs, centré en $\frac{5}{4} = 1{,}25$ (utiliser la fonction table de votre calculatrice avec *tblstart:* $-1{,}75$ et $\Delta\text{tbl} = 0{,}25$).

x	−1,75	−0,75	0,25	0,75	1,25	1,75	2,25	3,25	4,25
f(x)	17,875	7,875	1,875	0,375	−0,125	0,375	1,875	7,875	17,875

puis la courbe C_f

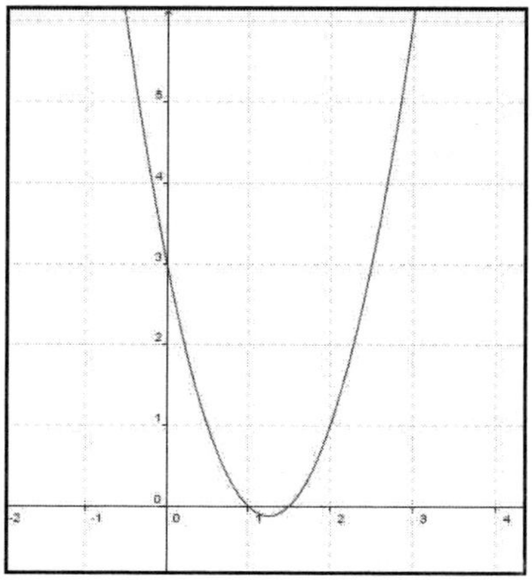

L'axe vertical de symétrie a pour équation $x = \frac{-b}{2a} = 1{,}25$.

METHODE 3 : En utilisant la forme canonique $y = a(x - \alpha)^2 + \beta$

■ **Principe**

C'est tout l'avantage de la mise sous forme canonique, si on arrive à mettre $f(x) = ax^2 + bx + c$ sous la forme $f(x) = a(x - \alpha)^2 + \beta$, on y gagne vraiment.

En effet (et ça vous l'avez déjà vue en 2nde), voici ce qu'il faut retenir :

La courbe $y = a(x - \alpha)^2 + \beta$ est une parabole de sommet $\Omega\begin{pmatrix}\alpha\\ \beta\end{pmatrix}$.

a) Si $a > 0$ alors la parabole est dans le bon sens et β est un minimum.

b) Si $a < 0$ alors la parabole est dans le mauvais sens et β est un maximum.

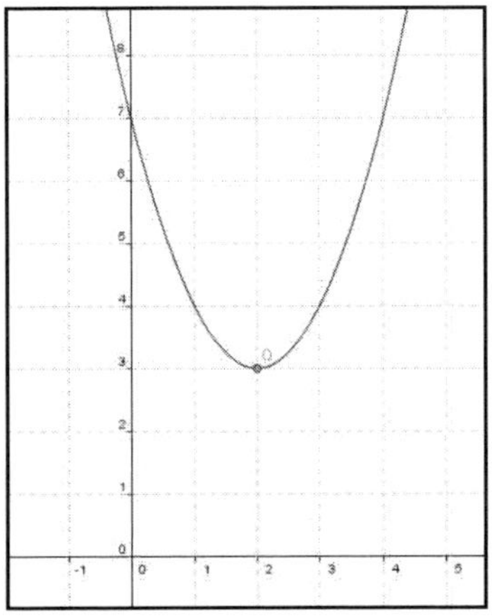

$a > 0$

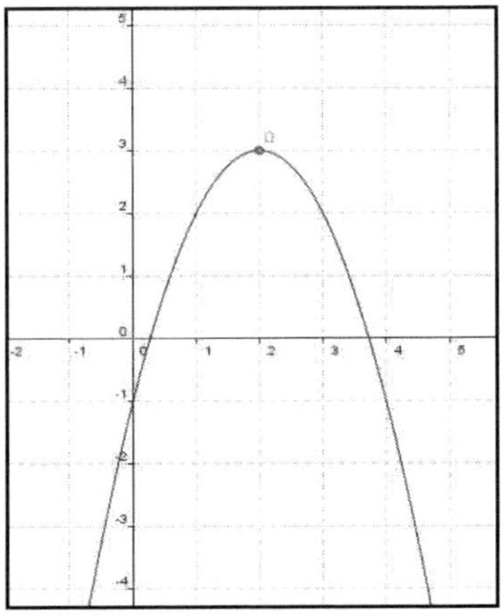

$a < 0$

Pour construire la courbe, on centre son tableau de valeurs en α, tout simplement, puis on procède comme dans la méthode 2.

x					α				
f(x)					β				

■ **Exemple (forme adaptée)** : *Soit f la fonction polynôme du 2nd degré définie par :* $f : x \to f(x) = -x^2 + 6x - 5$.

a) Ecrire $f(x)$ *sous forme canonique.*

b) En déduire le tableau de valeurs de f puis tracer C_f *dans un repère orthonormé* $(O;\vec{i},\vec{j})$.

a) Après calculs, on trouve $f(x) = -(x - 3)^2 + 4$.

b) La courbe a pour équation $y = -(x-3)^2 + 4$ c'est-à-dire une équation de la forme $y = a(x-\alpha)^2 + \beta$ avec :

$a = -1$ (donc ce sera une parabole inversée).
$\alpha = 3$. On va donc centrer le tableau de valeurs en 3.
$\beta = 4$. Ce qui nous donnera pour maximum 4.
(C'est un maximum parce que la parabole est dans le mauvais sens !).
On obtient le tableau de valeurs (à la calculatrice) :

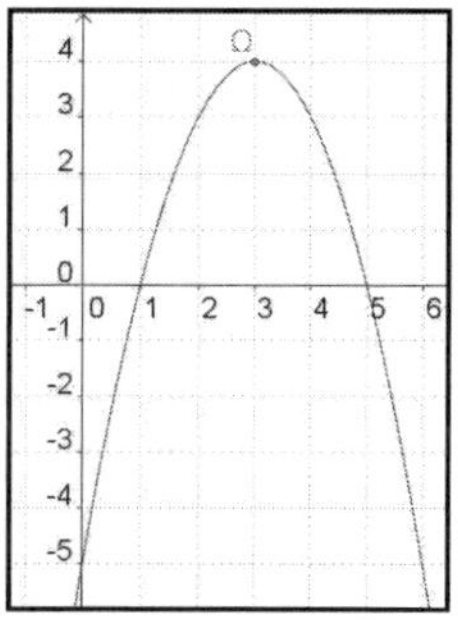

x	0	1	2	2,5	**3**	3,5	4	5	6
f(x)	–5	0	3	3,75	4	3,75	3	0	–5

REMARQUE : Dans Method's Seconde, il y a une super activité $y = a(x-\alpha)^2 + \beta$ qui permet de visualiser la parabole lorsqu'on fait varier a, α et β.

B- Comment obtenir le tableau de variations d'une fonction polynôme du second degré ?

METHODE 4 : En utilisant l'équation $y = ax^2 + bx + c$, $\frac{-b}{2a}$, et le signe de a

■ Principe

Deux cas (correspondant à deux paraboles) peuvent se produire, selon le signe de a :

a) Décroissant-croissant (parabole dans le "bon sens") si $a > 0$.

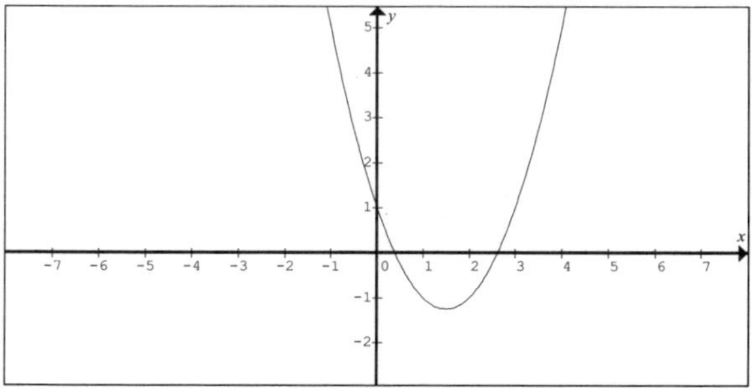

x	$-\infty$ $\quad\quad$ $\frac{-b}{2a}$ $\quad\quad$ $+\infty$
$ax^2 + bx + c$	↘ ↗

b) Croissant-décroissant (parabole "inversée") si $a<0$.

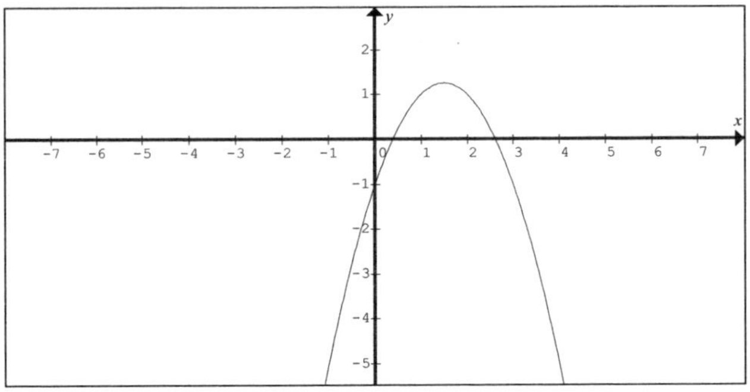

x	$-\infty$		$\frac{-b}{2a}$		$+\infty$
ax^2+bx+c		↗		↘	

REMARQUE : On voit bien que dans les 2 cas le sommet a pour abscisse $\frac{-b}{2a}$.

■ **Exemple :** *Déterminer le sens de variation de la fonction trinôme* $f:x \to f(x)=2x^2-3x+4$. *En déduire son minimum.*

$a=2$ donc $a>0$. $\frac{-b}{2a}=\frac{-(-3)}{2\cdot 2}=\frac{3}{4}$ ce qui donne le tableau de variations :

x	$-\infty$		$\frac{3}{4}$		$+\infty$
$2x^2-3x+4$		↘	$\frac{23}{8}$	↗	

car $2\left(\frac{3}{4}\right)^2-3\cdot\frac{3}{4}+4=\frac{23}{8}$.

Le tableau de variations nous indique que le minimum de la fonction $f:x \to f(x)=2x^2-3x+4$ vaut $\frac{23}{8}$, c'est-à-dire : pour tout x, $2x^2-3x+4 \geq \frac{23}{8}$.

■ **Exemple :** *Déterminer le sens de variation de la fonction trinôme* $g:x \to g(x)=-x^2+4x-3$. *En déduire son maximum.*

$a=-1$ donc $a<0$. $\frac{-b}{2a}=\frac{-(4)}{2\cdot(-1)}=\frac{-4}{-2}=2$ ce qui donne le tableau de variations :

x	$-\infty$		2		$+\infty$
$-x^2+4x-3$		↗	1	↘	

car $-2^2+4\cdot 2-3=-4+8-3=1$.
Le tableau de variations nous indique que le maximum de la fonction $g:x\to g(x)=-x^2+4x-3$ vaut 1, c'est-à-dire : pour tout x, $-x^2+4x-3\leq 1$.

METHODE 5 : En utilisant la forme canonique $y=a(x-\alpha)^2+\beta$

■ Principe

Soit $f:x\to f(x)=a(x-\alpha)^2+\beta$ une fonction trinôme du 2nd degré :

a) Si $a>0$ alors on a le tableau de variations (parabole dans le bon sens) :

x	$-\infty$	α	$+\infty$
$a(x-\alpha)^2+\beta$	↘	β	↗

Il y a alors un minimum qui vaut β.

b) Si $a<0$, alors on a le tableau de variations (parabole inversée) :

x	$-\infty$	α	$+\infty$
$a(x-\alpha)^2+\beta$	↗	β	↘

Il y a alors un maximum qui vaut β.

On vous renvoie au Method's Seconde (où il y a un sacré paquet d'exemples, vu que c'est au programme de 2nde), mais juste pour la forme on vous en met quand même un (et ça c'est parce qu'on vous aime bien !).

■ **Exemple :** *Soit f la fonction trinôme du 2nd degré définie par :* $f:x\to f(x)=(x-2)^2+3$. *Donner le tableau de variations de f puis en déduire son minimum.*

La fonction est $f:x\to f(x)=(x-2)^2+3$, c'est une fonction trinôme du second degré de la forme $f:x\to f(x)=a(x-\alpha)^2+\beta$ avec : $\begin{cases}a=1\\ \alpha=2\\ \beta=3\end{cases}$

Comme $a=1$, ce sera une parabole dans le bon sens. On obtient donc :

x	$-\infty$	2	$+\infty$
$x\to(x-2)^2+3$	↘	3	↗

Le minimum de la fonction vaut 3, c'est-à-dire : pour tout x, $(x-2)^2+3 \geq 3$ (ce qui est assez évident, vu qu'un carré est toujours positif...).

3. Résolution de l'équation du 2nd degré $ax^2+bx+c=0$

Il faut savoir qu'on dit indifféremment : solution de l'équation $ax^2+bx+c=0$, comme : racine du trinôme ax^2+bx+c (racine n'a rien à voir avec racine carrée !). Par exemple on peut dire que 2 est solution de l'équation $x^2-5x+6=0$ mais on peut aussi bien dire que 2 est racine du trinôme x^2-5x+6 (car $2^2-5\cdot 2+6=0$). Ok ?

METHODE 6 : Utiliser la mise sous forme canonique

On peut tout à fait résoudre une équation du 2nd degré à partir de la forme canonique (historiquement c'est même cette méthode qui est apparue la première : c'est la méthode des babyloniens remontant à plus de 4000 ans qu'ensuite le mathématicien perse Al Khwarizmi (783-850) a repris)) : voici un exemple pour vous montrer comment faire mais il faut savoir que c'est plus long et plus difficile que d'appliquer directement la méthode 7 (méthode du discriminant) !

■ **Principe**

Mettre ax^2+bx+c sous forme canonique $a(x-\alpha)^2+\beta$, puis résoudre l'équation obtenue de forme plus simple (et rigoureusement équivalente !).

■ **Exemple : Equation historique d'Al Khwarizmi (783-850)** *En utilisant la mise sous forme canonique, résoudre l'équation du 2nd degré :* $x^2+10x-39=0$.

$$x^2+10x-39=0 \Leftrightarrow x^2+10x+\underbrace{25-25}_{0}-39=0 \Leftrightarrow \underbrace{x^2+10x+25}_{(x+5)^2}-25-39=0$$

$$\Leftrightarrow (x+5)^2-64=0 \Leftrightarrow (x+5)^2=64 \Leftrightarrow \begin{cases} x+5=\sqrt{64} \\ x+5=-\sqrt{64} \end{cases} \Leftrightarrow \begin{cases} x+5=8 \\ x+5=-8 \end{cases} \Leftrightarrow \begin{cases} x=3 \\ x=-13 \end{cases}$$

Conclusion : $S=\{3,-13\}$.

REMARQUE : C'est vraiment comme cela qu'a procédé Al Khwarizmi pour résoudre cette équation. Le texte original, écrit dans un langage moins moderne (il faudra attendre le français François Viète (1540-1603) pour avoir notre langage algébrique et symbolique actuel), explique pas à pas chacune des étapes qu'on a produites ici (sur cette équation précise !) : il décrit en détail la mise sous forme canonique qu'on vient de faire (Mise sous forme canonique déjà connue des babyloniens !). Le nom d'Al Khwarizmi donnera une fois latinisé le mot Algorithme. Son œuvre maîtresse dans laquelle apparaît le mot Al djabr donnera une fois latinisé le mot Algèbre (que tout le monde connaît). Vous comprenez l'importance de ce grand mathématicien et astronome perse et pourquoi tout élève de 1re S doit en avoir entendu parlé (sinon c'est la honte...).

■ **Exemple :** *En utilisant la mise sous forme canonique, résoudre l'équation du 2nd degré :* $2x^2 - 10x + 12 = 0$.

On a $2x^2 - 10x + 12 = 2\cdot(x^2 - 5x + 6) = 2\cdot\left(x^2 - 5x + \left(\frac{5}{2}\right)^2 - \left(\frac{5}{2}\right)^2 + 6\right)$

ce qui donne $2x^2 - 10x + 12 = 2\cdot\left(\left(x - \frac{5}{2}\right)^2 - \frac{25}{4} + \frac{24}{4}\right) = 2\cdot\left(\left(x - \frac{5}{2}\right)^2 - \frac{1}{4}\right)$.

Ainsi l'équation $2x^2 - 10x + 12 = 0$ devient : $2\cdot\left(\left(x - \frac{5}{2}\right)^2 - \frac{1}{4}\right) = 0$

soit $\left(x - \frac{5}{2}\right)^2 - \frac{1}{4} = 0$ soit $\left(x - \frac{5}{2}\right)^2 = \frac{1}{4}$ soit $\begin{cases} x - \frac{5}{2} = \sqrt{\frac{1}{4}} \\ x - \frac{5}{2} = -\sqrt{\frac{1}{4}} \end{cases}$ soit $\begin{cases} x - \frac{5}{2} = \frac{1}{2} \\ x - \frac{5}{2} = -\frac{1}{2} \end{cases}$

ce qui donne : $\begin{cases} x = 3 \\ x = 2 \end{cases}$.

Comme vous pouvez le voir c'est une méthode un peu longue voire un peu risquée car il ne faut pas se tromper dans les nombreuses étapes qui mènent au résultat. On peut apprécier alors la méthode 7, utilisant le discriminant, bien plus expéditive (c'est d'ailleurs la méthode 7 qu'il faut utiliser prioritairement), la voici :

METHODE 7 : Utiliser le discriminant

S'il y a donc quelque chose à connaître par cœur, aussi bien qu'une comptine d'enfant, ce sont les formules qui vont suivre ! Pour deux raisons : la première est que vous les reverrez en Terminale et les utiliserez pendant toutes vos études scientifiques (donc tant qu'à faire, autant les connaître le plus tôt possible car de toute façon votre professeur se chargera très vite de vous les faire rentrer dans le crâne utilisant des méthodes aussi cruelles que les mauvaises notes), la deuxième est que tous les professeurs pensent qu'un élève de première se doit de connaître cela (un peu comme le *rosa, rosa...* en latin, ou le *do, ré, mi, fa, sol...* en musique). Ne pas le savoir, fait vous l'aurez compris, extrêmement mauvais effet !

■ Principe

Soit $ax^2 + bx + c = 0$ une équation du 2nd degré. Soit $\Delta = b^2 - 4ac$ le discriminant du trinôme $ax^2 + bx + c$.

- Si $\Delta > 0$, alors l'équation $ax^2 + bx + c = 0$ admet deux solutions : $x_1 = \frac{-b-\sqrt{\Delta}}{2a}$ et $x_2 = \frac{-b+\sqrt{\Delta}}{2a}$.
- Si $\Delta = 0$, alors l'équation admet une solution (double) $x_0 = \frac{-b}{2a}$.
- Si $\Delta < 0$, alors l'équation n'admet pas de solution réelle.

REMARQUES : a) Le cas $\Delta = 0$ peut être considéré comme une généralisation du cas où $\Delta > 0$.

En effet, si $\Delta = 0$ les solutions $x_1 = \frac{-b-\sqrt{\Delta}}{2a}$ et $x_2 = \frac{-b+\sqrt{\Delta}}{2a}$ deviennent $x_1 = \frac{-b-\sqrt{0}}{2a} = \frac{-b}{2a}$ et $x_2 = \frac{-b+\sqrt{0}}{2a} = \frac{-b}{2a}$, c'est-à-dire $x_1 = x_0$ et $x_2 = x_0$. C'est d'ailleurs souvent pour cette raison que l'on dit que x_0 est une racine double du trinôme.

b) Il est écrit que dans le cas où $\Delta < 0$, l'équation n'admet pas de solution réelle. Pourquoi réelle ? En fait elle admet quand même deux solutions qui ne sont plus réelles mais complexes c'est-à-dire appartenant à un ensemble plus grand, $\mathbb{C}$, dont vous ne pouvez encore soupçonner l'existence puisqu'il ne sera introduit qu'en Terminale. Ne pensez pas pour autant que l'on vous a menti (on m'aurait menti ?). On ne vous ment pas, on vous dit juste qu'il n'y a pas de solutions dans le plus grand ensemble que vous connaissez à l'heure actuelle, c'est-à-dire $\mathbb{R}$, l'ensemble des nombres réels.

■ **Exemple :** *Résoudre l'équation* $x^2 - 5x + 6 = 0$.

On a $\begin{cases} a = 1 \\ b = -5 \\ c = 6 \end{cases}$ d'où $\Delta = b^2 - 4ac = (-5)^2 - 4 \cdot 1 \cdot 6 = 25 - 24 = 1$.

$\Delta > 0$: la solution possède deux solutions :

$x_1 = \frac{-b-\sqrt{\Delta}}{2a} = \frac{-(-5)-\sqrt{1}}{2 \cdot 1} = \frac{5-1}{2} = \frac{4}{2} = 2$ et $x_2 = \frac{-b+\sqrt{\Delta}}{2a} = \frac{-(-5)+\sqrt{1}}{2 \cdot 1} = \frac{5+1}{2} = \frac{6}{2} = 3$

Ainsi : $S = \{2,3\}$. Efficace et expéditif, non ?

REMARQUES : Il y a plusieurs moyens de vérifier si les solutions que l'on a calculées sont correctes :

a) Le 1er moyen est de remplacer x par la valeur trouvée, dans l'équation de départ : $2^2 - 5 \cdot 2 + 6 = 4 - 10 + 6 = 0$ et $3^2 - 5 \cdot 3 + 6 = 9 - 15 + 6 = 0$. OK !

b) Le 2e (si vous n'y aviez pas encore songé) est d'utiliser une calculatrice munie du calcul formel et d'utiliser la fonction solve.

c) Le 3e est d'utiliser la calculatrice pour tracer la courbe et regarder en quel(s) point(s) elle coupe l'axe des abscisses : ce sont les solutions (voir remarque importante plus loin).

■ **Exemple :** *Résoudre l'équation* $x^2+x+1=0$.

On a $\begin{cases} a=1 \\ b=1 \\ c=1 \end{cases}$ d'où $\Delta=b^2-4ac=1^2-4\cdot1\cdot1=1-4=-3$

$\Delta<0$: l'équation ne possède pas de solution : $S=\varnothing$. Ok ?

■ **Exemple :** *Résoudre l'équation* $2x^2-4x+2=0$.

On a $\begin{cases} a=2 \\ b=-4 \\ c=2 \end{cases}$ d'où $\Delta=b^2-4ac=(-4)^2-4\cdot2\cdot2=16-16=0$.

$\Delta=0$: l'équation admet une solution $x_0=\dfrac{-b}{2a}=\dfrac{-(-4)}{2\cdot2}=\dfrac{4}{4}=1$. Facile !

■ **Exemple :** *Résoudre l'équation* $x^2-3=0$.

On a $\begin{cases} a=1 \\ b=0 \\ c=-3 \end{cases}$ d'où $\Delta=b^2-4ac=0^2-4\cdot1\cdot(-3)=0+12=12$.

$\Delta>0$: l'équation admet deux solutions :

$x_1=\dfrac{-b-\sqrt{\Delta}}{2a}=\dfrac{0-\sqrt{12}}{2\cdot1}=\dfrac{-2\sqrt{3}}{2}=-\sqrt{3}$ et $x_2=\dfrac{-b+\sqrt{\Delta}}{2a}=\dfrac{0+\sqrt{12}}{2\cdot1}=\dfrac{2\sqrt{3}}{2}=\sqrt{3}$.

Donc $S=\left\{-\sqrt{3};\sqrt{3}\right\}$, ce qu'on pouvait directement trouver en écrivant : $x^2-3=0$ si et seulement si $x^2=3$ si et seulement si $\begin{cases} x=\sqrt{3} \\ x=-\sqrt{3} \end{cases}$: juste pour vous montrer que la "grande" théorie fonctionne également (bien entendu) sur un exemple tout bête.

■ **Exemple :** *Déterminer les racines du trinôme* $2x^2-\dfrac{3}{2}x+\dfrac{1}{4}$.

On a $\begin{cases} a=2 \\ b=-\dfrac{3}{2} \\ c=\dfrac{1}{4} \end{cases}$ d'où $\Delta=b^2-4ac=\left(-\dfrac{3}{2}\right)^2-4\cdot2\cdot\dfrac{1}{4}=\dfrac{9}{4}-2=\dfrac{1}{4}$

$\Delta>0$: on a deux racines : $x_1=\dfrac{-b-\sqrt{\Delta}}{2a}=\dfrac{-\left(-\dfrac{3}{2}\right)-\sqrt{\dfrac{1}{4}}}{2\cdot2}=\dfrac{\dfrac{3}{2}-\dfrac{1}{2}}{4}=\dfrac{1}{4}$ et

$x_2=\dfrac{-b+\sqrt{\Delta}}{2a}=\dfrac{-\left(-\dfrac{3}{2}\right)+\sqrt{\dfrac{1}{4}}}{2\cdot2}=\dfrac{\dfrac{3}{2}+\dfrac{1}{2}}{4}=\dfrac{2}{4}=\dfrac{1}{2}$. D'accord ?

■ **Exemple :** *Déterminer les racines de* $-\frac{1}{3}x^2+2x-1$.

On a $\begin{cases} a=-\frac{1}{3} \\ b=2 \\ c=-1 \end{cases}$ d'où $\Delta=b^2-4ac=2^2-4\cdot\left(-\frac{1}{3}\right)\cdot(-1)=4-\frac{4}{3}=\frac{8}{3}$

$\Delta>0$: on a deux racines :

$$x_1=\frac{-b-\sqrt{\Delta}}{2a}=\frac{-2-\sqrt{\frac{8}{3}}}{2\cdot\left(-\frac{1}{3}\right)}=\frac{-2-\frac{2\sqrt{2}}{\sqrt{3}}}{-\frac{2}{3}}=\left(-\frac{3}{2}\right)\cdot\left(-2-\frac{2\sqrt{6}}{3}\right)=3+\sqrt{6}$$ et

$$x_2=\frac{-b+\sqrt{\Delta}}{2a}=3-\sqrt{6}.$$

■ **Remarque importante :** Il est intéressant d'interpréter graphiquement l'existence ou le nombre de racines d'un trinôme :

a) Cas où $\Delta>0$: il y a deux racines et C_f coupe deux fois l'axe des abscisses pour $x=x_1$ et $x=x_2$

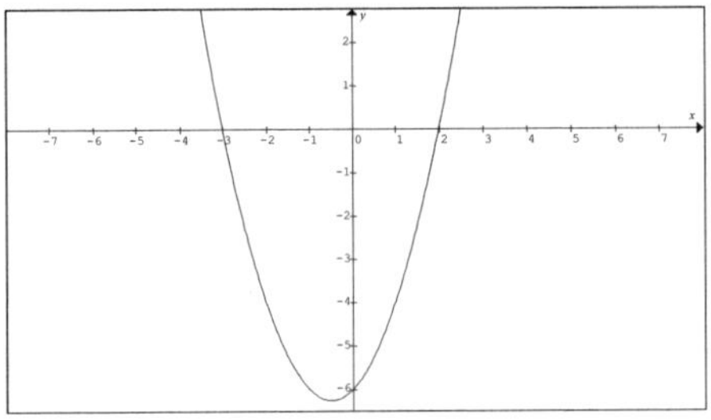
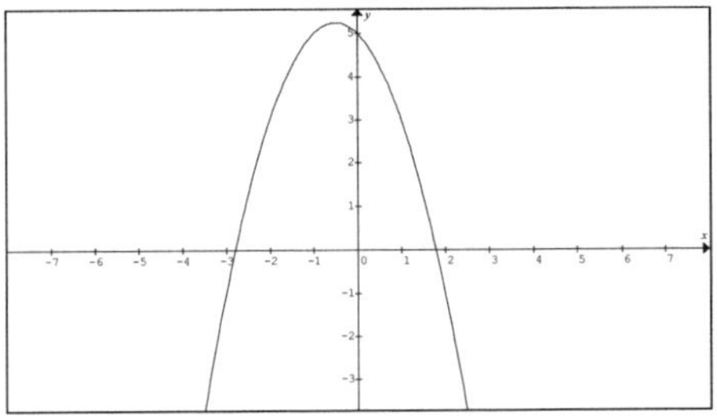

b) Cas où $\Delta=0$: il y a une racine et C_f coupe une fois l'axe des abscisses pour $x=x_0$

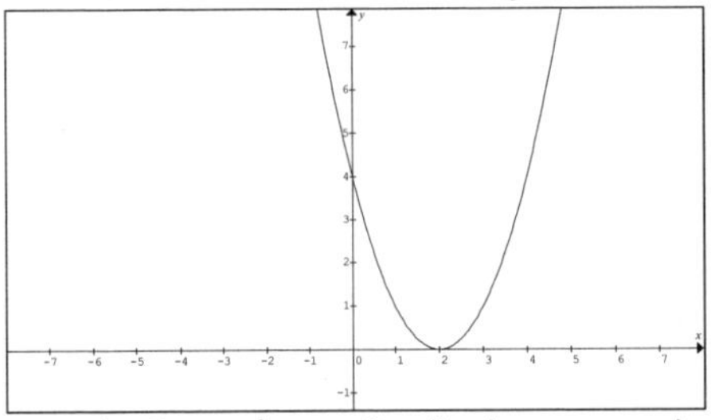
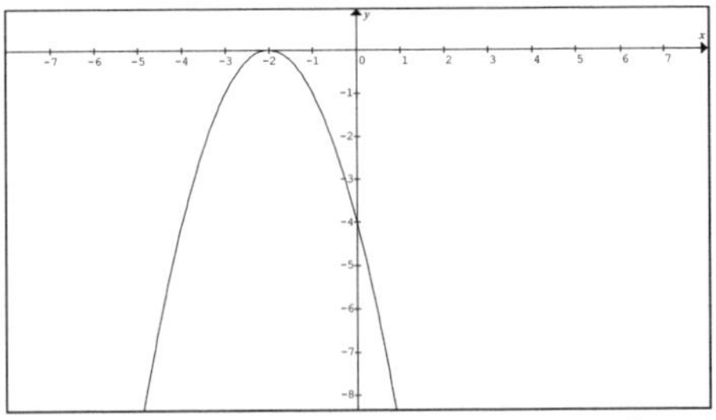

c) Cas où $\Delta<0$: il n'y a pas de racine réelle et C_f ne coupe pas l'axe des abscisses (Ox)

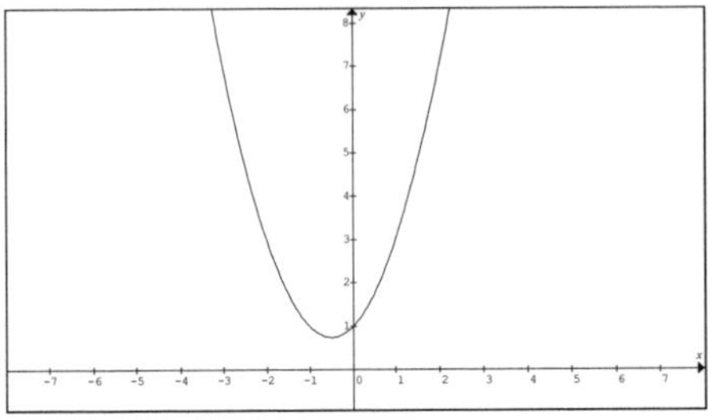
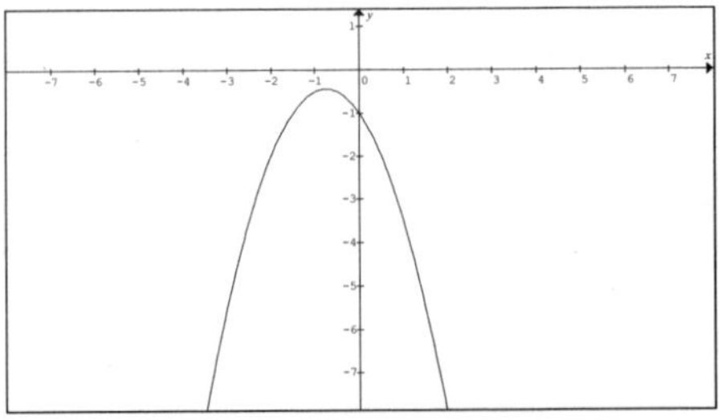

Moralité : voici un moyen supplémentaire de vérification des résultats, on trace la courbe C_f sur la calculatrice et on étudie ses éventuelles intersections avec l'axe des abscisses ! (Une vérification graphique, c'est facile et ça rassure !)

METHODE 8 : Utiliser un algorithme

■ Principe

On programme la méthode 7, voilà tout, ce qui donne :

```
▼ VARIABLES
  ├─ a EST_DU_TYPE NOMBRE
  ├─ b EST_DU_TYPE NOMBRE
  ├─ c EST_DU_TYPE NOMBRE
  ├─ Delta EST_DU_TYPE NOMBRE
  ├─ x_1 EST_DU_TYPE NOMBRE
  ├─ x_2 EST_DU_TYPE NOMBRE
  └─ x_0 EST_DU_TYPE NOMBRE
▼ DEBUT_ALGORITHME
  ├─ LIRE a
  ├─ LIRE b
  ├─ LIRE c
  ├─ Delta PREND_LA_VALEUR pow(b,2)-4*a*c
  ▼ SI (Delta>0) ALORS
    ├─ DEBUT_SI
    ├─ x_1 PREND_LA_VALEUR (-b-sqrt(Delta))/(2*a)
    ├─ x_2 PREND_LA_VALEUR (-b+sqrt(Delta))/(2*a)
    ├─ AFFICHER "Le trinôme admet deux racines "
    ├─ AFFICHER "x_1="
    ├─ AFFICHER x_1
    ├─ AFFICHER "x_2="
    ├─ AFFICHER x_2
    ├─ FIN_SI
    ▼ SINON
      ├─ DEBUT_SINON
      ▼ SI (Delta==0) ALORS
        ├─ DEBUT_SI
        ├─ x_0 PREND_LA_VALEUR -b/(2*a)
        ├─ AFFICHER "Le trinôme admet une racine double"
        ├─ AFFICHER "x_0="
        ├─ AFFICHER x_0
        ├─ FIN_SI
        ▼ SINON
          ├─ DEBUT_SINON
          ├─ AFFICHER "Le trinôme n'admet pas de racine"
          └─ FIN_SINON
      └─ FIN_SINON
└─ FIN_ALGORITHME
```

Maintenant, allez-y, faites vous plaisir : faites tourner cet algorithme qui va vous simplifier la vie !

METHODE 9 : En utilisant un logiciel de calcul formel

■ Principe

On prend Xcas par exemple, et on tape : resoudre(...

```
resoudre(x^2-5x+6=0)
                                        [2, 3]
```

Efficace non ? Certaines calculatrices (assez chères) sont munies aussi du calcul formel et savent donc résoudre ce type d'équations.

METHODE 10 : En utilisant la forme la mieux adaptée

■ Principe

Tout est question de stratégie (c'est comme ça qu'on fait en 2nde, vu qu'on ne connaît pas le discriminant), il faut repérer tout de suite ce qui va être le plus simple puisqu'on a le choix (se ramener à une équation produit nul, repérer des valeurs communes, etc.).

■ **Exemple :** *On considère* $f : x \to f(x) = x^2 - 6x + 5$ *(forme* ***développée****) (1)*

1) a) Montrer que $f(x) = (x-1)(x-5)$ *(*$f(x)$ *est sous forme* ***factorisée****) (2)*

b) Mettre $f(x)$ *sous forme* ***canonique*** *(3)*

2) En utilisant la forme la mieux adaptée (forme développée, forme factorisée ou forme canonique), résoudre les équations :

a) $f(x) = 0$ *b)* $f(x) = -4$ *c)* $f(x) = 5$ *d)* $f(x) = 12$

1) a) $(x-1)(x-5) = x^2 - 5x - x + 5 = x^2 - 6x + 5 = f(x)$

(Plus tard, dans la méthode 11, on verra le théorème de factorisation permettant d'obtenir directement la factorisation : $f(x) = (x-1)(x-5)$ (2)).

b) Après calculs, on trouve $f(x) = (x-3)^2 - 4$ (3)

2) On se retrouve avec trois formes (1), (2), et (3).

a) Avec (2) $f(x) = 0$ devient $(x-5)(x-1) = 0$ équation produit nul qui nous donne $\begin{cases} x-5=0 \\ \text{ou} \\ x-1=0 \end{cases}$ soit $\begin{cases} x=5 \\ \text{ou} \\ x=1 \end{cases}$. $S = \{1;5\}$.

b) Avec (3) $f(x) = -4$ devient $(x-3)^2 - 4 = -4$ soit $(x-3)^2 = 0$ soit $x = 3$. $S = \{3\}$

c) Avec (1) $f(x) = 5$ devient $x^2 - 6x + 5 = 5$ soit $x^2 - 6x = 0$ soit $x(x-6) = 0$ c'est une équation produit nul qui nous donne $\begin{cases} x=0 \\ \text{ou} \\ x-6=0 \end{cases}$ soit $\begin{cases} x=0 \\ \text{ou} \\ x=6 \end{cases}$. $S = \{0;6\}$.

d) On va utiliser la (3). $f(x)=12$ devient $(x-3)^2-4=12$ soit $(x-3)^2=16$

$$\begin{cases} x-3=\sqrt{16} \\ \text{ou} \\ x-3=-\sqrt{16} \end{cases} \text{soit} \begin{cases} x-3=4 \\ \text{ou} \\ x-3=-4 \end{cases} \text{soit} \begin{cases} x=7 \\ \text{ou} \\ x=-1 \end{cases} \text{d'où } S=\{-1;7\}.$$ Ok ?

3. Factorisation et signe de ax^2+bx+c

Il arrive parfois que l'on puisse factoriser et étudier le signe d'un trinôme du 2nd degré. Quand et comment ? C'est l'objet de ce paragraphe.
Pourquoi ? Et bien par exemple pour résoudre des inéquations ou plus tard étudier des fonctions (voir chapitre 4). Allons-y !

A- Comment factoriser ax^2+bx+c ?

METHODE 11 : En utilisant le théorème de factorisation

■ **Principe : Théorème de factorisation d'un trinôme du second degré**
Voici le Théorème de factorisation (d'un trinôme du 2nd degré)

- Si $\Delta>0$, alors ax^2+bx+c admet deux racines :
  $x_1=\dfrac{-b-\sqrt{\Delta}}{2a}$ et $x_2=\dfrac{-b+\sqrt{\Delta}}{2a}$ et on a : $ax^2+bx+c=a(x-x_1)(x-x_2)$
- Si $\Delta=0$, alors ax^2+bx+c admet une racine double : $x_0=\dfrac{-b}{2a}$ et on a :
  $ax^2+bx+c=a(x-x_0)^2$
- Si $\Delta<0$, alors ax^2+bx+c n'admet pas de racines réelles et : ax^2+bx+c ne peut être factorisé davantage.

■ **Exemple :** *Factoriser (si cela est possible) le trinôme du 2nd degré* $2x^2-10x+12$.

$$\begin{cases} a=2 \\ b=-10 \\ c=12 \end{cases} \text{d'où } \Delta=b^2-4ac=(-10)^2-4\cdot2\cdot12=100-96=4$$

$\Delta>0$ donc le trinôme $2x^2-10x+12$ admet deux racines qui sont :

$$x_1=\frac{-b-\sqrt{\Delta}}{2a}=\frac{-(-10)-\sqrt{4}}{2\cdot2}=\frac{10-2}{4}=\frac{8}{4}=2$$

et $$x_2=\frac{-b+\sqrt{\Delta}}{2a}=\frac{-(-10)+\sqrt{4}}{2\cdot2}=\frac{10+2}{4}=\frac{12}{4}=3$$

Ainsi $2x^2-10x+12=a(x-x_1)(x-x_2)=2(x-2)(x-3)$

Vérification (facultative) :
$2(x-2)(x-3)=2\left(x^2-2x-3x+6\right)=2\left(x^2-5x+6\right)=2x^2-10x+12$. C'est bon !

■ **Exemple :** *Factoriser (si cela est possible) le trinôme du 2nd degré* $-2x^2-8x-8$.

$$\begin{cases} a=-2 \\ b=-8 \\ c=-8 \end{cases} \text{ d'où } \Delta=b^2-4ac=(-8)^2-4\cdot(-2)\cdot(-8)=64-64=0$$

$\Delta=0$ donc $-2x^2-8x-8$ admet une racine double $x_0=\dfrac{-b}{2a}=\dfrac{-(-8)}{2\cdot(-2)}=\dfrac{8}{-4}=-2$

Ainsi $-2x^2-8x-8=a(x-x_0)^2=-2(x-(-2))^2=-2(x+2)^2$ (du coup on pourra facilement connaître son signe, signe toujours négatif !).
Vérification (facultative) : $-2(x+2)^2=-2\left(x^2+4x+4\right)=-2x^2-8x-8$. On a encore bon !

■ **Exemple :** *Factoriser (si cela est possible) le trinôme du 2nd degré* x^2+x+1.

$$\begin{cases} a=1 \\ b=1 \\ c=1 \end{cases} \text{ d'où } \Delta=b^2-4ac=1^2-4\cdot1\cdot1=1-4=-3$$

$\Delta<0$ donc on ne peut factoriser davantage x^2+x+1.

METHODE 12 : En utilisant un logiciel de calcul formel

■ **Principe**
On prend Xcas par exemple, et on tape : factoriser(...

```
factoriser(x^2-5x+6)
                                        (x - 3)(x - 2)
```

Pas mal, n'est-ce pas ?

B- Comment déterminer le signe de ax^2+bx+c ?

METHODE 13 : En utilisant le théorème du signe du trinôme

■ **Principe : Théorème du signe du trinôme**
Voici le Théorème du signe du trinôme : ax^2+bx+c est du signe de a sauf entre les racines, ce qui donne les trois cas suivants :

- Si $\Delta > 0$, alors $ax^2 + bx + c$ admet deux racines x_1 et x_2 et $ax^2 + bx + c$ est du signe de a sauf entre x_1 et x_2.
- Si $\Delta = 0$, alors $ax^2 + bx + c$ admet une racine double x_0 et $ax^2 + bx + c$ est du signe de a sauf en x_0 où elle s'annule.
- Si $\Delta < 0$, alors $ax^2 + bx + c$ n'admet pas de racines réelles, $ax^2 + bx + c$ est du signe de a (sans s'annuler).

REMARQUES : a) Ce théorème est une des conséquences de la factorisation. b) Apprenez ce théorème par cœur, on l'utilise pendant toute l'année !

■ **Exemple :** *Etudier le signe du trinôme* $2x^2 - 4x + 1$.

$$\begin{cases} a = 2 \\ b = -4 \\ c = 1 \end{cases} \text{ d'où } \Delta = b^2 - 4ac = (-4)^2 - 4 \cdot 2 \cdot 1 = 16 - 8 = 8$$

$\Delta > 0$ donc $2x^2 - 4x + 1$ admet deux racines :

$$x_1 = \frac{-b - \sqrt{\Delta}}{2a} = \frac{-(-4) - \sqrt{8}}{2 \cdot 2} = \frac{4 - 2\sqrt{2}}{4} = 1 - \frac{\sqrt{2}}{2} \text{ et}$$

$$x_2 = \frac{-b + \sqrt{\Delta}}{2a} = \frac{-(-4) + \sqrt{8}}{2 \cdot 2} = \frac{4 + 2\sqrt{2}}{4} = 1 + \frac{\sqrt{2}}{2}.$$

Ainsi, on obtient le tableau de signes (puisque $a > 0$) :

x	$-\infty$		$1-\frac{\sqrt{2}}{2}$		$1+\frac{\sqrt{2}}{2}$		$+\infty$
$2x^2 - 4x + 1$		+	0	−	0	+	

REMARQUES : a) Si on avait eu $a < 0$, *on aurait eu* −, +, − *au lieu de* +, −, +.
b) La courbe $y = 2x^2 - 4x + 1$ *ci-dessous, confirme le tableau de signes :*

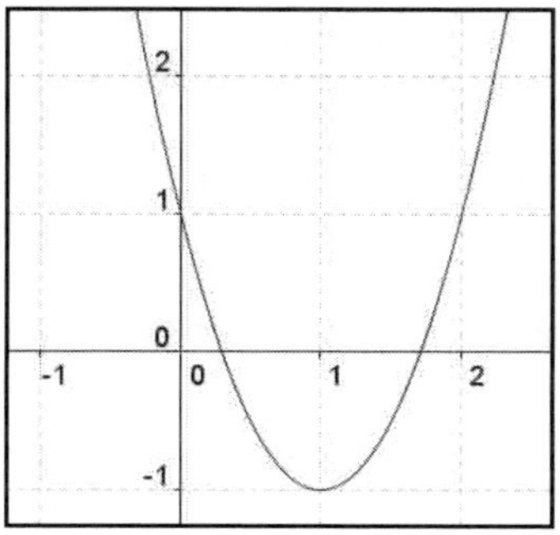

■ **Exemple :** *Etudier le signe du trinôme* $-2x^2 - 5x - 2$.

$$\begin{cases} a = -2 \\ b = -5 \\ c = -2 \end{cases} \text{ d'où } \Delta = b^2 - 4ac = (-5)^2 - 4 \cdot (-2) \cdot (-2) = 25 - 16 = 9.$$

$\Delta > 0$ donc $-2x^2 - 5x - 2$ admet deux racines :

$$x_1 = \frac{-b-\sqrt{\Delta}}{2a} = \frac{-(-5)-\sqrt{9}}{2\cdot(-2)} = \frac{5-3}{-4} = \frac{2}{-4} = -\frac{1}{2} \text{ et}$$

$$x_2 = \frac{-b+\sqrt{\Delta}}{2a} = \frac{-(-5)+\sqrt{9}}{2\cdot(-2)} = \frac{5+3}{-4} = \frac{8}{-4} = -2.$$ On obtient donc (puisque $a < 0$) :

x	$-\infty$		-2		$-\frac{1}{2}$		$+\infty$
$-2x^2 - 5x - 2$		$-$	0	$+$	0	$-$	

Tableau confirmé par la courbe $y = -2x^2 - 5x - 2$:

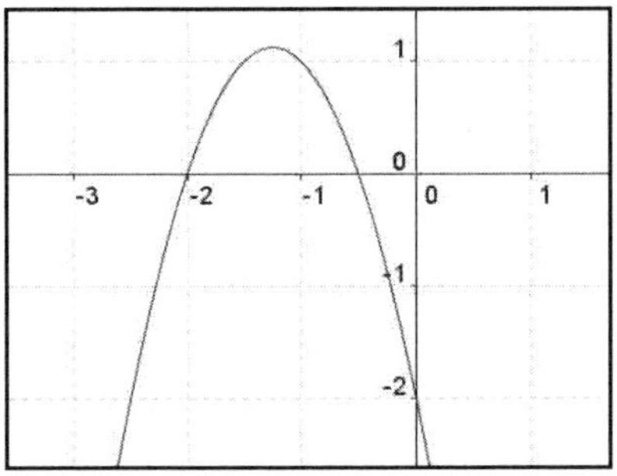

En effet, la courbe coupe l'axe des abscisses en -2 et $-0,5 = -\frac{1}{2}$ (cela explique les deux zéros du tableau de signes). La courbe est au-dessus de l'axe des abscisses pour x compris entre -2 et $-0,5 = -\frac{1}{2}$ (c'est ce qui explique le signe + dans le tableau de signes). Enfin, la courbe est au-dessous de l'axe des abscisses lorsque $x < -2$ et lorsque $x > -0,5$, c'est ce qui explique les deux signes – moins du tableau du signes. Ça va ? Vous suivez ?

■ **Exemple :** *Etudier le signe du trinôme* $3x^2 - 6x + 3$.

$$\begin{cases} a = 3 \\ b = -6 \\ c = 3 \end{cases} \text{ d'où } \Delta = b^2 - 4ac = (-6)^2 - 4\cdot 3\cdot 3 = 36 - 36 = 0.$$

$\Delta = 0$ donc $3x^2 - 6x + 3$ admet une unique racine $x_0 = \frac{-b}{2a} = \frac{-(-6)}{2\cdot 3} = \frac{6}{6} = 1$.

On a (puisque $a > 0$) :

x	$-\infty$		1		$+\infty$
$3x^2 - 6x + 3$		$+$	0	$+$	

Tableau confirmé par la courbe $y = 3x^2 - 6x + 3$ ci-après :

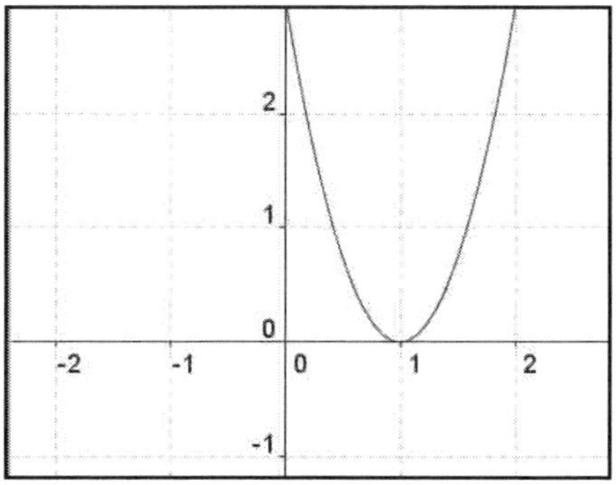

■ **Exemple :** *Etudier le signe du trinôme* $-x^2+4x-4$.

$\begin{cases} a=-1 \\ b=4 \\ c=-4 \end{cases}$ d'où $\Delta=b^2-4ac=4^2-4\cdot(-1)\cdot(-4)=16-16=0$.

$\Delta=0$ donc $-x^2+4x-4$ admet une unique racine $x_0=\dfrac{-b}{2a}=\dfrac{-4}{2\cdot(-1)}=\dfrac{-4}{-2}=2$.

On a (puisque $a<0$) :

x	$-\infty$		2		$+\infty$
$-x^2+4x-4$		$-$	0	$-$	

Tableau confirmé par la courbe $y=-x^2+4x-4$ ci-dessous :

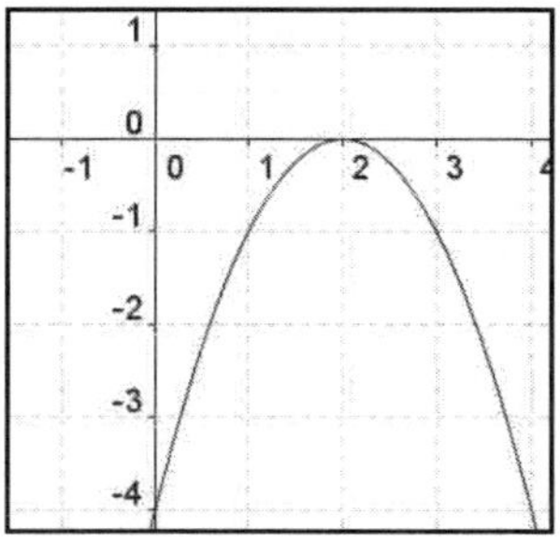

■ **Exemple :** *Etudier le signe du trinôme* $2x^2-4x+3$.

$\begin{cases} a=2 \\ b=-4 \\ c=3 \end{cases}$ d'où : $\Delta=b^2-4ac=(-4)^2-4\cdot2\cdot3=16-24=-8$.

$\Delta<0$ donc $2x^2-4x+3$ est strictement positif (car $a>0$) pour tout $x\in\mathbb{R}$.
On a (puisque $a>0$) :

x	$-\infty$		$+\infty$
$2x^2-4x+3$		$+$	

Tableau confirmé par la courbe $y=2x^2-4x+3$ ci-après :

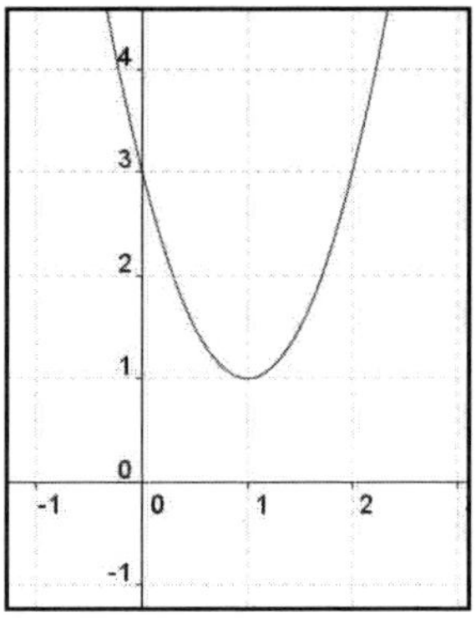

■ **Exemple :** *Etudier le signe du trinôme* $-x^2 - x - 1$.

$\begin{cases} a = -1 \\ b = -1 \\ c = -1 \end{cases}$ d'où : $\Delta = b^2 - 4ac = (-1)^2 - 4 \cdot (-1) \cdot (-1) = 1 - 4 = -3$.

$\Delta < 0$ donc $-x^2 - x - 1$ est strictement négatif (car $a < 0$) pour tout $x \in \mathbb{R}$.
On a (puisque $a < 0$) :

x	$-\infty$ $+\infty$
$-x^2 - x - 1$	$-$

Tableau confirmé par la courbe $y = -x^2 - x - 1$ ci-dessous :

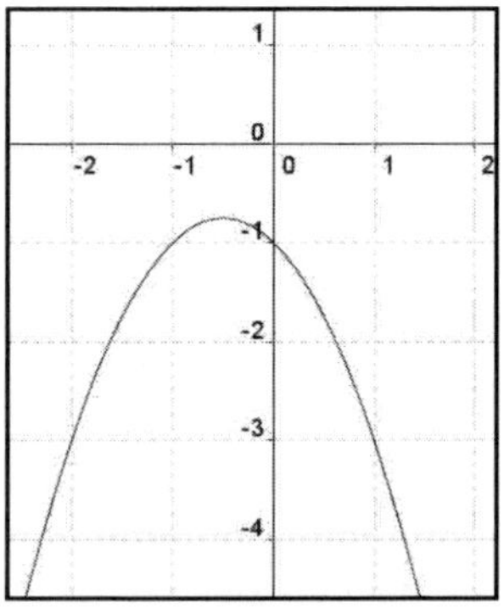

Ça va ? Vous suivez toujours ? En fait, c'est facile si on a compris que :
- quand la courbe coupe l'axe des abscisses (Ox), la fonction s'annule,
- quand la courbe est au-dessus de (Ox), la fonction est strictement positive,
- quand la courbe est au-dessous de (Ox), la fonction est strictement négative.

METHODE 13 bis : En utilisant le théorème de factorisation et un tableau de signes

■ **Principe :**

Dans le cas où $\Delta > 0$ ou $\Delta = 0$, on factorise puis on construit un tableau de signes. Cela revient en fait au même que la méthode 13, puisque la démonstration du théorème de factorisation utilise en fait des tableaux de signes. La méthode 13 reste donc à privilégier (ne serait-ce que pour gagner du temps !).

■ **Exemple :** *Déterminer le signe de* $-2x^2 - 5x - 2$.

$$\begin{cases} a = -2 \\ b = -5 \\ c = -2 \end{cases} \text{ d'où : } \Delta = b^2 - 4ac = (-5)^2 - 4\cdot(-2)\cdot(-2) = 25 - 16 = 9$$

$\Delta > 0$ donc $-2x^2 - 5x - 2$ admet deux racines :

$$x_1 = \frac{-b - \sqrt{\Delta}}{2a} = \frac{-(-5) - \sqrt{9}}{2\cdot(-2)} = \frac{5-3}{-4} = \frac{2}{-4} = -\frac{1}{2} \text{ et}$$

$$x_2 = \frac{-b + \sqrt{\Delta}}{2a} = \frac{-(-5) + \sqrt{9}}{2\cdot(-2)} = \frac{5+3}{-4} = \frac{8}{-4} = -2$$

et $-2x^2 - 5x - 2 = a(x - x_1)(x - x_2) = -2\left(x - \left(-\frac{1}{2}\right)\right)(x - (-2)) = -2\left(x + \frac{1}{2}\right)(x + 2)$.

x	$-\infty$		-2		$-\frac{1}{2}$		$+\infty$
$(x+2)$		$-$	0	$+$		$+$	
$\left(x+\frac{1}{2}\right)$		$-$		$-$	0	$+$	
$(x+2)\left(x+\frac{1}{2}\right)$		$+$	0	$-$	0	$+$	
$-2x^2-5x-2$		$-$	0	$+$	0	$-$	

Ça revient donc au même sauf que là, on sait le comment du pourquoi (perso je préfère vraiment le théorème du signe du trinôme, qui nous fait l'économie de trois lignes de signes, quand même !).

METHODE 14 : En utilisant un algorithme

■ Principe

On programme la méthode 13, voilà tout.

```
VARIABLES
  a EST_DU_TYPE NOMBRE
  b EST_DU_TYPE NOMBRE
  c EST_DU_TYPE NOMBRE
  Delta EST_DU_TYPE NOMBRE
  x_1 EST_DU_TYPE NOMBRE
  x_2 EST_DU_TYPE NOMBRE
  x_0 EST_DU_TYPE NOMBRE
  signe EST_DU_TYPE CHAINE
  racine_min EST_DU_TYPE NOMBRE
  racine_max EST_DU_TYPE NOMBRE
DEBUT_ALGORITHME
  LIRE a
  SI (a>0) ALORS
    DEBUT_SI
    signe PREND_LA_VALEUR "positif"
    FIN_SI
    SINON
      DEBUT_SINON
      signe PREND_LA_VALEUR "négatif"
      FIN_SINON
  LIRE b
  LIRE c
  Delta PREND_LA_VALEUR pow(b,2)-4*a*c
  SI (Delta>0) ALORS
    DEBUT_SI
    x_1 PREND_LA_VALEUR (-b-sqrt(Delta))/(2*a)
    x_2 PREND_LA_VALEUR (-b+sqrt(Delta))/(2*a)
    racine_min PREND_LA_VALEUR min(x_1,x_2)
    racine_max PREND_LA_VALEUR max(x_1,x_2)
    AFFICHER "Le trinôme est de signe "
    AFFICHER signe
    AFFICHER " sauf entre "
    AFFICHER racine_min
    AFFICHER " et "
    AFFICHER racine_max
    FIN_SI
    SINON
      DEBUT_SINON
      SI (Delta==0) ALORS
        DEBUT_SI
        x_0 PREND_LA_VALEUR -b/(2*a)
        AFFICHER "Le trinôme est de signe "
        AFFICHER signe
        AFFICHER " sauf en "
        AFFICHER x_0
        AFFICHER " où il s'annulle"
        FIN_SI
        SINON
          DEBUT_SINON
          AFFICHER "Le trinôme est de signe strictement "
          AFFICHER signe
          FIN_SINON
      FIN_SINON
FIN_ALGORITHME
```

C- Comment résoudre une inéquation du second degré ?

METHODE 15 : En utilisant le théorème du signe du trinôme

■ **Principe**

Se ramener à une inéquation du type $ax^2+bx+c>0$ (ou ≥ 0, <0, ≤ 0) c'est-à-dire à une étude de signe du trinôme ax^2+bx+c que l'on résout par la méthode 13.

■ **Exemple :** *Résoudre l'inéquation* $2x^2-3x+1>-x+4$.

$2x^2-3x+1>-x+4$ si et seulement si $2x^2-2x-3>0$. Cela revient donc à étudier le signe du trinôme $2x^2-2x-3$, et plus particulièrement à savoir quand est-il strictement positif.

$\begin{cases} a=2 \\ b=-2 \\ c=-3 \end{cases}$ d'où $\Delta=b^2-4ac=(-2)^2-4\cdot2\cdot(-3)=4+24=28$.

$\Delta>0$ donc le trinôme admet deux racines :

$$x_1=\frac{-b-\sqrt{\Delta}}{2a}=\frac{-(-2)-\sqrt{28}}{2\cdot2}=\frac{2-\sqrt{28}}{4}=\frac{1}{2}-\frac{\sqrt{7}}{2}$$

et $x_2=\dfrac{-b+\sqrt{\Delta}}{2a}=\dfrac{-(-2)+\sqrt{28}}{2\cdot2}=\dfrac{2+\sqrt{28}}{4}=\dfrac{1}{2}+\dfrac{\sqrt{7}}{2}$.

D'après le théorème du signe du trinôme, f est strictement positif (du signe de $a>0$) sauf entre les racines x_1 et x_2, c'est-à-dire sauf sur $[x_1;x_2]$ (car $x_1<x_2$).

Donc : $S=]-\infty;x_1[\cup]x_2;+\infty[=\left]-\infty;\frac{1}{2}-\frac{\sqrt{7}}{2}\right[\cup\left]\frac{1}{2}+\frac{\sqrt{7}}{2};+\infty\right[$.

METHODE 16 : En utilisant un logiciel de calcul formel

■ **Principe**

On prend Xcas par exemple, et on tape : resoudre(...

```
resoudre(x^2-5x+6>=0)
                                        [x ≤ 2, x ≥ 3]
```

Pas mal le calcul formel, hein ? (C'est vrai que ça « démonte grave » comme diraient certains élèves...)

METHODE 17 : En utilisant la forme la plus adaptée

■ Principe

Tout est question de stratégie, il faut repérer tout de suite ce qui va être le plus simple puisqu'on a le choix.

■ **Exemple :** *On considère* $f : x \to f(x) = x^2 + 2x - 8$ *(forme* ***développée(1)****)*

1) a) Mettre $f(x)$ *sous forme* ***factorisée*** *(2).*

b) Mettre $f(x)$ *sous forme* ***canonique*** *(3).*

2) En utilisant la forme la plus adaptée (parmi (1), (2) ou (3)), résoudre :

a) $f(x) < 0$ *b)* $f(x) \leq -5$ *c)* $f(x) > -8$

1) a) $f : x \to f(x) = x^2 + 2x - 8$ admet (après calculs) deux racines -4 et 2. D'après le théorème de factorisation (méthode 11), on a donc $f(x) = (x+4)(x-2)$.

b) Après calculs, on trouve : $f(x) = (x+1)^2 - 9$ (méthode 1).

2) On se retrouve avec trois formes :

a) Avec (2) $f(x) < 0$ devient $(x+4)(x-2) < 0$ qu'on résout à l'aide d'un tableau de signes.

x	$-\infty$		-4		2		$+\infty$
$x+4$		$-$	0	$+$	|	$+$	
$x-2$		$-$	|	$-$	0	$+$	
$(x+4)(x-2)$		$+$	0	$-$	0	$+$	

On obtient $S =]-4;2[$ (on prend la dernière ligne du tableau, case du milieu).

b) Avec (3) $f(x) \leq -5$ devient $(x+1)^2 - 9 \leq -5$ soit $(x+1)^2 \leq 4$ ce qui donne (voir Méthod'S Seconde) $-2 \leq x+1 \leq 2$ (car $\sqrt{4} = 2$) soit $-3 \leq x \leq 1$. Ainsi $S = [-3;1]$.

c) Avec (1) $f(x) > -8$ devient $x^2 + 2x - 8 > -8$ soit $x^2 + 2x > 0$. Le trinôme $x \to x^2 + 2x$ admet 0 et -2 comme racines (après calculs) et donc d'après le théorème du signe du trinôme, on a :

x	$-\infty$		-2		0		$+\infty$
$x^2 + 2x$		$+$	0	$-$	0	$+$	

Et donc $S =]-\infty;-2[\cup]0;+\infty[$.

REMARQUE : En traçant la courbe $y = f(x)$ *(c'est-à-dire* $y = x^2 + 2x - 8$*), on peut retrouver tous ces ensembles solutions graphiquement.*

5. Comment résoudre un problème du second degré ?

Ce type de problème peut concerner plusieurs domaines : la physique, la géométrie, l'arithmétique, l'économie, la vie courante, les problèmes d'optimisation, etc. Ils sont soit guidés soit pas du tout (un peu comme les problèmes du chapitre 4) ce qui fait deux méthodes :

METHODE 18 : Se laisser guider par l'énoncé

■ **Principe**

Bien lire l'énoncé, celui-ci doit être clair sur la variable à utiliser et sur l'équation ou inéquation du 2nd degré à étudier.

■ **Exemple :** *Une voiture roulant à* v $km \cdot h^{-1}$ *freine brusquement. Sa distance de freinage* d *(en mètres) est donnée par :* $d = \frac{v^2}{104} + 0,55v$ *(route sans pente).*

Calculer la vitesse maximale à ne pas dépasser pour que la voiture s'arrête en moins de 50 m.

La variable ici est v et l'inéquation du 2nd degré à résoudre est tout simplement : $d < 50$ soit $\frac{v^2}{104} + 0,55v < 50$ c'est-à-dire : $\frac{v^2}{104} + 0,55v - 50 < 0$.

$$\begin{cases} a = \frac{1}{104} \\ b = 0,55 \\ c = -50 \end{cases}$$ d'où :

$$\Delta = b^2 - 4ac = (0,55)^2 - 4 \cdot \left(\frac{1}{104}\right) \cdot (-50) = \frac{121}{400} + \frac{200}{104} = \frac{92584}{41600} = \frac{11573}{5200}$$

$\Delta > 0$ et donc le trinôme $\frac{v^2}{104} + 0,55v - 50$ admet deux racines :

$v_1 = \frac{-b - \sqrt{\Delta}}{2a} \simeq -106,18$ (à exclure car la vitesse doit être positive) et $v_2 \simeq 48,98$.

D'après le théorème du signe du trinôme, $\frac{v^2}{104} + 0,55v - 50 < 0$ pour $v \in]v_1; v_2[$ mais comme $v_1 < 0$ seul nous intéresse l'intervalle $]0; v_2[$.

C'est-à-dire que la vitesse ne doit pas excéder $v_2 \simeq 48,98$ $(km \cdot h^{-1})$ pour s'arrêter en moins de 50 m (Cet exercice, vous l'avez compris, incite à la prudence au volant).

METHODE 19 : Chercher le bon trinôme et la bonne variable

■ Principe

Ne pas se précipiter, bien réfléchir et choisir la variable qui mène à l'étude d'une fonction du 2nd degré la plus simple...

■ **Exemple :** *Trouver trois entiers consécutifs dont le quotient du produit par la somme est égal à 56.*

Bien, réfléchissons, et si on appelait x le plus petit d'entre eux, puisque les trois entiers sont consécutifs les autres sont $x+1$ et $x+2$. On a affaire au quotient du produit $x(x+1)(x+2)$, par la somme $x+(x+1)+(x+2)=3x+3=3(x+1)$, c'est-à-dire au rapport : $\dfrac{x(x+1)(x+2)}{3(x+1)}=\dfrac{x(x+2)}{3}$.

Or $\dfrac{x(x+2)}{3}=56$ si et seulement si $x(x+2)=168$ si et seulement si $x^2+2x-168=0$. C'est une équation du 2nd degré que l'on va résoudre :

$\begin{cases} a=1 \\ b=2 \\ c=-168 \end{cases}$ d'où : $\Delta=b^2-4ac=2^2-4\cdot1\cdot(-168)=4+672=676$.

$\Delta>0$ il y a donc deux solutions :

$$x_1=\frac{-b-\sqrt{\Delta}}{2a}=\frac{-2-\sqrt{676}}{2\cdot1}=\frac{-2-26}{2}=\frac{-28}{2}=-14$$

et $x_2=\dfrac{-b+\sqrt{\Delta}}{2a}=\dfrac{-2+\sqrt{676}}{2\cdot1}=\dfrac{-2+26}{2}=\dfrac{24}{2}=12$.

Il y a donc deux triplets solutions : $(-14,-13,-12)$ et $(12,13,14)$ qui vérifient bien :

$$\frac{(-14)\cdot(-13)\cdot(-12)}{(-14)+(-13)+(-12)}=\frac{-2184}{-39}=56 \text{ et } \frac{12\cdot13\cdot14}{12+13+14}=\frac{2184}{39}=56.$$

■ **Exemple :** *On construit une cour de forme rectangulaire avec en son centre un rectangle de pelouse de telle manière que l'aire de la pelouse et de l'allée soient égales. Quelle largeur faut-il prendre pour l'allée ?*

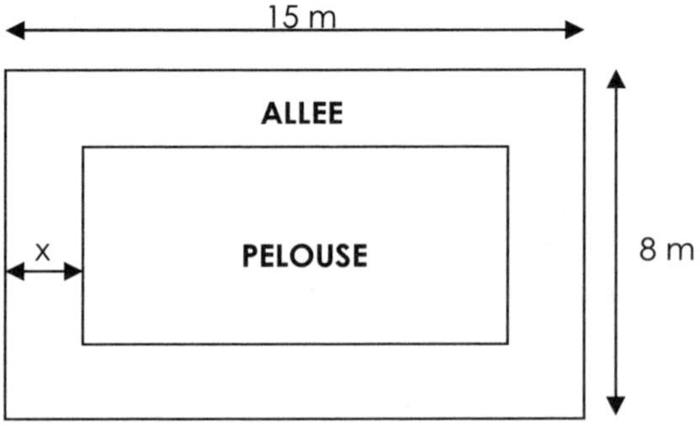

L'énoncé suggère quand même de prendre comme variable x largeur de l'allée ($0 < x < 4$). La pelouse admet donc comme dimensions : $15-2x$ et $8-2x$, et donc comme surface :

$S_1 = (15-2x)\cdot(8-2x) = 4x^2 - 46x + 120$.

L'allée admet, elle, pour surface : $S_2 = 2\cdot 15\cdot x + 2x(8-2x) = 46x - 4x^2$.

L'équation à résoudre est donc :

$S_1 = S_2$ soit $4x^2 - 46x + 120 = 46x - 4x^2$ c'est-à-dire : $8x^2 - 92x + 120 = 0$

$\begin{cases} a = 8 \\ b = -92 \\ c = 120 \end{cases}$ d'où : $\Delta = b^2 - 4ac = (-92)^2 - 4\cdot 8\cdot 120 = 4624$.

$\Delta > 0$ donc l'équation admet deux solutions :

$x_1 = \dfrac{-b-\sqrt{\Delta}}{2a} = \dfrac{92-68}{16} = \dfrac{24}{16} = \dfrac{3}{2}$ et $x_2 = \dfrac{-b+\sqrt{\Delta}}{2a} = \dfrac{92+68}{16} = \dfrac{160}{16} = 10$.

Ce qui nous donne une seule configuration de jardin possible : une allée de 1,50 m, car une allée de 10 m de large est impossible dans un jardin de 15 m sur 8 m. Ok ?

REMARQUES : a) On pouvait aussi résoudre l'exercice en disant que l'aire de l'allée devait être égale à la moitié de l'aire totale (aire totale qui vaut $15\times 8 = 120$*), ce qui revient à résoudre l'équation :* $46x - 4x^2 = 60$ *qui admet bien sûr les mêmes solutions 1,5 et 10 (à exclure)). On pouvait aussi dire que l'aire de la pelouse* $(8-2x)(15-2x)$ *devait être égale à la moitié de l'aire totale, ce qui donne l'équation* $4x^2 - 46x + 120 = 60$ *soit* $4x^2 - 46x + 60 = 0$ *qui admet les mêmes solutions 1,5 et 10 (à exclure) également. Rassurez-vous, souvent en Maths, il n'y a pas qu'un seul moyen de parvenir au résultat !*

b) Bon évidemment, si le cœur vous en dit, vous pouvez continuer à étudier d'autres jardins, comme celui ci-dessous, mais à notre avis, ça risque de donner des équations un peu plus balaises à résoudre, ne trouvez-vous pas ?

Jardins du Château de Versailles (André Le Nôtre (1613-1700))

Réflexes

	SITUATIONS	REFLEXES
1.	Mettre sous forme canonique	Factoriser par a, puis chercher des identités remarquables.
2.	Tracer la parabole $y = ax^2 + bx + c$	Centrer en $\frac{-b}{2a}$. Avancer deux fois de 0,5 puis de 1 en 1 (pareil à gauche). Utiliser la fonction table de la calculatrice pour aller plus vite.
3.	Tracer la parabole $y = a(x-\alpha)^2 + \beta$	Centrer en α. Avancer deux fois de 0,5 puis de 1 en 1 (pareil à gauche). Utiliser la fonction table de la calculatrice pour aller plus vite.
4.	Obtenir le tableau de variations de $x \to ax^2 + bx + c$	Centrer en $\frac{-b}{2a}$. Suivant le signe de a, on aura décroissant-croissant ou croissant-décroissant.
5.	Obtenir le tableau de variations de $x \to a(x-\alpha)^2 + \beta$	Centrer en α. Suivant le signe de a, on aura décroissant-croissant ou croissant-décroissant, avec pour extremum β.
6.	Résoudre $ax^2 + bx + c = 0$ (ou trouver les racines de $ax^2 + bx + c$)	Calculer le discriminant $\Delta = b^2 - 4ac$. Si $\Delta > 0$, il y a deux solutions : $\begin{cases} x_1 = \frac{-b-\sqrt{\Delta}}{2a} \\ x_2 = \frac{-b+\sqrt{\Delta}}{2a} \end{cases}$. Si $\Delta = 0$, il y a une solution : $x_0 = \frac{-b}{2a}$. Si $\Delta < 0$ il n'y a pas de solutions réelles.
7.	Factoriser $ax^2 + bx + c$	Si $\Delta > 0$, $ax^2 + bx + c = a(x - x_1)(x - x_2)$. Si $\Delta = 0$, $ax^2 + bx + c = a(x - x_0)^2$. Si $\Delta < 0$, pas de factorisation.
8.	Déterminer le signe de $ax^2 + bx + c$	Utiliser le théorème du signe du trinôme : $ax^2 + bx + c$ est du signe de a sauf entre les racines.
9.	Résoudre une inéquation du 2nd degré	Se ramener à l'étude du signe d'un trinôme puis utiliser le théorème du signe du trinôme.
10.	Résoudre un problème du 2nd degré	Selon les cas : se laisser guider par l'énoncé, sinon chercher la variable qui mène à une équation du 2nd degré simple. Ne pas hésiter à faire des dessins.

Astuces

■ S'il y a un DS à ne pas rater c'est bien celui sur les équations du 2nd degré : c'est le plus facile de l'année ! Combien d'élèves regrettent de le rater (tout ça parce que c'est souvent le 1er DS qui tombe et qu'on a du mal à se faire au nouveau rythme de la 1e S) : révisez, apprenez vos formules par cœur (le discriminant, les racines, les formules de factorisation, etc.), il faut réussir à tout prix ce DS, fichtre ! Diantre !

■ Un bon moyen de vérifier vos calculs (discriminant, résolution d'équation, etc.), est d'utiliser un logiciel de calcul formel (Type Xcas, Python, Maple, etc.). Vous avez aussi une autre solution, c'est de regarder le cahier (ou le devoir) du 1er de la classe, mais là c'est hautement risqué et surtout moralement inacceptable, hein ? L'avantage du logiciel de calcul formel, c'est qu'il est gratuit, qu'il ne se plaint jamais et qu'il n'est pas vraiment interdit pour la simple et bonne raison que : soit les profs n'y connaissent que dalle (et c'est pas forcément une question de génération...) et s'en moquent soit ils s'y connaissent mais estimeront (avec une certaine probabilité) que les nouveaux programmes encouragent fortement l'initiation des élèves à l'utilisation de ce type de logiciel (il faut dire que dans les classes prépas et les écoles d'ingénieur, on les utilise souvent, très souvent même !).

■ Il est toujours bon de savoir retrouver les formules de résolution. En voici une démonstration telle qu'on l'enseignait dans les années 50 dans les écoles primaires ! (Ah oui quand même !) Regardez !
$ax^2+bx+c=0 \Leftrightarrow ax^2+bx=-c \Leftrightarrow 4a^2x^2+4abx=-4ac$
$\Leftrightarrow 4a^2x^2+4abx+b^2=b^2-4ac \Leftrightarrow (2ax+b)^2=\Delta$. En prenant la racine carrée des deux membres (en considérant que $\Delta \geq 0$), cela équivaut à $2ax+b=\pm\sqrt{\Delta}$ (il y a deux cas : on rédigeait comme ça à l'époque) soit : $2ax=-b\pm\sqrt{\Delta}$ soit : $x=\dfrac{-b\pm\sqrt{\Delta}}{2a}$. Et voilà, pas mal non ? C'est sûr que dans les années 50, on rigolait pas...

■ Pensez qu'il n'y a pas un mais plusieurs moyens de vérifier si le calcul des solutions d'une équation du 2nd degré est bon. Par exemple, on peut :
- remplacer x par la solution dans l'équation
- utiliser la fonction *solve* de la calculatrice (ou *resoudre* de Xcas)
- utiliser la fonction *graph* de la calculatrice (ou Geogebra)
- trouver les deux racines, utiliser le théorème de factorisation puis développer pour voir si vous retombez sur le trinôme de départ. Si par exemple, à l'équation $x^2-5x+6=0$, vous trouvez 2 et 3, par le théorème de factorisation, vous obtiendrez $(x-2)(x-3)$. Vous le développez : $(x-2)(x-3)=x^2-5x+6$. C'est bon ! Ok ? Ça ne fait pas perdre énormément de temps mais le jour du DS, c'est toujours rassurant de vérifier ses résultats.

■ Pensez toujours à utiliser votre calculatrice, les fonctions *zoom out* pour voir si le trinôme a des racines, *zoom in* pour les localiser plus précisément : une calculatrice, ça sert à ça !

■ La première trace historique de résolution d'équations du 2nd degré remonte à environ 2250 av. J.-C. en Mésopotamie (La Mésopotamie, qui littéralement en grec signifie « entre deux fleuves » (meso : entre) potamos (fleuve)), zone géographique située entre le Tigre et l'Euphrate dont la ville la plus importante est la célèbre Babylone (Actuellement à 100 km au sud de Bagdad, capitale de l'Irak).

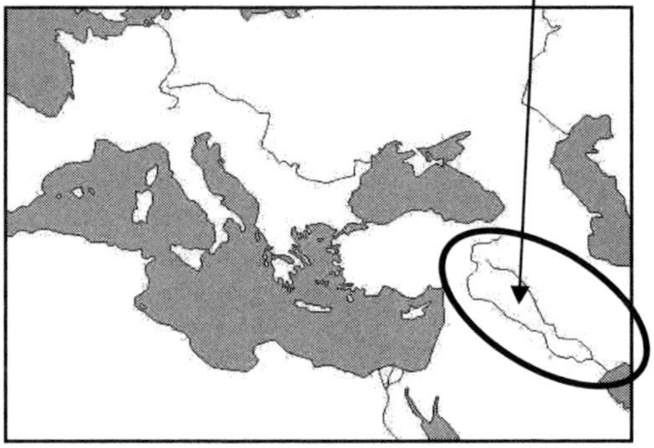

Ces équations seront approfondies par les grecs jusqu'au grand dernier d'entre eux, Diophante d'Alexandrie (325-409) mais il faudra attendre le grand mathématicien Brahmagupta (598-668) pour découvrir les règles de résolution de l'équation du 2nd degré (et le discriminant !) et le mathématicien et astronome perse Al Kwharizmi (788-850) et son livre Aljabar w'almuqabala (Aljabar qui donna le mot Algèbre), pour en avoir une étude systématique (son livre est une étape essentiel de l'algèbre moderne, on y voit clairement ce qu'on appelle le discriminant réduit, un nombre qui ressemble beaucoup au discriminant et qu'on enseignait du temps de vos grands parents). Plus tard, au XIIe siècle, l'indien Bhaskara (1114-1185) poursuit l'œuvre de ses prédécesseurs. En Europe, l'algèbre arrive au XIIIe siècle grâce au grand génie italien Léonard de Pise (Fibonacci, 1170-1245), élevé à Bougie (Béjaïa, Algérie) (où son père était représentant du commerce toscan) au contact de mathématiques arabes, voyageant en Syrie, en Egypte, Grèce, Sicile, il est convaincu de la supériorité calculatoire des chiffres indo arabes sur les chiffres romains (tout comme Gerbert d'Aurillac (945-1003), le pape de l'an 1000, 200 ans auparavant en France) et de la puissance de l'Algèbre. Plus tard, au XVe le grand astronome et mathématicien allemand Regiomontanus (1436-1476, un des grands noms de la trigonométrie et de l'astronomie) maîtrisait complètement les problèmes de 2nd degré et on peut voir dans ses ouvrages (tout comme dans ceux de Fibonacci) toute l'admiration qu'ils portaient pour les inventeurs grecs (Euclide, Diophante), indiens (Brahmagupta, Bhaskara), perses et arabes (Al Kwarizmi, Omar Khayyâm, Al Samaw'al) de l'Algèbre. Les équations du 3e degré commenceront à être résolues (mais de manière graphique) par le mathématicien, astronome et poète perse Omar Khayyâm (1048-1123) mais il faudra attendre les génies de la Renaissance italienne Scipione del Ferro (1465-1526), Tartaglia (1500-1557), Girolamo Cardano (1501-1576, plus connu sous le nom de Cardan, célèbre médecin, et également l'inventeur en mécanique du joint de cardan, si utile pour les automobiles) et Rafaele Bombelli (1526-1573) pour que l'étude en soit achevée. Les équations du quatrième degré seront étudiées par un autre algébriste italien, Ludovico Ferrari (1522-1560) et puis pendant longtemps l'équation du 5e degré résistera aux plus grands mathématiciens. La citadelle imprenable tombera aux mains du très jeune mathématicien norvégien Niels Abel (1802-1829) qui montrera l'impossibilité (dans le cas général) de résoudre les équations du cinquième degré (par radicaux). Le très jeune mathématicien français Evariste Galois (1811-1832) scellera définitivement le sort des équations de degré n, en donnant un critère de résolubilité (par radicaux) de ce type d'équations (Théorie de Galois). Ajoutons que les deux derniers mathématiciens aux travaux et aux destins si proches, sont morts très jeunes, dans des conditions dramatiques : Abel meurt de tuberculose à l'âge de 26 ans, Galois meurt dans un duel aux circonstances obscures à l'âge de 20 ans. Le legs mathématique considérable qu'ils ont laissé, malgré une incompréhension presque totale de leurs semblables (notamment des grands mathématiciens de l'époque) leur causant beaucoup de souffrance et leur mort prématurée en ont fait des figures voire des héros romantiques (Galois, lors de son duel, fut atteint d'une balle à l'abdomen, avant de mourir le lendemain sur son lit d'hôpital, il adresse à son frère, alors à son chevet, ses dernières paroles : « ne pleure pas mon frère, j'ai besoin de tout mon courage pour mourir à vingt ans »).

Al Khwarizmi

Khayyâm

Tartaglia

Cardan

Bombelli

Abel

Galois

Erreurs

■ L'erreur malheureusement la plus courante est de ne pas bien connaître par cœur les formules donnant le discriminant, les racines et la factorisation. C'est bête à dire mais il faut vraiment les connaître parfaitement !

■ Une erreur classique également est de ne pas reconnaître b dans une équation du genre $2x^2 - 4 = 0$. Bien sûr dans ce cas $b = 0$! De même, il faut savoir reconnaître c dans certains cas : dans l'équation $2x^2 - \frac{3}{2}x = 0$ par exemple, on a : $c = 0$!

■ Une autre erreur classique est de foncer tête baissée dans une équation du genre $x^2 - 4x + 5 = 6$ en écrivant : $\begin{cases} a = 1 \\ b = -4 \\ c = 5 \end{cases}$. C'est faux !

En fait, on a : $\begin{cases} a=1 \\ b=-4 \\ c=-1 \end{cases}$ (parce qu'on doit avoir 0 à droite ! Ce que l'on obtient par l'équivalence : $x^2-4x+5=6 \Leftrightarrow x^2-4x-1=0$).

■ Ne confondez pas équation et inéquation ! Nombreux sont ceux qui écrivent par exemple que $x^2-5x+6 \le 0$ admet deux solutions 2 et 3. C'est faux ! L'ensemble solution est l'intervalle $[2;3]$! (à vous de le vérifier par le théorème du signe du trinôme).

■ N'oubliez pas le coefficient a, lorsque vous utilisez le théorème de factorisation ! Par exemple $4x^2-20x+24$ a pour racines 2 et 3 (après calculs). Dans ce cas, on n'a pas $4x^2-20x+24=(x-2)(x-3)$ (Non ! Surtout pas !) mais : $4x^2-20x+24=4(x-2)(x-3)$. (N'oubliez pas le coefficient $a=4$!)
Ok ? Faites bien gaffe !

■ Attention aux logiciels de calcul formel qui considère souvent que la variable officielle est x et rien d'autre. Si votre variable s'appelle y, il faut penser à le préciser en ajoutant « ,y » à la fin de la commande.
Regardez :

```
canonical_form(y^2+5y+6)
```
$$y^2+5y+6$$

Cela ne marche pas, ajoutons le « ,y » à la fin :

```
canonical_form(y^2+5y+6,y)
```
$$\left(y+\frac{5}{2}\right)^2+\frac{1}{-4}$$

Ça marche ! C'est pareil pour résoudre une équation. Encore une fois, si la variable change et qu'il s'agit de z par exemple, vous devez ajouter un « ,z » à la fin, sinon ça ne marchera pas :

```
resoudre(z^2+6z-7=0)
                                        []
```

Ça ne marche pas ! Mais la ligne suivante marche !

```
resoudre(z^2+6z-7=0,z)
                                        [-7, 1]
```

Chapitre 2

METHODES SUR LES FONCTIONS

Dans ce chapitre ultra fun et pas particulièrement difficile, nous allons compléter notre catalogue de fonctions de référence (souvenez-vous en 2nde, nous avions déjà la fonction carrée, la fonction inverse, et les fonctions polynômes du second degré). Nous allons y ajouter la fonction valeur absolue (sa courbe ressemble à un V, comme le V de la victoire !) et la fonction racine carrée (c'est la fonction réciproque de la fonction carrée, elle a vraiment une courbe canon !). Après avoir été émerveillé par tant de beauté, on vous achèvera (mathématiquement, on précise) en faisant la connaissance des fonctions $u+k$, λu, $\sqrt{u}$, $\frac{1}{u}$ (vous allez voir, elles sont super sympa. L'autre jour, je les ai invitées à un brunch, c'était super agréable, on s'est dit qu'on passerait les vacances ensemble (n'importe quoi, n'importe quoi...)). Plus sérieusement, nous apprendrons à les étudier, à les manipuler afin d'obtenir de nouveaux outils permettant d'étudier les variations de fonctions plus complexes (c'est même super efficace). Bon le programme étant vraiment tip top, on sent que ça vous démange de démarrer. On ne vous fait plus attendre, c'est parti !

1. Fonction valeur absolue $x \to |x|$

METHODE 1 : Comment calculer la valeur absolue d'un nombre ?

■ Principe

« C'est quoi les barres ? » est la question qu'on entend le plus souvent en cours lorsque le professeur utilise pour la première fois la valeur absolue.

Souvent le professeur croyant faire simple (simple pour lui mais pas toujours pour les élèves) explique : c'est super simple la valeur absolue de x c'est : $|x| = \begin{cases} x \text{ si x est positif} \\ -x \text{ si x est négatif} \end{cases}$. Il est toujours amusant de voir à ce moment la tête de l'élève qui se demande encore dans quel monde étrange, bizarre vit son prof et qui se retourne pour voir s'il n'y aurait pas par hasard une caméra cachée....

Bon concrètement, voici ce qu'il faut piger : la valeur absolue c'est la même chose que le nombre mais en positif. Par exemple $|-3| = 3$, $|-4| = 4$ et $|5| = 5$ (rien ne change car 5 était déjà positif). Et c'est vrai que dans ce cas, on peut généraliser : $|x| = \begin{cases} x \text{ si x est positif (rien ne change)} \\ -x \text{ si x est négatif (on prend l'opposé)} \end{cases}$

■ **Exemple :** *Déterminer* $|4|$, $|-6|$, $|4+7|$ $|5-3|$, $|4-7|$, $|-4+9|$, $|-2|+|3|$, $|5|+|-3|$, $|-5|-|-3|$.

On a : $|4|=4$, $|-6|=6$, $|4+7|=|11|=11$, $|5-3|=|2|=2$, $|4-7|=|-3|=3$, $|-4+9|=|5|=5$, $|-2|+|3|=2+3=5$, $|5|+|-3|=5+3=8$, $|-5|-|-3|=5-3=2$.

REMARQUE : ATTENTION, gros piège à ours : $|a+b| \neq |a|+|b|$ *en général.*
En effet : $|4+7|=|11|=11$ *et* $|4|+|7|=4+7=11$ *ça marche (ça pourrait nous induire en erreur car on pourrait penser que c'est toujours vrai), mais :* $|-2+7|=|5|=5$ *alors que* $|-2|+|7|=2+7=9$*, et là ça ne marche plus !*

METHODE 2 : Comment tracer la courbe de la fonction valeur absolue $x \to |x|$?

■ **Principe**
Entraînez-vous à bien refaire ce tableau de valeurs, disons en quarante secondes...

x	−3	−2	−1	0	1	2	3
$\|x\|$	3	2	1	0	1	2	3

Ensuite tracez le repère et placez les points avec x en abscisse et $|x|$ en ordonnée (le tout ne doit pas vous prendre plus de 30 s), et vous obtiendrez :

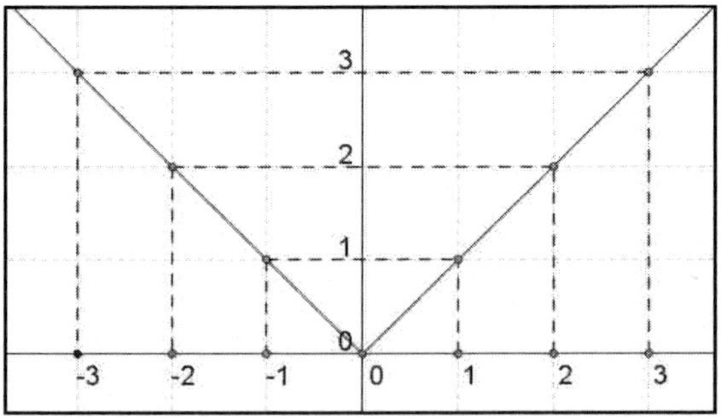

REMARQUE : On peut remarquer que la courbe $y=|x|$ *est symétrique par rapport à l'axe des ordonnées (c'est-à-dire l'axe vertical). (En langage savant, on dirait que la fonction valeur absolue est paire mais chut, on n'a rien dit....) La courbe est en forme de V (le V de la victoire ?) C'est le fameux V classique de la valeur absolue ! (Sous Geogebra, il faut écrire y=abs(x)).*

METHODE 3 : Comment obtenir le tableau de variations de la fonction valeur absolue $x \to |x|$?

■ **Principe**

On regarde la courbe $y = |x|$ et on en déduit immédiatement le tableau de variations de la fonction valeur absolue $x \to |x|$:

x	$-\infty$	0	$+\infty$
$x \to \|x\|$	↘	0	↗

METHODE 4 : Comment passer à la valeur absolue une inégalité ?

■ **Principe**

Du tableau de variations de la fonction valeur absolue $x \to |x|$, on déduit que

- Si $0 \le a < b$, alors $|a| < |b|$ (car $x \to |x|$ est strictement croissante sur $[0;+\infty[$)
- Si $a < b \le 0$, alors $|a| > |b|$ (car $x \to |x|$ est strictement décroissante sur $]-\infty;0]$)

■ **Exemple** : *Déterminer un encadrement de $|x|$ dans les cas suivants :*

a) $4 < x < 9$ *b)* $-8 < x < -4$ *c)* $-4 < x < 5$ *d)* $-5 < x < 4$

On obtient :

a) Si $4 < x < 9$ alors $4 < |x| < 9$. b) Si $-8 < x < -4$ alors $4 < |x| < 8$.

c) Si $-4 < x < 5$ alors $0 \le |x| < 5$. d) Si $-5 < x < 4$ alors $0 \le |x| < 4$.

REMARQUE : Pour c) et d), il ne faut pas tomber dans le piège. Vous n'êtes ni sur l'intervalle $[0;+\infty[$ ni sur $]-\infty;0]$: il faut réfléchir graphiquement !

METHODE 5 : Comment obtenir des caractérisations utiles aux équations $|x| = r$ et inéquations $|x| \le r$ ... $(r \ge 0)$?

■ **Principe**

Utiliser le graphe de la fonction valeur absolue.

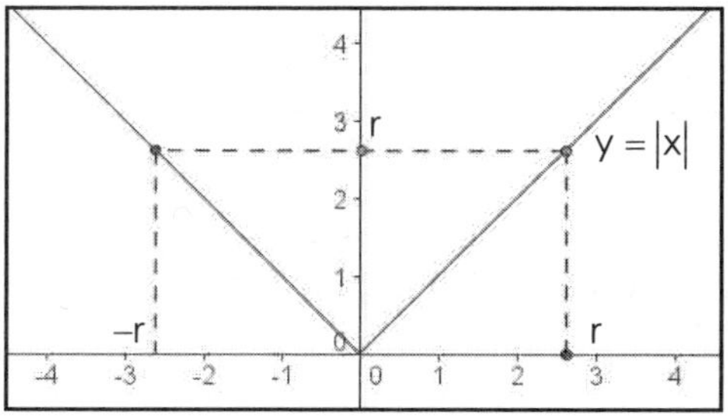

Grâce à ce graphique, on obtient les caractérisations suivantes :

a) $|x| = r \Leftrightarrow \begin{cases} x = r \\ \text{ou} \\ x = -r \end{cases}$ b) $|x| \leq r \Leftrightarrow -r \leq x \leq r$

c) $|x| < r \Leftrightarrow -r < x < r$ d) $|x| \geq r \Leftrightarrow \begin{cases} x \geq r \\ \text{ou} \\ x \leq -r \end{cases}$ e) $|x| > r \Leftrightarrow \begin{cases} x > r \\ \text{ou} \\ x < -r \end{cases}$

■ **Exemple :** *Résoudre les équations et inéquations suivantes :*
a) $|x| = 2$ *b)* $|x-2| = 3$ *c)* $|2x-1| = 1$ *d)* $|2x-1| \leq 3$ *e)* $|-2x+3| \geq 2$

a) $|x| = 2 \Leftrightarrow \begin{cases} x = 2 \\ \text{ou} \\ x = -2 \end{cases}$ b) $|x-2| = 3 \Leftrightarrow \begin{cases} x-2 = 3 \\ \text{ou} \\ x-2 = -3 \end{cases} \Leftrightarrow \begin{cases} x = 5 \\ \text{ou} \\ x = -1 \end{cases}$

c) $|2x-1| = 1 \Leftrightarrow \begin{cases} 2x-1 = 1 \\ \text{ou} \\ 2x-1 = -1 \end{cases} \Leftrightarrow \begin{cases} 2x = 2 \\ \text{ou} \\ 2x = 0 \end{cases} \Leftrightarrow \begin{cases} x = 1 \\ \text{ou} \\ x = 0 \end{cases}$

d) $|2x-1| \leq 3 \Leftrightarrow -3 \leq 2x-1 \leq 3 \Leftrightarrow -2 \leq 2x \leq 4 \Leftrightarrow -1 \leq x \leq 2$

e) $|-2x+3| \geq 2 \Leftrightarrow \begin{cases} -2x+3 \geq 2 \\ \text{ou} \\ -2x+3 \leq -2 \end{cases} \Leftrightarrow \begin{cases} -2x \geq -1 \\ \text{ou} \\ -2x \leq -5 \end{cases} \Leftrightarrow \begin{cases} x \leq \dfrac{1}{2} \\ \text{ou} \\ x \geq \dfrac{5}{2} \end{cases}$

2. Fonction racine carrée

Un peu de poésie pour commencer : la fonction racine carrée est l'âme sœur de la fonction carrée. En langage plus savant, on dit que les fonctions $x \to x^2$ et $x \to \sqrt{x}$ sont réciproques l'une de l'autre. Voyons tout cela.

A- Comment tracer la courbe de la fonction racine carrée $x \to \sqrt{x}$?

METHODE 6 : En utilisant un tableau de valeurs

■ **Principe**
Entraînez-vous à bien refaire ce tableau de valeurs en, disons trente secondes... (c'est l'un des rares cas où les valeurs en abscisses du tableau ne sont pas régulièrement espacées)

x	0	$\frac{1}{4}$	1	4	9
$x \to \sqrt{x}$	0	$\frac{1}{2}$	1	2	3

sachant que par exemple : $\sqrt{\frac{1}{4}} = \frac{\sqrt{1}}{\sqrt{4}} = \frac{1}{2}, \ldots$

Ensuite tracez le repère orthonormé et placez les points avec x en **abscisse** et $\sqrt{x}$ en **ordonnée** (en trente secondes), vous obtiendrez alors :

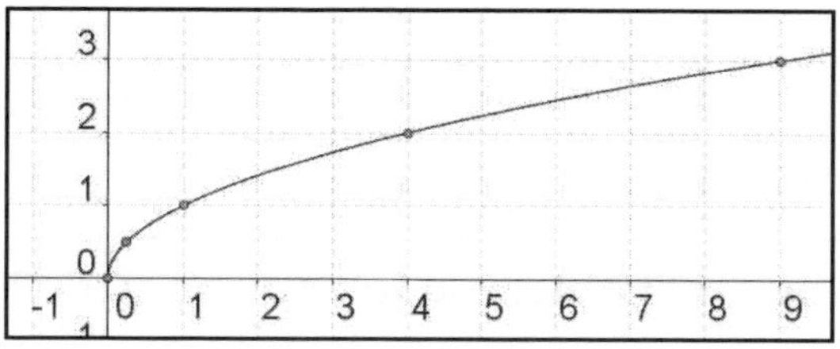

REMARQUE : Sous Geogebra, $|x|$ s'écrit sqrt(x) (square root), ou $x \wedge 0{,}5$.

METHODE 7 : En utilisant la symétrie axiale d'axe la 1re bissectrice

■ Principe

Vous connaissez la parabole $y = x^2$ (voir Method's Seconde), vous connaissez la droite $y = x$ (appelée également 1re bissectrice du plan puisqu'elle partage l'angle droit en deux angles de 45°), vous connaissez la symétrie axiale (sinon appelez votre petit frère qui est en CE2 : il pourra vous aider), et bien vous saurez tracer la courbe de la racine carré car elle est la symétrique de la courbe $y = x^2$ par rapport à l'axe $y = x$ (c'est son âme sœur !). Regardez !

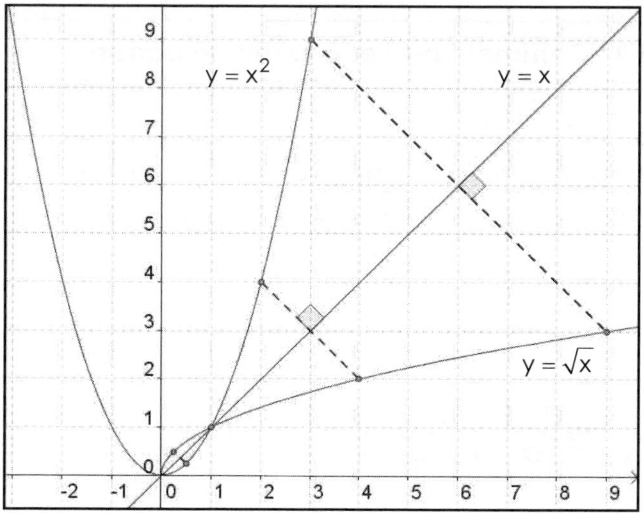

D'ailleurs, on peut comparer leurs tableaux de valeurs parfaitement réciproques l'un de l'autre :

x	0	$\frac{1}{2}$	1	2	3
$x \to x^2$	0	$\frac{1}{4}$	1	4	9

x	0	$\frac{1}{4}$	1	4	9
$x \to \sqrt{x}$	0	$\frac{1}{2}$	1	2	3

METHODE 8 : Comment obtenir le tableau de variations de la fonction racine carré $x \to \sqrt{x}$?

■ **Principe**

On regarde la courbe $y = \sqrt{x}$ et on en déduit immédiatement le tableau de variations de la fonction valeur absolue $x \to \sqrt{x}$:

x	0	$+\infty$
$x \to \sqrt{x}$	0 ↗	

B- Inégalité, encadrements liés à la racine carrée

METHODE 9 : Comment passer à la racine carrée ?

■ **Principe**

C'est très simple : si $0 \leq a < b$, alors $\sqrt{a} < \sqrt{b}$ (logique puisque la fonction racine carrée $x \to \sqrt{x}$ est strictement croissante sur $[0;+\infty[$).

■ **Exemple** : *Déterminer un encadrement de* $\sqrt{x}$ *dans les cas suivants :*

a) $4 < x < 9$ *b)* $100 < x < 10000$ *c)* $4 < x < 8$

On obtient :

a) $\sqrt{4} < \sqrt{x} < \sqrt{9}$ soit : $2 < \sqrt{x} < 3$.

b) $\sqrt{100} < \sqrt{x} < \sqrt{10000}$ soit : $10 < \sqrt{x} < 100$.

c) $\sqrt{4} < \sqrt{x} < \sqrt{8}$ soit : $2 < \sqrt{x} < 2\sqrt{2}$ (car $\sqrt{8} = \sqrt{4 \times 2} = \sqrt{4} \times \sqrt{2} = 2\sqrt{2}$).

3. Fonctions $u+k$ et λu

Pour ce paragraphe, vous devez bien vous souvenir de la fonction carrée et de la fonction inverse, fonctions de référence de la classe de 2nde (voir Method's Seconde). Quoi ? Vous ne vous en souvenez plus ? Et bien voici leurs courbes, accompagnées de leurs tableaux de variations (on vous les rappelle parce qu'on vous aime bien) :

La fonction carrée $x \to x^2$

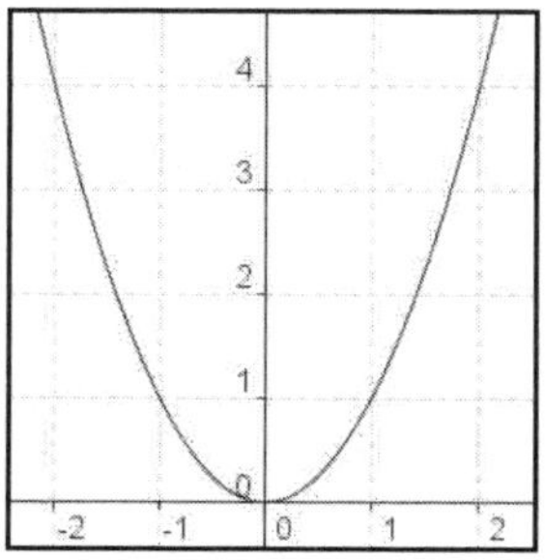

La fonction inverse $x \to \frac{1}{x}$

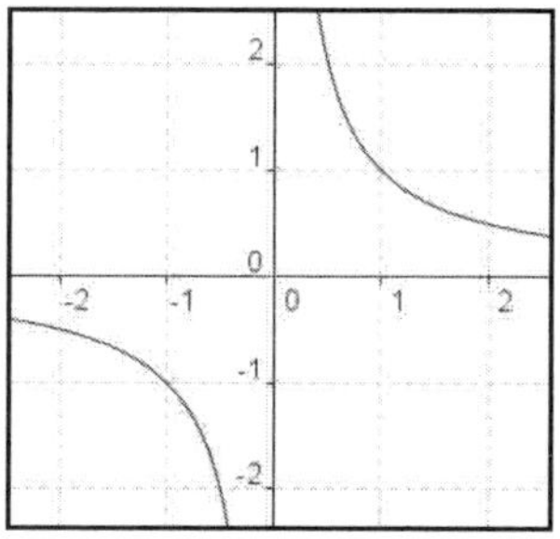

x	$-\infty$	0	$+\infty$
$x \to x^2$	↘	0	↗

x	$-\infty$	0	$+\infty$
$x \to \frac{1}{x}$	↘	||	↘

C'est bon, on peut y aller ? C'est parti !

A- Fonction $u+k$

METHODE 10 : Comment tracer la courbe de la fonction $u+k$?

■ **Principe**

Pour avoir la courbe de $u+k$, il y a deux cas :

- si k est positif, on monte de k (vers le haut) la courbe de u ;
- si k est négatif, on descend de k (vers le bas) la courbe de u.

Si on ne veut pas s'embêter avec tout ça, on fait le tableau de valeurs de $u+k$, tout simplement.

■ **Exemple :** *Tracer la courbe de* $x \to x^2 + 3$ *à partir de celle de* $x \to x^2$.

Facile, pour avoir la courbe $y = x^2 + 3$, on monte de 3 (vers le haut) la courbe $y = x^2$. Conclusion : on trace la courbe $y = x^2$ (courbe de référence de 2nde) puis on monte chaque point de la courbe, de trois vers le haut. On relie ensuite les points harmonieusement (et sans règle, il faut que ce soit courbe !).

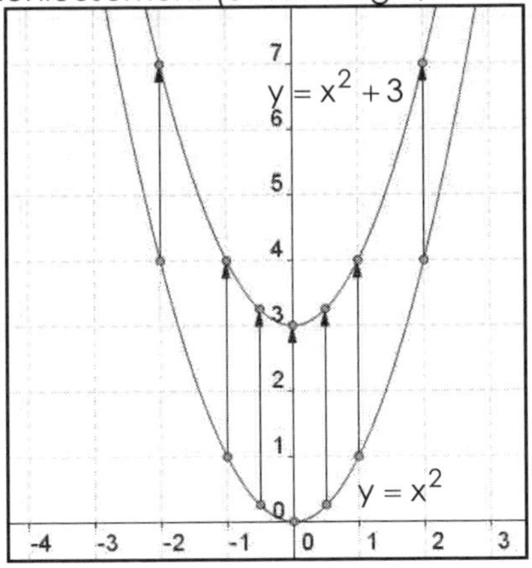

REMARQUE : On pouvait tout aussi bien construire la courbe directement par le tableau de valeurs :

x	−3	−2	−1	−0,5	0	0,5	1	2	3
$x \to x^2 + 3$	12	7	4	3,25	3	3,25	4	7	12

Bon jusque là tout va bien non ? On continue ?

METHODE 11 : Comment déterminer le sens de variation de la fonction $u+k$?

■ Principe

$u+k$ et u ont même sens de variation. Il faut juste penser à augmenter de k les valeurs à l'intérieur du tableau de valeurs (lorsque le cas se présente évidemment).

■ **Exemple :** Donner le sens de variation de la fonction $x \to x^2 + 1{,}5$.

x	−∞ ↘	0	↗ +∞
$x \to x^2$	↘	0	↗
$x \to x^2 + 1{,}5$	↘	1,5	↗

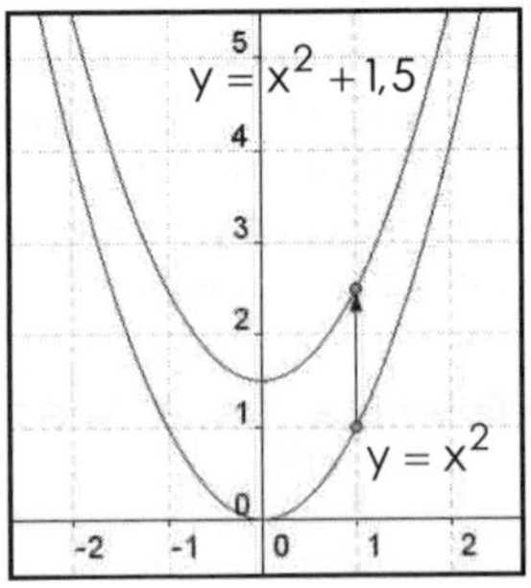

REMARQUES : a) En effet, si u est croissante ce n'est pas le fait d'ajouter une constante k qui va changer grand-chose : $u+k$ *restera croissante (décalée vers le haut si* $k>0$ *ou vers le bas si* $k<0$, *elle restera de toute façon croissante !). Pareil, évidemment si u est décroissante,* $u+k$ *sera aussi décroissante !*
b) Si on demande le tableau de variations, il faut bien faire gaffe à modifier les valeurs (de la 2e ligne du tableau), ok ?

■ **Exemple :** Donner le tableau de variations de la fonction $x \to x^2 - 2$.

Si vous avez bien suivi, on obtient :

x	$-\infty$	0	$+\infty$
$x \to x^2$	↘	0	↗
$x \to x^2 - 2$	↘	-2	↗

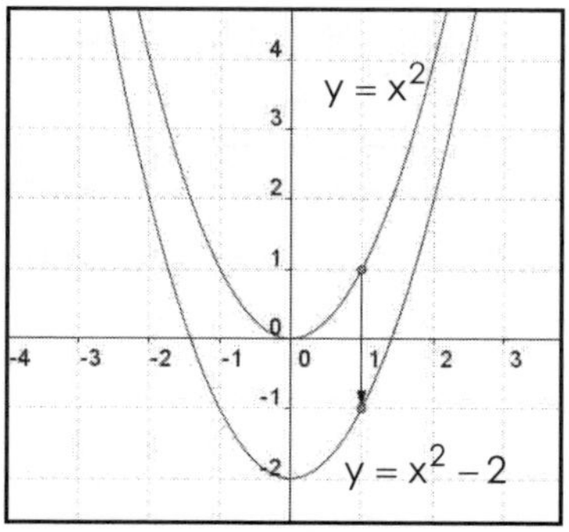

Vous avez pigé ? En fait, il faut y aller lentement (mais sûrement) en mettant les tableaux de variations les uns en dessous des autres, bien proprement. Ok ?

■ **Exemple :** Donner le tableau de variations de la fonction $x \to \frac{1}{x} + 2$.

On obtient :

x	$-\infty$	0	$+\infty$
$x \to \frac{1}{x}$	↘	‖	↘
$x \to \frac{1}{x} + 2$	↘	‖	↘

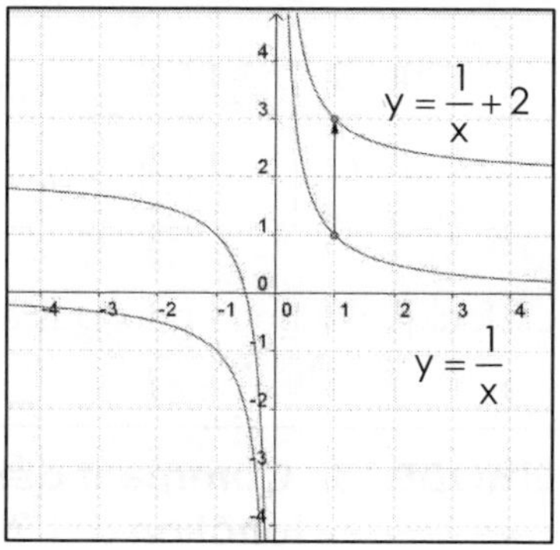

B- Fonction λu

METHODE 12 : Comment tracer la courbe de la fonction λu ?

■ **Principe**
Avec un tableau de valeurs, tout simplement.

■ **Exemple :** *Tracer la courbe de* $x \to 2x^2$

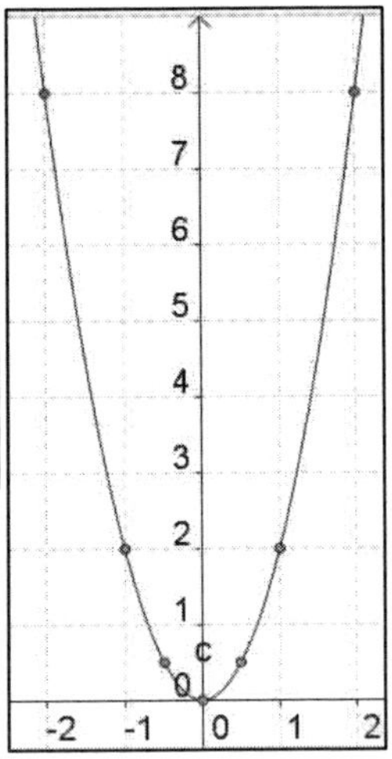

On construit le tableau de valeurs, centré en 0 (voir Chapitre 1) :

x	−3	−2	−1	−0,5	0	0,5	1	2	3
$x \to 2x^2$	18	8	2	0,5	0	0,5	2	8	18

REMARQUE : Regardons le tableau de valeurs de la fonction $x \to x^2$, *et comparons-le avec celui de* $x \to 2x^2$ *(juste au-dessus), on constate que chacune des images est multipliée par 2 :* $18 = 2 \times 9$, $8 = 2 \times 4$, *etc.*

x	−3	−2	−1	−0,5	0	0,5	1	2	3
$x \to x^2$	9	4	1	0,25	0	0,25	1	4	9

C'est logique puisque pour passer de x^2 à $2x^2$, on multiplie par 2.

METHODE 13 : Comment déterminer le sens de variation de la fonction λu ?

■ **Principe**
C'est tout simple :
- Si $\lambda > 0$, alors λu et u ont le même sens de variation.
- Si $\lambda < 0$, alors λu et u ont des sens de variation contraires.

■ **Exemple :** Donner le tableau de variations de la fonction $x \to 2(x^2+1)$.

On décompose la fonction $x \to x^2 \to x^2+1 \to 2(x^2+1)$ puis on met les tableaux de variations les uns en dessous des autres, c'est ce qu'il y a de plus simple :

x	$-\infty$	0	$+\infty$
$x \to x^2$	↘	0	↗
$x \to x^2+1$	↘	1	↗
$x \to 2(x^2+1)$	↘	2	↗

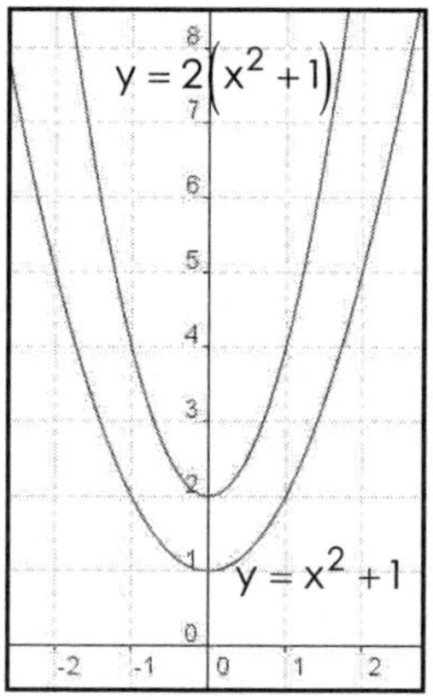

REMARQUE : Il faut bien penser à multiplier par 2 pour la dernière ligne !

■ **Exemple :** Donner le tableau de variations de la fonction $x \to -2(x^2+1)$.

On décompose encore $x \to x^2 \to x^2+1 \to -2(x^2+1)$, ce qui donne :

x	$-\infty$	0	$+\infty$
$x \to x^2$	↘	0	↗
$x \to x^2+1$	↘	1	↗
$x \to -2(x^2+1)$	↗	-2	↘

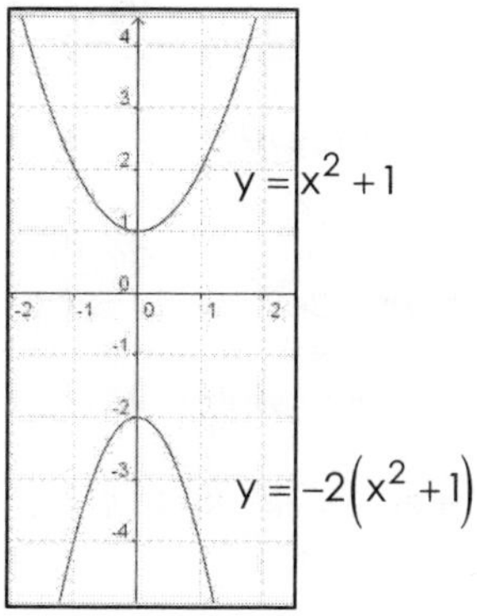

Vous avez vu là, comment les flèches ont changé de sens ? Ça c'est parce que on a multiplié par –2 ! (Si on avait multiplié par 2, les flèches n'auraient pas changé de sens !) D'accord ?

■ **Exemple :** Donner le tableau de variations de la fonction $x \to -\dfrac{1}{x}$.

C'est tout simple, on part du tableau de variations de la fonction (de référence) $x \to \dfrac{1}{x}$ et on change le sens des flèches quand on multiplie par -1.

x	$-\infty$	0	$+\infty$
$x \to \dfrac{1}{x}$	↘	‖	↘
$x \to -\dfrac{1}{x}$	↗	‖	↗

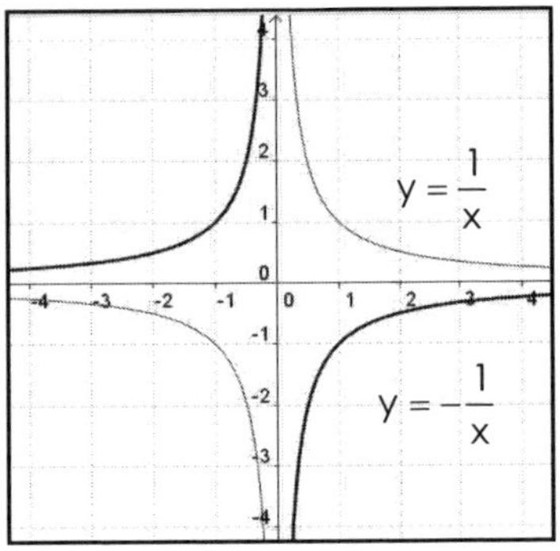

4. Fonctions $\sqrt{u}$ et $\dfrac{1}{u}$

A- Fonction $\sqrt{u}$

METHODE 14 : Comment déterminer l'ensemble de définition de la fonction λu ?

■ **Principe**

$\sqrt{-1}$, $\sqrt{-2}$, $\sqrt{-0{,}01}$,... $\sqrt{a}$ avec $a<0$ n'existent pas (quoi, vous ne le saviez pas ?). A partir de là, vous l'aurez compris, on sait qu'il peut exister pour ce genre de fonctions des valeurs interdites (et même des intervalles de valeurs interdites). En étudiant le signe de ce qu'il y a sous la racine, on peut éliminer les valeurs interdites.

■ **Exemple :** *Soit* f *la fonction définie par* $f : x \to f(x) = \sqrt{x}$. *Déterminer* D_f.

$\sqrt{x}$ n'existe que si $x \geq 0$. Ainsi $D_f = [0;+\infty[$ (qu'on peut aussi noter $\mathbb{R}^+$).

■ **Exemple :** *Soit* g *la fonction définie par* $g : x \to g(x) = \sqrt{x-1}$. *Déterminer* D_g.

$\sqrt{x-1}$ n'existe que si $x-1 \geq 0$ soit $x \geq 1$. Ainsi $D_g = [1;+\infty[$. Facile !

■ **Exemple :** *Soit* h *la fonction définie par* $h : x \to h(x) = \sqrt{-2x+3}$. *Déterminer* D_h.

$\sqrt{-2x+3}$ n'existe que si $-2x+3 \geq 0$ soit $3 \geq 2x$ soit $\frac{3}{2} \geq x$. Ainsi $D_h = \left]-\infty;\frac{3}{2}\right]$.

■ **Exemple :** *Soit* b *la fonction définie par* $b : x \to b(x) = \sqrt{x^2+1}$. *Déterminer* D_b.

$\sqrt{x^2+1}$ existe si $x^2+1 \geq 0$. Ce qui est bien sûr toujours le cas puisque x^2+1 est la somme d'un carré et d'un nombre positif. Ainsi il n'y a pas de problème et $D_f = \mathbb{R}$. C'est vraiment facile, tout ça.

■ **Erreur classique**

La fameuse propriété $\sqrt{a^2+b^2} = a+b$ (pour tous a et b) est fausse ! Archi-fausse ! Pour vous en convaincre, supposons que ce soit vrai, alors on aurait : $\sqrt{9+16} = \sqrt{9}+\sqrt{16} = 3+4 = 7$ alors qu'en fait $\sqrt{9+16} = \sqrt{25} = 5$ (et jusqu'à preuve du contraire $5 \neq 7$, non ?). Ceci pour mettre en garde ceux qui auraient (à tort) simplifié $b(x) = \sqrt{x^2+1}$ en $x+1$!

METHODE 15 : Comment déterminer le sens de variation de la fonction $\sqrt{u}$?

■ **Principe**

C'est enfantin : u et $\sqrt{u}$ ont même sens de variation, la seule chose à laquelle il faut faire gaffe c'est de bien déterminer avant l'ensemble de définition de $\sqrt{u}$ (c'est-à-dire de regarder pour quelles valeurs, u est positive).

■ **Exemple :** *Soit f la fonction définie par* $f : x \to f(x) = \sqrt{2x-3}$. *Déterminer le sens de variation de f.*

On trouve $D_f = \left[\frac{3}{2};+\infty\right[$. Par ailleurs, la fonction $x \to 2x-3$ est une fonction affine strictement croissante (car $2 > 0$), on a donc :

X	$\frac{3}{2}$	$+\infty$
$x \to 2x-3$	0	↗
$x \to \sqrt{2x-3}$	0	↗

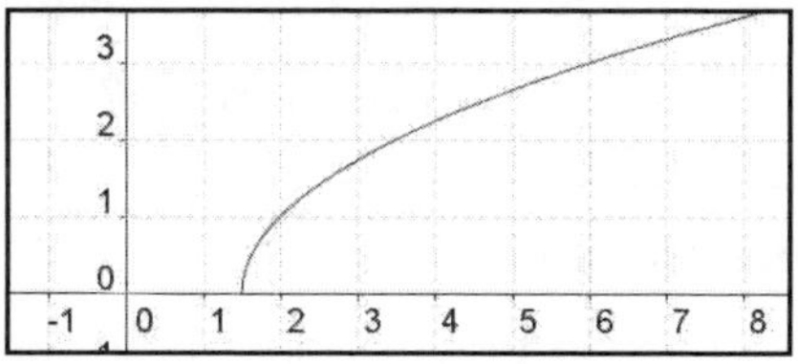

Le tableau de variations et le graphique concordent, on peut être rassuré et continuer...

■ **Exemple :** *Soit g la fonction définie par* $g : x \to g(x) = \sqrt{5-2x}$. *Déterminer le sens de variation de g.*

On a $D_g = \left]-\infty;\frac{5}{2}\right]$. La fonction $x \to 5-2x$ est une fonction affine strictement décroissante (car $-2<0$). On obtient donc sans difficulté :

x	$-\infty$	$\frac{5}{2}$
$x \to 5-2x$	↘	0
$x \to \sqrt{5-2x}$	↘	0

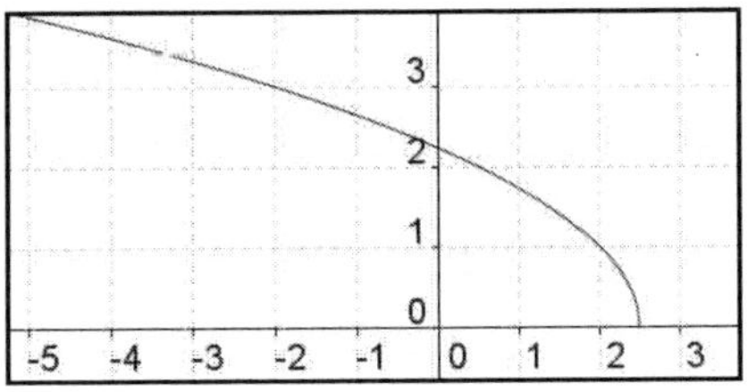

■ **Exemple :** *Soit h la fonction définie par* $h : x \to h(x) = \sqrt{x^2+x+1}$. *Déterminer le sens de variation de h.*

On a $D_h = \mathbb{R}$ (car $x^2+x+1>0$ pour tout x, puisque c'est un trinôme de discriminant négatif, donc de signe constant (positif)). Par ailleurs :

x	$-\infty$		$-\frac{1}{2}$		$+\infty$
$x \to x^2+x+1$		↘	$\frac{3}{4}$	↗	
$x \to \sqrt{x^2+x+1}$		↘	$\sqrt{\frac{3}{4}}$	↗	

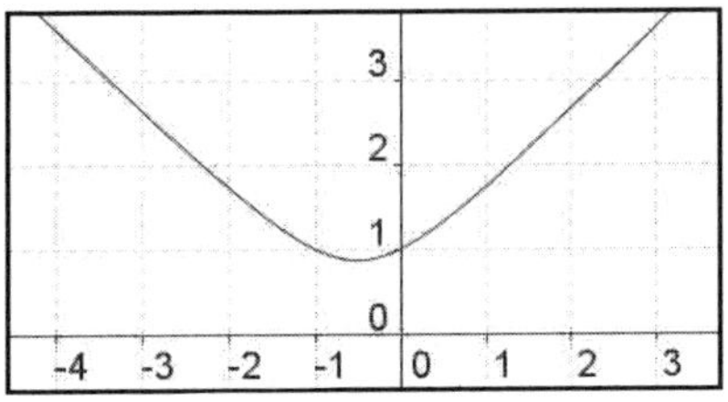

Ça va, jusque là, rien de vraiment bien transcendantal, non ?

B- Fonction $\frac{1}{u}$

METHODE 16 : Comment déterminer le sens de définition de la fonction $\frac{1}{u}$?

■ **Principe**

$\frac{1}{0}$ n'existe pas. A partir de là, on sait qu'il peut exister pour ce genre de fonctions des valeurs interdites. Conclusion : en étudiant les valeurs pour lesquelles le dénominateur s'annule, on peut éliminer les valeurs interdites.

■ **Exemple :** *Soit* f *la fonction définie par* $f : x \to f(x) = \dfrac{1}{3x+1}$. *Déterminer* D_f.

On a $D_f = \left]-\infty;-\frac{1}{3}\right[\cup \left]-\frac{1}{3};+\infty\right[= \mathbb{R} \setminus \left\{-\frac{1}{3}\right\}$ (car $3x+1=0 \Leftrightarrow x = -\frac{1}{3}$).

■ **Exemple :** *Soit* $g : x \to \dfrac{1}{-2x+3}$. *Déterminer* D_g.

On a $D_g = \mathbb{R} \setminus \left\{\frac{3}{2}\right\}$ *(car* $-2x+3=0 \Leftrightarrow x = \frac{3}{2}$).

■ **Exemple :** *Soit* $h : x \to h(x) = \dfrac{1}{x^2-1}$. *Déterminer* D_h.

L'équation $x^2-1=0$ admet pour solution -1 et 1. On a donc : $D_h = \mathbb{R} \setminus \{-1;1\}$.

■ **Exemple :** *Soit* $a : x \to a(x) = \dfrac{1}{x^2+1}$. Déterminer D_a.

On a $D_a = \mathbb{R}$ puisque pour tout $x \in \mathbb{R}$, $x^2+1>0$ (un carré est toujours positif).

■ **Exemple :** *Soit* $c : x \to c(x) = \dfrac{1}{x^2-5x+6}$. Déterminer D_c.

L'équation $x^2-5x+6=0$ admet pour solutions 2 et 3 donc $D_c = \mathbb{R} \setminus \{2;3\}$.

■ **Exemple :** *Soit* $d : x \to d(x) = \dfrac{1}{x^2-4x+4}$. Déterminer D_d.

L'équation $x^2-4x+4=0$ admet 2 pour solution double donc $D_d = \mathbb{R} \setminus \{2\}$.

■ **Exemple :** *Soit* $e : x \to e(x) = \dfrac{1}{x^2+x+1}$. Déterminer D_e.

L'équation $x^2+x+1=0$ n'admet pas de solution. On a donc $D_e = \mathbb{R}$. Ok ?

REMARQUE : Comme on peut le voir avec le dernier exemple, qui dit "fonction $\frac{1}{u}$*" ne dit pas forcément "valeur(s) interdite(s)" mais il faut rester prudent (et zen) lorsqu'on manipule ce genre de fonction.*

■ **Exemple :** *Soit* $j : x \to j(x) = \dfrac{1}{\sqrt{2x-3}}$. Déterminer D_j.

Double difficulté puisqu'il faut d'abord s'occuper de la racine puis du passage à l'inverse. $x \to \sqrt{2x-3}$ est définie sur $\left[\frac{3}{2};+\infty\right[$. Or $\sqrt{2x-3}=0$ équivaut à $x=\frac{3}{2}$. Conclusion : $D_j = \left]\frac{3}{2};+\infty\right[$. Faites gaffe, ok ?

METHODE 17 : Comment déterminer le sens de variation de la fonction $\frac{1}{u}$?

■ Principe

u et $\frac{1}{u}$ ont des sens de variation inversés. Il faut donc commencer par trouver les valeurs qui annulent u puis les identifier comme valeur interdite pour $\frac{1}{u}$ (qui se traduiront pas des doubles barres), puis on construit les tableaux de variations les uns en dessous des autres bien sagement (et comme d'habitude).

■ **Exemple :** *Soit* f *la fonction définie par* $f : x \to f(x) = \frac{1}{3x+1}$. *Déterminer son sens de variation.*

$x \to 3x+1$ est une fonction affine strictement croissante qui s'annule pour $x = -\frac{1}{3}$ (donc $D_f = \mathbb{R} \setminus \left\{-\frac{1}{3}\right\}$), ce qui donne :

x	$-\infty$	$-\frac{1}{3}$	$+\infty$
$x \to 3x+1$	↗	0	↗
$x \to \frac{1}{3x+1}$	↘	‖	↘

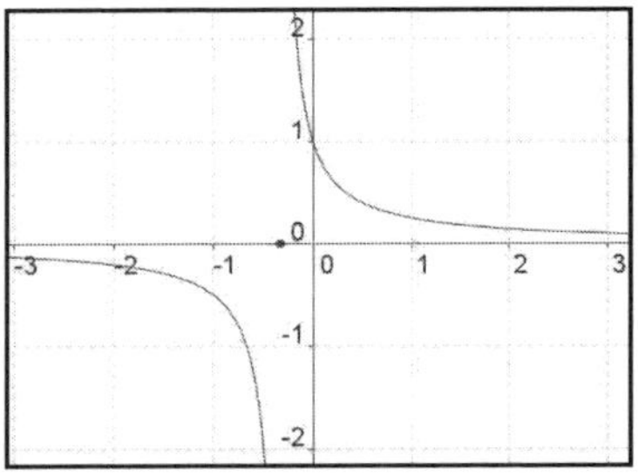

Ça va ? Vous avez pigé le passage à l'inverse qui change le 0 en double barre et qui change le sens des flèches ? Il n'y a rien de plus à comprendre !

■ **Exemple :** *Soit* $g : x \to \frac{1}{-2x+3}$. Déterminer son sens de variation.

$x \to -2x+3$ est une fonction affine strictement décroissante sur $\mathbb{R}$ qui s'annule pour $x = \frac{3}{2}$ (donc $D_g = \mathbb{R} \setminus \left\{\frac{3}{2}\right\}$), on a donc :

x	$-\infty$	$\frac{3}{2}$	$+\infty$
$x \to -2x+3$	↘	0	↘
$x \to \frac{1}{-2x+3}$	↗	‖	↗

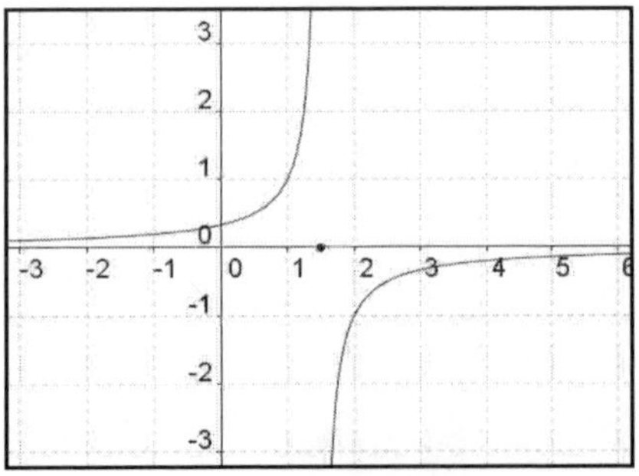

Facile, non ? Attention tout de même à l'exemple qui suit :

■ **Exemple :** *Soit* $a : x \to a(x) = \dfrac{1}{x^2+0,5}$. *Déterminer son sens de variation.*

$x \to x^2+0,5$ est une fonction trinôme du 2nd degré (un petit retour au chapitre 1 peut s'avérer utile en cas de besoin) qui ne s'annule pas (car un carré est strictement positif. Donc $D_a = \mathbb{R}$). $x \to x^2+0,5$ est décroissante sur $]-\infty;0]$ puis croissante sur $[0;+\infty[$ (car $-\dfrac{b}{2a}=0$), on obtient :

x	$-\infty$		0		$+\infty$
$x \to x^2+0,5$		↘	$0,5$	↗	
$x \to \dfrac{1}{x^2+0,5}$		↗	2	↘	

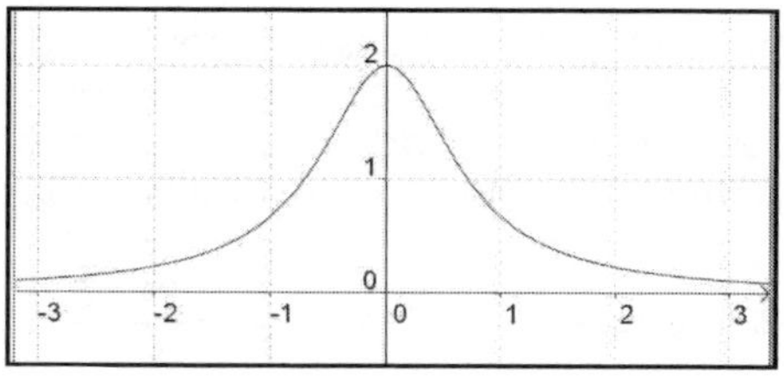

REMARQUE : Pour montrer que $x \to x^2+0,5$ *ne s'annule pas, on peut aussi montrer que son discriminant est négatif (* $\Delta=-2$ *) et donc qu'il n'admet pas de racines.*

Bon maintenant, on va voir un exemple franchement balaise ! (Accrochez-vous !).

■ **Exemple :** *Soit* $c : x \to c(x) = \dfrac{1}{x^2-5x+6}$. *Déterminer son sens de variation.*

$x \to x^2-5x+6$ est une fonction trinôme du 2nd degré qui admet deux racines 2 et 3 (on a donc $D_c = \mathbb{R} \setminus \{2;3\}$). De plus $x \to x^2-5x+6$ est strictement décroissante sur $]-\infty;2,5]$ puis strictement croissante sur $[2,5;+\infty[$ (car $-\dfrac{b}{2a}=2,5$). On a donc :

x	$-\infty$		2		$2,5$		3		$+\infty$
$x \to x^2-5x+6$		↘	0	↘	$-0,25$	↗	0	↗	
$x \to \dfrac{1}{x^2-5x+6}$		↗	‖	↗	-4	↘	‖	↘	

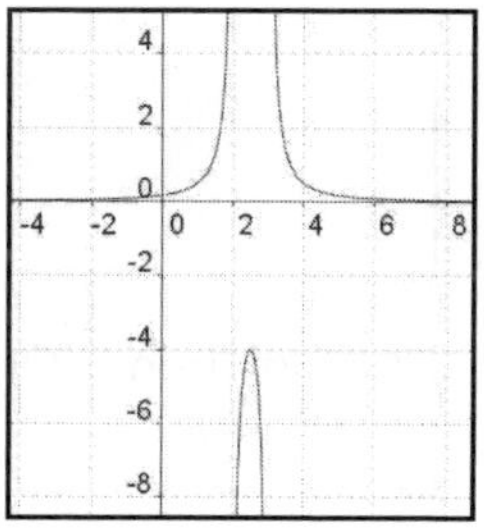

Ah on avait prévenu, il est super balaise cet exemple, ça vaut le coup de s'y attarder un moment et de bien le piger !

5. Quand tout se mélange : comment étudier le sens de variation d'une fonction ?

METHODE 18 : En la décomposant

■ **Principe**

On décompose f (en général il y a une indication sur la décomposition à trouver), puis on construit, comme d'habitude, les tableaux de variations les uns en dessous des autres. Voilà, « *c'est génial* » (comme dirait Patrick Sébastien, qu'on adore chez Method's, car il a le vrai sens de la fête un peu comme certains profs de Maths, enfin n'exagérons rien tout de même...)

■ **Exemple :** *Soit* $f : x \to f(x) = \dfrac{3x-5}{x-2}$ *. Après avoir montré que* $f(x) = 3 + \dfrac{1}{x-2}$*, déterminer le sens de variation de f.*

On a $D_f = \mathbb{R} \setminus \{2\}$.

Pour tout $x \neq 2$, on a : $3 + \dfrac{1}{x-2} = \dfrac{3(x-2)}{x-2} + \dfrac{1}{x-2} = \dfrac{3x-6+1}{x-2} = \dfrac{3x-5}{x-2} = f(x)$

Bien maintenant, nous allons décomposer notre fonction :

$x \to x-2 \to \dfrac{1}{x-2} \to 3 + \dfrac{1}{x-2}$.

Comme $x \to x-2$ est une fonction affine strictement croissante qui s'annule pour $x = 2$, on a :

x	$-\infty$		2		$+\infty$
$x \to x-2$		↗	0	↗	
$x \to \dfrac{1}{x-2}$		↘	‖	↘	
$x \to 3 + \dfrac{1}{x-2}$		↘	‖	↘	

Génial, non ! (On vous avait prévenu !) Allez encore un autre, spécialement pour vous !

■ **Exemple :** *Soit* $g : x \to g(x) = \dfrac{4-2x}{3-2x}$ *. Après avoir montré que* $g(x) = 1 + \dfrac{1}{-2x+3}$*, déterminer le sens de variation de g.*

On a : $D_g = \mathbb{R} \setminus \left\{\dfrac{3}{2}\right\}$.

Pour tout $x \neq \frac{3}{2}$, on a : $1+\frac{1}{-2x+3}=\frac{-2x+3}{-2x+3}+\frac{1}{-2x+3}=\frac{-2x+4}{-2x+3}=\frac{4-2x}{3-2x}=g(x)$

Maintenant on décompose : $x \to -2x+3 \to \frac{1}{-2x+3} \to 1+\frac{1}{-2x+3}$

Comme $x \to -2x+3$ est une fonction affine décroissante qui s'annule pour $x=1{,}5$, on a :

x	$-\infty$	$1{,}5$	$+\infty$
$x \to -2x+3$	↘	0	↘
$x \to \frac{1}{-2x+3}$	↗	‖	↗
$x \to 1+\frac{1}{-2x+3}$	↗	‖	↗

Génial, c'est génial, c'est la fête, c'est la fiesta et faites tourner, tourner les serviettes... (pas en cours de Maths, attention, votre prof comprendrait pas pourquoi, assis sur votre chaise, vous seriez en train de faire tourner votre serviette (ou votre trousse, ou n'importe quoi qui traîne) après votre décomposition de fonction...), non il ne comprendrait vraiment pas...
Bon, vous voyez, ce chapitre n'est vraiment pas difficile.

Réflexes

	SITUATIONS	REFLEXES
1.	Passer à la valeur absolue	Utiliser : ▪ Si $0 \leq a < b$, alors $\lvert a\rvert < \lvert b\rvert$. ▪ Si $a < b \leq 0$, alors $\lvert a\rvert > \lvert b\rvert$.
2.	Passer à la racine	Utiliser : ▪ Si $0 \leq a < b$, alors $\sqrt{a} < \sqrt{b}$.
3.	Obtenir les variations de $u+k$	Ce sont les mêmes que celles de u.
4.	Obtenir les variations de λu	▪ Si $\lambda > 0$, λu et u ont les mêmes variations. ▪ Si $\lambda > 0$, λu et u ont des variations contraires l'une de l'autre.
5.	Obtenir les variations de $\sqrt{u}$	Ce sont les mêmes que celles de u (il faut juste faire attention à l'ensemble de définition).
6.	Obtenir les variations de $\frac{1}{u}$	$\frac{1}{u}$ et u ont des variations contraires (il faut aussi faire attention à l'ensemble de définition).
7.	Etudier les variations d'une fonction	Décomposer et surtout construire les tableaux de variations les uns en dessous des autres, en faisant bien attention aux valeurs interdites !

Astuces

■ Utiliser à fond Geogebra pour comprendre tout ce qu'on a fait dans ce chapitre (exemple après exemple). Si vous comprenez graphiquement tout ce qui se passe, vous comprendrez tout court !

■ Dès le chapitre 4, nous disposerons d'un outil radicalement efficace pour étudier les variations de fonctions (nous n'aurons donc plus besoin de décomposer une fonction) : la dérivation. Néanmoins, il est toujours important de connaître plusieurs méthodes pour résoudre un problème de Maths (comme ça on a le choix) : bossez donc bien ce chapitre qui permet d'étudier les variations d'une fonction, courage !

Erreurs

■ Attention à ne pas oublier les valeurs interdites : si vous manipulez $\frac{1}{u}$, il ne faut pas que u s'annule, pour $\sqrt{u}$, il ne faut pas que u soit négatif !

Chapitre 3

METHODES DE DERIVATION

Chapitre très technique, la dérivation est un outil puissant et performant qu'il faut absolument maîtriser. Pourquoi ? Parce que toute étude de fonction à venir utilisera justement un calcul de dérivée et une étude de signe (donc autant être fort dans ce domaine...).
Le but de ce chapitre est de vous apprendre à dériver dans toutes les situations que vous devriez rencontrer (génial !). Son but est de vous faire appliquer chaque méthode avec le moins d'hésitation possible et donc de gagner en rapidité. Au chapitre suivant, vous verrez l'outil de la dérivation s'appliquer aux études de fonction : la croissance ou la décroissance d'une fonction dépendra du signe de sa dérivée. Vous avez donc toutes les bonnes raisons de vous investir à fond dans ce chapitre. (Quand bien même il y aurait un bon film ce soir, un bon match, ou un bon concert...) Réservez votre soirée (et quittez donc votre fauteuil confortable déjà installé devant la télévision) car sur votre chaise bien dure et votre bureau pas drôle vous allez devenir le (ou la) pro de la dérivation que vous avez toujours rêvé d'être !

1. Comment calculer un nombre dérivé ?

Le nombre dérivé d'une fonction f en a, noté $f'(a)$, est le coefficient directeur (ou la pente) de la tangente T_a (tangente à la courbe C_f, passant par le point d'abscisse a). On comprendra mieux son rôle clef au chapitre suivant. Tout ce qu'on peut vous dire pour l'instant c'est qu'il est impératif de connaître toutes les méthodes pour déterminer un nombre dérivé. Mais quelle chance, les méthodes qui suivent sont justement là pour ça !

METHODE 1 : Utiliser la limite du taux d'accroissement

■ **Principe**

On calcule $\frac{f(a+h)-f(h)}{h}$ (c'est ce qu'on appelle le taux d'accroissement de f en a) et on étudie sa limite lorsque h tend vers 0, la limite trouvée (si elle existe) est : $f'(a)$. Si vous ne savez pas ce qu'est une limite, pas de panique, vous allez voir que c'est très simple !

■ **Exemple :** *Soit* f *la fonction définie par* $f : x \to f(x) = x^2$. *Déterminer (s'il existe) le nombre dérivé* $f'(1)$.

On a $\frac{f(1+h)-f(1)}{h}=\frac{(1+h)^2-1^2}{h}=\frac{1+2h+h^2-1}{h}=\frac{2h+h^2}{h}=\frac{2h}{h}+\frac{h^2}{h}=2+h$

Lorsque h tend vers 0, et bien $2+h$ tend vers $2+0$ c'est-à-dire vers 2.
Conclusion : $f'(1)=2$.

REMARQUES : a) « Mézofet » que représente ce fameux taux d'accroissement $\frac{f(a+h)-f(h)}{h}$ *? Et bien, regardez la figure de gauche en dessous : il s'agit du coefficient directeur de la sécante à la courbe, c'est-à-dire de la droite (AB), En effet, d'après le cours de seconde la droite (AB) a pour coefficient directeur* $\frac{y_B-y_A}{x_B-x_A}$ *c'est-à-dire :* $\frac{f(a+h)-f(a)}{a+h-a}$ *soit :* $\frac{f(a+h)-f(a)}{h}$.

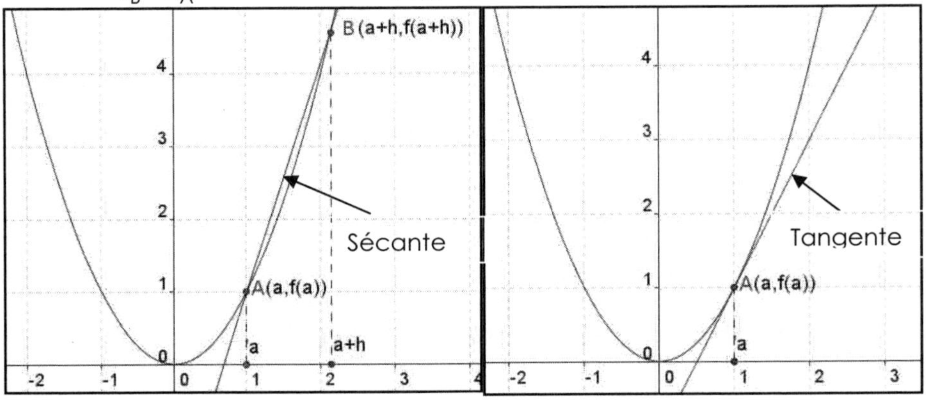

Et ce qu'il y a de magique, c'est que quand h tend vers 0, le point B se rapproche du point A (jusqu'à se confondre à lui, regardez la figure de droite), et la sécante (AB) devient une tangente : la tangente T_a *! (On vous conseille de le faire avec Geogebra, c'est trop beau, vraiment ça va vous donner des frissons...)*

b) De même (mais il faut étudier le taux d'accroissement) on pourrait montrer que : $f'(-1)=-2$, $f'(3)=6$, $f'(4)=8$ *(essayez !), on peut même montrer que pour tout x,* $f'(x)=2x$ *(voir exercice 7).*

■ **Exemple** : *Soit* f *la fonction définie par* $f:x\to f(x)=\sqrt{1+x}$. *Déterminer (s'il existe) le nombre dérivé* $f'(0)$.

On a $\frac{f(h)-f(0)}{h}=\frac{\sqrt{1+h}-\sqrt{1}}{h}$.

A ce stade il faut penser à multiplier haut et bas par la quantité conjuguée de $\sqrt{1+h}-1$ (vous connaissez ?), c'est-à-dire $\sqrt{1+h}+1$ (d'accord ?).

On a : $\frac{\sqrt{1+h}-1}{h}=\frac{(\sqrt{1+h}-1)(\sqrt{1+h}+1)}{h(\sqrt{1+h}+1)}=\frac{(1+h)-1}{h(\sqrt{1+h}+1)}=\frac{h}{h(\sqrt{1+h}+1)}=\frac{1}{\sqrt{1+h}+1}$.

Ainsi $\lim\limits_{h \to 0} \dfrac{\sqrt{1+h}-1}{h} = \lim\limits_{x \to 0} \dfrac{1}{\sqrt{1+h}+1} = \dfrac{1}{\sqrt{1}+1} = \dfrac{1}{2}$. Donc $f'(0)$ existe et $f'(0) = \dfrac{1}{2}$.

METHODE 2 : En utilisant un logiciel de calcul formel

■ **Principe**

Un logiciel de calcul formel sait calculer des limites, profitons-en !

■ **Exemple :** *Soit* f *la fonction définie par* $f : x \to f(x) = x^2$. *Calculer* $f'(3)$.

On a $\lim\limits_{h \to 0} \dfrac{f(3+h)-f(3)}{h} = \lim\limits_{h \to 0} \dfrac{(3+h)^2 - 3^2}{h}$, ensuite on utilise Xcas :

```
limit(((3+h)^2-3^2)/h,h,0)
                                                    6
```

Conclusion $f'(3) = 6$. Pas mal le calcul formel, non ?

METHODE 3 : Par lecture graphique

■ **Principe**

On applique cette méthode lorsque la courbe de f, C_f et la tangente sont déjà tracées sur un même graphique. On rappelle que f'(a) désigne le coefficient directeur de la tangente T_a (tangente à C_f passant par le point d'abscisse a).

■ **Exemple** : *Dans le repère ci-dessous est représentée* C_f *la courbe de* f, *ainsi que quelques tangentes à la courbe.*

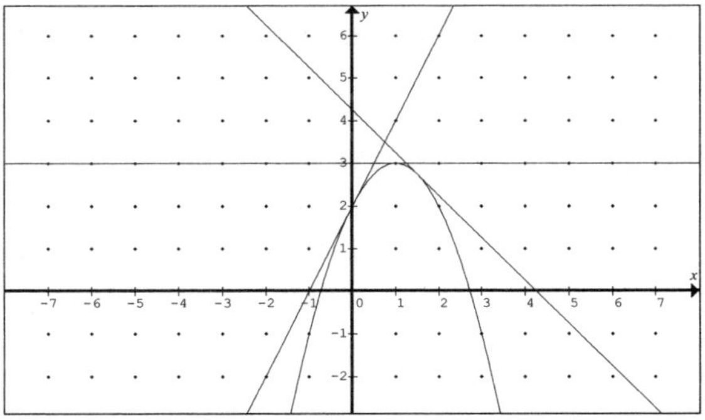

Les coefficients directeurs de chacune des 3 tangentes T_0, T_1 et $T_{\frac{3}{2}}$ (passant par les points de C_f d'abscisse 0, 1, et $\frac{3}{2}$) sont graphiquement 2, 0 et -1.

On a donc $f'(0) = 2$, $f'(1) = 0$ et $f'\left(\frac{3}{2}\right) = -1$.

Bien sûr si vous ne souvenez plus comment on détermine le coefficient directeur d'une droite (non verticale), lisez ce qui suit :

■ **Rappels**

Le coefficient directeur m (ou la pente) d'une droite (non verticale) se lit graphiquement de la manière suivante : on part d'un point quelconque de la droite, on avance d'une unité à droite et on regarde de combien on monte ou descend pour retomber sur la droite (dans un repère orthonormé). Ce nombre m est le coefficient directeur de la droite.

Voici par exemple, la droite $y = 3x + 2$ de coefficient directeur $m = 3$: lorsqu'on avance de 1 vers la droite, on monte bien de 3 pour rejoindre la droite !

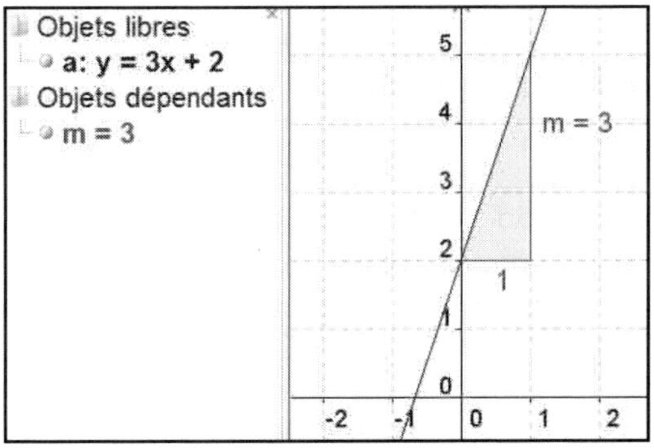

METHODE 4 : En utilisant un logiciel de géométrie dynamique

■ **Principe**

On trace C_f la courbe de f, ainsi que la tangente concernée. Ensuite, soit on prend l'icône pente (sous Geogebra) qui nous donne directement f'(a) le coefficient directeur de la tangente T_a (car la pente et le coefficient directeur, c'est pareil, c'est synonyme !), soit on clique sur le bouton droit de l'équation de la tangente (colonne algébrique) pour sélectionner l'équation réduite et on lit le coefficient directeur. (Si par exemple l'équation réduite est $y = 2x + 3$, le coeff directeur vaut 2 : c'est le coeff devant x, souvenez-vous !)

■ **Exemple** : *Soit* f *la fonction définie par* $f : x \to f(x) = -x^2 + 4x$. *Déterminer* $f'(1)$.

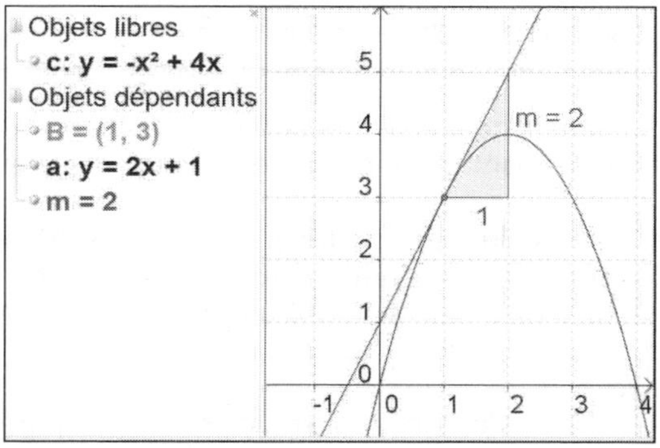

Dans la ligne de saisie, on écrit y=-x^2+4*x pour tracer la courbe $y=-x^2+4x$.

On place sur la courbe le point (B) d'abscisse 1. (bah oui puisqu'on veut $f'(1)$).

On prend l'icône "tangente", on clique sur le point puis sur la courbe et hop elle apparaît (on vient donc de lui demander de tracer T_1).

On prend l'icône "pente", et on clique sur la tangente T_1. Geogebra fait apparaître $m=2$. Conclusion, la pente (ou le coefficient directeur, c'est pareil) de la tangente T_1 vaut 2, ce qui se traduit par $f'(1)=2$ (car par définition $f'(a)$ est le coefficient directeur (ou la pente) de T_a). Facile, non ?

METHODE 5 : En utilisant la calculatrice

■ Principe

La calculatrice sait trouver le nombre dérivé ! Pour trouver $f'(2)$ par exemple :

Avec une TI : Math>8 :nderiv>nDeriv(f(x),x,2)>Enter.

Avec une casio : Menu 1(Run)>OPTN F4(Calc)>F2(d/dx) (entrer la fonction et mettre 2).

METHODE 6 : En utilisant f'(x)

■ Principe

On dérive directement la fonction f à l'aide des formules usuelles (voir partie 2), puis on remplace x par a dans l'expression donnant $f'(x)$.

■ **Exemple :** *Soit* f *la fonction définie par* $f: x \to f(x)=x^2$. *Calculer* $f'(2)$.

On a $f'(x)=2x$ (voir tableau de la méthode 7) d'où $f'(2)=2\cdot 2=4$.

2. Comment calculer une dérivée ?

Calculer une dérivée n'est pas quelque chose de franchement amusant mais pas franchement déplaisant non plus. Pour vous motiver, voici quelques conseils :

a) La dérivation est une série de recettes (ne dites pas ça à votre professeur, cela risquerait de l'énerver un petit peu), il n'y a pas grand chose à comprendre, il faut juste être très concentré afin d'éviter les erreurs de calculs. (Ce qui ne doit pas forcément faire de vous des adeptes du "bourrinage", mais plutôt de fins calculateurs !)

b) La dérivation est très utile (on le verra dans le chapitre suivant avec le principe de Lagrange notamment) et donc tout ce que vous allez faire maintenant sera réutilisé par la suite. (Alors autant être bon, hein ?)

c) Enfin, la dérivation est incontournable, à un tel point d'ailleurs que tout le monde vous prendrait pour un barbare ou un vandale si vous ne saviez pas dériver en 1re S (la honte quoi...)

Bon on vous a convaincu ? Non ? (Mais si ! Vous allez voir !)

METHODE 7 : Utiliser les formules usuelles

■ **Principe**

Il faut pour cela apprendre par cœur (oui par cœur !) le tableau suivant :

f(x)	f'(x)	Intervalle de dérivation
$k \in \mathbb{R}$ (constante)	0	$\mathbb{R}$
x	1	$\mathbb{R}$
x^n (n entier, $n \geq 1$)	nx^{n-1}	$\mathbb{R}$
$\frac{1}{x}$	$-\frac{1}{x^2}$	$]-\infty;0[\cup]0;+\infty[$
$\sqrt{x}$	$\frac{1}{2\sqrt{x}}$	$]0;+\infty[$

Et enfin bien connaître les formules : $(u+v)' = u'+v'$ et $(ku)' = ku'$ $(k \in \mathbb{R})$.

■ **Exemple** : *Soit* $f : x \to f(x) = 3$. *Alors* $I = \mathbb{R}$ et $f'(x) = 0$ (la dérivée d'une constante est toujours nulle).

■ **Exemple** : *Soit* $g : x \to g(x) = x$. *Alors* $I = \mathbb{R}$ et $g'(x) = 1$.

■ **Exemple** : *Soit* $h : x \to h(x) = x+3$. *Alors* $I = \mathbb{R}$ et $h'(x) = 1$.

■ **Exemple** : *Soit* $g : x \to g(x) = 2x$. *Alors* $I = \mathbb{R}$ et $g'(x) = 2 \cdot 1 = 2$.

■ **Exemple** : *Soit* $a : x \to a(x) = x^2$. *Alors* $I = \mathbb{R}$ et $a'(x) = 2x$.

■ **Exemple** : *Soit* $b : x \to b(x) = x^3$. *Alors* $I = \mathbb{R}$ et $b'(x) = 3x^2$.

■ **Exemple** : *Soit* $c : x \to c(x) = x^{77}$. *Alors* $I = \mathbb{R}$ et $c'(x) = 77x^{76}$.

■ **Exemple** : *Soit* f *la fonction définie par* $f : x \to f(x) = 4{,}1x^3 - 51x^2 + x - 1{,}3$. *Déterminer l'intervalle de dérivation* I *de* f *puis calculer* $f'(x)$.

On a $I = \mathbb{R}$ car f est une fonction polynôme (somme de fonctions toutes dérivables sur $\mathbb{R}$). Enfin on a pour tout $x \in \mathbb{R}$,
$f'(x) = 4{,}1 \cdot 3x^2 - 51 \cdot 2x + 1 - 0 = 12{,}3x^2 - 102x + 1$.

■ **Exemple** : *Soit* f *la fonction définie par* $f : x \to f(x) = 6x^2 - 5x + \frac{2}{x} - \sqrt{x}$. *Déterminer l'intervalle de dérivation* I *de* f *puis calculer* $f'(x)$.

On a $I =]0;+\infty[$ car $x \to \sqrt{x}$ est dérivable sur $]0;+\infty[$ et $x \to \frac{1}{x}$ est dérivable sur $\mathbb{R}^*$. Enfin pour tout x, $f'(x) = 6 \cdot 2x - 5 \cdot 1 + 2 \cdot \left(-\frac{1}{x^2}\right) - \frac{1}{2\sqrt{x}}$.

C'est-à-dire : $f'(x) = 12x - 5 - \frac{2}{x^2} - \frac{1}{2\sqrt{x}}$. Ça va ?

METHODE 8 : Utiliser la formule $(u \cdot v)' = u'v + uv'$

■ **Principe**
Cette formule est à utiliser lorsque f s'exprime comme le produit de 2 fonctions.

■ **Exemple** : *Soit* f *la fonction définie par* $f : x \to f(x) = (2x - 1)(3x^2 - 1)$.
Déterminer l'intervalle de dérivation I *de* f *puis calculer* $f'(x)$.

On a $I = \mathbb{R}$ car f est le produit de deux fonctions polynômes dérivables sur $\mathbb{R}$.
On a $f(x) = u(x) \cdot v(x)$ avec $\begin{cases} u(x) = 2x - 1 \\ v(x) = 3x^2 - 1 \end{cases}$ et $\begin{cases} u'(x) = 2 \\ v'(x) = 6x \end{cases}$.
Ainsi $f'(x) = u'(x) \cdot v(x) + u(x) \cdot v'(x)$. C'est-à-dire :
$f'(x) = 2 \cdot (3x^2 - 1) + (2x - 1) \cdot 6x = 6x^2 - 2 + 12x^2 - 6x$
C'est-à-dire : $f'(x) = 18x^2 - 6x - 2$

■ **Exemple** : *Soit* f *la fonction définie par* $f : x \to f(x) = x\sqrt{x}$. *Déterminer l'intervalle de dérivation* I *de* f *puis calculer* $f'(x)$.

On a $I =]0;+\infty[$ car $x \to \sqrt{x}$ est dérivable sur $]0;+\infty[$ ($x \to x$ ne pose aucun problème, elle est dérivable sur $\mathbb{R}$, donc sur $]0;+\infty[$).

On a pour tout x, $f(x) = u(x) \cdot v(x)$ avec $\begin{cases} u(x) = x \\ v(x) = \sqrt{x} \end{cases}$ et $\begin{cases} u'(x) = 1 \\ v'(x) = \dfrac{1}{2\sqrt{x}} \end{cases}$.

Ainsi : $f'(x) = u'(x) \cdot v(x) + u(x) \cdot v'(x)$.

C'est-à-dire : $f'(x) = 1 \cdot \sqrt{x} + x \cdot \dfrac{1}{2\sqrt{x}} = \sqrt{x} + \dfrac{x}{2\sqrt{x}} = \sqrt{x} + \dfrac{\sqrt{x} \cdot \sqrt{x}}{2\sqrt{x}} = \sqrt{x} + \dfrac{\sqrt{x}}{2}$.

Et donc $f'(x) = \dfrac{3}{2}\sqrt{x}$. Cet exemple est un classique, il faut bien le connaître !

■ **Erreur classique**

Penser que $(u \cdot v)' = u' \cdot v'$ au lieu de $u' \cdot v + u \cdot v'$ (c'est dommage que ça ne soit pas aussi simple mais c'est comme ça !)

METHODE 9 : Utiliser la formule $(u^2)' = 2u \cdot u'$

■ **Principe**

C'est une généralisation de la formule $(x^2)' = 2x$ mais valable pour toute fonction u !

■ **Exemple** : *Soit* f *la fonction définie par* $f : x \to f(x) = (3x-1)^2$. *Déterminer l'intervalle de dérivation* I *de* f *puis calculer* $f'(x)$.

On a $I = \mathbb{R}$ car f est une fonction polynôme. On a pour tout x, $f(x) = (u(x))^2$ avec $\begin{cases} u(x) = 3x - 1 \\ u'(x) = 3 \end{cases}$. Ainsi : $f'(x) = 2(u(x)) \cdot u'(x) = 2(3x-1) \cdot 3$, c'est-à-dire : $f'(x) = 6(3x-1)$ soit : $f'(x) = 18x - 6$.

■ **Erreur classique**

Ecrire $(u^2)' = 2u$ au lieu de $(u^2)' = 2u \cdot u'$ (n'oubliez pas u' !)

REMARQUE : on l'a déjà dit mais la formule $(u^2)' = 2uu'$ *(valable pour toute fonction u) est une généralisation de la formule* $(x^2)' = 2x$. *En effet, si vous prenez* $u(x)=x$, *vous aurez* $u'(x)=1$ *et* $\left(u^2\right)'=2uu'$ *donnera* $\left(x^2\right)'=2\cdot x\cdot 1=2x$ *on retrouve bien la formule* $\left(x^2\right)'=2x$. *Magique, non ?*

L'exemple suivant est très instructif :

■ **Exemple** : *Soit* g *la fonction définie par* $g: x\to g(x)=(-x-2)^2$. *Déterminer l'intervalle de dérivation* I *de* g *puis calculer* $g'(x)$.

On a $I=\mathbb{R}$ car g est une fonction polynôme. On a pour tout x, $g(x)=(u(x))^2$ avec $\begin{cases}u(x)=-x-2\\u'(x)=-1\end{cases}$. Ainsi : $g'(x)=2(u(x))\cdot u'(x)=2(-x-2)\cdot(-1)$, c'est-à-dire : $g'(x)=-2(-x-2)$ soit : $g'(x)=2x+4$.

REMARQUE : Nous allons voir une autre méthode n'utilisant pas cette formule. On développe d'abord $g(x)$ *puis on la dérive. On obtient :*

$g(x)=(-x-2)^2=(-x)^2-2(-x)2+2^2$ *(d'après l'identité remarquable* $(m-p)^2=m^2-2mp+p^2$*). Ainsi* $g(x)=x^2+4x+4$ *et donc* $g'(x)=2x+4$. *On retrouve le même résultat, rassurant non ?*

METHODE 10 : Utiliser la formule $\left(\frac{1}{v}\right)'=-\frac{v'}{v^2}$

■ Principe

C'est une généralisation de la formule $\left(\frac{1}{x}\right)'=-\frac{1}{x^2}$ mais valable cette fois-ci pour toute fonction v (où $v(x)\neq 0$ pour tout x).

■ **Exemple** : *Soit* f *la fonction définie par* $f: x\to f(x)=\frac{1}{2x+1}$. *Déterminer l'intervalle de dérivation* I *de* f *puis calculer* $f'(x)$.

On a $I=\mathbb{R}\setminus\left\{-\frac{1}{2}\right\}$ car $2x+1=0$ équivaut à $x=-\frac{1}{2}$.

On a $f(x)=\frac{1}{v(x)}$ avec $\begin{cases}v(x)=2x+1\\v'(x)=2\end{cases}$. Ainsi $f'(x)=-\frac{v'(x)}{(v(x))^2}=-\frac{2}{(2x+1)^2}$.

REMARQUE IMPORTANTE : Surtout ne développez pas le dénominateur (c'est-à-dire le terme du bas) en transformant $(2x+1)^2$ *en* $4x^2+4x+1$. *Non c'est parfait comme ça, ça ne sert à rien d'aller plus loin, ça complique inutilement les choses ! Dans le chapitre suivant on étudiera le signe de cette dérivée or il est beaucoup plus simple d'étudier le signe de* $(2x+1)^2$ *(car on voit que c'est un carré) que le signe de* $4x^2+4x+1$. *Ok ?*

■ **Exemple** : *Soit* j *la fonction définie par* $j: x \to j(x) = \frac{1}{x^2+1}$. *Déterminer l'intervalle de dérivation* I *de* j *puis calculer* $j'(x)$.

On a $I = \mathbb{R}$ car $x^2+1 \geq 1$ (et oui un carré est toujours positif donc il n'y a pas de valeur interdite !).

On a $j(x) = \frac{1}{v(x)}$ avec $\begin{cases} j(x) = x^2+1 \\ j'(x) = 2x \end{cases}$. Ainsi $j'(x) = -\frac{v'(x)}{(v(x))^2} = -\frac{2x}{(x^2+1)^2}$.

■ **Exemple** : *Soit* f *la fonction définie par* $f: x \to f(x) = \frac{1}{\sqrt{x}}$.

Déterminer l'intervalle de dérivation I *de* f *puis calculer* $f'(x)$.

On a $I =]0;+\infty[$ car $x \to \sqrt{x}$ est dérivable sur $]0;+\infty[$.

On a $f(x) = \frac{1}{v(x)}$ avec $v(x) = \sqrt{x}$ et $v'(x) = \frac{1}{2\sqrt{x}}$.

Ainsi $f'(x) = -\frac{v'(x)}{(v(x))^2} = -\frac{\frac{1}{2\sqrt{x}}}{(\sqrt{x})^2} = -\frac{\frac{1}{2\sqrt{x}}}{x} = -\frac{1}{2x\sqrt{x}}$

■ **Erreur classique**

Ecrire que $\left(\frac{1}{v}\right)' = -\frac{1}{v^2}$ au lieu de $-\frac{v'}{v^2}$ (n'oubliez pas v' !)

METHODE 11 : Utiliser la formule $\left(\frac{u}{v}\right)' = \frac{u' \cdot v - u \cdot v'}{v^2}$

■ **Principe**

Cette formule est à utiliser lorsque f s'écrit sous forme d'un quotient de deux fonctions u et v, où $v(x) \neq 0$ pour tout x.

■ **Exemple** : *Soit* f *la fonction définie par* $f: x \to f(x) = \frac{2x-5}{3x-2}$. *Déterminer l'intervalle de dérivation* I *de* f *puis calculer* $f'(x)$.

On a : $I = \mathbb{R} \setminus \left\{\frac{2}{3}\right\}$ en effet $3x-2=0$ équivaut à $3x=2$ soit $x = \frac{2}{3}$.

On a $f(x)=\dfrac{u(x)}{v(x)}$ avec $\begin{cases} u(x)=2x-5 \\ v(x)=3x-2 \end{cases}$ et $\begin{cases} u'(x)=2 \\ v'(x)=3 \end{cases}$.

Ainsi $f'(x)=\dfrac{u'(x)\cdot v(x)-u(x)\cdot v'(x)}{\left(v(x)\right)^2}$ c'est-à-dire : $f'(x)=\dfrac{2(3x-2)-(2x-5)3}{(3x-2)^2}$.

Ce qui nous donne $f'(x)=\dfrac{6x-4-(6x-15)}{(3x-2)^2}=\dfrac{6x-4-6x+15}{(3x-2)^2}=\dfrac{11}{(3x-2)^2}$.

■ **Exemple** : *Soit* k *la fonction définie par* $k:x\to k(x)=\dfrac{4x-3}{3x+1}$. *Déterminer l'intervalle de dérivation* I *de* k *puis calculer* $k'(x)$.

On a : $I=\mathbb{R}\setminus\left\{-\dfrac{1}{3}\right\}$ en effet $3x+1=0$ équivaut à $3x=-1$ soit $x=-\dfrac{1}{3}$.

On a $k(x)=\dfrac{u(x)}{v(x)}$ avec $\begin{cases} u(x)=4x-3 \\ v(x)=3x+1 \end{cases}$ et $\begin{cases} u'(x)=4 \\ v'(x)=3 \end{cases}$.

Ainsi $k'(x)=\dfrac{u'(x)\cdot v(x)-u(x)\cdot v'(x)}{\left(v(x)\right)^2}$ c'est-à-dire : $k'(x)=\dfrac{4(3x+1)-(4x-3)3}{(3x+1)^2}$.

Ce qui nous donne $k'(x)=\dfrac{12x+4-(12x-9)}{(3x+1)^2}=\dfrac{12x+4-12x+9}{(3x+1)^2}=\dfrac{13}{(3x+1)^2}$.

■ **Exemple** : *Soit* g *la fonction définie par* $g:x\to g(x)=\dfrac{3x-1}{x^2+x-2}$. *Déterminer l'intervalle de dérivation* I *de* f *puis calculer* $g'(x)$.

Pour déterminer I, nous devons déterminer les zéros éventuels de $x\to x^2+x-2$.

Un calcul simple de discriminant nous donne les racines de x^2+x-2 (voir chapitre 1) qui sont : 1 et -2. Ainsi $I=\mathbb{R}\setminus\{-2;1\}=\left]-\infty;-2\right[\cup\left]-2,1\right[\cup\left]1;+\infty\right[$.

On a $g(x)=\dfrac{u(x)}{v(x)}$ avec $\begin{cases} u(x)=3x-1 \\ v(x)=x^2+x-2 \end{cases}$ et $\begin{cases} u'(x)=3 \\ v'(x)=2x+1 \end{cases}$.

Ainsi $g'(x)=\dfrac{u'(x)\cdot v(x)-u(x)\cdot v'(x)}{\left(v(x)\right)^2}$ c'est-à-dire : $g'(x)=\dfrac{3\left(x^2+x-2\right)-(3x-1)(2x+1)}{\left(x^2+x-2\right)^2}$.

Ce qui nous donne $g'(x)=\dfrac{3x^2+3x-6-\left(6x^2+3x-2x-1\right)}{\left(x^2+x-2\right)^2}=\dfrac{-3x^2+2x-5}{\left(x^2+x-2\right)^2}$.

METHODE 12 : En utilisant un logiciel de calcul formel

■ **Principe**

Allez, on va chercher Xcas... Par contre, vous pouvez faire une croix sur l'intervalle de dérivation, c'est un logiciel, on lui demande de dériver, il dérive (c'est bête une machine), car pour lui tout est dérivable, il y va, il s'en fo... pardon il s'en fiche !

■ **Exemple** : *Soit* f *la fonction définie par* $f : x \to f(x) = x^3 - 5x^2 + 6{,}2x - 1{,}3$. *Calculer* $f'(x)$.

Tout d'abord, ne pas mettre d'accent aigu : écrire deriver et pas dériver. Ensuite bien faire attention que le nombre à virgule 6,2 se notera 6.2 dans le logiciel. Enfin, il faut toujours préciser que vous dérivez par rapport à x : c'est pour cela qu'on a le « ,x » à la fin. Ok ?

```
deriver(x^3-5*x^2+6.2*x-1.3,x)
                                        3x^2 - 5*2x + 6.2
```

Bon c'est déjà pas mal, mais on va lui demander de faire un peu mieux, c'est-à-dire de simplifier un peu l'expression. Pour cela, on écrit dans la ligne du dessous : simplifier(puis on clique sur l'expression qui vient d'être donnée. On tape ensuite sur Entrée.

```
deriver(x^3-5*x^2+6.2*x-1.3,x)
                                        3x^2 - 5*2x + 6.2
simplifier((3*x^2-5*2*x+6.2)
                                        3x^2 - 10x + 6.2
```

Génial, non ? Sinon vous pouvez dériver à la main, vous trouverez le même résultat, bien évidemment (ou alors c'est que vous vous êtes planté !)

■ **Exemple** : *Soit* f *la fonction définie par* $f : x \to f(x) = \dfrac{3x-1}{2x+5}$. *Calculer* $f'(x)$.

Cet exemple est très instructif car il permet de se rendre compte qu'une machine n'est finalement qu'une machine et qu'elle ne fait pas tout (c'est rassurant pour l'espèce humaine tout de même).

Quand on dérive à la main, soi même (et on vous invite à le faire), on trouve un résultat assez synthétique : $f'(x) = \dfrac{17}{(2x+5)^2}$

Et pourtant, l'ordinateur n'y arrive pas aussi bien !

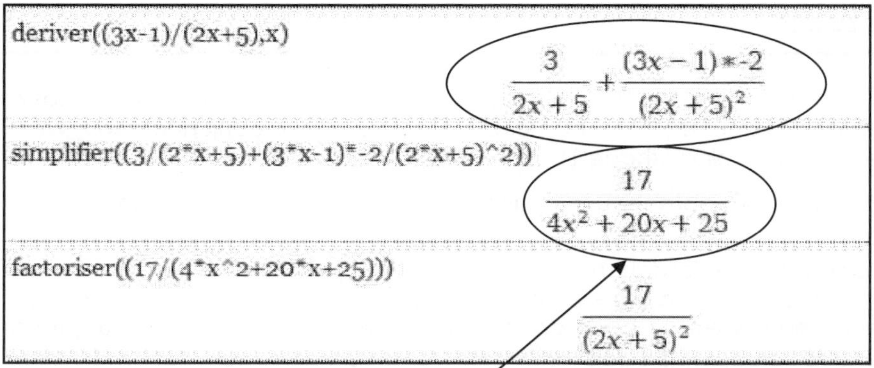

Il faut donc l'aider, pour cela, le premier réflexe serait de lui demander de simplifier : on écrit *simplifier(* on clique sur l'expression précédente puis on tape sur la touche Entrée : c'est pas mal mais c'est toujours pas ça, en effet sachez qu'il faut fuir les formes développées au dénominateur (vous comprendrez pourquoi au prochain chapitre !). En fait le bon réflexe consiste à lui demander de factoriser l'expression, ce n'est pas trop tard : on écrit *factoriser(* on clique sur l'expression précédente puis sur Entrée et on obtient le magnifique résultat tant attendu. Pfou, sympa le calcul formel à condition de savoir qu'il faut parfois aider un ordinateur pour qu'il trouve ce que vous cherchez ! Maintenant, faut aller voir les exos, bon courage !

Réflexes

	SITUATIONS	**REFLEXES**
1.	Déterminer le nombre dérivé f′(a)	1) Utiliser $\lim\limits_{h\to 0}\dfrac{f(a+h)-f(a)}{h}$ si l'étude est locale et si le calcul de f′(x) vous est demandé à une question ultérieure. 2) Utiliser le coefficient directeur de la tangente si l'exercice est géométrique, c'est-à-dire si l'on vous donne seulement la courbe de f et la tangente. 3) Utiliser f′(x) si vous l'avez calculé à la question précédente.
2.	Dériver une fonction polynôme	1) Utiliser les formules usuelles (du tableau) si l'expression est sous forme développée. 2) Utiliser $(u\cdot v)' = u'\cdot v + u\cdot v'$ si l'expression est déjà sous forme factorisée. 3) Utiliser $\left(u^2\right)' = 2u\cdot u'$ si l'expression est sous forme d'un carré.
3.	Dériver une fraction rationnelle	Utiliser $\left(\dfrac{1}{v}\right)' = -\dfrac{v'}{v^2}$ ou $\left(\dfrac{u}{v}\right)' = \dfrac{u'\cdot v - u\cdot v'}{v^2}$.

Astuces

■ Dans le calcul de la limite du taux d'accroissement, lorsque vous tombez sur des racines carrées, il faut penser à utiliser la quantité conjuguée pour vous en débarrasser (voir méthode 1).

■ Lorsque vous obtenez une dérivée du genre $f'(x)=\dfrac{2x+5}{(3x-4)^2}$ il ne faut surtout pas développer le dénominateur ! En effet la finalité d'un calcul de dérivée est l'étude de son signe (voir prochain chapitre). Dans cet exemple le dénominateur est un carré donc le signe de f′ est celui de $2x+5$ (et donc facile à étudier). En fait on arrête le calcul dès que l'on peut étudier facilement le signe de la dérivée.

■ La formule $\left(\dfrac{1}{v}\right)'=-\dfrac{v'}{v^2}$ peut se retrouver à partir de la formule $\left(\dfrac{u}{v}\right)'=\dfrac{u'v-uv'}{v^2}$. En effet, il suffit de prendre $u=1$ (fonction constante égale à 1), on obtient $u'=0$ et $\left(\dfrac{1}{v}\right)'=\dfrac{0\cdot v-1\cdot v'}{v^2}=-\dfrac{v'}{v^2}$.

■ Newton (1642-1727) et Leibniz (1646-1716) sont vraiment des frères ennemis, l'un britannique l'autre allemand, ils ont créé la même chose, à savoir le calcul infinitésimal (c'est-à-dire les dérivées, mais aussi les intégrales que vous verrez en Terminale), indépendamment l'un de l'autre, et pour cela ils se détestaient franchement (avec de la haine pure en ce qui concerne les sentiments de Newton pour Leibniz). Un bon moyen de ne pas rentrer dans cette querelle de priorité (qui fit grand bruit à l'époque, inutilement d'ailleurs puisqu'on sait aujourd'hui que l'un et l'autre avaient mis au point le calcul des dérivées par des procédés différents) serait de se rappeler qu'en fait, Newton et Leibniz ont eu des précurseurs : les Français René Descartes (1596-1650) Pierre de Fermat (1601-1665) (l'inventeur avec Descartes (1596-1650) et Nicolas Oresme (1325-1382) de la géométrie analytique, Fermat est aussi l'auteur du plus beau théorème d'arithmétique : le *grand théorème de Fermat*) et Gilles Personne de Roberval (1602-1675, l'inventeur de la fameuse balance Roberval). Même le grand génie universel Blaise Pascal (1623-1662), l'italien Bonaventura Francesco Cavalieri (1598-1647), et probablement le plus grand génie scientifique de l'Antiquité : Archimède (287-212 av. J.-C) ont apporté en leur temps leur pierre à l'édifice. En effet, ces derniers avaient mis au point des techniques de tracé de tangentes (sur certaines courbes particulières, c'est vrai) et même mis au point une technique pour trouver des extrema (ce qu'on fera dans le prochain chapitre). L'histoire des sciences est passionnante, vous n'avez pas le temps d'y consacrer du temps, mais sachez que ce chapitre qui est expédié en deux semaines par votre prof contient des théorèmes qui ont mis des siècles à être découverts !

Newton
(1642-1727)

Leibniz
(1646-1716)

Descartes
(1596-1650)

Fermat
(1601-1665)

Roberval
(1602-1675)

Pascal
(1623-1662)

Cavalieri
(1598-1647)

Archimède
(287-212 av. J.-C.)

■ Le langage mathématique s'est quand même bien modernisé. Au XVIIe siècle, Newton (1642-1727) utilisait le terme de « dernière raisons de quantités évanouissantes » pour la limite du taux d'accroissement $\lim\limits_{h\to 0}\dfrac{f(a+h)-f(a)}{h}$ et de « fluxion » pour la dérivée $f'(x)$ (qu'il notait d'ailleurs $\dot{f}(x)$). Roberval appelait « touchantes » ce qu'aujourd'hui tout le monde appelle « tangentes ». Imaginez qu'on parle encore comme ça en cours (ça serait une idée ça), on pourrait tous s'habiller en Molière avec une perruque « à la Leibniz (1646-1716) » en tentant de déterminer « quelques dernières raisons de quantités évanouissantes à la recherche de touchantes », comme ça pour le fun (tout en s'instruisant directement en latin sur les œuvres de Fermat (1601-1665). La classe quoi...). Plus sérieusement, si Newton utilisait un langage si maniéré, c'est parce que le concept de limite était encore flou à l'époque. Il fallait une sacré dose d'audace pour en parler et mener des calculs avec. Comme personne ne savait vraiment ce que c'était, chacun l'appelait un peu comme il voulait...

■ L'écriture symbolique moderne de la limite du taux d'accroissement $\lim\limits_{h\to 0}\dfrac{f(a+h)-f(a)}{h}$ (permettant de calculer le nombre dérivé $f'(a)$) a été mise au point par deux hommes : D'Alembert (1717-1783) pour le concept précis de limite et Lagrange (1736-1813) pour la notation $f'(a)$. Avant eux (c'est-à-dire du temps de Newton et de Leibniz), on ne l'écrivait pas comme cela, et c'était encore plus difficile de s'y retrouver (c'est dire...). On retrouvera

Lagrange dans le chapitre suivant (un principe porte son nom) mais il faut absolument avoir entendu parlé de d'Alembert : c'est un grand nom de notre patrimoine intellectuel et culturel. En effet Jean le Rond d'Alembert a effectué des travaux remarquables en Astronomie, Physique, Musique, Mathématiques, Philosophie... mais il est surtout celui qui dirige, avec Diderot et Condorcet, l'*Encyclopédie* (1751-1772), ouvrage majeur du XVIIIe siècle, symbole du siècle des Lumières.

Lagrange
(1736-1813)

D'Alembert
(1717-1783)

Erreurs

■ N'oubliez jamais de donner l'intervalle de dérivation avant de dériver ! En effet, des fonctions comme $x \to \frac{1}{x}$, $x \to \frac{1}{x-2}$, $x \to \sqrt{x}$, etc. réservent des surprises car elles ne sont pas dérivables partout sur $\mathbb{R}$.

■ Bien sûr on l'a déjà dit : $\left(u^2\right)'$ ne vaut pas $2u$ mais $2u \cdot u'$!

De même $\left(\frac{1}{v}\right)'$ ne vaut pas $-\frac{1}{v^2}$ mais $-\frac{v'}{v^2}$!

■ Evitez dans les calculs de limite d'écrire des égalités du genre : $\lim_{x \to 0} \frac{\sqrt{1+x}-1}{x} = \frac{0}{0}$! $\frac{0}{0}$ est ce qu'on appelle une forme indéterminée (un truc bizarre qui n'a pas vraiment de sens). Dans ce cas précis, pensez à utiliser la quantité conjuguée !

■ Détaillez, prenez votre temps, et vous ne vous planterez pas au milieu de votre calcul. Dériver n'est pas une épreuve de vitesse, il faut être soigneux. C'est en forgeant qu'on devient forgeron, c'est donc en dérivant qu'on devient... euh... euh (mince !)... bon en Maths ! (Ouf on s'est bien rattrapé sur ce coup là...)

Chapitre 4

METHODES D'APPLICATIONS DE LA DERIVATION

Si vous avez bien lu et bien fait tous les exercices du chapitre précédent (bref si vous avez travaillé comme un forçat...), vous devez être devenu aussi performant qu'une vraie machine à dériver ! (Ajoutons que ces dernières existent, comme certaines calculatrices munies du calcul formel). Mais à la différence d'une machine qui ne se pose jamais de questions, on espère que vous vous êtes quand même demandé quelles applications pouvaient avoir la dérivation ? Et bien en Maths, on aime bien étudier les fonctions (leurs extremums (maximum ou minimum), leur sens de variation...) mais malheureusement on ne dispose en sortant de 2nde que de peu d'outils pour le faire, peu maniables en plus. Avec la dérivation tout va changer : l'idée géniale, la voici : plutôt que d'attaquer la fonction elle-même, étudier plutôt ses tangentes et leur comportement qui vont nous révéler beaucoup de choses.
Nous allons voir comment tracer ces tangentes, les utiliser, et comprendre leur intérêt dans un principe fabuleux, simplificateur, méthodique, merveilleux qu'est, le principe de Lagrange, qui va faire le lien entre signe de la dérivée f' et variations de f.

1. Tangentes et applications

La tangente T_a à la courbe C_f au point d'abscisse a admet pour équation réduite : $T_a : y = f'(a)\cdot(x-a)+f(a)$.

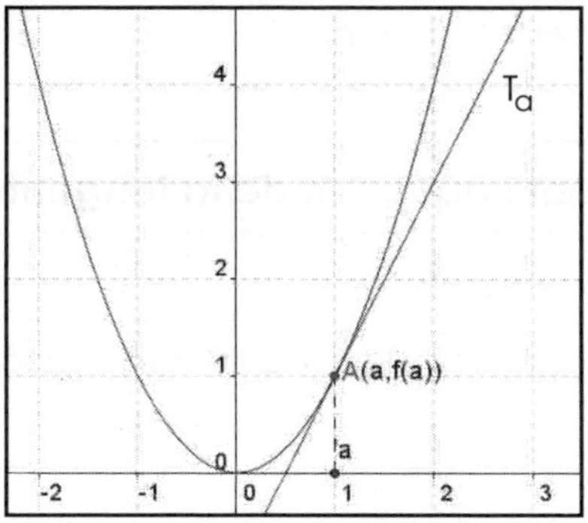

Le nombre dérivé $f'(a)$ est donc le coefficient directeur de la tangente T_a. Mémorisez le bien !

A- Comment tracer une tangente ?

METHODE 1 : En utilisant le nombre dérivé

■ **Principe**

On part du point de la courbe dont on veut la tangente (c'est-à-dire le point de tangence), on avance de 1 vers la droite et on monte (ou descend) du coefficient directeur $f'(a)$.

■ **Exemple** : *Soit* f *la fonction définie sur* $\mathbb{R}$ *par* $f(x)=x^2$. *Tracer la tangente* T_1.

On a $f(x)=x^2$ donc $f'(x)=2x$. On veut la tangente T_1 : elle a pour coefficient directeur $f'(1)=2$. On part du point de tangence d'abscisse 1 (c'est le point de la courbe de coordonnées $\begin{pmatrix}1\\1\end{pmatrix}$) puis on avance de 1 vers la droite et on monte de 2 (puisque c'est le coefficient directeur de la tangente).

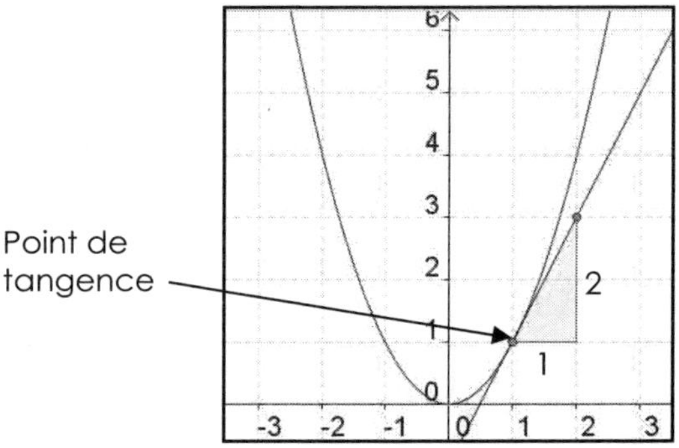

Et voilà ! Rien de bien sorcier, n'est-ce pas ?

METHODE 2 : En utilisant l'équation de la tangente

■ **Principe**

On utilise la formule donnant l'équation réduite de la tangente T_a à la courbe C_f au point d'abscisse a : $T_a : y=f'(a)\cdot(x-a)+f(a)$.

■ **Exemple** : *Soit* f *la fonction définie sur* $\mathbb{R}$ *par* $f(x)=x^2$. *Déterminer les équations réduites de chacune des tangentes* T_1, T_2, T_{-1}, T_0 *puis les tracer (en plus de la courbe* C_f*) dans un même repère orthonormé* $(O;\vec{i},\vec{j})$.

La fonction f est dérivable sur $\mathbb{R}$ (donc admet en tout point de la courbe une tangente, ce qui est plutôt une bonne nouvelle, vu ce qu'on nous demande) et pour tout $x \in \mathbb{R}$, $f'(x) = 2x$.

Pour T_1, on a : $T_1 : y = f'(1)\cdot(x-1) + f(1)$ c'est-à-dire $T_1 : y = 2\cdot(x-1)+1$ car $f'(1) = 2\cdot 1 = 2$ et $f(1) = 1^2 = 1$ donc $T_1 : y = 2x - 2 + 1 = 2x - 1$.

Ainsi l'équation réduite de T_1 est $y = 2x - 1$, ce qui est très simple à tracer (on espère que vous savez le faire, sinon allez voir le chapitre sur les droites de Method'S Seconde). Pour les autres tangentes après calculs on trouve :

$T_2 : y = 4x - 4$, $T_{-1} : y = -2x - 1$ et $T_0 : y = 0$ (la dernière étant l'axe des abscisses).

Ce qui donne, dans un même repère :

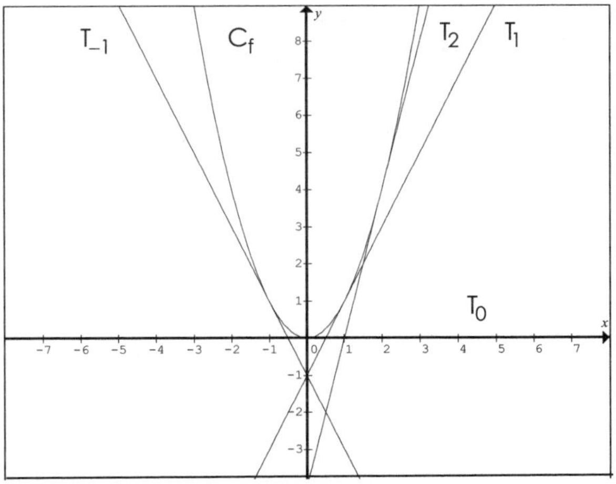

REMARQUE IMPORTANTE : La formule $T_a : y = f'(a)\cdot(x-a) + f(a)$ n'apparaît pas dans le formulaire de Mathématiques du Bac ! Vous devez l'apprendre par cœur, on a bien dit par cœur !!!

METHODE 3 : En utilisant un logiciel de géométrie dynamique

■ Principe

On construit le point où on veut la tangente puis on utilise l'icône Tangentes (4e onglet, sous Geogebra, voir méthode 4 chapitre 3) : c'est trop facile…

METHODE 4 : En utilisant la calculatrice

■ Principe

Si on veut tracer T_3 (par exemple) :

Avec une TI : Une fois que f(x) est entrée>DRAW (2nde PRGM) >5(tangent)>Entrer 3>Enter.

Avec une Casio : Menu 5 (graph)>Shift F4 (directement sur le graphique)>F2 (tang)>Entrer 3>Exe>Exe.

B- Comment appliquer la méthode de Raphson-Newton ?

Les mathématiciens anglais Joseph Raphson (1648-1715) et Isaac Newton (1643-1727) ont remarqué (indépendamment l'un de l'autre) que les tangentes étaient un extraordinaire outil pour résoudre des équations de manière approchée. Ils ont en fait une méthode (appelée méthode de Raphson-Newton ou plus simplement Méthode de Newton, Newton étant tellement plus célèbre) extrêmement efficace et surtout extrêmement rapide pour se rapprocher de la solution ! Voyons cela !

METHODE 5 : En utilisant Geogebra

■ **Principe**

Si on veut résoudre de manière approchée l'équation $f(x)=0$ par la méthode de Newton :

- On trace $y=f(x)$.

- On sélectionne un point (A) sur la courbe où la tangente ne va pas être horizontale ! On trace cette tangente et on regarde son point d'intersection (B) avec l'axe des abscisses.

- On trace la droite verticale $x=x(B)$ et son point d'intersection (C) avec la courbe.

- On trace la tangente en C, puis on regarde son point d'intersection avec l'axe des abscisses (D) et ainsi de suite. Normalement, on se rapproche ainsi (très vite) de la solution de $f(x)=0$.

■ **Exemple :** *Résoudre de manière approchée* $\frac{1}{4}x^2-x-1=0$ *en utilisant Geogebra et la méthode de Raphson-Newton.*

On trace la courbe $y=\frac{1}{4}x^2-x-1$. On constate que la solution de l'équation $\frac{1}{4}x^2-x-1=0$ doit valoir à peu près 4,8. On choisit sur la courbe le point A d'abscisse 3 (c'est un bon candidat, pas trop éloigné) duquel on trace la tangente à la courbe (avec l'icône tangente).

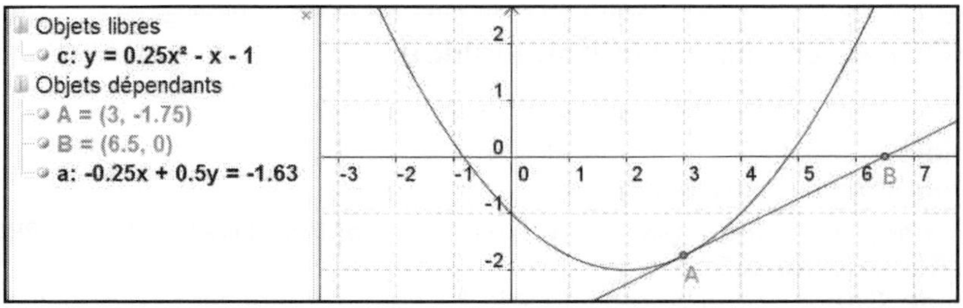

On obtient le point B(6.5,0) (intersection de la tangente avec l'axe des abscisses), mais $x_B = 6{,}5$ paraît tout de même bien loin de la solution.

On continue donc, en traçant la droite verticale $x = x(B)$, son point d'intersection (C) avec la courbe, duquel on construit la tangente à la courbe.

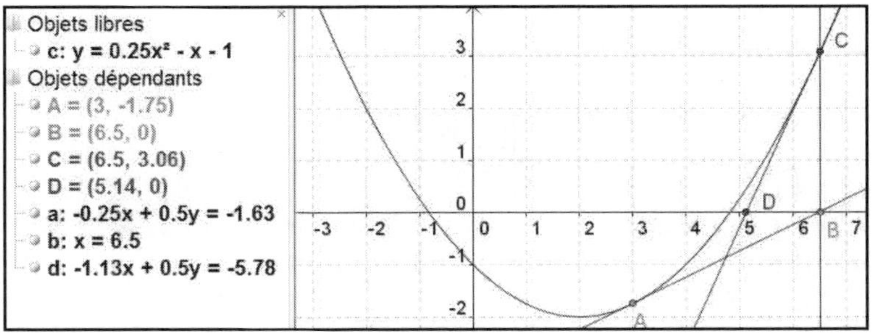

On obtient le point D(5.14,0) (intersection de la tangente avec l'axe des abscisses), cette fois $x_D = 5{,}14$ semble bien plus proche de la solution ! On continue donc, par le même procédé ! On trace la droite verticale $x = x(D)$, son point d'intersection (E) avec la courbe, duquel on trace la tangente à la courbe, pour obtenir le point F(4,84,0) (point d'intersection de la tangente et de l'axe des abscisses).

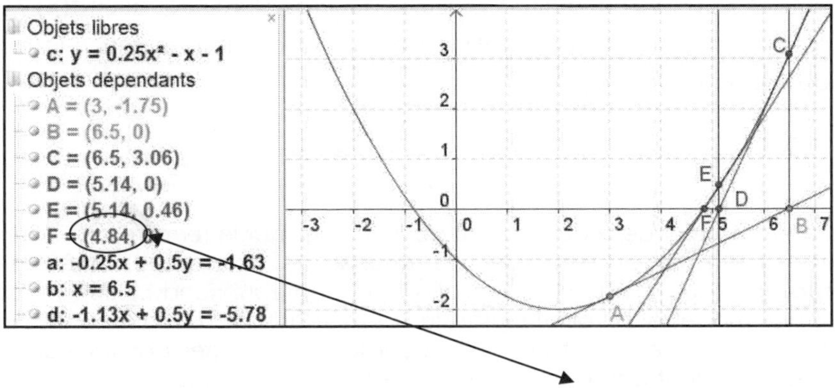

Cette fois, on peut être content de l'approximation $x_F = 4{,}84$ de la solution de l'équation $\frac{1}{4}x^2 - x - 1 = 0$. Mais en théorie, rien ne nous empêche de continuer si on souhaite encore plus de précision.

Alors, efficace Raphson-Newton, non ?

REMARQUE IMPORTANTE : En fait, il y a une autre solution (regardez à gauche) qui vaut à peu près $-0{,}8$. C'est tout le problème de la méthode de Raphson-Newton : elle trouve une solution sans vous dire s'il y en a d'autres. Pas de panique, en fait la solution trouvée dépend de l'endroit d'où l'on part. Il est *clair, que si on était parti d'un autre point A (si on prend par exemple A à gauche du sommet, si on prend A d'~~absciss~~e 1 par exemple, comme ci-dessous), on tombe sur l'autre solution :* $x_F = -0{,}84$. *Regardez !*

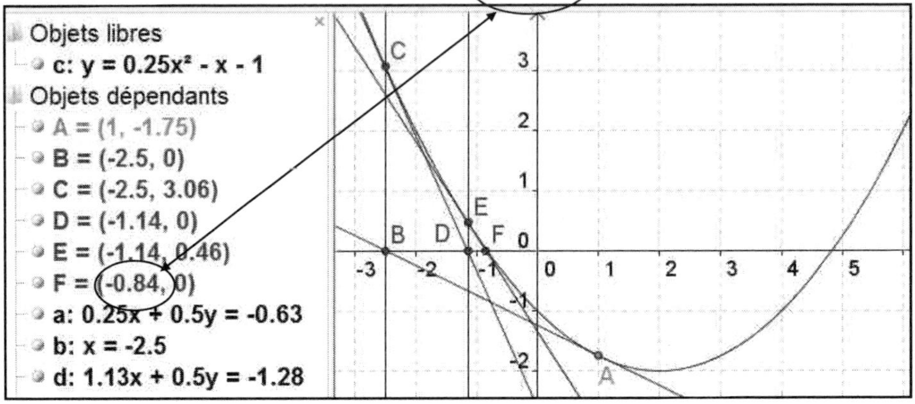

Conclusion : avant d'appliquer Newton, visez bien la solution que vous voulez, quitte à l'appliquer plusieurs fois si vous voulez toutes les solutions !

METHODE 6 : En utilisant un tableur

■ Principe

On utilise les suites (voir chapitre 5 : Suites) : pour résoudre l'équation $f(x)=0$, il faut programmer la suite (x_n) définie par la relation de récurrence (c'est la suite de Raphson-Newton) :

$$\begin{cases} x_{n+1} = x_n - \dfrac{f(x_n)}{f'(x_n)} \\ x_0 \end{cases}$$

Rassurez-vous (pour ceux qui seraient déjà effrayés par le terme « suite », et qui seraient sur le point de fermer le livre, pour se perdre dans les ténèbres du désespoir (oh que c'est beau, on dirait du Chateaubriand..., euh pardon, soyons plus modeste, on dirait plutôt du Dany Brillant), vous n'avez même pas besoin de savoir ce qu'est une suite pour la programmer par tableur, ok ? Regardez ! (En tout cas, n'ayez pas peur, et puis il faut vous dire que ce n'est pas plus mal non de plus de voir dès maintenant ce qu'est une suite, vu ce qui vous attend dans les chapitres 5, 6 et 7 !).

■ **Exemple :** *Résoudre de manière approchée* $\frac{1}{4}x^2 - x - 1 = 0$ *en utilisant Excel et la méthode de Newton. (On partira de* $x_0 = 3$*).*

Avant d'ouvrir la feuille de calcul, il faut (hélas) faire un petit peu de calcul algébrique, puisque la formule $x_{n+1} = x_n - \dfrac{f(x_n)}{f'(x_n)}$ utilise $f'(x)$.

On a $f(x)=\frac{1}{4}x^2-x-1$ *donc* $f'(x)=\frac{1}{2}x-1$. *Ainsi la suite* $x_{n+1}=x_n-\frac{f(x_n)}{f'(x_n)}$

devient la suite : $x_{n+1}=x_n-\frac{\frac{1}{4}{x_n}^2-x_n-1}{\frac{1}{2}x_n-1}$.

Bien, maintenant ouvrons vite la feuille de calcul :

	A	B	C	D	E	F	G
1	n	0	1	2	3	4	5
2	xn	3	6,5	5,139	4,844	4,828	4,828

Dans B1, on écrit 0. Dans C1, on écrit 1. On sélectionne la plage B1 :C1, sa poignée de copie qu'on étend jusqu'en G1.
Dans B2, on écrit 3 (c'est le premier terme $x_0=3$).
Dans C2, on écrit =B2-(0,25*B2^2-B2-1)/(0,5*B2-1). On prend sa poignée de copie qu'on étend jusqu'en G2.
Et hop, on trouve la fameuse solution approchée (dans la méthode précédente, on avait trouvé 4,84) : 4,828 (c'est même beaucoup plus précis !).

REMARQUES : a) Essayer de donner différentes valeurs à B2. Tenez, prenez 1 par exemple :

	A	B	C	D	E	F	G
1	n	0	1	2	3	4	5
2	xn	1	-2,5	-1,14	-0,84	-0,83	-0,83

Quelle magie ! On retrouve l'autre solution ; $-0,83$. *Elle est pas belle la vie ?*
b) Admirez la rapidité de la convergence, quel que soit l'endroit d'où on part. Admirez la précision également ! Ah merci Raphson, ah merci Newton !

METHODE 7 : En utilisant un algorithme

■ Principe

En voilà un beau programme qui arrive. La seule difficulté est qu'il faut utiliser une variable de type liste (car les listes sont parfaites pour modéliser les suites).

■ **Exemple :** *Résoudre de manière approchée* $\frac{1}{4}x^2-x-1=0$ *en utilisant Algobox et la méthode de Newton.*

```
▼ VARIABLES
  ├─ x EST_DU_TYPE LISTE
  └─ n EST_DU_TYPE NOMBRE
▼ DEBUT_ALGORITHME
  ├─ LIRE x[0]
  ▼ POUR n ALLANT_DE 0 A 4
    ├─ DEBUT_POUR
    ├─ x[n+1] PREND_LA_VALEUR x[n]-(0.25*pow(x[n],2)-x[n]-1)/(0.5*x[n]-1)
    └─ FIN_POUR
  └─ AFFICHER x[5]
└─ FIN_ALGORITHME
```

Pour $x_0 = 3$

```
***Algorithme lancé***
4.8284271
***Algorithme terminé***
```

Pour $x_0 = 1$

```
***Algorithme lancé***
-0.82842713
***Algorithme terminé***
```

REMARQUE : On retrouve donc bien les résultats avec une précision aussi bonne que le tableur et surtout bien meilleure que Geogebra.

2. Sens de variation

Bien, après avoir vu les tangentes, poursuivons (vous avez vu, on se croirait en cours). Regardez la figure ci-dessous :

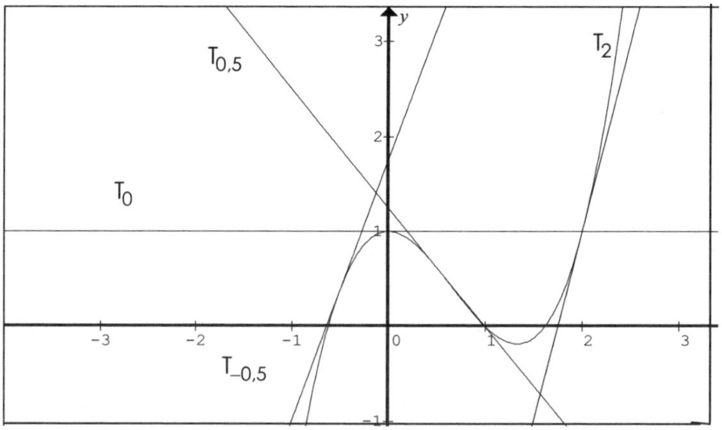

Maintenant observez le comportement des tangentes ! Remarquez-vous quelque chose ? Rien ? En êtes-vous bien sûr ?
Pourtant, bien des choses sont remarquables : en effet,

- lorsque la fonction est croissante la tangente l'est aussi (son coefficient directeur est > 0),
- lorsque la fonction est décroissante la tangente aussi (son coefficient directeur est < 0),
- lorsque la fonction admet un extremum la tangente est horizontale (son coefficient directeur est nul).

Mais qu'est-ce qui donne le coefficient directeur des tangentes ? (Vous souvenez-vous ?) : c'est f', et oui : n'oublions pas que $f'(a)$ est le coefficient directeur de la tangente T_a (on vous avait bien dit de le mémoriser !).
Ce qui veut dire que si l'on veut connaître le sens de variation de la fonction il suffit de connaître le signe de f', ce qui est en pratique très rapide et très facile. Toutes ces constatations, c'est ce qu'on appelle le principe de Lagrange (1736-1813, mathématicien français).

METHODE 8 : Utiliser le principe de Lagrange (1736-1813)

Principe de Lagrange et non pas Principe de la grange, comme certains l'écrivent, ce qui amuse toujours beaucoup vos professeurs. Ce principe génial est attribué au célèbre mathématicien français Joseph-Louis Lagrange (1736-1813), et nous serions heureux d'avoir convaincu certains que ce principe n'est pas né de la concertation d'animaux d'une ferme (en voilà une bonne blague, hein ? Quoi elle est pathétique ? Bon d'accord...). Regardons donc ce fameux principe :

■ Principe de Lagrange (1736-1813)

Soit I un intervalle,

- si $f' > 0$ sur I alors f est strictement croissante sur I
- si $f' < 0$ sur I alors f est strictement décroissante sur I
- si $f' = 0$ sur I alors f est constante sur I.

En pratique, on n'a pas besoin d'énoncer ce principe, on se contente de mettre dans un même tableau une ligne pour le signe de f' et une autre, dessous, pour les variations de f.

■ **Exemple :** *Soit* f *la fonction définie sur* $\mathbb{R}$ *par* $f(x) = x^2 - 2x$ *pour tout* $x \in \mathbb{R}$.
Etudier les variations de f *sur* $\mathbb{R}$.

f est une fonction dérivable sur $\mathbb{R}$ (comme fonction polynôme) et pour tout $x \in \mathbb{R}$, $f'(x) = 2x - 2$.
On obtient le tableau suivant (on suppose que vous savez étudier, depuis la 3e, le signe de $2x - 2$) :

x	$-\infty$		1		$+\infty$
signe de f '		$-$	0	$+$	
f		↘	-1	↗	

car $f(1) = 1^2 - 2 \cdot 1 = 1 - 2 = -1$.

Ce tableau confirme ce qu'on peut voir graphiquement (heureusement !).

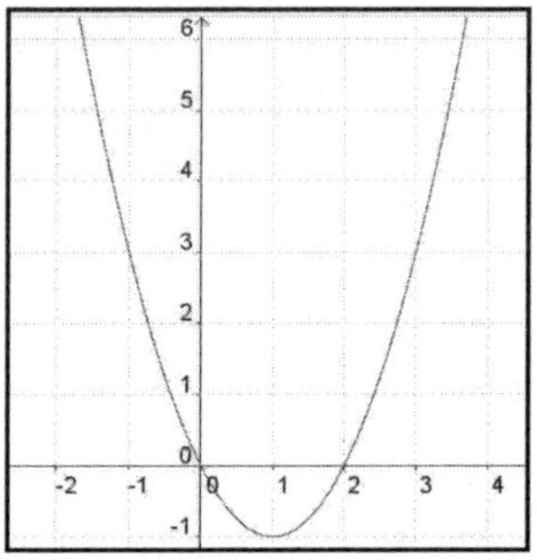

■ **Exemple :** *Soit* f *la fonction définie sur* $\mathbb{R}$ *par* $f(x) = x^3 - 2x^2 + 1$ *pour tout* $x \in \mathbb{R}$. *Etudier les variations de* f *sur* $\mathbb{R}$.

f est une fonction dérivable sur $\mathbb{R}$ (comme fonction polynôme) et pour tout $x \in \mathbb{R}$, $f'(x) = 3x^2 - 4x$. $f'(x) = 3x^2 - 4x$ est un trinôme du 2nd degré de racines 0 et $\frac{4}{3}$. D'après le théorème du signe de trinôme puis le principe de Lagrange, on obtient :

x	$-\infty$		0		$\frac{4}{3}$		$+\infty$
$f'(x)$		$+$	0	$-$	0	$+$	
f		↗	1	↘	$-\frac{5}{27}$	↗	

car $f(0) = 1$ et $f\left(\frac{4}{3}\right) = -\frac{5}{27}$ (Vérifiez !). Ce tableau confirme, encore une fois, ce qu'on peut voir graphiquement : (bien heureusement !)

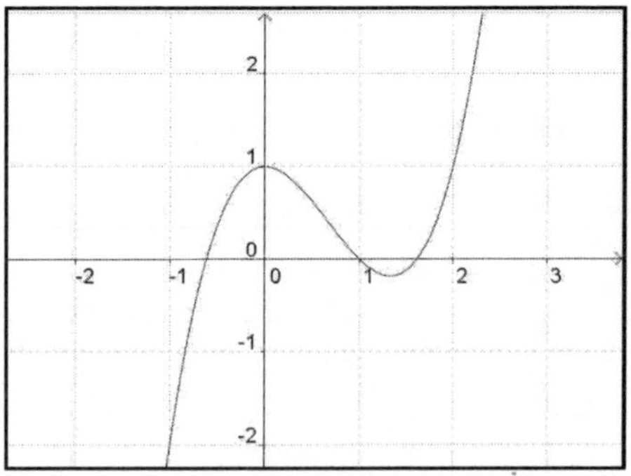

■ **Exemple :** *Soit* h *la fonction définie sur* $\mathbb{R}$ *par* $h(x) = -x^3 + 3x - 1$ *pour tout* $x \in \mathbb{R}$. *Etudier les variations de* h *sur* $\mathbb{R}$.

h est une fonction dérivable sur $\mathbb{R}$ (comme fonction polynôme) et pour tout $x \in \mathbb{R}$, $h'(x) = -3x^2 + 3$. $h'(x) = -3x^2 + 3$ est un trinôme du 2nd degré de racines -1 et 1. D'après le théorème du signe de trinôme puis le principe de Lagrange, on obtient :

x	$-\infty$		-1		1		$+\infty$
$f'(x) = -3x^2 + 3$		$-$	0	$+$	0	$-$	
f		↘	-3	↗	1	↘	

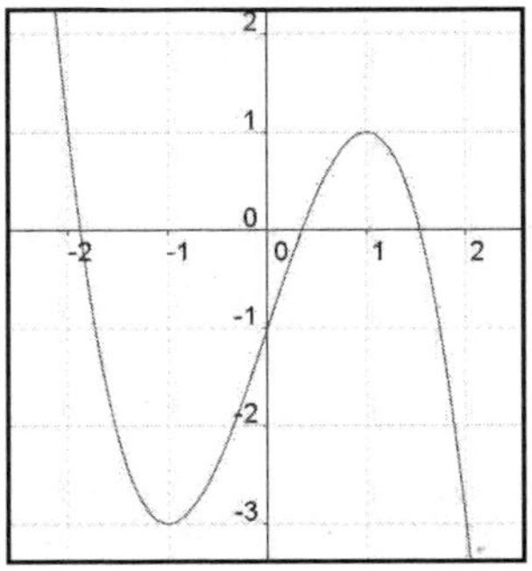

■ **Exemple :** *Soit* f *la fonction définie sur* $\mathbb{R}$ *par* $f(x) = x^3$ *pour tout* $x \in \mathbb{R}$.
Etudier les variations de f *sur* $\mathbb{R}$.

f est une fonction dérivable sur $\mathbb{R}$ (comme fonction polynôme) et pour tout $x \in \mathbb{R}$, $f'(x) = 3x^2$. On obtient le tableau suivant :

x	$-\infty$		0		$+\infty$
signe de f'		$+$	0	$+$	
f		↗	0	↗	

Ce que l'on peut voir graphiquement : (ah ce qu'on est heureux !)

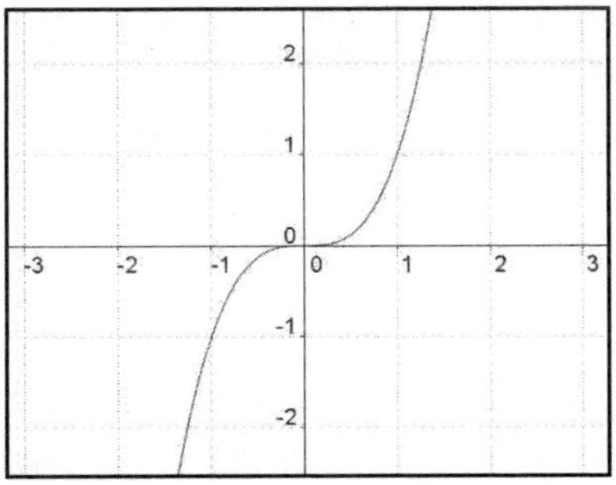

REMARQUE : Ce dernier exemple va être repris comme contre-exemple juste après (voir Erreur classique de la Méthode 9).

3. Autres applications

METHODE 9 : Comment déterminer des extremums locaux ?

Peut-être l'une des applications les plus spectaculaires de la dérivation est celle de pouvoir déterminer des extremums locaux. Application très utile comme on le verra plus tard, dans la résolution des problèmes d'optimisation.

■ **Principe**

Si f' s'annule en x_0 en changeant de signe, alors f admet un extremum local en x_0 qui est $f(x_0)$.

■ **Exemple :** *Déterminer les éventuels extremums locaux sur* $\mathbb{R}$ *de la fonction* $f : x \to f(x) = x^3 - 3x - 1$.

f est une fonction dérivable sur $\mathbb{R}$ (comme fonction polynôme) et pour tout $x \in \mathbb{R}$, $f'(x) = 3x^2 - 3$ de racines -1 et 1.

On obtient le tableau ci-après, d'après le théorème du signe du trinôme et d'après le principe de Lagrange (1736-1813) :

x	$-\infty$		-1		1		$+\infty$
$f'(x) = 3x^2 - 3$		+	0	−	0	+	
f		↗	1	↘	-3	↗	

f' s'annule en -1 en changeant de signe (passe de + à −) : f atteint un maximum local en -1, qui est 1.

On constate également (c'est fou tout ce que l'on constate) que la dérivée s'annule en 1 en changeant de signe : f atteint un minimum local en 1, qui est -3. On peut vérifier tout cela sur le graphique ci-dessous :

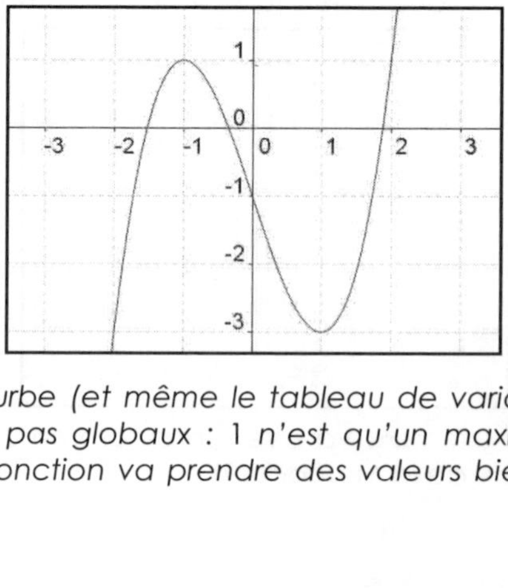

REMARQUE : La courbe (et même le tableau de variations) indique que ces extremums ne sont pas globaux : 1 n'est qu'un maximum local car on voit clairement que la fonction va prendre des valeurs bien supérieures à 1 (plus

loin) et bien inférieures à –3, (bien avant). Tout ceci pour vous inciter à être prudent : ne parlez pas d'extremum (tout court) mais d'extremum local. Il se peut qu'un extremum local soit global mais ça, seule une étude plus approfondie du tableau de variations peut le dire. Voici un exemple non mathématique (mais tout aussi parlant) pour vous convaincre d'être prudent.
Si 12° est la température maximale mesurée au mois de février (disons à Nogent-sur-Oise), elle n'est sans doute pas la température maximale sur l'année (penser à l'été torride à Nogent) : dans ce cas 12° est un maximum local mais pas global.

■ Erreur classique

Il est impératif que la dérivée change de signe pour qu'il y ait extremum local.
Un cas intéressant est le suivant :

La fonction $x \to f(x) = x^3$ (si $f(x) = x^3$, alors $f'(x) = 3x^2$ s'annule en 0 mais ne change pas de signe). On a :

x	$-\infty$		0		$+\infty$
signe de f'		+	0	+	
f		↗	0	↗	

et $f(0) = 0$ n'est ni un minimum ni un maximum local.

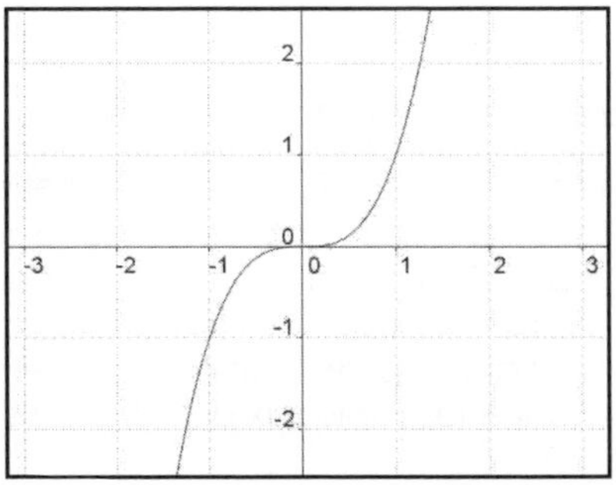

La fonction f continue de croître comme si elle avait marqué ponctuellement une étape en 0. En fait on est en présence de ce qu'on appelle un point d'inflexion (mais là, ça fait extrêmement savant de savoir cela : si vous le dites à votre prof, vous allez l'impressionner mais faites gaffe à ce qu'il ne vous en demande pas la signification exacte tout de même...)

METHODE 10 : Comment majorer, minorer, borner une fonction ?

"Le quotidien de l'Analyse c'est de majorer, minorer, encadrer, et manipuler encore et encore des inégalités..." C'est ce que pourrait dire le futur mathématicien que l'on espère vous voir devenir.

Nous sommes en effet (au cas où vous ne l'auriez pas constaté depuis le début) dans des préoccupations touchant plus le domaine de l'Analyse que de l'Algèbre. Bref, et c'est très touchant, vous allez commencer à réaliser que vous faites de l'Analyse comme les grands (on vous sent déjà très motivé). On ne panique pas, on ne commence pas tout de suite par du transcendantal, rassurez-vous !

■ Principe

Utiliser le tableau de variations (c'est tout simple non ?).

■ **Exemple :** *Si* $-2 \leq x \leq 2$, *quel encadrement peut-on obtenir pour* $x^3 - 12x + 3$?

Soit f la fonction définie sur $\mathbb{R}$ par $f(x) = x^3 - 12x + 3$.

f est dérivable sur $\mathbb{R}$ et pour tout $x \in \mathbb{R}$, $f'(x) = 3x^2 - 12$, trinôme du 2nd degré de racines −2 et 2 (après calculs). On obtient (d'après le théorème du signe du trinôme) le tableau de variations suivant :

x	$-\infty$		-2		2		$+\infty$
$f'(x) = 3x^2 - 3$		+	0	−	0	+	
f		↗	19	↘	−13	↗	

f étant strictement décroissante sur $[-2;2]$, on obtient que :

si $-2 \leq x \leq 2$, alors $-13 \leq x^3 - 12x + 3 \leq 19$. En voilà un bel encadrement qui a de la classe, merci la dérivée ! D'ailleurs, sachez qu'une fois qu'on a obtenu le tableau de variations (grâce à notre cher, ô très cher signe de la dérivée), on peut obtenir un peu tous les encadrements qu'on veut (voir Method's Seconde, Chapitre 3). Le vrai coup de génie de la dérivation, c'est la facilité avec laquelle elle nous donne les tableaux de variations !

■ **Exemple :** *Si* $\frac{1}{2} \leq x \leq 1$ *quel encadrement peut-on obtenir pour* $x^3 - 3x^2 + 5$?

Soit f la fonction définie sur $\mathbb{R}$ par $f(x) = x^3 - 3x^2 + 5$.

f est dérivable sur $\mathbb{R}$ et pour tout $x \in \mathbb{R}$, $f'(x) = 3x^2 - 6x$ trinôme du 2nd degré de racines 0 et 2 (après calculs). On obtient (d'après le théorème du signe du trinôme) le tableau de variations suivant :

x	$-\infty$		0		2		$+\infty$
f'(x)		+	0	−	0	+	
f		↗	5	↘	1	↗	

f étant strictement décroissante sur $\left[\frac{1}{2};1\right]$, on obtient que :

si $\frac{1}{2} \leq x \leq 1$, alors $f\left(\frac{1}{2}\right) \geq f(x) \geq f(1)$ c'est-à-dire $\frac{35}{8} \geq x^3 - 3x^2 + 5 \geq 3$ (puissant et efficace, non ?).

■ **Exemple :** *Soit* f *la fonction définie sur* $\mathbb{R}$ *par* $f(x) = x^2 - x - 1$ *pour tout* $x \in \mathbb{R}$.
Montrer que pour tout $x \in \mathbb{R}$, $f(x) \geq -1,25$.

Précisons tout de suite qu'il y a d'autres méthodes que la dérivation pour résoudre cet exercice (voir à ce sujet le chapitre 1 : Méthodes du second degré). Mais ici la dérivation montre une fois de plus sa simplicité et sa rapidité. En effet, f est dérivable sur $\mathbb{R}$ (comme fonction polynôme) et pour tout $x \in \mathbb{R}$, $f'(x) = 2x - 1$. On obtient alors le tableau suivant :

x	$-\infty$		$\frac{1}{2}$		$+\infty$
signe de f '		−	0	+	
f	↘		$-1,25$	↗	

car $f\left(\frac{1}{2}\right) = \frac{1}{4} - \frac{1}{2} - 1 = -\frac{5}{4} = -1,25$

Le tableau de variations montre que pour tout $x \in \mathbb{R}$, $f(x) \geq -1,25$.

Voici un bel exemple de minoration, ne trouvez-vous pas ?

METHODE 11 : Comment effectuer une résolution approchée d'une équation $f(x) = 0$ (avec indication) ?

■ **Principe**

Tracer la courbe représentative de la fonction f à l'aide de la calculatrice pour récolter le maximum de renseignements.
Etablir le tableau de variations de f. Une fois obtenu, le compléter à des endroits stratégiques en utilisant de nouveau la calculatrice, puis conclure.

■ **Exemple :** *Etudier l'équation* $x^3 - 2x + 2 = 0$. *Montrer qu'elle admet une unique solution* x_0 *telle que* $-1,77 < x_0 < -1,76$.

Première curiosité : et si on regardait l'allure de la courbe ? Pour cela, utilisons la calculatrice et traçons la courbe d'équation : $y = x^3 - 2x + 2$.

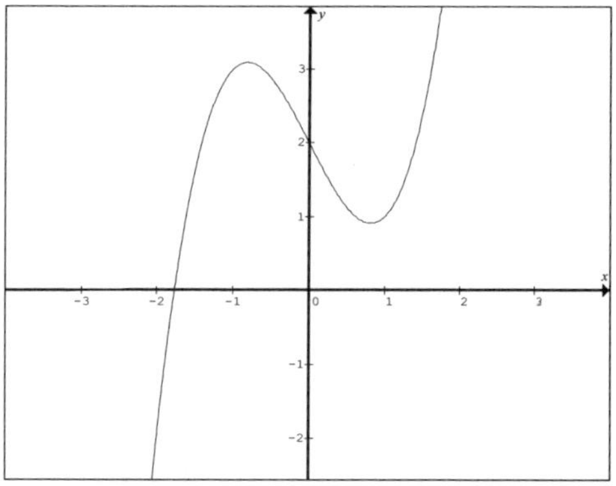

Il semble que la fonction s'annule en un nombre x_0 tel que $-2 < x_0 < -1$ (on gagnerait de la précision en utilisant la touche zoom). Précieux renseignement donc, (le précieux, mon cher précieux...) car cohérent avec l'énoncé ! Poursuivons :

Soit f la fonction définie sur $\mathbb{R}$ par : pour tout $x \in \mathbb{R}, f(x) = x^3 - 2x + 2$.

f est dérivable sur $\mathbb{R}$ et pour tout $x \in \mathbb{R}$, $f'(x) = 3x^2 - 2$, trinôme du 2nd degré de racines $-\sqrt{\frac{2}{3}} \approx -0,82$ et $\sqrt{\frac{2}{3}} \approx 0,82$ (après calculs). On obtient le tableau suivant :

x	$-\infty$		$-\sqrt{\frac{2}{3}}$		$\sqrt{\frac{2}{3}}$		$+\infty$
f'(x)		+	0	−	0	+	
f		↗	≃ 3,09	↘	≃ 0,91	↗	

(Précisons que 3,09 et 0,91 sont des valeurs approchées données par la calculatrice.)

Etudions ce tableau de variations : il est clair que f est minorée par 0,91 (environ) sur l'intervalle $\left]-\sqrt{\frac{2}{3}}; +\infty\right[$, donc en aucun cas f ne va s'annuler sur cet intervalle.

Par ailleurs, f est strictement croissante sur l'intervalle $\left]-\infty; -\sqrt{\frac{2}{3}}\right[$ (soit $]-\infty;-0,82[$ environ).

Comme $f(-1,77) = -0,0052$ et $f(-1,76) = 0,06822$ (environ) on obtient le tableau de variations :

x	$-\infty$	$-1,77$	$-1,76$	$-\sqrt{\frac{2}{3}}$
signe de f '		+		
f	↗	$-0,0052$ ↗	$0,068$ ↗	$3,09$

Ainsi l'équation $f(x)=0$ admet une unique solution x_0 telle que $-1,77 < x_0 < -1,76$.

REMARQUE : Il est possible de localiser encore plus précisément x_0 : on peut utiliser, par exemple, la dichotomie (voir Method's Seconde). Voyons pour cela un autre exemple : l'exemple historique de Fibonacci.

METHODE 12 : Comment effectuer une résolution approchée d'une équation $f(x)=0$ (sans indication) ?

■ Principe

Tracer la courbe représentative de la fonction f à l'aide de la calculatrice pour récolter le maximum de renseignements.
Etablir le tableau de variations de f. Une fois obtenu, le compléter à des endroits stratégiques en utilisant de nouveau la calculatrice, puis conclure.
Si on veut une méga précision de la solution, on utilise la dichotomie sur un intervalle stratégiquement bien placé (donc il faudra utiliser le tableur ou un algo, quoi ? C'est une mauvaise nouvelle ? Mais non, vous allez voir !).

■ **Exemple historique : Le tournoi de Fibonacci (1175-1250).** *En 1225, l'empereur éclairé Frédéric II (Empire germanique) vint à Pise organiser un tournoi mathématique. Parmi les participants figurait Léonard de Pise (Fibonacci) considéré comme le plus grand mathématicien européen de son temps. On posa trois problèmes aux participants. Seul Fibonacci parvint à résoudre les trois, en un temps record, les autres mathématiciens n'arrivant même pas à résoudre l'un d'eux. Parmi ces trois problèmes, figurait le suivant : résoudre l'équation* $x^3+2x^2+10x=20$. *Saurez-vous le résoudre ?*

Précisons tout de suite que Fibonacci ne disposait pas des outils qu'on va utiliser maintenant, à savoir : la dérivation, les logiciels de tracé de courbes et les tableurs, ce qui rend sa résolution d'autant plus remarquable, proche de l'exploit. Considérons la fonction $f : x \to f(x)=x^3+2x^2+10x-20$, tout revient à résoudre l'équation $f(x)=0$. On a $f'(x)=3x^2+4x+10$, étudions son signe par le théorème du signe du trinôme.

On a : $\begin{cases} a = 3 \\ b = 4 \\ c = 10 \end{cases}$ et $\Delta = b^2 - 4ac = 4^2 - 4 \times 3 \times 10 = 16 - 120 = -104$. Le trinôme d'admet pas de racines, il est donc de signe constant (du signe de a), donc strictement positif (car $a = 3$). On a donc :

x	$-\infty$	$+\infty$
signe de f ′	+	
f	↗	

Maintenant il va falloir localiser la solution, appelons au secours Geogebra pour tracer la courbe (ce dont ne disposait pas Fibonacci) :

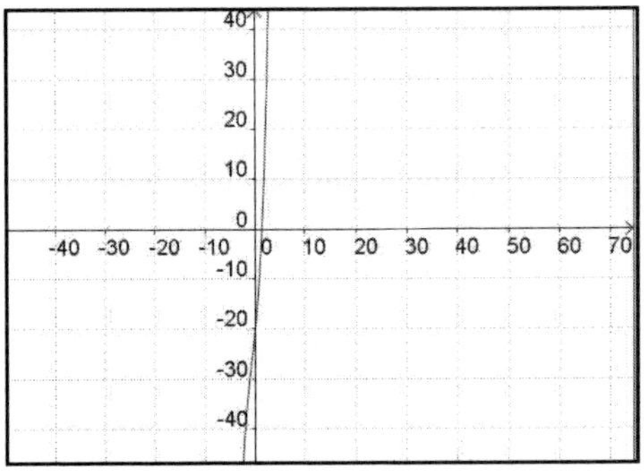

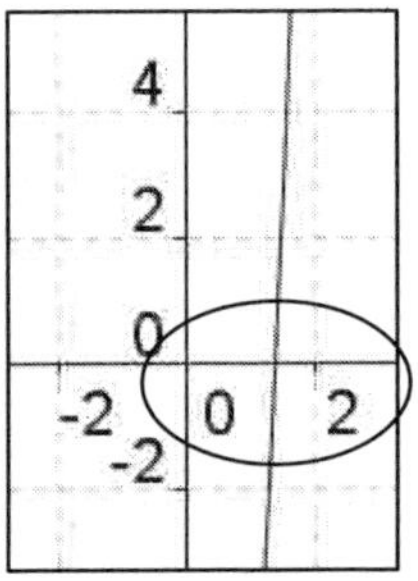

On voit qu'il y a une solution entre 0 et 2, c'est pas super précis mais ça suffira pour commencer (cela dit, rien n'empêche de zoomer un peu pour avoir un peu plus de précision). Complétons notre tableau de variations :

x	$-\infty$	0	2	$+\infty$
signe de f ′		+		
f	↗	-20 ↗	16 ↗	

Car $f(0) = -20$ et $f(10) = 16$. D'après le tableau de variations, on voit que l'équation $f(x) = 0$ admet une **unique** solution comprise entre 0 et 2.

Maintenant, on va utiliser la Méthode par dichotomie (Voir Method's Seconde !) pour en donner une valeur approchée plus précise :

Avec un tableur :

	A	B	C	D	E
1	a	b	f(a)	f((a+b)/2)	f(b)
2	0	2	-20	-7	16
3	1	2	-7	2,875	16
4	1	1,5	-7	-2,421875	2,875
5	1,25	1,5	-2,421875	0,13085938	2,875
6	1,25	1,375	-2,421875	-1,16870117	0,13085938
7	1,3125	1,375	-1,16870117	-0,52481079	0,13085938
8	1,34375	1,375	-0,52481079	-0,19845963	0,13085938
9	1,359375	1,375	-0,19845963	-0,03417253	0,13085938
10	1,3671875	1,375	-0,03417253	0,04825014	0,13085938
11	1,3671875	1,37109375	-0,03417253	0,0070155	0,04825014
12	1,3671875	1,36914063	-0,03417253	-0,01358434	0,0070155
13	1,36816406	1,36914063	-0,01358434	-0,00328587	0,0070155
14	1,36865234	1,36914063	-0,00328587	0,00186445	0,0070155
15	**1,36865234**	**1,36889648**	-0,00328587	-0,0007108	0,00186445

Dans A2, on écrit 0 et dans B2, on écrit 2 (c'est notre intervalle de recherche)
Dans C2, on écrit =A2^3+2*A2^2+10*A2-20
Dans D2, on écrit =((A2+B2)/2)^3+2*((A2+B2)/2)^2+10*((A2+B2)/2)-20
Dans E2, on écrit =B2^3+2*B2^2+10*B2-20
Dans A3, on écrit =SI(C2*D2<0;A2;(A2+B2)/2)
Dans B3, on écrit =SI(C3*D3<0;(A3+B3)/2;B3)
On sélectionne la plage C2 :E2, sa poignée de copie qu'on étend jusqu'à la plage C3 :E3. On sélectionne la plage A3 :E3 qu'on copie jusqu'à la plage A13 :B13 (ou plus loin suivant la précision souhaitée).

Et voilà, on trouve que la solution vaut 1,368 (enfin à 10^{-3} près).

Avec un algorithme :

```
▼ VARIABLES
   ├─a EST_DU_TYPE NOMBRE
   ├─b EST_DU_TYPE NOMBRE
   ├─m EST_DU_TYPE NOMBRE
   └─Précision EST_DU_TYPE NOMBRE
▼ DEBUT_ALGORITHME
   ├─LIRE a
   ├─LIRE b
   ├─LIRE Précision
   ▼ TANT_QUE (b-a>Précision) FAIRE
      ├─DEBUT_TANT_QUE
      ├─m PREND_LA_VALEUR (a+b)/2
      ▼ SI ((pow(a,3)+2*pow(a,2)+10*a-20)*(pow(m,3)+2*pow(m,2)+10*m-20)<0) ALORS
         ├─DEBUT_SI
         ├─b PREND_LA_VALEUR m
         ├─FIN_SI
         ▼ SINON
            ├─DEBUT_SINON
            ├─a PREND_LA_VALEUR m
            └─FIN_SINON
      └─FIN_TANT_QUE
   ├─AFFICHER a
   └─AFFICHER b
└─FIN_ALGORITHME
```

On trouve 1,368 comme solution (en entrant $a = 0$, $b = 2$, $Précision = 0.0001$).

REMARQUES : a) Précisons que Fibonacci a trouvé la même solution (c'est rassurant) Comment il a fait ? Alors ça, c'est un vrai exploit qu'on vous invite à découvrir... (C'est entre autre ce qui a fait sa légende !)
b) La force du tableau de variations (obtenu par le principe de Lagrange), c'est qu'on sait que la solution est unique. C'est un résultat très fort que vous consoliderez en Terminale sous le nom de théorème de la bijection. La dichotomie (couper en deux en grec ancien, puisqu'on coupe en deux, à chaque étape, l'intervalle de recherche de la solution) est une méthode essentielle du programme de 2nde qu'on considère comme acquise en 1re et qui permet de localiser très efficacement et très rapidement la solution approchée (un petit tour dans Method's Seconde peut se révéler efficace !).

METHODE 13 : Comment comparer la position de deux courbes ?

Ce genre d'étude étant par définition graphique (encore une fois), il ne faut vraiment pas se priver d'utiliser la calculatrice graphique (elle est dans ce genre d'exercices d'une redoutable efficacité, alors n'hésitez pas !) : cependant nous mettons en garde les trop enthousiastes de nos lecteurs, les renseignements qu'elle donne ne fournissent en aucun cas une preuve mathématique (il ne faut pas rêver non plus !).
Par ailleurs faisons un bref rappel mathématique de ce genre d'étude :
Lorsqu'on trace deux courbes dans un même repère, on constate que :

- C_f est au-dessus de C_g lorsque pour tout x, $f(x) > g(x)$ c'est-à-dire $f(x) - g(x) > 0$.
- C_f est au-dessous de C_g lorsque pour tout x, $f(x) < g(x)$ c'est-à-dire $f(x) - g(x) < 0$.
- C_f et C_g se coupent au point d'abscisse x_0 lorsque $f(x_0) = g(x_0)$ c'est-à-dire $f(x_0) - g(x_0) = 0$,

C'est ce qu'on peut voir facilement sur l'exemple suivant, avec $x \to f(x) = 2x^2 + x - 2$ et $x \to g(x) = -x^2 - 2x + 4$:

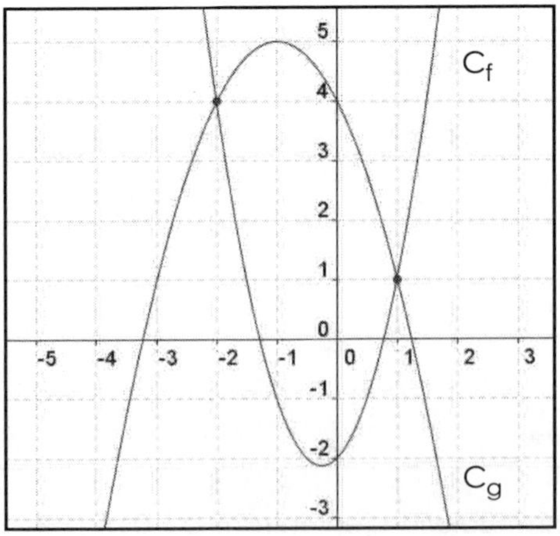

a) C_f est au-dessus de C_g pour $x \in]-2;1[$ (pour tout $x \in]-2;1[$ $f(x) > g(x)$, ou encore $f(x) - g(x) > 0$).

b) C_f est au-dessous de C_g pour $x \in]-\infty;-2[\cup]1;+\infty[$ (pour tout $x \in]-\infty;-2[\cup]1;+\infty[$, $f(x) < g(x)$, ou encore $f(x) - g(x) < 0$).

c) C_f et C_g se coupent aux points d'abscisse –2 et 1 ($f(-2) = g(-2)$ ou encore $f(-2) - g(-2) = 0$, et $f(1) = g(1)$ c'est-à-dire $f(1) - g(1) = 0$).

En fait comparer la position des courbes C_f et C_g revient à étudier le signe de la fonction $f - g$. Et comment ? (oui comment ?) Et bien en la dérivant !

■ Principe

Etudier la fonction $f - g$ et dresser son tableau de variations :

- si pour tout $x \in I$, $f(x) - g(x) > 0$ alors C_f est au-dessus de C_g sur I
- si pour tout $x \in I$, $f(x) - g(x) < 0$ alors C_f est au-dessous de C_g sur I
- si $f(x_0) - g(x_0) = 0$ alors C_f et C_g se coupent au point d'abscisse x_0.

■ **Exemple :** *Soient* f *et* g *deux fonctions définies par : pour tout* $x \in \mathbb{R}$, $f(x) = 2x^2 + x - 2$ *et* $g(x) = -x^2 - 2x + 4$. *Etudier les positions de leurs courbes représentatives* C_f *et* C_g *sur* $\mathbb{R}$.

Le premier réflexe serait de tracer les deux courbes sur votre calculatrice (utilisez là sans honte, nous le répétons), et de constater que C_f et C_g se coupent deux fois, aux points d'abscisse –2 et 1, ce qui ne prouve rien d'ailleurs ! (Nous ne reproduisons pas le graphe car nous avons repris l'exemple du début de paragraphe, au cas où vous ne l'auriez pas remarqué, donc il est déjà fait.)

Etudions la fonction $f - g$: $f - g$ est dérivable sur $\mathbb{R}$, (comme différence de deux fonctions polynômes dérivables sur $\mathbb{R}$) et pour tout $x \in \mathbb{R}$, $f(x) - g(x) = 2x^2 + x - 2 - (-x^2 - 2x + 4) = 3x^2 + 3x - 6$.

Donc pour tout $x \in \mathbb{R}$, $f'(x) - g'(x) = 6x + 3$.

On obtient alors le tableau suivant :

x	$-\infty$		$-\frac{1}{2}$		$+\infty$
signe de $f'-g'$		$-$	0	$+$	
$f-g$		↘	$-6{,}75$	↗	

A ce stade on ne peut pas conclure : il faut compléter le tableau. La calculatrice nous indique comment faire car C_f et C_g se coupant au point d'abscisse –2 on a $f(-2) - g(-2) = 0$ (pareil pour –1 et $f(-1) - g(-1) = 0$). En complétant le tableau de variations par ces valeurs, cela nous donne :

x	$-\infty$		-2		$-\frac{1}{2}$		1		$+\infty$
signe de $f'-g'$			$-$		0		$+$		
$f-g$		↘	0	↘	$-6{,}75$	↗	0	↗	

Là vous avez tout pour conclure (magnifique...).
D'après le tableau de variations :
- pour tout $x \in]-\infty;-2[\cup]1;+\infty[$, $f(x)-g(x)>0$, c'est-à-dire C_f est au-dessus de C_g pour $x \in]-\infty;-2[\cup]1;+\infty[$
- pour tout $x \in]-2;1[$, $f(x)-g(x)<0$, c'est-à-dire que C_f est au-dessous de C_g pour $x \in]-2;1[$
- pour $x=-2$ et $x=1$, $f(x)-g(x)=0$, c'est-à-dire que C_f et C_g se coupent aux points d'abscisses -2 et 1. Trop génial !

■ **Exemple :** *Soit* f *la fonction définie sur* $\mathbb{R}$ *par : pour tout* $x \in \mathbb{R}$, $f(x)=x^3+1$.
Etudier la position de C_f *par rapport à* T_1 *(tangente à* C_f *passant par le point d'abscisse* 1*)* sur l'intervalle $[-1;+\infty[$.

f est dérivable (comme fonction polynôme) et pour tout $x \in \mathbb{R}$, $f'(x)=3x^2$.
Concernant T_1, comme $f'(1)=3$ et $f(1)=2$ on a $T_1 : y=3(x-1)+2$ (grâce à la formule $T_a : y=f'(a)(x-a)+f(a)$) soit : $T_1 : y=3x-1$ (après calculs).
Bien, la calculatrice semble nous indiquer que T_1 est au-dessous de C_f sur $[-1;+\infty[$.

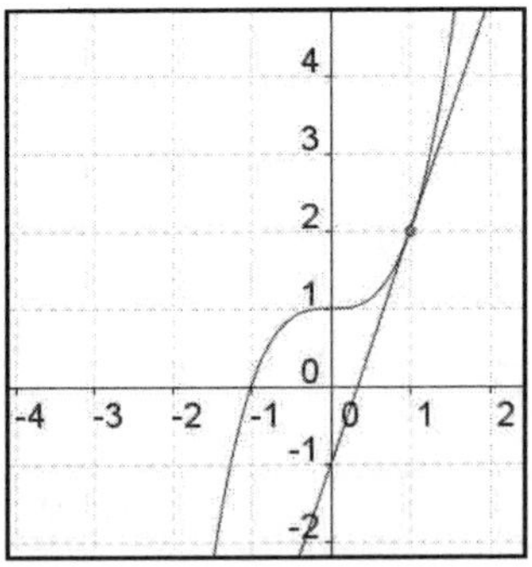

Comme on connaît d'avance la réponse au problème, il ne reste plus qu'à ajouter les ingrédients et autres justifications mathématiques...
Etudions la fonction $g : x \to g(x)=f(x)-(3x-1)=x^3+1-3x+1=x^3-3x+2$. Elle est dérivable sur $\mathbb{R}$ et pour tout $x \in \mathbb{R}$, $g'(x)=3x^2-3$, c'est un trinôme du 2nd degré de racines -1 et 1 et d'après le théorème du signe du trinôme, on obtient donc :

x	$-\infty$		-1		1		$+\infty$
$3x^2-3$		$+$	0	$-$	0	$+$	
$g(x)$		↗	4	↘	0	↗	

Ainsi pour tout $x \in [-1;+\infty[$, $g(x) \geq 0$ (0 est le minimum global de g sur l'intervalle $[-1;+\infty[$) c'est-à-dire $f(x) \geq 3x-1$ ce qui montre que C_f est au-dessus de la tangente T_1 sur l'intervalle $[-1;+\infty[$. Un jeu d'enfant, non ?

4. Problèmes d'optimisation

Les problèmes d'optimisation peuvent provenir de domaines aussi divers que l'économie, la géométrie, la physique, la SVT, les sciences de l'ingénieur... Ils sont donc au carrefour de beaucoup de matières sollicitant les mathématiques. Ils sont par conséquent nombreux et donc difficilement prévisibles pour un contrôle de Maths. En revanche, ils se classent en deux types, selon ce que votre professeur veut tester en vous (rassurez-vous, vous n'êtes pas un cobaye). Plus précisément : s'ils sont très détaillés, avec de nombreuses questions, c'est que l'on veut mesurer votre capacité à suivre des consignes, à mener à terme correctement des calculs...
S'ils ne sont absolument pas détaillés (ça peut vous arriver !) c'est que l'on veut mesurer votre esprit d'initiative, vos idées, votre démarche scientifique. Pas trop effrayé ? Non car heureusement nous avons méthodiquement classé pour vous ces deux cas de figure dans les méthodes qui suivent.

METHODE 14 : Se laisser guider par l'énoncé

Quelle vision poétique des choses, allez-vous vous dire. Attention : si l'énoncé est détaillé (donc en gros on ne nous demande pas notre avis sur la façon de faire) sachez que votre correcteur sera impitoyable si vous faites des erreurs de calcul.

■ **Principe**
Bien lire l'énoncé en entier (mais ça dans tous les cas, il faut le faire), et chercher l'enchaînement logique de chacune des questions.

■ **Exemple :** *On dispose d'une feuille de carton de* 20 cm *de long sur* 12 cm *de large avec laquelle on veut fabriquer une boîte sans couvercle ayant la forme d'un pavé droit.*

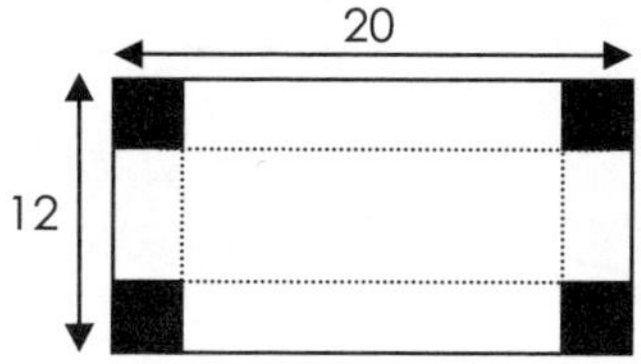

Pour cela, on découpe les parties noires carrées ci-dessus et on obtient le patron de notre boîte. On appelle x la mesure en cm d'un côté de chaque carré découpé. Le but du problème est de déterminer x de manière à obtenir le plus gros volume possible pour la boîte (c'est tout à fait le genre de questions, répondant à un problème concret, que pourrait se poser un bureau d'étude d'une entreprise d'emballage).

1°) *Dans quel intervalle I varie x ?*

2°) *Déterminer le volume* $V(x)$ *de la boîte en fonction de x (en* cm^3*).*

3°) *Etudier la fonction* $V : x \to V(x)$ *définie sur l'intervalle I et en déduire la valeur de x rendant maximal le volume de la boîte.*

Bien, après voir bien lu l'énoncé en entier, on s'aperçoit que la variable nous est donnée : c'est x, désignant le côté de chaque carré. La fonction, c'est V qui va falloir "maximiser" (c'est-à-dire trouver son maximum) sur un intervalle restreint I à déterminer. Ainsi en se laissant guider on ne devrait pas avoir trop de soucis vu que le problème est finalement assez bien saucissonné. Allons-y :

1°) On ne peut pas retirer plus de 12 cm à la largeur de la feuille et plus de 20 cm à la longueur : comme on retire 2x à la largeur (à la longueur aussi d'ailleurs), on a les conditions $\begin{cases} 2x < 12 \\ 2x < 20 \end{cases}$, soit $\begin{cases} x < 6 \\ x < 10 \end{cases}$ c'est-à-dire $x < 6$. Par ailleurs x est une longueur donc $x > 0$ ce qui nous donne finalement $0 < x < 6$ et donc l'intervalle I cherché est $I =]0;6[$.

2°) Si on plie comme il faut le patron pour construire la boîte (sans couvercle), on voit apparaître clairement les proportions : $\begin{cases} \text{longueur} : 20-2x \\ \text{largeur} : 12-2x \\ \text{hauteur} : x \end{cases}$.

Ainsi : $V(x) = (20-2x)(12-2x)x$ c'est-à-dire : $V(x) = (240-64x+4x^2)x$ soit : $V(x) = 4x^3 - 64x^2 + 240x$.

3°) La fonction V est dérivable sur I (comme fonction polynôme) et pour tout $x \in I$, $V'(x) = 12x^2 - 128x + 240$. V' est un trinôme du second degré qui admet pour racines (après calculs) $\frac{16-2\sqrt{19}}{3} \approx 2,427$ (qui appartient bien à $I =]0;6[$), et $\frac{16+2\sqrt{19}}{3} \approx 8,239$ (qui, lui, n'appartient pas à I).

On obtient donc le tableau suivant (d'après le théorème du signe du trinôme) :

x	0		$\frac{16-2\sqrt{19}}{3}$		6
$V'(x)$		+	0	−	
V	0	↗	$\approx 262,68$	↘	0

car $V(0)=0$, $V\left(\frac{16-2\sqrt{19}}{3}\right)\approx 262{,}68$, $V(6)=0$.

Ainsi la valeur de x rendant maximal le volume de la boîte est : $\frac{16-2\sqrt{19}}{3}\approx 2{,}427$ (cm) (le volume maximal, non demandé, étant alors de 262,68 cm^3 environ).

METHODE 15 : Chercher l'inconnue la plus simple

Surtout ne pas rester bloqué, il faut pas mal réfléchir et prendre du brouillon (beaucoup de brouillon !).

■ Principe

Ne pas se précipiter, c'est ce qu'il y a de plus dur, parce qu'il faut faire preuve d'initiative. Il faut prendre le temps de bien choisir sa variable, faire des essais, et ne pas se décourager.

■ **Exemple :** *L'arbelos d'Archimède (287-212 av. J.-C.)*
On donne la figure ci-dessous (ce ne sont que des demi-disques dont le plus grand a pour diamètre 10). On appelle arbelos la partie hachurée.

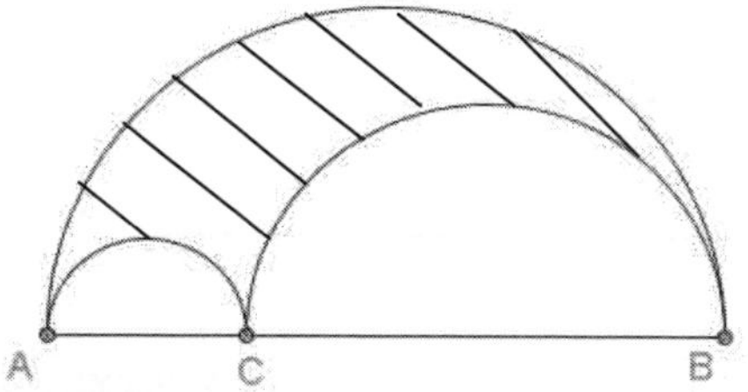

Déterminer la position de C (sur le segment $[AB]$) de manière à ce que l'arbelos ait une aire maximale.

On va aller au plus simple : posons $x=AC$ (alors $CB=10-x$), x varie dans l'intervalle $]0;10[$. L'aire de la surface hachurée s'exprime en fonction de x par : $S(x)=\frac{1}{2}\left(\pi\cdot 5^2-\pi\cdot\left(\frac{x}{2}\right)^2-\pi\cdot\left(\frac{10-x}{2}\right)^2\right)=\frac{\pi}{2}\cdot\left(25-\frac{x^2}{4}-\left(\frac{100-20x+x^2}{4}\right)\right)$ soit

$$S(x)=\frac{\pi}{2}\cdot\left(25-\frac{x^2}{4}-25+5x-\frac{x^2}{4}\right)=\frac{\pi}{2}\cdot\left(-\frac{x^2}{2}+5x\right).$$

On va donc étudier la fonction $x\to S(x)=\frac{\pi}{2}\cdot\left(-\frac{x^2}{2}+5x\right)$ sur l'intervalle $]0;10[$ et essayer de déterminer la valeur de x pour laquelle elle atteint un maximum.

S est dérivable sur $]0;10[$, et pour tout $x \in]0;10[$ $S'(x) = \frac{\pi}{2} \cdot (-x+5)$.

On obtient immédiatement le tableau suivant :

x	0		5		10
signe de S'		+	0	−	
S	0	↗	$6,25\pi$	↘	0

La valeur cherchée est donc $x = 5$ qui correspond à $C = \text{mil}[AB]$.

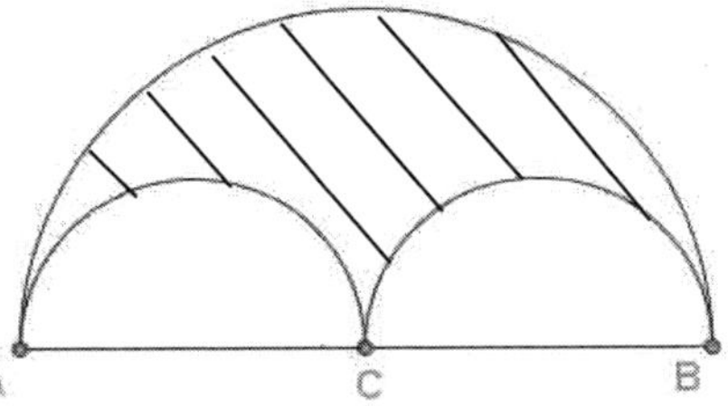

L'arbelos (c'est un couteau de savetier, très utile pour découper le cuir) fut étudié la 1re fois par Archimède (enfin sa courbe, pas le couteau en lui-même). L'arbelos possède de nombreuses propriétés géométriques (qu'on n'a pas la place de développer ici, hélas...), découvertes (entre autres) par Archimède.

Réflexes

	SITUATIONS	REFLEXES
1.	Tracer la tangente T_a	Au choix : - Partir du point de tangence, avancer de 1 vers la droite et monter (ou descendre) du coefficient directeur f'(a) - Utiliser l'équation de la tangente $T_a : y = f'(a)\cdot(x-a)+f(a)$
2.	Déterminer l'équation de la tangente T_a	Vérifier que f est dérivable, calculer f'(x), f'(a) et f(a) puis remplacer dans l'équation réduite : $T_a : y = f'(a)\cdot(x-a)+f(a)$.
3.	Déterminer le sens de variation d'une fonction f	Vérifier que f est dérivable, dériver f et appliquer le principe de Lagrange.

4.	Déterminer des extremums de f	Vérifier que f est dérivable, appliquer Lagrange, et exploiter le tableau de variations obtenu.
5.	Majorer, minorer, encadrer, obtenir des inégalités	Etudier la fonction à majorer (minorer... selon les cas) sur l'intervalle donné, et utiliser son tableau de variations (obtenu par le principe de Lagrange).
6.	Résoudre $f(x)=0$	Suivant les circonstances : - Utiliser la Méthode de Raphson-Newton - Tracer C_f sur la calculatrice, vérifier que f est dérivable, établir le tableau de variations de f et l'exploiter, compléter par une dichotomie.
7.	Comparer la position de deux courbes	Tracer C_f et C_g sur la calculatrice. Vérifier que f et g sont dérivables, étudier la fonction $f-g$, établir son tableau de variations et repérer où elle s'annule (à l'aide de la calculatrice).
8.	Résoudre un problème d'optimisation	1) Bien lire l'énoncé en entier s'il est détaillé. La variable et la fonction à étudier devraient être claires. Conclure à l'aide d'une étude de fonction (chercher son maximum ou son minimum). 2) Bien réfléchir, bien choisir la variable si aucune indication n'est donnée. Ce genre d'exercice est fait pour tester votre esprit d'initiative.

Astuces

■ Mémorisez bien cette phrase : « $f'(a)$, c'est le coefficient directeur de la tangente T_a ». Répétez la dix fois, cent fois, mais retenez la, ça vous évitera un éternel questionnement sur ce que représente le nombre dérivé $f'(a)$.

Par la même occasion retenez aussi l'équation de la tangente (au point d'abscisse a) : $T_a : y = f'(a)\cdot(x-a)+f(a)$, qui ne se trouve pas dans le formulaire du Bac ! Apprenez la par cœur ! (On a dit PAR CŒUR !!!!)

■ Le nombre dérivé, c'est le coefficient directeur de la tangente mais c'est aussi : la tangente (au sens trigonométrique) de l'angle que forme la tangente avec l'axe des abscisses :

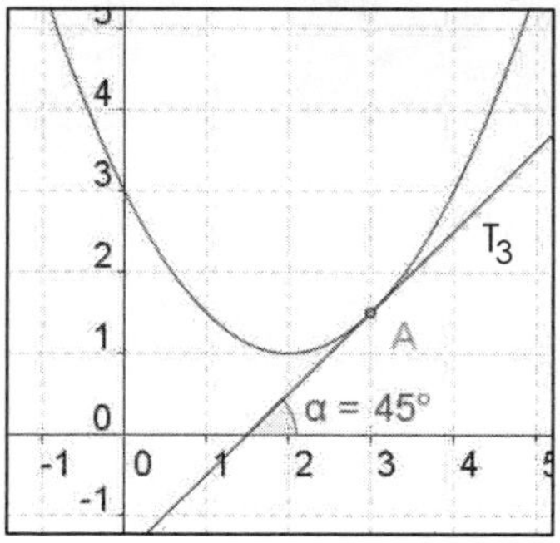

Dans notre exemple, on a $f'(3)=1$ (ça se voit), c'est-à-dire : $f'(3)=\tan(45°)$ et 45° est l'angle que forme la tangente T_3 avec l'axe des abscisses. Ok ?

■ Ne jamais oublier avant de dériver, de préciser que la fonction est dérivable (voir chapitre Méthodes de dérivation). C'est pas grand chose mais ça fait toujours énormément plaisir à votre correcteur (qui dans le cas contraire n'hésitera pas à rageusement vous retirer des points ou vous écrire en grosses lettres de façon à ce qu'on le voie à 10 km : la fonction est-elle dérivable ?).

■ Soyez concis, précis, allez à l'essentiel, utilisez des tableaux... S'imposer cela vous évitera d'en mettre des tartines et donc d'exaspérer votre correcteur (qui peut parfois ne pas être aussi patient qu'on l'imagine... surtout au bout de la trentième-cinquième copie).

■ Utilisez votre calculatrice surtout si vous ne voyez pas clairement la situation : un petit aperçu graphique peut vous guider et vous remettre en confiance.

■ N'espérez pas que vous allez avoir forcément le même exercice avec la même fonction à étudier, ou le même problème d'optimisation que celui que vous connaissez déjà par cœur : les possibilités dans ce domaine sont infinies, votre apprentissage de certains exercices doit vous donner des idées, pas vous clouer au sol.

■ $f'(a)$ (notation Lagrangienne) se note également $\frac{df}{dx}(a)$ (notation Leibnizienne) ou encore $\dot{f}(a)$ (notation Newtonienne) mais toutes ces notations désignent exactement la même chose !

■ Ayez une pensée pour tous ces grands mathématiciens qui ont étudié le calcul des variations : il n'y a pas que Lagrange (1736-1813), il y a aussi Leibniz (1646-1716), Newton (1642-1727), Fermat (1601-1665)... (Pensez au génie qu'il fallait avoir à l'époque..., cela devrait tous nous rendre modestes.)

Lagrange (1736-1813)

Newton (1642-1727)

Leibniz (1646-1716)

Fermat (1601-1665)

■ Les problèmes d'optimisation, on l'a déjà dit, peuvent concerner plusieurs disciplines : cela peut vous donner des idées pour vos TPE !

Erreurs

■ Appliquez vous à déterminer correctement l'intervalle d'étude de la fonction que vous avez à minimiser, maximiser, borner... cela vous évitera du travail supplémentaire et des conclusions souvent fausses (par exemple si la variable est une longueur l, prenez $l > 0$ et non pas $l \in \mathbb{R}$...).

■ Révisez bien le chapitre précédent sur le calcul de dérivée, car faire tout un raisonnement correct à partir d'une dérivée fausse rend tout l'exercice faux, ce qui est aussi navrant (pour vous comme pour le correcteur) que (cherchons une image...) de faire de la grande cuisine avec des ingrédients périmés ou encore (les exemples ne manquent pas) de jouer un magnifique solo de Django Reinhardt (grand guitariste de Jazz) sur une guitare désaccordée, etc. Révisez également le théorème du signe du trinôme, car, vous l'avez compris, il est très souvent sollicité.

■ Révisez bien également le théorème du signe du trinôme (voir chapitre 1), car vous l'aurez compris il est d'un usage quasi constant dans ce chapitre !

Chapitre 5

METHODES SUR LES SUITES

Une suite c'est intuitivement, comme son nom l'indique, une suite de nombres. Par exemple 1, 2, 3, 4,... est une suite (c'est la suite des nombres entiers), 2, 4, 6,... aussi est une suite (la suite des nombres pairs), 2, 3, 5, 7, 9, 11,... aussi (c'est la suite des nombres impairs), etc. Il y a en fait de multiples moyens d'en créer bien d'autres : par une phrase, par une formule (ce qui les rapproche des fonctions), par une relation de récurrence, par une fonction, par un graphique... par un mot d'amour (non, c'est pour rire...) et selon les cas il n'est pas toujours si simple d'en obtenir une expression.
Selon le mode de génération d'une suite (la façon dont on la crée) on peut étudier d'abord ses premiers termes puis plus ou moins facilement son comportement : croissance, décroissance, etc. (comme avec les fonctions) c'est l'objet des méthodes qui suivent : s'en sortir dans tous les cas de figure.
Précisons enfin l'intérêt des suites. On vous a souvent dit que les Maths pouvaient servir dans les autres matières, et bien c'est vrai. Un problème physique par exemple peut être résolu et modélisé par les Maths (modéliser c'est le rendre mathématiquement exploitable), et souvent pour le faire on utilise des suites. Cet outil peut donc vous donner des idées pour vos TPE !

1. Définitions, situations menant à des suites

Tout d'abord bien comprendre les notations (qui peuvent être déstabilisantes) : (U_n) (avec des parenthèses) désigne la suite de terme général U_n (sans parenthèses). U_n lui, désigne le terme général de rang n (ou d'indice n). Par exemple, U_0 est le terme de rang 0, U_1 celui de rang 1, etc.
n est l'indice, n est entier et est toujours positif. Ça va, on continue ?

A- Suites définies par une phrase

METHODE 1 : Comment déterminer les premiers termes de (U_n) où U_n est définie par une phrase ?

■ **Principe**

- Bien réfléchir, par exemple où commence la suite, plus exactement à quel rang, U_0 ? U_1 ? U_5 ?
- Pour la représentation graphique, on met n en abscisses et U_n en ordonnées.

■ **Exemple :** *Soit* (U_n) *la suite définie par : "*U_n *désigne le nième nombre premier". Déterminer les six premiers termes, les représenter graphiquement dans un repère orthogonal (on n'est pas obligé de prendre la même unité).*

Vous rappelez-vous ce qu'est un nombre premier ? C'est un entier positif qui admet deux diviseurs seulement : 1 et lui-même (on les étudie en Spé Maths !). Voici le début de la liste des nombres premiers : 2, 3, 5, 7, 11, 13,... (Attention ! 1 n'est pas premier !).
U_0 n'a pas de sens (le 0-ième nombre premier, ça ne veut rien dire...). Le premier terme de la suite (U_n) est donc $U_1 = 2$, les autres sont : $U_2 = 3$, $U_3 = 5$, $U_4 = 7$, $U_5 = 11$, $U_6 = 13$ (Stop ! On a six termes !).
Pour la représentation graphique, on met n en abscisses et U_n en ordonnées (exactement comme avec une fonction où on a x en abscisses et $f(x)$ en ordonnées), on trace un repère, ce qui donne :

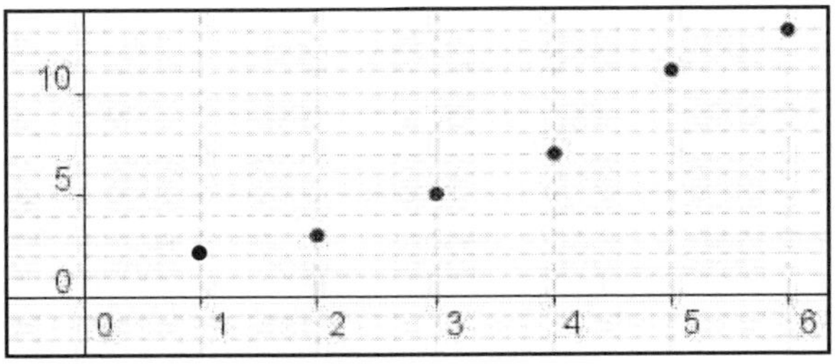

■ **Exemple :** *Soit* (V_n) *la suite définie par :* V_n *désigne le nombre de diagonales d'un polygone (convexe) régulier à n côtés. Déterminer les six premiers termes, les représenter graphiquement dans un repère orthogonal (on n'est pas obligé de prendre la même unité).*

V_0, V_1, V_2, V_3 ne sont pas définis puisque des polygones à 0, 1, 2, côtés n'existent pas et parce qu'un polygone à 3 côtés est un triangle dont on ne peut étudier les diagonales, puisqu'il n'en a pas. Le premier terme de la suite est donc V_4 et $V_4 = 2$ (un carré a 2 diagonales). Ensuite (le vérifier en construisant un pentagone, un hexagone...) $V_5 = 5$, $V_6 = 9$, $V_7 = 14$, $V_8 = 20$ et le sixième terme $V_9 = 27$, ce qui donne le graphique suivant :

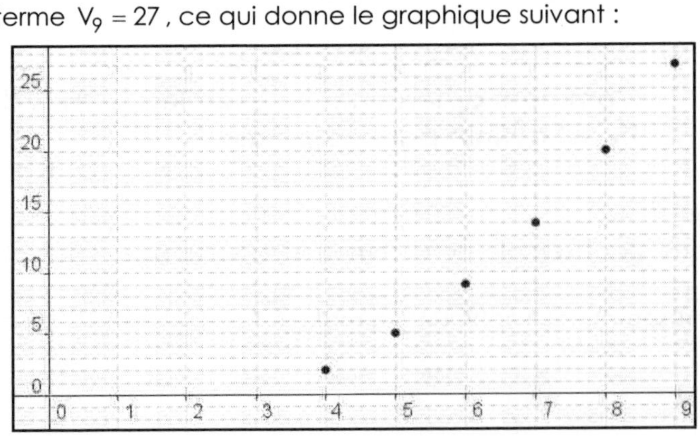

REMARQUE : On peut montrer (et c'est même bien de le piger) que pour tout $n \geq 4$, $V_n = \frac{n(n-3)}{2}$. *C'est assez simple si on réfléchit : il faut considérer que chacun des n sommets peut être relié à* $n-3$ *sommets (tous sauf trois : lui-même, son voisin de gauche et son voisin de droite, sinon ça ne forme pas une diagonale !) ce qui donne* $n(n-3)$ *façons de créer une diagonale. Pour ne pas compter la même diagonale deux fois (car quand on fait le tour du polygone, on passe les n points en revue et on a compté en fait deux fois chacune des diagonales, si on réfléchit bien), il faut diviser ce nombre par 2, ce qui donne :* $\frac{n(n-3)}{2}$ *(d'ailleurs si on développe* $\frac{n(n-3)}{2}$, *on obtient* $\frac{n^2-3n}{2}$ *: c'est un polynôme du 2nd degré (dont la courbe est une parabole), regardez bien la suite (sur le graphique) elle a la forme d'une parabole !).*

■ **Exemple célèbre : la suite de Fibonacci (1175-1220).** *On considère qu'un couple de lapins arrive à maturité sexuelle à l'âge de deux mois et que chaque couple donne chaque mois naissance à un autre couple. On part d'un seul couple de lapins. Soit* (F_n) *la suite définie par : « F_n désigne le nombre de couples au bout du n-ième mois ». Déterminer le nombre de lapins au bout d'1 an. Au bout de 2 ans.*

On part d'un couple, on a donc $F_0 = 1$.
Au bout d'1 mois, on a toujours $F_1 = 1$ (puisque le couple n'est âgé que de 1 mois, donc n'est pas encore à maturité sexuelle).
Au bout de 2 mois, on a $F_2 = 2$ (en effet, le couple de départ, âgé de 2 mois, est arrivé à maturité sexuelle et engendre un nouveau couple).
Au bout de 3 mois, on a : $F_3 = 3$ (c'est encore le couple de départ, toujours à maturité sexuelle qui vient d'engendrer un nouveau couple).
Au bout de 4 mois, on a $F_4 = 5$ (car sur les 3 couples, seuls 2 couples sont à maturité sexuelle, engendrant chacun un nouveau couple).
Au bout de 5 mois, on a : $F_5 = 8$ (car sur les 5 couples, il n'y en a que 3 à maturité sexuelle, engendrant chacun un nouveau couple).
Au bout de 6 mois, on a : $F_6 = 13$ (car sur les 8 couples, seuls 5 sont à maturité sexuelle).
Faisons une pause et regardons déjà les premiers termes de la suite :
$F_0 = 1$, $F_1 = 1$, $F_2 = 2$, $F_3 = 3$, $F_4 = 5$, $F_5 = 8$, $F_6 = 13$. Essayons de comprendre la logique : 1, 1, 2, 3, 5, 8, 13. Mais oui : $1+1=2$, $1+2=3$, $2+3=5$, $3+5=8$, $5+8=13$ le prochain devrait être $8+13=21$ puis $13+21=34$...
On a la relation (dite de récurrence) $F_{n+2} = F_{n+1} + F_n$ (chaque nouveau terme est la somme des deux précédents), relation qui va nous permettre (pour gagner du temps) d'utiliser notre tableur pour aller plus vite (ne soyez pas effrayé, c'est bête comme chou) :

	A	B	C	D	E	F	G	H	I	J	K	L	M	N	O	P	Q	R	S	T	U	V	W	X	Y	Z
1	n	0	1	2	3	4	5	6	7	8	9	10	11	12	13	14	15	16	17	18	19	20	21	22	23	24
2	Fn	1	1	2	3	5	8	13	21	34	55	89	144	233	377	610	987	1597	2584	4181	6765	10946	17711	28657	46368	75025

Dans B1, on écrit 0. Dans C1, on écrit 1. On sélectionne la plage B1 :C1, sa poignée de copie qu'on étend jusqu'à Z1 (comme ça on a tous les entiers de 0 à 24). Dans B2, on écrit 1 ($F_0 = 1$). Dans C2, on écrit 1 ($F_1 = 1$). Dans D2, on écrit =B2+C2 (c'est la fameuse relation de récurrence $F_{n+2} = F_{n+1} + F_n$). On sélectionne la cellule D2, sa poignée de copie qu'on étend jusqu'à Z2. Et hop, c'est parti. Le tableur a travaillé à notre place, il nous dit que au bout d'1 an (soit 12 mois, on regarde les cellules N1 et N2), on obtient 233 couples (soit 466 lapins, ah oui quand même !). Au bout de 2 ans (soit 24 mois, on regarde les cellules Z1 et Z2), on obtient 75025 couples (soit 150050 lapins ! Rendez-vous compte : on est passé de 2 lapins à 150050 lapins, en seulement 2 ans ! Au secours !).

REMARQUES : a) On peut aussi utiliser un algorithme pour calculer les termes de la suite, le voici :

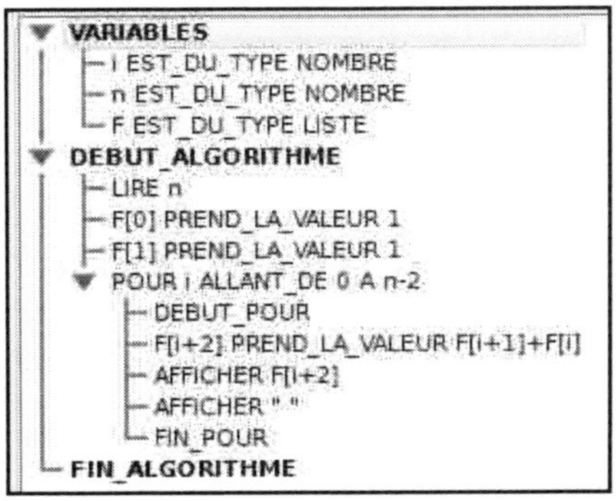

Fibonacci (1175-1220)

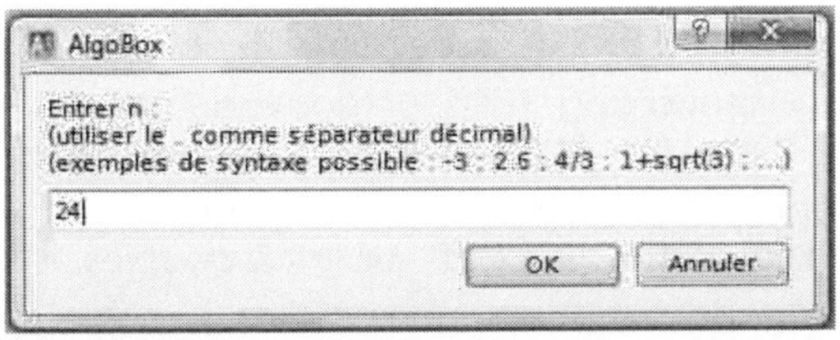

Ça marche très bien aussi, non ? On aura l'occasion dans les méthodes 3, 4, 7 et 8 de revoir comment utiliser le tableur ou comment créer un algorithme pour obtenir les termes d'une suite. Rassurez-vous, c'était juste un petit aperçu pour vous donner envie (ça a marché ou pas ?).

b) Le vrai nom de Fibonacci (1175-1220) est Léonard de Pise (Fibonacci est un surnom signifiant fils de Bonacci, Bonacci son père était le grand manitou du commerce toscan implanté en Afrique du Nord). Le petit Léonard (Fibonacci), élevé là bas (plus précisément à Bougie (Béjaïa) en Algérie) a grandi au contact des sciences arabes (algèbre, nombres indo-arabes et principe de numération par position, etc.) : de retour en occident (notamment à Pise) il diffusa ces nouvelles techniques (comme Gerbert d'Aurillac en France deux cent ans plus tôt, Gerbert D'Aurillac revenant lui de Tolède (Espagne), à l'époque une des plus importantes cités médiévales et savantes arabes). Fibonacci était considéré comme le plus grand mathématicien européen de son temps : il était simplement le meilleur, en Algèbre notamment, mis à l'épreuve lors d'un tournoi mathématique organisé à Pise par l'empereur éclairé Frédéric II (Empire germanique), il fut le seul à résoudre les trois problèmes proposés, en un temps record, les autres ne réussissant même pas à en résoudre un seul (voir chapitre 4, méthode 12). Fibonacci c'était le boss : son œuvre maîtresse s'appelle le Liber Abacci, *c'est de ce livre qu'est sortie la suite des lapins qu'on vient d'étudier.*

B- Suites définies par une formule explicite

METHODE 2 : Comment déterminer algébriquement les premiers termes de la suite?

■ **Principe**

Remplacer n par le rang que vous cherchez (tout simplement), comme avec une fonction où on remplace x par une valeur : une suite (U_n) n'étant en fait rien d'autre qu'une fonction définie sur $\mathbb{N}$ (ensemble des entiers positifs), où n est la variable et U_n l'image (qui aurait pu être notée $U(n)$, d'ailleurs).

■ **Exemple :** *Soit* (A_n) *la suite définie par : pour tout* $n \in \mathbb{N}$, $A_n = 2n+7$. *Déterminer les six premiers termes, les représenter graphiquement dans un repère orthogonal (on n'est pas obligé de prendre la même unité).*

La suite étant définie pour tout $n \in \mathbb{N}$, on peut commencer à $n = 0$, ce qui donne : $A_0 = 2 \cdot 0 + 7 = 7$, $A_1 = 2 \cdot 1 + 7 = 9$, $A_2 = 2 \cdot 2 + 7 = 11$, $A_3 = 2 \cdot 3 + 7 = 13$, $A_4 = 2 \cdot 4 + 7 = 15$, $A_5 = 2 \cdot 5 + 7 = 17$ (Stop ! On a les six premiers termes !)

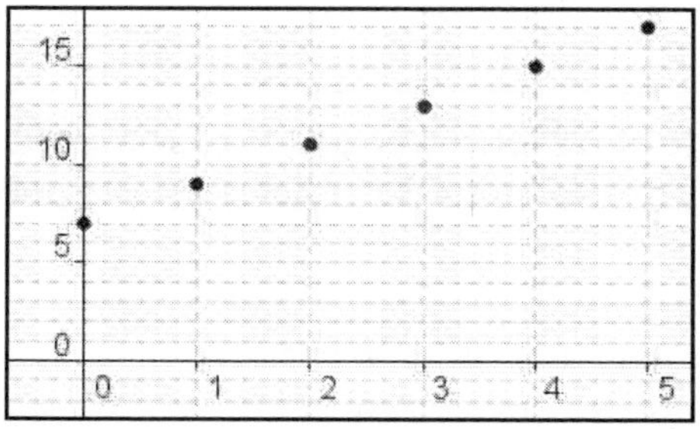

On peut constater que les points de la suite sont alignés. C'est normal : la suite (A_n) *définie par* $A_n = 2n+7$ *ressemble à la fonction f définie par* $f(x) = 2x+7$ *qui est une fonction affine (rappel de 3*[e]*) dont la courbe est une droite !*

METHODE 3 : Comment déterminer et représenter les premiers termes d'une suite à l'aide d'un tableur ?

■ **Principe**

Une ligne pour n avec les valeurs 0, 1, 2, etc.
Une ligne pour U_n.

■ **Exemple :** *Soit* (U_n) *la suite définie par :* $U_n = 3n - 1$. *Déterminer les six premiers termes, les représenter graphiquement dans un repère orthogonal (on n'est pas obligé de prendre la même unité).*

	A	B	C	D	E	F	G
1	n	0	1	2	3	4	5
2	Un	-1	2	5	8	11	14

Dans B1, on écrit 0. Dans C1, on écrit 1. On sélectionne la plage B1:C1, sa poignée de copie qu'on étend jusqu'en G1 (puisqu'on veut 6 termes, on va de U_0 à U_5).

Dans B2, on écrit =3*B1-1. On sélectionne la cellule B2, sa poignée de copie qu'on étend jusqu'à G2. Et voilà, on obtient nos six premiers termes, à savoir : $U_0 = -1$, $U_1 = 2$, $U_2 = 5$, $U_3 = 8$, $U_4 = 11$, et $U_5 = 14$.

Pour la représentation graphique, on va dans insertion > nuage de points > sélectionner des données > ajouter > valeurs de la série des abscisses x (là on sélectionne la plage B1:G1) > valeurs de la série des ordonnées y (là on sélectionne la plage B2:G2) > OK.

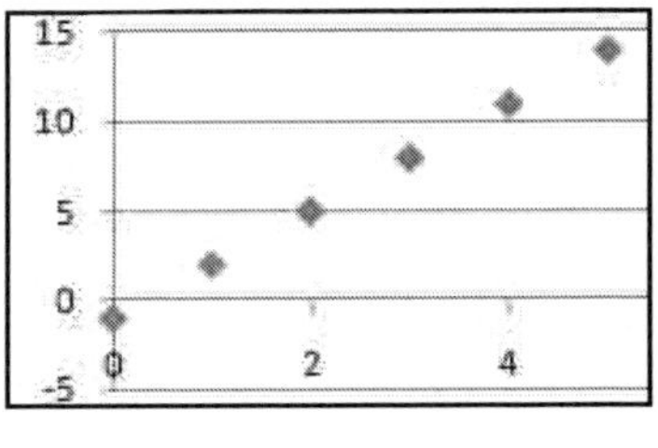

METHODE 4 : Comment déterminer et représenter les premiers termes d'une suite à l'aide d'un algorithme ?

■ **Principe**

Il faut utiliser deux variables : une variable n du type Nombre pour l'indice et une variable U de type Liste pour la suite U_n.

■ **Exemple :** *Soit* (U_n) *la suite définie par la relation de récurrence :*

$U_n = 4 - 0{,}25n^2$. *Déterminer les six premiers termes, les représenter graphiquement dans un repère orthogonal (on n'est pas obligé de prendre la même unité).*

On utilise l'algorithme ci-après, qui nous donne :

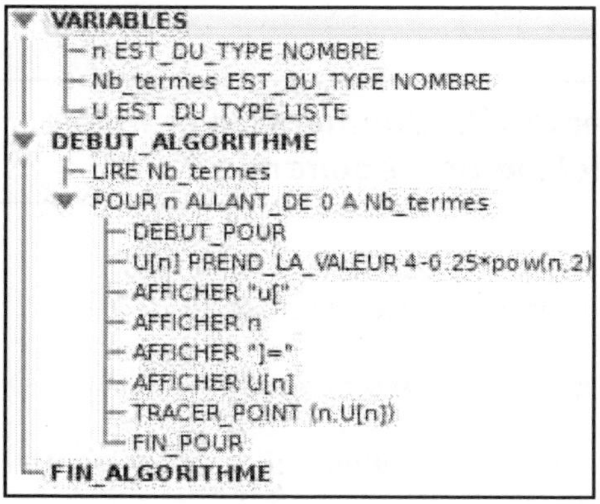

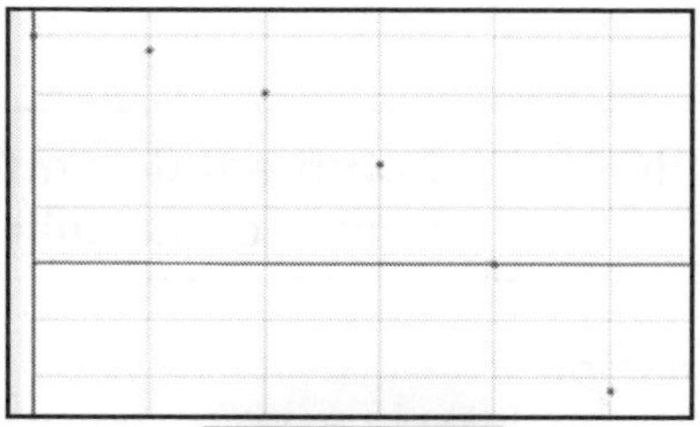

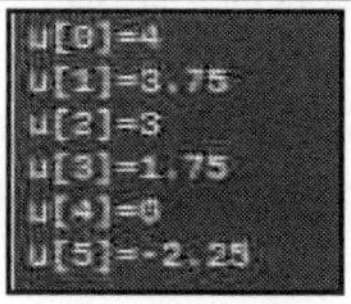

REMARQUE : Pour le graphique de droite, il faut cocher (tout en bas) : utiliser un repère.

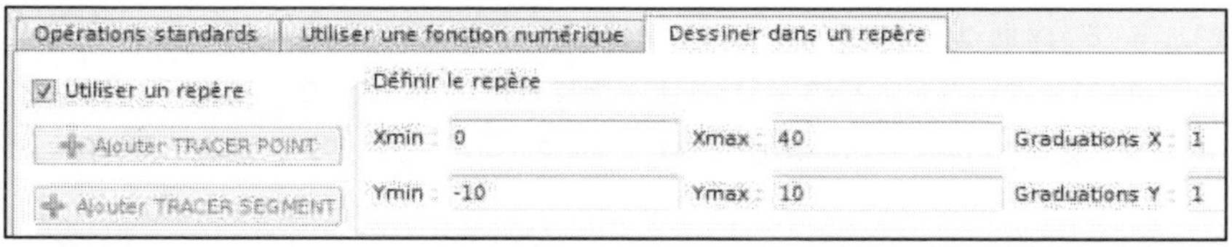

Et voilà, elle est pas belle la vie ?

METHODE 5 : Comment déterminer les premiers termes de la suite à l'aide de la calculatrice ?

■ **Principe**

Avec une TI, on va dans mode (on sélectionne seq >y=(on rentre la suite) avec x,T,θ,n (pour n) > Table(2nde graph) > tblStart=0, Δtbl=1 >Graph>Window (éventuellement).

Avec une Casio, on va dans le menu>8(recur)>F3(type)>F1(an)>(on rentre la suite)>F5(Set, on paramètre le tableau)>Exit>F6(Tabl) et on obtient le tableau de valeur>shift F3>Exit>F6(G-plt) (et on obtient le graphique).

C- Suites définies par une relation de récurrence

En général, cette notion passe mal et pourtant elle n'a rien de difficile. Une relation de récurrence c'est une relation qui lie entre eux des termes successifs : par exemple la suite $U_0 = 1$, $U_1 = 4$, $U_2 = 7$, $U_3 = 10$, $U_4 = 13$ ... est liée à la relation de récurrence $U_{n+1} = U_n + 3$. En effet, on a $U_1 = U_0 + 3$ (car $4 = 1 + 3$), $U_2 = U_1 + 3$ (car $7 = 4 + 3$), $U_3 = U_2 + 3$ (car $10 = 7 + 3$), $U_4 = U_3 + 3$ (car $13 = 10 + 3$). Et voilà, c'est tout : ce n'est pas plus compliqué que cela ! (Le mot récurrence ne doit pas vous faire peur !) Regardons maintenant tout cela en détail :

METHODE 6 : Comment déterminer algébriquement les premiers termes d'une suite définie par récurrence ?

■ **Principe**

On calcule de proche en proche en partant du premier terme, c'est tout.

■ **Exemple :** *Soit* (U_n) *la suite définie par la relation de récurrence :*

$\begin{cases} U_{n+1} = 2U_n + 3 \\ U_0 = -6 \end{cases}$. *Déterminer les six premiers termes, les représenter graphiquement dans un repère orthogonal (on n'est pas obligé de prendre la même unité).*

On a $U_0 = -6$, puis de proche en proche : $U_1 = 2U_0 + 3 = 2\cdot(-6) + 3 = -12 + 3 = -9$, $U_2 = 2U_1 + 3 = 2\cdot(-9) + 3 = -18 + 3 = -15$, $U_3 = 2U_2 + 3 = 2\cdot(-15) + 3 = -27$, $U_4 = 2U_3 + 3 = 2\cdot(-27) + 3 = -51$ et $U_5 = 2U_4 + 3 = 2\cdot(-51) + 3 = -99$, tout simplement.

REMARQUE : Comme on peut le voir, on aurait bien envie de se passer de faire des calculs comme cela, de proche en proche ! Imaginez que l'on veuille déterminer U_{1028} *par exemple, et bien il faudrait auparavant déterminer* U_{1027}, *puis bien sûr* U_{1026} *et ainsi de suite... ce qui ferait 1029 calculs ! (ça peut durer un bon week-end, et pas très sympa un week-end comme ça !)*
La question est donc posée : existe-t-il un moyen d'éviter tout cela en disposant d'une formule donnant U_n *en fonction de n ? On verra que pour certaines suites oui, comme celles du chapitre 7 : les suites arithmétiques et géométriques ! (Ouf ! Bonne nouvelle, y aurait-il donc un Dieu ou un génie bienveillant des Mathématiques ? Vous allez voir que oui, il s'appelle Gauss !)*
Sinon, bien sûr on peut disposer d'un tableur (et lui il ne se plaint jamais !) ou d'un algorithme.

METHODE 7 : Comment déterminer les premiers d'une suite définie par récurrence avec un tableur ?

■ **Principe**

Il faut utiliser la cellule précédente. Voyons cela sur un exemple !

■ **Exemple :** *Soit* (U_n) *la suite définie par la relation de récurrence :*

$\begin{cases} U_{n+1} = 1,5 \times U_n + 2 \\ U_0 = 1 \end{cases}$. *Déterminer les six premiers termes, les représenter graphiquement dans un repère orthogonal.*

	A	B	C	D	E	F	G
1	n	0	1	2	3	4	5
2	Un	1	3,5	7,25	12,875	21,3125	33,96875

Dans B1, on écrit 0. Dans C1, on écrit 1. On sélectionne la plage B1:C1, sa poignée de copie qu'on étend jusqu'en G1 (puisqu'on veut 6 termes, on va de U_0 à U_5).

Dans B2, on écrit 1 (c'est la valeur de U_0). Dans C2, on écrit =1,5*B2+2 (c'est la fameuse relation de récurrence !).

On sélectionne la cellule C2, sa poignée de copie qu'on étend jusqu'à G2.

Et voilà, on obtient nos six premiers termes, à savoir : $U_0 = 1$, $U_1 = 3,5$, $U_2 = 7,25$, $U_3 = 12,875$, $U_4 = 21,3125$, et $U_5 = 33,96875$.

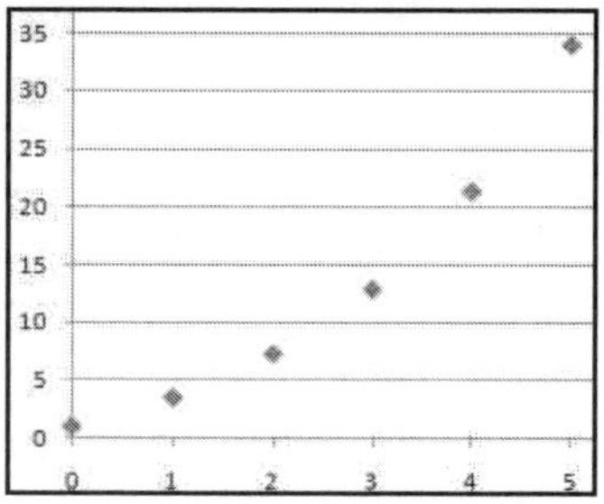

Pour la représentation graphique, on va dans insertion > nuage de points > sélectionner des données > ajouter > valeurs de la série des abscisses x (là on sélectionne la plage B1:G1) > valeurs de la série des ordonnées y (là on sélectionne la plage B2:G2) > OK.

METHODE 8 : Comment déterminer les premiers termes d'une suite définie par récurrence avec un algorithme ?

■ **Principe**

Utiliser une variable « Liste » et une boucle Pour (que de fun en perspective !).

■ **Exemple :** *Soit* (U_n) *la suite définie par la relation de récurrence :*

$$\begin{cases} U_{n+1} = -1,5 \times U_n + 4 \\ U_0 = 2 \end{cases}$$

. *Déterminer les six premiers termes, les représenter graphiquement dans un repère orthogonal.*

Voici l'algorithme !

```
VARIABLES
  n EST_DU_TYPE NOMBRE
  Nb_termes EST_DU_TYPE NOMBRE
  U EST_DU_TYPE LISTE
DEBUT_ALGORITHME
  LIRE Nb_termes
  U[0] PREND_LA_VALEUR 2
  AFFICHER "U(0)="
  AFFICHER U[0]
  TRACER_POINT (0,U[0])
  POUR n ALLANT_DE 1 A Nb_termes
    DEBUT_POUR
    U[n] PREND_LA_VALEUR -1.5*U[n-1]+4
    AFFICHER "U["
    AFFICHER n
    AFFICHER "]="
    AFFICHER U[n]
    TRACER_POINT (n,U[n])
    FIN_POUR
FIN_ALGORITHME
```

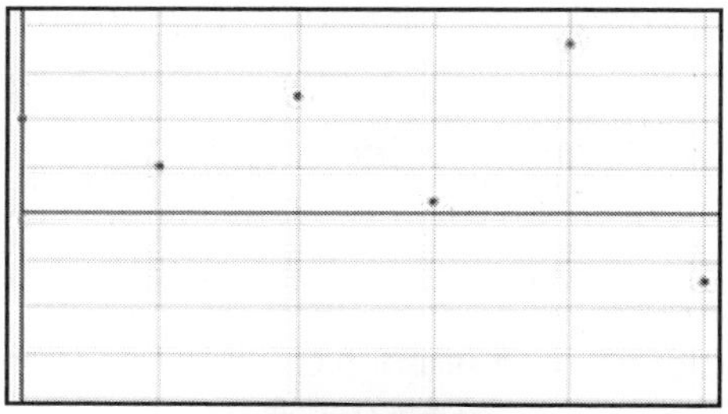

```
U(0)=2
U[1]=1
U[2]=2.5
U[3]=0.25
U[4]=3.625
U[5]=-1.4375
```

METHODE 9 : Comment déterminer les premiers termes d'une suite définie par récurrence avec la calculatrice ?

■ Principe

Avec une TI, on va dans mode (on sélectionne seq)>y=(on rentre la suite) avec 2nde 7 (pour u)>Table (2nde graph)>tblStart=0, ΔTbl=1>Format(2nd zoom)>on sélectionne web>Graph>trace>Window (éventuellement).
Avec une Casio, on va dans le menu>8(recur)>F3(type)>F2(an+1)>(on rentre la suite)>F5(Set, on paramètre le tableau)>Exit>F6(Tabl) et on obtient le tableau de valeur>shift F3>Exit>F6(G-plt) (et on obtient le graphique).

METHODE 10 : A l'aide de Cf et de la première bissectrice $U_{n+1} = f(U_n)$ à partir de Cf ?

■ Principe

C'est un grand classique : si on a une relation de récurrence du type $U_{n+1} = f(U_n)$ alors on trace C_f et la première bissectrice $(d): y = x$. On part de U_0 sur l'axe des abscisses, on en déduit $U_1 = f(U_0)$ sur l'axe des ordonnées, on reporte U_1 sur l'axe des abscisses grâce à (d), puis on continue ainsi de suite...

■ **Exemple : *L'escalier (cas où f est croissante).*** *Soit (U_n) la suite définie par la relation de récurrence :* $\begin{cases} U_{n+1} = \sqrt{1+U_n} \\ U_0 = -\dfrac{1}{2} \end{cases}$. *Représenter les cinq premiers termes de la suite. Que peut-on dire de son comportement ?*

Bien on trace C_f où $f : x \to f(x) = \sqrt{1+x}$, avec le tableau de valeurs ci-après :

x	-1	$-0{,}75$	0	3
$x \to \sqrt{1+x}$	0	$\dfrac{1}{2}$	1	2

Puis la première bissectrice, c'est-à-dire la droite $(d): y = x$, évidente à tracer ! (Attention, on est entre gens initiés, et oh !).
Enfin on place $U_0 = -\dfrac{1}{2}$ en abscisse, à partir duquel on construit $U_1 = f(U_0)$ en ordonnées en utilisant C_f, que l'on reporte en abscisses en utilisant $(d): y = x$. Et voilà, on obtient U_1 en abscisse. Pour obtenir U_2, on recommence tout en partant cette fois de U_1, et ainsi de suite...

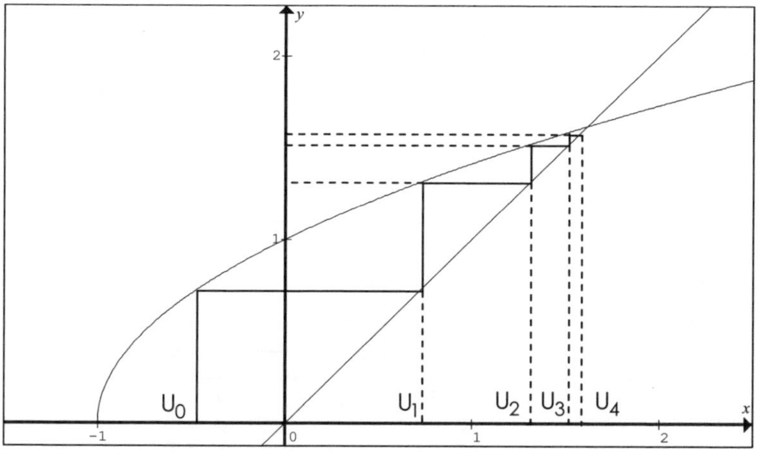

Cela nous donne un magnifique escalier et deux idées sur la suite (U_n) : la première est que (U_n) est strictement croissante, la deuxième est que les termes semblent se rapprocher les uns des autres, en fait tous dirigés vers un point fixe (abscisse du point d'intersection de C_f et de (d)). En fait ces histoires de point fixe sont extrêmement importantes en Maths, d'ailleurs vous les reverrez plus tard en Terminale et surtout dans vos études supérieures !

■ **Exemple :** ***L'escargot (cas où f est décroissante).*** *Soit (U_n) la suite définie par la relation de récurrence :* $\begin{cases} U_{n+1} = \dfrac{1}{1+U_n} \\ U_0 = -\dfrac{1}{2} \end{cases}$. *Représenter les quatre premiers termes de la suite. Que peut-on dire de son comportement ?*

Même principe sauf que f est cette fois $f : x \to f(x) = \dfrac{1}{1+x}$. On construit son tableau de valeurs :

x	-1	$-0,5$	0	1	2	3
$x \to \dfrac{1}{1+x}$	╳	2	1	0,5	$\approx 0,33$	0,25

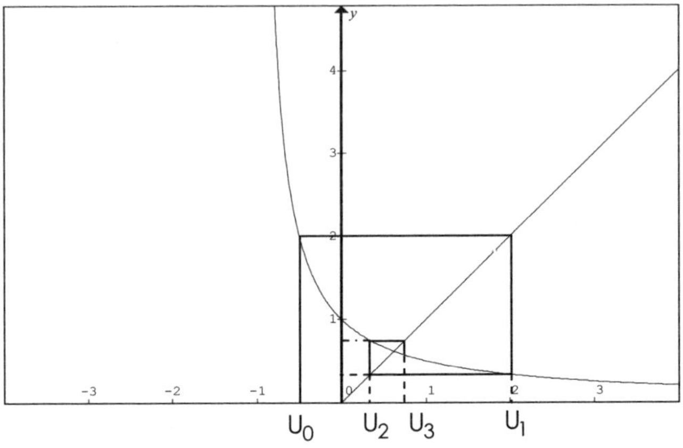

Quel bel escargot ! (ou encore spirale). Encore une fois, la suite (U_n) semble se rapprocher du point fixe, et la suite des rangs pairs (U_{2n}) est croissante alors que la suite des rangs impairs (U_{2n+1}) est, elle, décroissante. (Vous verrez plus tard, en Terminale, qu'on les qualifie d'adjacentes !)

REMARQUE : le logiciel Sine qua non *fait assez bien ce type de représentation graphique, essayez-le !*

2. Sens de variation d'une suite

Une suite n'est pas une fonction tout à fait habituelle dans le sens où sa courbe représentative n'est pas une courbe justement, mais plutôt une succession de points (non reliés d'ailleurs). On ne dispose donc pas de tangente à la courbe, et donc pas de l'outil de la dérivée simplifiant énormément tous ces problèmes de variations (comme vous avez pu le voir dans le chapitre 4), c'est dommage mais c'est comme ça !
Heureusement, il nous reste tout de même des méthodes, au total trois, pour étudier le sens de variation d'une suite (U_n). On utilise la définition de suite croissante : (U_n) est croissante (resp. strict. crois.) si pour tout n, $U_{n+1} \geq U_n$ (resp. $U_{n+1} > U_n$) et de suite décroissante : (U_n) est décroissante (resp. stric. déc.) si pour tout n, $U_{n+1} \leq U_n$ (resp. $U_{n+1} < U_n$). On vous met en garde tout de suite contre un faux ami : une suite **monotone** désigne une suite qui est soit croissante, soit décroissante ! (et pas une suite constante, qui elle, ne varie pas du tout). Le sens du mot en Français n'est donc pas exactement le même que celui en Maths !
Bien, maintenant présentons sans attendre ces trois méthodes d'étude de variation d'une suite :

METHODE 11 : Utiliser la méthode de la différence

■ Principe

Si pour tout n, $U_{n+1} - U_n \geq 0$ (resp. > 0) alors (U_n) est croissante (resp. strictement croissante).
Si pour tout n, $U_{n+1} - U_n \leq 0$ (resp. < 0) alors (U_n) est décroissante (resp. strictement décroissante).
Si pour tout n, $U_{n+1} - U_n = 0$ alors (U_n) est constante.

■ Cas d'applications

Cette méthode est réputée pour marcher tout le temps (sauf cas rares), même si elle est parfois plus longue que les autres. Elle est bien sûr idéale pour les suites définies par récurrence.

■ **Exemple :** *Soit* (U_n) *la suite définie par : pour tout* $n \in \mathbb{N}, U_n = 2n - 5$.
Déterminer les six premiers termes et les représenter graphiquement. Après avoir conjecturé sa monotonie, la prouver.

- Sans tableur : On a : $U_0 = 0 - 5 = -5$, $U_1 = 2 \cdot 1 - 5 = -3$ $U_2 = 2 \cdot 2 - 5 = -1$ ...
- Mais avec un tableur (dans B2, on écrit =2*B1-5, puis poignée de copie...), ça a plus de classe quand même (et puis ça va plus vite !) :

	A	B	C	D	E	F	G
1	n	0	1	2	3	4	5
2	Un	-5	-3	-1	1	3	5

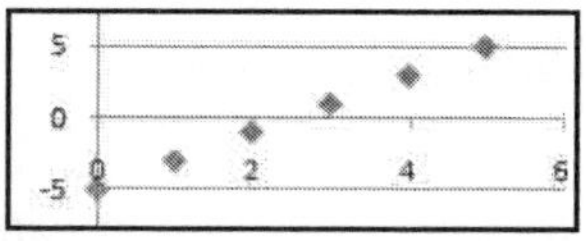

En tout cas on peut conjecturer que (U_n) est strictement croissante.
Prouvons-le, en utilisant la méthode de la différence :
Bien, pour tout $n \in \mathbb{N}$, $U_{n+1} - U_n = (2(n+1) - 5) - (2n - 5) = (2n + 2 - 5) - 2n + 5$ soit $U_{n+1} - U_n = 2n - 3 - 2n + 5 = 2$.
Ainsi, pour tout n, $U_{n+1} - U_n > 0$ ce qui montre que (U_n) est strictement croissante. Et voila c'est prouvé !

■ **Exemple :** *Soit* (U_n) *la suite définie par : pour tout* $n \in \mathbb{N}, \begin{cases} U_{n+1} = U_n - 3 \\ U_0 = 2 \end{cases}$.
Déterminer les six premiers termes et les représenter graphiquement. Après avoir conjecturé sa monotonie, la prouver.

- Sans tableur : On a : $U_0 = 2$, $U_1 = U_0 - 3 = 2 - 3 = -1$ $U_2 = U_1 - 3 = -1 - 3 = -4$ ...
- Avec un tableur (dans B2 on écrit 2, dans C2 on écrit =B2-3, puis poignée de copie...), on obtient :

	A	B	C	D	E	F	G
1	n	0	1	2	3	4	5
2	Un	2	-1	-4	-7	-10	-13

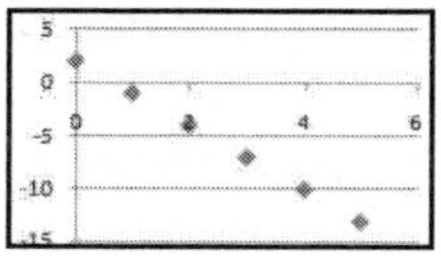

On conjecture que la suite (U_n) est strictement décroissante.

Prouvons-le, en utilisant la méthode de la différence :
Bien, pour tout $n \in \mathbb{N}$, $U_{n+1} - U_n = U_n - 3 - U_n = -3$. Ainsi pour tout n, $U_{n+1} - U_n < 0$ ce qui montre que (U_n) est strictement décroissante. Ok ?

■ **Exemple :** *Soit* (V_n) *la suite définie par : pour tout* $n \in \mathbb{N}$, $V_n = 2^n$.
Déterminer les six premiers termes et les représenter graphiquement. Après avoir conjecturé sa monotonie, la prouver.

- Sans tableur : On a : $V_0 = 2^0 = 1$, $V_1 = 2^1 = 2$, $V_2 = 2^2 = 4$, $V_3 = 2^3 = 8$...
- Avec tableur (dans B2, on écrit =2^B1, puis poignée de copie...), on obtient :

	A	B	C	D	E	F	G
1	n	0	1	2	3	4	5
2	Vn	1	2	4	8	16	32

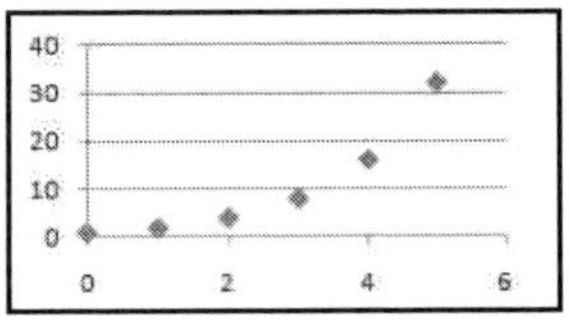

On conjecture que la suite (V_n) est strictement croissante.

Prouvons-le, en utilisant la méthode de la différence :

Pour tout $n \in \mathbb{N}$, $V_{n+1} - V_n = 2^{n+1} - 2^n = 2^n \cdot 2 - 2^n = 2^n \cdot (2-1) = 2^n \cdot 1 = 2^n$.

Donc pour tout $n \in \mathbb{N}$, $V_{n+1} - V_n > 0$, ce qui montre que (V_n) est strictement croissante.

■ **Exemple :** *Soit* (W_n) *la suite définie par : pour tout* $n \in \mathbb{N}^*$, $W_n = 1 - \frac{1}{n}$.
Déterminer les six premiers termes et les représenter graphiquement. Après avoir conjecturé sa monotonie, la prouver.

- Sans tableur : (Attention W_0 n'existe pas puisque $\frac{1}{0}$ n'existe pas !)

On a : $W_1 = 1 - \frac{1}{1} = 1 - 1 = 0$ $W_2 = 1 - \frac{1}{2} = \frac{1}{2}$, $W_3 = 1 - \frac{1}{3} = \frac{3}{3} - \frac{1}{3} = \frac{2}{3}$...
- Avec tableur (dans B2, on écrit =1-1/B1, puis poignée de copie..), on obtient :

	A	B	C	D	E	F	G
1	n	0	1	2	3	4	5
2	Wn	#######	0	0,5	0,6667	0,75	0,8

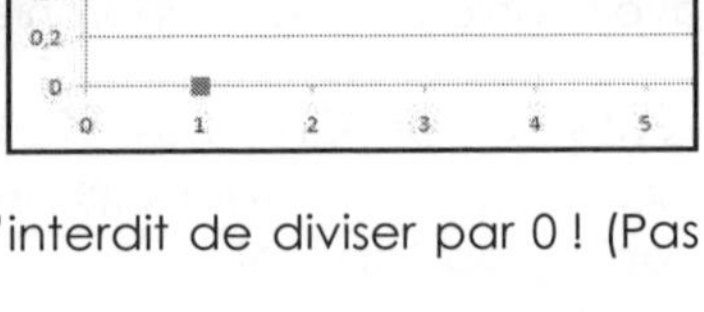

La cellule B2 est cohérente, le tableur lui aussi s'interdit de diviser par 0 ! (Pas fou, le tableur ! pourrait-on dire...).
On conjecture que la suite (W_n) est strictement croissante.

Prouvons-le, en utilisant la méthode de la différence :

Pour tout $n \in \mathbb{N}^*$,

$$W_{n+1} - W_n = \left(1 - \frac{1}{n+1}\right) - \left(1 - \frac{1}{n}\right) = 1 - \frac{1}{n+1} - 1 + \frac{1}{n} = \frac{1}{n} - \frac{1}{n+1} = \frac{n+1}{n(n+1)} - \frac{n}{n(n+1)} = \frac{1}{n(n+1)}$$

donc pour tout $n \in \mathbb{N}^*$, $W_{n+1} - W_n > 0$ et $(W_n)_{n\in\mathbb{N}^*}$ est strictement croissante.

■ **Exemple :** *Soit* (B_n) *la suite définie par : pour tout* $n \in \mathbb{N}, B_n = (-1)^n$.
Déterminer les six premiers termes et les représenter graphiquement. Que pouvez-vous conjecturer sur sa monotonie ?

- Sans tableur : On a : $B_0 = (-1)^0 = 1$, $B_1 = (-1)^1 = -1$, $B_2 = (-1)^2 = 1$, $B_3 = (-1)^3 = -1$.
- Avec tableur (dans B2, on écrit =(-1)^B1, puis poignée de copie...), on obtient :

	A	B	C	D	E	F	G
1	n	0	1	2	3	4	5
2	Bn	1	-1	1	-1	1	-1

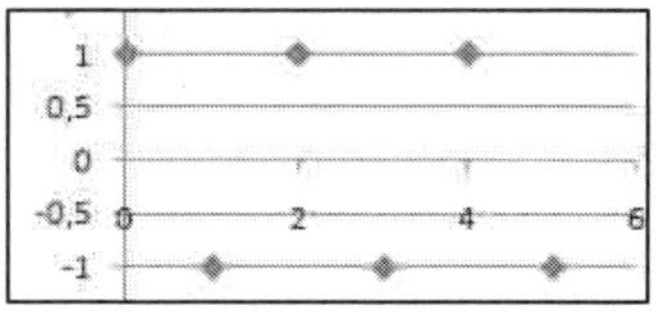

On conjecture que la suite (B_n) n'est ni croissante, ni décroissante. Prouvons-le, en utilisant la méthode de la différence : Pour tout $n \in \mathbb{N}$,
$B_{n+1} - B_n = (-1)^{n+1} - (-1)^n = (-1)^n \cdot (-1) - (-1)^n = (-1)^n \cdot ((-1) - 1) = (-1)^n \cdot (-2)$.
Le signe de $B_{n+1} - B_n$ n'est pas fixe, il dépend de n : en conclusion (B_n) n'est ni croissante ni décroissante ((B_n) n'est donc pas monotone).

METHODE 12 : Utiliser la méthode du quotient

Attention, attention ! Cette méthode est piège car elle ne s'applique qu'aux suites vérifiant la condition : pour tout n, $U_n > 0$ (n'essayez pas de l'appliquer aux autres suites car vous auriez de mauvaises surprises !). La voici :

■ Principe

Soit (U_n) une suite vérifiant : pour tout n, $U_n > 0$ (on insiste !).

Si pour tout n, $\frac{U_{n+1}}{U_n} > 1$ alors (U_n) est strictement croissante.

Si pour tout n, $\frac{U_{n+1}}{U_n} < 1$ alors (U_n) est strictement décroissante.

Si pour tout n, $\frac{U_{n+1}}{U_n} = 1$ alors (U_n) est constante.

■ Cas d'application

Idéal pour les suites du type $\left(q^n\right)_n$, ou encore lorsque les termes généraux sont des quotients.

■ **Exemple :** *Etudier les variations de la suite* (U_n) définie par : pour tout $n \in \mathbb{N}$, $U_n = 3^n$.
Déterminer les six premiers termes et les représenter graphiquement. Après avoir conjecturé sa monotonie, prouver-la.

- Sans tableur : On a : $U_0 = 3^0 = 1$, $U_1 = 3^1 = 3$, $U_2 = 3^2 = 9$, $U_3 = 3^3 = 27$, etc.
- Avec tableur (dans B2, on écrit =3^B1, poignée de copie...), on obtient :

	A	B	C	D	E	F	G
1	n	0	1	2	3	4	5
2	Un	1	3	9	27	81	243

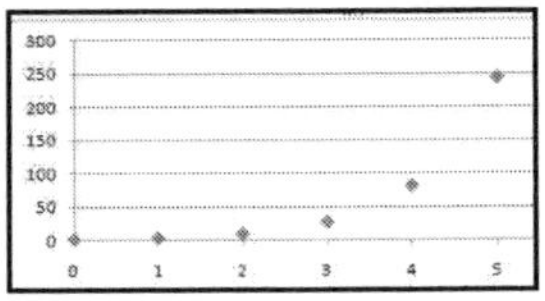

On conjecture que la suite (U_n) est strictement croissante. Prouvons-le, en utilisant la méthode du quotient :
Pour tout n, $U_n > 0$, et $\frac{U_{n+1}}{U_n} > 1$ car $\frac{U_{n+1}}{U_n} = \frac{3^{n+1}}{3^n} = 3$ donc (U_n) est strictement croissante. Vite fait, bien fait, en voilà une méthode efficace !

■ **Exemple :** *Etudier les variations de la suite* (A_n) définie par : pour tout $n \in \mathbb{N}^*$, $A_n = \frac{n}{n+1}$. *Déterminer les six premiers termes et les représenter graphiquement. Après avoir conjecturé sa monotonie, la prouver.*

- Sans tableur : On a : $A_0 = \frac{0}{1} = 0$, $A_1 = \frac{1}{2} = 0{,}5$, $A_2 = \frac{2}{3}$, $A_3 = \frac{3}{4}$, etc.
- Avec tableur (dans B2, on écrit =B1/(B1+1), poignée de copie...), on obtient :

	A	B	C	D	E	F	G
1	n	0	1	2	3	4	5
2	An	0	0,5	0,6667	0,75	0,8	0,8333

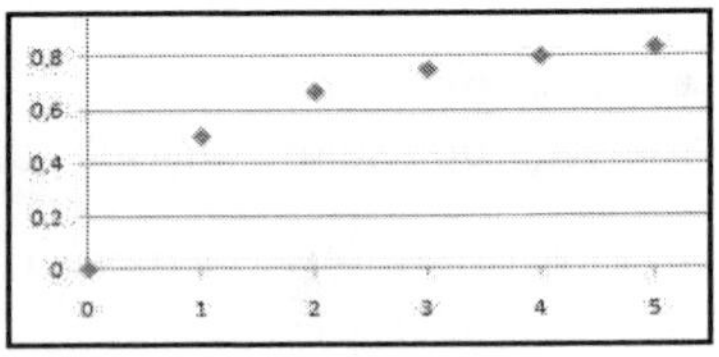

On conjecture que la suite (A_n) est strictement croissante. Prouvons-le, en utilisant la méthode du quotient : Pour tout $n \in \mathbb{N}^*$, $A_n > 0$. Par ailleurs :

$$\frac{A_{n+1}}{A_n} = \frac{\frac{n+1}{n+2}}{\frac{n}{n+1}} = \frac{(n+1)^2}{n(n+2)} = \frac{n^2+2n+1}{n^2+2n} = \frac{n^2+2n}{n^2+2n} + \frac{1}{n^2+2n} = 1 + \frac{1}{n^2+2n}$$ et comme

pour tout $n \in \mathbb{N}^*$, $\frac{1}{n^2+2n} > 0$ (car $n^2+2n>0$), on a bien : $\frac{A_{n+1}}{A_n} > 1$.

Conclusion : (A_n) est strictement croissante.

METHODE 13 : Utiliser la méthode fonctionnelle

■ Principe

Si le terme général s'écrit sous la forme : $U_n = f(n)$, où f est une fonction, alors :

a) Si f est croissante (resp. strict. croissante) sur $[0;+\infty[$, (U_n) est aussi croissante (resp. strict. croissante).

b) Si f est décroissante (resp. strict. décroissante) sur $[0;+\infty[$, (U_n) est aussi décroissante (resp. strict. décroissante).

■ Intérêt

Tout se ramène donc à l'étude de la fonction f, qui elle, est une vraie fonction que l'on peut étudier avec nos supers outils tels que la dérivation par exemple. En revanche, elle ne peut pas s'appliquer aux suites du style $(q^n)_n$ faisant intervenir des fonctions du type $x \to q^x$ non au programme de 1re S (ce sont ce qu'on appelle des fonctions exponentielles, l'exponentielle n'étant abordée qu'à partir de la Terminale).

■ **Exemple :** *On considère la suite* (U_n) définie par : pour tout $n \in \mathbb{N}$, $U_n = n^2 - 1$. *Déterminer les six premiers termes et les représenter graphiquement. Après avoir conjecturé sa monotonie, la prouver.*

Algébriquement on trouve : $U_0 = 0^2 - 1 = -1$, $U_1 = 1^2 - 1 = 1 - 1 = 0$, $U_2 = 2^2 - 1 = 4 - 1 = 3$, $U_3 = 3^2 - 1 = 9 - 1 = 8$, etc.

Avec un algo (pour changer un peu du tableur) :

```
▼ VARIABLES
  ├─n EST_DU_TYPE NOMBRE
  ├─Nb_termes EST_DU_TYPE NOMBRE
  └─U EST_DU_TYPE LISTE
▼ DEBUT_ALGORITHME
  ├─LIRE Nb_termes
  ▼ POUR n ALLANT_DE 0 A Nb_termes
      ├─DEBUT_POUR
      ├─U[n] PREND_LA_VALEUR pow(n,2)-1
      ├─AFFICHER "u["
      ├─AFFICHER n
      ├─AFFICHER "]="
      ├─AFFICHER U[n]
      ├─TRACER_POINT (n,U[n])
      └─FIN_POUR
└─FIN_ALGORITHME
```

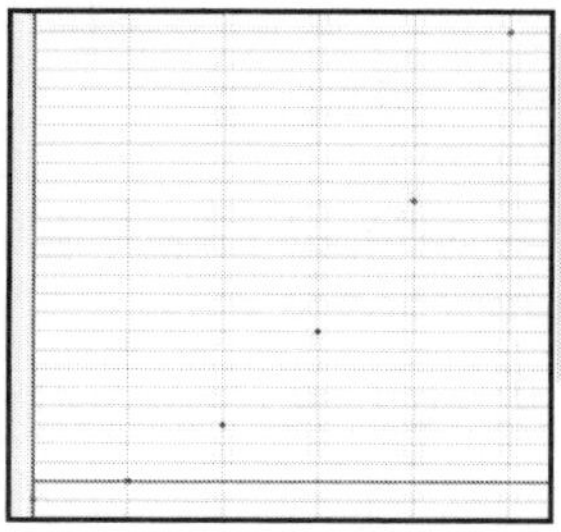

```
u[0]=-1
u[1]=0
u[2]=3
u[3]=8
u[4]=15
u[5]=24
```

On conjecture que la suite (U_n) est strictement croissante. Prouvons-le, en utilisant la méthode fonctionnelle :

On a : $U_n = n^2 - 1 = f(n)$ où $f : x \to f(x) = x^2 - 1$. Etudions la fonction f : f est dérivable sur $I = [0;+\infty[$, et pour tout $x \in I$, $f'(x) = 2x$. On obtient donc le tableau de variations suivant (puisque pour tout $x \in I$, $f'(x) \geq 0$) :

x	0	$+\infty$
$x^2 - 1$	-1 ↗	

Comme f est strictement croissante sur $[0;+\infty[$, (U_n) l'est aussi (voilà, terminé !).

■ **Exemple :** *On considère la suite* (U_n) *définie par : pour tout* $n \in \mathbb{N}$, $U_n = -\frac{1}{2}n^2 + 10$. *Déterminer les six premiers termes et les représenter graphiquement. Après avoir conjecturé sa monotonie, la prouver.*

Sans algo, on trouve : $U_0 = -\frac{1}{2}0^2 + 10 = 10$, $U_1 = -\frac{1}{2} \times 1^2 + 10 = -0,5 + 10 = 9,5$, $U_2 = -\frac{1}{2}2^2 + 10 = -2 + 10 = 8$, $U_3 = -\frac{1}{2}3^2 + 10 = -4,5 + 10 = 5,5$, etc.

Avec algo :

```
VARIABLES
  n EST_DU_TYPE NOMBRE
  Nb_termes EST_DU_TYPE NOMBRE
  U EST_DU_TYPE LISTE
DEBUT_ALGORITHME
  LIRE Nb_termes
  POUR n ALLANT_DE 0 A Nb_termes
    DEBUT_POUR
    U[n] PREND_LA_VALEUR -0.5*pow(n,2)+10
    AFFICHER "u["
    AFFICHER n
    AFFICHER "]="
    AFFICHER U[n]
    TRACER_POINT (n,U[n])
    FIN_POUR
FIN_ALGORITHME
```

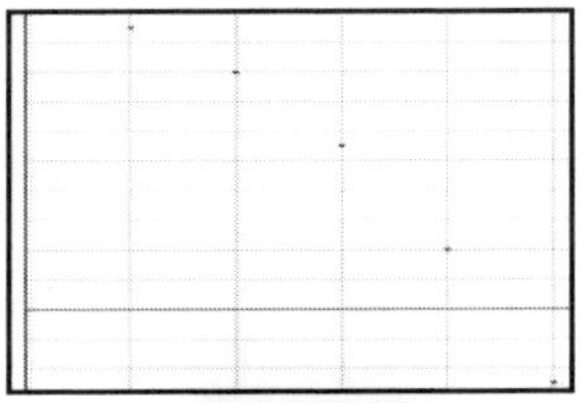

```
u[0]=10
u[1]=9.5
u[2]=8
u[3]=5.5
u[4]=2
u[5]=-2.5
```

On conjecture que la suite (U_n) est strictement décroissante. Prouvons-le, en utilisant la méthode fonctionnelle :

On a : $U_n = -\frac{1}{2}n^2 + 10 = f(n)$ où $f : x \to f(x) = -\frac{1}{2}x^2 + 10$. Etudions la fonction f.

f est dérivable sur $I = [0;+\infty[$, et pour tout $x \in I$, $f'(x) = -x$. On obtient donc le tableau de variations suivant (puisque pour tout $x \in I$, $f'(x) \leq 0$) :

x	0	$+\infty$
$-\frac{1}{2}x^2 + 10$	10 ↘	

Comme f est strictement décroissante sur $[0;+\infty[$, (U_n) l'est aussi.

■ **Exemple :** *Etudier les variations de la suite* (U_n) *définie par : pour tout* $n \in \mathbb{N}$, $U_n = n^2 - 3n + 4$.

On a : $U_n = n^2 - 3n + 4 = f(n)$ où $f : x \to f(x) = x^2 - 3x + 4$. f est dérivable sur $I = \mathbb{R}$, et pour tout $x \in I$, $f'(x) = 2x - 3$. On obtient le tableau de variations suivant :

x	0		$\frac{3}{2}$		$+\infty$
$x^2 - 3x + 4$	4	↘	$\frac{7}{4}$	↗	

f est strictement croissante sur $\left[\frac{3}{2};+\infty\right[$ ce qui montre que (U_n) est strictement croissante à partir de U_2, ce qui donne : $(U_n)_{n \geq 2}$ est strictement croissante.
Et voilà, c'est fini !

Réflexes

	SITUATIONS	REFLEXES
1.	Déterminer les premiers termes d'une suite	Si la suite est définie par une phrase, c'est le cas le plus délicat : il faut réfléchir, pas mal réfléchir et chercher où commence la suite. Si la suite est définie par une formule c'est facile "yaka" remplacer n par une valeur comme pour une fonction. Si la suite est définie par une relation de récurrence, "yaka" l'appliquer pour calculer de proche en proche chacun des termes (l'un après l'autre) à partir du 1er. Dans tous les cas, il faut s'aider d'un tableur, d'un algorithme ou d'une calculatrice.
2.	Déterminer le sens de variation d'une suite	Calculer les premiers termes pour se faire une idée puis au choix appliquer : soit la méthode de la différence, soit la méthode du quotient (si $U_n > 0$), ou soit la méthode fonctionnelle. Ne pas hésiter à changer de méthode si ça n'aboutit pas. Dans tous les cas, il faut s'aider d'un tableur, d'un algorithme ou d'une calculatrice.

Astuces

■ Franchement pour l'étude du sens de variation d'une suite, vous avez trois méthodes : avouez que c'est royal ! Un petit conseil quand même, sachez changer de méthode si vous êtes bloqué, ça ne sert à rien de s'entêter ! (On vous l'a déjà dit on sait, mais un homme averti en vaut deux !).

■ Vous savez que toutes les fonctions ne s'appellent pas forcément f. De même, toutes les suites ne s'appellent pas forcément (U_n) : vous pouvez très bien être amené à étudier des suites qui s'appellent (P_n), (Z_n), etc.

■ Comme on peut le remarquer, la représentation graphique d'une suite n'est absolument pas une courbe mais juste une succession de points. C'est la différence entre le "discret" (point, suite) et le "continu" (fonction réelle, courbe) c'est la même différence qu'entre les cailloux du petit poucet (la suite) et la traînée gluante d'une limace (la fonction) : quelle belle image, on s'est surpassé là...

■ Les premiers exemples de suites remontent à la Grèce Antique : du temps de Pythagore (580-495 av. J.-C.), on étudiait déjà les nombres triangulaires (voir Method's Seconde) et donc la suite 1, $3=1+2$, $6=1+2+3$, $10=1+2+3+4$... L'exemple le plus célèbre reste celui d'Archimède (287-212 av. J.-C.) lorsqu'il utilisa des suites pour approximer le nombre π à l'aide de polygones inscrits et exinscrits dans le cercle (voir exercice 9 du Chapitre 16 !).

Erreurs

■ L'erreur classique est de penser que le premier terme de la suite est celui de rang 1, U_1 ! Non, cela peut-être celui de rang 0 : U_0 ou même U_{28} pourquoi pas ? Cela dépend de la façon dont est définie la suite !

■ Bien des élèves essaient de dériver des suites. Non ! La dérivation, on le rappelle, a un lien avec les courbes et les tangentes. Une suite ne peut pas être représentée par une "courbe" comme celles des fonctions numériques habituelles, leur courbe ressemblant à une succession de points (non reliés) on ne peut pas étudier les tangentes ! (Et donc encore moins la dérivée !)
En revanche si vous tenez tant que ça à dériver, vous pouvez le faire en utilisant la méthode fonctionnelle ! (A condition que la suite (U_n) s'écrive sous la forme $U_n=f(n)$ avec f fonction réelle !)

■ N'oubliez pas de bien vérifier que $U_n>0$ pour appliquer la méthode du quotient ! Sinon vous risqueriez d'avoir des surprises (et plutôt des mauvaises, genre vraiment pas agréables...).

■ $\mathbb{N}$ désigne l'ensemble des entiers positifs. Par conséquent $\mathbb{N}^*$ désigne l'ensemble des entiers strictement positifs (ou supérieurs ou égaux à 1), ok ?

Chapitre 6

METHODES SUR LE COMPORTEMENT D'UNE SUITE A L'INFINI

C'est quand n tend vers $+\infty$, qu'une suite devient intéressante. En effet elle peut avoir des comportements de toute sorte : croître, décroître, se stabiliser, ne cesser de prendre des valeurs de plus en plus grandes jusqu'au gigantesque (dans les négatifs ou les positifs d'ailleurs), ou au contraire ne jamais pouvoir dépasser une certaine valeur comme si elle était cloisonnée par des bornes infranchissables, etc. Etudier ce genre de comportement, c'est exactement l'objet de ce chapitre, où l'outil informatique va être extrêmement sollicité ? Prêts, alors à vos tableurs et vos algos, c'est parti !

1. Comment conjecturer qu'une suite est convergente ou divergente ?

METHODE 1 : En regardant sa représentation graphique

■ **Principe**

Pour faire simple : (parce que nous, on aime bien quand les choses sont simples et claires !).

a) Lorsque les choses ont tendance à se stabiliser : il y a une limite finie (un nombre quoi) : on parle de **suite convergente**.

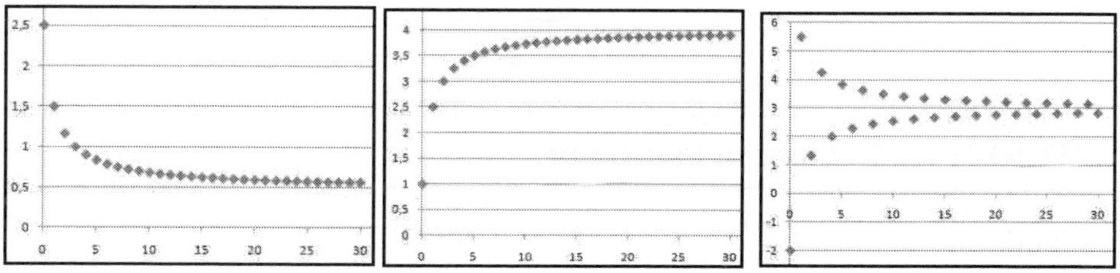

b) Lorsque la suite part dans les hautes sphères (comme lorsqu'on laisse parler un philosophe ou un politicien délirant... ou lorsqu'on observe une montgolfière) : il y a une limite (égale à $+\infty$) : on parle de **suite divergente de limite** $+\infty$.

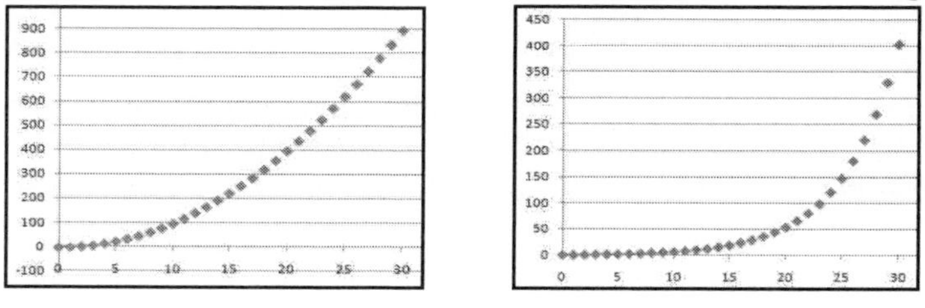

c) Lorsque la suite part dans les profondeurs (comme quand les résultats baissent quand on arrête de réviser ou comme lorsqu'on laisse couler une enclume ou une machine à laver dans l'océan, euh... pas très écolo ça...) : il y a une limite (égale à $-\infty$), on parle de **suite divergente de limite** $-\infty$.

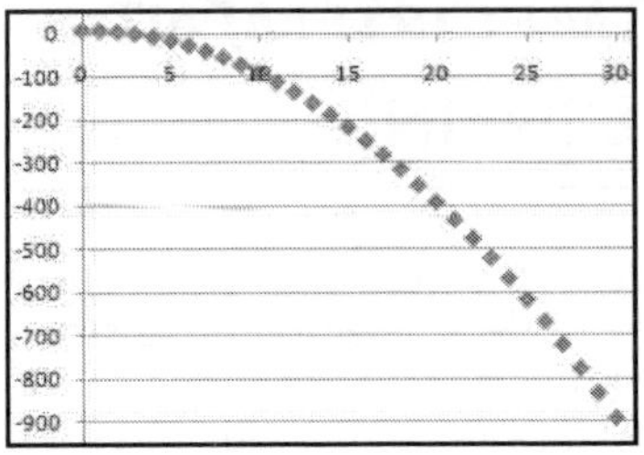

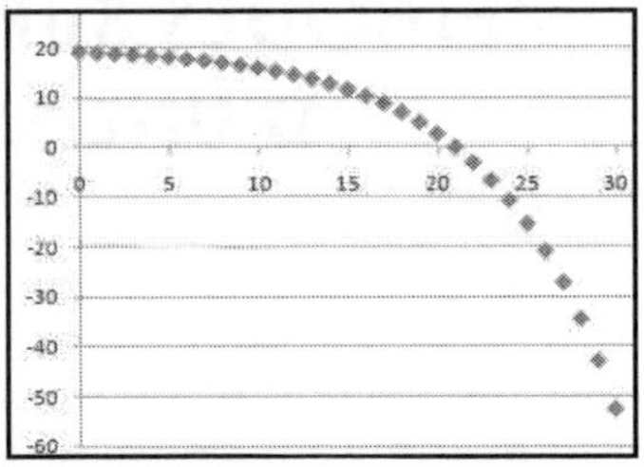

d) Lorsque la suite part en cou... euh... pardon en vrille, dans le n'importe quoi, sans comportement cohérent (comme un prof qui n'aurait pas eu sa dose de café le matin, ou qui n'aurait pas dormi ses douz... pardon ses huit heures de sommeil. Aïl, malgré le fait qu'on vient de se fâcher avec plein de collègues, on vous a montré que nous les profs, on avait de l'humour vis-à-vis de nous même. On vous déconseille quand même de sortir cette remarque à votre prof, car s'il n'a pas d'humour, ça risque de chauffer pour vous...), donc reprenons : quand une suite semble avoir un comportement instable, désordonnée, on dit que la suite n'a pas de limite et on parle de **suite divergente sans limite.** Ça va ? C'est clair comme de l'eau de roche, non ?

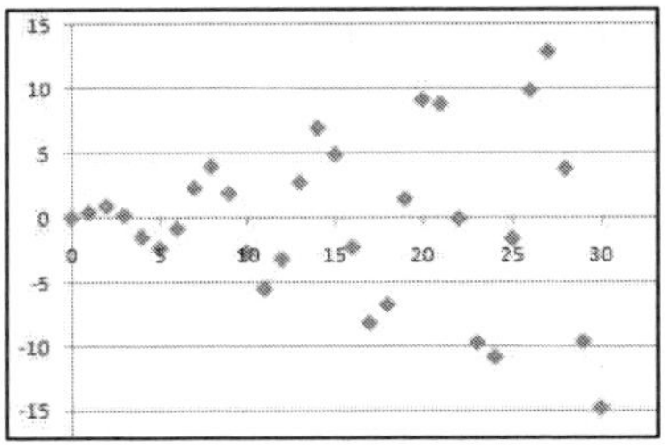

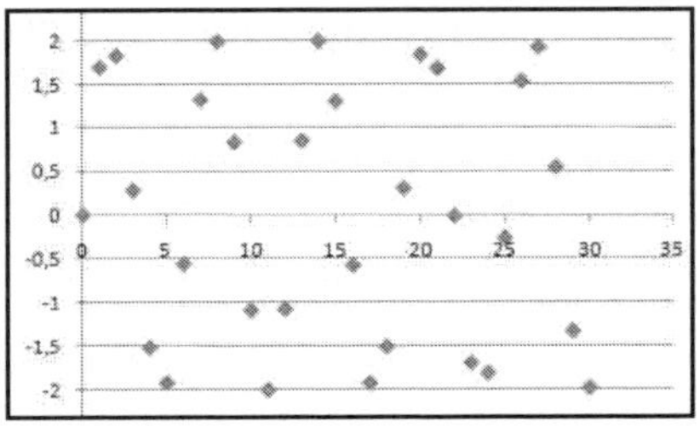

METHODE 2 : En utilisant le tableur

■ Principe

Le tableur est vraiment l'outil idéal pour regarder comment se comporte une suite, surtout quand on utilise l'outil graphique.

■ **Exemple :** *On considère la suite* (U_n) *définie par : pour tout* $n \in \mathbb{N}$, $U_n = 3 - \dfrac{2}{n+1}$. *Représenter, à l'aide d'un tableur les 30 premiers termes. Que peut-on conjecturer sur la nature de la suite (convergente ou divergente) ?*

Avec le tableur :

	A	B	C	D	E	F	G	H	I	J	K	L	M	N
1	n	0	1	2	3	4	5	6	7	8	9	10	11	12
2	Un	1	2	2,333	2,5	2,6	2,667	2,714	2,75	2,778	2,8	2,818	2,833	2,846

Dans B1, on écrit 0. Dans C1, on écrit 1. On sélectionne la plage B1:C1, sa poignée de copie qu'on étend jusqu'à AF1.

Dans B2, on écrit =3-2/(B1+1), on sélectionne la cellule B2, sa poignée de copie qu'on étend jusqu'à AF2.

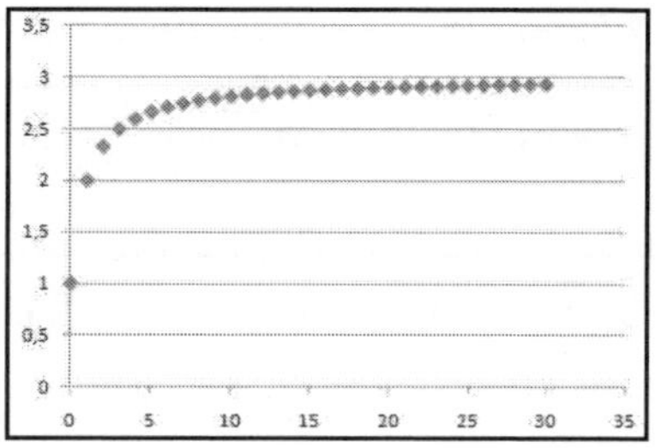

Pour le graphique, on va dans Menu insertion>Nuage de points>Sélectionner des données>Ajouter>Valeurs de la série des abscisses X (là vous sélectionnez à la souris, directement sur la feuille de calcul, la plage A1:AF1)>Valeurs de la série des ordonnées Y (vous effacez le {1}, puis vous sélectionnez avec la souris la plage A2:AF2)>OK.

On constate (avec ou sans graphique d'ailleurs) que la suite (U_n) converge manifestement vers 3.

METHODE 3 : En utilisant un algorithme

■ Principe

Vous pouvez tracer une suite avec un algorithme. Regardons cela !

■ **Exemple :** *On considère la suite* (U_n) *définie par : pour tout* $n \in \mathbb{N}$, $U_n = 1 - \dfrac{3}{n+1}$. *Représenter, à l'aide d'un algorithme les 30 premiers termes. Que peut-on conjecturer sur la nature de la suite (convergente ou divergente) ?*

```
VARIABLES
  n EST_DU_TYPE NOMBRE
  Nb_termes EST_DU_TYPE NOMBRE
  U EST_DU_TYPE LISTE
DEBUT_ALGORITHME
  LIRE Nb_termes
  POUR n ALLANT_DE 0 A Nb_termes
    DEBUT_POUR
    U[n] PREND_LA_VALEUR 1-1/(3*n+1)
    AFFICHER "u["
    AFFICHER n
    AFFICHER "]="
    AFFICHER U[n]
    TRACER_POINT (n,U[n])
    FIN_POUR
FIN_ALGORITHME
```

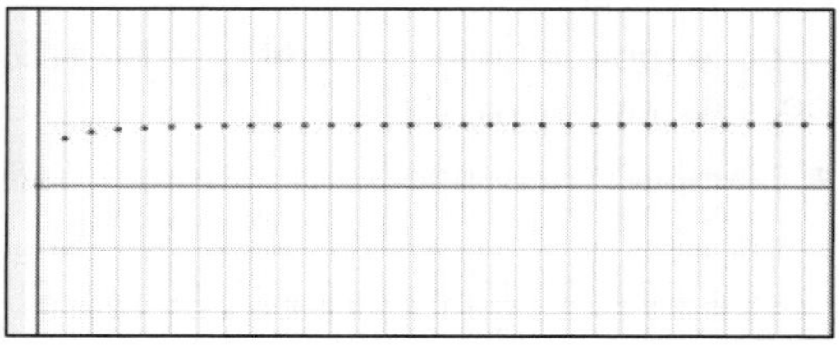

On fait fonctionner l'algorithme ci-dessus pour constater que (U_n) est bien convergente de limite 1 (on écrira $\lim U_n = 1$) (Bien penser à activer le repère sous Algobox !).

METHODE 4 : En utilisant un logiciel de calcul formel

■ **Principe**

Vous allez être étonnée par l'efficacité du logiciel (Xcas), on vous prévient c'est impressionnant !

■ **Exemple :** *Que peut-on conjecturer sur la suite* (U_n) *définie par* $U_n = \frac{-3n+1}{2n+5}$.

```
limite((-3n+1)/(2n+5),n,+infinity)
                                        -3
                                        --
                                         2
```

On conjecture que la suite (U_n) est convergente de limite $\frac{-3}{2}$. Efficace, non ?

2. Limite, évolution et recherche de seuils

Maintenant on va vraiment s'appuyer sur l'outil informatique afin d'obtenir des informations précises sur le comportement des suites. Si par exemple, la suite converge en croissant vers 2, on va se demander à partir de quand elle sera déjà arrivée à 1,999 (ou 1,9995). Si elle diverge en décroissant de limite $-\infty$, à partir de quand elle sera déjà sous le nombre -10000, etc. C'est cela, la recherche de seuils...

A- Cas d'une suite croissante de limite finie

METHODE 5 : Utiliser un tableur

■ **Principe**

Si (U_n) est croissante et converge vers L, on peut regarder assez facilement avec le tableur (en regardant bien les cellules) comment la suite se rapproche de L et à quelle distance.

■ **Exemple :** *On considère la suite* (U_n) *définie par :* $U_n = 4 - \frac{2}{(n+1)^2}$.

a) Que peut-on conjecturer sur la monotonie et la nature de la suite ?
b) A partir de quelle valeur de n, a-t-on $U_n > 3{,}9999$ *?* $U_n > 3{,}9999999$ *?*

a) Sans aucun problème, on constate que (U_n) est croissante et converge vers 4.

	A	B	C	D	E	F	G	H	I	J	
1	n	0	1	2	3	4	5	6	7	8	
2	Un	2	3,5	3,7778	3,875	3,92	3,9444	3,9592	3,9688	3,9753	3

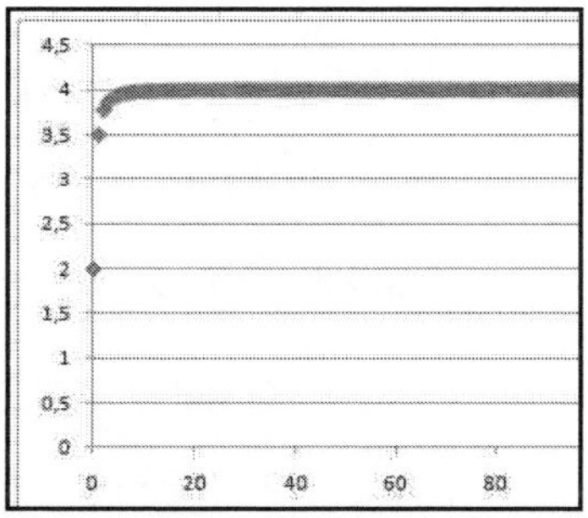

	EJ	EK	EL	EM	EN	EO
1	138	139	140	141	142	143
2	3,99989649	3,99989796	3,9998994	3,99990081	3,9999022	3,99990355

On voit que $U_n > 3{,}9999$ *dès que* $n \geq 141$.

De même $U_n > 3{,}9999999$ *dès que* $n \geq 4472$ *(mais c'est long à trouver, faut aller loin, très loin avec la souris vers la droite pour trouver la bonne cellule !).*

REMARQUE : Là on se dit, que franchement si on disposait d'un autre outil pour éviter de chercher à la souris la fameuse valeur de n, ça serait bien. Ça tombe bien, un algorithme fait tout cela dix mille fois mieux !

METHODE 6 : Utiliser un algorithme

■ Principe

Si (U_n) est croissante et converge vers L, on peut interroger l'algorithme pour savoir comment la suite se rapproche de L et à n'importe quelle distance (puisqu'on peut régler directement le seuil). C'est le top !

■ Exemple : *On considère la suite* (U_n) *définie par : pour tout* $n \in \mathbb{N}$, $U_n = 4 - \dfrac{2}{(n+1)^2}$. *Elle est croissante de limite 4 (on l'a vu avec le tableur). A partir de quelle valeur de n, a-t-on* $U_n > 3{,}9999$ *?* $U_n > 3{,}9999999$ *?*

Avec l'algorithme ci-contre, c'est du gâteau ! On trouve les mêmes résultats que plus haut, l'avantage c'est qu'il n'y a pas besoin de chercher soi même puisqu'on rentre la valeur du seuil et hop, c'est fini ! C'est génial, un algo non ?

```
VARIABLES
  U EST_DU_TYPE LISTE
  n EST_DU_TYPE NOMBRE
  Seuil EST_DU_TYPE NOMBRE
DEBUT_ALGORITHME
  LIRE Seuil
  n PREND_LA_VALEUR 0
  U[0] PREND_LA_VALEUR 4-2/1
  TANT_QUE (U[n]<=Seuil) FAIRE
    DEBUT_TANT_QUE
    n PREND_LA_VALEUR n+1
    U[n] PREND_LA_VALEUR 4-2/pow((n+1),2)
    FIN_TANT_QUE
  AFFICHER "U[n] > "
  AFFICHER Seuil
  AFFICHER " dès que n >= "
  AFFICHER n
FIN_ALGORITHME
```

■ **Exemple :** *On considère la suite* (U_n) *définie par : pour tout* $n \in \mathbb{N}$, $\begin{cases} U_{n+1} = 0{,}5 \times U_n + 3 \\ U_0 = 3 \end{cases}$. *Elle est croissante de limite 6 (on peut le voir facilement avec un tableur). A partir de quelle valeur de n, a-t-on* $U_n > 5{,}9999$ *?* $U_n > 5{,}9999999$ *?*

Avec l'algorithme suivant, spécialement dédié aux suites définies par récurrence, c'est facile ! On trouve : $U_n > 5{,}9999$ dès que $n \geq 15$ et $U_n > 5{,}9999999$ dès que $n \geq 25$.

```
VARIABLES
  U EST_DU_TYPE LISTE
  n EST_DU_TYPE NOMBRE
  Seuil EST_DU_TYPE NOMBRE
DEBUT_ALGORITHME
  LIRE Seuil
  n PREND_LA_VALEUR 0
  U[0] PREND_LA_VALEUR 3
  TANT_QUE (U[n]<=Seuil) FAIRE
    DEBUT_TANT_QUE
    n PREND_LA_VALEUR n+1
    U[n] PREND_LA_VALEUR 0.5*U[n-1]+3
    FIN_TANT_QUE
  AFFICHER "U[n] > "
  AFFICHER Seuil
  AFFICHER " dès que n >= "
  AFFICHER n
FIN_ALGORITHME
```

METHODE 7 : Utiliser le calcul algébrique

■ **Principe**

Vous allez voir, c'est difficile. Pour être franc, c'est dix fois plus long que de programmer un algorithme. En plus rares sont les cas, où on peut y arriver comme ça, par le calcul.

■ **Exemple :** *On considère la suite* (U_n) *définie par : pour tout* $n \in \mathbb{N}$, $U_n = 4 - \dfrac{2}{(n+1)^2}$. *Elle est croissante de limite 4 (on peut le voir facilement avec un tableur). A partir de quelle valeur de n, a-t-on* $U_n > 3{,}9999$ *?*

On résout l'inéquation $U_n > 3{,}9999$

$$U_n > 3{,}9999 \Leftrightarrow 4 - \frac{2}{(n+1)^2} > 3{,}9999 \Leftrightarrow -\frac{2}{(n+1)^2} > 3{,}9999 - 4 \Leftrightarrow -\frac{2}{(n+1)^2} > -0{,}0001$$

$$\Leftrightarrow \frac{2}{(n+1)^2} < 0{,}0001 \Leftrightarrow \frac{(n+1)^2}{2} > 10000 \Leftrightarrow (n+1)^2 > 20000 \Leftrightarrow n+1 > \sqrt{20000}$$

$n > \sqrt{20000} - 1$ soit $n > 140{,}42$ (environ) soit $n \geq 141$. C'est bien ce qu'on avait trouvé, non ?

REMARQUE : On espère vous avoir convaincu que les algorithmes facilitent quand même la vie, non ?

B- Cas d'une suite décroissante de limite finie

METHODE 8 : Utiliser un tableur

■ **Principe**

C'est le même principe que la méthode 5 : c'est bien, mais ça peut être long de chercher le seuil avec la souris !

■ **Exemple :** *On considère la suite* (U_n) *définie par : pour tout* $n \in \mathbb{N}$, $U_n = 1 + \frac{3}{n+1}$. *Elle est décroissante de limite 1 (on peut le voir facilement avec un tableur). A partir de quel rang n (c'est-à-dire à partir de quelle valeur de n), a-t-on :* $U_n < 1{,}001$.

Dans B2, on écrit =1+3/(B1+1), puis poignée de copie…

	DKI	DKJ	DKK	DKL	DKM	DKN
1	2997	2998	2999	3000	3001	3002
2	1,00100067	1,00100033	1,001	1,00099967	1,00099933	1,000999

On a $U_n < 1{,}001$ dès que $n \geq 3000$. Trop facile…

METHODE 9 : Utiliser un algorithme

■ **Principe**

C'est vraiment ce qu'on attend de vous. L'avantage de l'algorithme c'est que vous pouvez changer le seuil autant de fois que vous voulez, l'algo vous donnera toujours une réponse bien plus rapide que le tableur (bah oui parce que avec le tableur il faut le faire à la main).

■ **Exemple :** *On considère la suite* (U_n) *définie par : pour tout* $n \in \mathbb{N}$, $U_n = 1 + \frac{3}{n+1}$. *Elle est décroissante de limite 1 (on peut le voir facilement avec un tableur). A partir de quel rang n, a-t-on :* $U_n < 1{,}001$ *?*

L'algo ci-contre nous dit que $U_n < 1{,}001$ dès que $n \geq 3000$. Efficace, n'est-ce pas ?

```
VARIABLES
  U EST_DU_TYPE LISTE
  n EST_DU_TYPE NOMBRE
  Seuil EST_DU_TYPE NOMBRE
DEBUT_ALGORITHME
  LIRE Seuil
  n PREND_LA_VALEUR 0
  U[0] PREND_LA_VALEUR 1+3/1
  TANT_QUE (U[n]>=Seuil) FAIRE
    DEBUT_TANT_QUE
    n PREND_LA_VALEUR n+1
    U[n] PREND_LA_VALEUR 1+3/(n+1)
    FIN_TANT_QUE
  AFFICHER "U[n] < "
  AFFICHER Seuil
  AFFICHER " dès que n>= "
  AFFICHER n
FIN_ALGORITHME
```

■ **Exemple :** *On considère la suite* (U_n) *définie par : pour tout* $n \in \mathbb{N}$, $\begin{cases} U_{n+1} = 0,5 \times U_n - 3 \\ U_0 = 2 \end{cases}$. *Elle est décroissante de limite –6 (on peut le voir facilement avec un tableur). A partir de quel rang n, a-t-on :* $U_n < -5,9999$? $U_n < -5,9999999$

Avec l'algo ci-contre (spécialement fait pour les suites récurrentes), on trouve : $U_n < -5,9999$ dès que $n \geq 17$ et $U_n < -5,9999999$ dès que $n \geq 27$. Ok ?

```
VARIABLES
  U EST_DU_TYPE LISTE
  n EST_DU_TYPE NOMBRE
  Seuil EST_DU_TYPE NOMBRE
DEBUT_ALGORITHME
  n PREND_LA_VALEUR 0
  U[0] PREND_LA_VALEUR 2
  LIRE Seuil
  TANT_QUE (U[n]>=Seuil) FAIRE
    DEBUT_TANT_QUE
    n PREND_LA_VALEUR n+1
    U[n] PREND_LA_VALEUR 0.5*U[n-1]-3
    FIN_TANT_QUE
  AFFICHER n
FIN_ALGORITHME
```

METHODE 10 : Utiliser le calcul algébrique

■ **Principe**

On résout une inéquation, voilà tout (c'est pas très fun, et on ne peut souvent que traiter des cas très classiques, genre équation du 1er ou du 2e degré).

■ **Exemple :** *On considère la suite* (U_n) *définie par : pour tout* $n \in \mathbb{N}$, $U_n = 1 + \frac{3}{n+1}$. *Elle est décroissante de limite 1 (on peut le voir facilement avec un tableur). A partir de quel rang n, a-t-on :* $U_n < 1,001$?

On résout l'équation $U_n < 1,001$.

$$U_n < 1,001 \Leftrightarrow 1 + \frac{3}{n+1} < 1,001 \Leftrightarrow \frac{3}{n+1} < 1,001 - 1 \Leftrightarrow \frac{3}{n+1} < 0,001$$

$\Leftrightarrow \frac{n+1}{3} > \frac{1}{0,001}$ (en passant à l'inverse) soit $\frac{n+1}{3} > 1000$ soit $n+1 > 3000$, soit $n > 2999$, soit $n \geq 3000$.

C- Cas d'une suite non monotone de limite finie

C'est le cas le plus complexe. On va utiliser un critère un petit peu compliqué mais plus général. Considérons une suite (U_n) de limite L. Alors la distance entre U_n et L vaut par définition $|U_n - L|$ (c'est une valeur absolue, voir chapitre 2 !). Si on veut connaître le rang n à partir duquel on est proche de la limite à moins de 0,01 (par exemple) on va chercher n tel que $|U_n - L| < 0,01$. Ok ?

METHODE 11 : Utiliser un tableur

■ Principe

On va utiliser la formule =SI(accompagnée d'un test sur $|U_n - L| < 0{,}01$.

■ **Exemple :** *On considère la suite* (U_n) *définie par : pour tout* $n \in \mathbb{N}, U_n = \dfrac{(-1)^n}{n+3} + 2$. *Elle est non monotone de limite 2 (on peut le voir facilement avec un tableur). A partir de quel rang n, a-t-on :* $|U_n - 2| < 0{,}01$?

Dans la cellule B2, on écrit : =(-1)^B1/(B1+3)+2, on prend la poignée de copie, qu'on étend jusqu'à CW2. On constate en effet que $\lim U_n = 2$.

Dans la cellule B3, on écrit =SI(ABS(B2-2)<0,01;VRAI;""). On prend la poignée de copie qu'on étend jusqu'à ce que la cellule indique vraie.

B3 fx =SI(ABS(B2-2)<0,01;VRAI;"")

	A	B	C	D
1	n	0	1	2
2	Un	2,33333333	1,75	2,2
3	|Un-l|			

	CU	CV	CW
1	97	98	99
2	1,99	2,00990099	1,99019608
3		VRAI	VRAI

Conclusion : on a $|U_n - 2| < 0{,}01$ dès que $n \geq 98$. Facile, non ?

METHODE 12 : Utiliser un algorithme

■ Principe

Comme d'hab, une boucle TANT_QUE et le tour est joué !

■ **Exemple :** *On considère la suite* (U_n) *définie par : pour tout* $n \in \mathbb{N}, U_n = \dfrac{(-1)^n}{n+3} + 2$. *A partir de quel rang n, a-t-on :* $|U_n - 2| < 0{,}01$?

Dans l'algo ci-contre, *on* rentre $\varepsilon = 0{,}01$ et on trouve que $|U_n - 2| < 0{,}01$ dès que $n \geq 98$.

```
VARIABLES
  U EST_DU_TYPE LISTE
  n EST_DU_TYPE NOMBRE
  ε EST_DU_TYPE NOMBRE
DEBUT_ALGORITHME
  LIRE ε
  n PREND_LA_VALEUR 0
  U[0] PREND_LA_VALEUR (pow(-1,0))/(0+3)+2
  TANT_QUE (abs(U[n]-2)>=ε) FAIRE
    DEBUT_TANT_QUE
    n PREND_LA_VALEUR n+1
    U[n] PREND_LA_VALEUR (pow(-1,n))/(n+3)+2
    FIN_TANT_QUE
  AFFICHER "|U(n)-L|<"
  AFFICHER ε
  AFFICHER " dès que n>= "
  AFFICHER n
FIN_ALGORITHME
```

■ **Exemple :** *On considère la suite* (U_n) *définie par : pour tout* $n \in \mathbb{N}$, $\begin{cases} U_{n+1} = -0,5 \times U_n + 3 \\ U_0 = 3 \end{cases}$. *Elle est non monotone de limite 2 (on peut le voir facilement avec un tableur). A partir de quel rang n, a-t-on :* $|U_n - 2| < 0,0001$? $|U_n - 2| < 0,00000001$?

Avec l'algo ci-contre (spécialement fait pour les suites récurrentes), en rentrant $\varepsilon = 0,0001$ *puis* $\varepsilon = 0,00000001$ on trouve : $|U_n - 2| < 0,0001$ dès que $n \geq 14$ et $|U_n - 2| < 0,00000001$ dès que $n \geq 27$. Tout va bien ?

```
VARIABLES
  U EST_DU_TYPE LISTE
  n EST_DU_TYPE NOMBRE
  ε EST_DU_TYPE NOMBRE
DEBUT_ALGORITHME
  LIRE ε
  n PREND_LA_VALEUR 0
  U[0] PREND_LA_VALEUR 3
  TANT_QUE (abs(U[n]-2)>=ε) FAIRE
    DEBUT_TANT_QUE
    n PREND_LA_VALEUR n+1
    U[n] PREND_LA_VALEUR -0.5*U[n-1]+3
    FIN_TANT_QUE
  AFFICHER "|U(n)-L|<"
  AFFICHER ε
  AFFICHER " dès que n>= "
  AFFICHER n
FIN_ALGORITHME
```

D- Cas d'une suite croissante de limite infinie

METHODE 13 : Utiliser un tableur

■ **Principe**

Même principe que les méthodes 5 et 8.

■ **Exemple :** *On considère la suite* (U_n) *définie par : pour tout* $n \in \mathbb{N}$, $U_n = n^2 - n$. *Elle est croissante de limite* $+\infty$ *(on peut le voir facilement avec un tableur). A partir de quel rang n, a-t-on* $U_n > 1000$? $U_n > 100000$?

Dans B2, on écrit =B1^2-B1, puis poignée de copie…

	AF	AG	AH	AI	AJ	AK
1	30	31	32	33	34	35
2	870	930	992	1056	1122	1190

Quand on va suffisamment loin on trouve que $U_n > 1000$ *dès que* $n \geq 33$.

	LD	LE	LF	LG	LH	LI
1	314	315	316	317	318	319
2	98282	98910	99540	100172	100806	101442

Quand on va suffisamment loin on trouve que $U_n > 100000$ *dès que* $n \geq 317$.

METHODE 14 : Utiliser un algorithme

■ Principe

Comme d'hab', une boucle TANT_QUE fait parfaitement l'affaire !

■ **Exemple :** *On considère la suite* (U_n) *définie par : pour tout* $n \in \mathbb{N}$, $U_n = n^2 - n$. *Elle est croissante de limite* $+\infty$ *(on peut le voir facilement avec un tableur). A partir de quel rang n, a-t-on* $U_n > 1000$ *?*

Avec l'algo ci-contre, on rentre $Seuil = 1000$: l'ordinateur nous dit (comme le tableur, c'est rassurant) que $U_n > 1000$ dès que $n \geq 33$. En rentrant $Seuil = 100000$, on trouve que $U_n > 100000$ dès que $n \geq 317$.

```
VARIABLES
  U EST_DU_TYPE LISTE
  n EST_DU_TYPE NOMBRE
  Seuil EST_DU_TYPE NOMBRE
DEBUT_ALGORITHME
  LIRE Seuil
  n PREND_LA_VALEUR 0
  U[0] PREND_LA_VALEUR pow(0,2)-0
  TANT_QUE (U[n]<=Seuil) FAIRE
    DEBUT_TANT_QUE
    n PREND_LA_VALEUR n+1
    U[n] PREND_LA_VALEUR pow((n),2)-n
    FIN_TANT_QUE
  AFFICHER "U[n] > "
  AFFICHER Seuil
  AFFICHER " dès que n >= "
  AFFICHER n
FIN_ALGORITHME
```

■ **Exemple :** *On considère la suite* (U_n) *définie par : pour tout* $n \in \mathbb{N}$, $\begin{cases} U_{n+1} = 2U_n + 3 \\ U_0 = 5 \end{cases}$. *Elle est croissante de limite* $+\infty$ *(on peut le voir facilement avec un tableur). A partir de quel rang n, a-t-on :* $U_n > 10000$ *?*

Avec l'algo ci-contre (écrit spécialement pour les suites récurrentes), on trouve que $U_n > 10000$ dès que $n \geq 11$.

Ça va, c'est toujours aussi facile, non ?

```
VARIABLES
  U EST_DU_TYPE LISTE
  n EST_DU_TYPE NOMBRE
  Seuil EST_DU_TYPE NOMBRE
DEBUT_ALGORITHME
  LIRE Seuil
  n PREND_LA_VALEUR 0
  U[0] PREND_LA_VALEUR 5
  TANT_QUE (U[n]<=Seuil) FAIRE
    DEBUT_TANT_QUE
    n PREND_LA_VALEUR n+1
    U[n] PREND_LA_VALEUR 2*U[n-1]+3
    FIN_TANT_QUE
  AFFICHER "U[n] > "
  AFFICHER Seuil
  AFFICHER " dès que n >= "
  AFFICHER n
FIN_ALGORITHME
```

METHODE 15 : Utiliser le calcul algébrique

■ **Principe**

On résout une inéquation voilà tout (on ne peut alors traiter que des cas très classiques, genre équation du 1er ou du 2e degré).

■ **Exemple :** *On considère la suite* (U_n) *définie par : pour tout* $n \in \mathbb{N}$, $U_n = n^2 - n$. *Elle est croissante de limite* $+\infty$ *(on peut le voir facilement avec un tableur). A partir de quel rang n, a-t-on* $U_n > 1000$ *?*

$U_n > 1000 \Leftrightarrow n^2 - n > 1000 \Leftrightarrow n^2 - n - 1000 > 0$. Or $n^2 - n - 1000$ est un trinôme du 2nd degré (de variable n) et de racines (après calculs) $n_1 = \frac{1-\sqrt{4001}}{2}$ (à écarter, car négative) et $n_2 = \frac{1+\sqrt{4001}}{2} \approx 32{,}13$. D'après le théorème du signe du trinôme, $n^2 - n - 1000$ est de signe strictement positif dès que $n > n_2$. Ainsi, on a $U_n > 1000$ dès que $n \geq 33$ (on retrouve le même résultat qu'avec les outils informatiques, c'est rassurant tout de même !).

E- Cas d'une suite décroissante de limite infinie

METHODE 16 : Utiliser un tableur

■ **Principe**

Même principe que les méthodes 5, 8 et 13.

■ **Exemple :** *On considère la suite* (U_n) *définie par : pour tout* $n \in \mathbb{N}$, $U_n = 100 - \frac{1}{2}n^2$. *Elle est décroissante de limite* $-\infty$ *(on peut le voir facilement avec un tableur). A partir de quel rang n, a-t-on* $U_n < -10000$ *?* $U_n < -1000000$ *?*

Dans B2, on écrit =100-(1/2)*B1^2, puis poignée de copie...

	EL	EM	EN	EO	EP
1	140	141	142	143	144
2	-9700	-9840,5	-9982	-10124,5	-10268

Quand on va suffisamment loin on trouve que $U_n < -10000$ *dès que* $n \geq 143$.

	BBJ	BBK	BBL	BBM	BBN	BBO
1	1412	1413	1414	1415	1416	1417
2	-996772	-998184,5	-999598	-1001012,5	-1002428	-1003844,5

Quand on va suffisamment loin on trouve que $U_n < -1000000$ *dès que* $n \geq 1415$.

METHODE 17 : Utiliser un algorithme

■ Principe

Comme d'hab', une boucle TANT_QUE et c'est le bonheur total !

■ **Exemple :** *On considère la suite* (U_n) *définie par : pour tout* $n \in \mathbb{N}$, $U_n = 100 - \frac{1}{2}n^2$. *Elle est décroissante de limite* $-\infty$ *(on peut le voir facilement avec un tableur). A partir de quel rang n, a-t-on* $U_n < -10000$ *?*

Dans l'algo ci-contre, on rentre $Seuil = -10000$: l'algo nous dit que $U_n < -10000$ dès que $n \geq 143$. En rentrant $Seuil = -1000000$, on trouve que $U_n < -1000000$ dès que $n \geq 1415$.

```
VARIABLES
  U EST_DU_TYPE LISTE
  n EST_DU_TYPE NOMBRE
  Seuil EST_DU_TYPE NOMBRE
DEBUT_ALGORITHME
  LIRE Seuil
  n PREND_LA_VALEUR 0
  U[0] PREND_LA_VALEUR 100-1/2*pow(0,2)
  TANT_QUE (U[n]>=Seuil) FAIRE
    DEBUT_TANT_QUE
    n PREND_LA_VALEUR n+1
    U[n] PREND_LA_VALEUR 100-1/2*pow(n,2)
    FIN_TANT_QUE
  AFFICHER "U[n] < "
  AFFICHER Seuil
  AFFICHER " dès que n >= "
  AFFICHER n
FIN_ALGORITHME
```

■ **Exemple :** *On considère la suite* (U_n) *définie par : pour tout* $n \in \mathbb{N}$, $\begin{cases} U_{n+1} = U_n - 3 \\ U_0 = 1 \end{cases}$. *Elle est décroissante de limite* $-\infty$ *(on peut le voir facilement avec un tableur). A partir de quel rang n, a-t-on :* $U_n < -10000$ *?*

Avec l'algo ci-contre (spécifique aux suites récurrentes), on obtient $U_n < -10000$ dès que $n \geq 3334$. Ça roule ?

```
VARIABLES
  U EST_DU_TYPE LISTE
  n EST_DU_TYPE NOMBRE
  Seuil EST_DU_TYPE NOMBRE
DEBUT_ALGORITHME
  LIRE Seuil
  n PREND_LA_VALEUR 0
  U[0] PREND_LA_VALEUR 1
  TANT_QUE (U[n]>=Seuil) FAIRE
    DEBUT_TANT_QUE
    n PREND_LA_VALEUR n+1
    U[n] PREND_LA_VALEUR U[n-1]-3
    FIN_TANT_QUE
  AFFICHER "U[n] < "
  AFFICHER Seuil
  AFFICHER " dès que n >= "
  AFFICHER n
FIN_ALGORITHME
```

METHODE 18 : Utiliser le calcul algébrique

■ Principe

On résout une inéquation voilà tout (souvent on ne traitera que des cas très classiques, genre équation du 1er ou du 2nd degré).

■ Exemple : *On considère la suite* (U_n) *définie par : pour tout* $n \in \mathbb{N}$, $U_n = 100 - \frac{1}{2}n^2$. *Elle est décroissante de limite* $-\infty$ *(on peut le voir facilement avec un tableur). A partir de quel rang n, a-t-on* $U_n < -10000$ *?*

$U_n < -10000 \Leftrightarrow 100 - \frac{1}{2}n^2 < -10000 \Leftrightarrow -\frac{1}{2}n^2 < -10100 \Leftrightarrow n^2 > 20200 \Leftrightarrow n > \sqrt{20200}$

soit : $n \geq 142{,}12$ (environ) soit : $n \geq 143$ (car n doit être entier !)

3. Minoration, majoration d'une suite

Majorer, minorer est le quotidien de l'analyse. Il est toujours intéressant de savoir si une suite est majorée ou minorée (faites nous confiance, vous en aurez besoin en Terminale et en post bac pour montrer qu'une suite croissante est convergente par exemple...). Il est donc important de savoir faire cela surtout que ça n'est pas bien difficile. Bien, bah on y va, hein ?

METHODE 19 : Utiliser la méthode fonctionnelle

■ Principe

Le terme général s'écrivant sous la forme : $U_n = f(n)$, où f est une fonction :

Si f est majorée sur $[0;+\infty[$, alors (U_n) est aussi majorée.

Si f est minorée sur $[0;+\infty[$, alors (U_n) est aussi minorée.

■ Intérêt

Tout se ramène donc à l'étude de la fonction f, qui elle, est une vraie fonction que l'on peut étudier encore avec nos supers outils tels que la dérivation. (Merci ! Oui, merci !)

■ Exemple : *Etudier si la suite* (U_n) *définie par : pour tout* $n \in \mathbb{N}$, $U_n = n^2 - 3n + 4$ *est majorée ou minorée.*

On a : $U_n = f(n)$ avec : $f(x) = x^2 - 3x + 4$. f est une fonction trinôme du 2nd degré. On a $a = 1$ donc $a > 0$. On a $\frac{-b}{2a} = \frac{-(-3)}{2} = \frac{3}{2}$ ce qui donne le tableau de variations suivant :

x	$-\infty$	$\frac{3}{2}$	$+\infty$
x^2-3x+4	↘	$\frac{7}{4}$	↗

car $\left(\frac{3}{2}\right)^2 - 3\cdot\frac{3}{2}+4 = \frac{9}{4}-\frac{9}{2}+4 = \frac{9}{4}-\frac{18}{4}+\frac{16}{4} = \frac{7}{4}$.

Le tableau de variations nous indique que f et donc (U_n) est minorée par $\frac{7}{4}$ sans être majorée.

METHODE 20 : Utiliser les inégalités classiques

■ Principe

Utiliser les propriétés des encadrements :

Si $\begin{cases} a \le A_n \le b \\ c \le B_n \le d \end{cases}$ alors : $a+c \le A_n + B_n \le b+d$.

■ **Exemple :** *Etudier si la suite* (V_n) *définie par : pour tout* $n \in \mathbb{N}^*$, $V_n = 1-\frac{1}{n}$ *est majorée ou minorée.*

Avec un tableur, on obtient :

	A	B	C	D	E	F	G	H	I	J	K	L	M	N	O	P	Q
1	n	0	1	2	3	4	5	6	7	8	9	10	11	12	13	14	15
2	Vn	######	0	0,5	0,667	0,75	0,8	0,833	0,857	0,875	0,889	0,9	0,909	0,917	0,923	0,929	0,933

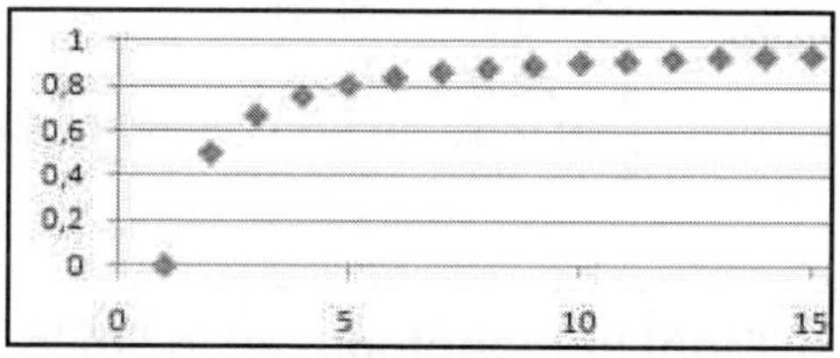

Il semble, à toute évidence que (V_n) soit minorée par 0 et majorée par 1 (c'est-à-dire bornée par 0 et 1). Prouvons-le par l'algèbre :

On a : $n \ge 1$ et donc $0 \le \frac{1}{n} \le 1$, donc $0 \ge -\frac{1}{n} \ge -1$ donc : $1 \ge 1-\frac{1}{n} \ge 0$ donc : $1 \ge V_n \ge 0$, ainsi (V_n) est bornée par 0 et par 1. Ça va, vous avez bien suivi ?

■ **Exemple :** *Etudier si la suite* (U_n) *définie par : pour tout* $n \in \mathbb{N}$, $U_n = \sin(2n) - \frac{1}{n+2}$ *est majorée ou minorée.*

Avec un tableur (il faut aller assez loin, au moins jusqu'à U_{100}) :

	A	B	C	D	E	F	G	H	I	J	
1	n	0	1	2	3	4	5	6	7	8	9
2	Un	-0,5	0,576	-1,01	-0,48	0,823	-0,69	-0,66	0,879	-0,39	-0,

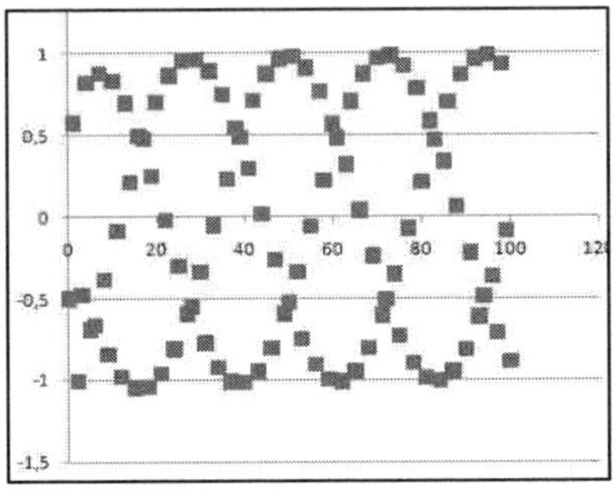

On peut conjecturer que (U_n) est bien bornée (si on regarde en détail les valeurs du tableau), on voit qu'elle est majorée par 1 mais pas minorée par -1 (par exemple $U_2 = -1{,}01$) même si elle en a l'air il faudra donc être prudent et trouver un minorant plus sûr (donc plus petit).

Bien, allons-y ! Occupons nous d'abord de $\sin(2n)$: pour tout $n \in \mathbb{N}$, $-1 \leq \sin(2n) \leq 1$ (car pour tout x, $-1 \leq \sin(x) \leq 1$, voir Chapitre 14 sur la trigo).

Occupons nous ensuite de $-\frac{1}{n+2}$: pour tout $n \in \mathbb{N}$, $n+2 \geq 2$ d'où : $\frac{1}{n+2} \leq \frac{1}{2}$ soit : $-\frac{1}{n+2} \geq -\frac{1}{2}$, et comme pour tout $n \in \mathbb{N}$, $0 > -\frac{1}{n+2}$ cela donne : $0 > -\frac{1}{n+2} \geq -\frac{1}{2}$. Ainsi, pour tout $n \in \mathbb{N}$, $\begin{cases} -1 \leq \sin(2n) \leq 1 \\ -\frac{1}{2} \leq -\frac{1}{n+2} < 0 \end{cases}$ ce qui donne : $-1 + \left(-\frac{1}{2}\right) \leq \sin(2n) - \frac{1}{n+2} < 1$. Ainsi : pour tout $n \in \mathbb{N}$, $-\frac{3}{2} \leq U_n < 1$.

Donc (U_n) est minorée par $-\frac{3}{2}$ et majorée par 1, donc (U_n) est bornée !

METHODE 21 : En utilisant la monotonie, et la limite

■ Principe

Une suite croissante et convergente est toujours majorée par sa limite.
Une suite décroissante et convergente est toujours minorée par sa limite.

■ **Exemple :** *Etudier si la suite* (V_n) *définie par : pour tout* $n \in \mathbb{N}^*$, $V_n = 1 - \frac{1}{n}$ *est majorée.*

La suite (V_n) est croissante, en effet :

$V_{n+1}-V_n=1-\frac{1}{n+1}-\left(1-\frac{1}{n}\right)=\frac{1}{n}-\frac{1}{n+1}=\frac{n+1-n}{n(n+1)}=\frac{1}{n(n+1)}$ et donc $V_{n+1}-V_n>0$.

Au tableur (voir exemple plus haut), on voit que sa limite vaut 1. Ainsi (V_n) est majorée par 1, tout simplement !

Réflexes

	SITUATIONS	REFLEXES
1.	Conjecturer la limite d'une suite	Utiliser le tableur ou un algorithme pour avoir les termes de la suite et voir comment ils évoluent quand n est grand (la représentation graphique est assez efficace !).
2.	Déterminer un seuil	Utiliser un tableur ou un algorithme (l'algorithme est à privilégier). Utiliser la méthode algébrique en dernier recours.
3.	Majorer, minorer une suite	Utiliser une fonction si elle est facile à étudier, sinon manipuler une succession d'inégalités ou d'encadrements.

Astuces

■ C'est un chapitre visuel, essentiellement graphique : il faut bien prendre le temps d'observer comment évoluent les suites. Prenez votre temps, et rassurez-vous : les suites qu'on rencontre en 1e S sont sans surprise (elles sont comme celles qu'on vient de voir).

■ Vous avez compris pourquoi on vous fait faire de l'algorithmique et du tableur en 2nde. On les utilise tout au long de l'année. Vous en avez ici un exemple criant, sans eux, on ne peut pas faire grand-chose, on ne peut pas en tout cas conjecturer aussi bien et aussi vite. Ah, vive l'informatique !

■ Révisez bien le chapitre sur les valeurs absolues (c'est le chapitre 2) si vous ne savez plus ce que c'est. On l'utilise ici pour les évolutions de seuil : concrètement l'inégalité $|U_n-L|<0{,}01$ signifie que la suite U_n est à une distance inférieure à 0,01 de sa limite L. Ok ?

Erreurs

■ Ne dites pas qu'une suite est divergente vers l'infini. Même si tout le monde voit ce que ça veut dire, c'est syntaxiquement incorrect (car on ne diverge pas dans un direction, sinon on convergerait) : vous devez dire : la suite est divergente, de limite $+\infty$ (ou $-\infty$, suivant la circonstance). On a vu des profs s'énerver tout rouge sur des élèves quand ils entendaient ça, surtout au bout de la dixième fois de la journée !

■ Concernant les évolutions de seuil, il faut bien adapter l'algorithme en conséquence. Par exemple, l'algorithme pour les suites décroissantes à limite finie est différent de celui pour les suites croissantes à limite finie, etc.

Chapitre 7

METHODES SUR LES SUITES ARITHMETIQUES ET GEOMETRIQUES

Les suites arithmétiques et géométriques sont intéressantes car elles présentent deux types de progression merveilleusement régulières : on ajoute toujours la même chose pour les premières et on multiplie toujours par la même chose pour les deuxièmes.
Par exemple la suite 1, 4, 7, 10, 13, ... suit une progression arithmétique : on ajoute toujours la même chose, ce quelque chose s'appelant la raison, qui ici est $r = 3$. La suite 8, 3, -2, -7, -12 suit, elle aussi, une progression arithmétique, cette fois de raison $r = -5$.
Autre exemple : la suite 1, 2, 4, 8, 16, 32, ... suit, elle, une progression géométrique : on multiplie toujours par la même chose, ce quelque chose s'appelant également la raison, qui dans ce cas est $q = 2$.
$\frac{1}{2}, \frac{1}{6}, \frac{1}{18}, \frac{1}{54}, ...$ suit, elle, une progression géométrique mais de raison $q = \frac{1}{3}$.
Mais pourquoi étudier ces suites (connues depuis l'Antiquité) si particulières ?
Et bien certaines lois de la nature (nombre de pétales d'une fleur, nombre de branches d'un flocon,...), certaines lois physiques (comme la radioactivité, le carbone 14, les phénomènes de rebondissement, ...) certains appareils technologiques (comme l'ouverture d'un appareil photo,...) ont des comportements qui suivent des progressions arithmétiques ou géométriques. Savoir étudier ce type de suites est donc extrêmement important pour votre formation scientifique : si vous êtes à la recherche d'idées de TPE couplés avec les Maths c'est, vous l'aurez compris, un chapitre qui peut vous illustrer beaucoup, oui beaucoup de phénomènes.
Enfin, ce qui est "scolairement" agréable avec ces deux types de suites, c'est qu'elles sont faciles à étudier. On dispose sur elles de beaucoup de théorèmes, ce qui leur donne un comportement finalement assez prévisible : après avoir appris pour chacune d'elle les cinq formules les concernant (qu'on a récapitulées en fin de chapitre pour vous en faciliter l'apprentissage), plus grand-chose ne peut vous arriver : on en a fait le tour. C'est donc un chapitre très rentable (on bosse pas pour rien) et qui vous servira longtemps ! Alors autant s'investir !

1. Tout ce qu'il faut savoir sur les suites arithmétiques

Une suite arithmétique, c'est très simple : c'est une suite de nombres où pour passer d'un terme U_n à son successeur U_{n+1} on ajoute toujours la même chose, ce quelque chose s'appelle la raison et se note **r** (r comme arithmétique). La définition rigoureuse étant : une suite (U_n) est arithmétique s'il existe r tel que pour tout n, $U_{n+1} = U_n + r$.

■ **Exemple** : 1, 3, 5, 7, 9, 11, 13,...

Dans ce cas on a une suite arithmétique (U_n) de premier terme $U_0 = 1$ et de raison $r = 2$. Par exemple, $U_1 = 3$ et $U_3 = 7$.

■ **Exemple** : 2, –3, –8, –13, –18,...

Dans ce cas on a une suite arithmétique (A_n) de premier terme $A_0 = 2$ et de raison $r = -5$. Par exemple $A_2 = -8$ et $A_3 = -13$.
D'autres exemples peuvent facilement venir à l'esprit comme la suite de tous les nombres entiers naturels (correspondant au cas $A_0 = 0$ et $r = 1$) ou la suite des nombres pairs (correspondant au cas $A_0 = 0$ et $r = 2$), etc.

METHODE 1 : Comment montrer qu'une suite (U_n) est arithmétique ?

Le problème est le suivant, on nous donne une suite, on voit en calculant les premiers termes qu'elle semble suivre une progression arithmétique, comment en être sûr, c'est-à-dire comment prouver que la suite est bien arithmétique ?

■ **Principe**

Etudier $U_{n+1} - U_n$. Si pour tout n, $U_{n+1} - U_n = r$ (c'est-à-dire $U_{n+1} = U_n + r$ pour tout n) où r est un nombre constant qui ne dépend pas de n, alors (U_n) est une suite arithmétique de raison r.

■ **Exemple** : *Soit* (U_n) *la suite définie par : pour tout* $n \in \mathbb{N}, U_n = 2n+3$. *La suite* (U_n) *est-elle arithmétique ?*

En calculant les premiers termes, on a $U_0 = 3$, $U_1 = 2 \cdot 1 + 3 = 5$, $U_2 = 2 \cdot 2 + 3 = 7$ ...
il semble que (U_n) soit une suite arithmétique de raison $r = 2$. Prouvons-le :
Pour tout n,
$U_{n+1} - U_n = (2(n+1)+3) - (2n+3) = 2n+2+3-(2n+3) = 2n+5-2n-3 = 2$
Ainsi (U_n) est une suite arithmétique de raison $r = 2$.

REMARQUE :
De manière générale, on peut montrer que la suite (U_n) *définie par* $U_n = an + b$ *est une suite arithmétique de raison a. C'est exactement le même raisonnement !*

■ **Exemple** : *Soit* (U_n) *la suite définie par : pour tout* $n \in \mathbb{N}$ $U_n = n^2$. *La suite* (U_n) *est-elle arithmétique ?*

Pour tout n, $U_{n+1} - U_n = (n+1)^2 - n^2 = n^2 + 2n + 1 - n^2 = 2n + 1$. Cette différence dépend de n (c'est donc non constant), donc (U_n) n'est pas arithmétique.

■ **Exemple** : *Soit* (U_n) *la suite définie par :* $\begin{cases} U_{n+1} = U_n + 5 \\ U_0 = -5 \end{cases}$. *La suite* (U_n) *est-elle arithmétique ?*

Cas trivial, puisque évidemment on a déjà tout ce qu'on veut : (U_n) est une suite arithmétique de raison $r = 5$ et de premier terme $U_0 = -5$.

REMARQUE : Ce qu'il est important de comprendre c'est que même si ça se voit comme le nez au milieu de la figure que la suite est arithmétique, il faut quand même le prouver ! En Maths c'est comme ça, on veut être sûr, on veut être sûr ! Et comment être sûr, et bien en le démontrant !

METHODE 2 : Comment calculer U_n pour tout n, à partir de U_0 ?

On comprend bien l'enjeu de cette méthode. En effet, regardons par exemple la suite suivante : $\begin{cases} U_{n+1} = U_n + 5 \\ U_0 = -5 \end{cases}$

Il est facile de calculer les premiers termes U_1, U_2, mais en continuant ainsi il faudrait au moins seize calculs (et donc autant de risques de se tromper à chaque fois) avant d'arriver à U_{16}, par exemple. N'y a-t-il pas un moyen plus court d'y arriver ? Car si la question se pose pour U_{16}, elle peut aussi se poser pour des termes encore plus lointains comme U_{184}, par exemple. Cette méthode est là pour y répondre, en exprimant U_n en fonction du premier terme U_0.

■ Principe

Soit (U_n) une suite arithmétique de raison r. Alors pour tout n, $U_n = U_0 + nr$.

■ **Exemple** : *Soit* (U_n) *la suite définie par :* $\begin{cases} U_{n+1} = U_n + 3 \\ U_0 = -5 \end{cases}$. *Exprimer* U_n *en fonction de n, puis calculer* U_{1059} *et le 23001ème terme.*

Par définition, (U_n) est une suite arithmétique de raison $r = 3$ et de premier terme $U_0 = -5$. Donc pour tout n, $U_n = U_0 + nr = -5 + n \cdot 3 = 3n - 5$.
En particulier $U_{1059} = 3 \cdot 1059 - 5 = 3172$.
Le 23001ème terme est U_{23000} (Et oui, puisque U_0 est le premier), c'est-à-dire : $U_{23000} = 3 \cdot 23000 - 5 = 68995$.

REMARQUE : Sans cette méthode vous imagineriez-vous effectuer 23001 calculs pour déterminer U_{23001} ? (Ce ne serait pas être courageux mais plutôt masochiste !)

■ **Exemple :** *Soit* (U_n) *la suite définie par :* $\begin{cases} U_{n+1} = U_n + 5 \\ U_0 = -5 \end{cases}$. *Exprimer* U_n *en fonction de n, puis calculer* U_{879} *et le 200ème terme.*

Par définition, (U_n) est une suite arithmétique de raison $r = 5$ et de premier terme $U_0 = -5$.
Donc pour tout n, $U_n = U_0 + nr = -5 + n \cdot 5 = 5n - 5$
En particulier $U_{879} = 5 \cdot 879 - 5 = 4390$.
Le 200ème terme est U_{199} (attention au piège !) et $U_{199} = 5 \cdot 199 - 5 = 990$.

REMARQUE : Avec un tableur (ou un algo) c'est fait en deux secondes (voir Chapitre 5). Regardez, c'est génial !

	A	B	C	D	E	F
1	n	0	1	2	3	4
2	un	-5	0	5	10	15

GS	GT
199	200
990	995

AGW	AGX
879	880
4390	4395

On vous rappelle comment faire : Dans B1, on écrit 0, Dans C1, on écrit 1. On sélectionne la plage B1 :C1, sa poignée de copie qu'on étend jusqu'à AGW1 (et même au-delà si on veut plus de termes !). Dans B2, on écrit –5 (le 1er terme) et dans C2, on écrit =B2+5. On sélectionne la cellule C2, sa poignée de copie qu'on étend jusqu'à AGW2. Et hop, on admire le résultat !

METHODE 3 : Comment calculer U_n pour tout n, à partir de U_p pour tout p ?

La méthode 3 est en fait une généralisation de la méthode 2 : On peut exprimer U_n à partir d'un terme U_p qui n'est pas forcément U_0 (comme U_1 ou U_{28} par exemple). Cette méthode est donc particulièrement indiquée lorsque le premier terme de la suite n'est pas U_0 mais U_1, ou U_2 ... par exemple.

■ **Principe**

Soit (U_n) une suite arithmétique de raison r. Alors pour tout n, pour tout p, $U_n = U_p + (n-p)r$.

■ **Exemple :** *Soit* (U_n) *la suite définie par :* $\begin{cases} U_{n+1} = U_n + 3 \\ U_1 = 7 \end{cases}$. *Exprimer* U_n *en fonction de n, puis calculer* U_{879} *et le 200ème terme.*

Par définition (encore une fois), (U_n) est une suite arithmétique de raison $r = 3$ et de premier terme $U_1 = 7$ (ce n'est pas cette fois U_0 !)
Pour tout n, pour tout p, $U_n = U_p + (n-p)r$
En particulier pour $p = 1$, $U_n = U_1 + (n-1)r$ pour tout n.
Ce qui donne : Pour tout n, $U_n = 7 + (n-1)\cdot 3 = 7 + 3n - 3 = 3n + 4$.
On a donc : $U_{879} = 3\cdot 879 + 4 = 2641$
Le 200ème terme est cette fois-ci U_{200} (car le premier est U_1)
$U_{200} = 3\cdot 200 + 4 = 604$.

■ **Exemple :** *Soit* (U_n) *la suite arithmétique telle que* $U_3 = -5$ *et* $U_{10} = 35$. *Déterminer la raison r de cette suite. En déduire l'expression de* U_n *en fonction de n.*

(U_n) étant une suite arithmétique, pour tout n, pour tout p, $U_n = U_p + (n-p)r$
Ce qui donne pour $p = 3$:
$U_n = U_3 + (n-3)\cdot r$ soit $U_n = -5 + (n-3)\cdot r$
Pour $p = 10$, on a $U_n = U_{10} + (n-10)\cdot r$ soit $U_n = 35 + (n-10)\cdot r$
On a donc pour tout n : $-5 + (n-3)\cdot r = 35 + (n-10)\cdot r$
Ce qui donne : $-5 + nr - 3r = 35 + nr - 10r$ soit : $7r = 40$ soit $r = \frac{40}{7}$.
Comme pour tout n, $U_n = U_3 + (n-3)\cdot r$, on a $U_n = -5 + (n-3)\cdot\frac{40}{7} = \frac{40}{7}n - \frac{120}{7} - 5$
Soit : pour tout n, $U_n = \frac{40}{7}n - \frac{155}{7}$.

REMARQUE : Cet exemple illustre une propriété très étonnante des suites arithmétiques : Si on connaît deux valeurs d'une suite arithmétique, en fait on la connaît entièrement (on peut en quelque sorte la reconstituer à partir de deux échantillons seulement !).

METHODE 4 : Comment déterminer le comportement à l'infini d'une suite arithmétique ?

■ **Principe**

Pour le coup, c'est super simple puisqu'il n'y a que deux alternatives :
Soit (U_n) une suite arithmétique de raison r :

- si $r > 0$, alors $\lim U_n = +\infty$
- si $r < 0$, alors $\lim U_n = -\infty$

■ **Exemple :** *Soit* (U_n) *la suite définie par* $\begin{cases} U_{n+1} = U_n + 2 \\ U_0 = 5 \end{cases}$. *Que vaut* $\lim U_n$?

C'est une suite arithmétique de raison $r>0$ (car $r=2$), on a donc : $\lim U_n=+\infty$ (Avec un tableur, on le voit tout de suite, essayez !)

METHODE 5 : Comment déterminer algébriquement l'évolution de seuil d'une suite arithmétique ?

■ **Principe**

On utilise la formule $U_n=U_0+nr$.

■ **Exemple :** *Soit* (U_n) *la suite définie par* $\begin{cases}U_{n+1}=U_n+2\\U_0=5\end{cases}$. *On a* $\lim U_n=+\infty$, *à partir de quelle valeur de n, a-t-on* $U_n>10000$ *?*

Avec la formule $U_n=U_0+nr$, on a $U_n=5+2n$, on a donc :
$U_n>10000 \Leftrightarrow 5+2n>10000 \Leftrightarrow 2n>9995 \Leftrightarrow n>4997{,}5$.
On a donc : $U_n>10000$ dès que $n\geq 4998$ (ça on peut le vérifier au tableur également, ou avec un algo : voir chapitre précédent !).

METHODE 6 : Comment calculer $1+2+3+...+n$ pour tout n ?

Historiquement donc, le petit Gauss âgé de 7 ans aurait réussi à calculer cette somme pour $n=100$, c'est-à-dire qu'il aurait réussi à calculer $1+2+3+...+98+99+100$ et ce très peu de temps après que son instituteur le lui ait donné ! Mais comment a-t-il fait ?
Et bien, on pourrait imaginer son ardoise d'écolier ainsi écrite :

$$\begin{array}{r}S=1+2+3+...+98+99+100\\ +S=100+99+98+...+3+2+1\\ \hline\end{array}$$

donne : $2S=101+101+101+...+101+101+101$ (en additionnant en colonne)
soit : $2S=100\times 101$
(car 101 apparaît 100 fois, autant que le nombre de colonnes)
et donc $S=\dfrac{100\times 101}{2}=5050$.

Eh oui, quel génie ! Faire cela à 7 ans ! Alors imaginez les merveilles qu'il a écrites à 20 ans, 30 ans et toute sa longue carrière ! (Et pas seulement en Maths car il était également physicien et astronome !)

L'intérêt est que l'on peut généraliser la méthode du jeune Gauss à la somme $1+2+3+...+n$ pour obtenir la formule suivante (c'est d'ailleurs souvent comme cela qu'elle est démontrée dans le cours).

■ Principe

Pour tout $n \in \mathbb{N}^*$, $1+2+3+...+n = \frac{n(n+1)}{2}$

■ **Exemple :** *Calculer* $1+2+3+...+998+999+1000$

Immédiat : $1+2+3+...+998+999+1000 = \frac{1000 \cdot 1001}{2} = 500500$.

■ **Exemple :** *Calculer* $2+3+...+1003$

Là, il faut penser à l'astuce $2+3+...+1003 = (1+2+3+...1003)-1$ ce qui donne :

$2+3+...+1003 = \frac{1003 \cdot 1004}{2} - 1 = 503506 - 1 = 503505$.

REMARQUES : a) On peut utiliser naturellement un tableur pour calculer ce genre de sommes, si par exemple on veut la somme $1+2+3+...+100$ *:*

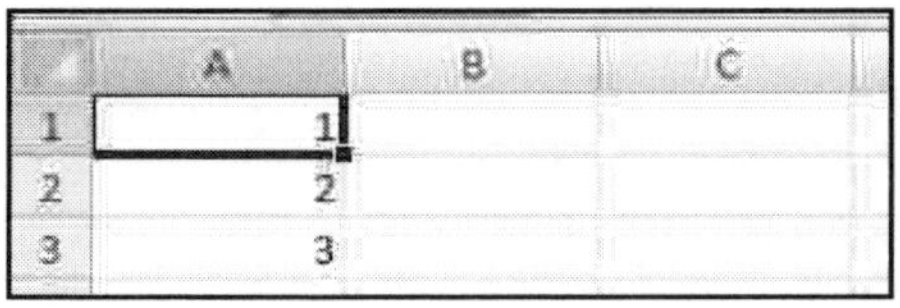

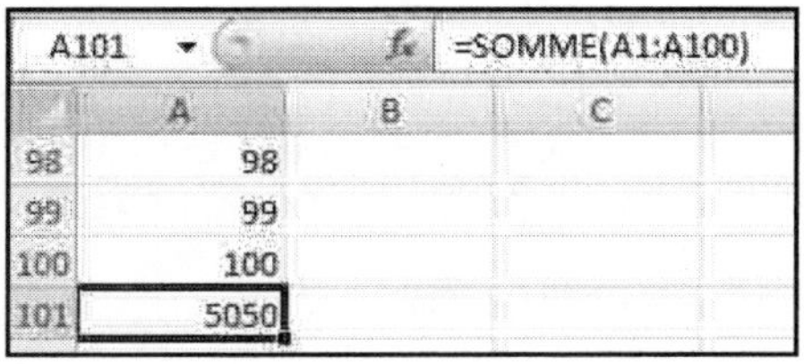

Dans A1, on écrit 1. Dans A2, on écrit 2. On sélectionne la plage A1 :A2, on prend sa poignée de copie qu'on étend jusqu'en A100. Dans A101, on écrit = =SOMME(A1:A100), et hop : 5050 s'affiche !

b) On peut également utiliser un algorithme pour calculer ce genre de sommes, on vous en donne deux versions :

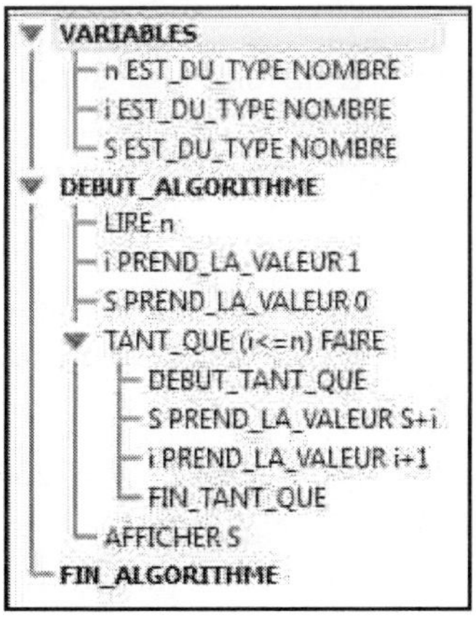

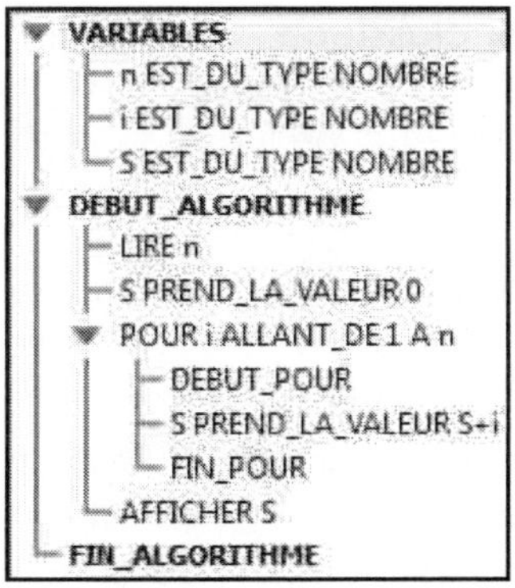

METHODE 7 : Comment calculer $S_n = U_0 + U_1 + ... + U_n$ pour tout n ?

Voici la formule permettant de calculer n'importe quelle somme de termes consécutifs d'une suite arithmétique (le tout offert comme sur un plateau !).

■ Principe

Soit (U_n) une suite arithmétique.

Alors pour tout n, $S_n = U_0 + U_1 + ... + U_n = (n+1)\cdot\left(\frac{U_0 + U_n}{2}\right)$.

REMARQUE : Pour mémoriser cette formule, on peut retenir :

$S_n = (\text{nombre de termes}) \times (\text{moyenne des extrêmes})$.

■ **Exemple :** *Calculer* $2+5+8+11+14+...+296$

Enoncé on ne peut plus simple, non ? Mais pourtant redoutable, car il faut être extrêmement soigneux !

On reconnaît la somme de termes consécutifs d'une suite arithmétique (U_n) de premier terme $U_0 = 2$ et de raison $r = 3$. Mais combien y en a-t-il ? Ou encore quel est le rang n du dernier terme correspondant à 296 ? Pour cela cherchons n tel que $U_n = 296$.

On sait que $U_n = U_0 + nr$ (méthode 2) l'équation $U_n = 296$ devient : $2+3n = 296$ soit $3n = 294$ soit $n = 98$. Ainsi $296 = U_{98}$ (il y a donc 99 termes en tout).

Finalement $2+5+8+11+14+...+296 = U_0 + U_1 + U_2 + U_3 + U_4 + ... + U_{98}$

Or, d'après la formule : $U_0 + U_1 + U_2 + U_3 + U_4 + ... + U_{98} = (98+1)\cdot\left(\frac{U_0 + U_{98}}{2}\right)$ ce qui donne : $2+5+8+11+14+...+296 = 99\cdot\left(\frac{2+296}{2}\right) = 99\cdot 149 = 14751$.

Vous voyez qu'il faut être soigneux car la moindre erreur sur le rang du dernier terme peut être fatale !

■ Erreur classique

Penser que $296 = U_{296}$ (ça serait trop beau). Il n'y a absolument aucune raison pour cela ! Aucune !

■ **Exemple :** *Calculer* $1+3+5+7+9+11+...+123457$.

On reconnaît la somme de termes consécutifs d'une suite arithmétique (U_n) de premier terme $U_0 = 1$ et de raison $r = 2$. A quel rang correspond 123457 ?

Cherchons n tel que $U_n = 123457$ (grâce à la méthode 2 !)

Comme $U_n = U_0 + nr$, l'équation $U_n = 123457$ devient : $U_0 + nr = 123457$ soit $1+2n = 123457$ soit $2n = 123456$ soit $n = 61728$. Ainsi $123457 = U_{61728}$.

Finalement $1+3+5+7+9+11+...+123457 = U_0 + U_1 + U_2 + U_3 + U_4 ... + U_{61728}$

Or, $U_0 + U_1 + U_2 + U_3 + U_4 ... + U_{61728} = (1+61728) \cdot \left(\frac{U_0 + U_{61728}}{2}\right) = 61729 \cdot \left(\frac{1+123457}{2}\right)$

soit : 61729^2. Donc $1+3+5+7+9+11+...+123457 = 61729^2 = 3\ 810\ 469\ 441$.

REMARQUES : a) Vous l'aurez compris la somme $1+2+3+...+n$ *est un cas particulier de somme de termes consécutifs d'une suite arithmétique (premier terme* $U_0 = 1$ *et raison* $r = 1$*). Si on lui applique cette méthode, on retrouvera bien sûr le même résultat, sachez seulement que c'est plus long (cette somme doit maintenant vous sauter aux yeux et faire partie de votre culture, ce serait extrêmement maladroit d'introduire une suite arithmétique).*
En fait, la formule qu'on vient de voir se démontre par "celle" de Gauss, vous devriez donc les voir dans cet ordre dans votre cours.
Ceci étant, dans la majeure partie des exercices, c'est bien sûr cette méthode que vous utiliserez le plus souvent !

b) On peut utiliser naturellement un tableur pour calculer ce genre de sommes, si par exemple on veut la somme : $1+3+5...+197+199$ *:*

	A
1	1
2	3
3	5

A101 =SOMME(A1:A100)

84	A	B	C
100	199		
101	10000		

Dans A1, on écrit 1. Dans A2, on écrit 3. On sélectionne la plage A1 :A2, on prend sa poignée de copie qu'on étend jusqu'en A100 (et 199 apparaît). Dans A101, on écrit = =SOMME(A1:A100), et hop : 10000 s'affiche !

c) On peut également utiliser un algorithme pour calculer ce genre de sommes, on vous le donne ci-contre. $2i-1$ *est la forme générale des nombres impairs. Si on exécute l'algorithmique, on trouve 10 000. Ok ?*

```
VARIABLES
  S EST_DU_TYPE NOMBRE
  i EST_DU_TYPE NOMBRE
  j EST_DU_TYPE NOMBRE
DEBUT_ALGORITHME
  S PREND_LA_VALEUR 0
  POUR i ALLANT_DE 1 A 100
    DEBUT_POUR
    j PREND_LA_VALEUR 2*i-1
    S PREND_LA_VALEUR S+j
    FIN_POUR
  AFFICHER S
FIN_ALGORITHME
```

2. Tout ce qu'il faut savoir sur les suites géométriques

Une suite géométrique, c'est très simple : c'est une suite de nombres où pour passer d'un terme V_n à son successeur V_{n+1} on multiplie toujours par la même chose : ce quelque chose s'appelle la raison et se note q.
Une suite (V_n) est géométrique s'il existe q tel que pour tout n, $V_{n+1} = V_n \times q$.

■ **Exemple :** 1, 2, 4, 8, 16, 32, 64,...

Dans ce cas on a une suite géométrique (V_n) de premier terme $V_0 = 1$ et de raison $q = 2$. Par exemple, $V_1 = 2$ et $V_5 = 32$.

■ **Exemple :** 2, 1, $\frac{1}{2}$, $\frac{1}{4}$, $\frac{1}{8}$...

Dans ce cas, on a une suite géométrique, disons (A_n) de premier terme $A_0 = 2$ et de raison $q = \frac{1}{2}$. Par exemple, $A_1 = 1$ et $A_4 = \frac{1}{8}$.

METHODE 8 : Comment montrer qu'une suite (V_n) est géométrique ?

En présence des premiers termes d'une suite qui semble suivre une progression géométrique, on se pose les mêmes questions qu'en face d'une progression arithmétique (voir méthode 1) : on cherche à être fixé ! Est-elle vraiment géométrique ? On dispose fort heureusement de méthodes similaires pour trancher la question.

■ **Principe**

Vérifier que $V_n \neq 0$ pour tout n. Etudier $\frac{V_{n+1}}{V_n}$: si pour tout n, $\frac{V_{n+1}}{V_n} = q$ (c'est-à-dire $V_{n+1} = V_n \times q$ pour tout n), où q est un nombre constant qui ne dépend pas de n, alors (V_n) est une suite géométrique de raison q.

■ **Exemple :** *Soit (V_n) la suite définie par : pour tout n, $V_n = 2^n$. La suite (V_n) est-elle géométrique ?*
Pour tout n, $2^n \neq 0$ (c'est-à-dire $V_n \neq 0$, donc on peut étudier $\frac{V_{n+1}}{V_n}$).

Pour tout n, $\frac{V_{n+1}}{V_n} = \frac{2^{n+1}}{2^n} = 2$. Ainsi (V_n) est une suite géométrique de raison $q = 2$ (et de premier terme $V_0 = 2^0 = 1$).

■ **Exemple :** *Soit* (V_n) *la suite définie par : pour tout* $n \in \mathbb{N}^*, V_n = n^2$. *La suite* (V_n) *est elle géométrique ?*

Pour tout $n \in \mathbb{N}^*$, $V_n \neq 0$ et $\frac{V_{n+1}}{V_n} = \frac{(n+1)^2}{n^2} = \frac{n^2+2n+1}{n^2} = 1 + \frac{2}{n} + \frac{1}{n^2}$. Ce quotient dépend de n (il est donc non constant), et donc (V_n) n'est pas géométrique.

METHODE 9 : Comment calculer V_n pour tout n, à partir de V_0 ?

Mêmes préoccupations que dans le cas arithmétique, est-on obligé pour calculer V_{19} de calculer tous les termes précédents ? (car plus on fait de calculs plus on risque de faire des erreurs et puis surtout ça peut être long, très long !) Dispose-t-on en fait d'une méthode pour aller plus vite comme dans le cas arithmétique ? Et bien oui, et la voici !

■ Principe

Soit (V_n) une suite géométrique de raison q. Alors pour tout n, $V_n = V_0 \times q^n$.

■ **Exemple :** *Soit* (V_n) *la suite définie par :* $\begin{cases} V_{n+1} = V_n \times 3 \\ V_0 = 2 \end{cases}$. *Exprimer* V_n *en fonction de n, puis calculer* V_8 *et le 20ème terme.*

Par définition, (V_n) est une suite géométrique de raison $q = 3$ et de premier terme $V_0 = 2$. Donc pour tout n, $V_n = V_0 \times q^n = 2 \times 3^n$.

On a donc : $V_8 = 2 \times 3^8 = 13122$ et le 20ème terme est $V_{19} = V_0 \times q^{19}$ soit :

$V_{19} = 2 \times 3^{19} = 2\ 324\ 522\ 934$ (ce qui est énorme ! En fait, une suite géométrique de raison $q > 1$ croît d'autant plus rapidement que q est grand !).

REMARQUE : Encore une fois, avec un tableur (ou un algo) c'est fait en deux secondes (voir Chapitre précédent). Regardez, c'est génial !

	A	B	C	D	E	F	G	H	I	J
1	n	0	1	2	3	4	5	6	7	8
2	Vn	2	6	18	54	162	486	1458	4374	13122

	T	U	V
1	18	19	20
2	774840978	2324522934	6973568802

*Dans B1, on écrit 0, Dans C1, on écrit 1. On sélectionne la plage B1 :C1, sa poignée de copie qu'on étend jusqu'à X1 (et même au-delà si on veut plus de termes !). Dans B2, on écrit 2 (le 1er terme) et dans C2, on écrit =B2*3. On sélectionne la cellule C2, sa poignée de copie qu'on étend jusqu'à X2.*

METHODE 10 : Comment calculer V_n pour tout n, à partir de V_p pour tout p ?

Souvenons nous, dans le cas arithmétique la méthode 3 était une généralisation de la méthode 2, et bien de même, la méthode 10 est une généralisation, dans le cas géométrique, de la méthode 9 : on veut exprimer V_n à partir d'un terme V_p qui n'est pas forcément V_0.

■ **Principe**

Soit (V_n) une suite géométrique de raison q. Alors pour tout n, pour tout p, $V_n = V_p \times q^{n-p}$.

■ **Exemple :** *Soit* (V_n) *la suite définie par :* $\begin{cases} V_{n+1} = V_n \times (-2) \\ V_1 = 7 \end{cases}$. *Exprimer* V_n *en fonction de n, puis calculer* V_{17} *et le 24ème terme.*

Par définition (encore une fois), (V_n) est une suite géométrique de raison $q = -2$ et de premier terme $V_1 = 7$ (ce n'est pas cette fois-ci V_0 !)

Donc pour tout n, pour tout p, $V_n = V_p \times q^{n-p}$

En particulier pour $p = 1$, $V_n = V_1 \times q^{n-1} = 7 \times (-2)^{n-1}$ pour tout n.

On a donc : $V_{17} = 7 \times (-2)^{16} = 458752$. Le 24ème terme est cette fois-ci $V_{24} = 7 \times (-2)^{23} = -58\ 720\ 256$ (car le premier est V_1).

■ **Exemple :** *Soit* (V_n) *la suite géométrique telle que* $V_2 = 4$ *et* $V_5 = 32$. *Exprimer* V_n *en fonction de* n.

On a pour tout n, pour tout p, $V_n = V_p \times q^{n-p}$. Ce qui donne :

$V_5 = V_2 \times q^{5-2} \Leftrightarrow 32 = 4 \times q^3 \Leftrightarrow 8 = q^3 \Leftrightarrow q = 2$. Ainsi (V_n) est une suite géométrique de raison $q = 2$. Pour tout n, $V_n = V_2 \times q^{n-2} = 4 \times 2^{n-2}$.

METHODE 11 : Comment déterminer le comportement à l'infini d'une suite géométrique ?

■ **Principe**

Soit (V_n) une suite géométrique de raison q :

- Si $-1 < q < 1$ alors $\lim V_n = 0$.
- Si $q > 1$ alors $\lim V_n = \begin{cases} +\infty \text{ si } V_0 > 0 \\ -\infty \text{ si } V_0 < 0 \end{cases}$.
- Si $q \leq -1$ alors $\lim V_n$ n'existe pas.

■ **Exemple :** *Soit* (V_n) *la suite définie par* $\begin{cases} V_{n+1} = 2V_n \\ V_0 = 3 \end{cases}$. *Déterminer* $\lim V_n$.

(V_n) est une suite géométrique de raison $q = 2$ avec $V_0 > 0$, on a donc $\lim V_n = +\infty$. D'ailleurs avec un tableur, on le voit tout de suite !

	A	B	C	D	E	F	G	H	I	J	K	L
1	n	0	1	2	3	4	5	6	7	8	9	10
2	Vn	3	6	12	24	48	96	192	384	768	1536	3072

METHODE 12 : Comment déterminer algébriquement l'évolution de seuil d'une suite géométrique ?

■ **Principe**

On utilise la formule $V_n = V_0 \times q^n$.

■ **Exemple :** *Soit* (V_n) *la suite définie par* $\begin{cases} V_{n+1} = 2V_n \\ V_0 = 3 \end{cases}$. *On a* $\lim V_n = +\infty$

Déterminer à partir de quelle valeur de n, on a $V_n > 30000$.

On a $V_n = V_0 \times q^n = 3 \times 2^n$. On a donc :

$V_n > 30000 \Leftrightarrow 3 \times 2^n > 30000 \Leftrightarrow 2^n > 10000$. Alors là, il y a une astuce, on calcule $\ln(10000)$ qu'on divise par $\ln(2)$ (ln signifiant logarithme népérien, une fonction bien connue du programme de Terminale S, que vous pouvez utiliser sans vous justifier (après tout elle est sur la calculatrice, alors pourquoi se priver ?)).

$\ln(10000) \approx 9{,}21$ et $\ln(2) \approx 0{,}693$ donc $\dfrac{\ln(10000)}{\ln(2)} \approx 13{,}29$.

On a donc : $V_n > 30000$ dès que $n \geq 14$.

Vous pouvez vérifier sur le tableur, ça marche !

O	P
13	14
24576	49152

METHODE 13 : Comment calculer $1 + q + q^2 + q^3 + \ldots + q^n$ pour tout n ?

■ **Principe :**

Pour tout n, $1 + q + q^2 + q^3 + \ldots + q^n = \dfrac{1 - q^{n+1}}{1 - q}$ si $q \neq 1$.

Bien sûr, si $q = 1$, alors $1 + q + q^2 + q^3 + \ldots + q^n = 1 + 1 + 1 + 1 + \ldots + 1 = n + 1$.

■ **Exemple :** *Calculer la somme :* $S = 1+2+4+8+16+...+1024$.

On a : $S = 1+2+2^2+2^3+2^4+...+2^{10} = \frac{1-2^{11}}{1-2} = \frac{-2047}{-1} = 2047$

REMARQUE : On retrouve cette propriété dans le système de numération binaire (imaginée dès 1666 par Leibniz) très utilisé en Technologie. Par exemple 31 en binaire s'écrit 11111_2 *car :* $31 = 2^4+2^3+2^2+2^1+2^0$ *(facile à vérifier) et 32 s'écrit* 100000_2 *car* $32 = 2^5$. *De même* $1+2^1+2^2+2^3+2^4+...+2^{10}$ *est le nombre qui précède* $2^{11} = 2048$*, c'est-à-dire 2047. Le système binaire, en voilà une idée de TPE !*

■ **Exemple :** *Calculer la somme :* $S = 1+\frac{1}{2}+\frac{1}{4}+\frac{1}{8}+...+\frac{1}{1024}$.

$$S = 1+\frac{1}{2}+\left(\frac{1}{2}\right)^2+\left(\frac{1}{2}\right)^3+...+\left(\frac{1}{2}\right)^{10}$$

$$= \frac{1-\left(\frac{1}{2}\right)^{11}}{1-\frac{1}{2}} = \frac{1-\frac{1}{2048}}{\frac{1}{2}} = 2\times\left(1-\frac{1}{2048}\right) = 2\times\frac{2047}{2048} = \frac{2047}{1024}$$

REMARQUES : 1) Cette somme est étonnante car plus on y ajoute de termes en continuant, plus on se rapproche de 2, mais pourquoi ? (Voir partie astuces pour la réponse !)

2) Pour bien comprendre d'où vient la formule $1+q+q^2+q^3+...+q^n = \frac{1-q^{n+1}}{1-q}$ *(avec* $q \neq 1$*) il faut faire un peu d'algèbre et raisonner avec des exemples (et des petites valeurs de n).*

On suppose $q \neq 1$*, ce qui nous permettra de diviser par* $1-q$.

On a : $(1+q)(1-q) = 1-q^2$ *d'où* $1+q = \frac{1-q^2}{1-q}$. *Poursuivons :*

On a : $(1+q+q^2)(1-q) = 1-q+q-q^2+q^2-q^3 = 1-q^3$ *d'où :* $1+q+q^2 = \frac{1-q^3}{1-q}$.

On a : $(1+q+q^2+...+q^n)(1-q) = 1-q+q-q^2+...-q^n+q^n-q^{n+1} = 1-q^{n+1}$ *d'où*

$1+q+q^2+q^3+...+q^n = \frac{1-q^{n+1}}{1-q}$. *Ok ? C'est vraiment ce qui fait tout le charme de la magie algébrique : quand des termes s'éliminent et que tout se simplifie, c'est vraiment l'extase, le bonheur total !*

METHODE 14 : Comment calculer $S_n = V_0 + V_1 + ... + V_n$ pour tout n ?

Comment calculer une somme de termes consécutifs d'une suite géométrique ? Et bien, on a une formule pour cela mais qui malheureusement diffère complètement du cas arithmétique, c'est dommage mais c'est comme ça ! (ça ne fera qu'une formule de plus à apprendre par cœur, c'est pas la mort !)

■ Principe

Pour tout n, $S_n = V_0 + V_1 + V_2 + ... + V_n = V_0 \times \frac{1-q^{n+1}}{1-q}$.

■ **Exemple :** *Calculer* $2+6+18+...+13122$

On reconnaît la somme de termes consécutifs d'une suite géométrique (V_n) de premier terme $V_0 = 2$ et de raison $q = 3$. Mais combien y en a t-il ? Quel est le rang n du dernier terme correspondant à 13122 ? Pour cela cherchons n tel que $V_n = 13122$. On sait que $V_n = V_0 \times q^n$ (méthode 9), l'équation $V_n = 13122$ devient $V_0 \times q^n = 13122$ soit $2 \times 3^n = 13122$ soit $3^n = 6561$. A ce stade il y a deux manières pour continuer et trouver n : la première est de tester des valeurs de n et de calculer 3^n jusqu'à tomber sur 6561. La deuxième est d'utiliser le logarithme, en tapant sur la calculatrice $\frac{\ln(6561)}{\ln(3)}$.

Dans les deux cas, on trouve $n = 8$. Ainsi $13122 = V_8$ et on applique la formule :

$$2+6+18+...+13122 = V_0 + V_1 + V_2 + ... + V_8 = V_0 \times \frac{1-q^9}{1-q} = 2 \times \frac{1-3^9}{1-3} = \left(3^9 - 1\right) = 19682$$

REMARQUE : Il faudra attendre la Terminale pour comprendre comment et pourquoi le logarithme marche, alors soyez patient !

■ Erreur classique

Penser que $13122 = V_{13122}$. Il n'y a encore, vraiment, aucune raison pour cela ! On dit bien aucune !

■ **Exemple :** *Calculer* $4-8+16-32+64-...+4096-8192$.

On reconnaît la somme de termes consécutifs d'une suite géométrique (V_n) de premier terme $V_0 = 4$ et de raison $q = -2$. Mais à quel rang correspond -8192 ?

Cherchons n tel que $V_n = -8192$. Comme $V_n = V_0 \times q^n$, l'équation devient : $4 \times (-2)^n = -8192 \Leftrightarrow (-2)^n = \frac{-8192}{4} = -2048$. Nous n'allons pas pouvoir utiliser le logarithme ici car la calculatrice affiche "*error*" lorsque l'on tape $\ln(-2048)$ (en fait c'est normal, mais vous comprendrez pourquoi en Terminale). On n'a donc pas d'autre choix que de tester des valeurs de n... On trouve : $n=11$, d'où : $-8192 = V_{11}$.

Ainsi $4-8+16-32+64-...+4096-8192 = V_0 + V_1 + V_2 + V_3 + V_4 + ... + V_{10} + V_{11}$

$$= V_0 \times \frac{1-q^{12}}{1-q} = 4 \times \frac{1-(-2)^{12}}{1-(-2)} = 4 \times \frac{1-(-2)^{12}}{1-(-2)} = 4 \times \frac{1-4096}{3} = 4 \times \frac{-4095}{3} = -5460.$$

Réflexes

Pour vous aider à vous y retrouver nous avons décidé de réunir toutes les formules à connaître en un seul tableau (heureux veinards !).

Suites arithmétiques	Suites géométriques
Définition : $\begin{cases} U_0 \\ U_{n+1} = U_n + r \end{cases}$	Définition : $\begin{cases} V_0 \\ V_{n+1} = V_n \times q \end{cases}$
Théorème : $U_n = U_0 + nr$ Théorème : $U_n = U_p + (n-p)r$	Théorème : $V_n = V_0 \times q^n$ Théorème : $V_n = V_p \times q^{n-p}$
Théorème : $1+2+3+...+n = \frac{n(n+1)}{2}$	Théorème : $1+q+q^2+...+q^n = \frac{1-q^{n+1}}{1-q}$ (si $q \neq 1$)
Théorème : $U_0 + U_1 + U_2 + ... + U_n = (n+1)\left(\frac{U_0 + U_n}{2}\right)$	Théorème : $V_0 + V_1 + V_2 + ... + V_n = V_0 \times \left(\frac{1-q^{n+1}}{1-q}\right)$ (si $q \neq 1$)

	SITUATIONS	REFLEXES
1.	Montrer que la suite est arithmétique ou géométrique	Calculer les premiers termes, le type de progression se voit au premier coup d'œil. Une fois informé, calculer $U_{n+1} - U_n$ (ou $\frac{V_{n+1}}{V_n}$) et montrer que c'est égal à une constante.
2.	Calculer le terme de rang n	Montrer que la suite est arithmétique (ou géométrique) et appliquer la formule exprimant U_n (ou V_n) en fonction de n (deuxième ligne du tableau ci-dessus).
3.	Calculer une somme de termes consécutifs	Repérer s'il s'agit d'une progression arithmétique ou géométrique, déterminer la raison et le dernier terme. Enfin, appliquer l'une des formules de la troisième (ou quatrième ligne) du tableau ci-dessus.

Astuces

■ Respectez bien les notations : pour une suite arithmétique, la raison se note r et pour une suite géométrique, la raison se note q. Cela vous évitera de confondre toutes les formules : les mélanges dans ce domaine étant plutôt malvenus, votre professeur risquerait de s'énerver sur votre copie ! (Ça serait vraiment dommage...) En fait, confondre le cas arithmétique et géométrique serait une faute de goût impardonnable comme... (cherchons une image choc !) comme... comme mélanger un coulis de framboise avec un gratin de morue (berk, pardon à ceux qui viennent de manger...).

■ Il est très facile de vérifier ses propres résultats (calculs de termes, calculs de sommes, etc.) à l'aide d'un tableur. N'hésitez pas à en user et à abuser, si ça peut vous éviter une erreur de calcul...

■ Apprenez à bien refaire la démonstration du petit Gauss, ne serait-ce que pour les raisons suivantes :
- ça vous fera pas de mal (mmmouai... on l'a déjà entendu celle-là)
- ça vous donnera des idées (c'est mieux déjà)
- ça vous aidera à comprendre la démonstration dans le cas général, figurant en bonne place dans votre cours (et dans la partie exos, car c'est un ROC !) : c'est pas vrai ? C'est grâce à ça qu'on le démontre ? Et oui !
- ça nous apprendra à respecter et à admirer nos savants universels, avec humilité (on vous avait prévenu, nous Gauss, on adore).

■ Concernant les évolutions de seuil des suites arithmétiques et géométriques, vous avez à votre disposition tous les algos et fiches de calcul Excel du chapitre 6. Si par exemple, vous avez une suite arithmétique de raison $r > 0$, vous pouvez utiliser les méthodes 13 et 14 (évolution de seuil d'une suite croissante de limite infinie) du chapitre 6. Si vous avez une suite géométrique de raison $0 < q < 1$ et de premier terme positif, vous pouvez utiliser les méthodes 8 et 9 (suite décroissante de limite finie). Ok ?

■ Pensez que pour vos TPE (même si on l'a déjà dit) ce chapitre est top ! Beaucoup de phénomènes biologiques, physiques, et beaucoup d'appareils technologiques suivent ou utilisent des progressions arithmétiques ou géométriques.

■ 1, 10, 100, 1000... est une progression géométrique connue, la base de notre système décimal qui nous permet de décomposer n'importe quel nombre : par exemple $2365 = 2 \times 1000 + 3 \times 100 + 6 \times 10 + 5 \times 1$. Mais d'autres systèmes existent, comme le système binaire (utilisé par les ordinateurs !) construit à partir de la progression géométrique 1, 2, 4, 8, 16, 32 et inventée en 1666 par Leibniz (dont vous avez déjà entendu parlé dans le chapitre sur les dérivées). La notation change, par exemple le nombre 49 sera écrit 110010_2 (qui signifie en fait $1 \times 32 + 1 \times 16 + 0 \times 8 + 0 \times 4 + 1 \times 2 + 0 \times 1$). C'est toute la force des progressions géométriques, en fait on peut décomposer n'importe quel entier dans ce type de système : binaire, trinaire, décimal... Ok ?

■ La considération des suites géométriques et arithmétiques a conduit à l'étude de la dynamique des populations (animaux, plantes, bactéries, etc.). Historiquement la modélisation proies-prédateurs (voir exercice du chapitre 5) faite par Lotka et Volterra marque une étape importante des sciences naturelles : les Maths au secours de la biologie, c'est possible ! En voilà une idée pour les TPE !

■ Pourquoi au fait la somme $1+\frac{1}{2}+\left(\frac{1}{2}\right)^2+\left(\frac{1}{2}\right)^3+\ldots+\left(\frac{1}{2}\right)^n$ se rapproche-t-elle de 2 ? (Voir méthode 13). Et bien cela est dû au fait que pour tout n, $1+\frac{1}{2}+\left(\frac{1}{2}\right)^2+\left(\frac{1}{2}\right)^3+\ldots+\left(\frac{1}{2}\right)^n=\frac{1-\left(\frac{1}{2}\right)^{n+1}}{1-\frac{1}{2}}$ et que $\lim\left(\frac{1}{2}\right)^{n+1}=0$ (voir exo 2 du chapitre 6 sur les limites de q^n (limites de Bernoulli)) ce qui donne la somme infinie : $1+\frac{1}{2}+\left(\frac{1}{2}\right)^2+\left(\frac{1}{2}\right)^3+\ldots+\left(\frac{1}{2}\right)^n+\ldots=\frac{1-0}{1-\frac{1}{2}}=\frac{1}{\frac{1}{2}}=2$. Ok ? On peut aussi voir les choses autrement, supposons que vous ayez une baguette de pain de 2 mètres de long (la grand baguette déjà !) et que vous en mangez chaque jour la moitié (1 m le 1er jour, $\frac{1}{2}$ m le 2e jour, $\frac{1}{4}$ m le 3e jour, $\frac{1}{8}$ m le 4e jour, etc.) et bien théoriquement vous aurez décomposé le nombre 2 (la baguette) en la somme infinie (de morceaux de pain) : $1+\frac{1}{2}+\left(\frac{1}{2}\right)^2+\left(\frac{1}{2}\right)^3+\ldots+\left(\frac{1}{2}\right)^n+\ldots$ Ok ? (Ça m'a donné faim tout ça...). Ce que valent les sommes infinies est le genre de questions que se posaient déjà les grecs anciens, comme Zénon d'Elée (480-420 av. J.-C). Les paradoxes qu'il mit au jour dans ce domaine sont très célèbres (Achille et la Tortue, la flèche...) et il faut s'y mettre à deux fois avant d'y voir clair !

Erreurs

■ Apprenez bien vos formules : il n'y en a pas tant que cela (voir le tableau ci-dessus). Il est toujours dommage de voir des copies où un raisonnement correct est gâché par une formule mal apprise !

■ On l'a déjà dit mais c'est un classique, ne pensez pas qu'obligatoirement $U_{108}=108$. U_{108} est le terme de rang 108, cela ne veut pas dire qu'il vaut 108 !

■ Ne cherchez pas à simplifier $1-\left(-\frac{2}{3}\right)^{n+1}$ en $1+\left(\frac{2}{3}\right)^{n+1}$ car c'est faux. C'est une erreur classique, vous n'avez pas le droit d'enlever la parenthèse pour la bonne et simple et raison que cette parenthèse est mise à la puissance $n+1$. L'expression $1-\left(-\frac{2}{3}\right)^{n+1}$ reste comme ça (et c'est très bien comme ça !).

Chapitre 8

METHODES SUR LES STATISTIQUES

En statistiques, cette année, à la différence de la Seconde, on va vraiment apprendre à résumer de manière efficace une série. Comment ? Et bien de deux manières :

- par le couple **(moyenne-écart type)** : normalement vous savez déjà calculer une moyenne depuis le collège, l'écart type par contre vous ne connaissez pas ;
- par le couple **(médiane-écart interquartile)** : vous savez déjà les calculer (voir Method's Seconde) accompagnée d'une représentation graphique bien commode : la **boîte à moustaches** (ça, vous ne connaissez pas du tout).

Ces deux couples comportent des différences d'interprétation et nous allons voir qu'ils sont souvent complémentaires, voire inséparables. En tout cas, nous allons constater qu'on ne peut faire de statistiques sérieuses sans eux ! Voyons cela sans plus tarder car on sent que ça vous démange !

1. Comment déterminer le couple (moyenne-écart type) d'une série statistique?

A- Comment déterminer la moyenne ?

METHODE 1 : En utilisant les effectifs

■ **Principe**

La moyenne d'une série statistique :

Valeurs	x_1	x_2	...	x_p
Effectif	n_1	n_2		n_p

est donnée par la formule : $m = \dfrac{x_1n_1 + x_2n_2 + ... + x_pn_p}{n_1 + n_2 + ... + n_p}$.

Dans le cas où la série statistique est donnée par classe de valeurs, on prend pour x_i les centres de chaque classe.

■ **Exemple :** ***La PME n°1.***

On étudie la répartition des salaires mensuels d'une PME de 25 personnes :

Salaires (€)	2000	2100	2200	2500	3000
Effectif	12	6	4	2	1

Calculer le salaire moyen dans cette entreprise.

Le salaire moyen (c'est-à-dire la moyenne) vaut :

$$m = \frac{x_1n_1 + x_2n_2 + x_3n_3 + x_4n_4 + x_5n_5}{(n_1 + n_2 + n_3 + n_4 + n_5)} = \frac{2000 \cdot 12 + 2100 \cdot 6 + 2200 \cdot 4 + 2500 \cdot 2 + 3000 \cdot 1}{(12 + 6 + 4 + 2 + 1)}$$

soit : $m = 2136$ (euros).

■ **Exemple : *Le devoir commun de Première***

Au devoir commun de 1re, on a classé les notes sur 20 des 600 élèves par classes de valeur :

Notes	[0;1[	[1;2[	[2;3[	[3;4[	[4;5[	[5;6[	[6;7[
Effectif	2	6	12	16	18	30	40
Eff. cumulé croissant	2	8	20	36	54	84	124
Fréq. cum. croiss. (%)	0,3	1,3	3,3	6	9	14	20,7

[7;8[	[8;9[	[9;10[	[10;11[	[11;12[	[12;13[	[13;14[	[14;15[
52	62	66	64	60	52	38	28
176	238	304	368	428	480	518	546
29,3	39,7	50,7	61,3	71,3	80	86,3	91

[15;16[	[16;17[	[17;18[	[18;19[	[19;20[
20	16	12	4	2
566	582	594	598	600
94,3	97	99	99,7	100

Déterminer la moyenne du devoir.

Pour calculer la moyenne, on utilise le centre de chacune des classes $[0;1[$, $[1;2[$,... $[19;20[$ c'est-à-dire $x_1 = 0,5$, $x_2 = 1,5$... $x_{20} = 19,5$.

On obtient :

$$m = \frac{0,5 \cdot 2 + 1,5 \cdot 6 + 2,5 \cdot 12 + 3,5 \cdot 16 + 4,5 \cdot 18 + ... + 17,5 \cdot 12 + 18,5 \cdot 4 + 19,5 \cdot 2}{600}$$ soit :

$m = \frac{2987}{300} \approx 9,96$. La moyenne au devoir commun est d'environ 9,96 (sur 20).

REMARQUES :

a) Il ne faut pas oublier de multiplier chacune des valeurs par son effectif.

b) $n_1 + n_2 + ... + n_p$ *est l'effectif total, parfois noté N.*

c) Pour calculer la moyenne, on peut aussi utiliser les fréquences, puisqu'on a aussi $m = x_1f_1 + x_2f_2 + ... + x_pf_p$ (voir Method's Seconde).

METHODE 2 : En utilisant un tableur

■ Principe

D'abord, on rentre les valeurs autant de fois que l'effectif. Pour ne pas vous planter, on vous donne une petite astuce (que vous ne trouverez que dans Method's), le truc qui fait que vous ne vous tromperez jamais de ligne dans la saisie. Dans le tableau qui est donné, sous la ligne « effectifs », rajoutez tout de suite une ligne « effectifs cumulés » (c'est un truc qu'on verra, très utile pour calculer la médiane et les quartiles). Ces effectifs cumulés vous diront où vous arrêter ! Ensuite, une fois les valeurs rentrées, on utilise l'instruction =MOYENNE(. Regardons un exemple pour mieux comprendre :

■ Exemple : *La PME n°1.*

Bien, on fait comme on a dit, dans le tableau on rajoute la ligne « Effectif cumulé ».

Salaires (€)	2000	2100	2200	2500	3000
Effectif	12	6	4	2	1
Effectif cumulé	12	18	22	24	25

Maintenant :

on allume le tableur et dans les cellules de A1 à A12, on écrit 2000.

Dans les cellules de A13 à A18, on écrit 2100.

De A19 à A22, on écrit 2200.

De A23 à A24, on écrit 2500.

Enfin dans A25 on écrit 3000.

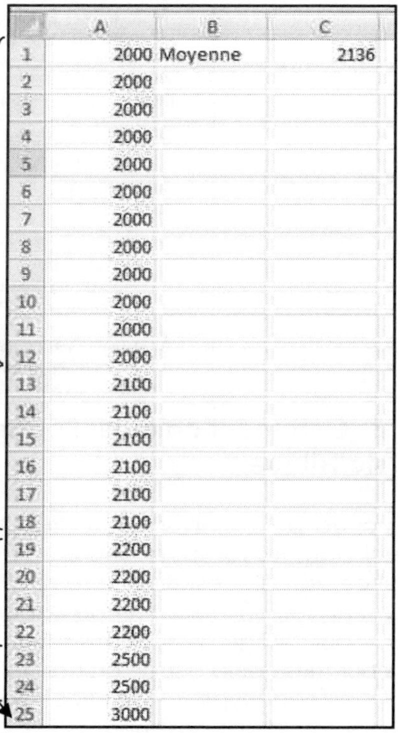

	A	B	C
1	2000	Moyenne	2136
2	2000		
3	2000		
4	2000		
5	2000		
6	2000		
7	2000		
8	2000		
9	2000		
10	2000		
11	2000		
12	2000		
13	2100		
14	2100		
15	2100		
16	2100		
17	2100		
18	2100		
19	2200		
20	2200		
21	2200		
22	2200		
23	2500		
24	2500		
25	3000		

Enfin, on écrit dans la cellule C1, =Moyenne(A1:A25) et 2136 s'affiche !

METHODE 3 : En utilisant la calculatrice

■ Principe

Avec une TI : Stat>1 :Edit>Dans L1 (on remplie les valeurs)>Dans L2 (on remplie les effectifs)>Stat>1 (1-Var Stats)>Enter>Entrer L1 (2nde 1)>Entrer ,>Entrer L2 (2nde 2)>Enter (il y a plein d'indicateurs : la Moyenne correspond à $\overline{x}$).
Avec une Casio : Menu >2 (Stat)>Dans List 1 (on remplie les valeurs)> Dans List2 (on remplie les effectifs)>F2 (Calc)>F6 (Set)>paramétrer 1var Xlist : List1, >paramétrer 1varFreq : List2 > Exit> F1 (1var) (il y a plein d'indicateurs : la Moyenne correspond à $\overline{x}$).

METHODE 4 : En utilisant un algorithme

■ Principe

Deux boucles Pour et on obtient l'algorithme ci-contre qui vous permet de calculer la moyenne de n'importe quelle série statistique !

```
▼ VARIABLES
  ├─ x EST_DU_TYPE LISTE
  ├─ i EST_DU_TYPE NOMBRE
  ├─ p EST_DU_TYPE LISTE
  ├─ Nb_termes EST_DU_TYPE NOMBRE
  ├─ n EST_DU_TYPE LISTE
  ├─ Effectif_total EST_DU_TYPE NOMBRE
  └─ Moyenne EST_DU_TYPE NOMBRE
▼ DEBUT_ALGORITHME
  ├─ LIRE Nb_termes
  ▼ POUR i ALLANT_DE 1 A Nb_termes
    ├─ DEBUT_POUR
    ├─ LIRE x[i]
    ├─ LIRE n[i]
    └─ FIN_POUR
  ▼ POUR i ALLANT_DE 1 A Nb_termes
    ├─ DEBUT_POUR
    ├─ Moyenne PREND_LA_VALEUR Moyenne+x[i]*n[i]
    ├─ Effectif_total PREND_LA_VALEUR Effectif_total+n[i]
    └─ FIN_POUR
  ├─ Moyenne PREND_LA_VALEUR Moyenne/Effectif_total
  └─ AFFICHER Moyenne
└─ FIN_ALGORITHME
```

B- Comment calculer l'écart type d'une série statistique ?

« A quoi ça peut bien servir ce truc ? » est la question qu'on entend le plus souvent dans les rangs, quand les élèves voit cette drôle de lettre : σ (qu'on prononce sigma, c'est une lettre grecque, l'équivalent du s français). L'écart type est en fait un indicateur de dispersion mis au point par Gauss (vous savez le génie qui à l'âge de sept ans savait calculer des sommes de suites) : il a été créé pour mesurer la dispersion des valeurs autour de la moyenne :

- plus l'écart type σ est petit et plus les valeurs de la série sont rassemblées autour de la moyenne ;
- plus l'écart type σ est grand, et plus les valeurs de la série sont dispersées autour de la moyenne.

Bien pour l'instant, on va vous apprendre bêtement à savoir calculer la variance puis l'écart type (car l'écart type est la racine carré de la variance). Mais sachez qu'il s'agit essentiellement d'outils de comparaison (quand on compare deux séries avec, c'est génial) et que c'est surtout l'écart type qu'on utilise (quasiment jamais la variance) !

METHODE 5 : En utilisant la formule de Huyghens-König

■ Principe

Dans leurs travaux en Mécanique (une des branches de la Physique qui s'occupe des mouvements (Cinématique) et des forces (Dynamique)), Christiaan Huyghens (1629-1695, savant hollandais) et Johann Samuel König (1712-1757, savant allemand) ont été amenés à découvrir (indépendamment l'un de l'autre) une formule permettant de calculer facilement la variance puis l'écart type d'une série statistique (on va la voir).
Pour calculer l'écart type σ (lire sigma) d'une série statistique :

Valeurs	x_1	x_2	...	x_p
Effectif	n_1	n_2		n_p

a) On calcule d'abord la variance $V(X)$ à l'aide de la formule Huyghens König : $V(X)=\dfrac{1}{\sum_i n_i}\left(\sum_i n_i x_i^2\right)-m^2$ (avec m, la moyenne de la série !)

b) On prend la racine carré de variance pour obtenir **l'écart type** : $\sigma=\sqrt{V}$.

■ Exemple : *Deux PME.*

On considère deux petites entreprises de 25 personnes chacune dont on donne ci-après la répartition salariale.

PME n°1 :

Salaires (€)	2000	2100	2200	2500	3000
Effectif	12	6	4	2	1

PME n°2 :

Salaires (€)	1500	2100	2200	3500	7000
Effectif	12	6	4	2	1

a) Comparer leurs moyennes.
b) Comparer leurs écarts types.
c) Qu'en concluez-vous ?

a) Pour les deux séries, on trouve $m=2136$. Les deux PME ont donc la même moyenne salariale.
b) **PME n°1 :** On a :

$$V_1(X)=\frac{1}{25}\left(12\cdot 2000^2+6\cdot 2100^2+4\cdot 2200^2+2\cdot 2500^2+1\cdot 3000^2\right)-2136^2=50304$$

Ainsi l'écart type vaut : $\sigma_1=\sqrt{V_1}=\sqrt{50304}\approx 224,29$.

PME n°2 : On a :

$$V_2(X)=\frac{1}{25}\left(12\cdot 1500^2+6\cdot 2100^2+4\cdot 2200^2+2\cdot 3500^2+1\cdot 7000^2\right)-2136^2=1290304$$

et un écart type : $\sigma_2=\sqrt{V_2}=\sqrt{1290304}\approx 1135,91$.

c) Chez la PME n°1, l'écart type (de l'ordre de 225 €) est bien plus raisonnable que chez la PME n°2 (il est de l'ordre de 1136 €) et ça se voit : les salaires de la PME n°1 sont bien plus rassemblés autour de la moyenne que ceux de la n°2.

REMARQUES : a) L'écart type est un vrai argument statistique pour prouver la dispersion. C'est même « the » argument qui permet de convaincre un auditoire, on le dirait comme ça : « La différence d'écart type (du simple au quadruple) prouve que la PME n°2 a des salaires bien plus dispersés (autour de la moyenne) que la PME n°1 ».
b) L'écart type mesure la dispersion d'une série statistique et est dans la même unité (les € dans notre exemple) que les valeurs de la série (au contraire de la variance). Il se montrera très important pour les Gaussiennes qu'on verra plus tard, dans les méthodes 10 et 11.

METHODE 6 : En utilisant un tableur

■ Principe

Facile, on rentre les valeurs autant de fois que l'effectif. Ensuite on utilise les fonctions =VAR.P(pour la variance et =ECARTYPEP(pour l'écart type. Ok ?

■ Exemple : *La PME n°1.*

Salaires (en euros)	2000	2100	2200	2500	3000
Effectif	12	6	4	2	1

Calculer la variance et l'écart type de cette série à l'aide d'Excel.

Une fois toutes les valeurs saisies (autant de fois que l'effectif !) :

	A	B	C
1	2000	Moyenne	2136
2	2000	Variance	50304
3	2000	Ecart type	224,285532
4	2000		
5	2000		

- pour calculer la variance, dans la cellule C2, on écrit =VAR.P(A1:A25), on trouve 50304 ;
- pour calculer l'écart type, dans la cellule C3, on écrit =ECARTYPEP(A1:A25), on trouve 228,910463.

■ **Exemple : *Le devoir commun de Première.***
Déterminer l'écart type de cette série à l'aide d'un tableur.

Il faut comprendre ce qu'il faut saisir dans le tableur. Par exemple, la classe $[0;1[$ a pour effectif 2 : il faudra donc écrire dans les deux premières cellules 0,5. Ensuite la classe $[1;2[$ a pour effectif 6 : il faudra donc écrire dans les six cellules suivantes 1,5, etc. Ok ?
Pour changer, on a utilisé le tableur de Geogebra qui est très bien aussi !
On va dans Affichage > tableur > On saisie la liste des notes dans les cellules A1 à A600 (et oui, il y a 600 notes, il faut s'armer de courage) > on sélectionne la plage des notes (soit A1 :A600)>bouton droit>Créer une liste.

L_1 est créée. Dans la ligne de saisie, on écrit $\sigma =$ ecartType[L_1] (la lettre σ se trouve dans un petit onglet à côté de la ligne de saisie). On trouve $\sigma = 3{,}66$.
Pour le fun, on vous a aussi calculé la moyenne, en tapant Moy =moyenne[L_1] (on retrouve 9,96 qu'on avait déjà calculée avant) Facile !

METHODE 7 : En utilisant la calculatrice

■ **Principe**
Avec une TI : Stat>1 :Edit>Dans L1 (on remplie les valeurs)>Dans L2 (on remplie les effectifs)>Stat>1 (1-Var Stats)>Enter>Entrer L1 (2nde 1)>Entrer ,>Entrer L2 (2nde 2)>Enter (il y a plein d'indicateurs : l'écart type correspond à σx).
Avec une Casio : Menu >2 (Stat)>Dans List 1 (on remplie les valeurs)> Dans List2 (on remplie les effectifs)>F2 (Calc)>F6 (Set)>paramétrer 1var Xlist : List1, >paramétrer 1varFreq : List2 > Exit> F1 (1var) (il y a plein d'indicateurs : l'écart type correspond à $x\sigma n$).

METHODE 8 : En utilisant un algorithme

■ Principe

Facile, avec l'algo ci-dessous, vous pourrez calculer la variance et l'écart type de n'importe quelle série statistique !

```
VARIABLES
  x EST_DU_TYPE LISTE
  i EST_DU_TYPE NOMBRE
  p EST_DU_TYPE LISTE
  Nb_termes EST_DU_TYPE NOMBRE
  n EST_DU_TYPE LISTE
  Effectif_total EST_DU_TYPE NOMBRE
  Moyenne EST_DU_TYPE NOMBRE
  Variance EST_DU_TYPE NOMBRE
  Ecart_type EST_DU_TYPE NOMBRE
DEBUT_ALGORITHME
  LIRE Nb_termes
  POUR i ALLANT_DE 1 A Nb_termes
    DEBUT_POUR
    LIRE x[i]
    LIRE n[i]
    FIN_POUR
  POUR i ALLANT_DE 1 A Nb_termes
    DEBUT_POUR
    Moyenne PREND_LA_VALEUR Moyenne+x[i]*n[i]
    Effectif_total PREND_LA_VALEUR Effectif_total+n[i]
    FIN_POUR
  Moyenne PREND_LA_VALEUR Moyenne/Effectif_total
  POUR i ALLANT_DE 1 A Nb_termes
    DEBUT_POUR
    Variance PREND_LA_VALEUR Variance+n[i]*pow((x[i]-Moyenne),2)
    FIN_POUR
  Variance PREND_LA_VALEUR Variance/Effectif_total
  AFFICHER "La variance vaut : "
  AFFICHER Variance
  Ecart_type PREND_LA_VALEUR sqrt(Variance)
  AFFICHER "L'écart type vaut : "
  AFFICHER Ecart_type
FIN_ALGORITHME
```

C- Comment utiliser le couple (moyenne-écart type) ?

METHODE 9 : Pour comparer deux séries

■ Principe

L'écart type donne un ordre de grandeur de la dispersion autour de la moyenne. Plus l'écart type est petit, plus les valeurs sont rassemblées autour de la moyenne. Plus l'écart type est grand, plus les valeurs s'en écartent.

Par exemple, si votre prof de Maths (adoré) annonce au conseil de classe que la classe est homogène, cela signifie que la série statistique des moyennes des élèves de la classe a un écart type petit (notes rassemblées autour de la moyenne de classe). Dans le cas contraire, il parlera de classe hétérogène (notes dispersées, parfois éloignées de la moyenne de classe). Ok ?

■ **Exemple : *Deux profs de Maths qui causent…***

Deux profs de Maths comparent les moyennes trimestrielles de leurs classe (et oui, ils sont comme ça les profs, des vrais gamins, avec des sujets de discussion qui bien souvent n'intéressent qu'eux…) les voici :

Classe de 1re S1 (36 élèves) :

11	10	8	9	8	7	6	7	8	9	13	13	12	17	18	11	11	10
10	13	15	5	12	5	7	3	13	11	10	5	13	18	14	13	19	13

Classe de 1re S2 (36 élèves) :

8	10	9	13	10	7	8	7	9	11	10	11	11	13	12	8	9	10
11	17	12	13	17	10	8	9	11	9	9	7	11	12	18	12	12	13

a) A l'aide d'un tableur, calculer les moyennes et écarts types des deux classes.
b) Quelle classe vous paraît la plus homogène ? Justifiez votre réponse par un argument statistique.

a) Vite un tableur !

	A	B	C	D	E
1	1S1	1S2		1S1	1S2
2	11	8	Moyenne	10,75	10,75
3	10	10	Ecart type	3,90878132	2,68727158
4	8	9			
5	9	13			
6	8	10			

b) On constate avec émerveillement que les deux classes ont des moyennes identiques (10,75 sur 20). Maintenant la différence notable d'écart type (3,9 (environ) pour la 1re S1 contre 2,7 (environ) pour la 1re S2 montre que la 1re S2 est plus homogène que la 1re S1 : les résultats de la 1re S2 sont plus rassemblés autour de la moyenne que ceux de la 1re S1.

REMARQUE : L'écart type a parlé : tout est dit. On peut tergiverser des heures à essayer de démontrer le contraire, ça ne sert à rien : l'écart type ne ment jamais. Le calcul statistique prouve que la 1re S2 est plus homogène que la 1re S1. Néanmoins il convient d'être prudent : après tout, un écart type peut être très influencé par une note très basse (ce n'est pas le cas dans nos séries, mais ça aurait pu l'être) : un 20 ou un 0 booste énormément un écart type. Y a-t-il un autre moyen de mesurer cette dispersion ? (Et de pouvoir confirmer ?) Nous verrons que oui, dans la méthode 21, lorsque nous déterminerons l'autre couple : le couple (médiane-écart interquartile).

D- Ecart type et gaussiennes

METHODE 10 : Bien comprendre ce que dit la Gaussienne

■ **Principe**

La Gaussienne (ou courbe de Laplace-Gauss, ou courbe en cloche) est une figure clef du calcul des probabilités et des statistiques. Cette courbe possède des propriétés quasi miraculeuses : car si on considère m la moyenne et σ l'écart type d'une série statistique dont la représentation graphique a la forme ci-dessous, (la forme d'une Gaussienne), et bien la surface délimitée horizontalement par l'intervalle $[m-2\sigma;m+2\sigma]$ contient approximativement 95,4 % de la population (donc au moins 95 %).

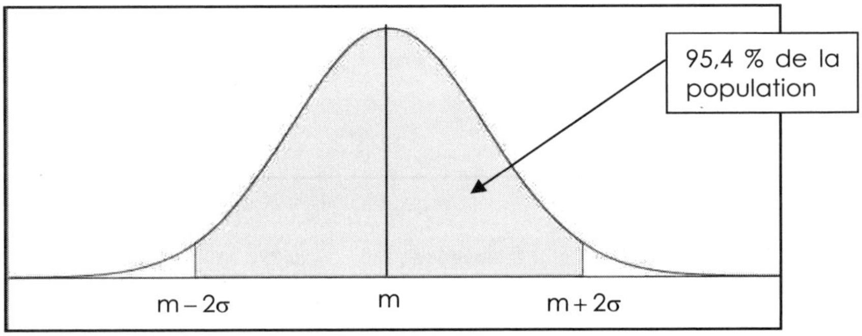

C'est dans l'industrie, le commerce, qu'on la rencontre le plus souvent car elle sert de référence, de modèle, parfois même de but à atteindre. On s'explique : quand une entreprise fabrique un objet d'une certaine taille, il est rare qu'elle obtienne la perfection sur chaque article : la taille peut fluctuer, mais le plus souvent la production a la forme d'une Gaussienne (c'est magique, mais c'est comme ça). L'entreprise souhaite alors un écart type le plus petit possible, de manière à ne pas avoir de trop grandes différences entre les articles. En définitive, cette courbe permet aux entreprises de savoir si leur production est normale : elle a donc un enjeu économique énorme !

METHODE 11 : Comment effectuer un contrôle de qualité ?

L'intervalle $[m-2\sigma;m+2\sigma]$ permet d'effectuer des contrôles de qualité. En pratique, pour savoir si une production est normale (très souvent les productions suivent des gaussiennes, c'est un des miracles des statistiques !), on calcule la moyenne m, on calcule l'écart type (il ne faut pas qu'il soit trop grand) et on regarde si au moins 95 % des valeurs appartiennent à l'intervalle $[m-2\sigma;m+2\sigma]$. Si c'est bien le cas, l'entreprise peut s'estimer satisfaite (c'est un chiffre tout à fait raisonnable, ça c'est Laplace et Gauss qui le disent). Si ce n'est pas le cas, une petite révision des machines est à envisager.

■ **Principe**

- Ne pas avoir un écart type σ « trop grand ».
- Vérifier qu'on a bien 95 % des valeurs comprises dans l'intervalle $[m-2\sigma;m+2\sigma]$.

■ **Exemple :** ***Le contrôle de qualité.***

Une entreprise fabrique des pièces de longueur 10 cm. Le bureau « contrôle qualités » décide de prélever au hasard 40 pièces venant d'être fabriquées. Voici les résultats :

Taille (cm)	9,8	9,9	10	10,1	10,2
Effectif	1	11	19	8	1

La production est-elle de qualité ?

Avec un tableur, on trouve $m = 9{,}9925$ et $\sigma \approx 0{,}08182$ (donc un écart type tout petit, ce qui est bon signe !). On a $[m-2\sigma;m+2\sigma] \approx [9{,}8289;10{,}1561]$ et on constate que 2 valeurs sur 40 (soit 5 %) sont en dehors de cet intervalle, il y en a donc 95 % dedans ce qui nous assure que la production semble tout à fait de qualité normale ! L'entreprise peut être satisfaite.

2. Comment déterminer le couple (médiane-écart interquartile) ?

A- Comment déterminer la médiane et les quartiles ?

Ce qu'il faut bien comprendre c'est que :

- La **médiane** partage la population en deux parties de 50 % : 50 % sont au-dessous de la médiane, 50 % au-dessus.
- Le **premier quartile** q_1 partage la population en deux parties : au moins 25 % sont au-dessous de q_1, au plus 75 % au-dessus.
- Le **troisième quartile** q_3 partage la population en deux parties : au moins 75 % sont au-dessous de q_3, au plus 25 % au-dessus.
- **L'écart interquartile** est la différence $q_3 - q_1$ (c'est la longueur de l'intervalle contenant environ 50 % des effectifs, c'est donc une mesure de dispersion : plus l'écart interquartile est petit, moins on a de dispersion autour de la médiane).

METHODE 12 : En utilisant N, l'effectif total

■ **Principe**

Cette méthode est rapide mais peu précise (voir Method'S Seconde).

METHODE 13 : En utilisant le tableau des fréquences cumulées

■ Principe

Même chose : méthode rapide, peu précise (voir Method'S Seconde).

METHODE 14 : En utilisant le polygone des fréquences cumulées

■ Principe

C'est une méthode très précise (Voir Method's 2nde) : si la série est donnée par classes de valeurs, on construit la courbe des fréquences cumulées (les valeurs en abscisse et les fréquences cumulées en ordonnée). On place 25 %, 50 %, 75 % en ordonnée, les abscisses correspondantes sont respectivement le 1er, le 2e et le 3e quartile, le 2e quartile étant bien évidemment la médiane.

■ Exemple : *Le devoir commun de Première.*

Déterminer la médiane et les quartiles de cette série statistique :

Notes	[0;1[	[1;2[	[2;3[	[3;4[	[4;5[	[5;6[	[6;7[	[7;8[	[8;9[	[9;10[	[10;11[	[11;12[	[12;13[	[13;14[	[14;15[	[15;16[	[16;17[	[17;18[	[18;19[	[19;20[
Effectif	2	6	12	16	18	30	40	52	62	66	64	60	52	38	28	20	16	12	4	2
Eff. cumulé croissant	2	8	20	36	54	84	124	176	238	304	368	428	480	518	546	566	582	594	598	600
Fréq. cum. croiss. (%)	0,3	1,3	3,3	6	9	14	20,7	29,3	39,7	50,7	61,3	71,3	80	86,3	91	94,3	97	99	99,7	100

On construit le polygone des fréquences cumulées en utilisant la première et la dernière ligne du tableau :

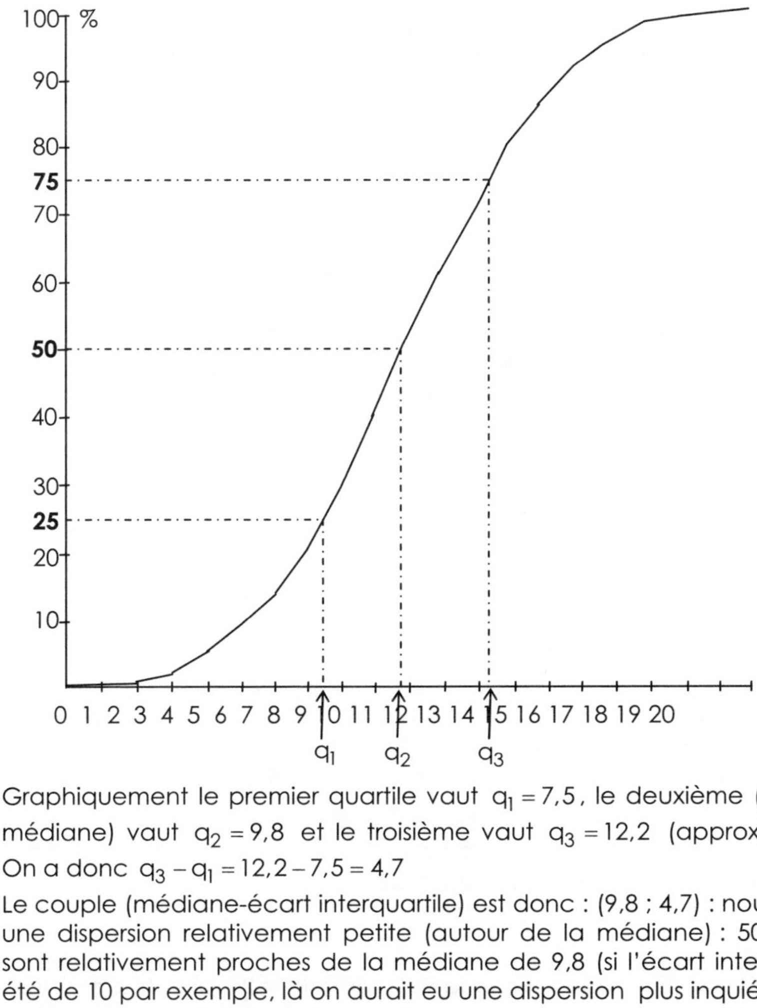

Graphiquement le premier quartile vaut $q_1 = 7{,}5$, le deuxième (c'est-à-dire la médiane) vaut $q_2 = 9{,}8$ et le troisième vaut $q_3 = 12{,}2$ (approximativement). On a donc $q_3 - q_1 = 12{,}2 - 7{,}5 = 4{,}7$

Le couple (médiane-écart interquartile) est donc : (9,8 ; 4,7) : nous avons donc une dispersion relativement petite (autour de la médiane) : 50 % des notes sont relativement proches de la médiane de 9,8 (si l'écart interquartile avait été de 10 par exemple, là on aurait eu une dispersion plus inquiétante).

METHODE 15 : En utilisant un tableur

■ Principe

On saisie la série sous Excel (chaque valeur autant de fois que l'effectif), puis :

- Pour la médiane, on utilise l'instruction =MEDIANE(
- Pour le 1er quartile Q1, on utilise l'instruction =QUARTILE(... ;1)
- Pour le 3e quartile Q3, on utilise l'instruction =QUARTILE(... ;3)

■ **Exemple : *La PME n°1.***

Salaires (en euros)	2000	2100	2200	2500	3000
Effectif	12	6	4	2	1

Déterminer la médiane et les quartiles de cette série. Interpréter les résultats.

Sous Excel,

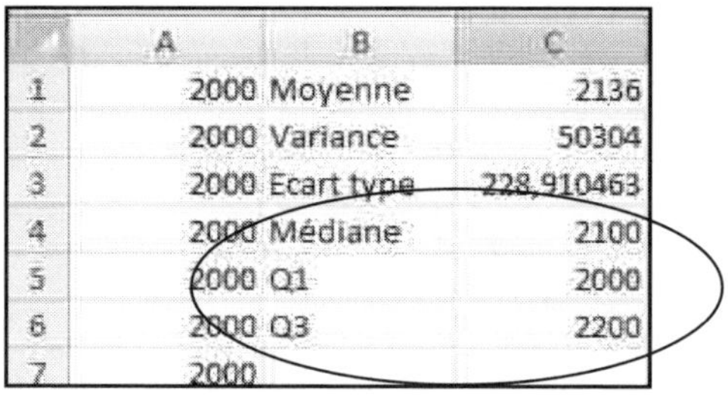

	A	B	C
1	2000	Moyenne	2136
2	2000	Variance	50304
3	2000	Ecart type	228,910463
4	2000	Médiane	2100
5	2000	Q1	2000
6	2000	Q3	2200
7	2000		

Pour la médiane, dans C4, on écrit : =MEDIANE(A1:A25) (on trouve 2100)
Pour le 1er quartile Q1, dans C5, on écrit : =QUARTILE(A1:A25;1)(on trouve 2000)
Pour le 3e quartile Q3, dans C6, on écrit : =QUARTILE(A1:A25;3)(on trouve 2200)
On a donc : $q_3 - q_1 = 200$ (écart interquartile)

Cette série a donc pour couple (médiane-écart interquartile) : (2100, 200).
Nous avons donc une dispersion relativement petite autour de la médiane.
50 % des salaires sont relativement proches du salaire médian (plus proche que si l'écart interquartile avait été de 600 € par exemple).

METHODE 16 : En utilisant la calculatrice

■ **Principe**

Avec une TI : Stat>1 :Edit>Dans L1 (on remplit les valeurs)>Dans L2 (on remplit les effectifs)>Stat>1 (1-Var Stats)>Enter>Entrer L1 (2nde 1)>Entrer ,>Entrer L2 (2nde 2)>Enter (il y a plein d'indicateurs : il faut descendre avec la flèche pour trouver Q1 (premier quartile), Med (médiane), Q » (troisième quartile).

Avec une Casio : Menu >2 (Stat)>Dans List 1 (on remplit les valeurs)> Dans List2 (on remplit les effectifs)>F2 (Calc)>F6 (Set)>paramétrer 1var Xlist : List1, >paramétrer 1varFreq : List2 > Exit> F1 (1var) (il y a plein d'indicateurs : il faut descendre avec la flèche pour trouver Q1 (premier quartile), Med (médiane), Q » (troisième quartile).

B- Comment construire la boîte à moustaches d'une série statistique ?

METHODE 17 : En utilisant une règle graduée

■ **Principe**

Facile, on complète la boîte ci-dessous (à l'aide de ce qu'on a trouvé avant), en respectant une échelle donnée :

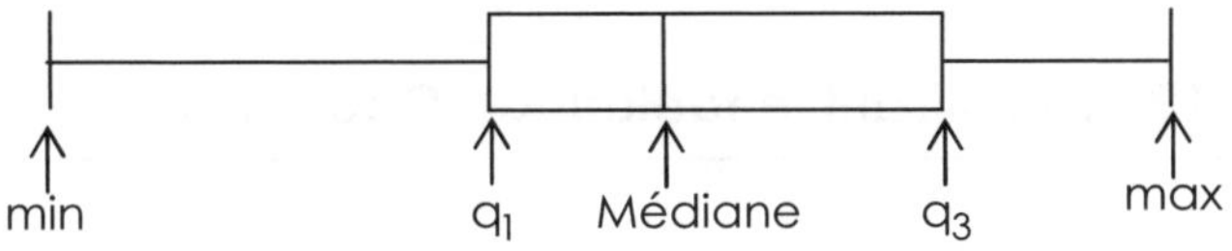

Pourquoi ce nom de boîte à moustaches ? Et bien regardez, on a la boîte au milieu, et les moustaches de chaque côté (gauche et droit). Voilà !

■ **Exemple : *Le devoir commun de Première.*** *Déterminer la boîte à moustaches de cette série statistique.*

Dans la méthode 16, on avait trouvé avec une grande précision, $q_1 = 7{,}5$, $q_2 = 9{,}8$, $q_3 = 12{,}2$

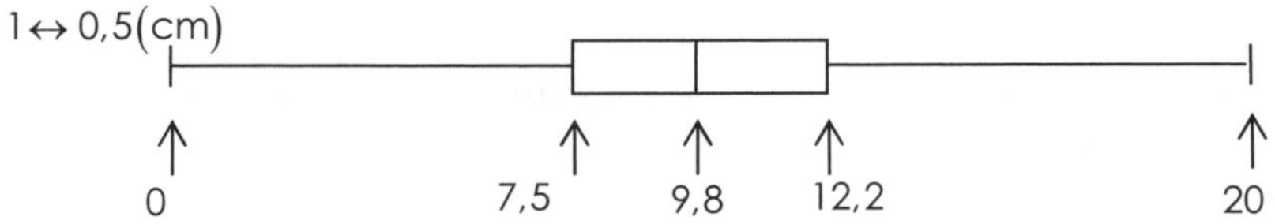

Ceci exprime que :

a) environ 25 % des élèves ont entre 0 et 7,5 ;
b) environ 25 % des élèves ont entre 7,5 et 9,8 ;
c) environ 25 % des élèves ont entre 9,8 et 12,2 ;
d) environ 25 % des élèves ont entre 12,2 et 20 ;
e) environ 50 % des élèves ont entre entre 7,5 et 12,2.

Graphiquement, on voit bien comment la série est organisée (c'est tout l'avantage de la boîte à moustaches). Comme la longueur de la boîte c'est notre écart interquartile, plus la boîte est étroite (écart interquartile petit), moins il y a de dispersion autour de la médiane. Ok ? Dans notre cas, 50 % des notes sont vraiment proches de la médiane (on parle de notes à l'intérieur de la boîte qui sont entre 7,5 et 12,2).

METHODE 18 : En utilisant un tableur

■ Principe

Bien tenté, mais hélas Excel ne sait pas représenter une boîte à moustaches (Ou alors, il faut écrire programmer une macro ou un algorithme en VBA (Visual Basic), mais là on dépasse largement du niveau 1re S (même si ce n'est pas si difficile que cela). Par contre, très bonne nouvelle, le tableur de Geogebra (auquel personne ne pense jamais) sait le faire, lui ! On vous renvoie donc à la méthode suivante !

METHODE 19 : En utilisant le tableur de Geogebra

■ Principe

Dans Geogebra, on va dans le menu Affichage, et on sélectionne Tableur.
Une fenêtre s'ouvre, dans la colonne A, on commence à effectuer la saisie des valeurs, chacune répétée autant de fois que l'effectif ! Heureusement, on peut sélectionner la poignée de copie pour copier les valeurs qui se répètent).
Ensuite, on sélectionne la plage, bouton droit « créer une liste », qui s'appellera L_1 par défaut.
Enfin, dans la ligne de saisie, on écrit b=BoiteMoustaches[2, 1, Min[L_1], Q1[L_1], Médiane[L_1], Q3[L_1], Max[L_1]]

REMARQUE : Le 2 signifie que la boîte se situera à une ordonnée de 2. Le 1 signifie que la boîte mesura 1 de haut. A vous de changer ces paramètres si l'envie vous tenaille.

■ Exemple : *Le devoir commun de Première.*

Déterminer le couple (médiane-écart interquartile), et la boîte à moustaches de cette série.

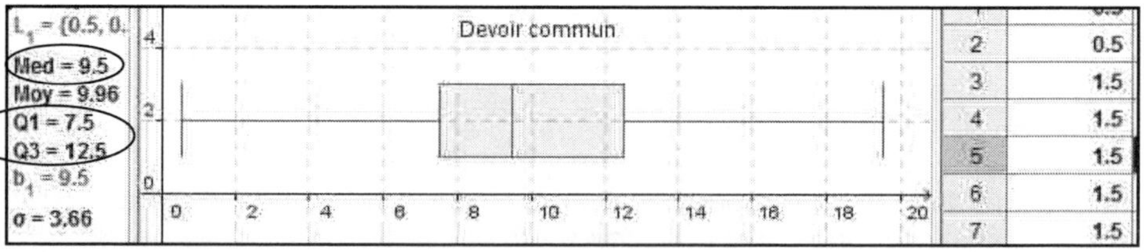

Création de la liste :
Pour la saisie des valeurs, on se fie aux effectifs cumulés (pour ne pas se tromper dans le numéro des cellules).
Dans A1, on écrit 0.5 qu'on copie avec la poignée de copie jusqu'à A2.
Dans A3, on écrit 1.5 qu'on copie jusqu'à A8 (en fait pour s'avoir où s'arrêter, il faut utiliser la ligne Eff. cumulé croissant !)
Dans A9, on écrit 2.5 qu'on copie jusqu'à A20 Si vous avez bien compris, dans A21 on écrit 3.5 qu'on copie jusqu'à A36, et ainsi de suite. Dans A37, on écrit 4.5 qu'on copie jusqu'à A54, etc.

Une fois toutes les valeurs de la série rentrées, on sélectionne la plage A1 :A600, bouton droit « créer un liste », (à ce moment là, la liste L_1 vient d'être crée). Dans la ligne de saisie, on écrit :
Med=Médiane[L_1], puis Q1=Q1[L_1], puis Q3=Q3[L_1], puis :
b=BoiteMoustaches[2, 1, Min[L_1], Q1[L_1], Médiane[L_1], Q3[L_1], Max[L_1]]

REMARQUES : a) La boîte à moustaches est super belle et assez facile à lire ! Merci Geogebra !
b) La médiane vaut 9,5 et l'écart interquartile vaut $q_3 - q_1 = 12{,}5 - 7{,}5 = 5$. *Le couple (médiane-écart interquartile) est donc : (9,5 ; 5).*
c) Le tableur donne un résultat moins précis que le polygone des fréquences cumulées puisqu'il donne un Q3 égal à 12,5 (au lieu du 12,2). Mais bon peu importe, ça suffit amplement comme précision (on ne vous en voudra pas pour cela, loin de là...)

METHODE 20 : En utilisant la calculatrice

■ **Principe**

Avec une TI : Stat>1 :Edit>Dans L1 (on remplit les valeurs)>Dans L2 (on remplit les effectifs)>Stat>1 (1-Var Stats)>Enter>Entrer L1 (2nde 1)>Entrer ,>Entrer L2 (2nde 2)>Enter> Stat Plot (2nde Y=)>Type (il faut descendre)>sélectionner un dessin de boîte à moustaches>Xlist : L1>Freq : L2>Graph> sélectionner une plage raisonnable pour X avec un pas adapté>même chose pour les Y.
Avec une Casio : Menu >2 (Stat)>Dans List 1 (on remplit les valeurs)> Dans List2 (on remplit les effectifs)>F1 (Graph)>F6 (Set)>Box (sélectionner) 1var Xlist : List1, >paramétrer 1varFreq : List2 > Exit> F1 (GPH 1)> sélectionner une plage raisonnable pour X avec un pas adapté>même chose pour les Y.

C- Comment utiliser le couple (médiane-écart interquartile) ?

METHODE 21 : Pour comparer deux séries

■ **Principe**

L'écart interquartile donne un ordre de grandeur de la dispersion autour de la médiane. Plus l'écart interquartile est petit, plus les valeurs sont rassemblées autour de la médiane (il y en a au moins 50 % dans l'intervalle interquartile !). Plus l'écart interquartile est grand, plus les valeurs sont dispersées (par rapport à la médiane !).

■ **Exemple : *Deux profs de Maths qui causent...***

Deux profs de Maths comparent les moyennes trimestrielles de leurs classes (on vous a déjà dit que ces deux là, c'étaient des vrais gamins ?), les voici :

Classe de 1re S1 (36 élèves) :

11	10	8	9	8	7	6	7	8	9	13	13	12	17	18	11	11	10
10	13	15	5	12	5	7	3	13	11	10	5	13	18	14	13	19	13

Classe de 1re S2 (36 élèves) :

8	10	9	13	10	7	8	7	9	11	10	11	11	13	12	8	9	10
11	17	12	13	17	10	8	9	11	9	9	7	11	12	18	12	12	13

a) A l'aide d'un tableur, calculer les médianes et écart interquartile des deux classes.
b) Quelle classe vous paraît la plus homogène ? Justifiez votre réponse par un argument statistique.

a) On retourne au tableur (voir exemple de la méthode 9), il nous retourne les indicateurs suivants (avec les fonctions =MEDIANE(, etc. de la méthode 15) :

Médiane	11	10,5
Q1	8	9
Q3	13	12
Ecart interq	5	3

b) On constate que les deux classes ont des notes médianes assez proches (10,5 pour la 1re S1 contre 11 pour la 1re S2) mais un écart interquartile différent : (5 pour la 1re S1 contre 3 pour la 1re S2). Cela montre que la 1re S2 est plus homogène que la 1re S1 : les résultats de la 1re S2 sont plus rassemblés autour de la note médiane que ceux de la 1re S1.

REMARQUE : L'écart interquartile a parlé (lui aussi) et a confirmé ce qu'on savait déjà par l'écart type (car on a déjà traité cet exemple dans la méthode 9). On voit ici que les deux couples (moyenne-écart type) et (médiane-écart interquartile) sont concordants (ce qui n'est pas obligatoire !). Il y a bien une classe plus hétérogène l'une que l'autre. Maintenant à quoi cela peut-il bien servir de savoir cela ? Et bien c'est tout bête, si un chef d'établissement souhaite avoir des classes relativement équilibrées entre elles, c'est avec ces deux couples qu'il peut le mesurer. Pour l'année suivante (l'année de la Terminale) il a tout intérêt à éclater les deux classes afin d'obtenir (par un choix judicieux, tableur à portée de main) deux futures terminales avec des couples (moyenne-écart type) et (médiane-écart interquartile) comparables. Les statistiques peuvent servir à tout : même à constituer des classes…

3. Comment résumer, comparer des séries statistiques ?

A- Comment bien résumer une série statistique ?

METHODE 22 : En donnant le couple (moyenne-écart type)

■ **Principe**
Le couple (moyenne-écart type) est un assez bon outil, très parlant, pas trop difficile à obtenir. Même s'il mesure bien la dispersion (autour de la moyenne), il a un problème de taille : il est trop sensible aux valeurs extrêmes.
Il vaut mieux donc l'accompagner de l'autre couple : le couple (médiane-écart interquartile) qui lui est résistant à ce genre de choses.

METHODE 23 : En donnant le couple (médiane-écart interquartile)

■ **Principe**
Le couple (médiane-écart interquartile) est un excellent couple : il est très résistant aux valeurs extrêmes. Présenté sous forme d'une boîte à moustaches, il est en plus très parlant visuellement et mesure bien également la dispersion (autour de la médiane). Bref, un vrai bonheur.

METHODE 24 : En donnant les deux couples

■ **Principe**
Vous l'aurez compris, c'est probablement ce qu'il y a de plus prudent à faire, comme ça vous êtes tranquille.

B- Comment comparer deux séries statistiques ?

METHODE 25 : En comparant chacun des deux couples (moyenne-écart type) et (médiane-écart interquartile)

■ **Principe**
C'est ce qu'on vient de dire, les deux couples sont parfois indissociables l'un de l'autre.

■ **Exemple :** *Dans une entreprise de 13 salariés, on a répertorié les salaires suivants :*

Salaire	$x_1 = 900$	$x_2 = 1000$	$x_3 = 1100$	$x_4 = 1200$	$x_5 = 1500$	$x_6 = 4500$
Effectif	$n_1 = 3$	$n_2 = 3$	$n_3 = 2$	$n_4 = 2$	$n_5 = 2$	$n_7 = 1$

On change le salaire $x_6 = 4500$ *en* $x_6 = 45000$.

a) Calculer le couple (moyenne-écart type) avant et après le changement.

b) Déterminer le couple (médiane-écart interquartile) avant et après le changement.

Utilisons Geogebra (pour changer) : on saisie les deux séries (la colonne A correspond à la série des salaires avant changement, la colonne B correspond à la série après le changement) puis on crée deux liste L_1 et L_2 :

a) et b)

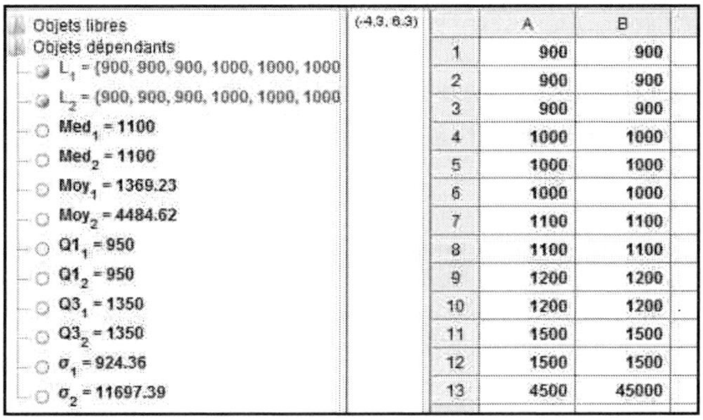

	A	B
1	900	900
2	900	900
3	900	900
4	1000	1000
5	1000	1000
6	1000	1000
7	1100	1100
8	1100	1100
9	1200	1200
10	1200	1200
11	1500	1500
12	1500	1500
13	4500	45000

On constate que le couple (moyenne-écart type) s'est bien modifié : il passe de (1369,23 ; 924,36) à (4484,62 ; 11697,39) alors que le couple (médiane-écart interquartile (1100 ; 400) (car 1350-950=400), lui, n'a pas bougé !
Alors que faut-il en déduire ? Et bien la chose suivante, ce n'est pas parce que la moyenne augmente que les autres salaires bougent pour autant. Il faut donc être prudent, lorsque lors d'un entretien d'embauche, on vous donne le salaire moyen : exigez alors de connaître le salaire médian également. Et tant qu'à faire exigez (enfin, si vous le pouvez…) les deux couples (moyenne-écart type) et (médiane-écart interquartile) avant de prendre votre décision. Vous saurez alors tout : dans la 2e série par exemple, en regardant le couple (moyenne-écart type) vous saurez que même si le salaire moyen est de 4484 €, et bien l'écart type élevé (11700 environ) témoigne de sacrés écarts entre les rémunérations des gens (1re chose qui doit vous mettre la puce à l'oreille). En regardant le couple (médiane-écart interquartile) vous saurez que 50 % des gens gagnent moins de 1100 € et que 50 % des gens gagnent entre 950 et 1350 €. En effet, ça fait réfléchir non ?

METHODE 26 : En ne tombant pas dans le piège de l'effet de structure

■ Principe

C'est un grand classique du piège à deux balles, regardez l'exemple suivant :

	A	B	C	D	E
1	Entreprise 1				
2	Salaires €	1500	1800	2000	2500
3	Effectif	10	10	10	10
4					
5	Entreprise 2				
6	Salaires €	1600	1900	2100	2600
7	Effectif	15	15	5	5

Chaque catégorie de la 1re entreprise est inférieure (en salaire) à celle de la 2e catégorie (la catégorie B est à 1500 € chez l'entreprise 1 mais à 1600 € chez l'entreprise 2, et ainsi de suite...). Et pourtant, oui pourtant, calculons la moyenne salariale des deux entreprises.
On trouve une moyenne salariale plus élevée chez la 1re entreprise (1950 €) que chez la 2e (1900 €).
Pas croyable, on en tomberait de notre chaise si ce n'était pas déjà la fin du chapitre et que confortablement installé dans votre canapé, vous n'aviez pas déjà une forte envie de dormir. Mais comment cela peut-il s'expliquer ? Et bien les effectifs ont un rôle clef, et c'est ce qu'il faut en retenir : l'effet de structure montre qu'il vaut mieux éviter de comparer catégorie par catégorie une série statistique sans tenir compte des effectifs. Ok ?

Réflexes

	SITUATIONS	REFLEXES
1.	Calculer la moyenne	▪ **Utiliser le tableur, la calculatrice ou un algo.** ▪ Appliquer les formules de 2nde (Voir Method'S Seconde)
2.	Calculer l'écart type	▪ **Utiliser le tableur, la calculatrice ou un algo.** ▪ Appliquer la formule de Huyghens-König pour la variance, puis prendre sa racine carrée.
3.	Calculer la médiane	▪ **Utiliser le tableur ou la calculatrice.** ▪ Appliquer les méthodes de 2nde (Voir Method'S Seconde)
4.	Calculer les quartiles	▪ **Utiliser le tableur ou la calculatrice.** ▪ Appliquer les méthodes de 2nde (Voir Method'S Seconde)
5.	Déterminer la boîte à moustaches	▪ **Utiliser le tableur de Geogebra ou la calculatrice.** ▪ Utiliser la règle graduée.
6.	Résumer une série statistique	▪ Utiliser le couple (moyenne-écart type). ▪ Utiliser le couple (médiane-écart interquartile). ▪ **Utiliser les deux.**

7.	Comparer deux séries statistiques	▪ Utiliser le couple (moyenne-écart type). ▪ Utiliser le couple (médiane-écart interquartile). ▪ **Utiliser les deux.**

■ Voici un résumé des commandes les plus utiles pour les statistiques :

	Excel	**Geogebra**
Calculer la Moyenne d'une série	=MOYENNE(	=moyenne[L_1]
Calculer l'écart type d'une série	=ECARTTYPEP(	=ecartType[L_1]
Calculer la médiane d'une série	=MEDIANE(	=médiane[L_1]
Calculer le 1er quartile	=QUARTILE(... ;1)	=Q1[L_1]
Calculer le 3e quartile	=QUARTILE(... ;3)	=Q3[L_1]
Déterminer la boîte à moustaches	NON	=boiteMoustaches[2 ;1 ;Min[L_1],Q1[L_1],Médiane[L_1], Q3[L_1],Max[L_1]]

Astuces

■ **Il faut utiliser la calculatrice, le tableur (ou même un algorithme) !** (C'est ce que résume le tableau précédent). N'hésitez pas, cela vous fera gagner un temps précieux. Le but de ce chapitre c'est d'obtenir les deux couples (moyenne-écart type) et (médiane-écart interquartile) le plus vite possible afin de pouvoir résumer une série, la comparer avec une autre : pas de faire de vous un virtuose de la formule de Huyghens-König (ça tout le monde s'en balance, si vous me permettez). Ce chapitre a pour but de développer votre esprit critique à partir de résultats, pas de faire de vous des virtuoses du calcul de variance qui dure deux plombes. Compris ?

■ La calculatrice a un avantage de taille sur le tableur, c'est que vous pouvez saisir deux séries (une pour les valeurs, une autre pour les effectifs) et elle saura vous calculer sans aucun problème les deux couples (et même la boîte à moustaches). Avec le tableur, hélas, vous êtes obligé de ne faire qu'une seule série en répétant chaque valeur autant de fois que l'effectif ! Si la série est grande, c'est l'enfer...

■ C'est au mathématicien allemand Carl Friedrich GAUSS (1777-1855) qu'on doit l'écart type. Gauss était aussi astronome (et physicien, une unité d'Electromagnétisme porte son nom), et rencontrait souvent des séries statistiques à manipuler (ses mesures en fait). En cherchant à donner un ordre de grandeur aux erreurs, il inventa l'écart type qu'il appelait à l'époque « l'erreur moyenne à craindre ». L'erreur moyenne à craindre, hum... (c'est pas mal comme nom, c'est finalement plus clair qu'écart type, vous ne trouvez pas ?) : bref ce que vous devez retenir c'est que plus l'écart type est petit, plus les valeurs sont proches de la moyenne. Plus il est grand, plus elles s'en écartent. Simple et efficace non ? Merci Gauss.

■ La cryptographie (l'art de coder ou de décoder des messages) a eu comme redoutable ennemi l'outil statistique. En effet, c'est à partir d'analyse fréquentielle qu'on a pu percer à jour bien des codes secrets. L'idée est simple, la langue française n'utilise pas toutes les lettres de manière équitable (par exemple la lettre e est présente à 14,5 %, alors que le f n'est présent qu'à 1 %), un message chiffré par substitution (comme on le faisait du temps de César, en remplaçant le a par le b, le b par le c, etc. par exemple) ne résiste pas bien longtemps à ce type d'analyse. Si dans un message crypté, le w apparaît dans le texte très souvent (autour des 14 % environ) on peut en déduire qu'il s'agit du e. En procédant ainsi pour chaque lettre (à partir d'un tableau de fréquences), au bout d'un moment on crack le code et on décrypte le message (et oui !). Aujourd'hui on a d'autres méthodes pour coder (heureusement), si vous voulez les connaître, c'est en Spé Maths (donc en Terminale) qu'on les voit (mais attention, c'est interdit aux hackers...).

■ La boîte à moustaches (box plot) en anglais est une invention assez récente (dans l'histoire des mathématiques qui a commencé il y a plus de 4000 ans) puisqu'elle date de 1977. Elle a été inventée par John Wilder Tukey (1915-2000), un statisticien américain, qui cherchait une représentation visuelle assez efficace et assez facile d'une série statistique (ce qui est d'ailleurs le cas).

■ Christiaan Huyghens (1629-1695, savant hollandais) est célèbre dans beaucoup de domaines : l'Astronomie (travaux sur Saturne, à savoir ses anneaux et sur Titan l'un de ses satellites, travaux sur la nébuleuse d'Orion dont l'une des régions porte son nom), en Physique (travaux sur le mouvement et sur la conservation des forces et sur la force centrifuge, Théorie ondulatoire de la lumière, travaux sur la pendule qui lui permettra de créer (à partir des travaux de Galilée (1564-1642)) la fameuse pendule à balancier, première étude des moteurs à combustion interne), en Mathématiques (en Probabilités, il écrit le premier livre appliqué aux jeux de hasard, introduisant l'espérance d'incertitude, qui aura une diffusion telle que beaucoup de savants s'intéresseront par la suite aux calculs des probabilités).
Johann Samuel König (1712-1757, savant allemand) est surtout connu en Mécanique et pour avoir été le professeur de Mathématiques et de Philosophie de Gabrielle Emilie Le Tonnelier de Breteuil du Châtelet (1706-1749) plus connue sous le nom d'Emilie du Châtelet (ou marquise du Châtelet), célèbre femme mathématicienne et physicienne française, traductrice des *Principia* de Newton (1643-1727), maîtresse de Voltaire (1694-1778), amie et divulgatrice des sciences exactes.

Christiaan Huyghens (1629-1695)

Johann Samuel König (1712-1757)

En fait, ce qui est amusant et surtout très impressionnant, c'est que la formule de Huyghens-König qui est vu ici comme un théorème de Statistiques (puisqu'elle permet de calculer la variance d'une série statistique et donc son écart type) est d'abord un théorème de Mécanique (et plus précisément d'inertie) ! Y aurait-il des formules universelles pour toutes les sciences ? Oh que oui, et ce n'est pas la seule, pensez par exemple à la relation de Chasles (que vous avez vue en 2nde avec les vecteurs : $\overrightarrow{AB}+\overrightarrow{BC}=\overrightarrow{AC}$), qu'on retrouve en 1re S dans le chapitre sur les angles ($(\vec{u},\vec{v})+(\vec{v},\vec{w})=(\vec{u},\vec{w})(2\pi)$, en Electricité dans la loi d'additivité des tensions ($U_{AB}+U_{BC}=U_{AC}$) ou encore dans le Calcul intégral (Chapitre de Terminale) $\int_a^b f(x)dx+\int_b^c f(x)dx=\int_a^c f(x)dx$. Etonnant n'est-ce pas ?

Autre formule universelle : l'inégalité de Cauchy-Schwarz (voir exercice 7 du chapitre 15 : produit scalaire) qu'on retrouve en Géométrie, mais aussi en Physique avec le Principe d'incertitude d'Heisenberg (1901-1976, prix Nobel 1932) en Mécanique quantique).

Erreurs

■ Ne tombez pas dans le piège (à deux balles) de l'effet de structure : il n'y a que les nigauds (et on sait que vous n'en faites pas partie) qui se font avoir par cela : attention !

■ Si lors du DS, votre calculatrice tombe en rade de piles : alors là, ce n'est même pas la peine d'espérer finir le DS : ça sera l'enfer pour vous. Vérifiez avant que ces fichus piles marchent, sinon un long chemin de croix vous attendra !

■ N'oubliez pas de bien sélectionner les listes (L_1 et L_2) lorsque vous demandez à la calculatrice de calculer les différents paramètres (moyenne, écart type, etc.) sinon elle vous sortira gentiment des résultats tout simplement... faux !

■ N'oubliez pas que l'écart type est égal à la racine carrée de la variance (et pas l'inverse).

■ Il y a deux indicateurs de dispersion : l'écart type qui mesure la dispersion des valeurs autour de la moyenne et l'écart interquartile qui mesure la dispersion des valeurs autour de la médiane. Ce n'est pas l'inverse, ne vous plantez pas !

■ Sous Geogebra, une fois que vous avez saisie toutes les valeurs, n'oubliez pas de créer la liste L_1 en cliquant sur le bouton droit de la souris, sinon vous ne pourrez pas continuer !

Chapitre 9

METHODES SUR LES PROBABILITES ET LES VARIABLES ALEATOIRES

Depuis la 3e et la 2e, vous avez du remarquer que les probabilités étaient vraiment un domaine très à part des mathématiques, sollicitant beaucoup l'intuition que chacun de nous pouvait avoir du hasard. La nouveauté de la 1re S, c'est qu'on va utiliser le plus souvent possible un outil génial nous permettant de faire des calculs de probabilités et cet outil génial c'est... (roulements de tambour...) : l'ordinateur (badaboum). En effet, il est complètement hallucinant de voir ce qu'on peut faire avec, en utilisant un tableur par exemple, d'ailleurs c'est un peu l'objectif de ce chapitre : vous montrer que les résultats théoriques peuvent être comparés très facilement aux simulations théoriques informatiques.
La deuxième chose très nouvelle de la 1re S, c'est le concept de variable aléatoire. Pas réellement difficile mais très méthodique, car il faut savoir construire des tableaux proprement et rigoureusement (c'est ce qu'on appelle des lois de probabilités) et en déterminer l'espérance et l'écart type à la fois de manière théorique mais aussi de manière simulatoire (on en revient toujours à l'informatique, que voulez-vous ?) Accrochez-vous à votre siège et allumez le pc (ça y est ? Vous entendez le ventilo de la babasse ?). Imaginez ce qu'auraient pu faire les pionniers du calcul des probabilités avec (on vous parle d'autres temps, ceux de Pascal, Fermat, Huyghens, Bernoulli, de Moivre, Laplace, Borel, Lebesgue, Bienaymé, Tchebychev...). Sacrés chanceux, vous avez à disposition les outils dont ils auraient rêvés (et qui leur auraient permis de chatter entre eux sur Internet, à propos de calculs de probabilités, sans aucun doute...)

1. Comment calculer une probabilité ?

A- Probabilité des événements A et de AUB

METHODE 1 : En utilisant les formules théoriques

■ **Principe**

Les voici :

- $p(A) = \dfrac{\text{nombre d'éléments de A}}{\text{nombre d'éléments de }\Omega}$ et $p(A \cup B) = p(A) + p(B) - p(A \cap B)$

■ **Exemple - *Expérience 1 :*** *On tire une carte d'un jeu de 32 cartes. Déterminer la probabilité de l'événement "Obtenir une figure ou une carte de couleur rouge".*

a) Soit A : *"Obtenir une figure"* et B : *" obtenir une carte de couleur rouge".*
On veut déterminer $A \cup B$. On a : $\Omega =$ {**7♥, 8♥,..., R♥, As♥, 7♦, 8♦,..., R♦, As♦, 7♠, 8♠,...R♠, As♠, 7♣, 8♣, ..., R♣, As♣**} (c'est l'univers, ou l'ensemble des résultats possibles).

Chaque événement élémentaire {**7♥**}, {**8♥**},..., {**As♣**} a la même probabilité $\frac{1}{32}$.

Il y a donc équiprobabilité. Déterminer directement l'événement $A \cup B$ est possible, mais très long car il est difficile de ne pas compter deux fois les éléments communs à A et à B. Nous allons donc contourner la difficulté !

On a A = {**V♥, D♥, R♥, V♠, D♠, R♠, V♦, D♦, R♦, V♣, D♣, R♣**} d'où $p(A) = \frac{12}{32} = \frac{3}{8} = 0{,}375$, B = {**7♥, 8♥, ..., D♥, R♥, As♥, 7♦, 8♦,..., D♦, R♦, As♦**} d'où $p(B) = \frac{16}{32} = \frac{1}{2} = 0{,}5$. Enfin $A \cap B =$ {**V♥, D♥, R♥, V♦, D♦, R♦**} (ce sont les cartes qui sont à la fois une figure et à la fois rouge : ce sont les figures rouges), d'où $p(A \cap B) = \frac{6}{32} = \frac{3}{16} = 0{,}1875$. Ainsi :

$p(A \cup B) = p(A) + p(B) - p(A \cap B) = \frac{3}{8} + \frac{1}{2} - \frac{3}{16} = \frac{11}{16} = 0{,}6875$. Efficace, non ?

METHODE 2 : En modélisant par un tableur

■ **Principe**

Ce qui est génial avec les tableurs, c'est la touche F9 accompagné du calcul itératif (kekidit ?). En effet, associée à la fonction alea(), à chaque fois que vous appuyez sur la touche F9, la simulation recommence (ah merki, merki bien). Vous pouvez donc effectuer un grand nombre de tirages afin de calculer de proche en proche la probabilité que vous cherchez. C'est la loi des grands nombres, si le nombre d'expériences augmente indéfiniment, le résultat simulatoire se rapproche du résultat théorique (et ça on le doit aux mathématiciens Bienaymé et Tchebychev !). Voyons tout de suite sur l'exemple précédent comment ça marche !

■ **Exemple - *Expérience 1 :*** *On tire une carte d'un jeu de 32 cartes. Déterminer la probabilité de l'événement "Obtenir une figure ou une carte de couleur rouge".*

Pour modéliser par tableur, on va associer à chaque carte un numéro entre 1 et 32. Mais comme A et B ont une intersection non vide (ils ont six cartes en commun), il va falloir faire gaffe. A possédant 12 éléments, et B en possédant 16 :

- Les numéros de 1 à 6 représenteront les 6 éléments de A sans être dans B.
- Les numéros de 7 à 12 représenteront les 6 éléments qui sont dans A et B.

- Les numéros de 13 à 22 représenteront les 10 éléments qui sont dans B sans être dans A (ça va, vous suivez ?).
Conclusion : tous les éléments de A seront entre 1 et 12. Les éléments communs à A et B seront entre 7 et 12. Tous les éléments de B seront entre 7 et 22. Il ne reste plus qu'à rentrer tout ça dans le tableur !

A1 fx Nbre de F9

	A	B	C	D	E
1	Nbre de F9	30281			
2	Carte tirée	17			
3		A [1;12]	$A \cap B$ [7;12]	B [7;22]	
4		11278	5727	15217	
5		p(A)	$p(A \cap B)$	p(B)	$p(A \cup B)$
6		**0,372444767**	**0,189128496**	**0,502526337**	**0,68584261**
7	*probas théo*	*0,375*	*0,1875*	*0,5*	*0,6875*

- **Dans B1**, on écrit =B1+1 (là il va vous prévenir par un petit message du genre « Avertissement de référence circulaire, blablabla blablabli... » : ne vous inquiétez pas, dites ok : tout va rentrer dans l'ordre quand on activera le calcul itératif). Bien, en tout cas ce qu'on vient de faire là : c'est un compteur (un compteur de F9) qui compte le nombre de fois où on appuie sur F9 (c'est donc par cette cellule B1 qu'on divisera pour obtenir nos calculs de proba).
- **Dans B2**, on écrit =ALEA.ENTRE.BORNES(1;32)
- **Dans B4**, on écrit =B4+SI(B2<=12;1;0)
- **Dans C4**, on écrit =C4+SI(ET(B2>=7;B2<=12);1;0)
- **Dans D4**, on écrit =D4+SI(ET(B2>=7;B2<=22);1;0)
- **Dans B6**, on écrit =B4/B1
- **Dans C6**, on écrit =C4/B1
- **Dans D6**, on écrit =D4/B1
- **Dans E6**, on écrit =B6+D6-C6

Une fois qu'on a rentré tout ça ainsi que les petites légendes qui font jolies, on va dans : Options Excel (cliquer sur le bouton rond « Windows », en haut à gauche)>Formules>Activer le calcul itératif (cocher)>Nombre maximal d'itération 1>OK, puis on cale un bon dico sur la touche F9 et on regarde le tableur tourner et compter (c'est merveilleusement beau) et puis comme c'est long et un peu lassant on va se prendre un bon verre de grenadine et jouer sur la console du salon (pas de tour sur internet hélas car si vous changez de fenêtre, le tableur s'arrête (oh le vilain coquin !)). Quand vous serez revenu, vous pourrez constater que les résultats simulatoires sont très proches des résultats théoriques !

B- Probabilité du contraire $\bar{A}$

METHODE 3 : En utilisant la formule théorique

■ Principe

La voici : $p(\bar{A}) = 1 - p(A)$ (ou $p(A) = 1 - p(\bar{A})$)

■ **Exemple - *Expérience 2 (le problème des anniversaires, hyper célèbre !) :***
On regarde les dates d'anniversaire de 35 élèves d'une même classe.
Quelle est la probabilité théorique qu'au moins deux des élèves aient leur anniversaire le même jour ? (On supposera que toutes les années ont le même nombre de jours.)

Déterminons tout d'abord l'univers Ω. Chacun des 35 élèves a 365 dates d'anniversaire possibles, l'univers Ω a donc 365^{35} éléments (pour le premier élève il y a 365 possibilités, pour chacune d'entre elles le deuxième élève a lui aussi 365 possibilités, et ainsi de suite jusqu'au 35ème ce qui donne un total de 365^{35} feuilles (principe multiplicatif). En effet, l'univers Ω est décrit par l'arbre suivant :

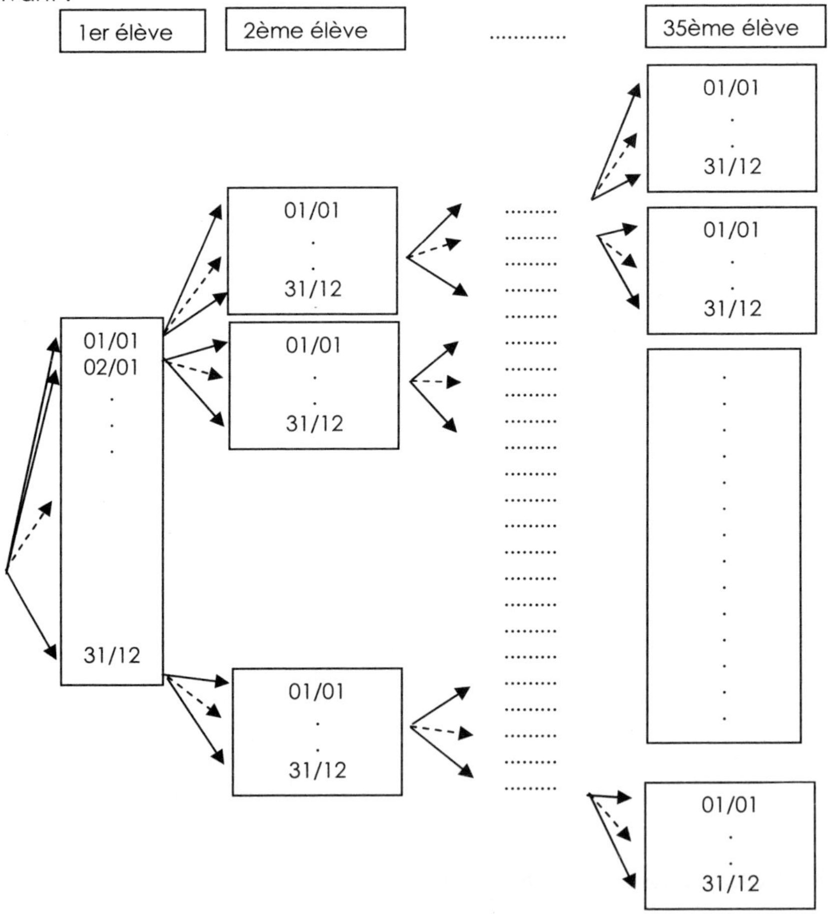

soit $365 \times 365 \times \ldots \times 365 = 365^{35}$ cas possibles.

Intéressons-nous maintenant à l'événement A : "Au moins deux élèves ont la même date d'anniversaire". Il est plus facile d'étudier l'événement contraire $\overline{A}$ qui se formule ainsi : "Aucun des élèves n'a la même date d'anniversaire".
Cherchons le nombre de cas favorables à cet événement : 365 dates d'anniversaire sont possibles pour le premier élève. Le deuxième n'a donc plus

que 364 possibilités (sinon il pourraient avoir la même date d'anniversaire), puis le troisième 363,..., le trente-cinquième 331 possibilités. Ce qui donne d'après le principe multiplicatif $365 \times 364 \times 363 \times ... \times 331$ cas favorables à $\overline{A}$.

Ce qui donne finalement : $p(\overline{A}) = \dfrac{365 \times 364 \times 363 \times ... \times 331}{365^{35}}$.

Quoi, ça vous fait peur de calculer un truc pareil ? Pas de raisons d'avoir peur, voici une astuce : utiliser le symbole "!", que l'on appelle aussi factoriel.

Par définition $365! = 365 \times 364 \times ... \times 2 \times 1$ d'où bien sûr : $365 \times 364 \times ... \times 331 = \dfrac{365!}{330!}$

Il vous suffit donc maintenant de taper (pas trop fort tout de même) $\dfrac{\frac{365!}{330!}}{365^{35}}$ sur votre calculatrice, ce qui donne : $p(\overline{A}) \approx 0{,}1856$ d'où $p(A) \approx 0{,}8144$ (car $p(A) = 1 - p(\overline{A})$) ce qui, tenez-vous bien, donne environ 81,44 % de chance qu'au moins deux élèves dans une classe de 35 élèves aient la même date d'anniversaire ! (Cela paraît énorme, n'est-ce pas ? C'est fou tout ce qu'on apprend grâce au Calcul des probabilités...)

METHODE 4 : En modélisant par un tableur

■ Principe

Alea.entre.bornes(combiné avec calcul itératif, c'est de la balle !

■ Exemple - *Expérience 2 (le problème des anniversaires)*

	A	B	C	D	E
1	N° jour		Effectif		Nbre de F9
2	135		1		760
3	177		1		
4	38		1		Moyenne des effectifs
5	139		1		1,05714286
6	109		1		
7	100		1		Nbre de fois où il y a 35 anniversaires distincts
8	12		1		141
9	102		1		
10	338		1		Fréquence des 35 anniversaires distincts
11	213		1		0,18552632
12	305		2		
13	150		1		Fréquence qu'il y ait au moins 2 anniversaires le même jour
14	50		1		0,81447368
15	300		1		
16	311		1		Fréquence qu'il y ait au moins 2 anniversaires le même jour (en %)
17	27		1		**81,4473684**
18	61		1		
19	169		1		
20	280		1		
21	306		1		
22	216		1		
23	299		1		
24	99		1		
25	17		1		
26	255		1		
27	162		1		
28	68		1		
29	305		2		
30	6		1		
31	337		1		
32	282		1		
33	77		1		
34	119		1		
35	163		1		
36	349		1		

- **Dans A2**, on écrit : =ALEA.ENTRE.BORNES(1;365) puis poignée de copie jusqu'à A36. Cela simule nos 35 dates d'anniversaire dans la classe (en considérant que le nombre 1 représente la date du 1er janvier et le nombre 365 la date du 31 décembre (hors année bissextile)).
- **Dans C2**, on écrit : =NB.SI($A$2:$A$36;A2). Cela compte le nombre de dates anniversaires de la plage A2 :A36 communes à la date d'anniversaire de la cellule A2. (A priori, au minimum elle aura pour valeur 1 mais cela peut être plus car elle compte le nombre d'élèves ayant la même date d'anniversaire que A2). On prend la poignée de copie jusqu'à C36. Par exemple, dans la cellule C3, il y aura écrit, =NB.SI($A$2:$A$36;A3) qui compte le nombre de dates d'anniversaire communes à la date dans A3.
- **Dans E2**, on écrit =E2+1, qui nous donnera un compteur de touches F9, c'est-à-dire un compteur du nombre de simulations. Comme il s'agit d'un calcul itératif, il faudra penser (à la fin uniquement) à l'activer dans options Excel > Formules > Activer le calcul itératif > Nb maximal d'itérations 1.
- **Dans E5**, on écrit =MOYENNE(C2:C36). C'est une astuce assez astucieuse (ça c'est une manière de dire qu'on est fier de nous, quitte à utiliser un pléonasme). On fait la moyenne de toutes les valeurs de la plage C2 :C36. Si elle vaut 1, c'est que toutes les cellules valent 1 et que toutes les dates d'anniversaire sont distinctes (et oui, elles ne sont représentées qu'une fois !) Sinon, c'est qu'il y a au moins deux élèves qui ont la même date d'anniversaire. (Quelle ruse, ah c'est vraiment digne de Machiavel !)
- **Dans E8**, on écrit =E8+SI(E5=1;1;0). C'est un compteur qui compte le nombre de fois où la moyenne vaut 1. En gros, c'est un compteur de nombre de simulations où il n'y a que des anniversaires distincts !
- **Dans E11**, on écrit =E8/E2. C'est le quotient du nombre de simulations à anniversaires distincts sur le nombre de simulations total. C'est exactement la fréquence de $\overline{A}$.
- **Dans E14**, on écrit =1-E11. C'est la fréquence de A.
- **Dans 317**, on écrit =E14*100. C'est la fréquence de A mais en %.

Maintenant, c'est bon, vous n'oubliez pas d'activer le calcul itératif (Options Excel>bouton rond « Windows »>Formules>Activer le calcul itératif (cocher)>Nombre maximal d'itération 1>OK). Vous maintenez appuyé F9 un bon moment et au bout d'un certain temps (nous il nous a fallu attendre jusqu'à 760 expériences, mais ça peut être bien plus long !), votre fréquence devrait se stabiliser autour de la fréquence théorique de 81,44 % : merci la loi des grands nombres...

2. Comment étudier une variable aléatoire ?

Jamais un concept mathématique n'aura aussi mal porté son nom : une variable aléatoire n'a vraiment rien à voir avec une variable, elle a plutôt tout d'une application ! Pour éclaircir les idées, l'exemple le plus simple de variable aléatoire est le gain possible (ou la perte) d'un jeu d'argent où on se met à parier : sur la sortie d'un numéro à la roulette, sur un brelan d'as au poker... C'est concrètement ce qui intéresse les casinos et plus particulièrement les inventeurs de jeux : que ces derniers soient rentables pour eux !

Conclusion : on effectue plein de choses sur ces variables aléatoires (un peu comme sur une série statistique) comme des calculs d'espérance, de variance, d'écart type... Allez, on y va !

METHODE 5 : Comment déterminer la loi de probabilité d'une variable aléatoire ?

La loi de probabilité de la variable aléatoire X, c'est juste (attention à ne pas le dire comme ça à vos professeurs, sinon on pourrait risquer la crise cardiaque...) un tableau à deux lignes, avec en première ligne : les valeurs possibles x_i de la variable aléatoire X, et en deuxième ligne : les probabilités associées p_i (la probabilité que la variable aléatoire prenne cette valeur, que l'on note aussi $p([X = x_i])$).

Déterminer la loi de probabilité c'est juste remplir ce tableau.

■ Principe

Construire un tableau de la forme

Valeurs possibles x_i de X	x_1	x_2	(...)	x_n
Probabilités associées $p_i = p([X = x_i])$	p_1	p_2	(...)	p_n

Enfin, bien vérifier la propriété fondamentale : $\sum_{i=1}^{n} p_i = p_1 + p_2 + ... + p_n = 1$

(ou plus vulgairement : "Vérifier que la somme des probas vaut 1").

■ **Exemple - *Expérience 3 :*** *On lance deux dés à six faces, numérotés chacun de 1 à 6, soit X la variable aléatoire associée à la somme des deux chiffres obtenus avec les dés :*

a) Déterminer de manière théorique la loi de probabilité de X.

b) Comparer avec une simulation sur tableur de 100 lancers

a) L'univers est décrit par le tableau ci-dessous (entre parenthèses on met la valeur pour S obtenue)

dé 1 \ dé 2	1	2	3	4	5	6
1	(1,1) **(2)**	(1,2) **(3)**	(1,3) **(4)**	(1,4) **(5)**	(1,5) **(6)**	(1,6) **(7)**
2	(2,1) **(3)**	(2,2) **(4)**	(2,3) **(5)**	(2,4) **(6)**	(2,5) **(7)**	(2,6) **(8)**
3	(3,1) **(4)**	(3,2) **(5)**	(3,3) **(6)**	(3,4) **(7)**	(3,5) **(8)**	(3,6) **(9)**
4	(4,1) **(5)**	(4,2) **(6)**	(4,3) **(7)**	(4,4) **(8)**	(4,5) **(9)**	(4,6) **(10)**
5	(5,1) **(6)**	(5,2) **(7)**	(5,3) **(8)**	(5,4) **(9)**	(5,5) **(10)**	(5,6) **(11)**
6	(6,1)) **(7)**	(6,2) **(8)**	(6,3) **(9)**	(6,4) **(10)**	(6,5) **(11)**	(6,6) **(12)**

Les valeurs possibles de X sont : **2, 3, 4, ...12** (soit 11 valeurs possibles).

Valeurs possibles x_i de X	$x_1 = 2$	$x_2 = 3$	$x_3 = 4$	$x_4 = 5$	$x_5 = 6$
Probabilités associées $p_i = p([X = x_i])$	$p_1 = \frac{1}{36}$ $\approx 0{,}028$	$p_2 = \frac{2}{36}$ $\approx 0{,}056$	$p_3 = \frac{3}{36}$ $\approx 0{,}083$	$p_4 = \frac{4}{36}$ $\approx 0{,}11$	$p_5 = \frac{5}{36}$ $\approx 0{,}14$

$x_6 = 7$	$x_7 = 8$	$x_8 = 9$	$x_9 = 10$	$x_{10} = 11$	$x_{11} = 12$
$p_6 = \frac{6}{36}$ $\approx 0{,}17$	$p_7 = \frac{5}{36}$ $\approx 0{,}14$	$p_8 = \frac{4}{36}$ $\approx 0{,}11$	$p_9 = \frac{3}{36}$ $\approx 0{,}083$	$p_{10} = \frac{2}{36}$ $\approx 0{,}056$	$p_{11} = \frac{1}{36}$ $\approx 0{,}028$

REMARQUE : On aurait très bien pu faire aussi un arbre à $6 \times 6 = 36$ feuilles.

b) On peut simuler 100 lancers de la manière suivante :

	A	B	C	D	E	F	G	H	I	J	K	L	M	N	O
1	Dé 1	Dé 2	Somme	xi	2	3	4	5	6	7	8	9	10	11	12
2	5	1	6	pi	0,01	0,04	0,08	0,15	0,09	0,17	0,14	0,14	0,09	0,07	0,02
3	1	3	4												
4	5	3	8												
5	1	6	7												
6	1	4	5												
7	6	3	9												

Dans A2 (et dans B2 aussi), on écrit =ALEA.ENTRE.BORNES(1;6). Dans C2, on écrit =somme(A2 :B2). On sélectionne la plage A2 :C2 qu'on étend jusqu'à A101 :C101.
Dans E1, on écrit 2, dans F1 on écrit 3. On sélectionne la plage E1 :F1 qu'on étend jusqu') O1.
Dans E2, on écrit =NB.SI($C$2:$C$101;E1)/100, on sélectionne la cellule, sa poignée de copie qu'on étend jusqu'à O2.
On appuie sur F9 et oh magie, la jolie loi de probabilité apparaît (sous vos applaudissements s'il vous plaît !).
Mais on peut également simuler 100 lancers (et même autant de lancers qu'on veut) à l'aide d'un calcul itératif (et la touche F9 !).

	A	B	C	D	E	F	G	H	I	J	K	L	M	N	O
1	Dé 1	Dé 2	Somme	xi	2	3	4	5	6	7	8	9	10	11	12
2	4	1	5		88	170	267	342	404	500	423	343	228	147	93
3				pi	0,029	0,057	0,089	0,114	0,134	0,166	0,141	0,114	0,076	0,049	0,031
4	F9	3005													

Dans A2 (et dans B2 aussi), on écrit =ALEA.ENTRE.BORNES(1;6). Dans C2, on écrit =somme(A2 :B2).
Dans E1, on écrit 2, dans F1 on écrit 3. On sélectionne la plage E1 :F1 qu'on étend jusqu'à O1.
Dans B4, on écrit =B4+1 (c'est notre compteur de F9).
Dans E2, on écrit =NB.SI($C$2;E1)+E2. Dans E3, on écrit =E2/$B$4.
On sélectionne la plage E2 :E3 qu'on étend jusqu'à O2 :O3.

On active le calcul itératif (Options...) et hop c'est parti ! On garde F9 appuyé tandis que se dessine notre magnifique loi de probabilité gagnant en précision (c'est-à-dire se rapprochant des probas théoriques) à chaque fois que la touche F9 est appuyée, illustrant ainsi la loi des grands nombres !

METHODE 6 : Comment calculer l'espérance, la variance et l'écart type d'une variable aléatoire ?

■ Principe

Appliquer les formules : soit X une variable aléatoire, alors :

Son espérance mathématique est : $E(X)=\sum_{i=1}^{n} x_i p_i = x_1 p_1 + x_2 p_2 + ... + x_n p_n$.

Sa variance est : $V(X)=\sum_{i=1}^{n} p_i \left(x_i - E(X)\right)^2$.

Son écart-type est $\sigma_X = \sqrt{V(X)}$.

Pour appliquer toutes ces formules, le plus pratique est d'avoir la loi de probabilité de X sous les yeux.

■ Exemple - *Expérience 3 :* *On lance deux dés à six faces, numérotés chacun de 1 à 6, soit X la variable aléatoire (v.a) associée à la somme des deux chiffres obtenus avec les dés :*
a) Déterminer de manière théorique l'espérance E(X), la variance V(X) et l'écart type σ(X) de la v.a X.
b) Comparer ces résultats par une simulation Excel.

a) Avec la loi de probabilité, c'est facile :

Valeurs possibles x_i de X	$x_1=2$	$x_2=3$	$x_3=4$	$x_4=5$	$x_5=6$
Probabilités associées $p_i=p([X=x_i])$	$p_1=\frac{1}{36}$	$p_2=\frac{2}{36}$	$p_3=\frac{3}{36}$	$p_4=\frac{4}{36}$	$p_5=\frac{5}{36}$

$x_6=7$	$x_7=8$	$x_8=9$	$x_9=10$	$x_{10}=11$	$x_{11}=12$
$p_6=\frac{6}{36}$	$p_7=\frac{5}{36}$	$p_8=\frac{4}{36}$	$p_9=\frac{3}{36}$	$p_{10}=\frac{2}{36}$	$p_{11}=\frac{1}{36}$

Pour l'espérance mathématique :

On a : $E(X)=\sum_{i=1}^{11} x_i p_i = x_1 p_1 + x_2 p_2 + ... + x_{11} p_{11} = 2\cdot\frac{1}{36}+3\cdot\frac{2}{36}+4\cdot\frac{3}{36}+...+12\cdot\frac{1}{36}$

Soit : $E(X)=\frac{252}{36}=7$.

Cela signifie qu'en moyenne, on peut espérer 7 en lançant deux dés qu'on ajoute (cela signifie plutôt que sur un grand nombre de lancers, on obtient une moyenne de 7).

Pour la variance :

$$V(X)=\sum_{i=1}^{11}p_i\left(x_i-E(X)\right)^2=p_1\left(x_1-E(X)\right)^2+p_2\left(x_2-E(X)\right)^2+\ldots p_{11}\left(x_{11}-E(X)\right)^2$$

$$=\frac{1}{36}(2-7)^2+\frac{2}{36}(3-7)^2+\ldots+\frac{1}{36}(12-7)^2\approx 5{,}83$$

Pour l'écart type :

Son écart type est $\sigma_X=\sqrt{V(X)}\approx\sqrt{5{,}83}\approx 2{,}42$.

b) Simulation (par calcul itératif).

	A	B	C	D	E	F	G	H	I	J	K	L	M	N	O
1	Dé 1	Dé 2	Somme	xi	2	3	4	5	6	7	8	9	10	11	12
2	2	1	3		29	56	86	128	136	164	135	108	77	66	21
3				pi	0,029	0,056	0,086	0,127	0,135	0,163	0,134	0,107	0,077	0,066	0,021
4															
5				xipi	0,058	0,167	0,342	0,637	0,812	1,142	1,075	0,967	0,766	0,722	0,251
6				pi*(xi-E(x))^2	0,705	0,866	0,741	0,481	0,12	5E-04	0,15	0,455	0,716	1,081	0,534
7															
8				E(x)	6,939			Nbre de F9							
9				V(x)	5,85			1006							
10				σ(x)	2,419										

Pour la moyenne : Dans E5, on écrit =E1*E3, on prend sa poignée de copie qu'on étend jusqu'à O5. Dans E8, on écrit =SOMME(E5:O5).
Pour la variance, dans E6, on écrit =E3*(E1-$E$8)^2, sa poignée de copie qu'on étend jusqu'à O6. Dans E9, on écrit =SOMME(E6:O6).
Pour l'écart type, on écrit =RACINE(E9).

REMARQUE : On peut constater que les résultats donnés par la simulation (une simulation de 1006 lancers tout de même !) sont très proches des résultats théoriques.

Simulation	Théorie
$E(X)=6{,}939$	$E(X)=7$
$V(X)=5{,}85$	$V(X)\approx 5{,}83$
$\sigma_X=2{,}419$	$\sigma_X\approx 2{,}42$

Merci la loi des grands nombres !

■ **Exemple - *Expérience 4 :*** *Le jeu est le suivant : on mise 1 euro, on lance deux dés à six faces, numérotés chacun de 1 à 6, on ajoute la somme des deux chiffres obtenus avec les dés : si celle-ci est comprise entre 6 et 8, le joueur gagne 1 €, sinon le joueur perd sa mise. Soit X la variable aléatoire associée au gain.*

a) Déterminer de manière théorique la loi de probabilité de X, son espérance, sa variance et son écart type.
b) Comparer ces résultats par une simulation Excel.

a) L'univers est décrit par le tableau suivant (mais on aurait très bien pu faire également un arbre à $6 \times 6 = 36$ feuilles) :

dé 1 \ dé 2	1	2	3	4	5	6
1	(1,1)	(1,2)	(1,3)	(1,4)	(1,5)	(1,6)
2	(2,1)	(2,2)	(2,3)	(2,4)	(2,5)	(2,6)
3	(3,1)	(3,2)	(3,3)	(3,4)	(3,5)	(3,6)
4	(4,1)	(4,2)	(4,3)	(4,4)	(4,5)	(4,6)
5	(5,1)	(5,2)	(5,3)	(5,4)	(5,5)	(5,6)
6	(6,1)	(6,2)	(6,3)	(6,4)	(6,5)	(6,6)

Chacun des événements élémentaires $(1,1)$, $(1,2)$,..., $(6,5)$, $(6,6)$ a la même probabilité $\frac{1}{36}$: il y a équiprobabilité.
Les valeurs possibles pour la variable aléatoire X sont $x_1 = 1$ (si on gagne) et $x_2 = -1$ (si on perd) avec les probabilités $p_1 = \frac{16}{36}$ et $p_2 = \frac{20}{36}$ car il y a 16 issues favorables à l'événement $[X = x_1]$ qui sont : $(1,5)$, $(1,6)$, $(2,4)$, $(2,5)$, $(2,6)$, $(3,3)$, $(3,4)$, $(3,5)$, $(4,2)$, $(4,3)$, $(4,4)$, $(5,1)$, $(5,2)$, $(5,3)$, $(6,1)$, $(6,2)$, et donc 20 issues défavorables $(36-16)$. Ainsi la loi de probabilité de X est :

Valeurs possibles x_i de X	$x_1 = 1$	$x_2 = -1$
Probabilités associées p_i	$p_1 = \frac{16}{36}$	$p_2 = \frac{20}{36}$

On vérifie bien que : $p_1 + p_2 = \frac{16}{36} + \frac{20}{36} = \frac{36}{36} = 1$. On a :

Espérance : $E(X) = \sum_{i=1}^{2} x_i p_i = x_1 p_1 + x_2 p_2 = 1 \cdot \frac{16}{36} + (-1) \cdot \frac{20}{36} = \frac{-4}{36} = -\frac{1}{9} \approx -0{,}1111$.

Variance : $V(X) = \sum_{i=1}^{2} p_i \left(x_i - E(X)\right)^2 = p_1\left(x_1 - E(X)\right)^2 + p_2\left(x_2 - E(X)\right)^2$

soit $V(X) = \frac{16}{36}\left(1 - \left(-\frac{1}{9}\right)\right)^2 + \frac{20}{36}\left(-1 - \left(-\frac{1}{9}\right)\right)^2 \approx 0{,}9876$.

Ecart type : $\sigma_X = \sqrt{V(X)} \approx \sqrt{0{,}1097} \approx 0{,}9938$.

b)

	A	B	C	D	E	F	G	H
1	Dé 1	Dé 2	Somme	xi	1	-1		
2	4	5	9		505	629		
3				pi	0,445719	0,555163		
4								
5			E(X)	-0,109443954			Nbre de F9	
6			V(X)	0,988915205			1134	
7			σX	0,994442158				

Dans A2 (et dans B2) on écrit =ALEA.ENTRE.BORNES(1;6). Dans C2, on écrit =SOMME(A2:B2).
Dans G6, on écrit =G6+1 (notre compteur de F9).
Dans E2, on écrit =NB.SI(C2;">="&6)-NB.SI(C2;">"&8)+E2 (c'est un compteur de valeurs dans l'intervalle $[6,8]$, ça c'est une astuce si vous la connaissez pas, vous êtes mal barré...). Dans F2, on écrit =NB.SI(C2;"<"&6)+NB.SI(C2;">"&8)+F2.
Dans E3, on écrit =E2/$G$6 et dans F3, on écrit =F2/$G$6.
Dans D5, on écrit =(E1*E3+F1*F3) (pour l'espérance).
Dans D6, on écrit =E3*(E1-D5)^2+F3*(F1-D5)^2 (pour la variance).
Dans D7, on écrit =RACINE(D6) (pour l'écart type).
Maintenant on active le calcul itératif (options>...), et c'est parti : sachant que $\frac{16}{36}=0,44...$ et que $\frac{20}{36}=0,55...$, on s'approche à vitesse grand V des valeurs théoriques !

■ **Exemple - Expérience 5 :** *On va comparer deux stratégies de jeu à la roulette. La première consiste à miser 1 euro sur pair : si le numéro sorti est pair on gagne 1 €, sinon on perd sa mise.*
La deuxième consiste à miser 1 euro sur le 17 (par exemple) : si le numéro sorti est le 17 on gagne 35 fois sa mise, soit 35 €, sinon on perd sa mise.
Soit X la variable aléatoire associée au gain de la première stratégie et Y celle associée à la deuxième.
a) Comparer ces deux variables aléatoires en dressant leur loi de probabilité, leur espérance mathématique, leur variance et leur écart type.
b) Comparer ces résultats avec une simulation Excel.

a) On ressent tout de suite la première stratégie comme moins risquée que la deuxième, mais en cas de victoire, elle rapporte moins aussi. De toute façon et cela il vaut mieux le savoir, aucune d'entre elles n'est "rentable" sauf pour le casino bien sûr : on le verra en calculant les espérances de gain c'est-à-dire les espérances mathématiques de X et de Y.
L'univers est $\Omega=\{0,1,2...,36\}$.
Chacun des événements élémentaires $\{0\}$, $\{1\}$,...$\{36\}$ a la même probabilité $\frac{1}{37}$: on est donc en situation d'équiprobabilité.
1) Pour la variable aléatoire X (1re stratégie) les valeurs possibles sont :

$x_1 = 1$ (si on gagne) et $x_2 = -1$ (si on perd) avec les probabilités $p_1 = \frac{18}{37}$ (car il y a 18 numéros pairs entre 0 et 36, on ne considère pas 0 comme pair) et $p_2 = \frac{19}{37}\left(\frac{37}{37} - \frac{18}{37}\right)$. D'où la loi de probabilité de X :

Valeurs possibles x_i de X	$x_1 = 1$	$x_2 = -1$
Probabilités associées p_i	$p_1 = \frac{18}{37} \approx 0,486$	$p_2 = \frac{19}{37} \approx 0,514$

D'où l'espérance mathématique :
$E(X) = x_1p_1 + x_2p_2 = 1 \times \frac{18}{37} + (-1) \times \frac{19}{37} = -\frac{1}{37} \approx -0,027$.
L'espérance mathématique est négative ce qui nous donne une espérance de gain déficitaire (gain déficitaire c'est un peu contradictoire, mais que voulez-vous, on fait des probabilités et on voit bien ce que cela veut dire). Conclusion : il vaut mieux être prudent lorsque vous approcherez une table de roulette, sachez qu'en moyenne il est très probable d'en ressortir bien moins riche qu'en y étant entré.
Bien, calculons ensuite la variance :

$V(X) = \sum_{i=1}^{2} p_i (x_i - E(X))^2 = p_1 (x_1 - E(X))^2 + p_2 (x_2 - E(X))^2$. Soit :

$$V(X) = \frac{18}{37}\left(1 - \left(-\frac{1}{37}\right)\right)^2 + \frac{19}{37}\left(-1 - \left(-\frac{1}{37}\right)\right)^2 = 18\frac{38^2}{37^3} + 19\frac{(-36)^2}{37^3} = \frac{25992 + 24624}{50653}$$

soit $V(X) \approx 0,9992$.

Puis l'écart type : $\sigma_X = \sqrt{V(X)} \approx 0,9996$.

2) Pour la variable aléatoire Y (2e stratégie) les valeurs possibles sont : $y_1 = 35$ (si on gagne) et $y_2 = -1$ (si on perd) avec les probabilités $p_1 = \frac{1}{37}$ et $p_2 = \frac{36}{37}$.
D'où la loi de probabilité de Y :

Valeurs possibles y_i de Y	$y_1 = 35$	$y_2 = -1$
Probabilités associées p_i	$p_1 = \frac{1}{37} \approx 0,027$	$p_2 = \frac{36}{37} \approx 0,973$

D'où l'espérance mathématique :
$E(Y) = y_1p_1 + y_2p_2 = 35 \times \frac{1}{37} + (-1) \times \frac{36}{37} = -\frac{1}{37} \approx -0,027$

Constatons que $E(Y) = E(X)$, ce qui montre que les deux stratégies ont en fait les mêmes espérances de gain (négative, pour le plus grand bonheur des casinos). Mais alors, quelle différence peut-il bien y avoir entre ces deux façons de jouer ? Pour le savoir, poursuivons en calculant la variance :

$$V(Y)=\sum_{i=1}^{2}p_i\left(y_i-E(Y)\right)^2=p_1\left(y_1-E(Y)\right)^2+p_2\left(y_2-E(Y)\right)^2$$

Soit $V(Y)=\frac{1}{37}\left(35-\left(-\frac{1}{37}\right)\right)^2+\frac{36}{37}\left(-1-\left(-\frac{1}{37}\right)\right)^2\approx 34{,}0804$ puis l'écart type :

$\sigma_Y=\sqrt{V(Y)}\approx 5{,}8378$. Ces deux stratégies ayant la même espérance de gain $\frac{-1}{37}$, ont en fait un écart type différent : $\sigma_X\approx 0{,}9996$ $\sigma_Y\approx 5{,}8378$.

Ceci traduit une dispersion plus grande des gains pour Y que pour X, ce qui rend la deuxième stratégie plus attractive que la première, même si elles sont toutes les deux, en moyenne, aussi perdantes l'une que l'autre ! Plus la dispersion est grande, plus le risque de gagner gros est important et plus c'est attractif pour le joueur. Voilà, pas trop fatigué ?

b) Avec une simulation Excel

	A	B	C	D	E	F	G	H
1	Nbre de F9	54916						
2	N°	24						
3								
4		Pairs	Impairs ou 0			n°17	Autres n°	
5		26852	28064			1483	53433	
6		p(X=1)	p(X=-1)			p(Y=35)	p(Y=-1)	
7		0,48896496	0,51103504			0,02700488	0,97299512	
8	*Val théo*	*0,486*	*0,514*			*0,027*	*0,973*	
9		E(X)	V(X)	σ(X)		E(Y)	V(Y)	σ(Y)
10		-0,02207007	0,99951291	0,99975643		-0,02782431	34,0531991	5,8355119
11	*Val théo*	*-0,027*	*0,9992*	*0,9996*		*-0,027*	*34,0804*	*5,8378*

Pour le tirage d'un numéro au hasard :
- Dans B1, on écrit : =B1+1
- Dans B2, on écrit : =ALEA.ENTRE.BORNES(0;36)

Pour la v.a X :
- Dans B5, on écrit : =B5+SI(ET(MOD(B2;2)=0;B2<>0);1;0)
- Dans C5, on écrit : =C5+SI(OU(MOD(B2;2)<>0;B2=0);1;0)
- Dans B7, on écrit : =B5/B1
- Dans C7, on écrit : =C5/B1
- Dans B10, on écrit : =B7*1+(-1)*C7
- Dans C10, on écrit : =B7*(1-B10)^2+C7*(-1-B10)^2
- Dans C10, on écrit : =C10^0,5

Pour la v.a Y :
- Dans F5, on écrit : =F5+SI(B2=17;1;0)
- Dans G5, on écrit : =G5+SI(B2<>17;1;0
- Dans F7, on écrit : =F5/B1
- Dans G7, on écrit : G5/B1
- Dans F10, on écrit : =35*F7+(-1)*G7
- Dans G10, on écrit : =F7*(35-F10)^2+G7*(-1-F10)^2
- Dans H10, on écrit : =G10^0,5

On active le calcul itératif (Options>...) et on constate qu'on est très proche des résultats théoriques !

METHODE 7 : Comment utiliser la formule $E(aX+b)=aE(X)+b$?

■ Principe

Alors ça c'est génial parce que cette formule nous évite un sacré boulot si on sait bien la manier !

■ **Exemple : la cantine.** *Au réfectoire, on appelle X la variable aléatoire associée au nombre de repas pris par jour. On considère que X a pour espérance* $E(X)=800$. *Le coût d'un repas pour le lycée est de 2,50 € et les coûts usuels journaliers (frais de personnels, etc.) sont de 1500 €, quelque soit le nombre de repas servis. Soit Y la variable aléatoire associée à la dépense journalière pour le réfectoire. Déterminer* $E(Y)$, *l'espérance de Y.*

On a $Y=2{,}5X+1500$, donc : $E(Y)=E(2{,}5X+1500)=2{,}5E(X)+1500$ soit : $E(Y)=2{,}5\times 800+1500=3500$.

En moyenne donc, le réfectoire va dépenser 3500 € par jour. Facile, non ?

METHODE 8 : Comment calculer l'espérance, la variance et l'écart type d'une variable aléatoire avec une calculatrice ?

■ Principe

Avec une TI : Stat>1 :Edit>Dans L1 (on remplit les valeurs de la variable aléatoire)>Dans L2 (on remplit les probabilités associées) >Stat>1 (1-Var Stats)>Enter>Entrer L1 (2nde 1)>Entrer ,>Entrer L2 (2nde 2)>Enter (il y a plein d'indicateurs : la Moyenne correspond à $\overline{x}$, l'écart type correspond à σx). Par contre, il n'y a pas la variance (pour la calculer, à part on met l'écart type au carré).

Avec une Casio : Menu >2 (Stat)>Dans List 1 (on remplit les valeurs de la variable aléatoire)> Dans List2 (on remplit les probabilités associées)>F2 (Calc)>F6 (Set)>paramétrer 1var Xlist : List1, >paramétrer 1varFreq : List2 > Exit> F1 (1var) (il y a plein d'indicateurs : la Moyenne correspond à $\overline{x}$, l'écart type correspond à $x\sigma n$). Par contre, il n'y a pas la variance (pour la calculer, à part on met l'écart type au carré).

Réflexes

	SITUATIONS	REFLEXES
1.	Calculer la probabilité d'un événement A	Appliquer les formules : $p(A)=\dfrac{\text{nombre d'éléments de A}}{\text{nombre d'éléments de }\Omega}$, $p(A\cup B)=p(A)+p(B)-p(A\cap B)$, $p(\bar{A})=1-p(A)$
2.	Déterminer la loi de probabilité d'une variable aléatoire X	C'est tout simplement construire un tableau de la forme : $\begin{array}{\|c\|c\|c\|c\|}x_1 & x_2 & x_3\ldots & x_n\\ \hline p_1 & p_2 & p_3\ldots & p_n\end{array}$
3.	Calculer l'espérance, la variance, l'écart type	Appliquer les formules dans cet ordre : $E(X)=\sum_{i=1}^{n}x_ip_i=x_1p_1+x_2p_2+\ldots+x_np_n$ $V(X)=\sum_{i=1}^{n}p_i(x_i-E(X))^2$, $\sigma_X=\sqrt{V(X)}$.

Astuces

■ L'objectif de ce chapitre est aussi de vous faire utiliser le tableur : c'est un formidable outil de conjecture probabiliste (oh quel beau terme bien pompeux). Soyons sérieux, ce n'est pas si dur que cela d'utiliser un tableur et franchement c'est gratifiant. De toute façon, à l'ère du tout numérique, vous n'avez pas le choix : il faut vous y mettre ! (Ne soyez pas comme certains profs qui ne savent même pas comment marche une souris...)

■ Il y a certaines situations probabilistes où l'utilisation d'un algorithme se révèle vraiment plus pratique que le tableur. C'est rare (et c'est difficile) mais comme ça peut toujours arriver (on sait jamais), on vous en a mis un exemple typique dans la partie exercices (exercice 6) : la martingale de d'Alembert.

■ Pensez à utiliser le complémentaire (ou l'événement contraire), simplifiant l'étude des événements dont la formulation contient des termes du genre "au moins", "au plus"... Par exemple le contraire de A : "obtenir au moins un as" est "ne pas obtenir d'as du tout" qui, lui, est simple à étudier.

■ N'oubliez pas qu'une variable aléatoire n'est pas une variable (c'est un faux ami, comme certains mots de vocabulaire en langue). On s'intéresse principalement à sa loi de probabilité (sous forme d'un tableau) que l'on exploite souvent comme une série statistique.

■ Pensez à vérifier que dans une loi de probabilité (donc dans votre tableau) on a toujours : $p_1 + p_2 + ... + p_n = 1$ (la somme des probabilités est de 1, c'est-à-dire 100 %). C'est bête à dire mais ça peut éviter bien des ennuis !

■ N'oubliez pas que les fréquences (qu'on voit quand on effectue des simulations) s'approchent des probas théoriques d'après la loi des grands nombres (et ça c'est Bienaymé et Tchebychev qui l'on dit ! On les salue au passage, même s'ils sont morts depuis plus d'un siècle...) mais ça peut mettre longtemps, très longtemps : c'est normal, c'est grand un grand nombre (voilà une phrase très spirituelle qui mérite d'être méditée...).

Bienaymé
(1796-1878)

Tchebychev
(1821-1894)

■ Nous allons vous faire méditer sur une phrase d'un grand philosophe : Blaise Pascal (c'est aussi l'inventeur avec Pierre de Fermat du calcul des probabilités). Voici ce qu'il dit dans *ses pensées* : « Comme la valeur d'un bonheur éternel est infinie, même si la probabilité de ce bonheur assuré par une vie religieuse est très petite, néanmoins l'espérance (qui est mesurée par le produit des deux), est encore assez grande pour nous engager à mener une vie religieuse ». Réfléchissez, ne serait-il pas entrain de parler d'espérance mathématique ? Et bien si ! Bien sûr, chacun est libre (d'ailleurs il le dit, dans ce texte connu sous le nom de « pari de Pascal », ultra célèbre en Philosophie, et dont nous avons donné une version très abrégée et très simplifiée ici) mais il est intéressant de voir que cet homme était autant préoccupé par des questions théologiques, morales, philosophiques, que scientifiques. Décidemment, Blaise Pascal est un penseur à multiples facettes.

Erreurs

■ Attention aux événements contraires, par exemple le contraire de "toutes les portes sont fermées" n'est pas "toutes les portes sont ouvertes" mais "il existe au moins une porte ouverte" ! (Si, si, on sait, ça surprend au début...) Prudence, donc, vous faites de la logique, les erreurs de mauvaise compréhension ou de contresens sont fréquentes.

■ L'espérance doit être considérée avec prudence. Si par exemple, on vous propose le jeu suivant : vous lancez deux dés, si vous avez un double six, vous gagnez 1 million d'euros, sinon vous perdez 20000 €. Et bien, vous trouverez la loi de probabilité suivante :

Valeurs possibles x_i de X	$x_1 = 1000000$	$x_2 = -20000$
Probabilités associées $p_i = p([X = x_i])$	$p_1 = \frac{1}{36}$	$p_2 = \frac{35}{36}$

Avec une espérance égale à $E(X) = 1000000 \times \frac{1}{36} - 20000 \times \frac{35}{36} \approx 8333$ €.

Vous auriez donc théoriquement intérêt à jouer à ce jeu. Mais premièrement, le feriez-vous (déjà il y a un facteur psychologique « bloquant », les sommes en jeu sont considérables) ? Deuxièmement, l'espérance dit qu'à long terme, votre gain serait en moyenne de 8333 €. Elle ne dit pas autre chose, hors seriez-vous capable de tenir longtemps avec des pertes éventuelles aussi considérables ?

Ce genre de phénomène, dont le plus célèbre est le paradoxe de Saint-Pétersbourg (découvert par le mathématicien suisse Nicolas Bernoulli (1687-1759)) poussèrent les mathématiciens à s'interroger sur la pertinence de l'espérance mathématique. Si vous faites des probas plus tard (ce qu'on vous encourage grandement à faire, vu les applications immenses qu'elles ont dans les autres disciplines scientifiques), vous verrez qu'il existe d'autres valeurs numériques que l'Espérance permettant d'estimer le gain moyen... (comme par exemple l'Utilité, élaborée par le mathématicien et physicien américain John Von Neumann (1903-1957) et par l'économiste et mathématicien américain Oskar Morgenstern(1902-1977) en 1944 (et oui, c'est tout récent !).

Chapitre 10

METHODES SUR LE TRIANGLE DE PASCAL

En 1654, Blaise Pascal (1623-1662) écrit le *Traité du Triangle arithmétique*.

1						
1	**1**					
1	**2**	**1**				
1	**3**	**3**	**1**			
1	**4**	**6**	**4**	**1**		
1	**5**	**10**	**10**	**5**	**1**	
1	**6**	**15**	**20**	**15**	**6**	**1**

Pascal y présente son triangle et annonce qu'il peut être prolongé indéfiniment par un principe tout simple : un nombre quelconque du triangle est la somme du nombre immédiatement au-dessus de lui et du nombre immédiatement au-dessus et à gauche de lui. Vous pouvez essayer, par exemple : $4=1+3$, $6=3+3$, $20=10+10$, etc. (si vous ne voyez toujours pas, pas de panique : on l'explique de manière plus détaillée dans la page suivante !). Il ajoute que ce triangle possède des propriétés remarquables très nombreuses puis il les démontre une à une (et quand Pascal démontre quelque chose, on touche au divin...). Nous, nous allons comprendre comment interpréter ce triangle, comme le lire, le comprendre et surtout comment le construire. Vous êtes prêt ? Vous avez bien éteint votre lecteur de MP3 ? Vous êtes bien installé à votre bureau, le stylo bille dégainé, et le crayon à papier affuté ? Alors c'est parti !

1. Tout ce qu'il faut savoir sur le triangle de Pascal

Blaise Pascal (1623-1662) (avec Pierre de Fermat (1601-1665)) est l'inventeur du calcul des probabilités, appelé à l'époque, c'est-à-dire au XVIIe siècle, « Géométrie du hasard ». Quel beau nom ! Ce mot de géométrie (du hasard) n'est pas anodin, car tout l'aspect géométrique du calcul des probabilités va apparaître maintenant dans l'une des œuvres scientifiques les plus célèbres de Pascal : son triangle arithmétique, qu'on appelle couramment triangle de Pascal. Regardons-le plus en détail :

	k=0	k=1	k=2	k=3	k=4	k=5	k=6
n=0	1						
n=1	1	1					
n=2	1	2	1				
n=3	1	3	3	1			
n=4	1	4	6	4	1		
n=5	1	5	10	10	5	1	
n=6	1	6	15	20	15	6	1

Vous pouvez observer de très belles propriétés géométriques de ce triangle :

- Il n'a que des 1 sur sa 1re colonne.
- Il n'a que des 1 sur sa grande diagonale.
- Il est symétrique : regardez par exemple la ligne correspondant à $n = 4$, qui donne : 1 4 6 4 1 (il y a une symétrie par rapport au 6).
- Enfin, il possède une propriété remarquable cachée : l'avez-vous trouvée ? Si oui, alors : soit vous êtes amateur de jeu et d'énigmes mathématiques, soit vous êtes un véritable Dan Brown qui s'ignore et qu'un brillant avenir d'écrivain énigmatique à succès vous attend (et la coquette fortune qui va avec...). Regardez bien :

	k=0	k=1	k=2	k=3	k=4	k=5	k=6
n=0	1						
n=1	1	1					
n=2	1	2	1				
n=3	1	3	3	1			
n=4	1	4	6	4	1		
n=5	1	5	10	10	5	1	
n=6	1	6	15	20	15	6	1

Le 4 et le 6 donne (en les ajoutant) le 10 du dessous. Plus loin, le 5 et le 1 donne (en les ajoutant) le 6 du dessous. En fait, vous pouvez continuer indéfiniment le triangle de Pascal, puisque chaque nouvelle ligne se déduit de celle du dessus par ce principe (c'est ce qu'on a dit dans l'intro, vous vous souvenez ?)

A- Comment lire un coefficient binomial avec le triangle de Pascal ?

METHODE 1 : En utilisant l'intersection des lignes et colonnes

■ **Principe**

Sur les bords du triangle il y a des valeurs différentes de n et de k. On s'en sert comme d'une abscisse et d'une ordonnée pour se repérer. A l'intersection de la ligne n et de la colonne k se trouve un nombre bien particulier noté $\binom{n}{k}$. Ce nombre est ce qu'on appelle un **coefficient binomial**, il aura un rôle clef, on le verra plus tard, en Calculs des probabilités (pour la loi binomiale, voir Chapitre suivant) : il fallait s'en douter, on vous rappelle que Pascal a inventé (avec Fermat) le Calcul des probabilités !

■ **Exemple :** *Déterminer à l'aide du triangle de Pascal, le coefficient binomial* $\binom{4}{2}$.

	k=0	k=1	k=2	k=3	k=4	k=5	k=6
n=0	1						
n=1	1	1					
n=2	1	2	1				
n=3	1	3	3	1			
n=4	1	4	6	4	1		
n=5	1	5	10	10	5	1	
n=6	1	6	15	20	15	6	1

A l'intersection de la ligne 4 et de la colonne 2, on trouve le nombre 6. On a donc $\binom{4}{2} = 6$.

■ **Exemple :** *Déterminer à l'aide du triangle de Pascal, les coefficients binomiaux* $\binom{3}{1}$, $\binom{4}{2}$, $\binom{4}{3}$, $\binom{6}{3}$, $\binom{6}{6}$.

	k=0	k=1	k=2	k=3	k=4	k=5	k=6
n=0	1						
n=1	1	1					
n=2	1	2	1				
n=3	1	3	3	1			
n=4	1	4	6	4	1		
n=5	1	5	10	10	5	1	
n=6	1	6	15	20	15	6	1

On trouve : $\binom{3}{1}=3$, $\binom{4}{2}=6$, $\binom{4}{3}=4$, $\binom{6}{3}=20$, $\binom{6}{6}=1$.

REMARQUES IMPORTANTES : On peut raisonner pour tout entier n et constater que :

a) Pour tout n : $\binom{n}{0}=1$, $\binom{n}{1}=n$, $\binom{n}{n}=1$.

b) Pour tout n et tout k, $\binom{n}{k}=\binom{n}{n-k}$ *(Symétrie des coefficients)*

(par exemple $\binom{5}{1}=\binom{5}{4}=5$ *ou encore* $\binom{6}{2}=\binom{6}{4}=15$*).*

d) Pour tout n et tout k, $\binom{n}{k}=\binom{n-1}{k-1}+\binom{n-1}{k}$ *(par exemple :* $\binom{5}{3}=\binom{4}{2}+\binom{4}{3}$ *(*$10=6+4$*) ou encore* $\binom{6}{1}=\binom{5}{0}+\binom{5}{1}$ *(*$6=1+5$*) : Cette formule est appelée dans certains manuels* ***formule de Pascal****. C'est elle qui permet de construire le triangle comme on va le voir maintenant.*

B- Comment construire le triangle de Pascal ?

C'est à votre tour maintenant, à votre tour de construire votre 1er triangle de Pascal, mais comment faire ? Voyons cela, sans plus attendre !

METHODE 2 : En utilisant la Formule de Pascal

■ Principe

a) Légendez autour du triangle : $n=0$, $n=1$, $n=2$... en colonne et $k=0$, $k=1$, $k=2$... en ligne (ne sautez pas cette étape sinon vous allez vous paumer grave de chez grave !).

b) Mettez des 1 dans la 1re colonne (car $\binom{n}{0}=1$ pour tout n).

Mettez des 1 dans la grande diagonale (car $\binom{n}{n} = 1$ pour tout n).

c) Utilisez **la formule de Pascal** : $\binom{n}{k} = \binom{n-1}{k-1} + \binom{n-1}{k}$ (valable pour tous n et k), chaque nouveau nombre $\binom{n}{k}$ se déduisant comme la somme du nombre au-dessus de lui $\binom{n-1}{k}$ et du nombre au-dessus et à gauche de lui $\binom{n-1}{k-1}$.

d) Vérifiez la symétrie du triangle.

Bien vous vous sentez prêts ? Vous allez construire votre 1er triangle de Pascal, on vous sent ému, allons-y (n'ayez rien à craindre, on a numéroté les étapes pour vous aider à suivre, vous allez voir, c'est vraiment tranquilou...).

■ **Exemple :** *Construire le triangle de Pascal jusqu'à la ligne* $n = 4$ *(et la colonne* $k = 4$*).*

Regardez bien les étapes !

	k=0	k=1	k=2	k=3	k=4
n=0					
n=1					
n=2					
n=3					
n=4					

Etape 1

	k=0	k=1	k=2	k=3	k=4
n=0	1				
n=1	1	1			
n=2	1		1		
n=3	1			1	
n=4	1				1

Etape 2

	k=0	k=1	k=2	k=3	k=4
n=0	1				
n=1	1	1			
n=2	1	2	1		
n=3	1			1	
n=4	1				1

Etape 3

	k=0	k=1	k=2	k=3	k=4
n=0	1				
n=1	1	1			
n=2	1	2	1		
n=3	1	3		1	
n=4	1				1

Etape 4

	k=0	k=1	k=2	k=3	k=4
n=0	1				
n=1	1	1			
n=2	1	2	1		
n=3	1	3	3	1	
n=4	1				1

Etape 5

	k=0	k=1	k=2	k=3	k=4
n=0	1				
n=1	1	1			
n=2	1	2	1		
n=3	1	3	3	1	
n=4	1	4			1

Etape 6

	k=0	k=1	k=2	k=3	k=4
n=0	1				
n=1	1	1			
n=2	1	2	1		
n=3	1	3	3	1	
n=4	1	4	6		1

Etape 7

	k=0	k=1	k=2	k=3	k=4
n=0	1				
n=1	1	1			
n=2	1	2	1		
n=3	1	3	3	1	
n=4	1	4	6	4	1

Etape 8

Et voilà !

REMARQUE : Pour être sûr que vous avez bien pigé, on vous donne la ligne d'après (elle n'était pas demandée mais c'est juste pour que vous soyez sûr d'avoir bien compris le mécanisme).

	k=0	k=1	k=2	k=3	k=4	k=5
n=0	1					
n=1	1	1				
n=2	1	2	1			
n=3	1	3	3	1		
n=4	1	4	6	4	1	
n=5	1	5	10	10	5	1

Tout va bien ? Ça roule pour vous ?

METHODE 3 : En utilisant un algorithme et la formule de Pascal

■ Principe

On va programmer la formule de Pascal $\binom{n}{k}=\binom{n-1}{k-1}+\binom{n-1}{k}$ à l'aide de variables de type Liste.

```
VARIABLES
  n EST_DU_TYPE NOMBRE
  L_1 EST_DU_TYPE LISTE
  L_2 EST_DU_TYPE LISTE
  j EST_DU_TYPE NOMBRE
  i EST_DU_TYPE NOMBRE
DEBUT_ALGORITHME
  LIRE n
  AFFICHER "1"
  AFFICHER "1 1 "
  L_1[1] PREND_LA_VALEUR 1
  L_1[2] PREND_LA_VALEUR 1
  L_2[1] PREND_LA_VALEUR 1
  POUR i ALLANT_DE 2 A n
    DEBUT_POUR
    POUR j ALLANT_DE 2 A i
      DEBUT_POUR
      L_2[j] PREND_LA_VALEUR L_1[j-1]+L_1[j]
      FIN_POUR
    L_2[i+1] PREND_LA_VALEUR 1
    POUR j ALLANT_DE 1 A i+1
      DEBUT_POUR
      L_1[j] PREND_LA_VALEUR L_2[j]
      AFFICHER L_1[j]
      AFFICHER " "
      FIN_POUR
    AFFICHER " "
    FIN_POUR
FIN_ALGORITHME
```

METHODE 4 : En utilisant un tableur et la fonction =combin(

■ Principe

Le triangle de Pascal est rempli de coefficients binomiaux. Cela tombe bien, il existe une fonction Excel, =combin(n ;k) , qui permet de calculer le coefficient binomial $\binom{n}{k}$ (pour calculer $\binom{5}{2}$ par exemple, on écrit =combin(5 ;2)). Avec cette formule donc, on peut reconstituer le triangle de Pascal !

	A	B	C	D	E	F	G	H	I
1		k	k=0	k=1	k=2	k=3	k=4	k=5	k=6
2	n		0	1	2	3	4	5	6
3	n=0	0	1						
4	n=1	1	1	1					
5	n=2	2	1	2	1				
6	n=3	3	1	3	3	1			
7	n=4	4	1	4	6	4	1		
8	n=5	5	1	5	10	10	5	1	
9	n=6	6	1	6	15	20	15	6	1

Dans C2, on écrit 0. Dans D2, on écrit 1. On sélectionne la plage C2 :D2, sa poignée de copie qu'on étend jusqu'en I2.
Dans B3, on écrit 0. Dans B4, on écrit 1. On sélectionne la plage B3 :B4, sa poignée de copie qu'on étend jusqu'en B9.
Dans C3, on écrit : =COMBIN($B3;C$2) (Attention les dollars ($) sont importants, si on les oublie tout risque de mal se passer à la recopie, et le triangle ne pourra pas se construire correctement (c'est un vrai jeu de construction, Excel)). On prend la poignée de copie de la cellule C3, qu'on étend jusqu'à C9.
Ensuite : on sélectionne C4, sa poignée de copie qu'on étend jusqu'en D4.
On sélectionne C5, sa poignée de copie qu'on étend jusqu'en E5.
On sélectionne C6, sa poignée de copie qu'on étend jusqu'en F6.
On sélectionne C7, sa poignée de copie qu'on étend jusqu'en G7.
On sélectionne C8, sa poignée de copie qu'on étend jusqu'en H8.
On sélectionne C9, sa poignée de copie qu'on étend jusqu'en I9.
Et voilà, votre triangle de Pascal est prêt !

2. Comment utiliser le triangle de Pascal ?

Le triangle de Pascal a plusieurs applications : la 1re (qui est la plus célèbre) est qu'elle permet, en Algèbre, de développer le binôme $(p+q)^n$. La 2e est qu'elle permet, en Calcul des probabilités, de déterminer la loi binomiale (c'est ce qui nous intéressera le plus dans le chapitre suivant). Voyons cela !

A- En Algèbre

METHODE 5 : Pour développer le binôme $(p+q)^n$

■ **Principe**

Lorsqu'on développe $(p+q)^0$, on trouve 1 (bah oui, n'importe quel nombre (sauf 0) à la puissance 0 vaut 1) : $(p+q)^0 = 1$.

Lorsqu'on développe $(p+q)^1$, on trouve : $(p+q)^1 = p+q$.

Lorsqu'on développe $(p+q)^2$, on trouve : $(p+q)^2 = p^2 + 2pq + q^2$.

Lorsqu'on développe $(p+q)^3$, on trouve : $(p+q)^3 = p^3 + 3p^2q + 3pq^2 + q^3$.

Vous ne remarquez rien ? On retrouve les coefficients du triangle de Pascal !

	k=0	k=1	k=2	k=3	k=4	k=5
n=0	1					
n=1	1	1				
n=2	1	2	1			
n=3	1	3	3	1		
n=4	1	4	6	4	1	
n=5	1	5	10	10	5	1

$(p+q)^0 = 1$
$(p+q)^1 = p+q$
$(p+q)^2 = p^2 + 2pq + q^2$
$(p+q)^3 = p^3 + 3p^2q + 3pq^2 + q^3$
$(p+q)^4 = p^4 + 4p^3q + 6p^2q^2 + 4pq^3 + q^4$
$(p+q)^5 = p^5 + 5p^4q + 10p^3q^2 + 10p^2q^3 + 5pq^4 + q^5$

Si vous avez bien pigé, pour le développement de $(p+q)^5$, vous regardez la ligne $n=5$ dont les coefficients sont 1, 5, 10, 10, 5, 1 que vous mettez respectivement devant les termes p^5, p^4q, p^3q^2, p^2q^3, pq^4 et q^5 (les puissances de p diminuent de 1 à chaque fois tandis que celles de q augmentent de 1, la somme de leurs exposants valant toujours 5).

Vous obtenez alors : $(p+q)^5 = p^5 + 5p^4q + 10p^3q^2 + 10p^2q^3 + 5pq^4 + q^5$. Ok ?

■ **Exemple :** *Développez à l'aide du triangle de Pascal :* $(p+q)^6$.

On construit le triangle de Pascal (en trente secondes maintenant que vous êtes habitué) :

	k=0	k=1	k=2	k=3	k=4	k=5	k=6
n=0	1						
n=1	1	1					
n=2	1	2	1				
n=3	1	3	3	1			
n=4	1	4	6	4	1		
n=5	1	5	10	10	5	1	
n=6	1	6	15	20	15	6	1

Ce qui nous donne : $(p+q)^6 = p^6 + 6p^5q + 15p^4q^2 + 20p^3q^3 + 15p^2q^4 + 6q^5 + q^6$.

■ **Exemple :** *Développez à l'aide du triangle de Pascal :* $(2x+5)^3$.

D'après le triangle de Pascal, on a $(p+q)^3 = p^3 + 3p^2q + 3pq^2 + q^3$

Ainsi (n'oubliez pas les parenthèses !) : $(2x+5)^3 = (2x)^3 + 3(2x)^2 5 + 3(2x)5^2 + 5^3$

Ce qui donne : $(2x+5)^3 = 8x^3 + 60x^2 + 150x + 125$, ce qu'on peut vérifier avec un logiciel de calcul formel comme Xcas.

```
developper((2x+5)^3)
                                        8x^3 + 60x^2 + 150x + 125
```

B- Pour le calcul des probabilités

On anticipe un peu sur le chapitre suivant mais c'est pas grave ! En 1re S, on étudie principalement les épreuves et les schémas de Bernoulli (1654-1705). Une épreuve de Bernoulli, c'est une épreuve qui n'a que deux issues : Succès ou Echec. Un schéma de Bernoulli, c'est la répétition de la même épreuve de Bernoulli (On vous invite à aller voir le chapitre suivant).
Jeter un dé à six faces en considérant qu'obtenir le 6 est un succès est une épreuve de Bernoulli. Jeter trois fois le dé sous les mêmes considérations est un schéma de Bernoulli, précisons : il s'agit d'un schéma de Bernoulli de paramètres $n = 3$ (car on lance trois fois le dé) et $p = \frac{1}{6}$ (car on a une chance sur 6, à chaque fois, d'obtenir le 6). La loi binomiale, c'est la loi du nombre de succès (dans notre cas précis, le nombre de succès au cours de ces deux épreuves vaut soit 0, soit 1, soit 2, soit 3). En considérant tous les cas, à l'aide d'un arbre (dit pondéré), on retrouve un truc extraordinaire (voir chapitre suivant) : le triangle de Pascal ! Chose incroyable donc, Pascal viendra dans le chapitre suivant nous sauver la vie, en nous évitant la construction d'arbres, construction d'autant plus fastidieuse que le nombre d'expériences (c'est-à-dire n) est grand. Cela nous donne la méthode suivante ! (Méthode qu'on retrouvera bien sûr au chapitre suivant !)

METHODE 6 : Pour trouver la loi binomiale (loi du nombre de succès)

■ **Principe**
On considère un schéma de Bernoulli de paramètres n et p (avec n : le nombre d'épreuves, p la probabilité du succès et $q = 1 - p$ la probabilité de l'échec). Alors :

a) Si $n = 2$, d'après le triangle de Pascal on a : $(p+q)^2 = p^2 + 2pq + q^2$ et la loi binomiale (loi du nombre de succès) est :

Valeurs possibles k (nombre de succès) de X	2	1	0
Probabilités associées $p([X=k])$	p^2	$2pq$	q^2

b) Si $n=3$, d'après le triangle de Pascal on a : $(p+q)^3=p^3+3p^2q+3pq^2+q^3$ et la loi binomiale (loi du nombre de succès) est :

Valeurs possibles k (nombre de succès) de X	3	2	1	0
Probabilités associées $p([X=k])$	p^3	$3p^2q$	$3pq^2$	q^3

etc. Vite un exemple, parce que là, on comprend rien !

■ **Exemple :** *On jette trois fois de suite le même dé à six faces. A chaque étape, on considère comme succès le fait de tomber sur « 6 ».*
Donner la loi binomiale (loi du nombre de succès) et interpréter les résultats.

a) On a $n=3$, $p=\frac{1}{6}$ (probabilité du succès) et donc $q=\frac{5}{6}$ (probabilité de l'échec). D'après le triangle de Pascal ($(p+q)^3=p^3+3p^2q+3pq^2+q^3$) et la loi binomiale est :

Valeurs possibles k (nombre de succès) de X	3	2	1	0
Probabilités associées $p([X=k])$	p^3	$3p^2q$	$3pq^2$	q^3

qui devient donc :

Valeurs possibles k (nombre de succès) de X	3	2	1	0
Probabilités associées $p([X=k])$	$\frac{1}{216}$	$\frac{15}{216}$	$\frac{75}{216}$	$\frac{125}{216}$

Interprétation : Au cours des 3 lancers de dés à six faces :

- la probabilité d'avoir trois fois le 6 (trois succès) vaut $p([X=3])=\frac{1}{216}$;
- la probabilité d'avoir deux fois le 6 (deux succès) vaut $p([X=2])=\frac{15}{216}$;
- la probabilité d'avoir une fois le 6 (un succès) vaut $p([X=1])=\frac{75}{216}$. Ok ?
- la probabilité d'avoir zéro fois le 6 (zéro succès) vaut $p([X=0])=\frac{125}{216}$. Ok ?

Ah d'accord, ça sert à ça ? Et oui, mais nous ne étendrons pas davantage sur ce point puisque c'est l'objet du chapitre suivant, ok ? Mais reconnaissez que c'est quand même génial, non ?

Réflexes

	SITUATIONS	REFLEXES
1.	Lire le triangle de Pascal	On y trouve les coefficients binomiaux. A l'intersection de la ligne n et de la colonne k, se trouve le coefficient binomial $\binom{n}{k}$.
2.	Construire le triangle de Pascal	• Procéder par étape en utilisant la formule de Pascal $\binom{n}{k}=\binom{n-1}{k-1}+\binom{n-1}{k}$ et en ne mettant des 1 sur la 1re colonne et sur la grande diagonale. • Utiliser un algorithme et la formule de Pascal • Utiliser un tableur avec la fonction =combin(
3.	Développer un binôme $(p+q)^n$	Utiliser la ligne n du triangle de Pascal.
4.	Trouver la loi binomiale	S'il y a n épreuves, on utilise la ligne n du triangle de Pascal.

Astuces

■ Amusez-vous à construire le triangle de Pascal souvent. Déjà c'est marrant (bon on vous sent pas convaincu), deuxièmement c'est joli (toujours pas convaincu ?), troisièmement c'est utile, oh oui que c'est utile... Pensez à vos DS de proba que vous allez torcher vite fait bien fait grâce à ce petit bijou de triangle pendant que les autres galèreront comme des bêtes avec leurs arbres pondérés. Pascal a pulvérisé par son génie tout ce qui était incertain, flou dans les connaissances scientifiques de son époque. Le triangle arithmétique n'est qu'une partie de son œuvre gigantesque : philosophe, écrivain, mathématicien, physicien, bref il était un génie total, un *effrayant génie* comme l'appelait Châteaubriand (1768-1848) dans son *Génie du Christianisme : "Il y avait un homme qui, à 12 ans, avec des barres et des ronds, avait créé les mathématiques ; qui à 16 avait fait le plus savant traité des coniques qu'on eût vu depuis l'antiquité ; qui à 19, réduisit en machine une science qui existe toute entière dans l'entendement ; qui à 23, démontra les phénomènes de la pesanteur de l'air, et détruisit une des grandes erreurs de l'ancienne physique ; qui à cet âge où les autres hommes commencent à peine de naître, ayant achevé de parcourir le cercle des sciences humaines, s'aperçut de leur néant et tourna ses pensées vers la religion ; qui depuis ce moment jusqu'à sa mort arrivée dans sa 39e année, toujours infirme et souffrant, fixa la langue que parlèrent Bossuet et Racine, donna le modèle de la plus parfaite plaisanterie comme du raisonnement le plus fort ; enfin qui, dans les courts intervalles de ses maux, résolut par distraction un des plus hauts problèmes de la géométrie, et jeta sur le papier des pensées qui tiennent autant de Dieu que de l'homme. Cet effrayant génie se nommait Blaise PASCAL*". François-René de Chateaubriand. Dans Method's Seconde, on explique les découvertes fabuleuses de Pascal décrites dans cet extrait. On vous invite à aller le voir !

■ Dans le triangle de Pascal (1623-1662), on peut retrouver la suite de Fibonacci (1175-1250), regardez !

1 1 2 3 5 8 13

	k=0	k					k
n=0	1						
n=1	1	1					
n=2	1	2	1				
n=3	1	3	3	1			
n=4	1	4	6	4	1		
n=5	1	5	10	10	5	1	
n=6	1	6	15	20	15	6	1

On reconnaît la fameuse suite des lapins : 1, 1, 2, 3, 5, 8, 13, etc.
En fait, dans son *traité du Triangle arithmétique (1654)*, Blaise PASCAL (1623-1662) a démontré plus de vingt propriétés de ce type : certaines sont vraiment complexes mais d'autres assez immédiates. Tenez, avez-vous remarqué que la somme des nombres de chaque ligne donnait les puissances de deux successives : regardez $1=2^0$, $1+1=2^1$, $1+2+1=2^2$, $1+3+3+1=2^3$, $1+4+6+4+1=2^4$, $1+5+10+10+5+1=2^5$, $1+6+15+20+15+6+1=2^6$, etc.
Avez-vous remarqué également que la 3e diagonale : 1, 3, 6, 10, 15 n'est autre que la suite des nombres triangulaires 1, $1+2$, $1+2+3$, $1+2+3+4$, $1+2+3+4+5$, etc.
Si vous voulez vraiment comprendre Pascal, on vous invite à lire directement son traité (Pascal a un style très clair et merveilleusement construit !).

Erreurs

■ Il n'y a pas trop d'erreur possible sur la construction du triangle lui-même. La seule difficulté vient de l'interprétation de chacun des nombres (c'est-à-dire des coefficients binomiaux), voila pourquoi pour ne pas se tromper de n et de k, il faut bien penser à légender les côtés du triangle !

Chapitre 11

METHODES SUR LA LOI BINOMIALE ET LA LOI GEOMETRIQUE

Ce chapitre est important, très important. La loi binomiale, découverte par Pascal et Bernoulli a des applications énormes (qu'on verra dans le chapitre suivant) : prise de décision, rejet d'une hypothèse sur une proportion, test de qualité, détermination d'intervalles de fluctuations, etc.
Il faut donc bien bosser ce chapitre surtout que ce n'est pas si dur, il faut juste être consciencieux. On vous prévient : vous ne devez pas avoir peur de construire des arbres, ni de construire le triangle de Pascal (voir Chapitre précédent), ni d'utiliser un tableur, ni de programmer un algo (en gros on ne doit avoir peur de rien, c'est ça ?). Angoissé(e) ? Rassurez-vous, nous sommes là pour vous apprendre pas à pas, comment faire : pas de panique, vous êtes en bonne compagnie (tout va bien), vous êtes avec Method'S. Allez, c'est parti !

1. Epreuve et loi de Bernoulli

Première chose, ne faites pas l'erreur de mal prononcer le nom Bernoulli : ça se prononce Bernou**li** (prononcer le L !) et pas Bernouyi (mais rassurez-vous l'erreur de prononciation est fréquente, même chez les profs, ouh la honte...).

METHODE 1 : Comment reconnaître une épreuve de Bernoulli ?

■ **Principe**

Une épreuve de Bernoulli de paramètre p est une expérience dans laquelle il y a deux issues : le succès (de probabilité p) et l'échec (de probabilité q avec bien évidemment $q=1-p$, bah oui, souvenez-vous de la formule $p(\overline{A})=1-p(A)$).

■ **Exemples :** *Dans chaque cas, après avoir constaté qu'il s'agit d'une épreuve de Bernoulli, en donner le paramètre p.*
a) On jette une pièce de monnaie équilibrée. On considère comme succès le fait de tomber sur « Pile ».
b) On jette un dé à six faces. On considère comme succès le fait d'obtenir 6.
c) On tire une carte d'un jeu de 32. On considère comme succès le fait de tomber sur une figure (Valet, Dame, Roi).
d) Dans une urne, il y a 4 boules rouges, 6 boules vertes, et 8 boules noires. On considère comme succès le fait d'obtenir une boule verte.

On trouve tout simplement :

a) $p=\frac{1}{2}$ b) $p=\frac{1}{6}$ c) $p=\frac{12}{32}=\frac{3}{8}$ d) $p=\frac{6}{18}=\frac{1}{3}$

METHODE 2 : Comment donner la loi de Bernoulli, son espérance, sa variance et son écart type ?

■ Principe

Supposons qu'on soit dans une épreuve de Bernoulli de paramètre p. Soit X la v.a (variable aléatoire) qui vaut 1 en cas de succès et 0 en cas d'échec. Alors :

- Sa loi de probabilité (qu'on appelle dans ce cas très précis, loi de Bernoulli) est :

Valeurs possibles k de X	1	0
Probabilités associées $p([X=k])$	p	$q=1-p$

- Son espérance mathématique vaut : $E(X)=p$;
- Sa variance vaut : $V(X)=p(1-p)$;
- Son écart type vaut : $\sigma(X)=\sqrt{p(1-p)}$.

■ Exemples : *On jette un dé à six faces. On considère comme succès le fait d'obtenir 6. Donner la loi de probabilité, l'espérance mathématique, la variance et l'écart type de la v.a X qui vaut 1 en cas de succès et 0 en cas d'échec.*

On a $p=\frac{1}{6}$. *La loi de probabilité (c'est-à-dire la loi de Bernoulli) est donc :*

Valeurs possibles k de X	1	0
Probabilités associées $p([X=k])$	$\frac{1}{6}$	$\frac{5}{6}$

Avec : pour espérance $E(X)=\frac{1}{6}$, variance $V(X)=\frac{5}{36}$, écart type $\sigma(X)=\sqrt{\frac{5}{36}}$.

Jusque-là, rien de vraiment difficile (on pourrait presque s'endormir). C'est maintenant que les choses vont devenir intéressantes : on va voir les schémas de Bernoulli qui sont bien plus passionnants (et palpitants) que les épreuves de Bernoulli puisqu'on augmente le nombre d'épreuves !

2. Schéma de Bernoulli

Maintenant on va répéter plusieurs fois la même épreuve de Bernoulli, disons n fois (avec bien sûr $n \geq 2$). Vous êtes prêts ? Accrochez-vous, c'est parti !

METHODE 3 : Comment reconnaître un schéma de Bernoulli ?

■ **Principe**

Un schéma de Bernoulli de paramètres n et p est la répétition (n fois) de la même épreuve de Bernoulli (de paramètre p). Il faut donc :

- Vérifier qu'on répète bien de manière identique les épreuves (en général c'est dit dans l'énoncé).
- Déterminer le nombre de fois qu'on la répète, cette fichue épreuve : c'est-à-dire trouver le paramètre n (le premier paramètre).
- Vérifier que cette satanée épreuve que l'on répète n'a que deux issues : un succès de probabilité p (le deuxième paramètre) ou un échec (de probabilité $q = 1 - p$).

■ **Exemple (la pièce, deux fois) :** *On jette deux fois la même pièce de monnaie équilibrée. A chaque étape, on considère comme succès le fait de tomber sur Pile.*

C'est bien un schéma de Bernoulli de paramètres : $n = 2$ et $p = \frac{1}{2}$.

■ **Exemple (le dé, deux fois) :** *On jette deux fois de suite le même dé à six faces. A chaque étape, on considère comme succès le fait de tomber sur le 6.*

Cette fois, c'est un schéma de Bernoulli de paramètres : $n = 2$ et $p = \frac{1}{6}$.

■ **Exemple (le dé trois fois) :** *On jette trois fois un même dé à six faces. A chaque étape, on considère comme succès le fait de tomber sur le 6.*

Vous avez bien sûr reconnu un schéma de Bernoulli de paramètres : $n = 3$ et $p = \frac{1}{6}$. Trop facile...

■ **Exemple (le jeu de cartes, quatre fois) :** *On tire quatre fois avec remise une carte d'un jeu de 32 (donc on la remet à chaque tirage). A chaque étape, on considère comme succès le fait de tomber sur une figure.*

Quoi ? Vous n'avez par reconnu un schéma de Bernoulli de paramètres : $n = 4$ et $p = \frac{3}{8}$? Diantre (comme dirait Molière), ressaisissez-vous !

■ **Exemple 5 (l'urne) :** *Dans une urne, il y a 4 boules rouges, 6 boules vertes, et 8 boules noires. On tire cinq fois avec remise une boule de l'urne. A chaque étape, on considère comme succès le fait de tomber sur une boule verte.*

A vous, on vous la fait pas ! Vous avez tout de suite reconnu un schéma de Bernoulli de paramètres : $n=5$ et $p=\frac{6}{18}=\frac{1}{3}$. Il en faut plus pour vous déstabiliser...

C'est maintenant que les choses vont se compliquer : on a vu qu'on pouvait répéter n fois la même épreuve de Bernoulli de paramètre p pour obtenir un schéma de Bernoulli de paramètres n et p (Quoi ? Keskidit ?). Ce qui va nous intéresser maintenant, c'est le nombre de succès (nombre compris entre 0 et n) qu'on peut obtenir lors d'un schéma de Bernoulli (et les probabilités qui vont avec). On va s'intéresser à la loi du nombre de succès : la LOI BINOMIALE ! (Ah d'accord...) Vous êtes prêts ? Accrochez-vous, c'est parti !

3. Comment déterminer la loi binomiale et les probabilités associées $p(X=k)$, $p(X\leq k)$ et $p(X>k)$?

METHODE 4 : C'est quoi une loi binomiale ?

■ **Principe**

Reprenons tout : une épreuve de Bernoulli, on l'a vu, c'est une épreuve qui n'a que deux issues : Succès (avec une probabilité p) ou Echec (avec une probabilité $q=1-p$). Un schéma de Bernoulli de paramètres n et p, c'est la répétition, n fois, de la même épreuve de Bernoulli, où à chaque épreuve, la probabilité du succès vaut p (elle ne change pas !).

La loi binomiale, c'est la loi du nombre de succès. Si on appelle X la variable aléatoire associée au nombre de succès (X peut donc prendre les valeurs 0, 1, 2, ..., n), la loi binomiale (la loi de X donc) se présente sous la forme d'un tableau (comme une loi de probabilité traditionnelle) avec :

- en 1re ligne, les valeurs possibles de X : les valeurs n, $n-1$, ..., 2, 1, 0
- en 2e ligne, les probabilités associées : $p([X=n])$, $p([X=n-1])$, ... $p([X=2])$, $p([X=1])$, $p([X=0])$. Vous n'avez rien compris ? Alors vite un exemple (Au secours !)

■ **Exemple (la pièce, deux fois)** : *On jette deux fois la même pièce de monnaie équilibrée. A chaque étape, on considère comme succès le fait de tomber sur « Pile ». Donner la loi binomiale (loi du nombre de succès).*

Il est facile de comprendre qu'il y a 4 possibilités en tout (tout à l'heure, c'est-à-dire juste après, on dessinera un arbre pour s'en rendre compte) : (P,P), (P,F) (F,P) et (F,F) (P désignant Pile et F... Face ! Vous suivez, c'est bien !). On a donc 1 chance sur 4 d'obtenir 2 Piles (P,P), 2 chances sur 4 d'obtenir 1 fois pile en tout ((P,F) et (F,P)) et 1 chance sur 4 d'obtenir 0 fois pile (F,F).

Dans ce cas la loi binomiale est :

Nombre de succès (pile)	2	1	0
Probabilités associées	$\frac{1}{4}$	$\frac{1}{2}$	$\frac{1}{4}$

Ça va ? C'est plus clair comme ça ?

Maintenant voilà la grosse difficulté : comment déterminer ce fameux tableau qu'on appelle loi binomiale ? Oui, comment le déterminer à coup sûr ? Si on jette autre chose que des pièces par exemple (et ne pensez pas à des tomates ou à des œufs pourris en vous imaginant au Moyen âge, avec votre prof mis au pilori... on a tous rêvé de le faire mais c'est mal...) ou si le nombre de jets augmente, oui : comment donc trouver cette loi binomiale, sans se prendre la tête ? Suivez le guide... (suivez le guïde, dites à l'américaine, ça fait hyper branché, surtout en cours de Maths...).

A- En utilisant un arbre pondéré

METHODE 5 : En utilisant un arbre pondéré (cas où $n = 2$)

■ Principe

C'est vraiment la méthode la pire, surtout qu'avec le triangle de Pascal on peut aller dix fois plus vite (et avec le tableur cent fois plus vite peut-être). Cela dit, ce n'est pas mauvais de le voir puisque c'est tout de même comme ça que Bernoulli et Pascal ont historiquement abordé le problème ! Bon, l'idée est de procéder par étapes !

1°) **L'arbre pondéré :** à chaque épreuve, on a deux branches : une qui donne un succès (S) avec une proba p et l'autre un échec (E) avec une proba $q = 1 - p$. Ensuite on multiplie les probas. Regardez !

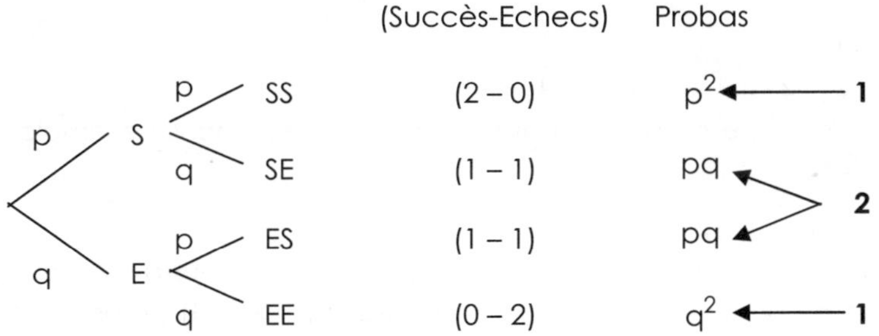

2°) **La loi binomiale** (le tableau) : on obtient alors directement

Valeurs possibles k (nombre de succès) de X	2	1	0
Probabilités associées $p([X = k])$	p^2	$2pq$	q^2

REMARQUES IMPORTANTES :

a) On reconnaît le développement $(p+q)^2 = p^2 + 2pq + q^2$ qu'on obtient par le triangle de Pascal, (voir chapitre précédent).

b) Les valeurs de la loi binomiale sont à l'envers (ça fait 2, 1, 0 au lieu de 0, 1, 2), c'est tout à fait normal et ça sera toujours comme ça (de toute façon, ça ne pose aucun problème).

3°) **L'interprétation :** Au cours de ces 2 épreuves :

- la probabilité qu'il y ait deux succès vaut : $p([X=2]) = p^2$;
- la probabilité qu'il y ait un succès vaut : $p([X=1]) = 2pq$;
- la probabilité qu'il n'y ait aucun succès vaut : $p([X=0]) = q^2$. Ok ?

Vite un exemple numérique !!!

■ **Exemple (la pièce, deux fois) :** *On jette deux fois la même pièce de monnaie équilibrée. A chaque étape, on considère comme succès le fait de tomber sur Pile. Donner la loi binomiale de ce schéma de Bernoulli.*

On a un schéma de Bernoulli de paramètres $n=2$ et $p=\frac{1}{2}$ (donc $q=1-p=1-\frac{1}{2}=\frac{1}{2}$) et on obtient la loi binomiale (en réutilisant le tableau ci-dessus) :

Nombre de succès (pile)	2	1	0
Probabilités associées	$\frac{1}{4}$	$\frac{1}{2}$	$\frac{1}{4}$

(En effet, on a $p^2 = \left(\frac{1}{2}\right)^2 = \frac{1}{4}$, comme $p=\frac{1}{2}$ on a $q=1-p=1-\frac{1}{2}=\frac{1}{2}$ et $2pq = 2\times\frac{1}{2}\times\frac{1}{2}=\frac{1}{2}$ et $q^2 = \left(\frac{1}{2}\right)^2 = \frac{1}{4}$).

On retrouve bien ce qu'on avait trouvé intuitivement dans l'exemple de la méthode 4. Ok ?

REMARQUES IMPORTANTES :

Il y a quelques petites astuces évidentes à connaître : si vous avez un schéma de Bernoulli à n épreuves, lorsque vous connaissez $p([X=k])$ (la proba d'avoir exactement k succès) il est possible de connaître $p([X\le k])$ (la proba d'avoir au plus k succès), ainsi que $p([X\ge k])$ (la proba d'avoir au moins k succès), on a tout simplement :

- $p([X\le k]) = p([X=0]) + p([X=1]) + p([X=2]) + \ldots + p([X=k])$ *(par exemple la proba d'avoir au plus 1 succès est la somme des probas de 0 succès, et de 1 succès.*

- $p([X \geq k]) = p([X = k]) + p([X = k+1]) + ...p([X = n])$ *(par exemple la proba d'avoir au moins 1 succès est la somme des probas de 1 succès, de 2 succès, etc.)*
- $p([X \geq k]) = 1 - p([X \leq k-1])$ *(par exemple avoir au moins 3 succès c'est le contraire d'en avoir au plus 2).*

Ces astuces peuvent être utilisées quelque soit le nombre d'épreuves bien évidemment. Bien, continuons parce que là c'est trop fun et on aimerait bien lancer autre chose que des pièces, tenez un dé par exemple.

■ **Exemple (le dé, deux fois) :** *On jette deux fois de suite le même dé à six faces. A chaque étape, on considère comme succès le fait de tomber sur le 6. Donner la loi binomiale associée à ce schéma de Bernoulli puis :*
1°) Déterminer la probabilité d'avoir 2 succès.
2°) Déterminer la probabilité d'avoir au moins 1 succès.
3°) Déterminer la probabilité d'avoir au plus 1 succès.

On a un schéma de Bernoulli de paramètres $n = 2$ et $p = \frac{1}{6}$ (donc $q = 1 - p = \frac{5}{6}$), ce qui nous donne la loi binomiale associée :

Valeurs possibles k (nombre de succès) de X	2	1	0
Probabilités associées $p([X = k])$	$\frac{1}{36}$	$\frac{10}{36}$	$\frac{25}{36}$

En effet : $p^2 = \left(\frac{1}{6}\right)^2 = \frac{1}{36}$, $2pq = 2 \times \frac{1}{6} \times \frac{5}{6} = \frac{10}{36}$, $q^2 = \left(\frac{5}{6}\right)^2 = \frac{5}{36}$. Ok ?

1°) La probabilité d'avoir deux succès (deux fois le 6) vaut $p([X = 2]) = \frac{1}{36}$.

2°) La probabilité d'avoir au moins un succès (au moins une fois le 6) vaut $p([X \geq 1]) = p([X = 1]) + p([X = 2]) = \frac{11}{36}$.

3°) La probabilité d'avoir au plus un succès (au plus une fois le 6) vaut $p([X \leq 1]) = p([X = 0]) + p([X = 1]) = \frac{35}{36}$.

Bon, c'est facile non ? Tirons une carte maintenant (et deux fois s'il vous plaît !)

■ **Exemple (une carte, deux fois) :** *On tire deux fois avec remise une carte d'un jeu de 32 (donc on la remet à chaque tirage). A chaque étape, on considère comme succès le fait de tomber sur un trèfle. Donner la loi binomiale associée à ce schéma de Bernoulli puis déterminer la probabilité d'avoir au moins un trèfle.*

On a un schéma de Bernoulli de paramètres : $n = 2$ et $p = \frac{1}{4}$ (donc $q = \frac{3}{4}$). La loi binomiale associée est :

Valeurs possibles k (nombre de succès) de X	2	1	0
Probabilités associées $p([X=k])$	$\frac{1}{16}$	$\frac{6}{16}$	$\frac{9}{16}$

Car $p^2=\left(\frac{1}{4}\right)^2=\frac{1}{16}$, $2pq=2\times\frac{1}{4}\times\frac{3}{4}=\frac{6}{16}$, $q^2=\left(\frac{3}{4}\right)^2=\frac{9}{16}$. Ok ?

On cherche $p([X\geq 1])$, on a : $p([X\geq 1])=p([X=1])+p([X=2])=\frac{6}{16}+\frac{1}{16}=\frac{7}{16}$.

Donc on a une 7 chances sur 16 (soit 43,75 %) d'obtenir au moins un trèfle. Facile, non ?

Allez, on continue en augmentant le nombre d'épreuves, c'est trop le fun !

METHODE 6 : En utilisant un arbre pondéré (cas où $n=3$)

Ça se complique vite, regardez !

■ Principe

(Succès-Echecs) Probas

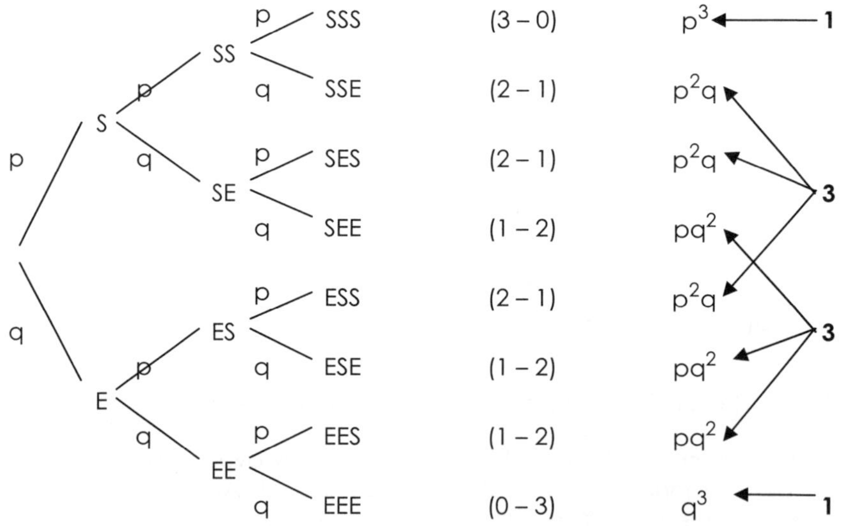

2°) **La loi binomiale** (le tableau) : on obtient alors directement

Valeurs possibles k de X	3	2	1	0
Probabilités associées $p([X=k])$	p^3	$3p^2q$	$3pq^2$	q^3

REMARQUE : Encore une fois, on reconnaît le développement $(p+q)^3 = p^3 + 3p^2q + 3pq^2 + q^3$*, qu'on peut obtenir par le triangle de Pascal (voir chapitre 10). C'est une bonne nouvelle, parce que ça nous permettra d'aller bien plus vite par la suite ! (En utilisant directement le triangle de Pascal !)*

3°) **L'interprétation :** cette loi binomiale (ce tableau) possède une interprétation bien précise, la voici : Au cours de ces trois épreuves,

La probabilité qu'il y ait trois succès vaut $p([X=3]) = p^3$.

La probabilité qu'il y ait deux succès vaut $p([X=2]) = 3p^2q$.

La probabilité qu'il y ait un succès vaut $p([X=1]) = 3pq^2$.

La probabilité qu'il n'y ait aucun succès vaut $p([X=0]) = q^3$. Ok ?

■ **Exemple (le dé, trois fois) :** *On jette 3 fois de suite un même dé à six faces. A chaque étape, on considère comme succès le fait d'obtenir 6. Donner la loi binomiale associée à ce schéma de Bernoulli puis :*
1°) Déterminer la probabilité d'avoir 2 succès.
2°) Déterminer la probabilité d'avoir au moins 1 succès.
3°) Déterminer la probabilité d'avoir au plus 1 succès.
4°) Déterminer la probabilité d'avoir au moins 2 succès.

On a $n=3$ et $p=\frac{1}{6}$ (donc $q=1-p=1-\frac{1}{6}=\frac{5}{6}$) d'où la loi binomiale :

Valeurs possibles k de X	3	2	1	0
Probabilités associées $p([X=k])$	$\left(\frac{1}{6}\right)^3 = \frac{1}{216}$	$3\left(\frac{1}{6}\right)^2\frac{5}{6} = \frac{15}{216}$	$3\frac{1}{6}\left(\frac{5}{6}\right)^2 = \frac{75}{216}$	$\left(\frac{5}{6}\right)^3 = \frac{125}{216}$

On trouve :

1°) $p([X=2]) = \frac{15}{216} \approx 0{,}069$

2°) $p([X \geq 1]) = p([X=1]) + p([X=2]) + p([X=3]) = \frac{75}{216} + \frac{15}{216} + \frac{1}{216} = \frac{91}{216} \approx 0{,}421$

3°) $p([X \leq 1]) = p([X=0]) + p([X=1]) = \frac{125}{216} + \frac{75}{216} = \frac{200}{216} \approx 0{,}926$

4°) $p([X \geq 2]) = 1 - p([X \leq 1]) = 1 - \frac{200}{216} = \frac{16}{216} \approx 0{,}074$ (là on a raisonné par le contraire !)

(Sinon on peut faire : $p([X \geq 2]) = p([X=2]) + p([X=3]) = \frac{15}{216} + \frac{1}{216} = \frac{16}{216}$, ça marche très bien aussi !)

METHODE 7 : En utilisant un arbre pondéré (cas où $n=4$)

■ Principe

Si vous faites l'arbre (il faut avoir une sacrée dose de courage, nous on l'a fait une fois, plus jamais... plus jamais !), vous trouverez la loi binomiale suivante :

Valeurs possibles k de X	4	3	2	1	0
Probabilités associées $p([X=k])$	p^4	$4p^3q$	$6p^2q^2$	$4pq^3$	q^4

REMARQUE : La bonne nouvelle (encore une fois) c'est qu'on reconnaît $(p+q)^4 = p^4 + 4p^3q + 6p^2q^2 + 4pq^3 + q^4$ *qu'on peut retrouver par le triangle de Pascal (voir chapitre 10 (le précédent), encore et encore !). Heureusement !*

Interprétation : Ainsi, au cours de ces 4 épreuves, la probabilité qu'il y ait quatre succès vaut $p([X=4]) = p^4$, celle qu'il y ait trois succès vaut $p([X=3]) = 4p^3q$, etc.

Allez, un petit exemple pour la route... (c'est facile finalement tout ça, non ?)

■ Exemple (le jeu de cartes, quatre fois) : *On tire quatre fois avec remise une carte d'un jeu de 32 (donc on la remet à chaque tirage). A chaque étape, on considère comme succès le fait de tomber sur une figure. Donner la loi binomiale associée à ce schéma de Bernoulli puis :*
1°) Déterminer la probabilité d'avoir 2 succès.
2°) Déterminer la probabilité d'avoir au plus 1 succès.
3°) Déterminer la probabilité d'avoir au moins 2 succès.

On a $n=4$ et $p=\frac{3}{8}$ (donc $q=1-p=1-\frac{3}{8}=\frac{5}{8}$). La loi binomiale est donc :

Valeurs possibles k de X	4	3	2	1	0
Probabilités associées $p([X=k])$	$\left(\frac{3}{8}\right)^4$	$4\left(\frac{3}{8}\right)^3\frac{5}{8}$	$6\left(\frac{3}{8}\right)^2\left(\frac{5}{8}\right)^2$	$4\left(\frac{3}{8}\right)\left(\frac{5}{8}\right)^3$	$\left(\frac{5}{8}\right)^4$

On obtient :

1°) $p([X=2]) = 6\left(\frac{3}{8}\right)^2\left(\frac{5}{8}\right)^2 \approx 0,330$

2°) $p([X\le 1]) = p([X=0]) + p([X=1]) = \left(\frac{5}{8}\right)^4 + 4\left(\frac{3}{8}\right)\left(\frac{5}{8}\right)^3 \approx 0,519$

3°) $p([X\ge 2]) = 1 - p([X\le 1]) \approx 0,481$ Ok ?

B- En utilisant le triangle de Pascal

On se doute qu'on ne va pas indéfiniment construire des arbres pondérés (au secours !), non ! On va utiliser tout ce qu'on a dit dans les remarques qui suivaient chaque loi binomiale (vous vous souvenez, toutes celles où on disait qu'on retrouvait le triangle de Pascal !). En effet, après avoir construit les arbres, puis la loi binomiale (le tableau) on a vu apparaître $(p+q)^2 = p^2 + 2pq + q^2$ (pour $n = 2$ épreuves), $(p+q)^3 = p^3 + 3p^2q + 3pq^2 + q^3$ (pour $n = 3$ épreuves), etc. Ces formules proviennent toutes du triangle de Pascal (voir Chapitre 10 (le précédent)). Cette astuce merveilleuse (découverte par Pascal et Bernoulli) permet d'obtenir la loi binomiale dix fois plus vite sans s'embêter à faire un arbre mais en utilisant directement le triangle arithmétique !

METHODE 8 : En utilisant une ligne du triangle de Pascal

■ **Principe**

On construit le triangle de Pascal (voir Chapitre précédent) :

	k=0	k=1	k=2	k=3	k=4	k=5
n=0	1					
n=1	1	1				
n=2	1	2	1			
n=3	1	3	3	1		
n=4	1	4	6	4	1	
n=5	1	5	10	10	5	1

Si on a n épreuves, on regarde la ligne n du triangle de Pascal permettant de développer $(p+q)^n$ (voir Chapitre précédent). Ce développement nous donne la loi binomiale cherchée.

■ **Exemple (une urne, cinq fois) :** *Dans une urne, il y a 4 boules rouges, 6 boules vertes, et 8 boules noires. On tire cinq fois avec remise une boule de l'urne. A chaque étape, on considère comme succès le fait de tomber sur une boule verte. Donner la loi binomiale associée à ce schéma de Bernoulli puis :*
1°) En déduire la probabilité d'avoir 2 succès.
2°) En déduire la probabilité d'avoir au plus 2 succès.
3°) En déduire la probabilité d'avoir au moins 3 succès.

Les paramètres sont $n = 5$ et $p = \frac{6}{18} = \frac{1}{3}$ (donc $q = \frac{2}{3}$). Comme $n = 5$, on construit le triangle de Pascal jusqu'à la ligne $n = 5$ (Eh, logique non ?).

	k=0	k=1	k=2	k=3	k=4	k=5
n=0	1					
n=1	1	1				
n=2	1	2	1			
n=3	1	3	3	1		
n=4	1	4	6	4	1	
n=5	1	5	10	10	5	1

Le triangle de Pascal nous donne :

$(p+q)^5 = p^5 + 5p^4q + 10p^3q^2 + 10p^2q^3 + 5pq^4 + q^5$ (voir Chapitre précédent).

La loi binomiale est donc :

Val. pos. k de X	5	4	3	2	1	0
Prob. asso. $p([X=k])$	p^5	$5p^4q$	$10p^3q^2$	$10p^2q^3$	$5pq^4$	q^5

Maintenant comme $p = \frac{1}{3}$ et $q = \frac{2}{3}$ (car $q = 1-p$), on obtient la loi binomiale :

Val. pos. k de X	5	4	3	2	1	0
Prob. asso. $p([X=k])$	$\left(\frac{1}{3}\right)^5$	$5\left(\frac{1}{3}\right)^4\frac{2}{3}$	$10\left(\frac{1}{3}\right)^3\left(\frac{2}{3}\right)^2$	$10\left(\frac{1}{3}\right)^2\left(\frac{2}{3}\right)^3$	$5\frac{1}{3}\left(\frac{2}{3}\right)^4$	$\left(\frac{2}{3}\right)^5$

On en déduit les probabilités cherchées :

1°) $p(X=2) = 10\left(\frac{1}{3}\right)^2\left(\frac{2}{3}\right)^3 \approx 0{,}329$

2°)

$p(X \le 2) = p(X=0) + p(X=1) + p(X=2) = \left(\frac{2}{3}\right)^5 + 5\frac{1}{3}\left(\frac{2}{3}\right)^4 + 10\left(\frac{1}{3}\right)^2\left(\frac{2}{3}\right)^3 \approx 0{,}790$

3°) $p(X \ge 3) = 1 - p(X \le 2) \approx 0{,}210$. Trop facile !

C- En utilisant la formule $p([X=k]) = \binom{n}{k} p^k q^{n-k}$

Cette formule devrait figurer en bonne place dans votre cours. Elle est pas mal mais pour l'appliquer il faut déterminer le coefficient binomial $\binom{n}{k}$. On peut le trouver par un arbre (c'est le nombre de chemins menant à k succès pour n épreuves), mais aussi par le triangle de Pascal (c'est le coefficient à l'intersection de la ligne n et de la colonne k, voir Chapitre précédent méthode 1) ou encore (et ce n'est pas plus mal) à l'aide d'un tableur, d'une calculatrice ou même d'un algorithme. C'est ce que nous allons voir maintenant : c'est parti !

METHODE 9 : En utilisant le tableur et la formule =combin(

■ Principe

On a la formule $p([X=k]) = \binom{n}{k} p^k q^{n-k}$. Pour calculer le coefficient binomial $\binom{n}{k}$, on utilise sous Excel, la formule =COMBIN(n;k).

■ **Exemple 2 (un dé, deux fois) :** *On jette deux fois de suite le même dé à six faces. A chaque étape, on considère comme succès le fait de tomber sur le 6. Déterminer la probabilité d'avoir 1 succès.*

On a $n=2$ et $p=\frac{1}{6}$ (donc $q=\frac{5}{6}$). La formule $p([X=k]) = \binom{n}{k} p^k q^{n-k}$ donne donc : $p([X=1]) = \binom{2}{1}\left(\frac{1}{6}\right)^1\left(\frac{5}{6}\right)^{2-1}$. Maintenant on utilise le tableur pour calculer le coefficient binomial $\binom{2}{1}$ (avec le triangle de Pascal, on verrait tout de suite qu'il vaut 2, mais bon...) : on écrit dans une cellule (au hasard, peu importe son emplacement) =COMBIN(2;1). Le tableur affiche 2 (tiens, comme par hasard !). Conclusion : la probabilité d'avoir 1 succès vaut :

$p([X=1]) = 2\left(\frac{1}{6}\right)^1\left(\frac{5}{6}\right)^{2-1} = 2\times\frac{1}{6}\times\frac{5}{6} = \frac{10}{36}$. Ok ?

METHODE 10 : En utilisant la calculatrice et l'instruction nCr

■ Principe

Il est également possible de déterminer le coeff. binomial $\binom{n}{k}$ avec la calculatrice, voici comment :

Avec une TI : Math>PRB (probas)> nCr (3).

Pour calculer $\binom{5}{2}$, on écrit 5 nCr 2 (et hop 10 s'affiche !).

Avec une Casio : Optn>Prob (sélectionner)> nCr

Pour calculer $\binom{6}{4}$, on écrit 6 nCr 4 (et hop 15 s'affiche !).

METHODE 11 : En utilisant un algorithme

■ **Principe**

Même principe que la méthode 9 sauf qu'on utilise l'algorithme suivant qui permet de calculer le coeff binomial $\binom{n}{k}$:

```
VARIABLES
  n EST_DU_TYPE NOMBRE
  L_1 EST_DU_TYPE LISTE
  L_2 EST_DU_TYPE LISTE
  j EST_DU_TYPE NOMBRE
  i EST_DU_TYPE NOMBRE
  k EST_DU_TYPE NOMBRE
DEBUT_ALGORITHME
  LIRE n
  LIRE k
  L_1[1] PREND_LA_VALEUR 1
  L_1[2] PREND_LA_VALEUR 1
  L_2[1] PREND_LA_VALEUR 1
  POUR i ALLANT_DE 2 A n
    DEBUT_POUR
    POUR j ALLANT_DE 2 A i
      DEBUT_POUR
      L_2[j] PREND_LA_VALEUR L_1[j-1]+L_1[j]
      FIN_POUR
    L_2[i+1] PREND_LA_VALEUR 1
    POUR j ALLANT_DE 1 A i+1
      DEBUT_POUR
      L_1[j] PREND_LA_VALEUR L_2[j]
      FIN_POUR
    FIN_POUR
  AFFICHER L_1[k+1]
FIN_ALGORITHME
```

D- En utilisant la loi binomiale d'un tableur ou d'une calculatrice

Bien maintenant, nous allons voir la plus expéditive des méthodes, l'utilisation de la formule =loi.binomiale(. On vous prévient, ça déchire grave de chez grave, vous ne pourrez plus vous en passer !

METHODE 12 : En utilisant un tableur et la formule =loi.binomiale(

■ **Principe**

C'est le top ! C'est ce qu'il y a de plus rapide et de moins fatiguant !

On utilise la formule =LOI.BINOMIALE(k;n;p;faux) si on veut $p([X=k])$ (la probabilité d'avoir k succès).

On utilise la formule =LOI.BINOMIALE(k;n;p;vrai) si on veut $p([X\leq k])$ (la probabilité d'avoir au plus k succès).

■ **Exemple (le dé, deux fois) :** *On jette deux fois de suite le même dé à six faces. A chaque étape, on considère comme succès le fait de tomber sur « 6 ». Donner la loi binomiale associée à ce schéma de Bernoulli puis :*

1°) Déterminer la probabilité d'avoir 1 succès.
2°) Déterminer la probabilité d'avoir au moins 1 succès.
3°) Déterminer la probabilité d'avoir au plus 1 succès.

On a : $n = 2$ et $p = \frac{1}{6}$. Avec le tableur, on obtient :

	A	B	C	D
1	k	2	1	0
2	p(X=k)	0,02777778	0,27777778	0,69444444

Dans B1, on écrit 2. Dans C1, on écrit 1. Dans D1, on écrit 0.
Dans B2, on écrit =LOI.BINOMIALE(B1;2;1/6;FAUX), on prend sa poignée de copie qu'on étend jusqu'en D2.

1°) On lit la loi binomiale qu'on vient d'obtenir : la probabilité d'avoir un succès vaut $p([X=1]) = 0,2777778$. (Sinon on peut écrire directement dans n'importe quelle cellule =LOI.BINOMIALE(1;2;1/6;FAUX) qui nous donne le même résultat : $0,2777778$).

2°) Avec la loi binomiale, la probabilité d'avoir au moins un succès vaut :
$p([X \geq 1]) = p([X=1]) + p([X=2]) \approx 0,02778 + 0,2778$ soit : $p([X \geq 1]) \approx 0,30558$

3°) Avec la loi binomiale, la probabilité d'avoir au plus un succès vaut :
$p([X \leq 1]) = p([X=0]) + p([X=1]) \approx 0,6944 + 0,2778$ soit : $p([X \leq 1]) \approx 0,9722$
(sinon on écrit directement dans n'importe quelle cellule =LOI.BINOMIALE(1;2;1/6;VRAI) qui nous donne (heureusement) le même résultat : 0,97222222). C'est trop easy, tout ça, non ?

REMARQUE : On retrouve bien le résultat théorique (voir Méthode 5)

Valeurs possibles k (nombre de succès) de X	2	1	0
Probabilités associées $p([X=k])$	$\frac{1}{36}$	$\frac{10}{36}$	$\frac{25}{36}$

puisque $\frac{1}{36} \approx 0,02777778$, $\frac{10}{36} \approx 0,2777778$, $\frac{25}{36} \approx 0,69444444$. *Pas mal, le tableur non ? Allez un autre exemple, pour voir si vous avez bien pigé !*

■ **Exemple (l'urne, cinq fois) :** *Dans une urne, il y a 4 boules rouges, 6 boules vertes, et 8 boules noires. On tire cinq fois avec remise une boule de l'urne. A chaque étape, on considère comme succès le fait de tomber sur une boule verte. Donner la loi binomiale associée à ce schéma de Bernoulli puis*
1°) Déterminer la probabilité d'obtenir 3 boules vertes.
2°) Déterminer la probabilité d'obtenir au plus 3 boules vertes.
3°) Déterminer la probabilité d'obtenir au moins 4 boules vertes.

On a : $n = 5$ et $p = \frac{6}{18} = \frac{1}{3}$

1°) Avec le tableur, on obtient :

	A	B	C	D	E	F	G
1	k	5	4	3	2	1	0
2	p(X=k)	0,0041	0,0412	0,1646	0,3292	0,3292	0,1317

Dans B1, on écrit 5. Dans C1, on écrit 4. On sélectionne la plage B1 :C1, sa poignée de copie, qu'on étend jusqu'en G1.
Dans B2, on écrit =LOI.BINOMIALE(B1;5;1/3;FAUX), on prend sa poignée de copie qu'on étend jusqu'en G2.
Le tableau nous dit que la probabilité d'obtenir 3 boules vertes vaut : $p(X=3)\approx 0{,}1646$

2°)

	A	B	C	D	E	F	G
1	k	5	4	3	2	1	0
2	p(X<=k)	1	0,9959	0,9547	0,7901	0,4609	0,1317

Dans B1, on écrit 5. Dans C1, on écrit 4. On sélectionne la plage B1 :C1, sa poignée de copie, qu'on étend jusqu'en G1.
Dans B2, on écrit =LOI.BINOMIALE(B1;5;1/3;VRAI), on prend sa poignée de copie qu'on étend jusqu'en G2.
Le tableau nous dit que la probabilité d'obtenir au plus 3 boules vertes vaut $p(X\leq 3)\approx 0{,}9547$

3°) La probabilité d'obtenir au moins 4 boules vertes vaut :
$p(X\geq 4)=1-p(X\leq 3)\approx 1-0{,}9547=0{,}0453$

METHODE 13 : En utilisant la calculatrice

■ Principe

a) Pour avoir $p([X=k])$ (proba d'avoir k succès)

Avec une TI : Distrib (2nde /Distrib) >binomFdp (ou binompdf)

Par exemple, pour $n=7$ et $p=0{,}4$, si on veut $p([X=3])$, on écrit binomFdp(7, 0.4 , 3) (et hop 0,290304 apparaît).

Avec une Casio : Menu>Stat>DIST>BINM>Bpd>

Par exemple, pour $n=7$ et $p=0{,}4$, si on veut $p([X=3])$, on met x : 3 > Numtrial : 7 > p : 0.4 >Execute (et hop : Binomial P.D p=0,290304 apparaît).

b) Pour avoir $p([X\leq k])$ (proba d'avoir au plus k succès)

Avec une TI : Distrib (2nde /Distrib) >binomFRep

Par exemple, pour $n=9$ et $p=0{,}25$, si on veut $p([X\leq 5])$, on écrit binomFRep(9, 0.25 , 5) : et hop 0,99000549 apparaît.

Avec une Casio : Menu>Stat>DIST>BINM>Bcd>

Par exemple, pour $n = 9$ et $p = 0{,}25$, si on veut $p([X \leq 5])$, on met x : 5 > Numtrial : 9 > p : 0.25 >Execute (et hop : Binomial C.D p=0,99000549 apparaît).

E- En programmant la loi binomiale avec un algo

METHODE 14 : En utilisant un algorithme

■ Principe

C'est ce qu'il y a de plus dur, comme on vous aime bien on vous donne directement le magnifique algorithme suivant : il vous demande les paramètres n et p, et sort la loi binomiale associée (elle est pas belle la vie ?).

```
VARIABLES
  n EST_DU_TYPE NOMBRE
  L_1 EST_DU_TYPE LISTE
  L_2 EST_DU_TYPE LISTE
  j EST_DU_TYPE NOMBRE
  i EST_DU_TYPE NOMBRE
  p EST_DU_TYPE NOMBRE
  proba EST_DU_TYPE NOMBRE
  k EST_DU_TYPE NOMBRE
DEBUT_ALGORITHME
  LIRE n
  LIRE p
  L_1[1] PREND_LA_VALEUR 1
  L_1[2] PREND_LA_VALEUR 1
  L_2[1] PREND_LA_VALEUR 1
  POUR i ALLANT_DE 2 A n
    DEBUT_POUR
    POUR j ALLANT_DE 2 A i
      DEBUT_POUR
      L_2[j] PREND_LA_VALEUR L_1[j-1]+L_1[j]
      FIN_POUR
    L_2[i+1] PREND_LA_VALEUR 1
    POUR j ALLANT_DE 1 A i+1
      DEBUT_POUR
      L_1[j] PREND_LA_VALEUR L_2[j]
      FIN_POUR
    FIN_POUR
  POUR k ALLANT_DE 0 A n
    DEBUT_POUR
    L_1[k+1] PREND_LA_VALEUR L_1[k+1]*pow(p,k)*pow(1-p,n-k)
    AFFICHER " "
    FIN_POUR
  POUR k ALLANT_DE 0 A n
    DEBUT_POUR
    i PREND_LA_VALEUR n-k
    AFFICHER "P(X="
    AFFICHER i
    AFFICHER ")="
    AFFICHER L_1[n-k+1]
    FIN_POUR
FIN_ALGORITHME
```

F- En effectuant une simulation

METHODE 15 : En utilisant une simulation par tableur

■ **Principe**

L'idée est de simuler 1000 schémas (au moins) de Bernoulli de même paramètres n et p, et de compter la fréquence du nombre de fois où il y a n succès, $n-1$ succès, ..., 1 succès, 0 succès.

■ **Exemple (l'urne, cinq fois) :** *Dans une urne, il y a 4 boules rouges, 6 boules vertes, et 8 boules noires. On tire cinq fois avec remise une boule de l'urne. A chaque étape, on considère comme succès le fait de tomber sur une boule verte. Donner la loi binomiale associée à ce schéma de Bernoulli.*

On a $n=5$ et $p=\frac{6}{18}=\frac{1}{3}$. Voici ce qu'on peut obtenir avec le tableur :

	A	B	C	D	E	F	G	H	I	J	K	L	M
1		Sch 1	Sch 2	Sch 3	Sch 4	Sch 5	Sch 6	Sch 7	Sch 8	Sch 9	Sch 10	Sch 11	Sch 12
2	Epreuve 1	15	5	9	17	3	4	3	12	11	18	13	16
3	Epreuve 2	5	13	14	14	15	18	16	1	6	15	15	13
4	Epreuve 3	5	13	11	13	10	18	10	15	4	11	15	15
5	Epreuve 4	15	10	16	7	6	6	5	17	9	6	9	17
6	Epreuve 5	14	1	8	18	10	15	2	12	5	12	1	5
7													
8	Nb vertes	2	2	0	0	2	2	3	1	3	1	1	1
9													
10	k	5	4	3	2	1	0						
11	p(X=k) sim	0,004	0,036	0,172	0,32	0,329	0,139						
12	p(X=k) théo	0,004	0,041	0,165	0,329	0,329	0,132						

Dans B1, on écrit Sch 1 (comme Schéma 1). Dans C1, on écrit Sch 2. On sélectionne la plage B1 :C1, sa poignée de copie qu'on étend jusqu'en ALM1 (Et oui, 1000 schémas ça fait loin !).
Dans B2, on écrit =ALEA.ENTRE.BORNES(1;18) (bah oui, il y a 18 boules !). On sélectionne sa poignée de copie, qu'on étend jusqu'en B6.
Dans B8, on écrit =NB.SI(B2:B6;"<=6") (cela compte le nombre de boules vertes du schéma 1).
On sélectionne la plage B2 :B8, sa poignée de copie qu'on étend jusqu'à ALM2 :ALM8. Nous avons nos 1000 schémas.
Dans B10, on écrit 5. Dans C10, on écrit 4. On sélectionne la plage B10 :C10, sa poignée de copie qu'on étend jusqu'en G10.
Dans B11, on écrit : =NB.SI($B$8:$ALM$8;B10)/1000. (Cela compte le nombre de schémas où on a eu 5 succès). Pour les autres cas, on sélectionne la poignée de copie de B11, qu'on étend jusqu'à G11.
Et voilà, maintenant si on veut comparer, avec le résultat théorique c'est super simple : dans B12, on écrit =LOI.BINOMIALE(B10;5;1/3;FAUX). On prend sa poignée de copie qu'on étend jusqu'à G12.
En appuyant sur F9 plusieurs fois, on peut constater que les résultats de la simulation sont vraiment très proches des résultats théoriques : merci la loi des

grands nombres. On l'a souvent dite cette phrase là, mais c'est pour vous faire comprendre que plus le nombre d'expériences est grand (là on en a fait déjà 1000 !) plus le résultat de la simulation se rapproche du résultat théorique ! Si on avait 100000 expériences (là on aurait probablement utilisé un algo pour les simuler), on aurait eu un résultat simulatoire encore plus proche du résultat théorique ! Ok ?

METHODE 16 : En utilisant une simulation par un algorithme

■ Principe

L'idée est de simuler un grand nombre de schémas de Bernoulli de mêmes paramètres n et p, et de compter la fréquence du nombre de fois où il y a n succès, $n-1$ succès, ..., 1 succès, 0 succès. Voici l'algorithme permettant de le faire :

```
VARIABLES
  i EST_DU_TYPE NOMBRE
  j EST_DU_TYPE NOMBRE
  Nb_tirage EST_DU_TYPE NOMBRE
  p EST_DU_TYPE NOMBRE
  l EST_DU_TYPE NOMBRE
  n EST_DU_TYPE NOMBRE
  Z EST_DU_TYPE LISTE
DEBUT_ALGORITHME
  LIRE Nb_tirage
  LIRE n
  LIRE p
  POUR j ALLANT_DE 0 A n
    DEBUT_POUR
    Z[j] PREND_LA_VALEUR 0
    FIN_POUR
  POUR l ALLANT_DE 1 A Nb_tirage
    DEBUT_POUR
    j PREND_LA_VALEUR 0
    POUR i ALLANT_DE 1 A n
      DEBUT_POUR
      SI (random()<p) ALORS
        DEBUT_SI
        j PREND_LA_VALEUR j+1
        FIN_SI
      FIN_POUR
    Z[j] PREND_LA_VALEUR Z[j]+1
    FIN_POUR
  POUR j ALLANT_DE 0 A n
    DEBUT_POUR
    Z[j] PREND_LA_VALEUR Z[j]/Nb_tirage
    FIN_POUR
  POUR j ALLANT_DE 0 A n
    DEBUT_POUR
    AFFICHER Z[n-j]
    AFFICHER " "
    FIN_POUR
FIN_ALGORITHME
```

Maintenant, faisons le fonctionner sur un exemple !

■ **Exemple (l'urne, cinq fois) :** *Dans une urne, il y a 4 boules rouges, 6 boules vertes, et 8 boules noires. On tire cinq fois avec remise une boule de l'urne. A chaque étape, on considère comme succès le fait de tomber sur une boule verte. Donner la loi binomiale associée à ce schéma de Bernoulli.*

On a : $n=5$ et $p=\frac{6}{18}=\frac{1}{3}$. On lance l'algorithme avec Nb_tirage = 100000 (il faut un grand nombre de schémas), $n=5$ et $p=\frac{1}{3}$.

Résultat de la simulation algorithmique (avec 100000 simulations) :

```
***Algorithme lancé***
0.00426 0.04204 0.16596 0.32839 0.32969 0.12966
***Algorithme terminé***
```

On peut constater qu'il est très proche du résultat théorique obtenu avec la formule =loi.binomiale(du tableur :

	A	B	C	D	E	F	G
1	k	5	4	3	2	1	0
2	p(X=k)	0,0041	0,0412	0,1646	0,3292	0,3292	0,1317

N'est-ce pas ?

G- Comment donner l'espérance, la variance et l'écart type de la loi binomiale ?

METHODE 17 : En utilisant les formules du cours

■ **Principe**

Soit X une loi binomiale de paramètres n et p. Alors :

- Son espérance mathématique vaut : $E(X)=np$ (interprétation : c'est le nombre moyen de succès).
- Sa variance vaut : $V(X)=np(1-p)$.
- Son écart type vaut : $\sigma(X)=\sqrt{np(1-p)}$.

■ **Exemple (l'urne, cinq fois) :** *Dans une urne, il y a 4 boules rouges, 6 boules vertes, et 8 boules noires. On tire cinq fois avec remise une boule de l'urne. A chaque étape, on considère comme succès le fait de tomber sur une boule verte. Donner l'espérance mathématique, la variance et l'écart type.*

On a $n=5$ $p=\frac{6}{18}=\frac{1}{3}$. On a donc $E(X)=np=5\times\frac{1}{3}=\frac{5}{3}\approx 2{,}67$. Cela signifie qu'en moyenne on peut espérer obtenir entre 2 et 3 boules vertes (plus 3 que 2 d'ailleurs).

On a $V(X)=np(1-p)=5\times\frac{1}{3}\times\frac{2}{3}=\frac{10}{9}\approx 1{,}11$ et $\sigma(X)=\sqrt{np(1-p)}=\sqrt{\frac{10}{9}}\approx 1{,}05$

4. Tout savoir sur la loi géométrique (loi de Pascal)

La loi géométrique (ou loi de Pascal), c'est la loi du 1er succès. L'exemple le plus drôle, c'est quand un prof, devant la porte de la salle de classe, sort son trousseau de clef, en prend une au hasard, se plante et recommence sans prendre garde à éliminer celle qui ne marche pas. En fait, il répète sans cesse la même expérience, et on ne sait pas au bout de combien de tentatives aura lieu le 1er succès, c'est-à-dire au bout de combien de tentatives, il tombera sur la bonne clef (Ça peut d'ailleurs durer un certain temps : c'est tout le problème des profs, quand ils ont pas envie de faire cours, le moindre prétexte est bon, et il faut surtout pas les aider à trouver la bonne clef, et à leur donner le moindre conseil : attention, on ne touche pas au trousseau de clefs d'un prof, c'est une règle d'or : vous risqueriez de voir le porte clef « petit nounours » ou « j'aime les maths, mais je me soigne » accroché dessus, la honte quoi...).
Bref, la loi géométrique pourrait décrire la recherche désespérée des clefs de l'enseignant, et estimer avec quelles probabilités, il la trouvera au bout d'1 tentative, 2 tentatives, 3 tentatives, etc. C'est une loi assez simple à comprendre et qui se simule très bien par un algorithme. Voyons sans plus tarder tout cela !

METHODE 18 : Comment déterminer la loi géométrique (tronquée) par le calcul des probabilités ?

■ Principe

Soit p la probabilité du succès et q $(q=1-p)$ la probabilité de l'échec. On considère qu'on répète n fois de suite la même épreuve (et après on s'arrête). Soit X la variable aléatoire associée au rang de la 1re apparition du succès et qui vaut 0 si le succès n'arrive pas au cours des n épreuves. Alors. $p([X=0])=q^n$ et $p([X=k])=q^{k-1}p$ pour $1\le k\le n$.

■ Exemple (Le trousseau de clefs du prof)

Un prof cherche à ouvrir sa porte. Dans son trousseau, il y a six clefs dont une seule permet d'ouvrir. Soit X la variable aléatoire associée au rang de la 1re apparition de la bonne clef et qui vaut 0 si la bonne clef n'apparaît pas au bout de six tentatives. Déterminer la loi de probabilité de X.

On obtient :

Valeurs possibles x_i de X	$x_1=0$	$x_2=1$	$x_3=2$	$x_4=3$
Probabilités associées p_i $=p([X=x_i])$	$p_1=\left(\frac{5}{6}\right)^6$ $\approx 0{,}3349$	$p_2=\frac{1}{6}$ $\approx 0{,}1667$	$p_3=\frac{5}{6}\times\frac{1}{6}$ $\approx 0{,}1389$	$p_4=\left(\frac{5}{6}\right)^2\times\frac{1}{6}$ $\approx 0{,}1157$

Valeurs possibles x_i de X	$x_5 = 4$	$x_6 = 5$	$x_7 = 6$
Probabilités associées p_i $= p([X = x_i])$	$p_5 = \left(\frac{5}{6}\right)^3 \times \frac{1}{6}$ $\approx 0{,}0965$	$p_6 = \left(\frac{5}{6}\right)^4 \times \frac{1}{6}$ $\approx 0{,}0804$	$p_7 = \left(\frac{5}{6}\right)^5 \times \frac{1}{6}$ $\approx 0{,}067$

On peut constater qu'au bout de 6 tentatives, le prof a :

- environ 33,5 % de chances (ou de malchance) de ne pas trouver la bonne clef (donc environ 66,5 % de finir par la trouver quand même)
- environ 16,7 % de chances de la trouver du 1er coup
- 13,9 % environ de la trouver au 2e coup, etc.

METHODE 19 : Comment simuler la loi géométrique (tronquée) avec un algorithme ?

■ Principe

Allez l'algo suivant est cadeau (si, si, ça nous fait plaisir), c'est tout benef' pour vous : éclatez-vous avec en simulant l'exemple précédent !

```
VARIABLES
  a EST_DU_TYPE LISTE
  k EST_DU_TYPE NOMBRE
  i EST_DU_TYPE NOMBRE
  j EST_DU_TYPE NOMBRE
  m EST_DU_TYPE NOMBRE
  tronquée EST_DU_TYPE NOMBRE
  Nb_tirage EST_DU_TYPE NOMBRE
  p EST_DU_TYPE NOMBRE
DEBUT_ALGORITHME
  LIRE tronquée
  LIRE Nb_tirage
  LIRE p
  POUR k ALLANT_DE 0 A tronquée
    DEBUT_POUR
    a[k] PREND_LA_VALEUR 0
    FIN_POUR
  POUR k ALLANT_DE 1 A Nb_tirage
    DEBUT_POUR
    i PREND_LA_VALEUR random()
    j PREND_LA_VALEUR 1
    TANT_QUE (i>p ET j<=tronquée) FAIRE
      DEBUT_TANT_QUE
      j PREND_LA_VALEUR j+1
      i PREND_LA_VALEUR random()
      FIN_TANT_QUE
    SI (j==tronquée+1) ALORS
      DEBUT_SI
      a[0] PREND_LA_VALEUR a[0]+1
      FIN_SI
      SINON
        DEBUT_SINON
        a[j] PREND_LA_VALEUR a[j]+1
        FIN_SINON
    FIN_POUR
  POUR m ALLANT_DE 0 A tronquée
    DEBUT_POUR
    a[m] PREND_LA_VALEUR a[m]/Nb_tirage*100
    AFFICHER a[m]
    AFFICHER "% "
    FIN_POUR
FIN_ALGORITHME
```

■ **Exemple (Le trousseau de clefs du prof)**

On fait fonctionner l'algorithme avec : tronquée = 6, Nb_tirage = 50000 (il faut en faire beaucoup de simulations) et p =1/6. L'algo nous sort :

```
***Algorithme lancé***
32.868% 16.91% 13.978% 11.52% 9.792% 7.976% 6.956%
***Algorithme terminé***
```

Résultats qui sont très proches des résultats théoriques trouvés par la méthode précédente. C'est merveilleux, merci à toi Pascal (car la loi géométrique s'appelle également loi de Pascal !). Bon, vous allez pouvoir vous éclater sur les exos maintenant !

Réflexes

	SITUATIONS	**REFLEXES**
1.	Donner la loi binomiale de paramètres n et p	▪ Construire un arbre (si n vaut 2 ou 3, sinon laissez tomber !) ▪ Utiliser le triangle de Pascal ▪ Utiliser le **tableur** avec : LOI.BINOMIALE(…;n;p;faux) ▪ Utiliser la loi binomiale de la **calculatrice**
2.	Déterminer $p([X=k])$ (k succès)	▪ Lire la loi binomiale obtenue ▪ Utiliser $p([X=k])=\binom{n}{k}p^kq^{n-k}$ ▪ Utiliser le **tableur** =LOI.BINOMIALE(k;n;p;faux) ▪ Utiliser la **calculatrice**
3.	Déterminer $p([X\leq k])$ (au plus k succès)	▪ $p([X\leq k])=p([X=0])+...p([X=k])$ ▪ Utiliser le **tableur** =LOI.BINOMIALE(k;n;p;vrai)
4.	Déterminer $p([X\geq k])$ (au moins k succès)	▪ $p([X\geq k])=p([X=k])+...p([X=n])$ ▪ $p([X\geq k])=1-p([X\leq k-1])$ (raisonner par contraire)
5.	Déterminer l'espérance, la variance et l'écart type de la loi binomiale de paramètres n et p	▪ $E(X)=np$ ▪ $V(X)=np(1-p)$ ▪ $\sigma(X)=\sqrt{np(1-p)}$
6.	Déterminer la loi géométrique de paramètre p tronquée à n épreuves	▪ $p([X=0])=q^n$ avec $q=1-p$ ▪ $p([X=k])=q^{k-1}p$ pour $1\leq k\leq n$

Astuces

■ Au-delà de 3 épreuves, fuyez l'arbre pondéré, c'est trop long ! Utilisez sans hésitation le triangle de Pascal !

■ Si vous avez le droit au tableur ou à la calculatrice, alors foncez dessus, cela vous fera gagner un temps énorme !!!!

■ La loi binomiale semble toujours à l'envers. Par exemple pour $n=2$, les valeurs du tableau (de gauche à droite) sont 2, 1, 0 et pas 0, 1, 2 :

Valeurs possibles k de X	2	1	0
Probabilités associées $p([X=k])$	p^2	$2pq$	q^2

C'est normal, rassurez-vous ! Il ne faut pas l'oublier c'est tout !

■ Dans un schéma de Bernoulli de paramètres n et p, on peut vérifier facilement que la somme des probabilités vaut bien 1, en effet : pour $n=2$ par exemple, on a : $p([X=2])+p([X=1])+p([X=0])=p^2+2pq+q^2=(p+q)^2$.
Or $q=1-p$ donc $p+q=1$ et donc :
$p([X=2])+p([X=1])+p([X=0])=p^2+2pq+q^2=(p+q)^2=1^2=1$. Génial !

■ Bernoulli n'est pas italien mais suisse (cela dit géographiquement ce n'est pas très loin...). Ne vous trompez pas non plus de Bernoulli (parce qu'il y en a un paquet), l'inventeur du schéma qu'on a vu ici est **Jakob**(1654-1705), et pas Jean, ni Daniel, ni Nicolas... tous des scientifiques, tous de la même famille (et oui c'est une grande lignée, les Bernoulli, un peu comme les Cassini...).

■ Si vous voulez vraiment devenir bon en informatique, on vous conseille de savoir refaire toutes les simulations et tous les algorithmes de ce chapitre. Sachez qu'en Spé Maths, on fait pas mal de trucs de ce genre, alors à vos PC !

Erreurs

■ Ne confondez pas =LOI.BINOMIALE(k;n;p;faux) permettant d'obtenir $p([X=k])$ (k succès) et =LOI.BINOMIALE(k;n;p;vrai) permettant elle, d'obtenir $p([X\leq k])$ (au plus k succès). C'est une erreur classique !

■ N'oubliez pas que $q=1-p$ (q est la probabilité de l'échec et p celle du succès, elles sont donc contraires !).

■ On a bien $p([X\geq k])=1-p([X\leq k-1])$ (et non pas $p([X\geq k])=1-p([X\leq k])$
Attention !

Chapitre 12

METHODES SUR L'ECHANTILLONNAGE ET LA LOI BINOMIALE

Oui, on sait que là, avec ce chapitre, on va vous faire plaisir (ah bon ?). En effet, la théorie de l'échantillonnage que vous avez adorée en Seconde (euh...) est poursuivie et approfondie en 1re S (Oh non ! Au secours !) Non, ne cachez pas votre joie (ne vous cachez pas tout court d'ailleurs...) rassurez-vous : tout va bien se passer ! Bien, la grande nouveauté de la Première, c'est qu'on va conforter les résultats connus de la 2nde (à savoir les résultats sur l'intervalle de fluctuation) mais par l'expérience, c'est-à-dire par la modélisation informatique à l'aide de la loi binomiale (ce qu'on a vu au chapitre précédent). Le tableur (ou l'algo) vous démange ? Tant mieux, parce que dans ce chapitre, vous allez en bouf... (euh pardon), vous allez en manger une sacrée quantité ! Faites chauffer la babasse (c'est-à-dire le PC !), coupez votre lecteur MP3, éteignez votre téléphone et ne vous connectez pas sur MSN (ou Facebook) même si c'est votre 1er réflexe une fois que l'ordinateur est allumé : non, non, non ! Faut y aller maintenant ! Rassurez-vous, on va y aller en douceur quand même avec tout d'abord quelques rappels de 2nde .

1. Vocabulaire de la théorie de l'échantillonnage

METHODE 1 : Bien différencier échantillon et population

■ **Principe**

L'échantillon, ce n'est qu'une partie infime de la population.
Par exemple, les quelques 5000 habitants de la ville de Mouy (très belle ville de l'Oise) sont un échantillon de la population française (de plus de 65 millions d'individus). Les maths, et en particulier la théorie de l'échantillonnage permettent d'obtenir des renseignements sur la population à partir d'un échantillon et inversement.

Pour l'échantillon :

- n sera la taille de l'échantillon.
- f sera la fréquence observée chez l'échantillon.

Pour la population :

- p sera la proportion dans la population.

Bien mémoriser : population p ; échantillon n, f ! Voyons un exemple !

■ **Exemple** : ***Pollution ?*** *Dans une rivière, il y a une population de truites. On estime qu'il y a chez l'espèce de la truite, en temps normal, 50 % de femelles (sex ratio). La pollution de la rivière peut modifier ce sex ratio et augmenter la* *proportion de femelles. Pour savoir si la rivière est polluée on prélève (sans leur faire de mal), un échantillon de 100 truites dans lequel on trouve 63 femelles. Donner n, f, et p.*

Bien classifions, classifions :
Echantillon : les 100 truites prélevées. On a : $n=100$ (c'est la taille de l'échantillon) et $f=\frac{63}{100}=0{,}63$ (c'est la fréquence des femelles de l'échantillon).
Population : les truites de la rivière (il y en a beaucoup plus que 100 !). On a : $p=0{,}50$ (soit 50 %), c'est la proportion normale des femelles de la population des truites.
Récapitulons : $n=100$; $f=0{,}63$, $p=0{,}5$ (car $0{,}50=0{,}5$) . Ok ?

■ **Exemple** : ***Sondage et élection.*** *Un candidat demande un sondage sur les intentions de vote en sa faveur pour une élection qui aura lieu le lendemain. L'organisme de sondage l'effectue sur 400 personnes et trouve 53 % de votes en sa faveur. Donner n, f, et p.*

Echantillon : les 400 sondés. On a : $n=400$ (c'est la taille de l'échantillon) et $f=0{,}53$ (53 %, c'est la fréquence de votes pour le candidat, de l'échantillon).
Population : tous les électeurs soit environ 42 000 000 personnes.
On ne connaît pas encore p la proportion (parmi les 42 000 000 personnes) des gens qui ont voté pour le candidat, il faudra attendre le lendemain (le vrai jour du vote). Récapitulons : $n=400$; $f=0{,}53$; p est inconnue. Ok ?

Evidemment après avoir vu ces deux exemples, on attend la suite. La rivière est-elle polluée ? Le candidat sera-t-il élu ? Les deux méthodes suivantes vont permettre de répondre (à 95 % de confiance) à ces deux questions.

2. Comment déterminer l'intervalle de confiance ?

METHODE 2 : En utilisant l'intervalle de confiance théorique de la classe de seconde $p\in\left[f-\frac{1}{\sqrt{n}};f+\frac{1}{\sqrt{n}}\right]$

■ **Principe**

Si on connaît f dans un échantillon de taille n, alors $p\in\left[f-\frac{1}{\sqrt{n}};f+\frac{1}{\sqrt{n}}\right]$ (au seuil de confiance de 95 %).

■ **Exemple** : ***Sondage et élection.*** *Un candidat demande un sondage sur les intentions de vote en sa faveur pour une élection qui aura lieu le lendemain. L'organisme de sondage l'effectue sur 400 personnes et trouve 53 % de votes* *en sa faveur. Le candidat peut-il être raisonnablement confiant sur sa victoire prochaine ?*

On a $n = 400$; $f = 0,53$ et p inconnue. On calcule l'intervalle $\left[f-\frac{1}{\sqrt{n}};f+\frac{1}{\sqrt{n}}\right]$ et on trouve $[0,48;0,58]$ (car $f-\frac{1}{\sqrt{n}} = 0,53-\frac{1}{\sqrt{400}} = 0,53-0,05 = 0,48$ et $f+\frac{1}{\sqrt{n}} = 0,53+\frac{1}{\sqrt{400}} = 0,53+0,05 = 0,58$) donc le lendemain, au seuil de 95 % de confiance, on devrait avoir $p \in [0,48;0,58]$: c'est-à-dire que le candidat devrait obtenir une proportion de voix comprise entre 48 % et 58 % (sur les 42 000 000 d'électeurs). Le candidat ne peut pas être confiant : tout peut arriver. Ce qu'il devrait faire c'est commander un sondage sur un échantillon plus grand de manière à obtenir une fourchette plus réduite, plus précise.

REMARQUE : C'est ce qu'il y a de génial avec les statistiques : si vous connaissez l'échantillon (c'est-à-dire sa taille n et sa fréquence observée f) alors vous pourrez estimer (avec une confiance de 95 %) une fourchette (appelée ***intervalle de confiance****) pour la proportion p dans la population entière, plus précisément* $p \in \left[f-\frac{1}{\sqrt{n}};f+\frac{1}{\sqrt{n}}\right]$*. On ne sait pas si vous avez bien compris l'enjeu révolutionnaire de cette formule. A partir d'un échantillon, on peut avoir une estimation sur la population entière ! (Interroger un échantillon, ça coûte moins cher qu'interroger la population entière et ça donne de très bons renseignements quand même !)*

Bien, on a vu comment passer d'un échantillon à la population, voyons maintenant le problème inverse ! (Et revenons à nos truites maintenant !).

3. Comment déterminer l'intervalle de fluctuation ?

METHODE 3 : En utilisant l'intervalle de fluctuation théorique de la classe de seconde $f \in \left[p-\frac{1}{\sqrt{n}};p+\frac{1}{\sqrt{n}}\right]$

■ **Principe**

C'est comme en 2nde : on vérifie que $n \geq 25$. Ensuite : si on connaît p (avec p compris entre 0,2 et 0,8), alors dans un échantillon de taille n, la fréquence vérifiera $f \in \left[p-\frac{1}{\sqrt{n}};p+\frac{1}{\sqrt{n}}\right]$ (au seuil de confiance de 95 %).

■ **Exemple** : ***Pollution ?*** *Dans une rivière, il y a une population de truites. On estime qu'il y a chez l'espèce de la truite 50 % de femelles (sex ratio). La pollution de la rivière peut modifier ce sex ratio et augmenter la proportion de femelles. Pour savoir si la rivière est polluée on prélève (sans leur faire de mal), un échantillon de 100 truites dans lequel on trouve 63 femelles.*
Peut-on de manière crédible s'inquiéter d'une pollution ?

Bien, on a $n = 100$; $f = 0{,}63$; $p = 0{,}5$.

On calcule l'intervalle $\left[p - \frac{1}{\sqrt{n}} ; p + \frac{1}{\sqrt{n}}\right]$ et on trouve $[0{,}4;0{,}6]$

(car $p - \frac{1}{\sqrt{n}} = 0{,}5 - \frac{1}{\sqrt{100}} = 0{,}5 - 0{,}1 = 0{,}4$ et $p + \frac{1}{\sqrt{n}} = 0{,}5 + \frac{1}{\sqrt{100}} = 0{,}5 + 0{,}1 = 0{,}6$).

Donc $f \notin \left[p - \frac{1}{\sqrt{n}} ; p + \frac{1}{\sqrt{n}}\right]$ car $0{,}63 \notin [0{,}4;0{,}6]$.

Interprétation : Normalement avec 95 % de confiance (ce qui est énorme) on aurait dû trouver, dans l'échantillon des 100 truites, une fréquence comprise entre 0,4 et 0,6. Or là, la fréquence est de 0,63 donc au-dessus de cette fourchette : il faut s'inquiéter, il faut sauver les truites ainsi que tous les organismes vivants de la rivière en arrêtant de polluer, sauvons les truites, vite !

REMARQUE : Encore une fois, c'est génial : si vous connaissez la proportion p dans la population, alors vous pourrez estimer à l'avance (avec une confiance de 95 %) une fourchette (appelée ***intervalle de fluctuation****) pour la fréquence f dans un échantillon de taille n (il faut que $n \geq 25$). Plus précisément :* $f \in \left[p - \frac{1}{\sqrt{n}} ; p + \frac{1}{\sqrt{n}}\right]$.

Après cette première mise en bouche, vous devriez être au taquet sur ces petits rappels de 2nde. Bien, le pc est bien allumé et le tableur (Excel) lancé ? Parce que c'est maintenant que les choses nouvelles commencent !

METHODE 4 : En utilisant une simulation par tableur

■ Principe

On simule 200 échantillons (soit 200 colonnes) de taille n et de probabilité p, avec alea(). Ensuite, avec =NB.SI(, on calcule la fréquence d'apparition pour chaque échantillon. On construit un nuage de points avec en abscisses le numéro de l'échantillon et en ordonnées la fréquence. Enfin, si on compte au moins 190 des fréquences (soit au moins 95 % de 200) à l'intérieur d'un certain intervalle, alors c'est gagné : l'intervalle trouvé est **l'intervalle de fluctuation** !
Vous n'avez rien compris, alors lisez vite l'exemple suivant parce qu'en fait c'est super simple !

■ **Exemple** : ***Pollution ?*** *Dans une rivière, il y a une population de truites. On estime qu'il y a chez l'espèce de la truite 50 % de femelles (sex ratio). La pollution de la rivière peut modifier ce sex ratio et augmenter la proportion de* *femelles. Pour savoir si la rivière est polluée on prélève (sans leur faire de mal), un échantillon de 100 truites.*

a) Donner un intervalle de fluctuation pour la fréquence de cet échantillon, à l'aide d'une simulation Tableur (on effectuera 1 simulation de 200 échantillons de taille 100 et de probabilité $p = 0,5$ *(50 %)).*

b) Dans l'échantillon de 100 truites, on a trouvé 63 femelles. Peut-on de manière crédible s'inquiéter d'une pollution ?

On va simuler 200 échantillons de 100 truites avec une probabilité $p = 0,5$ de femelles.

	A	B	C	D	E
1	Echantillon 1	Echantillon 2	Echantillon 3	Echantillon 4	Echantillon 5
2	0,496767569	0,62661085	0,67984924	0,21833042	0,689941725
3	0,310794245	0,211569774	0,010995581	0,145051346	0,32244112
4	0,589978983	0,41011788	0,326271122	0,262137462	0,644319289
5	0,498871941	0,59609963	0,959392207	0,606668786	0,681734636
6	0,384752719	0,945808094	0,9768894	0,017493638	0,135131636
7	0,313142489	0,860380627	0,588138894	0,140973185	0,572201045

Dans A1, on écrit la légende « Echantillon 1 », dans B1, on écrit « Echantillon 2 », on sélectionne la plage A1 :B1, sa poignée de copie qu'on étend jusqu'à GR1, et toutes nos belles légendes s'affichent !
Pour notre premier échantillon, dans A2, on écrit : =ALEA(), on prend la poignée de copie de A2 qu'on étend jusqu'à A101. Dans A102, on écrit : =NB.SI(A2:A101;"<0,5") /100, cela compte la fréquence de femelles de notre échantillon de 100 truites. Pour les 199 autres échantillons, on sélectionne la plage A1:A102, sa poignée de copie qu'on étend jusqu'à GR1 :GR102.
Pour notre nuage de points, on sélectionne la plage A102 :GR102, puis insertion>nuages de points et hop on voit apparaître chacune des 200 fréquences de nos 200 échantillons.

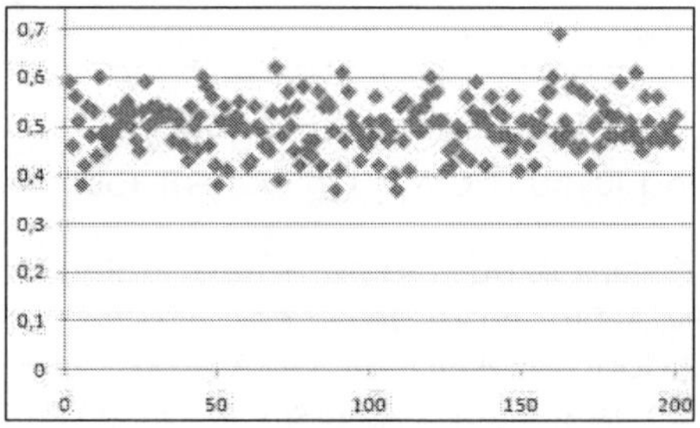

On constate qu'il y a 191 échantillons sur les 200 (donc au moins **95 %**) qui ont une fréquence (de femelles) comprise dans l'intervalle $[0,4;0,6]$ (et oui il y en a 4 au-dessus, 5 en dessous, soit 9 dehors). L'intervalle de fluctuation cherché est donc bien $[0,4;0,6]$. Vous pouvez relancer F9, autant de fois que vous voulez, vous trouverez à chaque fois (enfin en principe) au moins 95 % des échantillons dans cet intervalle.
Conclusion : oui, il faut s'inquiéter d'une pollution puisque la fréquence de femelles observée ($f = \frac{63}{100} = 0,63$) n'appartient pas à l'intervalle de fluctuation $[0,4;0,6]$ obtenu par une simulation de tableur ! Ça va ?

METHODE 5 : En utilisant la fonction =LOI.BINOMIALE(du tableur

■ Principe

C'est le truc qu'il faut absolument avoir pigé en 1re S !
On demande à Excel de calculer les probabilités $P([X \leq k])$ pour tout k entre 0 et n, à l'aide de la fonction Excel : =LOI.BINOMIALE(… ;vrai
On cherche a tel que $P([X \leq a]) > 0{,}025$ et b tel que $P([X \leq b]) > 0{,}975$.

L'intervalle de fluctuation cherché est $\left[\frac{a}{n};\frac{b}{n}\right]$.

■ **Exemple** : ***Pollution ?*** *Dans une rivière, il y a une population de truites. On estime qu'il y a chez l'espèce de la truite 50 % de femelles (sex ratio). La pollution de la rivière peut modifier ce sex ratio et augmenter la proportion de femelles. Pour savoir si la rivière est polluée on prélève (sans leur faire de mal), un échantillon de 100 truites dans lequel on trouve 63 femelles.*
Peut-on de manière crédible s'inquiéter d'une pollution ?

On va voir comment obtenir l'intervalle de fluctuation par la loi binomiale.
Dans un échantillon de 100 truites, comme il y a 50 % de chance qu'une truite soit une femelle, l'expérience suit une loi binomiale de paramètres : $n = 100$ et $p = 0{,}5$.

1re étape : Le tableur

A2 =LOI.BINOMIALE(A1;100;0,5;VRAI)

	A	B	C	D	E	F	G	H	I	J	K	L	M	N	O
1	0	1	2	3	4	5	6	7	8	9	10	11	12	13	14
2	0	0	0	0	0	0	0	0	0	0	0	0	0	0	0

Dans A1, on écrit 0. Dans B1, on écrit 1. On prend la plage A1 :B1, la poignée de copie qu'on étend jusqu'à CW1. On obtient tous les nombres entre 0 et 100.
Dans A2, on écrit =LOI.BINOMIALE(et Excel nous indique qu'il y a 4 paramètres à rentrer : =LOI.BINOMIALE(nombre de succès ; tirages ; probabilité de succès ; cumulative). On écrit donc =LOI.BINOMIALE(A1;100;0,5;VRAI)
Logiquement, dans A2, le tableur calculera $P([X \leq 0])$. On sélectionne A2, sa poignée de copie qu'on étend jusqu'à CW2. Ainsi dans B2, le tableur calculera $P([X \leq 1])$. Dans C2, il calculera $P([X \leq 2])$, … dans CW2, il calculera $P([X \leq 100])$.

2e étape : la lecture de la feuille de calcul. Maintenant on cherche a tel que $P([X \leq a]) > 0{,}025$ et b tel que $P([X \leq b]) > 0{,}975$.

AM	AN	AO	AP	AQ
38	39	**40**	41	42
0,01	0,018	**0,028**	0,044	0,067

BG	BH	BI	BJ
58	59	**60**	61
0,956	0,972	**0,982**	0,99

Et on trouve $a = 40$ et $b = 60$.
3e étape : comme $n = 100$, l'intervalle cherché est $\left[\frac{a}{n};\frac{b}{n}\right] = \left[\frac{40}{100};\frac{60}{100}\right] = [0,4;0,6]$. (C'est bien le même que celui donné par les méthodes précédentes, c'est-à-dire les méthodes 3 et 4, heureusement !)
4e étape-Conclusion : Dans l'échantillon de 100 truites on a trouvé 63 femelles, ce qui donne une fréquence $f = \frac{63}{100} = 0,63$. Cette fréquence est en dehors de l'intervalle de fluctuation $[0,4;0,6]$ (obtenu par la formule =loi.binomiale(du tableur) : il faut donc sérieusement s'inquiéter !

METHODE 6 : En simulant la loi binomiale par un algorithme

■ Principe

Attention, cette méthode concerne ceux qui ont vraiment envie de programmer, vous allez voir c'est un peu musclé : soyons clair, si vous arrivez à le piger du premier coup, vos camarades risquent d'oublier votre prénom et de vous appeler directement Steve Jobs ou Bill Gates (mais un vrai connaisseur de l'histoire de l'informatique vous appellerait Alan Turing, John Von Neumann, ou même franchement Blaise Pascal…).

On demande à Algobox de calculer les probabilités $P([X \leq k])$ pour tout k entre 0 et n. On cherche a tel que $P([X \leq a]) > 0,025$ et b tel que $P([X \leq b]) > 0,975$.

L'intervalle de fluctuation cherché est $\left[\frac{a}{n};\frac{b}{n}\right]$.

```
▼ VARIABLES
  ├─ i EST_DU_TYPE NOMBRE
  ├─ j EST_DU_TYPE NOMBRE
  ├─ Nb_tirage EST_DU_TYPE NOMBRE
  ├─ p EST_DU_TYPE NOMBRE
  ├─ I EST_DU_TYPE NOMBRE
  ├─ n EST_DU_TYPE NOMBRE
  ├─ Z EST_DU_TYPE LISTE
  ├─ a EST_DU_TYPE NOMBRE
  ├─ b EST_DU_TYPE NOMBRE
  └─ C EST_DU_TYPE NOMBRE
▼ DEBUT_ALGORITHME
  ├─ LIRE Nb_tirage
  ├─ LIRE n
  ├─ LIRE p
  ▼ POUR j ALLANT_DE 0 A n
  │ ├─ DEBUT_POUR
  │ ├─ Z[j] PREND_LA_VALEUR 0
  │ └─ FIN_POUR
  ▼ POUR I ALLANT_DE 1 A Nb_tirage
  │ ├─ DEBUT_POUR
  │ ├─ j PREND_LA_VALEUR 0
```

```
      ▼ POUR i ALLANT_DE 1 A n
        ├─DEBUT_POUR
        ▼ SI (random()<p) ALORS
          ├─DEBUT_SI
          ├─j PREND_LA_VALEUR j+1
          └─FIN_SI
        └─FIN_POUR
      ├─Z[j] PREND_LA_VALEUR Z[j]+1
      └─FIN_POUR
    ▼ POUR j ALLANT_DE 0 A n
      ├─DEBUT_POUR
      ├─Z[j] PREND_LA_VALEUR Z[j]/Nb_tirage
      └─FIN_POUR
    ├─a PREND_LA_VALEUR 0
    ├─C PREND_LA_VALEUR Z[0]
    ▼ TANT_QUE (C<0.025) FAIRE
      ├─DEBUT_TANT_QUE
      ├─a PREND_LA_VALEUR a+1
      ├─C PREND_LA_VALEUR C+Z[a]
      └─FIN_TANT_QUE
    ├─b PREND_LA_VALEUR a/n
    ├─AFFICHER "L'intervalle de fluctuation est: ["
    ├─AFFICHER b
    ▼ TANT_QUE (C<0.975) FAIRE
      ├─DEBUT_TANT_QUE
      ├─a PREND_LA_VALEUR a+1
      ├─C PREND_LA_VALEUR C+Z[a]
      └─FIN_TANT_QUE
    ├─b PREND_LA_VALEUR a/n
    ├─AFFICHER " ; "
    ├─AFFICHER b
    └─AFFICHER "]"
└─FIN_ALGORITHME
```

■ **Exemple** : ***Pollution ?*** *Dans une rivière, il y a une population de truites. On estime qu'il y a chez l'espèce de la truite 50 % de femelles (sex ratio). La pollution de la rivière peut modifier ce sex ratio et augmenter la proportion de femelles. Pour savoir si la rivière est polluée on prélève (sans leur faire de mal), un échantillon de 100 truites dans lequel on trouve 63 femelles.*
Peut-on de manière crédible s'inquiéter d'une pollution ?

Maintenant, on lance l'algorithme avec Nb_tirage = 5000 (oui, il faut faire au moins 5000 simulations) et les paramètres $n = 100$ et $p = 0.5$, et on obtient…

```
***Algorithme lancé***
L'intervalle de fluctuation est: [0.4 ; 0.6]
***Algorithme terminé***
```

… le même résultat qu'avec le tableur. Tout ça pour obtenir le même résultat qu'avec un tableur, bah oui forcément ça donne pas envie de se donner du mal. En même temps, comprendre cet algorithme n'est pas inutile : il fait travailler tout ce qui est notion de Liste, de boucle tant-que, boucle pour. Si vous pigez ce truc, alors tout vous paraîtra facile c'est sûr. C'est en forgeant qu'on devient forgeron. Aujourd'hui on pourrait dire : « C'est en programmant qu'on devient programmeur ».

4. Comment rejeter une hypothèse sur une proportion ?

METHODE 7 : En utilisant l'intervalle théorique de confiance (donné en classe de seconde) $p \in \left[f - \frac{1}{\sqrt{n}} ; f + \frac{1}{\sqrt{n}}\right]$

■ Principe

Point de vue théorique (classe de 2nde) : Si on connaît f dans un échantillon de taille n, alors $p \in \left[f - \frac{1}{\sqrt{n}} ; f + \frac{1}{\sqrt{n}}\right]$ (au seuil de confiance de 95 %).

■ Exemple : ***Sondage et élection.*** *En fin de mandat, le président sortant souhaite se représenter car il est persuadé (peut-être à cause de son entourage ?), de renouveler son score de l'élection précédente : 53 % de votes en sa faveur. Par précaution, il demande un sondage à un institut spécialisé. Ce dernier effectue une enquête auprès d'un panel de 500 personnes. Sur ces 500 individus, 245 souhaitent lui renouveler leur confiance. Doit-on rejeter l'hypothèse du président sortant ?*

On a $p = 0{,}53$. $f = \frac{245}{500} = 0{,}49$ et $n = 500$.

La question est de savoir si avec tout ça, on a $p \in \left[f - \frac{1}{\sqrt{n}} ; f + \frac{1}{\sqrt{n}}\right]$?

On a $\left[f - \frac{1}{\sqrt{n}} ; f + \frac{1}{\sqrt{n}}\right] = \left[0{,}49 - \frac{1}{\sqrt{500}} ; 0{,}49 + \frac{1}{\sqrt{500}}\right] \approx [0{,}445 ; 0{,}534]$.

On a bien $p \in \left[f - \frac{1}{\sqrt{n}} ; f + \frac{1}{\sqrt{n}}\right]$ puisque $0{,}53 \in [0{,}445 ; 0{,}534]$ donc à priori l'hypothèse du président $(p = 0{,}53)$ n'est pas à rejeter : c'est un peu juste, c'est vrai qu'on n'est pas loin de sortir de la fourchette, mais bon à priori on est dedans. Cela dit, il aurait peut être avantage à redemander d'autres sondages (peut être avec une taille d'échantillon n plus grande pour gagner en précision).

REMARQUE : Cet exercice doit faire méditer : le pouvoir isole. Il n'est pas rare dans l'histoire politique (française ou autre) de voir des candidats sortants ou en exercice se tromper complètement sur l'opinion. Même pour eux les sondages sont nécessaires (d'ailleurs ils en commandent beaucoup maintenant...). Pour méditer encore, voici une citation de l'écrivain Paul Léautaud qui pourrait illustrer cette perte des réalités : « Etre intelligent, c'est être méfiant, même à l'égard de soi-même » (Propos d'un jour, 1947).

METHODE 8 : En utilisant l'intervalle de fluctuation théorique (donné en classe de seconde) $f \in \left[p-\frac{1}{\sqrt{n}};p+\frac{1}{\sqrt{n}}\right]$

■ **Principe**

L'hypothèse est que la proportion vaut p. Pour savoir si elle est crédible, on prélève (c'est-à-dire concrètement et au hasard) un échantillon de taille n. Si la fréquence observée f sur cet échantillon n'appartient pas à l'intervalle de fluctuation théorique (c'est-à-dire si f ne vérifie pas $f \in \left[p-\frac{1}{\sqrt{n}};p+\frac{1}{\sqrt{n}}\right]$), alors on rejette l'hypothèse sur la proportion p.

■ **Exemple** : ***Le référendum.*** *Une commune voudrait organiser un référendum pour faire adhérer la ville à une communauté de commune. Le maire (qui y est favorable) est persuadé que 60 % des administrés diront oui. L'un de ses adjoints, inquiet demande à un institut de sondage d'organiser discrètement une enquête. L'institut donne ses résultats : sur un échantillon de 300 personnes, 170 personnes disent oui. Doit-on rejeter l'hypothèse du maire (et donc organiser ce référendum ? Sachant qu'un référendum coûte cher à organiser, bien plus cher qu'un sondage, et peut être fatal à celui qui l'organise s'il se trouve désavoué. C'est un sacré risque politique !).*

On a $n=300$ et $p=0,60$. Déterminons l'intervalle théorique $\left[p-\frac{1}{\sqrt{n}};p+\frac{1}{\sqrt{n}}\right]$.

On a donc $\left[p-\frac{1}{\sqrt{n}};p+\frac{1}{\sqrt{n}}\right]=\left[0,60-\frac{1}{\sqrt{300}};0,60+\frac{1}{\sqrt{300}}\right]\approx\left[0,542;0,658\right]$.

Conclusion : La fréquence observée vaut $f=\frac{170}{300}=0,5667$ (soit 56,67 %). Cette fréquence f appartient à l'intervalle de fluctuation $\left[0,543;0,657\right]$. L'hypothèse du maire sur la proportion $p=0,60$ doit donc être acceptée. L'équipe municipale a donc intérêt à organiser ce référendum.

METHODE 9 : En utilisant l'intervalle de fluctuation donné par la loi binomiale du tableur

■ **Principe**

C'est la grande nouveauté du programme de 1re S, donc il faut bien suivre !

L'hypothèse est que la proportion vaut p. Pour savoir si elle est crédible (ou s'il faut la rejeter) :

- on prélève (au hasard) un échantillon de taille n dont on observe la fréquence f ;
- on simule la loi binomiale de paramètres n et p avec le tableur afin d'obtenir un intervalle de fluctuation $\left[\frac{a}{n};\frac{b}{n}\right]$.

Si la fréquence observée f sur cet échantillon appartient à l'intervalle de fluctuation $\left[\frac{a}{n};\frac{b}{n}\right]$ donnée par la loi binomiale (c'est-à-dire le tableur) alors on juge la proportion p crédible. Sinon, on rejette l'hypothèse sur la proportion p.

■ **Exemple** : ***Le référendum***

On a $n = 300$ et $p = 0{,}60$. Nous allons donc utiliser la loi binomiale de paramètres $n = 300$ et $p = 0{,}60$.

1re étape : Le tableur.

A2 =LOI.BINOMIALE(A1;300;0,6;VRAI)

	A	B	C	D	E	F	G	H	I
1	0	1	2	3	4	5	6	7	8
2	0	0	0	0	0	0	0	0	0

Dans A1, on écrit 0. Dans B1, on écrit 1. On prend la plage A1 :B1, la poignée de copie qu'on étend jusqu'à KO1. On obtient tous les nombres entre 0 et 300.
Dans A2, on écrit =LOI.BINOMIALE(A1;300;0,60;VRAI).
On sélectionne A2, sa poignée de copie qu'on étend jusqu'à KO2.

2e étape : la lecture de la feuille de calcul.

Maintenant on cherche a tel que $P([X \leq a]) > 0{,}025$ et b tel que $P([X \leq b]) > 0{,}975$.

	FG	FH	FI
1	162	163	164
2	0,02010008	0,02647689	0,03446733

GO	GP	GQ
196	197	198
0,97484498	0,98112088	0,98601798

Et on trouve $a = 163$ et $b = 197$.

3e étape : comme $n = 300$, l'intervalle de fluctuation cherché est $\left[\frac{a}{n};\frac{b}{n}\right] = \left[\frac{163}{300};\frac{197}{300}\right] \approx [0{,}543;0{,}657]$ (soit entre 54,3 % et 65,7 %).

4e étape-Conclusion : Comme la fréquence observée valait $f = \frac{170}{300} = 0{,}5667$ (c'est-à-dire 56,67 %). Cette fréquence f appartient à l'intervalle de fluctuation $[0{,}543;0{,}657]$. L'hypothèse du maire sur la proportion $p = 0{,}60$ doit donc être acceptée. L'équipe municipale a donc intérêt à organiser de référendum.

METHODE 10 : En simulant la loi binomiale par un algorithme

■ Principe

L'hypothèse est que la proportion vaut p. Pour savoir si elle est crédible (ou s'il faut la rejeter) :

- on prélève (au hasard) un échantillon de taille n dont on observe la fréquence f ;

- on simule la loi binomiale de paramètres n et p avec l'algorithme de la méthode 6 afin d'obtenir un intervalle de fluctuation $\left[\frac{a}{n};\frac{b}{n}\right]$ (il faut un grand nombre de simulation : il faut Nb_tirage soit grand).

Si la fréquence observée f sur cet échantillon appartient à l'intervalle de fluctuation $\left[\frac{a}{n};\frac{b}{n}\right]$ donnée par la loi binomiale (c'est-à-dire le tableur) alors on juge la proportion p crédible. Sinon, on rejette l'hypothèse sur la proportion p.

■ **Exemple** : ***Le référendum***

On lance l'algorithme de la méthode 6 avec Nb_tirage = 2000 (il faut faire un certain grand nombre de simulations pour être crédible) et les paramètres $n = 300$ et $p = 0{,}60$, et on obtient…

```
***Algorithme lancé***
L'intervalle de fluctuation est: [0.54666667 ; 0.65666667]
***Algorithme terminé***
```

Conclusion : Comme la fréquence observée valait $f = \frac{170}{300} = 0{,}5667$ (soit 56,67 %). Cette fréquence f appartient à l'intervalle de fluctuation $\left[0{,}546;0{,}657\right]$. L'hypothèse du maire sur la proportion $p = 0{,}60$ doit donc être acceptée. L'équipe municipale a donc intérêt à organiser ce référendum.

REMARQUE : Bon finalement, ce n'était pas si difficile, ce chapitre. Si on a pigé ce qu'était un intervalle de fluctuation, qu'on pouvait le trouver par simulation (en utilisant la loi binomiale, ou un algo), puis l'utiliser pour rejeter ou non une hypothèse sur une proportion, on a compris l'essentiel du chapitre !

Réflexes

	SITUATIONS	REFLEXES
1.	Déterminer l'intervalle de confiance	Utiliser l'intervalle théorique de seconde $p \in \left[f - \frac{1}{\sqrt{n}};f + \frac{1}{\sqrt{n}}\right]$
2.	Déterminer l'intervalle de fluctuation	• Utiliser l'intervalle théorique de Seconde $f \in \left[p - \frac{1}{\sqrt{n}};p + \frac{1}{\sqrt{n}}\right]$ au seuil de 95 % (avec p compris entre 0,2 et 0,8 et $n \geq 25$) • **Utiliser le tableur et la formule =loi.binomiale(de paramètres n et p (vrai)** • Utiliser un algorithme
3.	Rejeter une hypothèse sur une proportion p	Regarder si la fréquence de l'échantillon de taille n appartient à l'intervalle de fluctuation de paramètres n et p.

Astuces

■ Ce n'est pas que le chapitre soit difficile, c'est qu'il est un peu déroutant : il faut vraiment être bon avec les tableurs et la formule =loi.binomiale(...vrai Entraînez-vous sur tous les exemples et sur les exercices !

■ L'intervalle de confiance concerne la proportion : $p \in \left[f - \frac{1}{\sqrt{n}} ; f + \frac{1}{\sqrt{n}}\right]$. Par contre, l'intervalle de **fl**uctuation concerne lui les **fr**équences : $f \in \left[p - \frac{1}{\sqrt{n}} ; p + \frac{1}{\sqrt{n}}\right]$.

■ Bossez quand même les algorithmes de ce chapitre (même si le tableur fait aussi bien et parfois plus vite). Ce n'est pas si difficile (faut juste s'y mettre) et on apprend beaucoup quand on programme (on structure son esprit de manière assez efficace et même de manière inconsciente, aussi bien qu'avec des « vrais maths » (à l'ancienne, on veut dire) !). En plus comme personne n'y comprend rien et qu'au pays des aveugles, les borgnes sont roi, vous pourrez tirer votre épingle du jeu de cette manière (les bons programmeurs sont souvent très sollicités en entreprise ou dans les laboratoires de recherche...). En Spé Maths, on fait pas mal d'algorithmique, pensez-y !

Erreurs

■ En théorie de l'échantillonnage, pensez à bien séparer la population de l'échantillon. Rappelez-vous : p pour la population, n et f pour l'échantillon. Les erreurs viennent souvent de là ! Enfin, n'oubliez pas de préciser qu'il s'agit de fourchettes avec un seuil de 95 % de confiance.

■ Dans ce chapitre, il faut utiliser l'instruction =Loi.binomiale(...vrai) (et pas =Loi.binomiale(...faux)) quand on cherche l'intervalle de fluctuation $\left[\frac{a}{n} ; \frac{b}{n}\right]$, car on cherche a tel que $P([X \leq a]) > 0{,}025$ et b tel que $P([X \leq b]) > 0{,}975$. Ok ? Ne vous plantez pas !

Chapitre 13

METHODES SUR LES VECTEURS

Dans ce chapitre, nous allons d'abord revoir toutes les formules clefs que vous appris en 2nde. Puis nous allons apprendre à calculer la norme d'un vecteur (c'est en fait sa longueur) et voir toutes les applications (elles sont nombreuses) de la colinéarité de vecteurs. Rien de vraiment nouveau donc (à part la norme), mais juste une consolidation de vos connaissances de 2nde (A ce propos, il peut être utile de revoir Method'S 2nde). Bon, c'est pas tout ça mais il faut y aller maintenant !

1. Coordonnées de vecteurs

METHODE 1 : Comment calculer les coordonnées d'un vecteur défini par deux points A et B ?

■ **Principe**

Soient $A\begin{pmatrix} x_A \\ y_A \end{pmatrix}$ et $B\begin{pmatrix} x_B \\ y_B \end{pmatrix}$ alors le vecteur $\overrightarrow{AB}$ a pour coordonnées $\overrightarrow{AB}\begin{pmatrix} x_B - x_A \\ y_B - y_A \end{pmatrix}$.

(Toujours « extrémité moins origine » ! TOUJOURS !)

■ **Exemple :** *Soient* $A\begin{pmatrix} 2 \\ -3 \end{pmatrix}$ *et* $B\begin{pmatrix} 5 \\ 1 \end{pmatrix}$. *Déterminer les coordonnées de* $\overrightarrow{AB}$.

On a : $\overrightarrow{AB}\begin{pmatrix} 5-2 \\ 1-(-3) \end{pmatrix} = \overrightarrow{AB}\begin{pmatrix} 3 \\ 1+3 \end{pmatrix} = \overrightarrow{AB}\begin{pmatrix} 3 \\ 4 \end{pmatrix}$, ce qu'on peut voir facilement :

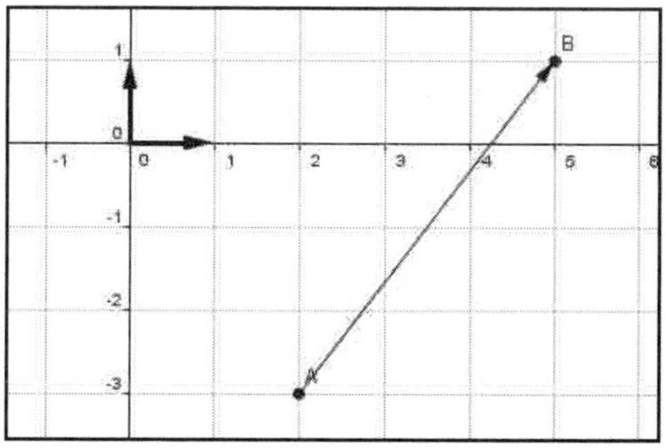

En effet, pour aller de A à B, on bouge de **3 vers la droite** et de **4 vers le haut**, on a donc bien $\overrightarrow{AB}\begin{pmatrix}3\\4\end{pmatrix}$.

METHODE 2 : Comment calculer les coordonnées d'un vecteur défini par une égalité vectorielle ?

■ **Principe**

a) Soit $\vec{u}$ un vecteur défini par l'égalité vectorielle $\vec{u}=\vec{v}+\vec{w}$:

si $\vec{v}\begin{pmatrix}x_1\\y_1\end{pmatrix}$ et $\vec{w}\begin{pmatrix}x_2\\y_2\end{pmatrix}$, alors $\vec{u}\begin{pmatrix}x_1+x_2\\y_1+y_2\end{pmatrix}$.

b) Soit $\vec{u}$ un vecteur défini par l'égalité vectorielle $\vec{u}=\vec{v}-\vec{w}$:

si $\vec{v}\begin{pmatrix}x_1\\y_1\end{pmatrix}$ et $\vec{w}\begin{pmatrix}x_2\\y_2\end{pmatrix}$, alors $\vec{u}\begin{pmatrix}x_1-x_2\\y_1-y_2\end{pmatrix}$.

c) Plus généralement, soit $\vec{u}$ un vecteur défini par l'égalité vectorielle $\vec{u}=\alpha\vec{v}+\beta\vec{w}$ (avec α et β réels) :

si $\vec{v}\begin{pmatrix}x_1\\y_1\end{pmatrix}$ et $\vec{w}\begin{pmatrix}x_2\\y_2\end{pmatrix}$, alors $\vec{u}\begin{pmatrix}\alpha x_1+\beta x_2\\\alpha y_1+\beta y_2\end{pmatrix}$.

■ **Exemple :** *Soient* $A\begin{pmatrix}1\\4\end{pmatrix}$, $B\begin{pmatrix}3\\1\end{pmatrix}$ *et* $C\begin{pmatrix}4\\6\end{pmatrix}$. *Soient* $\vec{v}$ *le vecteur défini par* $\vec{v}=\overrightarrow{AB}$ *et* $\vec{w}$ *le vecteur défini par* $\vec{w}=\overrightarrow{BC}$.

1) Calculer les coordonnées des vecteurs $\vec{v}$ *et* $\vec{w}$.

2) Calculer les coordonnées des vecteurs suivants :

a) $\vec{a}=\vec{v}+\vec{w}$ *b)* $\vec{b}=\vec{v}-\vec{w}$ *c)* $\vec{c}=2\vec{v}+5\vec{w}$

d) $\vec{d}=\frac{1}{2}\vec{v}-3\vec{w}$ *e)* $\vec{e}=-\vec{v}+\frac{3}{4}\vec{w}$

1) On trouve $\vec{v}\begin{pmatrix}2\\-3\end{pmatrix}$ et $\vec{w}\begin{pmatrix}1\\5\end{pmatrix}$ (trop facile...)

2) On trouve (c'est plus costaud, là... surtout les deux derniers !) :

a) $\vec{a}\begin{pmatrix}2+1\\-3+5\end{pmatrix}=\vec{a}\begin{pmatrix}3\\2\end{pmatrix}$ b) $\vec{b}\begin{pmatrix}2-1\\-3-5\end{pmatrix}=\vec{b}\begin{pmatrix}1\\-8\end{pmatrix}$ c) $\vec{c}\begin{pmatrix}2\cdot2+5\cdot1\\2\cdot(-3)+5\cdot5\end{pmatrix}=\vec{c}\begin{pmatrix}9\\19\end{pmatrix}$

d) $\vec{d}\begin{pmatrix}\frac{1}{2}\cdot2-3\cdot1\\\frac{1}{2}\cdot(-3)-3\cdot5\end{pmatrix}=\vec{d}\begin{pmatrix}-2\\-\frac{33}{2}\end{pmatrix}$ e) $\vec{e}\begin{pmatrix}-2+\frac{3}{4}\cdot1\\-(-3)+\frac{3}{4}\cdot5\end{pmatrix}=\vec{e}\begin{pmatrix}-\frac{5}{4}\\\frac{27}{4}\end{pmatrix}$

Bon jusque-là c'était facile et pas vraiment nouveau. Vous voulez du neuf ? C'est maintenant que ça arrive, allons-y avec la norme d'un vecteur !

2. Norme d'un vecteur

METHODE 3 : Comment calculer la norme d'un vecteur ?

La norme $\|\vec{u}\|$ d'un vecteur $\vec{u}$, c'est sa longueur. Pour la calculer, rien de plus simple, on a une formule (qui en fait découle du théorème de Pythagore), la voici : dans un r.o.n (repère orthonormé) la norme du vecteur $\vec{u}\begin{pmatrix}x\\y\end{pmatrix}$ vaut : $\|\vec{u}\| = \sqrt{x^2+y^2}$ (Retenez bien cette formule, elle est importante !)

■ **Exemple :** *On considère le vecteur* $\vec{u}\begin{pmatrix}3\\4\end{pmatrix}$. *Calculer sa norme* $\|\vec{u}\|$.

On a $\vec{u}\begin{pmatrix}3\\4\end{pmatrix}$, donc $\|\vec{u}\| = \sqrt{3^2+4^2} = \sqrt{9+16} = \sqrt{25} = 5$. D'ailleurs ça se voit :
Prenons Geogebra, activons la grille et plaçons un point au hasard disons en $A\begin{pmatrix}1\\1\end{pmatrix}$. Sélectionnons l'icône Vecteur (3e en partant de la gauche) et plaçons-le de manière à avoir $\vec{u}\begin{pmatrix}3\\4\end{pmatrix}$ (donc on se déplace de 3 vers la droite puis de 4 vers le haut). Quand on clique, un point B apparaît de coordonnées $B\begin{pmatrix}4\\5\end{pmatrix}$ ainsi qu'un vecteur $\vec{u}\begin{pmatrix}3\\4\end{pmatrix}$.

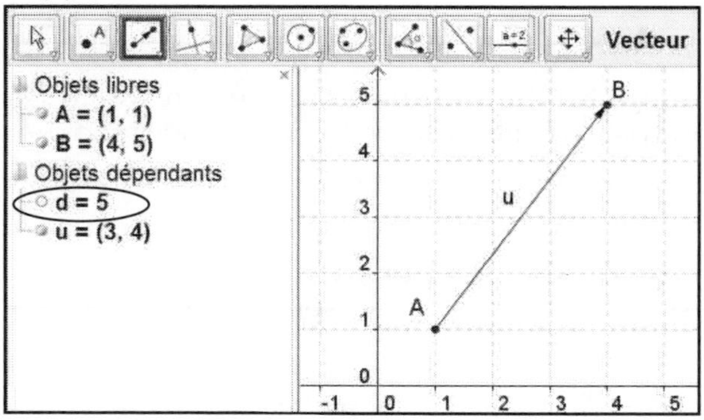

Ensuite dans la ligne de saisie, on écrit d=longueur[u], et hop dans la colonne algébrique (c'est-à-dire la colonne de gauche) apparaît $d = 5$. C'est bien ce qu'on a trouvé, non ?

REMARQUE : Soient $A\begin{pmatrix} x_A \\ y_A \end{pmatrix}$ *et* $B\begin{pmatrix} x_B \\ y_B \end{pmatrix}$ *deux points. Comme on a* $\overrightarrow{AB}\begin{pmatrix} x_B - x_A \\ y_B - y_A \end{pmatrix}$, *la norme* $\|\overrightarrow{AB}\|$ *du vecteur* $\overrightarrow{AB}$ *vaut :* $\|\overrightarrow{AB}\| = \sqrt{(x_B - x_A)^2 + (y_B - y_A)^2}$ *et on retrouve la formule bien connue de la 2nde :* $AB = \sqrt{(x_B - x_A)^2 + (y_B - y_A)^2}$, *ce qui est normal puisque* $\|\overrightarrow{AB}\|$ *c'est pareil que AB ! (Et oui* $\|\overrightarrow{AB}\|$, *c'est la longueur du vecteur* $\overrightarrow{AB}$, *c'est-à-dire AB !).*

■ **Exemple :** *On considère les points* $A\begin{pmatrix} 1 \\ 5 \end{pmatrix}$ *et* $B\begin{pmatrix} 4 \\ 1 \end{pmatrix}$. *Déterminer les coordonnées du vecteur* $\overrightarrow{AB}$ puis calculer sa norme $\|\overrightarrow{AB}\|$.

On a $A\begin{pmatrix} 1 \\ 5 \end{pmatrix}$ et $B\begin{pmatrix} 4 \\ 1 \end{pmatrix}$ donc : $\overrightarrow{AB}\begin{pmatrix} 4-1 \\ 1-5 \end{pmatrix} = \overrightarrow{AB}\begin{pmatrix} 3 \\ -4 \end{pmatrix}$

Comme $\overrightarrow{AB}\begin{pmatrix} 3 \\ -4 \end{pmatrix}$, on a : $\|\overrightarrow{AB}\| = \sqrt{3^2 + (-4)^2} = \sqrt{9+16} = \sqrt{25} = 5$.

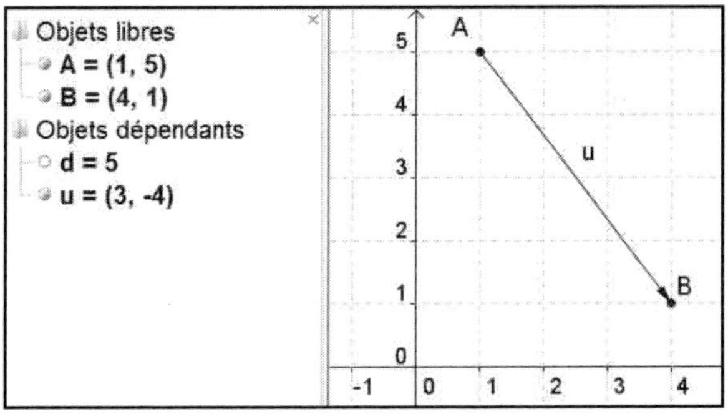

Bon, vous avez pigé ? Mémorisez bien tout cela, nous réutiliserons la norme d'un vecteur dans le chapitre 15, chapitre sur le produit scalaire.

3. Colinéarité de deux vecteurs

Que signifie la phrase $\vec{u}$ et $\vec{v}$ sont colinéaires ? Et bien graphiquement cela signifie qu'ils ont des directions parallèles. Cependant on ne dit pas que deux vecteurs sont parallèles, on dit qu'ils sont colinéaires (mais ça revient au même, c'est juste pour emm...euh...embêter le monde !). Par ailleurs on distingue deux cas :

a) le cas où les vecteurs sont colinéaires de même sens :

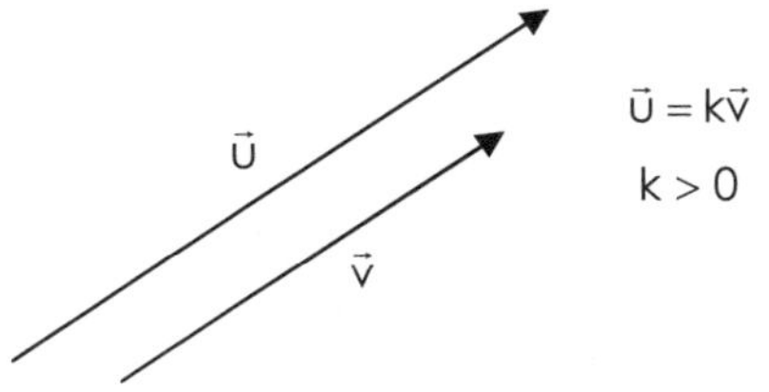

b) le cas où les vecteurs sont colinéaires de sens contraire :

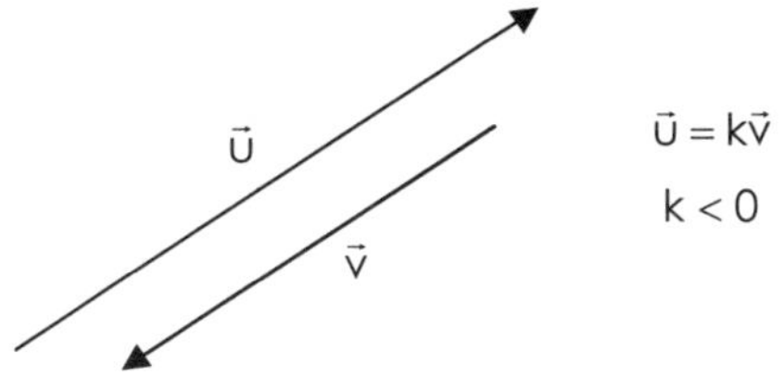

A- Comment démontrer que deux vecteurs sont colinéaires ?

METHODE 4 : Déterminer directement k tel que $\vec{u} = k\vec{v}$ (ou tel que $\vec{v} = k\vec{u}$)

■ **Principe**

Méthode archaïque et peu pratique car il faut vraiment que les cas soient simples (voire évidents) pour y arriver !

■ **Exemple :** *Montrer que les vecteurs* $\vec{u}\begin{pmatrix}2\\3\end{pmatrix}$ *et* $\vec{v}\begin{pmatrix}4\\6\end{pmatrix}$ *sont colinéaires.*

On voit tout de suite que les coordonnées de $\vec{v}\begin{pmatrix}4\\6\end{pmatrix}$ sont le double de celles de $\vec{u}\begin{pmatrix}2\\3\end{pmatrix}$ donc : $\vec{v} = 2\vec{u}$. Ainsi, $\vec{u}$ et $\vec{v}$ sont colinéaires.

REMARQUES : a) On aurait très bien pu prouver que $\vec{u} = \frac{1}{2}\vec{v}$, *ce qui aurait montré également que* $\vec{u}$ *et* $\vec{v}$ *étaient colinéaires.*

b) Nous allons disposer dans un instant d'une méthode vraiment expéditive pour savoir si deux vecteurs sont colinéaires : ***la formule de colinéarité****. Cependant cette formule ne nous donnera pas le coefficient de proportionnalité de deux vecteurs colinéaires, ce qui n'est pas si grave mais si on nous le demandait, on devrait appliquer de toute façon cette méthode. Bon, vous êtes prêts à voir une formule qui "déchire" ? (Attention à ne pas utiliser ce langage ô combien relâché en classe, même pour témoigner de votre enthousiasme infini et ô combien légitime pour les maths...)*

METHODE 5 : Utiliser la formule de colinéarité

■ **Principe**

Méthode reine (déjà vue dans Method's 2nde !), on applique l'équivalence :

$\vec{u}\begin{pmatrix} x \\ y \end{pmatrix}$ et $\vec{v}\begin{pmatrix} x' \\ y' \end{pmatrix}$ sont colinéaires équivaut à : $xy' - x'y = 0$.

REMARQUE : Cette formule fait un peu penser à un produit en croix ! On peut la retenir grâce au ruban suivant :

$\vec{u}\begin{pmatrix} x \\ y \end{pmatrix}$  $\vec{v}\begin{pmatrix} x' \\ y' \end{pmatrix}$

■ **Exemple :** *Montrer que les deux vecteurs* $\vec{u}\begin{pmatrix} -2 \\ 3 \end{pmatrix}$ et $\vec{v}\begin{pmatrix} 4 \\ -6 \end{pmatrix}$ *sont colinéaires.*

On a : $\begin{cases} x = -2 \\ y = 3 \end{cases}$ et $\begin{cases} x' = 4 \\ y' = -6 \end{cases}$ d'où :

$xy' - x'y = (-2)\cdot(-6) - 4\cdot 3 = 12 - 12 = 0$ donc $\vec{u}$ et $\vec{v}$ sont colinéaires.

REMARQUE : Il y avait plus simple : $\vec{v} = -2\vec{u}$ (ou $\vec{u} = -\frac{1}{2}\vec{v}$) ce qui montre immédiatement que $\vec{u}$ et $\vec{v}$ sont colinéaires. Mais cette méthode est d'une aide précieuse lorsqu'on n'a pas d'idée sur le coefficient de colinéarité reliant $\vec{u}$ à $\vec{v}$.

En fait, une fois qu'on a prouvé que les deux vecteurs étaient colinéaires, il est alors très simple de déterminer le coefficient de colinéarité exprimant $\vec{u}$ en fonction de $\vec{v}$: nous allons voir comment !

METHODE 6 : Comment déterminer le coefficient de colinéarité reliant deux vecteurs $\vec{u}$ et $\vec{v}$ colinéaires ?

■ **Principe**

Soient $\vec{u}$ et $\vec{v}$ deux vecteurs colinéaires. Pour exprimer $\vec{u}$ en fonction de $\vec{v}$ on divise la première coordonnée non nulle de $\vec{u}$ par la première coordonnée non nulle de $\vec{v}$ (ou la deuxième non nulle de $\vec{u}$ par la deuxième non nulle de $\vec{v}$), ce rapport obtenu est le nombre k tel que $\vec{u} = k\vec{v}$.

Attention il faut toujours vérifier avant, que les vecteurs sont effectivement colinéaires, avec la formule de colinéarité !

■ **Exemple :** *Montrer que les deux vecteurs* $\vec{u}\begin{pmatrix}\frac{1}{6}\\ \frac{-3}{4}\end{pmatrix}$ et $\vec{v}\begin{pmatrix}-\frac{3}{8}\\ \frac{27}{16}\end{pmatrix}$ *sont colinéaires et exprimer* $\vec{u}$ *en fonction de* $\vec{v}$.

On a : $\begin{cases} x = \frac{1}{6} \\ y = \frac{-3}{4} \end{cases}$ et $\begin{cases} x' = -\frac{3}{8} \\ y' = \frac{27}{16} \end{cases}$ d'où :

$xy' - x'y = \frac{1}{6} \cdot \frac{27}{16} - \left(-\frac{3}{8}\right) \cdot \left(-\frac{3}{4}\right) = \frac{27}{96} - \frac{9}{32} = \frac{9}{32} - \frac{9}{32} = 0$ donc $\vec{u}$ et $\vec{v}$ sont colinéaires.

Le rapport de la 1re coordonnée de $\vec{u}$: $\frac{1}{6}$ et de la 1re coordonnée de $\vec{v}$: $-\frac{3}{8}$

donne : $\dfrac{\frac{1}{6}}{-\frac{3}{8}} = \frac{1}{6} \cdot \left(-\frac{8}{3}\right) = -\frac{8}{18} = -\frac{4}{9}$, on a donc : $\vec{u} = -\frac{4}{9}\vec{v}$.

■ **Exemple :** *Montrer que les deux vecteurs* $\vec{u}\begin{pmatrix}0\\ \frac{-1}{3}\end{pmatrix}$ et $\vec{v}\begin{pmatrix}0\\ \frac{27}{16}\end{pmatrix}$ *sont colinéaires et exprimer* $\vec{u}$ *en fonction de* $\vec{v}$.

Les vecteurs $\vec{u}$ et $\vec{v}$ sont clairement colinéaires : $xy' - x'y = 0 \cdot \frac{27}{16} - 0 \cdot \left(\frac{-1}{3}\right) = 0$ (ils ont des directions parallèles à l'axe vertical des ordonnées).
Pour déterminer le coefficient de colinéarité k tel que $\vec{u} = k\vec{v}$, on ne va surtout pas raisonner avec les premières coordonnées qui sont toutes les deux nulles, mais avec les deuxièmes.

Le rapport de la 2e coordonnée de $\vec{u}$, $\frac{-1}{3}$ et de la 2e coordonnée de $\vec{v}$, $\frac{27}{16}$

donne : $\dfrac{-\frac{1}{3}}{\frac{27}{16}} = \frac{-1}{3} \cdot \frac{16}{27} = -\frac{16}{81}$ d'où : $\vec{u} = -\frac{16}{81}\vec{v}$.

C'est facile tout ça, non ?

B- Comment démontrer que deux vecteurs ne sont pas colinéaires ?

METHODE 7 : Utiliser la formule de non colinéarité

■ **Principe**

On applique l'équivalence :

$\vec{u}\begin{pmatrix} x \\ y \end{pmatrix}$ et $\vec{v}\begin{pmatrix} x' \\ y' \end{pmatrix}$ **ne** sont **pas** colinéaires équivaut à : $xy' - x'y \neq 0$.

■ **Exemple** : *Montrer que les deux vecteurs* $\vec{u}\begin{pmatrix} -2 \\ 3 \end{pmatrix}$ et $\vec{v}\begin{pmatrix} 4 \\ -5{,}999 \end{pmatrix}$ *ne sont pas colinéaires.*

On a : $\begin{cases} x = -2 \\ y = 3 \end{cases}$ et $\begin{cases} x' = 4 \\ y' = -5{,}999 \end{cases}$ d'où :

$xy' - x'y = (-2)\cdot(-5{,}999) - 4\cdot 3 = 11{,}998 - 12 = -0{,}002$, différent de 0, donc $\vec{u}$ et $\vec{v}$ ne sont pas colinéaires.

METHODE 8 : En raisonnant par l'absurde

■ **Principe**

On suppose qu'ils sont colinéaires et à l'aide des coordonnées on aboutit à une contradiction. Conclusion : ils ne sont pas colinéaires.

Le raisonnement par l'absurde est un classique du raisonnement mathématique (voir Method's 2nde). Voyons cela !

■ **Exemple** : *Montrer que les deux vecteurs* $\vec{u}\begin{pmatrix} 6 \\ 12 \end{pmatrix}$ et $\vec{v}\begin{pmatrix} 2 \\ 3 \end{pmatrix}$ *ne sont pas colinéaires.*

S'ils étaient colinéaires, alors on aurait $\vec{u} = k\vec{v}$ ce qui donnerait (en passant aux coordonnées) $\begin{cases} 6 = k \times 2 \\ 12 = k \times 3 \end{cases}$ soit $\begin{cases} 3 = k \\ 4 = k \end{cases}$ Contradiction ! ($3 \neq 4$ n'est-ce pas ? Sinon, il est peut-être temps de faire une pause...).

Conclusion : $\vec{u}\begin{pmatrix} 6 \\ 12 \end{pmatrix}$ et $\vec{v}\begin{pmatrix} 2 \\ 3 \end{pmatrix}$ ne sont pas colinéaires ! Facile, trop facile...

4. Applications de la colinéarité à l'alignement et au parallélisme

METHODE 9 : Comment montrer que trois points sont alignés ?

- **Principe**

Pour montrer que trois points A, B et C sont alignés, on montre que les vecteurs $\overrightarrow{AB}$ et $\overrightarrow{AC}$ sont colinéaires (ou $\overrightarrow{AB}$ et $\overrightarrow{BC}$, ou $\overrightarrow{AC}$ et $\overrightarrow{BC}$, etc.).

- **Exemple** : *Montrer que les points* $A\begin{pmatrix}-2\\-1\end{pmatrix}$, $B\begin{pmatrix}1\\3\end{pmatrix}$ *et* $C\begin{pmatrix}4\\7\end{pmatrix}$ *sont alignés.*

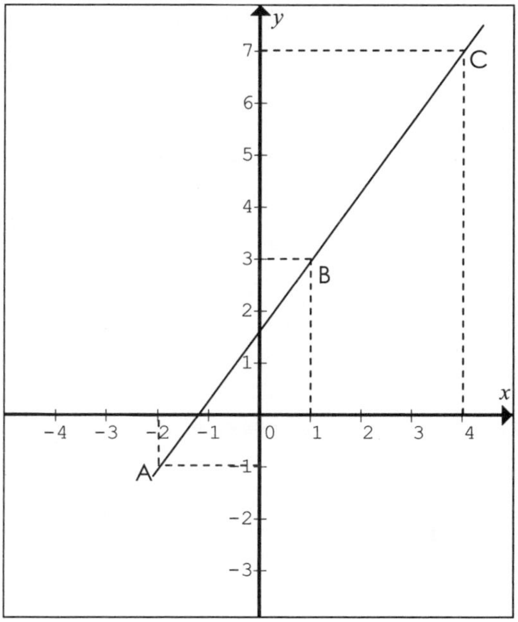

On a : $\overrightarrow{AB}\begin{pmatrix}1-(-2)\\3-(-1)\end{pmatrix}=\overrightarrow{AB}\begin{pmatrix}3\\4\end{pmatrix}$ et $\overrightarrow{AC}\begin{pmatrix}4-(-2)\\7-(-1)\end{pmatrix}=\overrightarrow{AC}\begin{pmatrix}6\\8\end{pmatrix}$.

Comme $3\cdot 8-6\cdot 4=24-24=0$, $\overrightarrow{AB}$ et $\overrightarrow{AC}$ sont colinéaires et donc les points A, B et C sont alignés.

REMARQUE : Il y avait plus simple : $\overrightarrow{AC} = 2\overrightarrow{AB}$ *(car* $\overrightarrow{AC}\begin{pmatrix}6\\8\end{pmatrix}$ *et* $\overrightarrow{AB}\begin{pmatrix}3\\4\end{pmatrix}$*), donc* $\overrightarrow{AB}$ *et* $\overrightarrow{AC}$ *sont colinéaires, et donc A, B et C sont alignés.*

■ **Exemple balaise (un grand classique) :** IJKL *est un carré,* LKM *et* KNJ *deux triangles équilatéraux. Montrer que les points* I, M *et* N *sont alignés.*

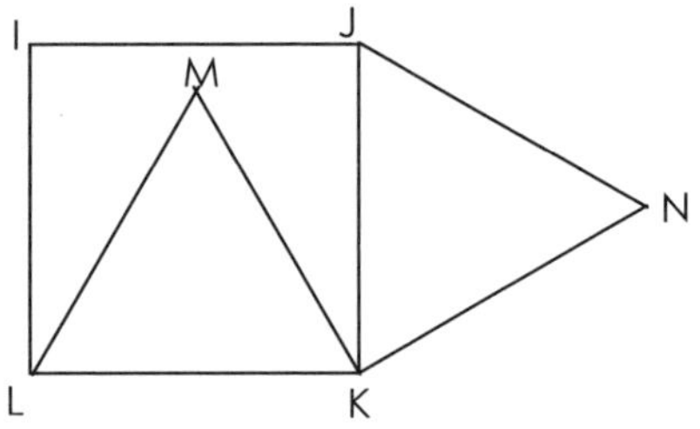

Précisons tout de suite qu'on peut résoudre cet exercice ultraclassique en utilisant les angles (méthode 5 du chapitre 14) mais il est intéressant de voir comment faire avec les repères !

Bien, on introduit le repère $\left(L;\overrightarrow{LK},\overrightarrow{LI}\right)$, orthonormal.

Dans ce repère, les points L, K, I et J ont des coordonnées faciles à déterminer, ce sont : $L\begin{pmatrix}0\\0\end{pmatrix}$, $K\begin{pmatrix}1\\0\end{pmatrix}$, $I\begin{pmatrix}0\\1\end{pmatrix}$ et $J\begin{pmatrix}1\\1\end{pmatrix}$.

On peut également exprimer les coordonnées des deux points restants M et N, mais pour y arriver on a besoin d'un petit rappel :

Rappel : la hauteur d'un triangle équilatéral de côté 1 vaut $\dfrac{\sqrt{3}}{2}$.

(C'est juste un petit peu de trigo ! Voir Method'S Seconde, Chapitre 8, méthode 1, exemple "les deux figures clefs de la trigo" si vous ne l'avez pas vu au collège !).

On déduit donc facilement de ce rappel que $M\begin{pmatrix}\dfrac{1}{2}\\ \dfrac{\sqrt{3}}{2}\end{pmatrix}$ et $N\begin{pmatrix}1+\dfrac{\sqrt{3}}{2}\\ \dfrac{1}{2}\end{pmatrix}$.

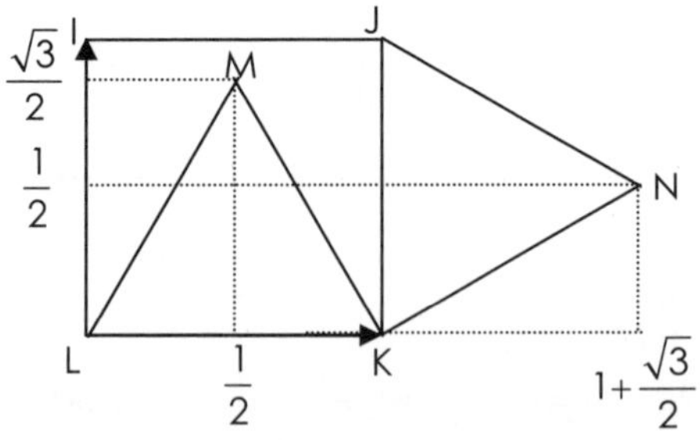

Bien, pour montrer que les trois points I, M et N sont alignés, on va montrer que (par exemple) $\overrightarrow{IM}$ et $\overrightarrow{IN}$ sont colinéaires.

On a : $\overrightarrow{IM}\begin{pmatrix}\frac{1}{2}-0\\ \frac{\sqrt{3}}{2}-1\end{pmatrix}=\overrightarrow{IM}\begin{pmatrix}\frac{1}{2}\\ \frac{\sqrt{3}}{2}-1\end{pmatrix}$ et $\overrightarrow{IN}\begin{pmatrix}1+\frac{\sqrt{3}}{2}-0\\ \frac{1}{2}-1\end{pmatrix}=\overrightarrow{IN}\begin{pmatrix}1+\frac{\sqrt{3}}{2}\\ -\frac{1}{2}\end{pmatrix}$.

On a : $\begin{cases}x=\frac{1}{2}\\ y=\frac{\sqrt{3}}{2}-1\end{cases}$ et $\begin{cases}x'=1+\frac{\sqrt{3}}{2}\\ y'=-\frac{1}{2}\end{cases}$ d'où :

$$xy'-x'y=\frac{1}{2}\cdot\left(-\frac{1}{2}\right)-\left(1+\frac{\sqrt{3}}{2}\right)\left(\frac{\sqrt{3}}{2}-1\right)=-\frac{1}{4}-\left(\frac{\sqrt{3}}{2}+1\right)\left(\frac{\sqrt{3}}{2}-1\right)=-\frac{1}{4}-\left(\left(\frac{\sqrt{3}}{2}\right)^2-1^2\right)$$

soit : $xy'-x'y=-\frac{1}{4}-\left(\frac{3}{4}-1\right)=-\frac{1}{4}-\left(-\frac{1}{4}\right)=-\frac{1}{4}+\frac{1}{4}=0$.

Donc $\overrightarrow{IM}$ et $\overrightarrow{IN}$ sont colinéaires, et donc I, M et N sont alignés !

METHODE 10 : Comment montrer que trois points ne sont pas alignés ?

■ **Principe**

Pour montrer que trois points A, B et C **ne** sont **pas** alignés, on montre que les vecteurs $\overrightarrow{AB}$ et $\overrightarrow{AC}$ **ne** sont **pas** colinéaires (ou $\overrightarrow{AB}$ et $\overrightarrow{BC}$, ou bien $\overrightarrow{AC}$ et $\overrightarrow{BC}$, etc.).

■ **Exemple :** *Montrer que les points* $A\begin{pmatrix}-1\\0\end{pmatrix}$, $B\begin{pmatrix}0\\2\end{pmatrix}$ *et* $C\begin{pmatrix}2\\8\end{pmatrix}$ *ne sont pas alignés.*

On a : $\overrightarrow{AB}\begin{pmatrix}0-(-1)\\2-0\end{pmatrix}=\overrightarrow{AB}\begin{pmatrix}1\\2\end{pmatrix}$ et $\overrightarrow{AC}\begin{pmatrix}2-(-1)\\8-0\end{pmatrix}=\overrightarrow{AC}\begin{pmatrix}3\\8\end{pmatrix}$.

Comme $1\cdot8-3\cdot2=8-6=2$ et que $2\neq0$, $\overrightarrow{AB}$ et $\overrightarrow{AC}$ ne sont pas colinéaires et donc A, B et C ne sont pas alignés. Fini ! Efficace, non ?

METHODE 11 : Comment trouver l'algorithme qui teste l'alignement de trois points ?

■ **Principe**

En fait on va tester si $xy'-x'y=0$ avec $x=x_B-x_A$, $y=y_B-y_A$, $x'=x_C-x_A$, $y'=y_C-y_A$, car $\overrightarrow{AB}\begin{pmatrix}x_B-x_A\\y_B-y_A\end{pmatrix}$ et $\overrightarrow{AC}\begin{pmatrix}x_C-x_A\\y_C-y_A\end{pmatrix}$.

```
▼ VARIABLES
  ├─ x_A EST_DU_TYPE NOMBRE
  ├─ y_A EST_DU_TYPE NOMBRE
  ├─ x_B EST_DU_TYPE NOMBRE
  ├─ y_B EST_DU_TYPE NOMBRE
  ├─ x_C EST_DU_TYPE NOMBRE
  └─ y_C EST_DU_TYPE NOMBRE
▼ DEBUT_ALGORITHME
  ├─ LIRE x_A
  ├─ LIRE y_A
  ├─ LIRE x_B
  ├─ LIRE y_B
  ├─ LIRE x_C
  ├─ LIRE y_C
  ▼ SI ((x_B-x_A)*(y_C-y_A)-(x_C-x_A)*(y_B-y_A)==0) ALORS
     ├─ DEBUT_SI
     ├─ AFFICHER "A, B et C sont alignés"
     ├─ FIN_SI
     ▼ SINON
        ├─ DEBUT_SINON
        ├─ AFFICHER "A, B et C ne sont pas alignés"
        └─ FIN_SINON
└─ FIN_ALGORITHME
```

REMARQUE :
On pouvait faire autrement et utiliser le test : A, B et C alignés équivaut à : $\frac{y_B - y_A}{x_B - x_A} = \frac{y_C - y_A}{x_C - x_A}$ *(voir Method'S Seconde), mais l'inconvénient est qu'il faut prévoir deux tests pour les cas où* $x_B = x_A$ *et* $x_C = x_A$ *(et oui, on n'a pas le droit de diviser par 0 !), cela aurait ajouté deux boucles SI et aurait donné un algorithme plus compliqué (donc à fuir). Ok ?*

METHODE 12 : Comment trouver un vecteur directeur d'une droite ?

■ Principe

Comment déterminer un vecteur directeur ? Très simple :

a) $\overrightarrow{AB}$ est un vecteur directeur de la droite (AB).

b) $\vec{u}\begin{pmatrix}1\\m\end{pmatrix}$ est un vecteur directeur de la droite $(d): y = mx + p$.

c) $\vec{u}\begin{pmatrix}-b\\a\end{pmatrix}$ est un vecteur directeur de la droite $(d): ax + by + c = 0$.

Mémorisez bien les deux dernières formules, elles sont super importantes ! (Elles seront utilisées dans le chapitre 16).

■ Exemple : *Déterminer un vecteur directeur des droites :*

a) (AB) *avec* $A\begin{pmatrix}1\\3\end{pmatrix}$ *et* $B\begin{pmatrix}2\\8\end{pmatrix}$ *b)* $(d): y = 3x + 2$ *c)* $(d): 2x + 5y + 6 = 0$

a) $\overrightarrow{AB}\begin{pmatrix}1\\5\end{pmatrix}$ est un vecteur directeur de (AB).

b) $\vec{u}\begin{pmatrix}1\\3\end{pmatrix}$ est un vecteur directeur de $(d): y = 3x + 2$.

c) $\vec{u}\begin{pmatrix}-5\\2\end{pmatrix}$ est un vecteur directeur de $(d): 2x + 5y + 6 = 0$. Facile, non ?

METHODE 13 : Comment montrer que deux droites sont parallèles?

■ Principe

Pour montrer que deux droites (d) et (d') sont parallèles, on détermine un vecteur directeur $\vec{u}$ de (d), un vecteur directeur $\vec{u}'$ de (d') et on montre que $\vec{u}$ et $\vec{u}'$ sont colinéaires.

■ **Exemple :** *Soient* $A\begin{pmatrix}-2\\-1\end{pmatrix}$, $B\begin{pmatrix}-3\\-3\end{pmatrix}$, $C\begin{pmatrix}2\\-1\end{pmatrix}$ *et* $D\begin{pmatrix}-1\\-7\end{pmatrix}$. *Montrer que les droites* (AB) *et* (CD) *sont parallèles.*

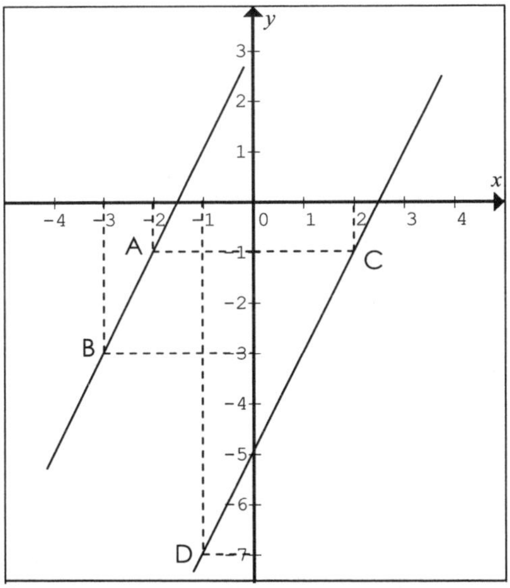

On a : $\overrightarrow{AB}\begin{pmatrix}-3-(-2)\\-3-(-1)\end{pmatrix}=\overrightarrow{AB}\begin{pmatrix}-1\\-2\end{pmatrix}$ et $\overrightarrow{CD}\begin{pmatrix}-1-2\\-7-(-1)\end{pmatrix}=\overrightarrow{CD}\begin{pmatrix}-3\\-6\end{pmatrix}$.

Comme $(-1)\cdot(-6)-(-3)\cdot(-2)=6-6=0$, les vecteurs $\overrightarrow{AB}$ et $\overrightarrow{CD}$ sont colinéaires et donc les droites (AB) et (CD) sont parallèles. Facile, non ?

■ **Exemple :** *Montrer que les droites* $(d): 2x+3y-1=0$ *et* $(d'): y=-\frac{2}{3}x-4$ *sont parallèles.*

A) 1re méthode : $\vec{u}\begin{pmatrix}-3\\2\end{pmatrix}$ est un vecteur directeur de $(d): 2x+3y-1=0$.

$\vec{u}'\begin{pmatrix}1\\-\frac{2}{3}\end{pmatrix}$ est un vecteur directeur de $(d'): y=-\frac{2}{3}x-4$.

Comme $-3\cdot\left(-\frac{2}{3}\right)-1\cdot 2=2-2=0$, $\vec{u}$ et $\vec{u}'$ sont colinéaires et donc $(d)//(d')$. (On peut aussi voir directement que $\vec{u}=-3\vec{u}'$).

b) 2e méthode : $(d): 2x+3y-1=0$ admet pour équation réduite : $y=-\frac{2}{3}x+\frac{1}{3}$ (voir chapitre sur les droites), on peut ainsi trouver deux points qui y appartiennent : par exemple $A\begin{pmatrix}0\\ \frac{1}{3}\end{pmatrix}$ et $B\begin{pmatrix}1\\ -\frac{1}{3}\end{pmatrix}$. (En remplaçant x par 0 dans l'équation $y=-\frac{2}{3}x+\frac{1}{3}$ on trouve $y=\frac{1}{3}$ et en remplaçant x par 1 on trouve $y=-\frac{2}{3}+\frac{1}{3}=-\frac{1}{3}$). Ainsi : $\overrightarrow{AB}\begin{pmatrix}1-0\\ -\frac{1}{3}-\frac{1}{3}\end{pmatrix}=\overrightarrow{AB}\begin{pmatrix}1\\ -\frac{2}{3}\end{pmatrix}$ est un vecteur directeur de $(d): 2x+3y-1=0$.

De même, on trouve $C\begin{pmatrix}0\\ -4\end{pmatrix}$ et $D\begin{pmatrix}3\\ -6\end{pmatrix}$ pour la droite $(d'): y=-\frac{2}{3}x-4$ et donc le vecteur $\overrightarrow{CD}\begin{pmatrix}3-0\\ -6-(-4)\end{pmatrix}=\overrightarrow{CD}\begin{pmatrix}3\\ -2\end{pmatrix}$ comme vecteur directeur de (d').

On a donc $\overrightarrow{AB}\begin{pmatrix}1\\ -\frac{2}{3}\end{pmatrix}$ et $\overrightarrow{CD}\begin{pmatrix}3\\ -2\end{pmatrix}$. Comme $1\cdot(-2)-\left(-\frac{2}{3}\right)\cdot 3=-2+2=0$ les vecteurs $\overrightarrow{AB}$ et $\overrightarrow{CD}$ sont colinéaires (on peut aussi voir directement que $\overrightarrow{CD}=3\overrightarrow{AB}$) et donc les droites (d) et (d') sont parallèles.

REMARQUE : On retrouve le résultat suivant (et oui, heureuse surprise) : deux droites $(d): y=mx+p$ et $(d'): y=m'x+p'$ sont parallèles si et seulement si elles ont le même coefficient directeur, c'est-à-dire si et seulement si $m=m'$. Par exemple $(d): y=2x+1$ et $(d'): y=2x-3$ sont parallèles.

METHODE 14 : Comment montrer que deux droites sont sécantes ?

■ Principe

Pour montrer que deux droites (d) et (d') sont sécantes, on montre qu'elles ne sont pas parallèles en déterminant un vecteur directeur $\vec{u}$ de (d), un vecteur directeur $\vec{u}'$ de (d') et en montrant que $\vec{u}$ et $\vec{u}'$ **ne** sont **pas** colinéaires.

■ **Exemple** : *Montrer que les droites* (AB) *et* (CD) *avec* $A\begin{pmatrix}0\\-1\end{pmatrix}$, $B\begin{pmatrix}3\\-7\end{pmatrix}$, $C\begin{pmatrix}-2\\-9\end{pmatrix}$ *et* $D\begin{pmatrix}6\\7\end{pmatrix}$ *ne sont pas parallèles.*

On a : $\overrightarrow{AB}\begin{pmatrix}3-0\\-7-(-1)\end{pmatrix}=\overrightarrow{AB}\begin{pmatrix}3\\-6\end{pmatrix}$ et $\overrightarrow{CD}\begin{pmatrix}6-(-2)\\7-(-9)\end{pmatrix}=\overrightarrow{CD}\begin{pmatrix}8\\16\end{pmatrix}$.

Comme $3\cdot16-8\cdot(-6)=48+48=96$ et que $96\neq0$, les deux vecteurs $\overrightarrow{AB}$ et $\overrightarrow{CD}$ ne sont pas colinéaires et donc les droites (AB) et (CD) ne sont pas parallèles.

REMARQUE : Comme on ne nous demande pas en quel point ces deux droites sont sécantes, on s'arrête là. Cependant si on nous le demandait, voici comment procéder : on détermine une équation de (AB) *et une équation de* (CD) *(voir Method's Seconde, chapitre 11 paragraphe 2 pour savoir comment, ce ne sont pas les méthodes qui manquent !), puis on résout le système associé (voir Method's Seconde, chapitre 12 paragraphe 1, il y a au moins 4 méthodes pour y arriver !). Vous pouvez le faire, on trouve* $E\begin{pmatrix}1\\-3\end{pmatrix}$ *comme point d'intersection !*

■ **Exemple** : *Montrer que les droites* $(d):2x-3y-5=0$ *et* $(d'):y=4x+5$ *ne sont pas parallèles.*

$\vec{u}\begin{pmatrix}3\\2\end{pmatrix}$ est un vecteur directeur de $(d):2x-3y-5=0$.

$\vec{u}'\begin{pmatrix}1\\4\end{pmatrix}$ est un vecteur directeur de $(d'):y=4x+5$.

Comme $3\cdot4-1\cdot2=12-2=10$ et que $10\neq0$, $\vec{u}$ et $\vec{u}'$ ne sont pas colinéaires et donc (d) et (d') ne sont pas parallèles.

5. Applications de la colinéarité aux équations de droite

Nous allons voir « the method » permettant d'obtenir à coup sûr l'équation d'une droite mais sachez qu'il y en a plein d'autres, déjà toutes exposées dans Method'S Seconde, qui peuvent, suivant les circonstances, permettre d'aller plus vite. C'est donc « the method » de la 1re S (mais qui figure elle aussi dans Method's Seconde), que nous allons voir tout de suite (ça me fait penser qu'il faut que je bosse mon anglais là, parce que ça fait très tendance (voire branchouille) de parler comme ça mais c'est aussi un peu ridicule (voire limite insupportable) quand même...)

METHODE 15 : Comment obtenir une équation cartésienne de droite définie par deux points ?

■ Principe

Utiliser la colinéarité, à savoir :

$M\begin{pmatrix} x \\ y \end{pmatrix} \in (AB)$ équivaut à $\overrightarrow{AM}\begin{pmatrix} x - x_A \\ y - y_A \end{pmatrix}$ et $\overrightarrow{AB}\begin{pmatrix} x_B - x_A \\ y_B - y_A \end{pmatrix}$ sont colinéaires.

Ensuite appliquer la formule de colinéarité :

($\vec{u}\begin{pmatrix} x \\ y \end{pmatrix}$ et $\vec{u}'\begin{pmatrix} x' \\ y' \end{pmatrix}$ sont colinéaires si et seulement si : $xy' - x'y = 0$) avec $\vec{u} = \overrightarrow{AM}$ et $\vec{v} = \overrightarrow{AB}$.

■ **Exemple :** *Déterminer une équation de la droite* (AB) *où* $A\begin{pmatrix} -2 \\ 3 \end{pmatrix}$ *et* $B\begin{pmatrix} \frac{5}{2} \\ -3 \end{pmatrix}$.

$M\begin{pmatrix} x \\ y \end{pmatrix} \in (AB)$ équivaut à $\overrightarrow{AM}\begin{pmatrix} x-(-2) \\ y-3 \end{pmatrix} = \overrightarrow{AM}\begin{pmatrix} x+2 \\ y-3 \end{pmatrix}$ et $\overrightarrow{AB}\begin{pmatrix} \frac{5}{2}-(-2) \\ -3-3 \end{pmatrix} = \overrightarrow{AB}\begin{pmatrix} \frac{9}{2} \\ -6 \end{pmatrix}$

sont colinéaires, soit : $(x+2)\cdot(-6) - \frac{9}{2}\cdot(y-3) = 0$ soit $-6x - 12 - \frac{9}{2}y + \frac{27}{2} = 0$ soit :

$(AB) : -6x - \frac{9}{2}y + \frac{3}{2} = 0$.

REMARQUE : Pour obtenir l'équation réduite de cette droite (ce qui peut être pratique), on continue : $-6x - \frac{9}{2}y + \frac{3}{2} = 0$ *équivaut à :* $-6x + \frac{3}{2} = \frac{9}{2}y$,

soit : $\left(-6x + \frac{3}{2}\right)\cdot\frac{2}{9} = y$ *soit :* $-\frac{12}{9}x + \frac{3}{9} = y$ *soit :* $y = -\frac{4}{3}x + \frac{1}{3}$ *d'où :*

$(AB) : y = -\frac{4}{3}x + \frac{1}{3}$. *(Quelle belle équation réduite, n'est-ce pas ?)*

METHODE 16 : Comment obtenir une équation de la de droite (d) passant par le point $M_0\begin{pmatrix} x_0 \\ y_0 \end{pmatrix}$ et dirigée par un vecteur directeur $\vec{u}$?

■ Principe

Utiliser la colinéarité, à savoir :

$M\begin{pmatrix} x \\ y \end{pmatrix} \in (d)$ équivaut à : $\overrightarrow{M_0M}\begin{pmatrix} x - x_0 \\ y - y_0 \end{pmatrix}$ et $\vec{u}$ sont colinéaires.

■ **Exemple :** *Déterminer une équation de la droite* (d) *passant par le point* $M_0\begin{pmatrix} 2 \\ -3 \end{pmatrix}$ *et dirigé par le vecteur* $\vec{u}\begin{pmatrix} 1 \\ 3 \end{pmatrix}$.

$M\begin{pmatrix} x \\ y \end{pmatrix} \in (d)$ équivaut à $\overrightarrow{M_0M}\begin{pmatrix} x - 2 \\ y - (-3) \end{pmatrix} = \overrightarrow{M_0M}\begin{pmatrix} x - 2 \\ y + 3 \end{pmatrix}$ et $\vec{u}\begin{pmatrix} 1 \\ 3 \end{pmatrix}$ sont colinéaires,

soit : $(x-2)\cdot 3 - 1\cdot(y+3) = 0$ soit $3x - 6 - y - 3 = 0$ ce qui donne : $(d) : y = 3x - 9$.

METHODE 17 : Comment obtenir une équation de la droite (d) passant par le point $M_0\begin{pmatrix} x_0 \\ y_0 \end{pmatrix}$ et parallèle à une droite donnée ?

■ **Principe**

L'idée est de déterminer un vecteur directeur de (d') (et donc inévitablement de (d) puisque par hypothèse (d) et (d') sont parallèles) à partir de son équation puis de se ramener à la méthode 16.

Au fait, on vous rappelle un résultat (méthode 12) :

a) $\overrightarrow{AB}$ est un vecteur directeur de la droite (AB).

b) $\vec{u}\begin{pmatrix} 1 \\ m \end{pmatrix}$ est un vecteur directeur de la droite $(d) : y = mx + p$.

c) $\vec{u}\begin{pmatrix} -b \\ a \end{pmatrix}$ est un vecteur directeur de la droite $(d) : ax + by + c = 0$.

■ **Exemple :** *Déterminer une équation de la droite* (d) *passant par* $A\begin{pmatrix} -2 \\ 3 \end{pmatrix}$ *et parallèle à* $(d') : 2x - 3y + 5 = 0$.

$\vec{u}\begin{pmatrix} 3 \\ 2 \end{pmatrix}$ est un vecteur directeur de $(d') : 2x - 3y + 5 = 0$ et donc de (d) (puisque par hypothèse $(d)//(d')$).

$M\begin{pmatrix} x \\ y \end{pmatrix} \in (d)$ équivaut à $\overrightarrow{AM}\begin{pmatrix} x - (-2) \\ y - 3 \end{pmatrix} = \overrightarrow{AM}\begin{pmatrix} x + 2 \\ y - 3 \end{pmatrix}$ et $\vec{u}\begin{pmatrix} 3 \\ 2 \end{pmatrix}$ sont colinéaires, soit :

$(x+2)\cdot 2 - 3\cdot(y-3) = 0$ soit $2x + 4 - 3y + 9 = 0$ soit : $3y = 2x + 13$ c'est-à-dire :

$y = \frac{2}{3}x + \frac{13}{3}$, ce qui donne : $(d) : y = \frac{2}{3}x + \frac{13}{3}$.

REMARQUE IMPORTANTE : Il existe bien d'autres moyens d'obtenir des équations de droite, on vous invite à aller voir le Method's Seconde, un chapitre entier leur est consacrée !

6. Comment exprimer un vecteur en fonction de deux vecteurs non colinéaires ?

METHODE 18 : En utilisant Chasles (1793-1880)

■ **Principe**

C'est ce qui vient à l'esprit en premier, la relation de Chasles dit que $\overrightarrow{AB}+\overrightarrow{BC}=\overrightarrow{AC}$, elle dit donc également que $\overrightarrow{AC}=\overrightarrow{AB}+\overrightarrow{BC}$.

■ **Exemple :** *Soit ABC un triangle, E un point du segment $[AB]$ tel que E se trouve aux trois quarts du segment $[AB]$ en partant de A, et F un point du segment $[AC]$ tel que F se trouve aux trois quarts du segment $[AC]$ en partant de A.*

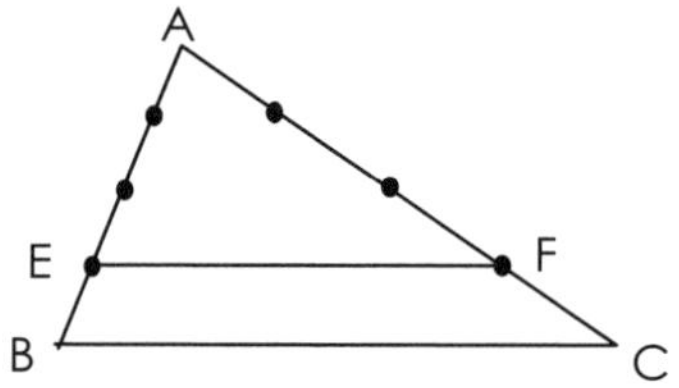

Exprimer $\overrightarrow{EF}$ en fonction des vecteurs $\overrightarrow{BA}$ et $\overrightarrow{AC}$. En déduire que $(EF)//(BC)$.

Si on y réfléchit bien, on pourrait utiliser la réciproque de Thalès mais c'est encore plus fun d'utiliser notre nouvel ami : Chasles (1793-1880) (Michel pour les intimes...).

a) On exprime $\overrightarrow{BC}$ en fonction de $\overrightarrow{BA}$ et $\overrightarrow{AC}$.

D'après Chasles, on a $\overrightarrow{BC}=\overrightarrow{BA}+\overrightarrow{AC}$.

b) On exprime $\overrightarrow{EF}$ en fonction de $\overrightarrow{EA}$ et de $\overrightarrow{AF}$ puis en fonction de $\overrightarrow{BA}$ et $\overrightarrow{AC}$.

D'après Chasles, on a : $\overrightarrow{EF}=\overrightarrow{EA}+\overrightarrow{AF}$ mais comme $\overrightarrow{AE}=\frac{3}{4}\overrightarrow{AB}$ (évident), on a : $\overrightarrow{EA}=\frac{3}{4}\overrightarrow{BA}$. De même on a $\overrightarrow{AF}=\frac{3}{4}\overrightarrow{AC}$. Ainsi $\overrightarrow{EF}=\overrightarrow{EA}+\overrightarrow{AF}$ nous donne : $\overrightarrow{EF}=\frac{3}{4}\overrightarrow{BA}+\frac{3}{4}\overrightarrow{AC}=\frac{3}{4}\left(\overrightarrow{BA}+\overrightarrow{AC}\right)=\frac{3}{4}\overrightarrow{BC}$.

c) Conclusion : Comme $\overrightarrow{EF}=\frac{3}{4}\overrightarrow{BC}$, on a $(EF)//(BC)$ (car les vecteurs $\overrightarrow{EF}$ et $\overrightarrow{BC}$ sont colinéaires !).

METHODE 19 : En utilisant la propriété caractéristique du milieu d'un segment

■ Principe

Lorsque $I = \text{mil}[AB]$, pour tout point M, on peut exprimer $\overrightarrow{MI}$ en fonction de $\overrightarrow{MA}$ et de $\overrightarrow{MB}$, c'est la caractérisation :

Caractérisation du milieu d'un segment : $I = \text{mil}[AB]$ **si et seulement si pour tout point M,** $\overrightarrow{MI} = \frac{1}{2}\overrightarrow{MA} + \frac{1}{2}\overrightarrow{MB}$**.**

En effet : On a les équivalences suivantes (voir Method's Seconde) :

$$I = \text{mil}[AB] \Leftrightarrow \overrightarrow{AI} = \overrightarrow{IB} \Leftrightarrow \overrightarrow{IA} + \overrightarrow{IB} = \vec{0} \Leftrightarrow \overrightarrow{AI} = \frac{1}{2}\overrightarrow{AB}$$

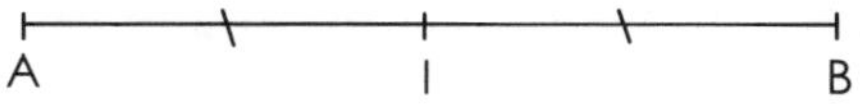

Soit maintenant un point M (quelconque) :

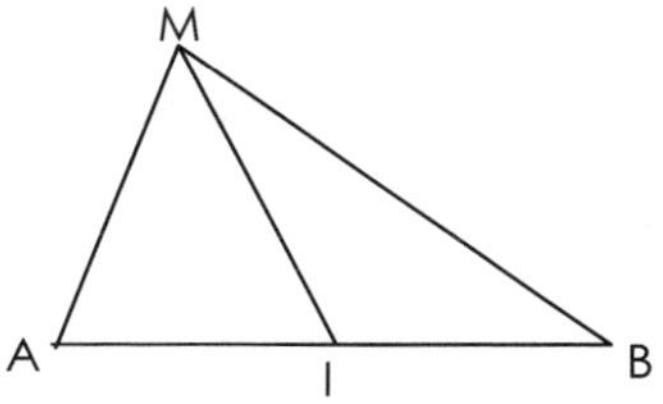

Pour tout point M, $\overrightarrow{MA} + \overrightarrow{MB} = \overrightarrow{MI} + \overrightarrow{IA} + \overrightarrow{MI} + \overrightarrow{IB} = 2\overrightarrow{MI} + \underbrace{\overrightarrow{IA} + \overrightarrow{IB}}_{\vec{0}} = 2\overrightarrow{MI}$

(et oui, comme $I = \text{mil}[AB]$, on a : $\overrightarrow{IA} + \overrightarrow{IB} = \vec{0}$). En divisant par 2 des deux côtés, on obtient bien : $\frac{1}{2}\overrightarrow{MA} + \frac{1}{2}\overrightarrow{MB} = \overrightarrow{MI}$ c'est-à-dire $\overrightarrow{MI} = \frac{1}{2}\overrightarrow{MA} + \frac{1}{2}\overrightarrow{MB}$. Ok ?

Donc dès que vous voyez une figure à étudier qui comporte des milieux, pensez à cette caractérisation ! (On sait jamais, ça peut servir ! D'ailleurs apprenez la par cœur !)

■ **Exemple :** EFGH *est un carré,* $I = \text{mil}[EH]$, $J = \text{mil}[HG]$.

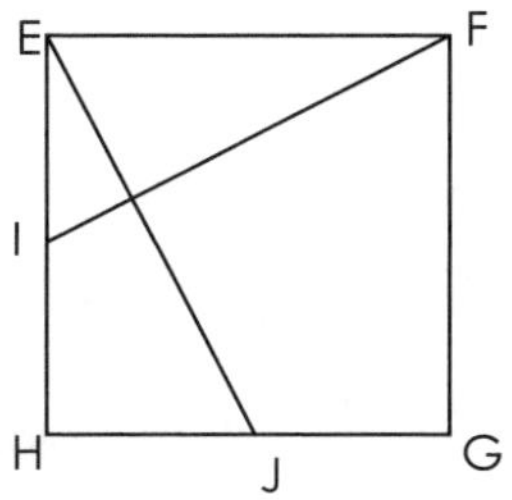

a) Exprimer le vecteur $\overrightarrow{EJ}$ en fonction des vecteurs $\overrightarrow{EH}$ et $\overrightarrow{EG}$.

b) Exprimer le vecteur $\overrightarrow{FI}$ en fonction des vecteurs $\overrightarrow{FE}$ et $\overrightarrow{FH}$.

a) $J = \text{mil}[HG]$ donc pour tout point M, $\overrightarrow{MJ} = \frac{1}{2}\overrightarrow{MH} + \frac{1}{2}\overrightarrow{MG}$. En prenant $M = E$, on obtient : $\overrightarrow{EJ} = \frac{1}{2}\overrightarrow{EH} + \frac{1}{2}\overrightarrow{EG}$.

b) De même $I = \text{mil}[EH]$ donc pour tout point M, $\overrightarrow{MI} = \frac{1}{2}\overrightarrow{ME} + \frac{1}{2}\overrightarrow{MH}$. En prenant $M = F$, $\overrightarrow{FI} = \frac{1}{2}\overrightarrow{FE} + \frac{1}{2}\overrightarrow{FH}$.

REMARQUE : Nous reverrons cet exercice (donc ces deux décompositions de vecteurs qu'on vient de trouver) dans le chapitre suivant sur le produit scalaire.

METHODE 20 : En utilisant les coordonnées et les vecteurs du repère

■ Principe

Dans un repère $(O,\vec{i},\vec{j})$, lorsqu'on a le vecteur $\vec{u}\begin{pmatrix}x\\y\end{pmatrix}$, cela signifie que ses coordonnées x et y vérifient : $\vec{u} = x\vec{i} + y\vec{j}$.

Voici par exemple le vecteur $\vec{u}\begin{pmatrix}3\\1\end{pmatrix}$ qui vérifie $\vec{u} = 3\vec{i} + \vec{j}$

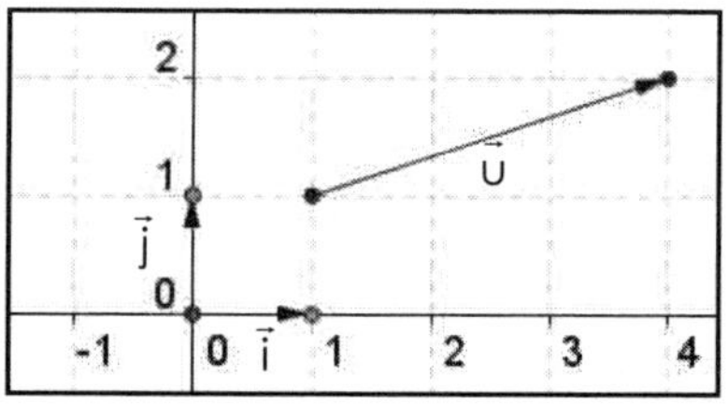

Cette décomposition peut être utile dans certains cas :

■ Exemple : *Soient* $\vec{u}\begin{pmatrix}1\\1\end{pmatrix}$ *et* $\vec{v}\begin{pmatrix}-1\\1\end{pmatrix}$. *Exprimer les vecteurs* $\vec{i}$ *et* $\vec{j}$ *en fonction de* $\vec{u}\begin{pmatrix}1\\1\end{pmatrix}$ *et de* $\vec{v}\begin{pmatrix}-1\\1\end{pmatrix}$.

Pas si facile : de $\vec{u}\begin{pmatrix}1\\1\end{pmatrix}$, on déduit que $\vec{u} = \vec{i} + \vec{j}$ et de $\vec{v}\begin{pmatrix}-1\\1\end{pmatrix}$, on déduit que $\vec{v} = -\vec{i} + \vec{j}$. Après on a le système : $\begin{cases}\vec{u} = \vec{i} + \vec{j}\\ \vec{v} = -\vec{i} + \vec{j}\end{cases}$. En ajoutant les deux équations, on obtient : $\vec{u}+\vec{v}=2\vec{j}$ soit : $\vec{j}=\frac{1}{2}\vec{u}+\frac{1}{2}\vec{v}$. En soustrayant les deux équations, on obtient : $\vec{u}-\vec{v}=2\vec{i}$ soit : $\vec{i}=\frac{1}{2}\vec{u}-\frac{1}{2}\vec{v}$. Ok ?

METHODE 21 : En décomposant à la Physicienne

■ Principe

Dans un repère $(O,\vec{i},\vec{j})$, le vecteur $\vec{u}$ (non nul) de norme $\|\vec{u}\|$ a pour coordonnées : $\vec{u}\begin{pmatrix}\|\vec{u}\|\cos(\alpha)\\ \|\vec{u}\|\sin(\alpha)\end{pmatrix}$ où $\alpha=(\vec{i},\vec{u})$ (c'est-à-dire l'angle formé par les deux vecteurs $\vec{i}$ et $\vec{u}$).

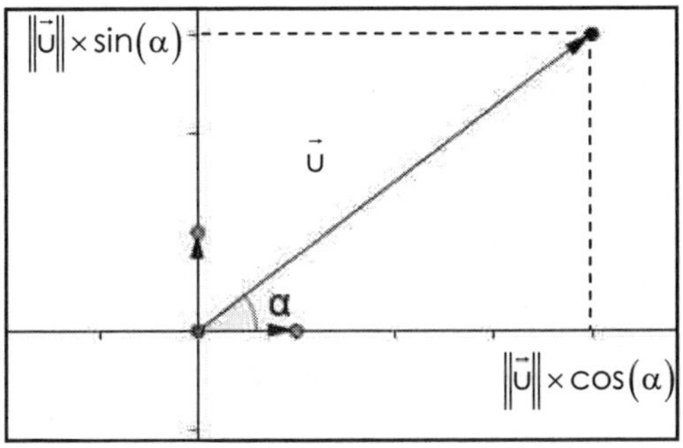

■ **Exemple :** *A l'aide de cette formule, donner les composantes du vecteur vitesse ci-dessous (où $v=10\ \text{m}\cdot\text{s}^{-1}$, c'est-à-dire $\|\vec{v}\|=10$).*

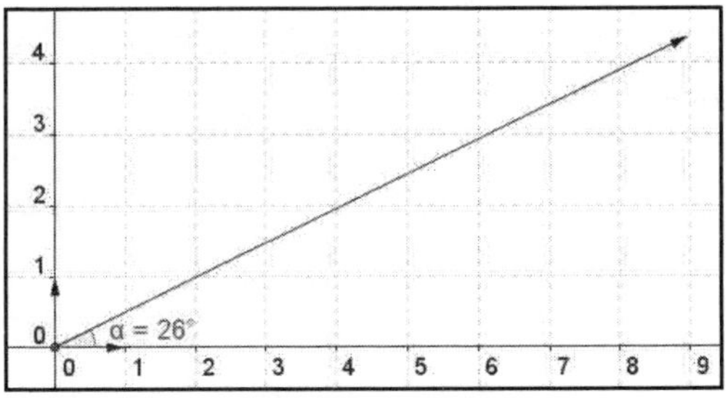

On a $\vec{v}\begin{pmatrix}\|\vec{v}\|\cos(26°)\\ \|\vec{v}\|\sin(26°)\end{pmatrix}$ soit $\vec{v}\begin{pmatrix}10\times0,899\\ 10\times0,438\end{pmatrix}=\vec{v}\begin{pmatrix}8,99\\ 4,38\end{pmatrix}$. Ainsi $\vec{v}=8,99\vec{i}+4,38\vec{j}$ ce qu'on peut vérifier graphiquement !

Réflexes

	SITUATIONS	REFLEXES
1.	Calculer les coordonnées d'un vecteur $\vec{u}$	a) Si $\vec{u}=\overrightarrow{AB}$, alors on a : $\overrightarrow{AB}\begin{pmatrix} x_B - x_A \\ y_B - y_A \end{pmatrix}$. b)Si $\vec{u}=\alpha\vec{v}+\beta\vec{w}$ avec $\vec{v}\begin{pmatrix} x_1 \\ y_1 \end{pmatrix}$ et $\vec{w}\begin{pmatrix} x_2 \\ y_2 \end{pmatrix}$, alors $\vec{u}\begin{pmatrix} \alpha x_1+\beta x_2 \\ \alpha y_1+\beta y_2 \end{pmatrix}$.
2.	Calculer la norme d'un vecteur $\vec{u}\begin{pmatrix} x \\ y \end{pmatrix}$	Appliquer la formule $\lVert\vec{u}\rVert=\sqrt{x^2+y^2}$ (dans un r.o.n)
3.	Comment montrer que deux vecteurs $\vec{u}$ et $\vec{v}$ sont colinéaires ?	▪ Déterminer k tel que $\vec{u}=k\vec{v}$ (ou $\vec{v}=k\vec{u}$). ▪ Utiliser la formule de colinéarité $xy'-x'y=0$
4.	Comment montrer que deux vecteurs $\vec{u}$ et $\vec{v}$ ne sont pas colinéaires ?	▪ Utiliser la formule de non colinéarité $xy'-x'y\neq 0$ ▪ Raisonner par l'absurde.
5.	Comment montrer que trois points A, B et C sont alignés ?	Montrer que les vecteurs $\overrightarrow{AB}$ et $\overrightarrow{AC}$ sont colinéaires (ou $\overrightarrow{AB}$ et $\overrightarrow{BC}$, etc.).
6.	Comment montrer que trois points A, B et C ne sont pas alignés ?	Montrer que les vecteurs $\overrightarrow{AB}$ et $\overrightarrow{AC}$ ne sont pas colinéaires (ou $\overrightarrow{AB}$ et $\overrightarrow{BC}$, etc.).
7.	Trouver un vecteur directeur d'une droite	▪ $\overrightarrow{AB}$ est un vecteur directeur de la droite (AB). ▪ $\vec{u}\begin{pmatrix} 1 \\ m \end{pmatrix}$ est un vecteur directeur de la droite $(d): y=mx+p$. ▪ $\vec{u}\begin{pmatrix} -b \\ a \end{pmatrix}$ est un vecteur directeur de la droite $(d): ax+by+c=0$.
8.	Comment montrer que deux droites (d) et (d') sont parallèles ?	Prendre un vecteur directeur pour chacune des droites et montrer qu'ils sont colinéaires.
9.	Comment montrer que deux droites (d) et (d') sont sécantes ?	Prendre un vecteur directeur pour chacune des droites et montrer qu'ils ne sont pas colinéaires.

10.	Obtenir l'équation cartésienne de la droite (AB)	Prendre un point $M\begin{pmatrix} x \\ y \end{pmatrix} \in (AB)$ et utiliser la colinéarité avec $\overrightarrow{AM}\begin{pmatrix} x-x_A \\ y-y_A \end{pmatrix}$ et $\overrightarrow{AB}\begin{pmatrix} x_B-x_A \\ y_B-y_A \end{pmatrix}$.
11.	Exprimer un vecteur en fonction de deux autres vecteurs non colinéaires	• Utiliser Chasles • Utiliser la propriété des milieux • Décomposer suivant les vecteurs du repère • Décomposer à la Physicienne

Astuces

■ Allez voir Method'S Seconde pour connaître les autres techniques permettant d'obtenir une équation de droite. Vous allez voir, vous n'aurez que l'embarras du choix.

■ Ayez une pensée pour ce mathématicien français vraiment génial qu'était Michel Chasles (1793-1880) (Michou pour les intimes, euh non rien à voir avec l'amuseur de Montmartre, que l'on salue au passage (c'est un grand fan de la collection Méthod's...)) : véritable réinventeur de la Géométrie, excellant en Astronomie et en Mécanique... Croyez-nous, même si la relation de Chasles paraît simple, son œuvre mathématique montre que c'était loin d'être un comique !

Erreurs

■ Les coordonnées de $\overrightarrow{AB}$ sont $\overrightarrow{AB}\begin{pmatrix} x_B-x_A \\ y_B-y_A \end{pmatrix}$ (extrémité moins origine). Ne les confondez pas avec d'autres formules !

■ Il ne faut pas oublier les flèches des vecteurs dans la relation de Chasles (1793-1880) $\overrightarrow{AB}+\overrightarrow{BC}=\overrightarrow{AC}$. En effet, l'égalité $AB+BC=AC$ (en longueurs) n'est vraie que lorsque $B\in[AC]$, elle est donc en général fausse comme on le peut voir géométriquement ci-dessous :

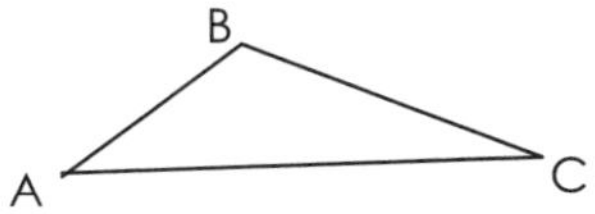

$AB+BC>AC$

■ Pour montrer que les trois points A, B et C sont alignés, il faut d'abord déterminer $\overrightarrow{AB}\begin{pmatrix} x_B-x_A \\ y_B-y_A \end{pmatrix}$ et $\overrightarrow{AC}\begin{pmatrix} x_C-x_A \\ y_C-y_A \end{pmatrix}$ puis appliquer la formule de colinéarité : n'oubliez pas la 1re étape !

■ Deux points sont toujours alignés (pour la simple et bonne raison qu'ils définissent une droite) : ne perdez pas trois heures à prouver cela (on a déjà vu des copies d'une page sur le sujet... désespérant...). La vraie question intéressante, c'est de savoir si trois points son alignés, ah ça oui !

■ Lorsque vous utilisez le vecteur $\overrightarrow{AM}\begin{pmatrix} x - x_A \\ y - y_A \end{pmatrix}$ pour déterminer une équation cartésienne de la droite (AB), ne cherchez pas à déterminer x et y : laissez-les tranquilles, ils doivent rester comme ils sont (c'est-à-dire des x et des y) afin de former une équation de droite du style : $2x + 3y + 5 = 0$, ou on ne sait quoi...
C'est normal que x et y soient là, Ok ?

Chapitre 14

METHODES SUR LES ANGLES ET LA TRIGONOMETRIE

Au collège et même à la petite école (qu'on était bien à la petite école, ah nostalgie quand tu nous tiens...) quand on étudiait les angles, on les mesurait avec un rapporteur et on les exprimait en degrés.
Ça c'était avant, c'était le temps où l'on ne se souciait pas vraiment de l'existence d'une signification métrique des angles. Pourtant elle existe bien : en seconde, on vous a appris à mesurer les angles sur un cercle, de rayon 1, orienté, appelé cercle trigonométrique. Mais pourquoi en fait ?
Et bien justement pour pouvoir faire un rapprochement entre angle et longueur. Pour cela on a introduit une nouvelle unité, le radian, qui a l'avantage (par rapport au degré) d'exprimer un parcours, une "longueur" sur le cercle trigonométrique.
Cette correspondance part d'une constatation très simple : on sait que 360° correspond à un tour complet, et effectuer un tour complet sur un cercle trigonométrique (donc de rayon 1), c'est parcourir son périmètre qui vaut 2π.
Il est alors tout à fait naturel d'établir la correspondance entre 360° et 2π, puis 180° et π, 90° et $\frac{\pi}{2}$... Le radian est né.
L'autre avantage d'étudier les angles sur le cercle trigonométrique, est que le cercle étant orienté on peut avoir des angles négatifs (exprimés en radians) et qu'on peut exprimer cosinus et sinus très simplement comme abscisse et ordonnée de l'angle sur le cercle. Si l'angle varie sur le cercle, alors cosinus et sinus varient également, la trigonométrie prend alors toute sa force car on entre dans des équations vraiment passionnantes : les équations trigonométriques (style $\cos(x)=\cos(y)$, $\sin(x)=\sin(y)$, etc.). Vous êtes chaud ? Allons-y !

1. Comment déterminer la mesure d'un angle orienté ?

Au collège, les angles étudiés sont notés en utilisant des chapeaux et exprimés en degré : ce sont les angles géométriques.
Exemple : L'angle $\widehat{ABC}$ ci dessous

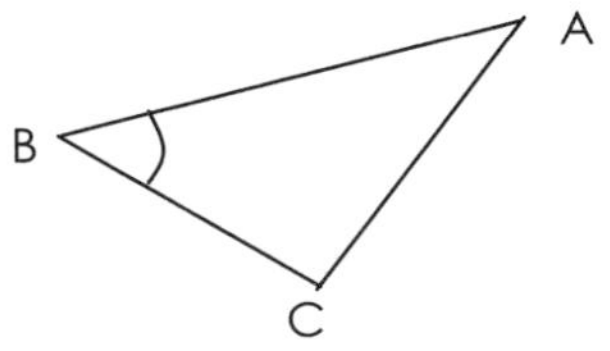

La nouveauté c'est d'orienter maintenant, en considérant comme sens positif de parcours : le sens contraire des aiguilles d'une montre.
On manipule alors des angles de vecteurs que l'on appelle angles orientés.
Dans notre exemple ci-dessus, les angles $(\overrightarrow{BC},\overrightarrow{BA})$ et $(\overrightarrow{BA},\overrightarrow{BC})$ ont même mesure géométrique $\widehat{ABC}$, mais sont opposés en tant qu'angle orienté (l'un va bien dans le sens positif, $\overrightarrow{BC}$ vers $\overrightarrow{BA}$, mais l'autre va dans le sens négatif, $\overrightarrow{BA}$ vers $\overrightarrow{BC}$). En fait, on a : $(\overrightarrow{BC},\overrightarrow{BA}) = -(\overrightarrow{BA},\overrightarrow{BC})\ (2\pi)$

Enfin, les angles orientés changent aussi d'unité de mesure (ils vont être exprimés en radians) : des degrés négatifs, ça n'a aucun sens, par exemple $-90°$ ne veut rien dire (même si on voit tous ce que ça voudrait dire), par contre $-\frac{\pi}{2}$ radians aura lui un sens mathématiquement correct, par exemple dans le cas ci-dessous : $(\vec{u},\vec{v}) = -\frac{\pi}{2}$ rad.

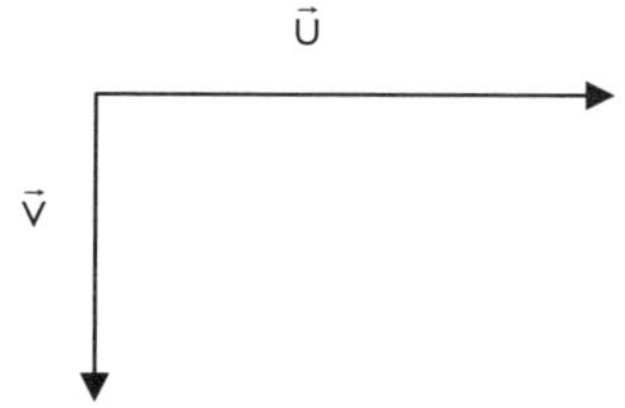

Bien souvent vous l'aurez compris, ne serait-ce que parce que votre rapporteur n'est pas gradué en radians mais en degrés, on doit jongler entre degrés et radians. Les deux méthodes de conversions qui suivent sont là pour ça !

METHODE 1 : Comment convertir des degrés en radians ?

■ Principe

Utiliser un petit tableau de proportionnalité et un produit en croix :
(sachant qu'à 360° correspond 2π radians).

degrés	360	angle à convertir
radians	2π	x (ce qu'on cherche)

■ **Exemple** : *Convertir 225° en radians.*

degrés	360	225
radians	2π	x

On a (après un produit en croix, licite car il y a proportionnalité), $360 \cdot x = 225 \cdot 2\pi$ soit $x = \frac{225 \times 2\pi}{360} = \frac{450\pi}{360} = \frac{90 \cdot 5\pi}{90 \cdot 4} = \frac{5\pi}{4}$.

Ainsi à 225° correspond $\frac{5\pi}{4}$ radians (n'écrivez jamais $225° = \frac{5\pi}{4}$ rad, c'est faux et ça risque d'énerver votre professeur qui se devra de sanctionner les égalités d'angles dans des unités différentes ! Il n'a pas d'autres choix, il faut le comprendre, en même temps !).

REMARQUE : Il y a un autre moyen de procéder. On a : $225° = 180° + 45°$.

Sachant qu'à 180° correspond π *rad, et qu'à 45° correspond* $\frac{\pi}{4}$ *rad, à 225° correspond donc* $\pi + \frac{\pi}{4} = \frac{5\pi}{4}$ *(rad). Mais, pour faire cela il faut bien connaître vos angles de base* $\frac{\pi}{6}$, $\frac{\pi}{4}$, $\frac{\pi}{3}$, $\frac{\pi}{2}$, π *qui correspondent respectivement à 30°, 45°, 60°, 90°, 180°.*

METHODE 2 : Comment convertir des radians en degré ?

■ Principe

Utiliser, comme dans la méthode précédente, un petit tableau de proportionnalité et bien sûr un produit en croix.

radians	2π	angle à convertir
degrés	360	x (ce qu'on cherche)

■ **Exemple :** *Convertir* $\frac{11\pi}{6}$ *radians en degrés.*

radians	2π	$\frac{11\pi}{6}$
degrés	360	x

d'où : (produit en croix) $2\pi \cdot x = \frac{11\pi}{6} \cdot 360$ ce qui donne : $x = \frac{11\pi \cdot 360}{2\pi \cdot 6} = 330$. Ainsi à $\frac{11\pi}{6}$ rad correspond 330°.

REMARQUE : Encore une fois, il y a une autre manière de procéder : $\frac{11\pi}{6} = \frac{12\pi}{6} - \frac{\pi}{6} = 2\pi - \frac{\pi}{6}$. Or, à 2π rad correspond 360° et à $\frac{\pi}{6}$ correspond 30°, ainsi à $\frac{11\pi}{6}$ correspond $360° - 30° = 330°$.

Voilà, maintenant les conversions d'angles n'ont plus de secret pour vous ! (c'est votre prof de physique, que l'on salue au passage, qui va être content !)

METHODE 3 : Comment déterminer la mesure principale d'un angle orienté ?

Parmi toutes les valeurs possibles d'un angle (à 2π près), il en existe une et une seulement comprise dans l'intervalle $]-\pi;\pi]$: on l'appelle mesure principale de l'angle. Mais comment la déterminer ?

■ Principe

a) 0 est la mesure principale de tous les angles : 2π, 4π, 6π,..., $2k\pi$ (k entier), (donc également des angles : -2π, -4π,...)

b) π est la mesure principale de tous les angles : 3π, 5π, 7π,... $(2k+1)\pi$ (k entier), donc également des angles : $-\pi$, -3π, -5π,...)

c) Pour un angle $\frac{a}{b}\pi$ avec a et b entiers, effectuer la division euclidienne de a par b (c'est-à-dire la division avec reste) pour se ramener aux cas précédents (en remplaçant π, 3π,... soit par $-\pi$, soit par π, le but étant de viser juste car il faut tomber, au final, sur un angle de l'intervalle $]-\pi;\pi]$).

■ **Exemple** : *Soit* $(\vec{u},\vec{v})=\frac{7\pi}{6}$ (rad). *Déterminer sa mesure principale.*

Remarquons tout de suite que comme $\frac{7\pi}{6}>\pi$, la mesure principale ne peut pas être $\frac{7\pi}{6}$. On pose la division (avec reste) de 7 par 6 : $7=6\times1+1$ d'où $\frac{7\pi}{6}=\frac{(6\times1+1)\times\pi}{6}=\frac{6\pi+\pi}{6}=\pi+\frac{\pi}{6}$. Or $\pi=-\pi\ (2\pi)$, ce qui donne $\frac{7\pi}{6}=-\pi+\frac{\pi}{6}\ (2\pi)$ soit : $(\vec{u},\vec{v})=-\frac{6\pi}{6}+\frac{\pi}{6}=-\frac{5\pi}{6}\ (2\pi)$. Comme $-\frac{5\pi}{6}\in]-\pi,\pi]$, $-\frac{5\pi}{6}$ est bien la mesure principale de $(\vec{u},\vec{v})$.

REMARQUE : Avec un cercle trigonométrique, on aurait pu aller dix fois plus vite et voir tout de suite que $\frac{7\pi}{6}=-\frac{5\pi}{6}$ (2π). *Mais bon, il fallait bien commencer par un exemple tout bête. L'exemple suivant est un cas de figure plus difficile et plus fréquent d'utilisation de cette méthode.*

■ **Exemple** : *Soit* $(\vec{u},\vec{v})=-\frac{163\pi}{6}$ (rad). *Déterminer sa mesure principale.*

On pose la division (euclidienne, c'est-à-dire avec reste) de 163 par 6.
On trouve donc : $163=6\times27+1$

Ainsi $-\frac{163\pi}{6}=-\frac{(6\times27+1)\pi}{6}=-\left(27\pi+\frac{\pi}{6}\right)=-27\pi-\frac{\pi}{6}$.

Ce qui donne $-\frac{163\pi}{6} = \pi - \frac{\pi}{6}\ (2\pi)$ puisque $-27\pi = \pi\ (2\pi)$ soit $-\frac{163\pi}{6} = \frac{5\pi}{6}\ (2\pi)$.

Comme $\frac{5\pi}{6} \in]-\pi;\pi]$, $\frac{5\pi}{6}$ est bien la mesure principale de $(\vec{u},\vec{v})$.

REMARQUES :

a) Dans le dernier exemple, on a remplacé -27π par π et non par $-\pi$. $-\pi$ n'aurait pas été incorrect, mais n'aurait pas été un choix judicieux, car cela nous aurait donné $(\vec{u},\vec{v}) = -\pi - \frac{\pi}{6} = -\frac{7\pi}{6}(2\pi)$, hors de $]-\pi;\pi]$.

b) Avec un peu d'habitude, vous n'aurez peut-être même plus besoin de faire une division euclidienne, vous trouverez tout de suite une décomposition simplifiant le problème, par exemple :

$$-\frac{163\pi}{6} = -\frac{180\pi}{6} + \frac{17\pi}{6} = -30\pi + \frac{17\pi}{6} = 0 + \frac{17\pi}{6} = \frac{17\pi}{6} = \frac{12\pi}{6} + \frac{5\pi}{6} = \frac{5\pi}{6}\ (2\pi)$$

c) On peut trouver la mesure principale d'un angle avec un tableur :

Par exemple, essayons de trouver les mesures principales de $\frac{71\pi}{4}$ puis de $\frac{-83\pi}{6}$

	A	B	C	D	E
1	a>0	b>0		a<0	b>0
2	71	4		-83	6
3	63	4		-71	6
4	55	4		-59	6
5	47	4		-47	6
6	39	4		-35	6
7	31	4		-23	6
8	23	4		-11	6
9	15	4		1	6
10	7	4		FAUX	6
11	-1	4		FAUX	6
12	FAUX	4			

Pour $\frac{71\pi}{4}$ (fraction positive plus grande que π), on écrit :

Dans A2, on écrit 71. Dans B2, on écrit 4.

Dans B3, on écrit =SI(A2/$B$2>1;A2-2*$B$2). Dans B3, on écrit =B2.

On sélectionne la plage A3 :B3, sa poignée de copie qu'on étend jusqu'à ce qu'il y ait écrit FAUX. On trouve -1 et 4. Conclusion : $\frac{71\pi}{4} = \frac{-\pi}{4}(2\pi)$.

Pour $\frac{-83\pi}{6}$ (fraction négative plus petite que $-\pi$), on écrit :

Dans D2, on écrit -83. Dans E3, on écrit 6.

Dans D3, =SI(D2/$E$2<-1;D2+2*$E$2). Dans E3, on écrit =E2.

On sélectionne la plage D3 :E3, sa poignée de copie qu'on étend jusqu'à ce qu'il y ait écrit FAUX. On trouve 1 et 6. Conclusion : $\frac{-83\pi}{6} = \frac{\pi}{6}(2\pi)$.

METHODE 4 : Comment exprimer les angles $(\vec{v},\vec{u}), (-\vec{u},\vec{v}), (\lambda\vec{u},\lambda\vec{v})$,... en fonction de l'angle $(\vec{u},\vec{v})$?

Que peut avoir de commun les vecteurs, la loi d'additivité des tensions, les angles...? Chasles, vous connaissez ? La relation de Chasles, connue pour les vecteurs à savoir : $\overrightarrow{AB}+\overrightarrow{BC}=\overrightarrow{AC}$ existe aussi pour les angles, la voici :

Relation de Michel Chasles (pour les angles) : $(\vec{u},\vec{v})+(\vec{v},\vec{w})=(\vec{u},\vec{w})(2\pi)$.

Chasles va nous être d'un grand secours ! (Merci Michel, Michel Chasles (mathématicien français, 1793-1880), bien sûr !)

■ Principe

Un dessin pour trouver la réponse, Chasles pour justifier.

■ **Exemple :** *Exprimer l'angle* $(-\vec{u},\vec{v})$ *en fonction de l'angle* $(\vec{u},\vec{v})$.

On construit une figure pour y voir plus clair :

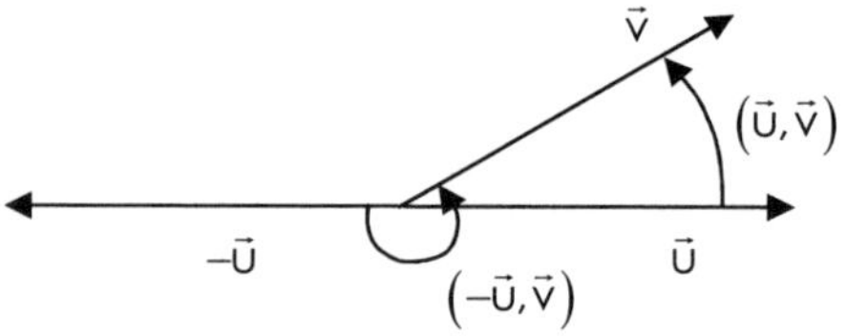

On voit tout de suite que $(-\vec{u},\vec{v})=\pi+(\vec{u},\vec{v})\ (2\pi)$.

Prouvons-le par Chasles :

On a $(-\vec{u},\vec{v})=(-\vec{u},\vec{u})+(\vec{u},\vec{v})\ (2\pi)$ soit $(-\vec{u},\vec{v})=\pi+(\vec{u},\vec{v})\ (2\pi)$, car $(-\vec{u},\vec{u})=\pi(2\pi)$.

Voilà fin, terminé, on a fait notre boulot. Affaire suivante (comme dirait un célèbre présentateur radio...).

■ **Exemple :** *Exprimer l'angle :* $(\lambda\vec{u},\lambda\vec{v})$, *pour* $\lambda\neq 0$, *en fonction de l'angle* $(\vec{u},\vec{v})$

Etudions les deux exemples suivants :

a) $\lambda=2$

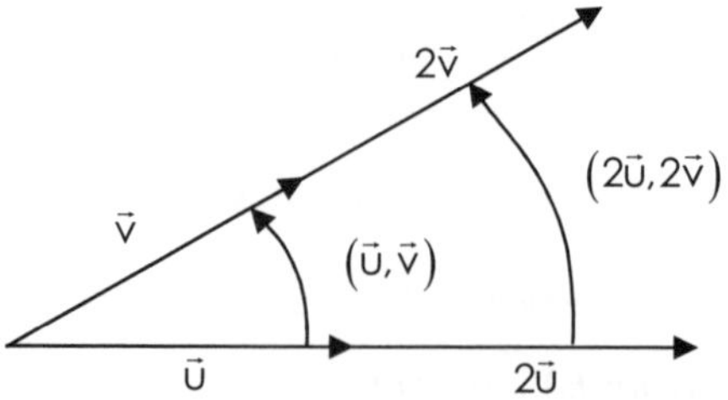

Même écartement et même sens de parcours (bien sûr) d'où l'égalité :

$(2\vec{u},2\vec{v})=(\vec{u},\vec{v})\ (2\pi)$

b) $\lambda = -2$

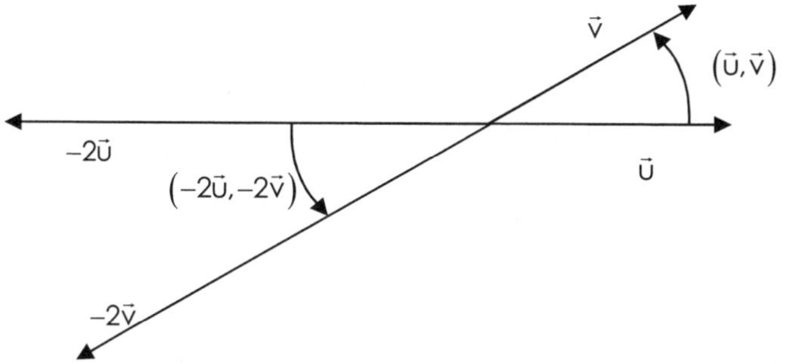

Et oui, c'est le même angle (même écartement et même sens de parcours) donc : $(-2\vec{u},-2\vec{v}) = (\vec{u},\vec{v})\ (2\pi)$.

Montrons maintenant, cette fois en toute généralité, que pour tout $\lambda \neq 0$ $(\lambda\vec{u},\lambda\vec{v}) = (\vec{u},\vec{v})\ (2\pi)$. En fait, ce résultat n'est pas difficile à montrer : on va utiliser Chasles : pour tout $\lambda \neq 0$, $(\lambda\vec{u},\lambda\vec{v}) = (\lambda\vec{u},\vec{u}) + (\vec{u},\vec{v}) + (\vec{v},\lambda\vec{v})\ (2\pi)$.
Deux cas sont alors à étudier :

a) Si $\lambda > 0$ alors $(\lambda\vec{u},\vec{u}) = 0\ (2\pi)$ (car $\lambda\vec{u}$ et $\vec{u}$ sont colinéaires de même sens), de même : $(\vec{v},\lambda\vec{v}) = 0\ (2\pi)$, d'où : $(\lambda\vec{u},\lambda\vec{v}) = 0 + (\vec{u},\vec{v}) + 0\ (2\pi) = (\vec{u},\vec{v})\ (2\pi)$.

b) Si $\lambda < 0$ alors $(\lambda\vec{u},\vec{u}) = \pi\ (2\pi)$ (car $\lambda\vec{u}$ et $\vec{u}$ sont colinéaires de sens contraire), de même : $(\vec{v},\lambda\vec{v}) = \pi\ (2\pi)$, d'où :
$(\lambda\vec{u},\lambda\vec{v}) = \pi + (\vec{u},\vec{v}) + \pi = 2\pi + (\vec{u},\vec{v}) = (\vec{u},\vec{v})\ (2\pi)$ (on a retiré 2π grâce à notre modulo (2π) qui joue un peu le rôle de grande poubelle, poubelle qui "avalent" les 2π, 4π,..., -2π, -4π,... qui traînent ci et là !). Et voilà !

■ **Exemple d'application (ROC) :** Soit ABC *un triangle quelconque, démontrer que* $(\overrightarrow{AB},\overrightarrow{AC}) + (\overrightarrow{BC},\overrightarrow{BA}) + (\overrightarrow{CA},\overrightarrow{CB}) = \pi(2\pi)$

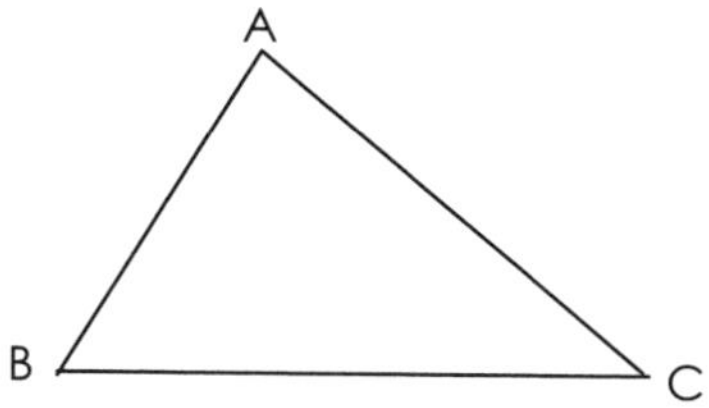

Déjà, ce n'est pas un résultat nouveau (tout le monde sait que la somme des angles d'un triangle vaut 180°, c'est d'un banal...) mais l'originalité de la démonstration tient dans sa rapidité. La relation de Chasles expédie le résultat en quelques lignes...

$$\left(\overrightarrow{AB},\overrightarrow{AC}\right)+\left(\overrightarrow{BC},\overrightarrow{BA}\right)+\left(\overrightarrow{CA},\overrightarrow{CB}\right)=\underbrace{\left(\overrightarrow{AB},\overrightarrow{BC}\right)+\left(\overrightarrow{BC},\overrightarrow{AC}\right)}_{\left(\overrightarrow{AB},\overrightarrow{AC}\right)}+\left(\overrightarrow{BC},\overrightarrow{BA}\right)+\left(\overrightarrow{CA},\overrightarrow{CB}\right)$$

Or $\left(\overrightarrow{BC},\overrightarrow{AC}\right)=\left(\overrightarrow{CB},\overrightarrow{CA}\right)(2\pi)$ car $\left(-\vec{u},-\vec{v}\right)=\left(\vec{u},\vec{v}\right)(2\pi)$. Ainsi :

$\left(\overrightarrow{AB},\overrightarrow{AC}\right)+\left(\overrightarrow{BC},\overrightarrow{BA}\right)+\left(\overrightarrow{CA},\overrightarrow{CB}\right)=\left(\overrightarrow{AB},\overrightarrow{BC}\right)+\left(\overrightarrow{CB},\overrightarrow{CA}\right)+\left(\overrightarrow{BC},\overrightarrow{BA}\right)+\left(\overrightarrow{CA},\overrightarrow{CB}\right)(2\pi)$

$=\left(\overrightarrow{AB},\overrightarrow{BC}\right)+\left(\overrightarrow{BC},\overrightarrow{BA}\right)+\left(\overrightarrow{CB},\overrightarrow{CA}\right)+\left(\overrightarrow{CA},\overrightarrow{CB}\right)(2\pi)$ (par permutation des deux termes du milieu)

$=\left(\overrightarrow{AB},\overrightarrow{BA}\right)+\left(\overrightarrow{CB},\overrightarrow{CB}\right)$ (par Chasles, appliqué deux fois !).

$=\pi$ (car $\left(\overrightarrow{AB},\overrightarrow{BA}\right)=\pi$ (car $\left(\vec{u},-\vec{u}\right)=\pi(2\pi)$ et $\left(\overrightarrow{CB},\overrightarrow{CB}\right)=0$ car $\left(\vec{u},\vec{u}\right)=0(2\pi)$)

REMARQUE : La vraie démonstration d'Euclide (330-270 av. J.-C.) est bien plus élégante, la voici :

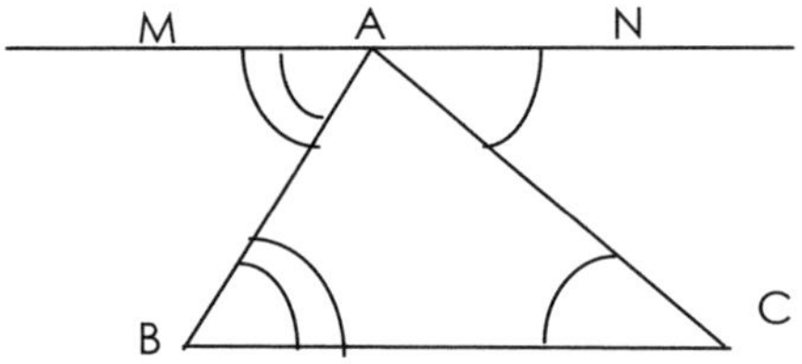

Soit (MN) une droite parallèle à (BC) passant par A (telle que A soit entre M et N). D'après le théorème des angles alternes-internes, on a :

$\left(\overrightarrow{BC},\overrightarrow{BA}\right)=\left(\overrightarrow{AM},\overrightarrow{AB}\right)(2\pi)$ *mais aussi* $\left(\overrightarrow{CA},\overrightarrow{CB}\right)=\left(\overrightarrow{AC},\overrightarrow{AN}\right)(2\pi)$. *Ainsi :*

$\left(\overrightarrow{AB},\overrightarrow{AC}\right)+\left(\overrightarrow{BC},\overrightarrow{BA}\right)+\left(\overrightarrow{CA},\overrightarrow{CB}\right)=\left(\overrightarrow{AB},\overrightarrow{AC}\right)+\left(\overrightarrow{AM},\overrightarrow{AB}\right)+\left(\overrightarrow{AC},\overrightarrow{AN}\right)(2\pi)$

$=\left(\overrightarrow{AM},\overrightarrow{AB}\right)+\left(\overrightarrow{AB},\overrightarrow{AC}\right)+\left(\overrightarrow{AC},\overrightarrow{AN}\right)(2\pi)=\left(\overrightarrow{AM},\overrightarrow{AN}\right)(2\pi)=\pi(2\pi)$ (angle plat).

METHODE 5 : Comment résoudre un problème d'alignement avec des angles ?

■ Principe

Pour montrer que trois points A, B et C sont alignés (dans cet ordre), on montre que $\left(\overrightarrow{BA},\overrightarrow{BC}\right)=\pi(2\pi)$.

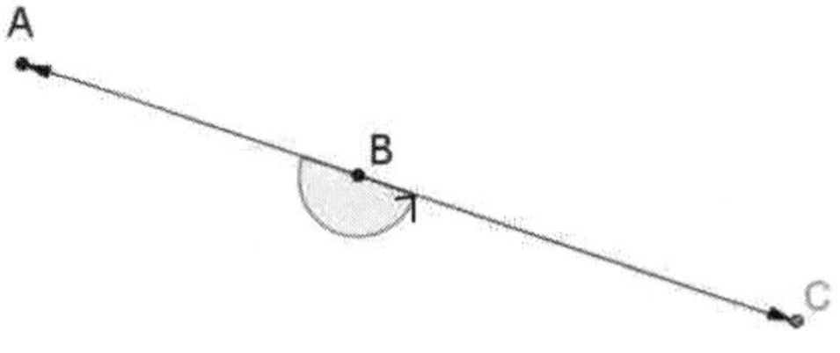

Pour y arriver, on a tout intérêt à décomposer l'angle $\left(\overrightarrow{BA},\overrightarrow{BC}\right)$ par la relation de Chasles (1793-1880) sur les angles (Encore lui ? et oui, Chasles c'est un peu notre sauveur quelque part, enfin en tout cas pour les vecteurs et pour les angles). **Relation de Michel Chasles (pour les angles) :** $(\vec{u},\vec{v})+(\vec{v},\vec{w})=(\vec{u},\vec{w})(2\pi)$

■ **Exemple :** *On considère la figure ci-dessous :*

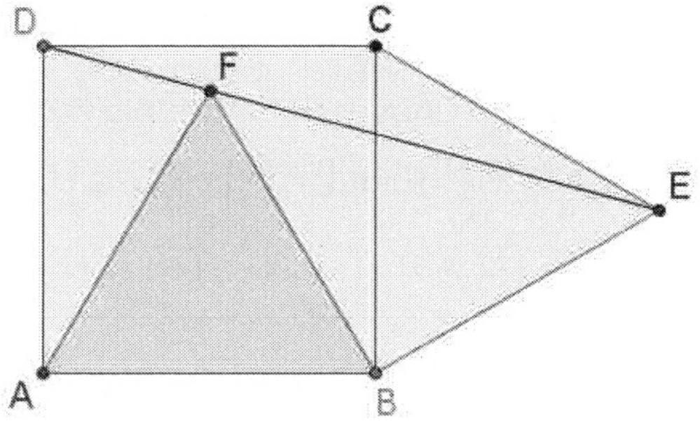

où ABCD est un carré direct, cela signifie que $\left(\overrightarrow{AB},\overrightarrow{AD}\right)=\frac{\pi}{2}(2\pi)$ *(et pas* $-\frac{\pi}{2}(2\pi)$*). ABF un triangle équilatéral direct, cela signifie que* $\left(\overrightarrow{AB},\overrightarrow{AF}\right)=\frac{\pi}{3}(2\pi)$ *(et pas l'opposé !). BEC est un triangle équilatéral direct (* $\left(\overrightarrow{BE},\overrightarrow{BC}\right)=\frac{\pi}{3}(2\pi)$ *).*

Démontrer que les trois points D, F et E sont alignés.

On va démontrer que $\left(\overrightarrow{FD},\overrightarrow{FE}\right)=\pi(2\pi)$. On décompose $\left(\overrightarrow{FD},\overrightarrow{FE}\right)$ avec Michou euh... pardon avec Chasles.

$\left(\overrightarrow{FD},\overrightarrow{FE}\right)=\left(\overrightarrow{FD},\overrightarrow{FA}\right)+\left(\overrightarrow{FA},\overrightarrow{FB}\right)+\left(\overrightarrow{FB},\overrightarrow{FE}\right)$.

Ensuite, on complète la figure avec tout ce qu'on sait (vous allez voir que c'est facile, on a numéroté dans quel ordre on a trouvé les angles : on a raisonné en degrés (plus simple) on convertira par la suite en radians.

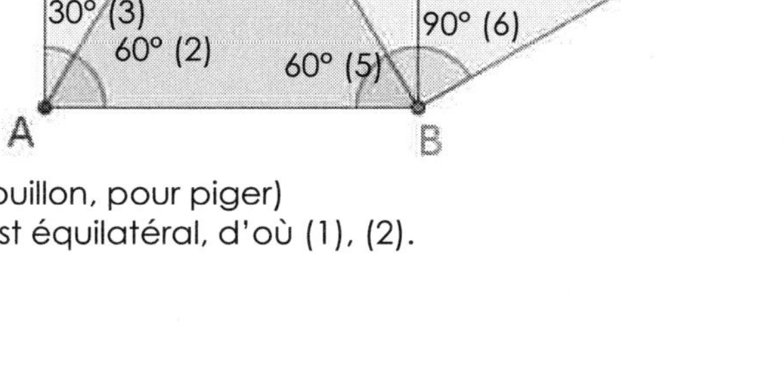

Justifications (brouillon, pour piger)

Le triangle AFB est équilatéral, d'où (1), (2).

ABCD est un carré d'où (3) (90°-60°).
DFA est isocèle en A, d'où (4) (AFD a pour somme des angles 180°, comme 30° sont déjà pris, les deux angles restant, égaux (car isocèle) se partagent 150°, soit 75° chacun).
ABF est équilatéral, d'où (5).
$\widehat{FBC}$ mesure 30° (même argument que (3)) et $\widehat{EBC}$ mesure 60° (car EBC équilatéral) d'où (6) ($90° = 30° + 60°$).
EFB est donc rectangle isocèle en B (car $BE = BF$), d'où (7).
Conclusion : $\widehat{DFE}$ mesure 180° ($75° + 60° + 45°$) et donc D, F et E sont alignés.

Rédaction au propre (façon élève consciencieux qui adore appliquer cinquante fois la relation de Chasles pour faire plaisir à son prof) :

Le triangle AFB est équilatéral, d'où $\left(\overrightarrow{FA},\overrightarrow{FB}\right) = \frac{\pi}{3}(2\pi)$ **(1)** $\left(\overrightarrow{AB},\overrightarrow{AF}\right) = \frac{\pi}{3}(2\pi)$ (2).

ABCD est un carré d'où $\left(\overrightarrow{AF},\overrightarrow{AD}\right) = \left(\overrightarrow{AB},\overrightarrow{AD}\right) - \left(\overrightarrow{AB},\overrightarrow{AF}\right) = \frac{\pi}{2} - \frac{\pi}{3} = \frac{\pi}{6}(2\pi)$ (3).

DFA est isocèle en A, d'où $\left(\overrightarrow{FD},\overrightarrow{FA}\right) = \frac{1}{2}\left(\pi - \left(\overrightarrow{AF},\overrightarrow{AD}\right)\right) = \frac{1}{2}\left(\pi - \frac{\pi}{6}\right) = \frac{5\pi}{12}(2\pi)$ **(4).**

ABF est équilatéral, d'où $\left(\overrightarrow{BF},\overrightarrow{BA}\right) = \frac{\pi}{3}(2\pi)$ (5).

$\left(\overrightarrow{BC},\overrightarrow{BF}\right) = \frac{\pi}{6}(2\pi)$ (même argument que (3)) et $\left(\overrightarrow{BE},\overrightarrow{BC}\right) = \frac{\pi}{3}(2\pi)$ (car EBC équilatéral) d'où $\left(\overrightarrow{BE},\overrightarrow{BF}\right) = \left(\overrightarrow{BE},\overrightarrow{BC}\right) + \left(\overrightarrow{BC},\overrightarrow{BF}\right) = \frac{\pi}{3} + \frac{\pi}{6} = \frac{\pi}{2}(2\pi)$ (6).

EFB est donc rectangle isocèle en B (car $BE = BF$), d'où $\left(\overrightarrow{FB},\overrightarrow{FE}\right) = \frac{\pi}{4}(2\pi)$ **(7).**

Conclusion : d'après Chasles,

$\left(\overrightarrow{FD},\overrightarrow{FE}\right) = \left(\overrightarrow{FD},\overrightarrow{FA}\right) + \left(\overrightarrow{FA},\overrightarrow{FB}\right) + \left(\overrightarrow{FB},\overrightarrow{FE}\right) = \frac{5\pi}{12} + \frac{\pi}{3} + \frac{\pi}{4} = \frac{12\pi}{12} = \pi(2\pi)$ **((4)+(1)+(7))**

et donc D, F et E sont alignés. Ok ?

2. Comment retenir toutes les formules de trigonométrie que l'on vous donne ?

Vous rappelez-vous de la seconde ? Vous rappelez vous qu'on vous a dit que tout point x (ou angle) du cercle trigo avait une abscisse cos(x) et une ordonnée sin(x) ? (Sinon faut aller voir Method's Seconde d'urgence !)

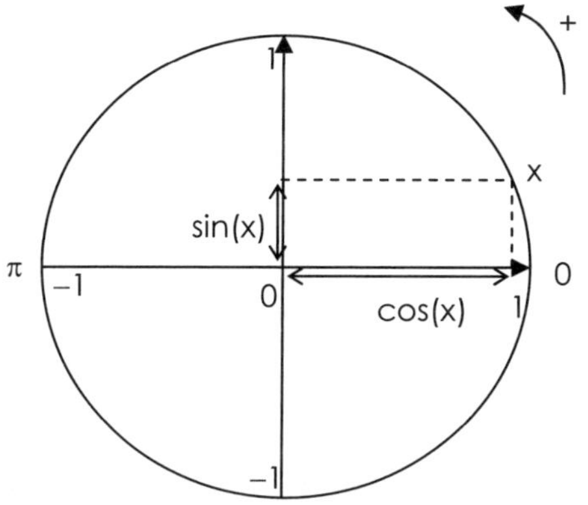

Bien, si ce n'était pas le cas, maintenant ça l'est ! Si on fait ce rappel, c'est qu'il serait dommage que vous passiez à côté de l'aspect merveilleux, esthétique, voire artistique (oui n'ayons pas peur !) de la trigonométrie. Les cosinus et les sinus sont merveilleux, oui, et ils sont antiques (ça fait un sacré bout de temps que ça existe, tous les navigateurs, les astronomes, et même le cheval de Troie pourraient vous le dire...) Ainsi, quelques « familles » d'angles et de valeurs remarquables sont à connaître, parfaitement connaître, déjà en hommage aux anciens et aux sages (Eratosthène et toute la clique) et aussi parce que c'est extrêmement utile ! (Ce qui fait deux bonnes raisons de vous convaincre.) Précisons d'abord que ces formules sont finalement assez peu nombreuses (cool !), mais d'usage quasi constant ! (Moins cool...). Un bon moyen de les retenir est en fait d'avoir le réflexe trigo-cercle, trigo-cercle..., selon la fameuse maxime : "Qui dit trigo, dit cercle !" à ressortir en société, lors des réceptions de l'ambassadeur par exemple. Allez, on est parti ! (Allez-vous devenir l'Achille de la trigo ! Brad Pitt n'a qu'à bien se tenir !)

METHODE 6 : Comment retenir les valeurs remarquables (cosinus et sinus) de la "famille" des $\frac{\pi}{2}$?

■ Principe

Un petit dessin vaut mieux qu'un long discours : utiliser un cercle trigonométrique, moyen efficace pour retrouver toutes les valeurs remarquables, sans oublier qu'à $\frac{\pi}{2}$ rad correspond $90°$.

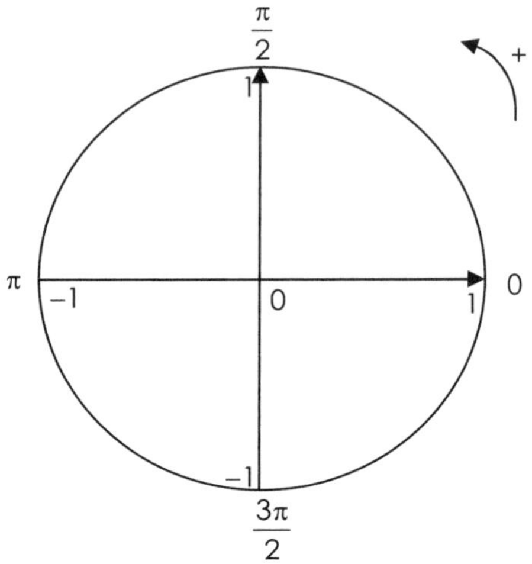

Une fois ce cercle tracé et complété, on peut sans aucun problème associer à chaque angle x sur le cercle, son abscisse cos(x) et son ordonnée sin(x) dans le repère intérieur au cercle.

x	0	$\frac{\pi}{2}$	π	$\frac{3\pi}{2}$	2π	$\frac{5\pi}{2}$	...
cos(x)	1	0	-1	0	1	0	...
sin(x)	0	1	0	-1	0	1	...

REMARQUES :

a) En fait, après avoir fait un tour complet (c'est-à-dire après être arrivé en 2π qui est au même endroit que 0), l'angle $\frac{5\pi}{2}$ se trouve au même endroit que $\frac{\pi}{2}$ et ainsi de suite,...

b) Bien sûr on place les angles négatifs en changeant de sens (sens des aiguilles d'une montre) pour obtenir par exemple :

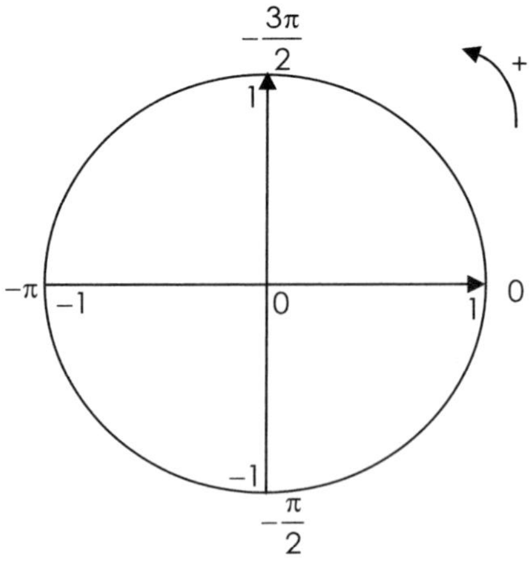

Les lectures de cosinus et de sinus se faisant de la même manière, par exemple $\cos\left(-\frac{3\pi}{2}\right)=0$ et $\sin\left(-\frac{3\pi}{2}\right)=1$.

■ **Exemple :** *Calculer* $\cos\left(\frac{1561\pi}{2}\right)$ *et* $\sin\left(\frac{-73\pi}{2}\right)$.

Il nous faut déterminer les mesures principales de chacun de ces angles puis utiliser le tableau précédent.

$\frac{1561\pi}{2}=\frac{1560\pi}{2}+\frac{\pi}{2}=780\pi+\frac{\pi}{2}=\frac{\pi}{2}\ (2\pi)$ d'où $\cos\left(\frac{1561\pi}{2}\right)=\cos\left(\frac{\pi}{2}\right)=0$.

$\frac{-73\pi}{2}=\frac{-72\pi}{2}-\frac{\pi}{2}=-36\pi-\frac{\pi}{2}=-\frac{\pi}{2}\ (2\pi)$ d'où $\sin\left(\frac{-73\pi}{2}\right)=\sin\left(-\frac{\pi}{2}\right)=-1$

METHODE 7 : Comment retenir les valeurs remarquables de la "famille" des $\frac{\pi}{3}$?

■ Principe

Utiliser un cercle trigonométrique, sans oublier qu'à $\frac{\pi}{3}$ rad correspond $60°$.

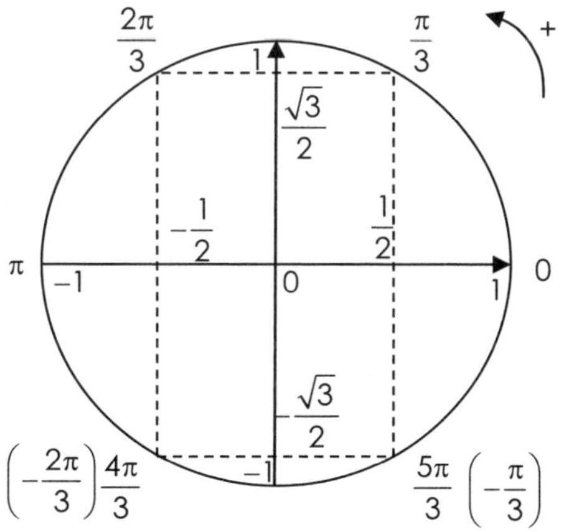

x	0	$\frac{\pi}{3}$	$\frac{2\pi}{3}$	π	$\frac{4\pi}{3}$	$\frac{5\pi}{3}$	2π	$\frac{7\pi}{3}$	...
cos x	1	$\frac{1}{2}$	$-\frac{1}{2}$	-1	$-\frac{1}{2}$	$\frac{1}{2}$	1	$\frac{1}{2}$	...
sin x	0	$\frac{\sqrt{3}}{2}$	$\frac{\sqrt{3}}{2}$	0	$-\frac{\sqrt{3}}{2}$	$-\frac{\sqrt{3}}{2}$	0	$\frac{\sqrt{3}}{2}$	...

■ **Exemple :** *Calculer* $\cos\left(\frac{35\pi}{3}\right)$ *et* $\sin\left(\frac{-13\pi}{3}\right)$.

Encore, il nous faut d'abord déterminer les mesures principales de chacun de ces angles, puis utiliser le tableau précédent.

$\frac{35\pi}{3}=\frac{36\pi}{3}-\frac{\pi}{3}=12\pi-\frac{\pi}{3}=-\frac{\pi}{3}\ (2\pi)$ d'où : $\cos\left(\frac{35\pi}{3}\right)=\cos\left(-\frac{\pi}{3}\right)=\frac{1}{2}$.

$\frac{-13\pi}{3}=\frac{-12\pi}{3}-\frac{\pi}{3}=-4\pi-\frac{\pi}{3}=-\frac{\pi}{3}\ (2\pi)$ d'où : $\sin\left(\frac{-13\pi}{3}\right)=\sin\left(-\frac{\pi}{3}\right)=-\frac{\sqrt{3}}{2}$.

METHODE 8 : Comment retenir les valeurs remarquables de la "famille" des $\frac{\pi}{4}$?

■ Principe

Utiliser un cercle trigonométrique, sans oublier qu'à $\frac{\pi}{4}$ rad correspond $45°$.

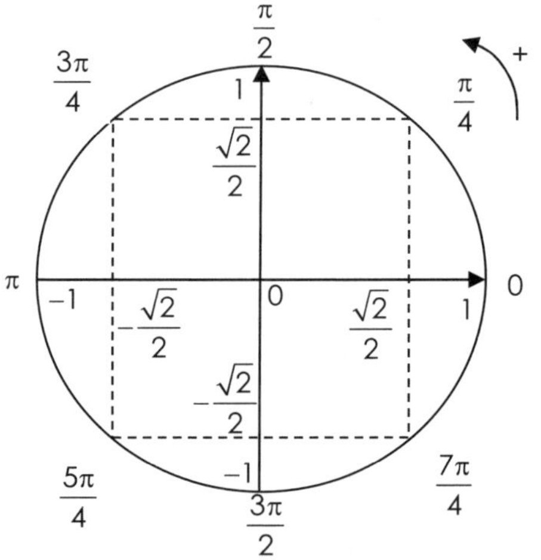

x	0	$\frac{\pi}{4}$	$\frac{\pi}{2}$	$\frac{3\pi}{4}$	π	$\frac{5\pi}{4}$	$\frac{3\pi}{2}$	$\frac{7\pi}{4}$	2π	$\frac{9\pi}{4}$	$\frac{5\pi}{2}$	$\frac{11\pi}{4}$	...
cos x	1	$\frac{\sqrt{2}}{2}$	0	$-\frac{\sqrt{2}}{2}$	−1	$-\frac{\sqrt{2}}{2}$	0	$\frac{\sqrt{2}}{2}$	1	$\frac{\sqrt{2}}{2}$	0	$-\frac{\sqrt{2}}{2}$	...
sin x	0	$\frac{\sqrt{2}}{2}$	1	$\frac{\sqrt{2}}{2}$	0	$-\frac{\sqrt{2}}{2}$	−1	$-\frac{\sqrt{2}}{2}$	0	$\frac{\sqrt{2}}{2}$	1	$\frac{\sqrt{2}}{2}$	...

Sachant que $\frac{9\pi}{4}$ se trouve au même endroit que $\frac{\pi}{4}$,...

■ **Exemple :** *Calculer* $\cos\left(\frac{17\pi}{4}\right)$ *et* $\sin\left(\frac{-75\pi}{4}\right)$.

Il nous faut encore une fois déterminer les valeurs principales de chacun de ces angles puis utiliser le tableau précédent.

$\frac{17\pi}{4}=\frac{16\pi}{4}+\frac{\pi}{4}=\frac{\pi}{4}\ (2\pi)$ d'où : $\cos\left(\frac{17\pi}{4}\right)=\cos\left(\frac{\pi}{4}\right)=\frac{\sqrt{2}}{2}$.

$\frac{-75\pi}{4}=\frac{-72\pi}{4}-\frac{3\pi}{4}=-18\pi-\frac{3\pi}{4}=-\frac{3\pi}{4}(2\pi)$ d'où : $\sin\left(\frac{-75\pi}{4}\right)=\sin\left(\frac{-3\pi}{4}\right)=-\frac{\sqrt{2}}{2}$.

METHODE 9 : Comment retenir les valeurs remarquables de la "famille" des $\frac{\pi}{6}$?

■ **Principe**

Utiliser un cercle trigonométrique, sans oublier qu'à $\frac{\pi}{6}$ rad correspond $30°$.

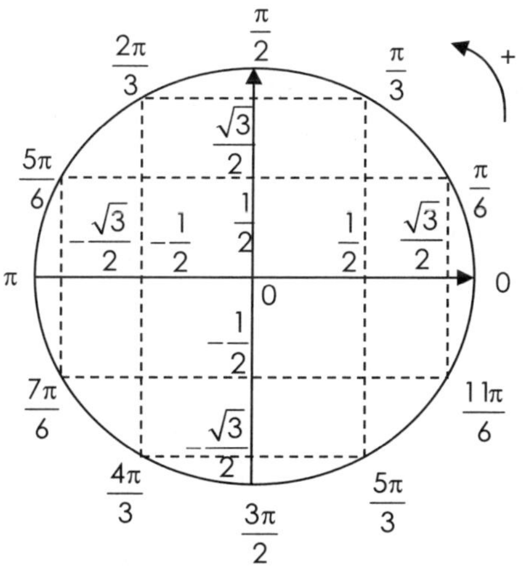

x	0	$\frac{\pi}{6}$	$\frac{\pi}{3}$	$\frac{\pi}{2}$	$\frac{2\pi}{3}$	$\frac{5\pi}{6}$	π	$\frac{7\pi}{6}$	$\frac{4\pi}{3}$	$\frac{3\pi}{2}$	$\frac{5\pi}{3}$	$\frac{11\pi}{6}$	2π
cos x	1	$\frac{\sqrt{3}}{2}$	$\frac{1}{2}$	0	$-\frac{1}{2}$	$-\frac{\sqrt{3}}{2}$	−1	$-\frac{\sqrt{3}}{2}$	$-\frac{1}{2}$	0	$\frac{1}{2}$	$\frac{\sqrt{3}}{2}$	1
sin x	0	$\frac{1}{2}$	$\frac{\sqrt{3}}{2}$	1	$\frac{\sqrt{3}}{2}$	$\frac{1}{2}$	0	$-\frac{1}{2}$	$-\frac{\sqrt{3}}{2}$	−1	$-\frac{\sqrt{3}}{2}$	$-\frac{1}{2}$	0

■ **Exemple :** *Calculer* $\cos\left(\frac{23\pi}{6}\right)$ *et* $\sin\left(\frac{-71\pi}{6}\right)$.

Toujours déterminer les mesures principales de chacun de ces angles puis utiliser le tableau précédent.

$\frac{23\pi}{6} = \frac{24\pi}{6} - \frac{\pi}{6} = 4\pi - \frac{\pi}{6} = -\frac{\pi}{6}$ (2π) d'où : $\cos\left(\frac{23\pi}{6}\right) = \cos\left(-\frac{\pi}{6}\right) = \frac{\sqrt{3}}{2}$.

$-\frac{71\pi}{6} = -\frac{72\pi}{6} + \frac{\pi}{6} = -12\pi + \frac{\pi}{6} = \frac{\pi}{6}$ (2π) d'où : $\sin\left(\frac{-71\pi}{6}\right) = \sin\left(\frac{\pi}{6}\right) = \frac{1}{2}$.

METHODE 10 : Comment retenir les formules donnant $\cos(-x)$, $\sin(-x)$, $\cos(x+\pi)$, $\sin(x+\pi)$... en fonction de $\cos(x)$ et $\sin(x)$?

Tous les angles : $-x$, $\pi + x$, $\pi - x$, $\frac{\pi}{2} + x$,... sont appelés **angles associés** à x.

L'expression de leurs cosinus et sinus, en fonction du cosinus et du sinus de x, est importante : elle permet de simplifier des calculs, par exemple. Il est donc important de les connaître. Plutôt que d'apprendre par cœur brutalement ces formules, on vous propose un bon petit moyen super pratique de les retrouver : le cercle trigo ! (et oui encore lui !)

■ Principe

Un petit dessin vaut... (vous connaissez la suite) : utilisez un cercle trigo !
Enfin, n'oubliez pas que le cosinus est l'abscisse de l'angle, et que le sinus est son ordonnée !

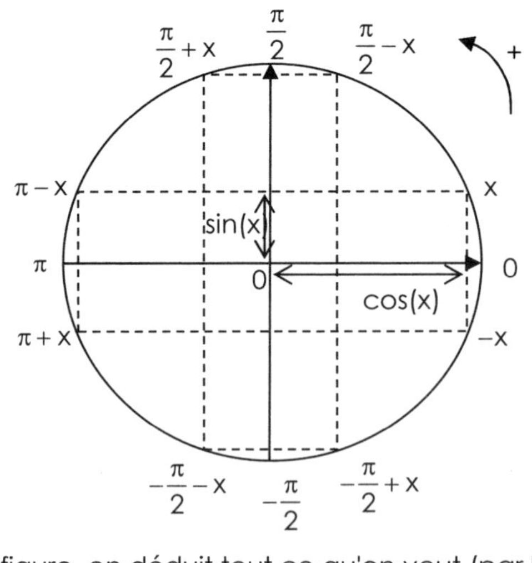

A partir de cette figure, on déduit tout ce qu'on veut (par lecture graphique) :

a) $\begin{cases}\cos(-x) = \cos(x)\\ \sin(-x) = -\sin(x)\end{cases}$ b) $\begin{cases}\cos\left(\dfrac{\pi}{2} - x\right) = \sin(x)\\ \sin\left(\dfrac{\pi}{2} - x\right) = \cos(x)\end{cases}$ c) $\begin{cases}\cos\left(\dfrac{\pi}{2} + x\right) = -\sin(x)\\ \sin\left(\dfrac{\pi}{2} + x\right) = \cos(x)\end{cases}$

d) $\begin{cases}\cos(\pi - x) = -\cos(x)\\ \sin(\pi - x) = \sin(x)\end{cases}$ e) $\begin{cases}\cos(\pi + x) = -\cos(x)\\ \sin(\pi + x) = -\sin(x)\end{cases}$ f) $\begin{cases}\cos\left(-\dfrac{\pi}{2} - x\right) = -\sin(x)\\ \sin\left(-\dfrac{\pi}{2} - x\right) = -\cos(x)\end{cases}$

g) $\begin{cases}\cos\left(-\dfrac{\pi}{2} + x\right) = \sin(x)\\ \sin\left(-\dfrac{\pi}{2} + x\right) = -\cos(x)\end{cases}$

Par exemple, voici le "chemin" (en gras) que l'on a suivi pour déterminer $\sin\left(-\dfrac{\pi}{2} + x\right)$:

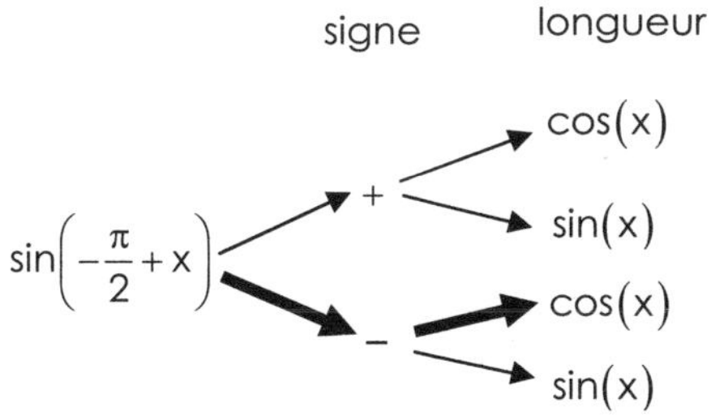

ce qui donne : $\sin\left(-\dfrac{\pi}{2} + x\right) = -\cos(x)$.

Un conseil : n'apprenez pas ces formules par cœur sans comprendre, apprenez à les retrouver en trente secondes (et pas trente minutes) avec un cercle trigo !

METHODE 11 : Comment retenir trois autres importantes formules de trigonométrie ?

En réalité vous les avez déjà vues en seconde, ce qui ne veut pas dire que vous les ayez retenues, sauf si à l'époque vous aviez déjà compris qu'elles venaient de considérations géométriques en réalité très simples, conséquences du cercle trigonométrique lui même.

■ Rappels

a) Pour tout x, $\cos^2(x) + \sin^2(x) = 1$

b) Pour tout x, $-1 \leq \cos(x) \leq 1$

c) Pour tout x, $-1 \leq \sin(x) \leq 1$

■ **Principe**

Un petit dessin... (encore et encore)

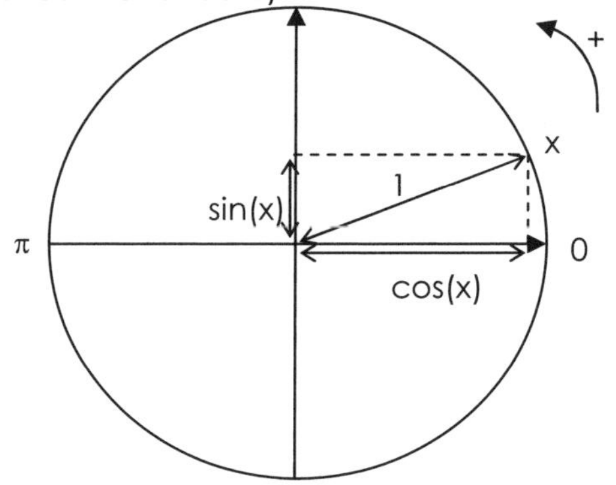

a) Bien, alors si on applique Pythagore dans le triangle rectangle suivant (qu'on a reporté ci-après pour plus de clarté) :

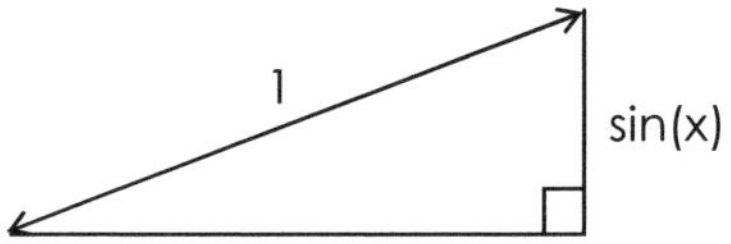

on obtient : $(\cos(x))^2 + (\sin(x))^2 = 1^2$ soit la célèbre formule : $\cos^2(x) + \sin^2(x) = 1$

b) Si on étudie attentivement le cercle trigonométrique, on s'aperçoit que l'abscisse $\cos(x)$ d'un angle x sera toujours comprise entre sa valeur minimale -1 et sa valeur maximale 1, ce qui donne l'encadrement : $-1 \leq \cos(x) \leq 1$.

c) De même, l'ordonnée $\sin(x)$ nous donne l'encadrement : $-1 \leq \sin(x) \leq 1$.

3. Comment résoudre des équations trigonométriques ?

Les équations trigonométriques sont une bonne occasion de réinvestir tout ce que vous avez appris. Ce ne sont pas des équations excessivement difficiles mais pour les résoudre la réflexion ne suffit pas, il vous faut une bonne connaissance des valeurs remarquables vues avant. Bien sûr, il vous faudra un cercle pour trouver et justifier vos réponses.

METHODE 12 : Comment résoudre une équation trigonométrique de la forme $\cos(x) = \lambda$?

■ **Principe**

Pour résoudre $\cos(x) = \lambda$, placer λ sur l'axe des abscisses (l'axe des cosinus), tracer un trait vertical passant par λ, celui ci devrait couper le cercle au moins une fois et le plus souvent deux : ce sont les solutions (modulo 2π près).

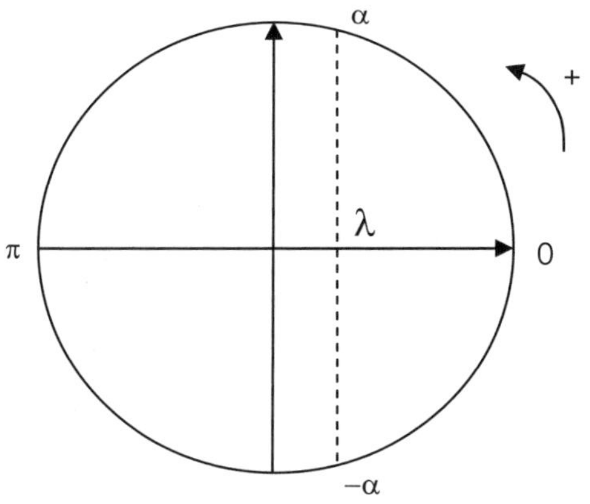

$S = \{\alpha + 2k\pi,\ k \in \mathbb{Z}\} \cup \{-\alpha + 2k'\pi,\ k' \in \mathbb{Z}\}$

■ **Exemple :** *Résoudre l'équation :* $\cos(x) = -\frac{1}{2}$.

Facile, on trace un cercle trigo et on place $-\frac{1}{2}$ en abscisse (c'est-à-dire sur l'axe des cosinus), ainsi que le trait vertical passant par $-\frac{1}{2}$: deux angles (à 2π près) correspondent : ce sont $\frac{2\pi}{3}$ et $-\frac{2\pi}{3}$, comme on peut le voir ci-dessous :

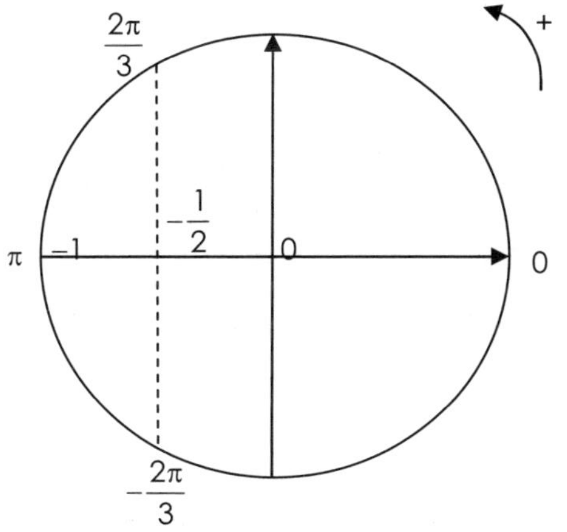

Et donc : $S = \left\{\frac{2\pi}{3} + 2k\pi,\ k \in \mathbb{Z}\right\} \cup \left\{-\frac{2\pi}{3} + 2k'\pi,\ k' \in \mathbb{Z}\right\}$

REMARQUES : a) Si on vous demande de donner uniquement les mesures principales des solutions (ça peut arriver !), il faudra répondre : $S=\left\{\frac{2\pi}{3};-\frac{2\pi}{3}\right\}$

mais en aucun cas $S=\left\{\frac{2\pi}{3};\frac{4\pi}{3}\right\}$ *car* $\frac{4\pi}{3}\notin\left]-\pi;\pi\right]$. *Ok ?*

b) Voyons ce que nous donne un logiciel de type calcul formel (comme Xcas) pour résoudre ce type d'équation :

```
resoudre(cos(x)=-1/2)
```

$$\left[\frac{1}{3}*2\pi,\ -\left(\frac{2\pi}{3}\right)\right]$$

On retrouve bien les solutions trouvées, enfin seulement en partie puisque le logiciel ne précise pas qu'il s'agit de solutions modulo (2π).

Ce qui est intéressant c'est de voir ce qu'il se passe lorsqu'on utilise la valeur décimale –0,5 de $-\frac{1}{2}$.

```
resoudre(cos(x)=-0.5)
                              [-2.09439510239, 2.09439510239]
```

Les solutions trouvées sont beaucoup moins sympas car il s'agit des valeurs décimales de $-\frac{2\pi}{3}$ *et de* $\frac{2\pi}{3}$.

Et c'est encore pire si vous écrivez –0,5 au lieu de –0.5, regardez !

```
resoudre(cos(x)=-0,5)
```

$$\left[\frac{\pi}{2},\frac{-\pi}{2}\right]$$

Là c'est franchement faux mais on peut expliquer pourquoi. Pour le logiciel, la virgule a un rôle bien particulier : il joue le rôle de séparateur. Dans ce cas précis, lui il a compris : resoudre(cos(x),0). Le 5 étant après la virgule ne devant pas être traité. Conclusion : utilisez des points, et pas des virgules, pour les nombres décimaux avec ce logiciel : lorsque vous voulez écrire 0,5 et bien écrivez bien 0.5 !

METHODE 13 : Comment résoudre une équation trigonométrique de la forme sin(x) = λ ?

■ Principe

Pour résoudre $\sin(x)=\lambda$, placer λ sur l'axe des ordonnées (l'axe des sinus), tracer un trait horizontal passant par λ, celui ci devrait couper le cercle au moins une fois et le plus souvent deux : ce sont les solutions modulo 2π près.

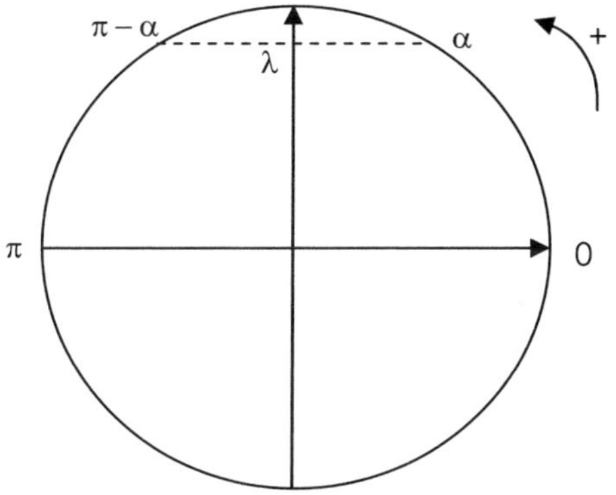

$S = \{\alpha + 2k\pi,\ k \in \mathbb{Z}\} \cup \{\pi - \alpha + 2k'\pi,\ k' \in \mathbb{Z}\}$

■ **Exemple :** *Résoudre l'équation :* $\sin(x) = -\frac{\sqrt{3}}{2}$.

On place donc $-\frac{\sqrt{3}}{2}$ sur l'axe des ordonnées, et on voit bien que l'axe horizontal passant par $-\frac{\sqrt{3}}{2}$ coupe le cercle aux deux angles (à 2π près) : $-\frac{\pi}{3}$ et $-\frac{2\pi}{3}$, comme on peut le voir sur la figure ci-dessous :

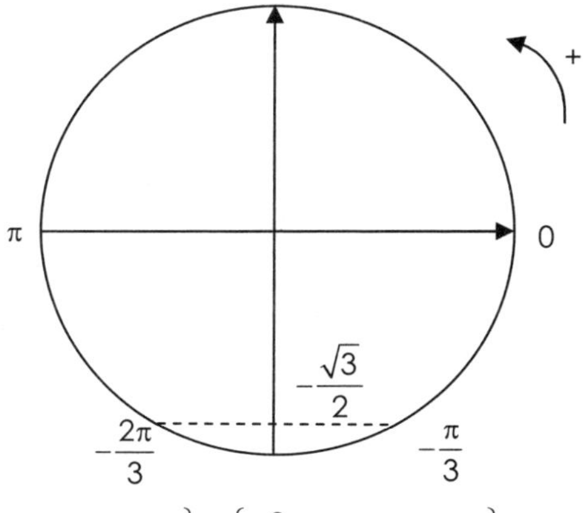

On a donc : $S = \left\{-\frac{\pi}{3} + 2k\pi,\ k \in \mathbb{Z}\right\} \cup \left\{-\frac{2\pi}{3} + 2k'\pi,\ k' \in \mathbb{Z}\right\}$

REMARQUE : Voyons ce que nous donne un logiciel de calcul formel (comme Xcas) pour résoudre ce type d'équation :

```
resoudre(sin(x)=-sqrt(3)/2)
```

$[\frac{-\pi}{3}, \frac{1}{3} * 4\pi]$

C'est bien la même chose (sauf qu'il manque les modulo (2π)) puisque $\frac{4\pi}{3} = -\frac{2\pi}{3}(2\pi)$! Méfiance donc, Xcas ne donne pas particulièrement les mesures principales des solutions ! Autre chose, sqrt signifie square root ce qui en anglais se traduit par racine carré (square : carré, root : racine). Il vaut mieux le savoir c'est sûr !

METHODE 14 : Comment résoudre une équation trigonométrique de la forme $\cos(x) = \cos(y)$?

■ Principe

Utiliser l'équivalence $\cos(x) = \cos(y)$ si et seulement si $\begin{cases} y = x \ (2\pi) \\ \text{ou} \\ y = -x \ (2\pi) \end{cases}$

comme on peut le voir sur le dessin ci-contre, où deux nombres ont même cosinus s'ils sont égaux ou s'ils sont opposés (à 2π près) :

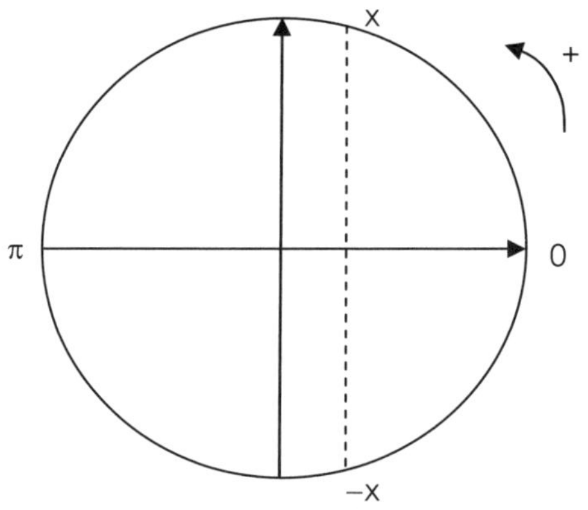

■ **Exemple** : *Résoudre l'équation :* $\cos(x) = \cos(2x)$

On a les équivalences suivantes :

$$\cos(x) = \cos(2x) \Leftrightarrow \begin{cases} x = 2x \ (2\pi) \\ x = -2x \ (2\pi) \end{cases} \Leftrightarrow \begin{cases} x = 2x + 2k\pi \ (k \in \mathbb{Z}) \\ x = -2x + 2k'\pi \ (k' \in \mathbb{Z}) \end{cases}$$

soit : $\begin{cases} -x = 0 + 2k\pi \ (k \in \mathbb{Z}) \\ 3x = 0 + 2k'\pi \ (k' \in \mathbb{Z}) \end{cases}$, soit : $\begin{cases} x = 0 - 2k\pi \ (k \in \mathbb{Z}) \\ x = 0 + \frac{2}{3}k'\pi \ (k' \in \mathbb{Z}) \end{cases}$

Il convient alors de faire une étude légèrement plus approfondie.

Pour le premier cas, on a : $x = 0 - 2k\pi \ (k \in \mathbb{Z})$ et comme $k \in \mathbb{Z}$, k peut être aussi bien négatif que positif, ce qui donne donc : $x = 0 + 2k\pi \ (k \in \mathbb{Z})$. C'est réglé pour le premier cas : c'est $\{0 + 2k\pi,\ k \in \mathbb{Z}\}$.

Pour le deuxième cas, on a : $x = 0 + \frac{2}{3}k'\pi \ (k' \in \mathbb{Z})$. Pour $k' = 0$ on a $x = 0$, pour $k' = 1$ on a $x = \frac{2}{3}\pi$, pour $k' = 2$ on a $x = \frac{4}{3}\pi$, pour $k' = 3$ on a $x = \frac{6}{3}\pi = 2\pi$ et donc on retombe sur le cas $x = 0 \ (2\pi)$. Ainsi de suite, car pour $k' = 4$ on a $x = \frac{8}{3}\pi = \frac{2}{3}\pi + \frac{6}{3}\pi = \frac{2}{3}\pi + 2\pi = \frac{2}{3}\pi \ (2\pi)$... et on retombe sur $x = \frac{2}{3}\pi \ (2\pi)$

On peut donc résumer pour le deuxième cas :

$$\{0 + 2k\pi,\ k \in \mathbb{Z}\} \cup \left\{\frac{2}{3}\pi + 2k'\pi,\ k' \in \mathbb{Z}\right\} \cup \left\{\frac{4}{3}\pi + 2k''\pi,\ k'' \in \mathbb{Z}\right\}$$

Ce qui donne finalement :

$S = \{0 + 2k\pi,\ k \in \mathbb{Z}\} \cup \left\{\frac{2}{3}\pi + 2k'\pi,\ k' \in \mathbb{Z}\right\} \cup \left\{\frac{4}{3}\pi + 2k''\pi,\ k'' \in \mathbb{Z}\right\}$ (même si on a $\{0 + 2k\pi,\ k \in \mathbb{Z}\}$ deux fois).

Vérifications :

Pour $x = 0 \ (2\pi)$, *on a bien sûr* $\cos(x) = \cos(2x)$ *(car* $\cos(0) = \cos(2 \times 0) = 1$*).*

Pour $x = \frac{2}{3}\pi \ (2\pi)$, *on a* $\cos(x) = \cos(2x)$ *(car* $\cos\left(\frac{2}{3}\pi\right) = -\frac{1}{2}$ *et* $\cos\left(2 \cdot \frac{2}{3}\pi\right) = \cos\left(\frac{4}{3}\pi\right) = -\frac{1}{2}$*).*

Enfin pour $x = \frac{4}{3}\pi \ (2\pi)$, *on a* $\cos(x) = \cos(2x)$ *(car* $\cos\left(\frac{4}{3}\pi\right) = -\frac{1}{2}$ *et* $\cos\left(2 \cdot \frac{4}{3}\pi\right) = \cos\left(\frac{8}{3}\pi\right) = -\frac{1}{2}$*).*

D'ailleurs on peut même commencer par là : bien des élèves essaient de deviner les solutions (avec un certain succès d'ailleurs) mais le risque d'en oublier est trop grand : seule une vraie résolution algébrique (comme on vient de faire) permet de trouver toutes les solutions et d'être sûr de n'en oublier aucune. Pour ça, c'est vraiment génial l'algèbre…

REMARQUE : On peut aussi utiliser un logiciel de calcul formel (comme Xcas) pour résoudre ce type d'équation (voyons un peu comment il se débrouille):

```
resoudre(cos(x)=cos(2*x))
```

$$\left[0,\ 2\pi,\ -(2\pi),\ \frac{2\pi}{3},\ -\left(\frac{2\pi}{3}\right),\ \frac{1}{3}*4\pi,\ -\left(\frac{4\pi}{3}\right)\right]$$

Mais là attention, il faut faire le tri ! 0, 2π, -2π *correspondent à :* $x = 0 \ (2\pi)$.

$\frac{2\pi}{3}$, $\frac{-4\pi}{3}$ *correspondent à* $x = \frac{2}{3}\pi \ (2\pi)$ *et enfin* $-\left(\frac{2\pi}{3}\right)$, $\frac{1}{3} * 4\pi$ *correspondent à* $x = \frac{4}{3}\pi \ (2\pi)$. *Prudence donc, le calcul formel marche bien mais donne un peu façon « brut de décoffrage » les solutions : souvent il faut faire le tri derrière !*

METHODE 15 : Comment résoudre une équation trigonométrique de la forme sin(x) = sin(y) ?

■ Principe

Utiliser l'équivalence $\sin(x) = \sin(y)$ si et seulement si $\begin{cases} y = x \ (2\pi) \\ \text{ou} \\ y = \pi - x \ (2\pi) \end{cases}$

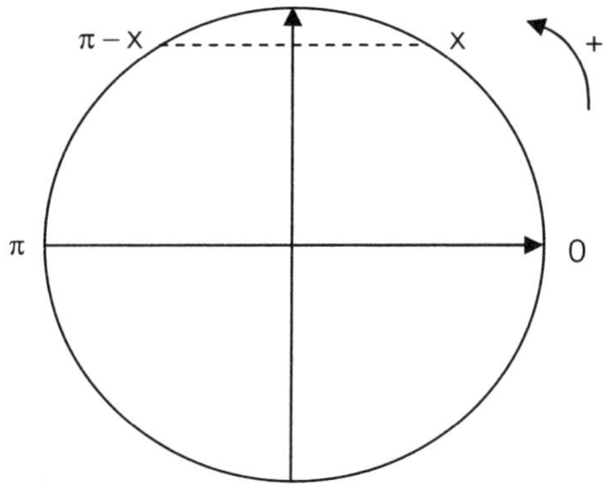

■ **Exemple :** *Résoudre l'équation :* $\sin(x) = \sin(2x)$.

On peut essayer de deviner des solutions (pour changer un peu) : 0 marche (car $\sin(0) = \sin(2 \times 0) = 0$ bien évidemment) $\frac{\pi}{3}$ aussi (car $\sin\left(\frac{\pi}{3}\right) = \sin\left(\frac{2\pi}{3}\right) = \frac{\sqrt{3}}{2}$) et $-\frac{\pi}{3}$ (ou $\frac{5\pi}{3}$) aussi car $\sin\left(-\frac{\pi}{3}\right) = \sin\left(-\frac{2\pi}{3}\right) = -\frac{\sqrt{3}}{2}$)

Bon , ok... mais sont-ce les seules ? (Wooh...Vous avez vue la belle tournure de phrase ? (Un peu au style décalé certes.) Autant dire que plus personne ne parle plus comme ça, mais quel dommage !). Et bien à cette question, seul le calcul algébrique peut répondre (c'est là toute sa force !).

On obtient l'équivalence : $\sin(x) = \sin(2x) \Leftrightarrow \begin{cases} 2x = x \ (2\pi) \\ 2x = \pi - x \ (2\pi) \end{cases}$

soit : $\begin{cases} 2x = x + 2k\pi \ (k \in \mathbb{Z}) \\ 2x = \pi - x + 2k'\pi \ (k' \in \mathbb{Z}) \end{cases} \Leftrightarrow \begin{cases} x = 0 + 2k\pi \ (k \in \mathbb{Z}) \\ 3x = \pi + 2k'\pi \ (k' \in \mathbb{Z}) \end{cases} \Leftrightarrow \begin{cases} x = 0 + 2k\pi \ (k \in \mathbb{Z}) \\ x = \dfrac{\pi}{3} + \dfrac{2}{3}k'\pi \ (k' \in \mathbb{Z}) \end{cases}$

soit :

$$S = \{0 + 2k\pi, k \in \mathbb{Z}\} \cup \left\{\frac{\pi}{3} + 2k'\pi, k' \in \mathbb{Z}\right\} \cup \left\{\frac{\pi}{3} + \frac{2\pi}{3} + 2k''\pi, k'' \in \mathbb{Z}\right\} \cup \left\{\frac{\pi}{3} + \frac{4\pi}{3} + 2k'''\pi, k''' \in \mathbb{Z}\right\}$$

(distinguer les trois cas $k = 0$, $k = 1$, $k = 2$)

soit : $S = \{0 + 2k\pi, k \in \mathbb{Z}\} \cup \left\{\frac{\pi}{3} + 2k'\pi, k' \in \mathbb{Z}\right\} \cup \{\pi + 2k''\pi, k'' \in \mathbb{Z}\} \cup \left\{\frac{5\pi}{3} + 2k'''\pi, k''' \in \mathbb{Z}\right\}$

On a bien fait de faire la résolution algébrique parce que vous voyez, on avait oublié la solution π. Vive le calcul algébrique, qui lui n'oublie aucune solution !

REMARQUE : Là par contre, avec le logiciel de calcul formel, ça se passe beaucoup moins bien :

resoudre(sin(x)=sin(2x))

$$\left[2\operatorname{acos}\left(\frac{1}{2}*\sqrt{3}\right), -\left(2\operatorname{acos}\left(\frac{1}{2}*\sqrt{3}\right)\right), 2\operatorname{asin}\left(\frac{2\sqrt{3}}{4}\right)+\pi, -2\operatorname{asin}\left(\frac{2\sqrt{3}}{4}\right)-\pi, \pi, -\pi, 0, 2\pi\right]$$

Dans ce cas, pas de panique : dans la ligne en dessous, vous écrivez simplifier(puis vous cliquez sur resoudre(sin(x)=sin(2x)) (ou sur les solutions affichées) et regardez !

simplifier(resoudre(sin(x)=sin(2x)))

$$\left[\frac{\pi}{3}, \frac{-\pi}{3}, \frac{5\pi}{3}, \frac{-(5\pi)}{3}, \pi, -\pi, 0, 2\pi\right]$$

C'est mieux quand même non ? Sauf qu'il y a des solutions qui se répètent : $\frac{-\pi}{3}$ et $\frac{5\pi}{3}$ mais aussi $\frac{\pi}{3}$ et $\frac{-(5\pi)}{3}$, π et $-\pi$ et bien sûr 0 et 2π. Attention donc : avec un logiciel de calcul formel il faut savoir faire le tri (certains élèves disent qu'avoir un ordinateur, ça ne dispense pas d'avoir un cerveau... plus poliment, on dirait qu'il faut savoir garder un regard critique sur les résultats que donne un logiciel).

METHODE 16 : Comment résoudre une équation trigonométrique de la forme $\cos(x) = \sin(y)$?

■ **Principe**

Remplacer sin(y) par $\cos\left(\frac{\pi}{2} - y\right)$ pour se ramener au cas de la méthode 14.

■ **Exemple** : *Résoudre* $\cos(x) = \sin(2x)$.

Cela revient à résoudre $\cos(x) = \cos\left(\frac{\pi}{2} - 2x\right)$

(on a remplacé $\sin(2x)$ par $\cos\left(\frac{\pi}{2} - 2x\right)$).

Et $\cos(x) = \cos\left(\frac{\pi}{2} - 2x\right)$ équivaut à : $\begin{cases} x = \frac{\pi}{2} - 2x \ (2\pi) \\ x = -\left(\frac{\pi}{2} - 2x\right) \ (2\pi) \end{cases}$ soit :

$$\begin{cases} x = \frac{\pi}{2} - 2x + 2k\pi \ (k \in \mathbb{Z}) \\ x = -\frac{\pi}{2} + 2x + 2k'\pi \ (k' \in \mathbb{Z}) \end{cases} \Leftrightarrow \begin{cases} 3x = \frac{\pi}{2} + 2k\pi \ (k \in \mathbb{Z}) \\ -x = -\frac{\pi}{2} + 2k'\pi \ (k' \in \mathbb{Z}) \end{cases} \Leftrightarrow \begin{cases} x = \frac{\pi}{6} + \frac{2}{3}k\pi \ (k \in \mathbb{Z}) \\ x = \frac{\pi}{2} - 2k'\pi \ (k' \in \mathbb{Z}) \end{cases}$$

ce qui donne (distinguer les trois cas $k = 0$, $k = 1$, $k = 2$)

$$S = \left\{\frac{\pi}{6} + 2k\pi, k \in \mathbb{Z}\right\} \cup \left\{\frac{\pi}{6} + \frac{2\pi}{3} + 2k'\pi, k' \in \mathbb{Z}\right\} \cup \left\{\frac{\pi}{6} + \frac{4\pi}{3} + 2k''\pi, k'' \in \mathbb{Z}\right\} \cup \left\{\frac{\pi}{2} + 2k'''\pi; k''' \in \mathbb{Z}\right\}$$

ce qui donne :

$$S = \left\{\frac{\pi}{6} + 2k\pi, k \in \mathbb{Z}\right\} \cup \left\{\frac{5\pi}{6} + 2k'\pi, k' \in \mathbb{Z}\right\} \cup \left\{\frac{3\pi}{2} + 2k''\pi, k'' \in \mathbb{Z}\right\} \cup \left\{\frac{\pi}{2} + 2k'''\pi, k''' \in \mathbb{Z}\right\}$$

ça en fait des solutions !

REMARQUE : Là franchement avec le calcul formel ça se passe très mal :

```
resoudre(cos(x)=sin(2x))
                                        NaN
```

Nan signifie « Not a number », (« ce n'est pas un nombre », pour ceux qui sont fâchés avec la langue de Shakespeare) : en gros ça veut dire : laissez-moi tranquille, c'est trop dur. Peut-on contourner la difficulté ? La première idée serait de transformer $\sin(2x)$ *en* $\cos\left(\frac{\pi}{2} - 2x\right)$.

```
resoudre(cos(x)=cos(pi/2-2x))
                                        NaN
```

Pas mieux, un peu susceptible l'ordinateur, je connais des geek qui auraient déjà tapé dessus (quelle honte) ou changé le micro processeur... (mais ça n'est sans doute pas dû à ça). Essayons donc de transformer alors $\cos(x)$ *par un sinus : euh... souvenons des angles associé... ah, on a :* $\sin\left(\frac{\pi}{2} - x\right) = \cos(x)$, *essayons voir :*

```
resoudre(sin(pi/2-x)=sin(2x))
                                        NaN
```

Bon, rien à faire (quelle tête de c..), dans ce cas il vaut mieux renoncer et se tourner vers la bonne vieille méthode algébrique. Sans doute l'équation est considérée comme trop difficile à résoudre, essayons-en une plus simple comme $\cos(x) = \sin(x)$ *ça serait dommage de rester sur un échec tout de même... (en tout cas moi je déteste ça...).*

```
resoudre(cos(x)=sin(x))
```

$$[-\left(\frac{3\pi}{4}\right), \frac{\pi}{4}]$$

Ah tout de même ! Moralité : oui, mille fois oui au calcul formel (comme le diraient certains ingénieurs et chercheurs dans leur labo) mais il faut savoir qu'il a ses limites. Rien ne vaut donc le bon vieux calcul algébrique, difficile parfois mais qui reste une valeur sûre en cas de blocage de la machine !

4. Longueur d'un arc

METHODE 17 : Comment calculer la longueur d'un arc ?

■ **Principe**

Appliquer la formule : Quand un angle au centre α, exprimé en radians et tel que $0 \leq \alpha \leq 2\pi$, intercepte un cercle de rayon R, cela donne un arc de longueur $R\alpha$.

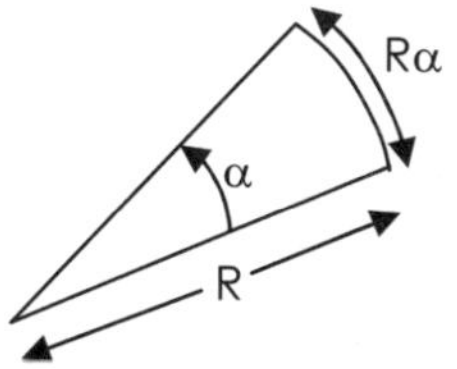

■ **Exemple :** *Déterminer la longueur de l'arc suivant :*

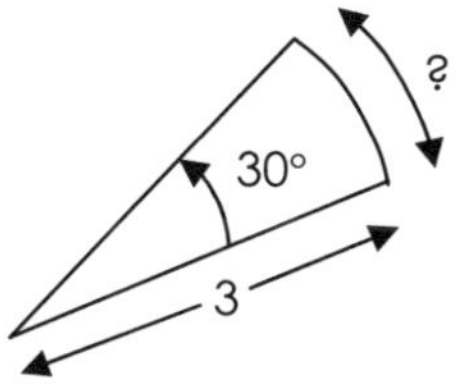

Après avoir converti 30° en $\frac{\pi}{6}$ rad, on obtient que l'arc a pour longueur

$3 \times \frac{\pi}{6} = \frac{\pi}{2} \approx 1,57$.

Nous allons voir maintenant ce qui est peut-être la plus belle application de ce chapitre de Trigonométrie, l'exploit d'un des plus grands savants de l'Antiquité, l'astronome, le mathématicien, le philosophe, le géographe (si on était dans un film, il y aurait un monsieur Loyal et des roulements de tambour pour annoncer cela...) Eratosthène !

■ **Exemple :** ***Calcul du rayon de la terre par Eratosthène (276-194 av. J.-C.).*** *Le 21 juin (solstice d'été) à midi, le soleil est au zénith à Syène (Haute Egypte) : cela signifie qu'il est pile au-dessus de notre tête et qu'il éclaire parfaitement le fond d'un puits. Au même moment, à 830 km de là plus au nord à Alexandrie, le soleil n'est pas au zénith mais forme un angle de 7,5 ° avec un bâton planté verticalement dans le sol.*

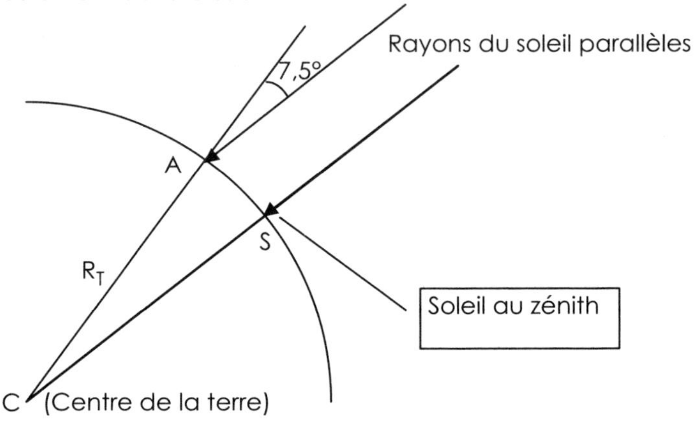

Comment Eratosthène a-t-il pu en déduire le rayon de la terre ?

En fait, ceci est un parfait problème de longueur d'arc. Eratosthène avait compris que la distance entre Syène et Alexandrie était un arc de cercle ayant pour rayon le rayon de la terre (appelons-le R_T) et pour angle 7,5° (en effet, l'angle $\widehat{ACS}$ vaut également 7,5° d'après la propriété des angles correspondants, soit $\frac{\pi}{24}$ radians, après conversion).

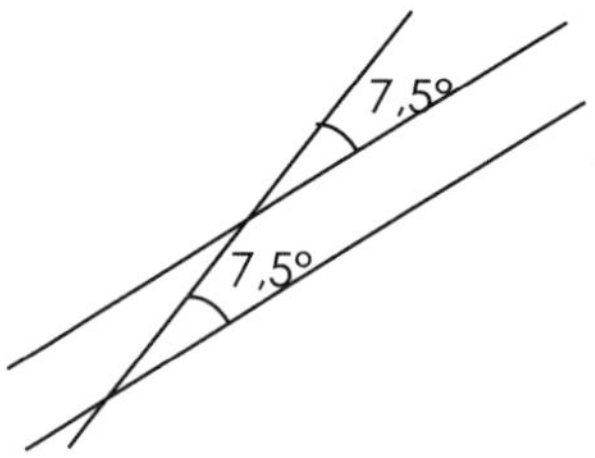

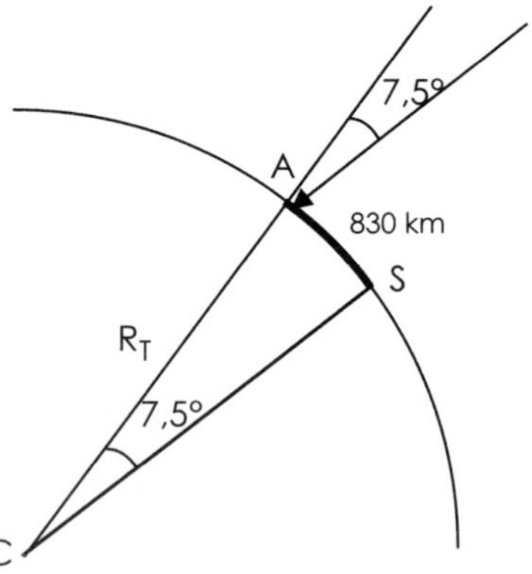

L'arc de 830 km valait donc théoriquement : $R_T \times \frac{\pi}{24}$ d'où l'équation

$830 = R_T \times \frac{\pi}{24}$, ce qui donne $830 = R_T \times \frac{\pi}{24}$ soit :

$$R_T = \frac{830}{\frac{\pi}{24}} = 830 \times \frac{24}{\pi} = \frac{830 \times 24}{\pi} = \frac{19920}{\pi} \approx 6344 \text{ (km)}.$$

Autre solution : On sait qu'à 830 km correspond l'angle de 7,5°. Conclusion, à 360° (soit tout le tour de la terre) correspond $830 \times \frac{360}{7,5} = 39840$ km (après produit en croix). Il suffit de diviser par 2π pour avoir le rayon de la terre (car $p = 2\pi R$), ce qui donne $\frac{39840}{2\pi} \approx \frac{39840}{6,28} \approx 6344$ (km) (C'est le même résultat).

L'exploit d'Eratosthène est dû à un extraordinaire génie et à une configuration exceptionnelle : en effet, ce calcul n'est vrai que parce que les deux villes de Syène et d'Alexandrie sont sur un même méridien. Cette observation n'était possible que le 21 juin (à cause du zénith ou peut-être parce que c'était le jour de la fête de la musique, euh... non rien à voir, à moins qu'Eratosthène fut également un batteur légendaire de Metal, ou un guitariste Hard Rock de folie ...mais on n'a pas d'infos à ce sujet, faudrait demander aux historiens...) et il fallait un don d'observation unique pour avoir une idée pareille (l'idée de regarder au fond d'un puits et l'idée d'utiliser des bâtons et leur ombre). Ah Eratosthène, sur ce coup là, j'en connais plusieurs qui diraient qu'il déchire (enfin peut-être qu'ils le diraient autrement, mais l'esprit et l'admiration y seraient tout autant présents), restons corrects tout de même, on parle de grands savants de la Grèce Antique et pas d'un chanteur de téléréalité. En tout cas, merci Eratosthène, ce jour là, d'avoir fait avancer la science ! (Ce genre de truc, moi ça m'émeut, ça me met la larme à l'œil, c'est si beau les Maths...)

Réflexes

	SITUATIONS	REFLEXES
1.	Déterminer la mesure d'un angle orienté	Tracer la figure correspondante et décomposer par Chasles.
2.	Déterminer la mesure principale	Viser l'intervalle $]-\pi;\pi]$ en retirant (ou ajoutant) autant de fois 2π qu'il s'impose (pour cela une division euclidienne ou un tableur permet d'aller plus vite !).
3.	Utiliser ou retrouver une formule trigonométrique	Tracer un cercle trigonométrique.
4.	Résoudre une équation trigonométrique	Tracer un cercle trigonométrique.

5.	Calculer la longueur d'un arc	Exprimer l'angle au centre en radians (compris entre 0 et 2π) et multiplier par le rayon.

Astuces

■ En fait, on pourrait presque résumer la rubrique Réflexes en une seule phrase : pour résoudre un problème de trigonométrie, il faut tracer un cercle trigonométrique. Bon, c'est un peu rapide et un peu mécanique mais c'est un peu ça quand même (Qui va s'en plaindre? Bon, il n'est quand même pas accessoire de réfléchir, parfois...).
D'ailleurs, après le premier dicton "qui dit trigo, dit cercle", mémorisez cet autre slogan qui tue, façon présentateur de téléachat : "Le cercle trigo est ce qu'il vous faut, le cercle trigo est ce qu'il vous faut..." Après tout cela, si vous n'êtes pas convaincu, les astuces et les erreurs qui suivent devraient vous achever...

■ Les cercles trigonométriques sont beaux graphiquement, on espère que vous appréciez le côté artistique de ce chapitre (comme on y va), ce qui devrait vous aider à apprendre et à retenir (dans la joie) toutes ces belles formules trigonométriques. Allez, avouez que c'est beau !

■ N'oubliez pas que vous pouvez remplacer le modulo (2π) par $+2k\pi$ $(k \in \mathbb{Z})$. Cette astuce est importante lors de la résolution d'équations trigonométriques.

■ Apprenez à tracer des cercles trigonométriques rapidement. Chronométrez-vous et ne soyez pas avare d'en faire des centaines. De toute façon de gré ou de force vous en ferez des centaines (peut-être même des milliers) car c'est le seul moyen de justifier une égalité trigonométrique.

■ Vous devez connaître par cœur (on dit bien par cœur) l'exploit d'Eratosthène (le schéma, les idées) : c'est brillant, c'est simple, c'est génial !

■ Il faut savoir que $\cos(n\pi)=\begin{cases}1 \text{ si n est pair}\\ -1 \text{ si n est impair}\end{cases}$ (Essayez pour voir), on note également ce résultat sous la forme $\cos(n\pi)=(-1)^n$ pour tout entier n (car $(-1)^n=\begin{cases}1 \text{ si n est pair}\\ -1 \text{ si n est impair}\end{cases}$). Par contre $\sin(n\pi)=\begin{cases}0 \text{ si n est pair}\\ 0 \text{ si n est impair}\end{cases}$ (dans tous les cas, ça donne 0) on peut donc écrire $\sin(n\pi)=0$ pour tout entier n.

■ Les grands noms de la trigonométrie sont : Hipparque de Nicée (180-120 av. J.-C., astronome et mathématicien grec, considéré comme le fondateur de la Trigonométrie, c'est à lui qu'on doit également des travaux sur les équinoxes, les parallaxes, les éclipses, l'inclinaison de l'écliptique, et l'étude de l'irrégularité des mouvements de la lune), Claude Ptolémée (90-168, astronome et géographe grec, on lui doit *l'Almageste*, « the » traité d'astronomie qui fit autorité jusqu'au système de Copernic (1475-1543, moine polonais génial), Aryabatha (476-550, mathématicien et astronome indien, on lui doit 3,1416, une très belle approximation de π pour l'époque), Bramahgupta (598-660, mathématicien et astronome indien. C'est dans ses ouvrages qu'on voit la première utilisation du zéro (une révolution en gros) et des nombres négatifs pour la résolution d'équations diophantiennes), Omar Khayyâm (1048-1123, astronome, médecin, mathématicien et poète perse). On lui doit parmi les plus beaux poèmes de la littérature persane (le grand poète britannique Lord Byron (1788-1824) l'adorait : « D'Omar, je ne puis lire un vers / Sans regretter qu'il ne fût mien / Car il sut mettre dans ses quatrains / Bien plus que d'autres dans leurs dizains »), et un traité de résolution algébrique des équations du 2e, 3e, et 4e degré), Regiomontanus (1436-1476), astronome, mathématicien et ingénieur allemand. Homme de génie, la légende raconte qu'en plus de cadrans solaires et autres astrolabes extraordinaires, il aurait construit deux automates fantastiques : une mouche de fer qu'il envoyait voler autour des convives puis atterrir sur sa main (le truc qui impressionne en gros) ainsi que la création d'un aigle mécanique géant (l'aigle de fer) qui aurait, lors d'une fête, volé à la rencontre de l'empereur romain germanique. Quand on vous dit que l'histoire des sciences est passionnante, parfois à mi chemin entre le féérique et le réel, vous voyez qu'on ne vous ment pas.

Erreurs

■ N'oubliez pas qu'une égalité d'angle est une égalité modulo (2π). N'écrivez pas par exemple $\frac{5\pi}{3} = -\frac{\pi}{3}$ (ce qui est faux) mais $\frac{5\pi}{3} = -\frac{\pi}{3}\ (2\pi)$.

■ Un cosinus (ou un sinus) est toujours compris entre -1 et 1. Si vous avez une égalité du genre $\cos(x) = \sqrt{2}$ alors posez-vous des questions !

■ Ne confondez pas les angles avec les valeurs remarquables ! Il n'est pas rare de voir des élèves écrire $\cos\left(\frac{\sqrt{2}}{2}\right) = \frac{\pi}{4}$ et penser avoir raison en toute bonne foi ! Si vous ne voyez vraiment pas où est l'erreur, alors relisez ce chapitre.

■ Ne faites pas de la trigo de tête ! Et surtout pas pendant les contrôles ! Premièrement, vous avez toutes les chances de vous planter (et donc de passer pour un charlot), deuxièmement, même si vous avez trouvé le bon résultat, votre professeur ne vous donnera pas la totalité des points car pour lui ça ne sera pas un résultat justifié (et il aura raison !). Justifiez votre réponse succinctement par un cercle trigonométrique, quitte à n'en faire qu'un pour l'exercice entier (s'il n'y a pas trop de questions).

■ Eratosthène (276-194 av. J.-C.) ne prend qu'un seul h (le h se trouve après le deuxième t), faites gaffe !

Chapitre 15

METHODES SUR LE PRODUIT SCALAIRE

Bien sûr en 2nde on vous a fait des mises en garde du genre : "on ne multiplie ou on ne divise jamais deux vecteurs ensemble."
Diviser, ça c'est vrai on ne le fera pas. Multiplier non plus mais pas loin : on va créer une opération entre deux vecteurs $\vec{u}$ et $\vec{v}$, appelée produit scalaire de $\vec{u}$ et $\vec{v}$, que l'on notera $\vec{u}\cdot\vec{v}$. Cette opération ressemblera au produit par ses propriétés sauf que $\vec{u}\cdot\vec{v}$ ne sera pas un vecteur mais un nombre.
Comment ? On va le voir. Pourquoi ? Pour bénéficier d'un nouvel outil révolutionnaire, simplifiant bon nombre de problèmes de géométrie. Vraiment ? Oui, et pas qu'un peu, car les problèmes d'orthogonalité, de projection, d'angles, de distances, d'aires, bref une quantité non négligeable de problèmes géométriques (voir chapitre suivant) se ramèneront presque de manière directe à des calculs de produit scalaire de vecteurs.
Ce produit scalaire, certains pourraient aussi l'appeler le testeur d'orthogonalité : car pour savoir si $\vec{u}$ et $\vec{v}$ ont des directions orthogonales, on calcule leur produit scalaire. Si celui-ci vaut 0, il y a orthogonalité, s'il est >0, les vecteurs forment un angle aigu et s'il est <0, les vecteurs forment un angle obtus, comme un peu sur le schéma ci-contre :

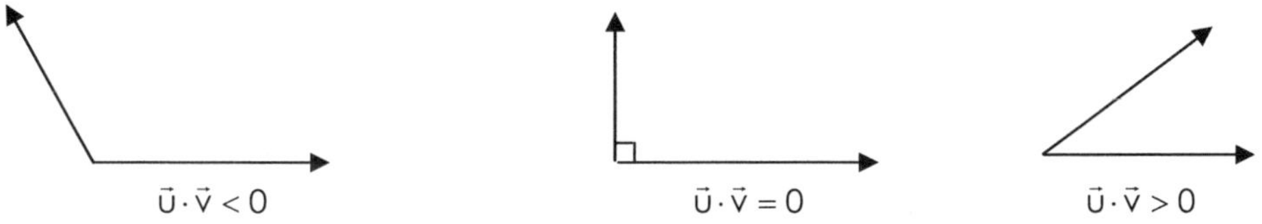

On comprend alors mieux son intérêt (voir son enjeu) géométrique : l'idée était osée, oui mais géniale !

1. Comment calculer la norme d'un vecteur ?

La norme $\|\vec{u}\|$ d'un vecteur $\vec{u}$, c'est sa longueur (voir chapitre 13).

METHODE 1 : En calculant directement sa longueur

■ **Principe**

$\|\vec{u}\|$ désigne la longueur du vecteur $\vec{u}$. Ainsi dans une figure, calculer des longueurs peut se faire soit par Pythagore, soit par Thalès, soit par la trigonométrie.

■ **Exemple :** On donne le carré ABCD de côté 3. Déterminer les normes des vecteurs suivants : $\overrightarrow{AB}$, $\overrightarrow{BC}$, $\overrightarrow{CJ}$, $\overrightarrow{CA}$, $\overrightarrow{HE}$, $\overrightarrow{DL}$, $\overrightarrow{BF}$

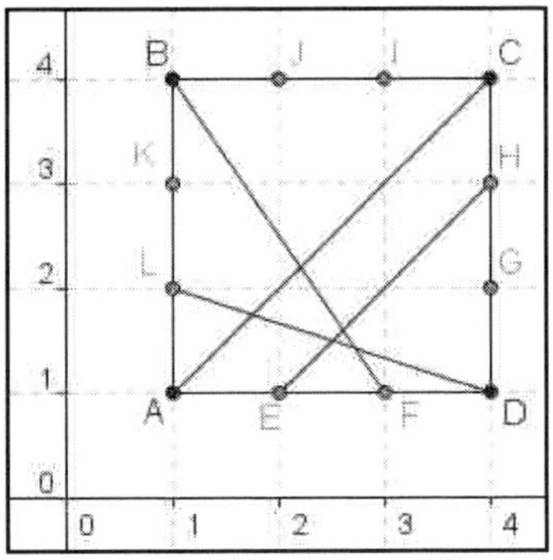

Directement, on a : $\|\overrightarrow{AB}\| = 3$, $\|\overrightarrow{BC}\| = 3$, $\|\overrightarrow{CJ}\| = 2$.

En utilisant Pythagore, on a : $\|\overrightarrow{CA}\| = 3\sqrt{2}$, $\|\overrightarrow{HE}\| = 2\sqrt{2}$, $\|\overrightarrow{DL}\| = \sqrt{10}$, et $\|\overrightarrow{BF}\| = \sqrt{13}$.

(On ne détaille pas, même un élève de 3e saurait le faire…)

■ **Exemple :** On donne une droite graduée ci-dessous. Déterminer les normes des vecteurs $\vec{u}$ et $\vec{v}$.

Il suffit de compter les graduations : on a : $\|\vec{u}\| = 3$ et $\|\vec{v}\| = 2$.

METHODE 2 : En utilisant la formule $\|\vec{u}\| = \sqrt{x^2 + y^2}$

■ **Principe**

La norme $\|\vec{u}\|$ d'un vecteur $\vec{u}$, c'est sa longueur. Pour la calculer, rien de plus simple : la norme du vecteur $\vec{u}\begin{pmatrix} x \\ y \end{pmatrix}$ vaut $\|\vec{u}\| = \sqrt{x^2 + y^2}$. Voir Chapitre 13, pour plus de détails.

■ **Exemple :** *On considère le vecteur* $\vec{u}\begin{pmatrix} -3 \\ 4 \end{pmatrix}$. *Calculer sa norme* $\|\vec{u}\|$.

On a $\vec{u}\begin{pmatrix} -3 \\ 4 \end{pmatrix}$, *donc* $\|\vec{u}\| = \sqrt{(-3)^2 + 4^2} = \sqrt{9+16} = \sqrt{25} = 5$.

REMARQUE : On peut calculer toutes les normes du 1er exemple de la méthode 1 avec cette formule (plutôt que Pythagore), ça marche très bien aussi !

2. Comment calculer un produit scalaire ?

Voici donc toutes les méthodes pour calculer un produit scalaire. Elles apparaissent dans l'ordre où généralement on les introduit en cours mais un autre ordre est possible (voir Principe de la méthode 7). On vous sent impatient de découvrir cela (n'est-ce pas ?) et vous avez raison. Allons-y !

METHODE 3 : Utiliser la formule :

$$\vec{u}\cdot\vec{v}=\begin{cases}\|\vec{u}\|\times\|\vec{v}\| & \textbf{si } \vec{u} \textbf{ et } \vec{v} \textbf{ sont colinéaires de même sens}\\ -\|\vec{u}\|\times\|\vec{v}\| & \textbf{si } \vec{u} \textbf{ et } \vec{v} \textbf{ sont colinéaires de sens contraire}\end{cases}$$

■ **Principe**

Cette formule n'est à utiliser, vous l'aurez compris, que dans le cas, peu fréquent d'ailleurs, où les deux vecteurs sont colinéaires. Bien sûr si l'un des deux vecteurs $\vec{u}$ ou $\vec{v}$ est nul le produit scalaire $\vec{u}\cdot\vec{v}$ le sera aussi.

■ **Exemple :** *Calculer $\vec{u}\cdot\vec{v}$ dans le cas ci-dessous :*

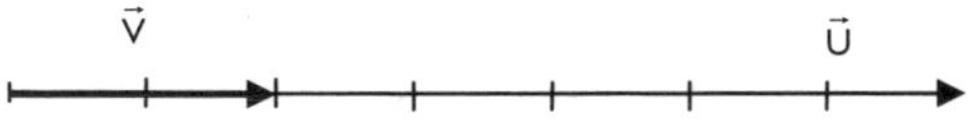

Comme $\vec{u}$ et $\vec{v}$ sont colinéaires de même sens, on a : $\vec{u}\cdot\vec{v}=\|\vec{u}\|\times\|\vec{v}\|=7\times 2=14$.

■ **Exemple :** *Calculer $\vec{u}\cdot\vec{v}$ dans le cas ci-dessous :*

Comme $\vec{u}$ et $\vec{v}$ sont colinéaires de sens contraire, on a :
$\vec{u}\cdot\vec{v}=-\|\vec{u}\|\times\|\vec{v}\|=-7\times 3=-21$.

REMARQUE IMPORTANTE : Si on applique la formule à $\vec{v}=\vec{u}$, $\vec{u}$ et $\vec{u}$ sont bien sûr colinéaires de même sens, et on a : $\vec{u}\cdot\vec{u}=\|\vec{u}\|\times\|\vec{u}\|=\|\vec{u}\|^2$ ce qu'on écrit sous la forme $\vec{u}^2=\|\vec{u}\|^2$.

*$\vec{u}^2$ est appelé **carré scalaire** de $\vec{u}$. En fait ce n'est rien d'autre que $\vec{u}\cdot\vec{u}$ ou encore $\|\vec{u}\|^2$, c'est-à-dire : $\vec{u}^2=\vec{u}\cdot\vec{u}=\|\vec{u}\|^2$ (mémorisez-le bien)*

De même, on a $\overrightarrow{AB}^2=\overrightarrow{AB}\cdot\overrightarrow{AB}=\|\overrightarrow{AB}\|^2=AB^2$ (ne l'oubliez pas !)

METHODE 4 : Utiliser la formule du projeté : $\vec{u}\cdot\vec{v}=\vec{u}\cdot\vec{v}'$ où $\vec{v}'$ est le projeté orthogonal de $\vec{v}$ sur $\vec{u}$

■ Principe

L'idée est simple : lorsque l'on projette orthogonalement $\vec{v}$ sur $\vec{u}$, on obtient un vecteur $\vec{v}'$ colinéaire à $\vec{u}$. On peut alors, par la méthode 3, calculer $\vec{u}\cdot\vec{v}'$, et donc $\vec{u}\cdot\vec{v}$ puisque d'après la formule du projeté $\vec{u}\cdot\vec{v}=\vec{u}\cdot\vec{v}'$. Ok ?

Il y a principalement deux cas de projection :

1°) Cas où les deux vecteurs $\vec{u}$ et $\vec{v}$ ont la même origine :

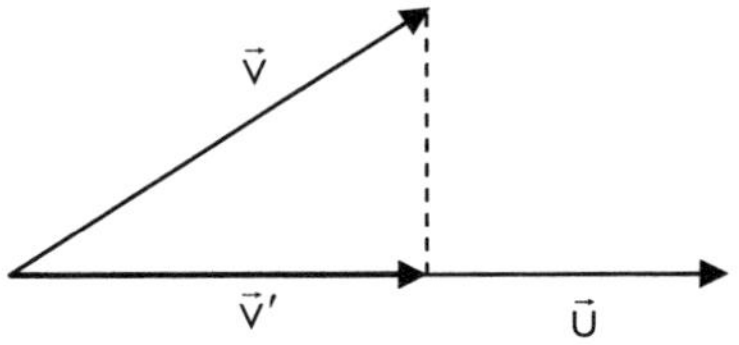

2°) Cas où les deux vecteurs $\vec{u}$ et $\vec{v}$ n'ont pas forcement la même origine :

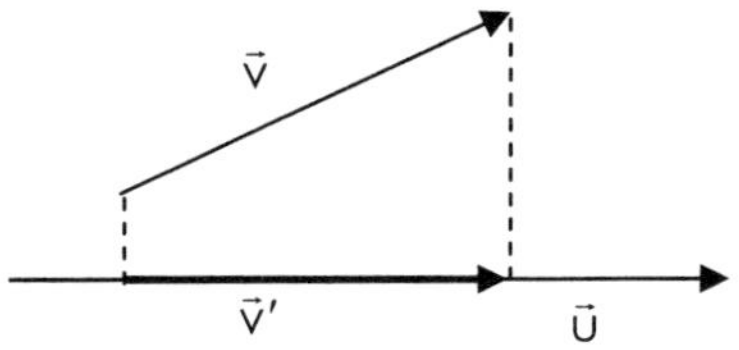

Bien sûr, cette méthode est à utiliser lorsque la projection est simple à effectuer.

■ **Exemple :** *Calculer $\vec{u}\cdot\vec{v}$ dans le cas ci-dessous :*

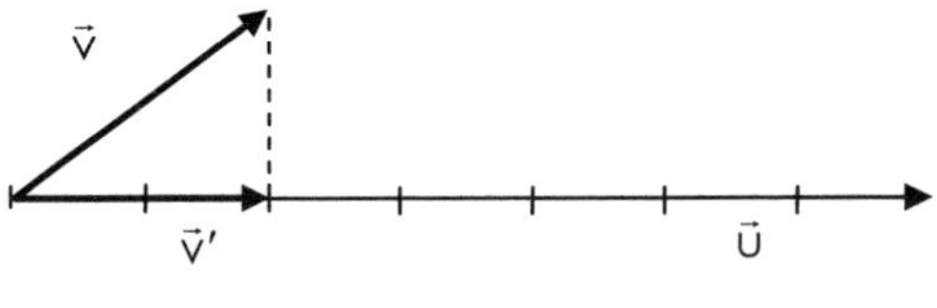

$\vec{v}'$ est le projeté orthogonal de $\vec{v}$ sur $\vec{u}$. On a donc : $\vec{u}\cdot\vec{v}=\vec{u}\cdot\vec{v}'$

Or $\vec{u}$ et $\vec{v}'$ sont colinéaires de même sens, ce qui donne :

$\vec{u}\cdot\vec{v}'=\|\vec{u}\|\times\|\vec{v}'\|=7\times2=14$. Finalement $\vec{u}\cdot\vec{v}=\vec{u}\cdot\vec{v}'=\|\vec{u}\|\times\|\vec{v}'\|=7\times2=14$.

■ **Exemple :** *Calculer $\vec{u}\cdot\vec{v}$ dans le cas ci-après :*

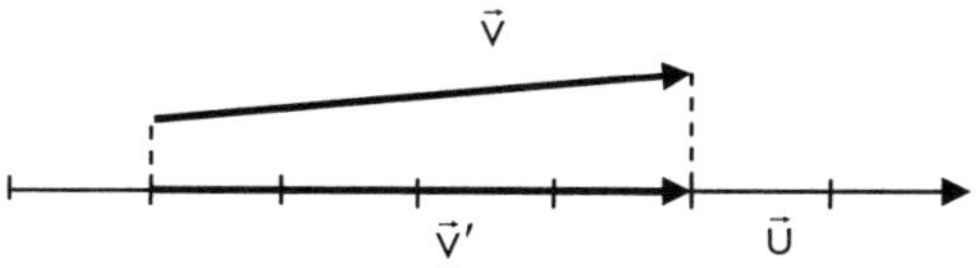

$\vec{v}'$ est le projeté orthogonal de $\vec{v}$ sur $\vec{u}$. On a donc : $\vec{u}\cdot\vec{v}=\vec{u}\cdot\vec{v}'$
Or $\vec{u}$ et $\vec{v}'$ sont colinéaires de même sens, ce qui donne :
$\vec{u}\cdot\vec{v}'=\|\vec{u}\|\times\|\vec{v}'\|=7\times4=28$. Finalement $\vec{u}\cdot\vec{v}=\vec{u}\cdot\vec{v}'=\|\vec{u}\|\times\|\vec{v}'\|=7\times4=28$.

■ **Exemple :** *Calculer $\vec{u}\cdot\vec{v}$ dans le cas ci-dessous :*

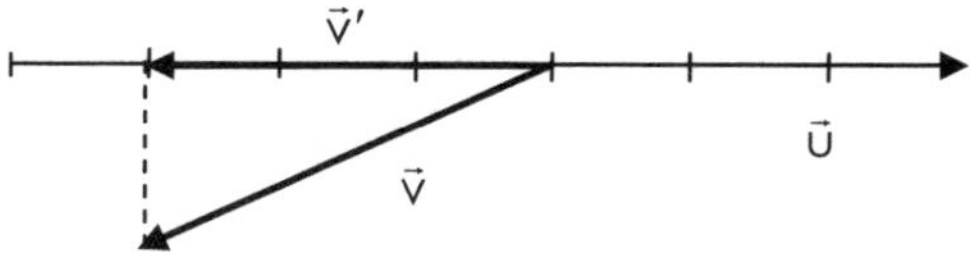

On a directement $\vec{u}\cdot\vec{v}=\vec{u}\cdot\vec{v}'=-\|\vec{u}\|\times\|\vec{v}'\|$ (car $\vec{u}$ et $\vec{v}'$ sont colinéaires de sens contraire), ce qui donne : $\vec{u}\cdot\vec{v}=\vec{u}\cdot\vec{v}'=-\|\vec{u}\|\times\|\vec{v}'\|=-7\times3=-21$.

■ **Exemple :** *Calculer $\vec{u}\cdot\vec{v}$ dans le cas ci-dessous :*

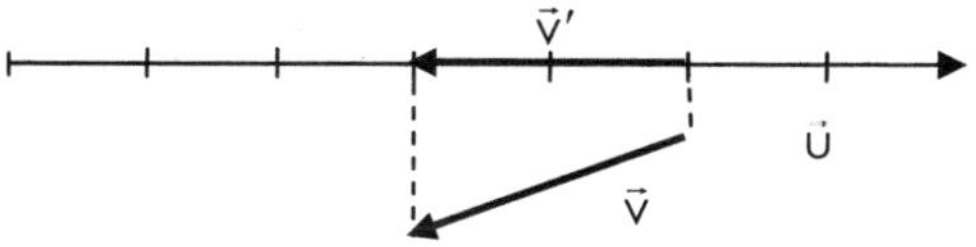

On a directement $\vec{u}\cdot\vec{v}=\vec{u}\cdot\vec{v}'=-\|\vec{u}\|\times\|\vec{v}'\|$ (car $\vec{u}$ et $\vec{v}'$ sont colinéaires de sens contraire), ce qui donne : $\vec{u}\cdot\vec{v}=\vec{u}\cdot\vec{v}'=-\|\vec{u}\|\times\|\vec{v}'\|=-7\times2=-14$.

■ **Exemple :** *Calculer les produits scalaires suivants :*
a) $\overrightarrow{AI}\cdot\overrightarrow{DB}$ b) $\overrightarrow{IB}\cdot\overrightarrow{CA}$ c) $\overrightarrow{AB}\cdot\overrightarrow{LC}$ d) $\overrightarrow{LJ}\cdot\overrightarrow{B\Omega}$ e) $\overrightarrow{\Omega I}\cdot\overrightarrow{DC}$ où ABCD est un carré de côté 6 (ici, pour des raisons de place, l'échelle n'est pas respectée).

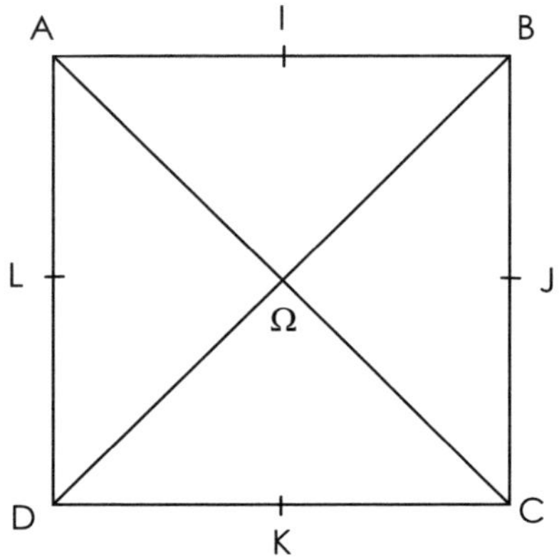

On a : a) $\overrightarrow{AI}\cdot\overrightarrow{DB}=\overrightarrow{AI}\cdot\overrightarrow{AB}$ (pour déterminer la projection de $\overrightarrow{DB}$ sur $\overrightarrow{AI}$, on procède ainsi : D se projette (orthogonalement) en A, et B en B, donc $\overrightarrow{DB}$ se projette en $\overrightarrow{AB}$) ce qui donne : $\overrightarrow{AI}\cdot\overrightarrow{DB}=\overrightarrow{AI}\cdot\overrightarrow{AB}=\|\overrightarrow{AI}\|\times\|\overrightarrow{AB}\|=3\times6=18$.

Bien sûr si on projetait $\overrightarrow{AI}$ sur $\overrightarrow{DB}$, on obtiendrait le même résultat (heureusement), mais cela serait plus difficile.

b) $\overrightarrow{IB}\cdot\overrightarrow{CA}=\overrightarrow{IB}\cdot\overrightarrow{BA}=-\|\overrightarrow{IB}\|\times\|\overrightarrow{BA}\|=-3\times6=-18$ ($\overrightarrow{CA}$ se projette en $\overrightarrow{BA}$)

c) $\overrightarrow{AB}\cdot\overrightarrow{LC}=\overrightarrow{AB}\cdot\overrightarrow{AB}=\|\overrightarrow{AB}\|\times\|\overrightarrow{AB}\|=6\times6=36$ ($\overrightarrow{LC}$ se projette en $\overrightarrow{AB}$, car L se projette en A et C se projette en B)

d) $\overrightarrow{LJ}\cdot\overrightarrow{B\Omega}=\overrightarrow{LJ}\cdot\overrightarrow{J\Omega}=-\|\overrightarrow{LJ}\|\times\|\overrightarrow{J\Omega}\|=-6\times3=-18$ ($\overrightarrow{B\Omega}$ se projette en $\overrightarrow{J\Omega}$)

e) Bien, là c'est immédiat, les deux vecteurs $\overrightarrow{\Omega I}$ et $\overrightarrow{DC}$ sont orthogonaux : donc $\overrightarrow{\Omega I}\cdot\overrightarrow{DC}=0$.

REMARQUES : 1) N'hésitez pas, au début, à projeter point par point les vecteurs (comme dans a)). Ne soyez pas trop pressé, c'est en vous étant suffisamment exercé que vous arriverez à projeter directement, sans étape, un vecteur sur un autre.

2) N'hésitez pas à intervertir vos vecteurs, si vous avez du mal à projeter. Par exemple si on vous demande de calculer $\overrightarrow{KB}\cdot\overrightarrow{K\Omega}$, vous aurez beaucoup de mal à projeter $\overrightarrow{K\Omega}$ sur $\overrightarrow{KB}$ (ça ne tombe pas juste !), mais vous pouvez écrire (par symétrie du produit scalaire) que $\overrightarrow{KB}\cdot\overrightarrow{K\Omega}=\overrightarrow{K\Omega}\cdot\overrightarrow{KB}$ (là on vient juste de permuter les deux vecteurs) et là il est beaucoup plus simple de projeter $\overrightarrow{KB}$ sur $\overrightarrow{K\Omega}$ (qui donne $\overrightarrow{KI}$). Pour rédiger, rien de plus simple, on vous montre (merci Method'S !), $\overrightarrow{KB}\cdot\overrightarrow{K\Omega}=\overrightarrow{K\Omega}\cdot\overrightarrow{KB}=\overrightarrow{K\Omega}\cdot\overrightarrow{KI}\cdot=\|\overrightarrow{K\Omega}\|\times\|\overrightarrow{KI}\|=3\times6=18$. Génial, non ?

3) On projette soit le premier sur le deuxième, soit l'inverse (comme on vient de le voir) mais en aucun les deux en même temps sur un troisième ! Pas de fantaisie, l'un des deux vecteurs ne doit pas être modifié, capiche ?

■ **Exemple :** *Toujours avec la figure précédente, calculer :*
a) $\overrightarrow{LB}\cdot\overrightarrow{DC}$ *b)* $\overrightarrow{JA}\cdot\overrightarrow{DC}$ *c)* $\overrightarrow{DJ}\cdot\overrightarrow{DA}$ *d)* $\overrightarrow{\Omega A}\cdot\overrightarrow{LJ}$ *e)* $\overrightarrow{\Omega C}\cdot\overrightarrow{\Omega J}$ *f)* $\overrightarrow{BL}\cdot\overrightarrow{KC}$ *g)* $\overrightarrow{BD}\cdot\overrightarrow{CB}$

a) $\overrightarrow{LB}\cdot\overrightarrow{DC}=\overrightarrow{DC}\cdot\overrightarrow{LB}=\overrightarrow{DC}\cdot\overrightarrow{DC}=\|\overrightarrow{DC}\|\times\|\overrightarrow{DC}\|=6\times6=36$

b) $\overrightarrow{JA}\cdot\overrightarrow{DC}=\overrightarrow{DC}\cdot\overrightarrow{JA}=\overrightarrow{DC}\cdot\overrightarrow{CD}=-\|\overrightarrow{DC}\|\times\|\overrightarrow{CD}\|=-6\times6=-36$

c) $\overrightarrow{DJ}\cdot\overrightarrow{DA}=\overrightarrow{DA}\cdot\overrightarrow{DJ}=\overrightarrow{DA}\cdot\overrightarrow{DL}=\|\overrightarrow{DA}\|\times\|\overrightarrow{DL}\|=6\times3=18$

d) $\overrightarrow{\Omega A}\cdot\overrightarrow{LJ}=\overrightarrow{LJ}\cdot\overrightarrow{\Omega A}=\overrightarrow{LJ}\cdot\overrightarrow{\Omega L}=-\|\overrightarrow{LJ}\|\times\|\overrightarrow{\Omega L}\|=-6\times3=-18$

e) $\overrightarrow{\Omega C}\cdot\overrightarrow{\Omega J}=\overrightarrow{\Omega J}\cdot\overrightarrow{\Omega C}=\overrightarrow{\Omega J}\cdot\overrightarrow{\Omega J}=\|\overrightarrow{\Omega J}\|\times\|\overrightarrow{\Omega J}\|=3\times3=9$

f) $\overrightarrow{BL}\cdot\overrightarrow{KC}=\overrightarrow{KC}\cdot\overrightarrow{BL}=\overrightarrow{KC}\cdot\overrightarrow{CD}=-\|\overrightarrow{KC}\|\times\|\overrightarrow{CD}\|=-3\times6=-18$

g) $\overrightarrow{BD}\cdot\overrightarrow{CB}=\overrightarrow{CB}\cdot\overrightarrow{BD}=\overrightarrow{CB}\cdot\overrightarrow{BC}=-\|\overrightarrow{CB}\|\times\|\overrightarrow{BC}\|=-6\times6=-36$. Ça roule pour vous ?

■ **Exemple :** *Calculer* $\vec{u}\cdot\vec{v}$ *dans le cas ci-dessous :*

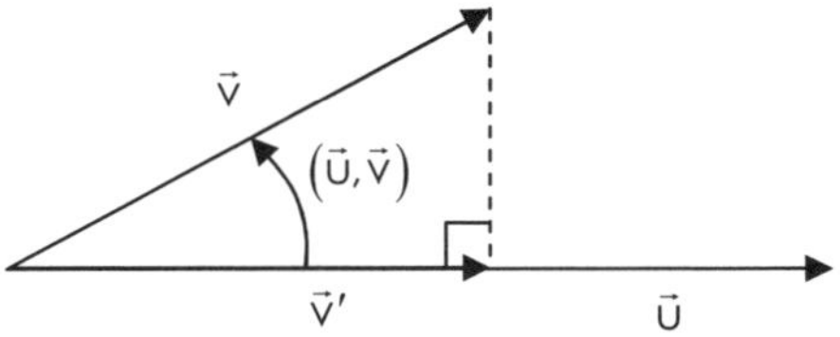

$\vec{u}\cdot\vec{v}=\vec{u}\cdot\vec{v}'=\|\vec{u}\|\times\|\vec{v}'\|$ car $\vec{u}$ et $\vec{v}'$ sont colinéaires de même sens.

Or $\cos(\vec{u},\vec{v})=\dfrac{\|\vec{v}'\|}{\|\vec{v}\|}$ (trigonométrie du triangle rectangle) d'où :

$\vec{u}\cdot\vec{v}=\vec{u}\cdot\vec{v}'=\|\vec{u}\|\times\|\vec{v}'\|=\|\vec{u}\|\times\|\vec{v}\|\times\cos(\vec{u},\vec{v})$. Cette formule que l'on va généraliser (même dans le cas où $\vec{u}$ et $\vec{v}'$ sont colinéaires de sens contraire) porte un nom : c'est la formule du cosinus, qui fait l'objet de la méthode suivante.

METHODE 5 : Utiliser la formule du cosinus : $\vec{u}\cdot\vec{v}=\|\vec{u}\|\times\|\vec{v}\|\times\cos(\vec{u},\vec{v})$

■ **Principe**

Cette méthode est à utiliser lorsqu'on connaît les longueurs (ou normes) des deux vecteurs et l'angle qu'ils forment.

■ **Exemple :** *Calculer dans chaque cas* $\vec{u}\cdot\vec{v}$ *:*

a)

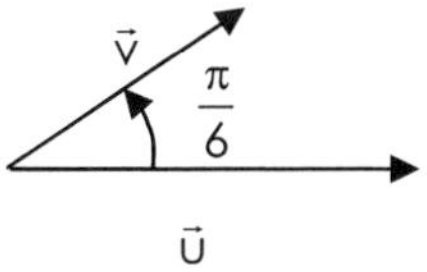

$\|\vec{u}\|=3$ et $\|\vec{v}\|=2$

b)

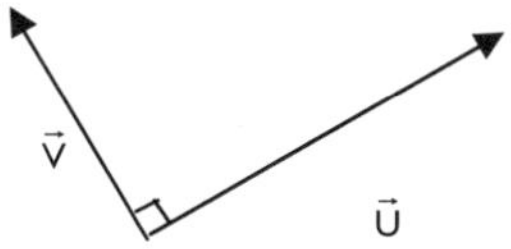

$\|\vec{u}\|=3$ et $\|\vec{v}\|=2$

c)

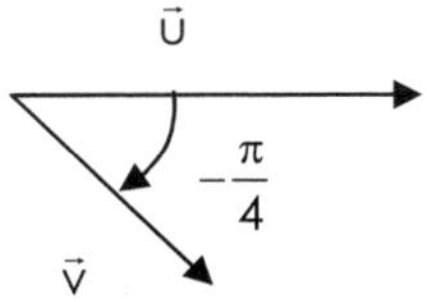

$\|\vec{u}\|=3$ et $\|\vec{v}\|=2$

On a :

a) $\vec{u}\cdot\vec{v} = \|\vec{u}\|\times\|\vec{v}\|\times\cos(\vec{u},\vec{v}) = 3\times 2\times\cos\left(\frac{\pi}{6}\right) = 3\times 2\times\frac{\sqrt{3}}{2} = 3\sqrt{3} \simeq 5,2$

b) $\vec{u}\cdot\vec{v} = 0$ car $\vec{u}$ et $\vec{v}$ sont orthogonaux.

c) $\vec{u}\cdot\vec{v} = \|\vec{u}\|\times\|\vec{v}\|\times\cos(\vec{u},\vec{v}) = 3\times 2\times\cos\left(-\frac{\pi}{4}\right) = 3\times 2\times\frac{\sqrt{2}}{2} = 3\sqrt{2} \simeq 4,2$

■ **Exemple :** *On considère la figure ci-dessous :*

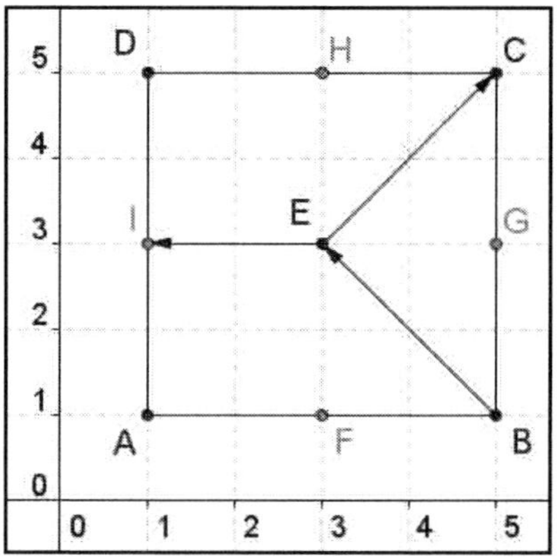

Calculer les produit scalaires suivants : a) $\overrightarrow{EC}\cdot\overrightarrow{EI}$ *b)* $\overrightarrow{EI}\cdot\overrightarrow{BE}$

a) $\overrightarrow{EC}\cdot\overrightarrow{EI} = \|\overrightarrow{EC}\|\times\|\overrightarrow{EI}\|\times\cos\left(\overrightarrow{EC},\overrightarrow{EI}\right) = EC\times EI\times\cos\left(\frac{3\pi}{4}\right)$. Or :

. $EC = \sqrt{(x_C - x_E)^2 + (y_C - y_E)^2} = \sqrt{(5-3)^2 + (5-3)^2} = \sqrt{2^2+2^2} = \sqrt{8} = 2\sqrt{2}$

. $EI = \sqrt{(x_I - x_E)^2 + (y_I - y_E)^2} = \sqrt{(1-3)^2 + (3-3)^2} = \sqrt{(-2)^2 + 0^2} = \sqrt{4+0} = \sqrt{4} = 2$

. $\cos\left(\frac{3\pi}{4}\right) = -\frac{\sqrt{2}}{2}$. Ainsi : $\overrightarrow{EC}\cdot\overrightarrow{EI} = 2\sqrt{2}\times 2\times\left(-\frac{\sqrt{2}}{2}\right) = -4$.

b) Pour calculer $\overrightarrow{EI}\cdot\overrightarrow{BE}$, il faut d'abord faire en sorte que les deux vecteurs aient la même origine (sinon c'est la galère) :

On a : $\overrightarrow{EI}\cdot\overrightarrow{BE} = \overrightarrow{EI}\cdot\left(-\overrightarrow{EB}\right) = -\overrightarrow{EI}\cdot\overrightarrow{EB} = -\|\overrightarrow{EI}\|\times\|\overrightarrow{EB}\|\times\cos\left(\overrightarrow{EI},\overrightarrow{EB}\right) = -EI\times EB\times\cos\left(\frac{3\pi}{4}\right)$. Or :

. $EI = 2$ (déjà fait)

. $EB = 2\sqrt{2}$ (pour la calculer on peut faire comme pour EC, mais là on va utiliser les normes de vecteurs pour changer un peu) :

On a $\overrightarrow{EB}\begin{pmatrix} x_B - x_E \\ y_B - y_E \end{pmatrix} = \overrightarrow{EB}\begin{pmatrix} 5-3 \\ 1-3 \end{pmatrix} = \overrightarrow{EB}\begin{pmatrix} 2 \\ -2 \end{pmatrix}$ et donc $\|\overrightarrow{EB}\| = \sqrt{2^2 + (-2)^2} = \sqrt{8} = 2\sqrt{2}$).

Ainsi : $\overrightarrow{EI}\cdot\overrightarrow{BE} = -EI\times EB\times\cos\left(\frac{3\pi}{4}\right) = -2\times 2\sqrt{2}\times\left(-\frac{\sqrt{2}}{2}\right) = 4$.

■ **Exemple (travail d'une force) :** *Le travail d'une force $\vec{F}$ sur un déplacement rectiligne $\overrightarrow{AB}$ est $W = \vec{F} \cdot \overrightarrow{AB}$ (W comme work, work comme travail (en Anglais), tout s'explique, merveilleux, merveilleux). W s'exprime en joules (autrefois c'était en calories).*
Si $W > 0$, le travail est moteur. Si $W < 0$, le travail est résistant. Si $W = 0$, le travail est nul. Calculer le travail dans le cas suivant : $F = 20$ N (Newton), $AB = 2$ m.

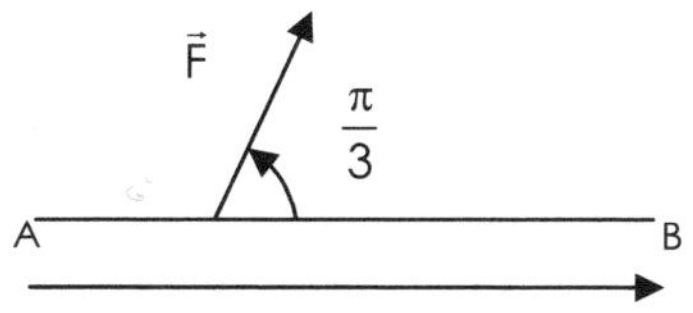

On a $W = \vec{F} \cdot \overrightarrow{AB} = \|\vec{F}\| \times \|\overrightarrow{AB}\| \times \cos\left(\frac{\pi}{3}\right) = F \times AB \times \frac{1}{2} = 20 \times 2 \times \frac{1}{2} = 20$ (Joules).

Le travail est moteur. Bien sûr si l'angle, disons $\alpha = (\overrightarrow{AB}, \vec{F})$, avait été $\alpha = \frac{\pi}{2}$, le travail aurait été nul (car $\cos\left(\frac{\pi}{2}\right) = 0$), et si $\frac{\pi}{2} < \alpha < \pi$ il aurait été résistant (car $\cos(\alpha) < 0$).

REMARQUE : L'interprétation mécanique du travail (notion inventée par le mathématicien et ingénieur français Gaspard-Gustave CORIOLIS (1792-1843), qui pourrait être une très bonne idée de TPE) est la suivante : si on a un objet, soumis à une force F, qui se déplace de A vers B, alors :
- si le travail de la force est moteur, la force va augmenter la vitesse de cet objet (augmentation de l'énergie cinétique du système).
- si le travail est résistant, la force va diminuer la vitesse de cet objet (diminution de l'énergie cinétique du système) ;
- si le travail est nul, la force ne modifie pas la vitesse de cet objet (pas de modification de l'énergie cinétique du système) ;
Sinon Coriolis est surtout connu pour ce qu'on appelle la force de Coriolis, phénomène physique permettant d'expliquer le mouvement des masses d'air d'un cyclone (entre autre) et qui a permis à Jean Bernard Léon Foucault (1819-1868, physicien et astronome français) de mettre en évidence le mouvement de rotation de la terre à travers son expérience du pendule (vous pouvez voir le pendule de Foucault (celui de Jean Bernard pas celui de Jean-Pierre, Jean-Pierre Foucault (humour !)) au Panthéon à Paris). Coriolis, pour résumer, c'est un peu l'un des big boss de la Mécanique...

METHODE 6 : Utiliser la formule analytique $\vec{u} \cdot \vec{v} = xx' + yy'$

■ **Principe**

Cette formule est à utiliser lorsque le plan est muni d'un repère orthonormal (les vecteurs étant munis de coordonnées). A savoir : dans un repère orthonormal $(O; \vec{i}, \vec{j})$, si $\vec{u}\begin{pmatrix} x \\ y \end{pmatrix}$ et $\vec{v}\begin{pmatrix} x' \\ y' \end{pmatrix}$ sont deux vecteurs, alors $\vec{u} \cdot \vec{v} = xx' + yy'$.

■ **Exemple :** Soient $\vec{u}\begin{pmatrix}2\\3\end{pmatrix}$ et $\vec{v}\begin{pmatrix}-4\\3\end{pmatrix}$ deux vecteurs. Calculer $\vec{u}\cdot\vec{v}$

On a tout simplement : $\vec{u}\cdot\vec{v} = 2\times(-4)+3\times 3 = -8+9 = 1$

REMARQUES : 1) Ne confondez surtout pas cette formule avec celle vue en 2nde (qu'on appelle formule de colinéarité) testant la colinéarité de deux vecteurs, à savoir : $\vec{u}\begin{pmatrix}x\\y\end{pmatrix}$ et $\vec{v}\begin{pmatrix}x'\\y'\end{pmatrix}$ *sont colinéaires si et seulement si :* $xy'-x'y=0$. *Ça n'a rien à voir ! (Vraiment rien !)*

2) Si on prend $\vec{v}=\vec{u}$ *(soit* $x'=x$ et $y'=y$*), on retrouve la célèbre formule vue dans le Chapitre 13 permettant de calculer la norme d'un vecteur :* $\|\vec{u}\| = \sqrt{x^2+y^2}$.

En effet, on a $\|\vec{u}\|^2 = \vec{u}^2 = \vec{u}\cdot\vec{u} = xx+yy = x^2+y^2$ *ce qui donne :* $\|\vec{u}\| = \sqrt{x^2+y^2}$.

Que c'est bien quand tout se retrouve, non ?

3) Avec cette formule, il est assez facile de montrer que des triangles sont rectangles, puisqu'un simple calcul de produit scalaire suffit (alors qu'avant il fallait utiliser la réciproque de Pythagore, souvenez-vous !).

■ **Exemple :** *Soient* $A\begin{pmatrix}1\\1\end{pmatrix}$, $B\begin{pmatrix}2\\3\end{pmatrix}$ *et* $C\begin{pmatrix}-3\\3\end{pmatrix}$.

a) Démontrer que le triangle ABC est rectangle en A.

b) Soit $J = \text{mil}[AC]$. *Calculer les coordonnées de J puis démontrer que le triangle JAB est rectangle isocèle en A.*

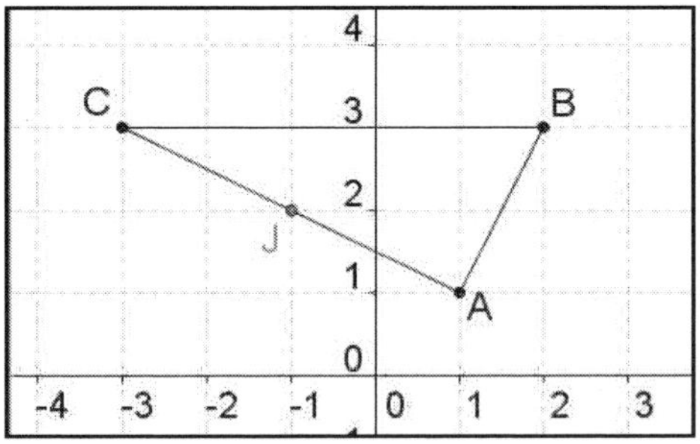

a) Le plus simple est de montrer que $\overrightarrow{AB}\cdot\overrightarrow{AC}=0$ ce qui prouvera immédiatement que $(AB)\perp(AC)$ et donc que ABC est un triangle rectangle en A.

On a : $A\begin{pmatrix}1\\1\end{pmatrix}$ et $B\begin{pmatrix}2\\3\end{pmatrix}$ *donc* $\overrightarrow{AB}\begin{pmatrix}2-1\\3-1\end{pmatrix} = \overrightarrow{AB}\begin{pmatrix}1\\2\end{pmatrix}$.

On a : $A\begin{pmatrix}1\\1\end{pmatrix}$ et $C\begin{pmatrix}-3\\3\end{pmatrix}$ *donc* $\overrightarrow{AC}\begin{pmatrix}-3-1\\3-1\end{pmatrix} = \overrightarrow{AC}\begin{pmatrix}-4\\2\end{pmatrix}$.

Avec la formule $\vec{u}\cdot\vec{v} = xx'+yy'$, on obtient $\overrightarrow{AB}\cdot\overrightarrow{AC} = 1\times(-4)+2\times 2 = -4+4=0$

Ainsi $(AB)\perp(AC)$ et donc ABC est un triangle rectangle en A.

b) Puisque $J=\text{mil}[AC]$, et que $A\begin{pmatrix}1\\1\end{pmatrix}$ et $C\begin{pmatrix}-3\\3\end{pmatrix}$, on a :

$$J\begin{pmatrix}\dfrac{1+(-3)}{2}\\ \dfrac{1+3}{2}\end{pmatrix}=J\begin{pmatrix}\dfrac{-2}{2}\\ \dfrac{4}{2}\end{pmatrix}=J\begin{pmatrix}-1\\2\end{pmatrix}.$$

On a : $A\begin{pmatrix}1\\1\end{pmatrix}$ et $B\begin{pmatrix}2\\3\end{pmatrix}$ donc $\overrightarrow{AB}\begin{pmatrix}2-1\\3-1\end{pmatrix}=\overrightarrow{AB}\begin{pmatrix}1\\2\end{pmatrix}$ (déjà fait mais bon).

On a : $A\begin{pmatrix}1\\1\end{pmatrix}$ et $J\begin{pmatrix}-1\\2\end{pmatrix}$ donc $\overrightarrow{AJ}\begin{pmatrix}-1-1\\2-1\end{pmatrix}=\overrightarrow{AJ}\begin{pmatrix}-2\\1\end{pmatrix}$.

On a : $\overrightarrow{AB}\cdot\overrightarrow{AJ}=1\times(-2)+2\times1=-2+2=0$ et donc $(AB)\perp(AJ)$ et donc ABJ est rectangle en A.

Pour montrer que ABJ est isocèle en A, on va montrer que $AB=AJ$.

1re méthode (celle de la 2nde) :

$AB=\sqrt{(x_B-x_A)^2+(y_B-y_A)^2}=\sqrt{(2-1)^2+(3-1)^2}=\sqrt{1^2+2^2}=\sqrt{5}$.

$AJ=\sqrt{(x_J-x_A)^2+(y_J-y_A)^2}=\sqrt{(-1-1)^2+(2-1)^2}=\sqrt{(-2)^2+1^2}=\sqrt{5}$

On a bien $AB=AJ$ et donc ABJ est isocèle en A.

2e méthode (avec la formule de la norme, vue en début de chapitre et au chapitre 13 également, au programme de 1re S) :

Comme $\overrightarrow{AB}\begin{pmatrix}1\\2\end{pmatrix}$, on a : $\|\overrightarrow{AB}\|=\sqrt{1^2+2^2}=\sqrt{5}$ donc $AB=\sqrt{5}$.

Comme $\overrightarrow{AJ}\begin{pmatrix}-2\\1\end{pmatrix}$, on a : $\|\overrightarrow{AJ}\|=\sqrt{(-2)^2+1^2}=\sqrt{5}$ donc $AJ=\sqrt{5}$.

On a bien $AB=AJ$ et donc ABJ est isocèle en A.

Conclusion : ABJ est bien rectangle isocèle en A. Terminé !

METHODE 7 : Utiliser la formule $\vec{u}\cdot\vec{v}=\frac{1}{2}\left(\|\vec{u}\|^2+\|\vec{v}\|^2-\|\vec{u}-\vec{v}\|^2\right)$

■ Principe

Cette formule est vraiment celle à utiliser en dernier car elle est peu simple, peu géométrique et moins immédiate que les autres. Ceci étant, certains professeurs peuvent introduire le produit scalaire par cette formule puis aboutir aux autres (il est donc important qu'on la voit quand même).

Cette formule, enfin, peut être aussi utilisée dans le cas où vous utilisez les coordonnées de vecteurs.

■ **Exemple :** *Soient* $\vec{u}\begin{pmatrix}2\\3\end{pmatrix}$ *et* $\vec{v}\begin{pmatrix}-4\\3\end{pmatrix}$ *deux vecteurs. Calculer* $\vec{u}\cdot\vec{v}$.

On a : $\|\vec{u}\| = \sqrt{4+9}$, $\|\vec{v}\| = \sqrt{16+9}$, et comme $(\vec{u}-\vec{v})\begin{pmatrix}6\\0\end{pmatrix}$, on a : $\|\vec{u}-\vec{v}\| = \sqrt{36+0}$.

Ainsi : $\vec{u}\cdot\vec{v} = \frac{1}{2}\left((4+9)+(16+9)-(36+0)\right) = 1$

REMARQUES : a) Il était plus rapide d'utiliser la méthode précédente (la formule analytique), regardez : $\vec{u}\cdot\vec{v} = xx'+yy' = 2\cdot(-4)+3\times 3 = -8+9 = 1$. *C'est pour ça qu'on n'est pas hyper fan de cette formule qui utilise les normes...*
b) On retrouve un résultat célèbre dans le cas où $\vec{u}$ *et* $\vec{v}$ *sont orthogonaux (soit* $\vec{u}\cdot\vec{v} = 0$*), car alors la formule devient :*
$0 = \frac{1}{2}\left(\|\vec{u}\|^2+\|\vec{v}\|^2-\|\vec{u}-\vec{v}\|^2\right)$, *c'est-à-dire :* $\left(\|\vec{u}\|^2+\|\vec{v}\|^2-\|\vec{u}-\vec{v}\|^2\right) = 0$ *soit :* $\|\vec{u}\|^2+\|\vec{v}\|^2 = \|\vec{u}-\vec{v}\|^2$. *On reconnaît alors le théorème de Pythagore appliqué au triangle ABC, rectangle en A, ci-dessous :*

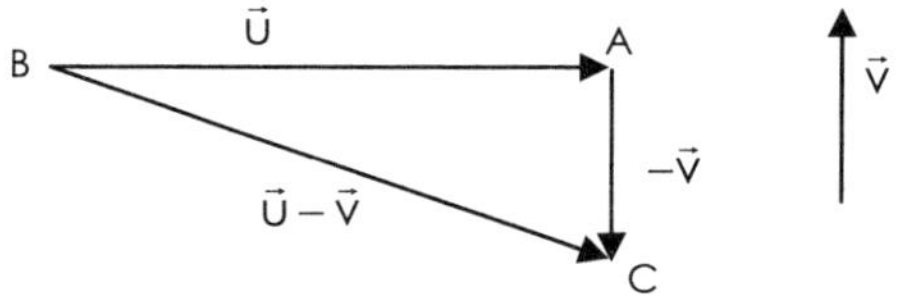

(ça pour un résultat célèbre, c'est un résultat célèbre !)

METHODE 8 : Comment calculer un produit scalaire avec un logiciel de géométrie dynamique ?

■ Principe

On prend l'icône vecteur, avec laquelle on construit (on crée) les vecteurs $\vec{u}$ et $\vec{v}$. Ensuite :

- Si on veut utiliser la formule du cosinus ($\vec{u}\cdot\vec{v} = \|\vec{u}\|\times\|\vec{v}\|\times\cos(\vec{u},\vec{v})$), on crée l'angle $(\vec{u},\vec{v})$ (qui s'appellera α) grâce à l'icône angle. Ensuite on va dans la ligne de saisie dans laquelle on écrit : PS_ cosinus = Longueur[u] × Longueur[v] × cos(α).
- Si on veut utiliser la formule analytique ($\vec{u}\cdot\vec{v} = xx'+yy'$), dans la ligne de saisie on écrit PS_ analy = x(u) × x(v) + y(u) × y(v).
- Si on veut utiliser la formule avec les normes ($\vec{u}\cdot\vec{v} = \frac{1}{2}\left(\|\vec{u}\|^2+\|\vec{v}\|^2-\|\vec{u}-\vec{v}\|^2\right)$), dans la ligne de saisie on écrit : PS_ normes = 0.5× (Longueur[u]² + Longueur[v]² - Longueur[u - v]²).

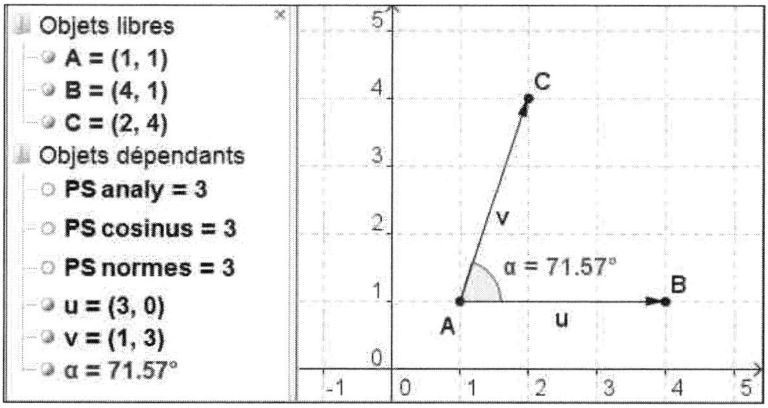

Et maintenant « yapuka » faire bouger les vecteurs (c'est-à-dire les points B et C par exemple), et oh magie : les trois produits scalaires se calculent automatiquement et (heureusement) coïncident ! Vérifiez qu'en mettant un angle droit entre les deux vecteurs, ça fait bien zéro, vérifiez qu'avec un angle aigu, le produit scalaire est bien positif et qu'avec un angle obtus il est bien négatif. Si ça marche alors il y a toutes les chances que votre figure soit bonne (Auquel cas, on vous félicite !).

METHODE 9 : Utiliser les propriétés du produit scalaire

■ Principe

Bien des calculs de produit scalaire peuvent se simplifier en utilisant les propriétés du produit scalaire. Les voici :

Pour tous vecteurs $\vec{u}$, $\vec{v}$, $\vec{w}$ et réel λ,

a) $(\vec{u}+\vec{v})\cdot\vec{w}=\vec{u}\cdot\vec{w}+\vec{v}\cdot\vec{w}$

b) $\vec{u}\cdot(\vec{v}+\vec{w})=\vec{u}\cdot\vec{v}+\vec{u}\cdot\vec{w}$

c) $(\lambda\vec{u})\cdot\vec{v}=\lambda\times\vec{u}\cdot\vec{v}$

d) $\vec{u}\cdot(\lambda\vec{v})=\lambda\times(\vec{u}\cdot\vec{v})$

On a bien sûr les identités remarquables :

e) $(\vec{u}+\vec{v})^2=\vec{u}^2+2\vec{u}\cdot\vec{v}+\vec{v}^2=\|\vec{u}\|^2+2\vec{u}\cdot\vec{v}+\|\vec{v}\|^2$

f) $(\vec{u}-\vec{v})^2=\vec{u}^2-2\vec{u}\cdot\vec{v}+\vec{v}^2=\|\vec{u}\|^2-2\vec{u}\cdot\vec{v}+\|\vec{v}\|^2$

g) $(\vec{u}+\vec{v})\cdot(\vec{u}-\vec{v})=\vec{u}^2-\vec{v}^2=\|\vec{u}\|^2-\|\vec{v}\|^2$

■ **Exemple :** ***Théorème d'Apollonius de Pergé*** *(262-190 av. J.-C.) (ou théorème de la médiane)*

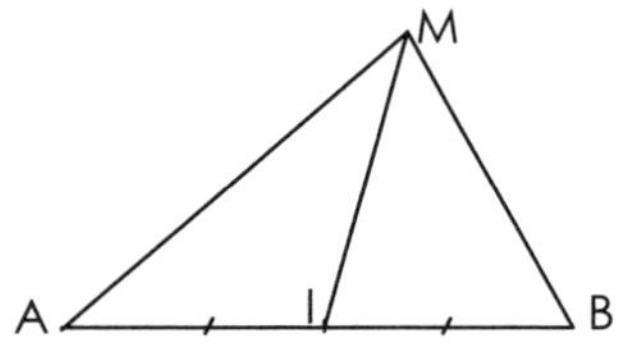

a) Démontrer que pour tout point M, $MA^2 + MB^2 = 2IM^2 + \frac{1}{2}AB^2$.

b) En déduire que $MI^2 = \frac{2MA^2 + 2MB^2 - AB^2}{4}$. *Ecrire un algorithme permettant de calculer la longueur de la médiane MI en fonction des trois côtés MA, MB et AB.*

a) Pour tout point M, $MA^2 + MB^2 = \overrightarrow{MA}^2 + \overrightarrow{MB}^2 = \left(\overrightarrow{MI} + \overrightarrow{IA}\right)^2 + \left(\overrightarrow{MI} + \overrightarrow{IB}\right)^2$

Ce qui donne en utilisant les identités remarquables (valables même pour le produit scalaire) : $MA^2 + MB^2 = \overrightarrow{MI}^2 + 2\overrightarrow{MI}\cdot\overrightarrow{IA} + \overrightarrow{IA}^2 + \overrightarrow{MI}^2 + 2\overrightarrow{MI}\cdot\overrightarrow{IB} + \overrightarrow{IB}^2$

soit $MA^2 + MB^2 = 2MI^2 + 2\overrightarrow{MI}\cdot\left(\overrightarrow{IA} + \overrightarrow{IB}\right) + IA^2 + IB^2$. Or, $\overrightarrow{IA} + \overrightarrow{IB} = \vec{0}$ car $I = \text{mil}\left[AB\right]$ et comme $IA = IB = \frac{1}{2}AB$ on a $IA^2 = IB^2 = \frac{1}{4}AB^2$,

et donc : $MA^2 + MB^2 = 2MI^2 + 2\overrightarrow{MI}\cdot\vec{0} + \frac{1}{4}AB^2 + \frac{1}{4}AB^2 = 2IM^2 + \frac{1}{2}AB^2$. Yes !

b) On en déduit : $MA^2 + MB^2 - \frac{1}{2}AB^2 = 2IM^2$ soit : $\frac{MA^2 + MB^2}{2} - \frac{1}{4}AB^2 = IM^2$ soit :

$MI^2 = \frac{2MA^2 + 2MB^2 - AB^2}{4}$ d'où l'algorithme suivant :

```
▼ VARIABLES
│  ├─ MA EST_DU_TYPE NOMBRE
│  ├─ MB EST_DU_TYPE NOMBRE
│  ├─ AB EST_DU_TYPE NOMBRE
│  └─ MI EST_DU_TYPE NOMBRE
▼ DEBUT_ALGORITHME
│  ├─ LIRE MA
│  ├─ LIRE MB
│  ├─ LIRE AB
│  ├─ MI PREND_LA_VALEUR sqrt((2*pow(MA,2)+2*pow(MB,2)-pow(AB,2))/4)
│  └─ AFFICHER MI
└─ FIN_ALGORITHME
```

REMARQUE : Bien sûr le théorème de la médiane n'a pas été démontré historiquement par le produit scalaire (bah oui, vu que le produit scalaire a été inventé au XIXe siècle, il y aurait comme un léger anachronisme d'au moins deux mille ans. L'avantage d'utiliser le produit scalaire est que ça va dix fois plus vite que par la méthode d'Apollonius (on ne veut pas être désagréable vis-à-vis d'Apollonius qu'on adore, comme tous les savants de la Grèce antique) mais quand ça va plus vite, ça va plus vite, que voulez-vous...

■ **Exemple :** *On donne la même figure que précédemment :*

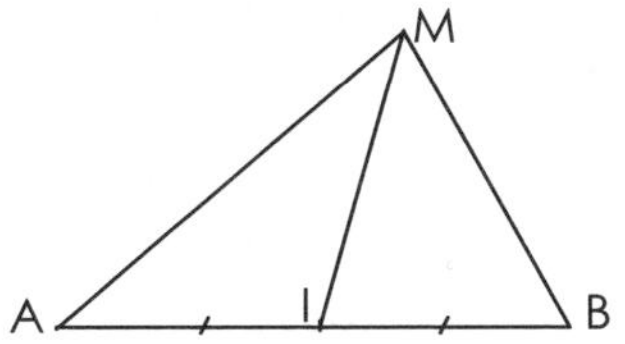

Démontrer que :

a) Pour tout point M, $\overrightarrow{MA}\cdot\overrightarrow{MB}=MI^2-\dfrac{AB^2}{4}$

b) Pour tout point M, $MA^2-MB^2=2\overrightarrow{AB}\cdot\overrightarrow{IM}$.

a) On a pour tout point M :

$\overrightarrow{MA}\cdot\overrightarrow{MB}=\left(\overrightarrow{MI}+\overrightarrow{IA}\right)\cdot\left(\overrightarrow{MI}+\overrightarrow{IB}\right)=\overrightarrow{MI}^2+\overrightarrow{MI}\cdot\left(\overrightarrow{IA}+\overrightarrow{IB}\right)+\overrightarrow{IA}\cdot\overrightarrow{IB}$.

Comme $I=\text{mil}[AB]$, on a : $\overrightarrow{IA}+\overrightarrow{IB}=\vec{0}$, $\overrightarrow{IA}=-\dfrac{1}{2}\overrightarrow{AB}$ et $\overrightarrow{IB}=\dfrac{1}{2}\overrightarrow{AB}$ donc :

$\overrightarrow{MA}\cdot\overrightarrow{MB}=\overrightarrow{MI}^2+\overrightarrow{MI}\cdot\vec{0}+\left(-\dfrac{1}{2}\overrightarrow{AB}\right)\cdot\left(\dfrac{1}{2}\overrightarrow{AB}\right)=\overrightarrow{MI}^2-\dfrac{1}{4}\overrightarrow{AB}^2=MI^2-\dfrac{1}{4}AB^2$ Yes again !

b) On a : pour tout point M, $MA^2-MB^2=\overrightarrow{MA}^2-\overrightarrow{MB}^2=(\overrightarrow{MA}-\overrightarrow{MB})\cdot(\overrightarrow{MA}+\overrightarrow{MB})$ (nous insistons bien sur le fait que même si $\cdot$ désigne le produit scalaire et pas une multiplication, les identités remarquables restent valables !).
Continuons : bien sûr on a : $\overrightarrow{MA}-\overrightarrow{MB}=\overrightarrow{MA}+\overrightarrow{BM}=\overrightarrow{BM}+\overrightarrow{MA}=\overrightarrow{BA}$ (Chasles)
Enfin, comme I est le milieu de $[AB]$ on a pour tout M, $\overrightarrow{MA}+\overrightarrow{MB}=2\overrightarrow{MI}$ (En effet, d'après Chasles, $\overrightarrow{MA}+\overrightarrow{MB}=\overrightarrow{MI}+\overrightarrow{IA}+\overrightarrow{MI}+\overrightarrow{IB}=2\overrightarrow{MI}+\overrightarrow{IA}+\overrightarrow{IB}$. Or $\overrightarrow{IA}+\overrightarrow{IB}=\vec{0}$, car $I=\text{mil}[AB]$, donc $\overrightarrow{MA}+\overrightarrow{MB}=2\overrightarrow{MI}+\underbrace{\overrightarrow{IA}+\overrightarrow{IB}}_{\vec{0}}=2\overrightarrow{MI}$).

Et donc $MA^2-MB^2=\overrightarrow{BA}\cdot 2\overrightarrow{MI}=2\overrightarrow{BA}\cdot\overrightarrow{MI}=2\overrightarrow{AB}\cdot\overrightarrow{IM}$. Ouf !

REMARQUES : a) La 1re formule nous donne l'équivalence suivante : $(MA)\perp(MB)\Leftrightarrow MI=\dfrac{AB}{2}$ *c'est-à-dire : MAB est rectangle en M équivaut à : M appartient au cercle de diamètre* $[AB]$.

b) La 2e formule nous donne l'équivalence suivante : $MA=MB\Leftrightarrow(AB)\perp(IM)$ *c'est-à-dire MAB isocèle en M équivaut à la médiane issue de M est aussi une médiatrice.*
On retrouve donc par l'intermédiaire de ces deux formules (utilisant le produit scalaire), des résultats élémentaires de Géométrie classique. C'est plutôt rassurant !

3. Comment résoudre un problème d'orthogonalité, en utilisant le produit scalaire ?

On va enfin comprendre toute l'utilité du produit scalaire, et dans toute sa splendeur (restons modestes tout de même !) car il va se révéler extrêmement pratique pour tous ces problèmes d'orthogonalité : à tel point d'ailleurs que lorsque plus tard vous entendrez parler de problème d'orthogonalité, en vous, vous penserez : "à un problème d'orthogonalité, je réponds produit scalaire". Bien, allons-y : comment donc résoudre ce type de problème ?

METHODE 10 : Utiliser la formule analytique

■ **Principe**

On utilise la formule $\vec{u}\cdot\vec{v} = xx' + yy'$.

■ **Exemple :** *Soient* $A\begin{pmatrix}2\\1\end{pmatrix}$, $B\begin{pmatrix}1\\5\end{pmatrix}$ *et* $C\begin{pmatrix}10\\3\end{pmatrix}$.

a) Démontrer que le triangle ABC est rectangle en A.

b) Soit $K = \text{mil}[AC]$. *Déterminer la nature du triangle BAK.*

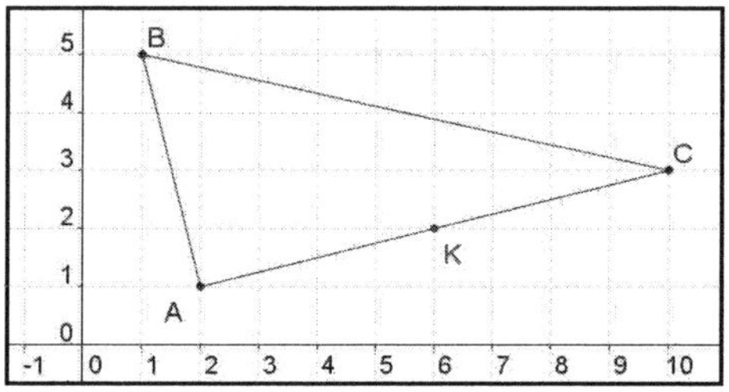

Allez, on a déjà fait un exemple de ce style plus haut mais ça fait toujours du bien d'en refaire un, vu que c'est un problème d'orthogonalité, en plus !

a) On a : $A\begin{pmatrix}2\\1\end{pmatrix}$ et $B\begin{pmatrix}1\\5\end{pmatrix}$ donc : $\overrightarrow{AB}\begin{pmatrix}1-2\\5-1\end{pmatrix} = \overrightarrow{AB}\begin{pmatrix}-1\\4\end{pmatrix}$.

On a : $A\begin{pmatrix}2\\1\end{pmatrix}$ et $C\begin{pmatrix}10\\3\end{pmatrix}$ donc : $\overrightarrow{AC}\begin{pmatrix}10-2\\3-1\end{pmatrix} = \overrightarrow{AC}\begin{pmatrix}8\\2\end{pmatrix}$.

On a : $\overrightarrow{AB}\cdot\overrightarrow{AC} = -1\times 8 + 4\times 2 = -8 + 8 = 0$. Ainsi $(AB)\perp(AC)$ et donc ABC est rectangle en A.

b) Manifestement ABK est rectangle isocèle en A. Montrons-le :

Comme $K = \text{mil}[AC]$, on a : $K\begin{pmatrix}\dfrac{x_A + x_C}{2}\\ \dfrac{y_A + y_C}{2}\end{pmatrix} = K\begin{pmatrix}\dfrac{2+10}{2}\\ \dfrac{1+3}{2}\end{pmatrix} = K\begin{pmatrix}\dfrac{12}{2}\\ \dfrac{4}{2}\end{pmatrix} = K\begin{pmatrix}6\\2\end{pmatrix}$.

On a $A\begin{pmatrix}2\\1\end{pmatrix}$ et $K\begin{pmatrix}6\\2\end{pmatrix}$, donc $\overrightarrow{AK}\begin{pmatrix}6-2\\2-1\end{pmatrix} = \overrightarrow{AK}\begin{pmatrix}4\\1\end{pmatrix}$.

On a : $\overrightarrow{AB}\begin{pmatrix}-1\\4\end{pmatrix}$ (déjà fait dans la question a)).

Ainsi $\overrightarrow{AK}\cdot\overrightarrow{AB}=4\times(-1)+1\times4=-4+4=0$ et donc AKB est rectangle en A.

Comme $\overrightarrow{AB}\begin{pmatrix}-1\\4\end{pmatrix}$, on a $\left\|\overrightarrow{AB}\right\|=\sqrt{(-1)^2+4^2}=\sqrt{17}$, c'est-à-dire : $AB=\sqrt{17}$.

Comme $\overrightarrow{AK}\begin{pmatrix}4\\1\end{pmatrix}$, on a $\left\|\overrightarrow{AK}\right\|=\sqrt{4^2+1^2}=\sqrt{17}$, c'est-à-dire : $AK=\sqrt{17}$. Comme $AB=AK$, le triangle AKB est isocèle en A.

Conclusion : le triangle AKB est rectangle isocèle en A. Mouai... c'était pas plus mal d'en refaire un finalement (surtout que c'est un classique, un grand classique !), c'est quand même génial, le produit scalaire...

METHODE 11 : Utiliser la formule analytique après avoir introduit un repère

■ Principe

Grâce à Descartes (mais également Oresme et Fermat), on a les repères et les coordonnées (on ne lui dira jamais assez Merci !). Grâce à cela, on va pouvoir utiliser la formule analytique du produit scalaire en créant soi même un repère. En général c'est toujours pareil (c'est cousu de fil blanc), une figure est donnée : dedans il y a un carré et on prend comme origine le point en bas à gauche ! Voyons un exemple !

■ **Exemple :** EFGH *est un carré,* $I=\text{mil}[EH]$, $J=\text{mil}[HG]$.

Démontrer que $(EJ)\perp(FI)$.

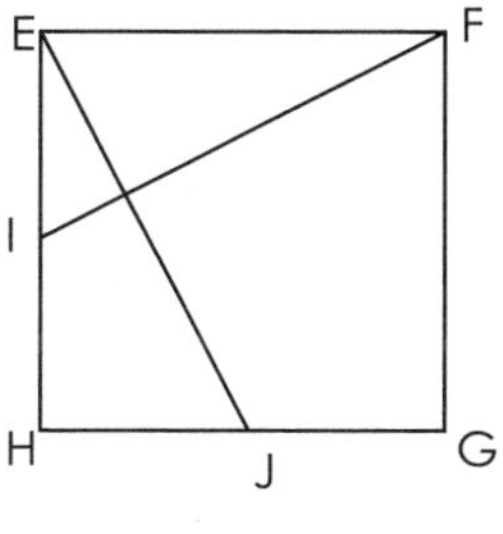

Montrons que $\overrightarrow{EJ}\cdot\overrightarrow{FI}=0$.

Dans le repère $\left(H;\overrightarrow{HG},\overrightarrow{HE}\right)$ qui a le bonheur d'être un r.o.n (repère orthonormal) puisque HGFE est un carré, on peut lire facilement les coordonnées des points (par exemple on a $H\begin{pmatrix}0\\0\end{pmatrix}$ (bah oui, c'est l'origine du repère !), $G\begin{pmatrix}1\\0\end{pmatrix}$, $E\begin{pmatrix}0\\1\end{pmatrix}$ et $F\begin{pmatrix}1\\1\end{pmatrix}$). Nous, on veut montrer que $\overrightarrow{EJ}\cdot\overrightarrow{FI}=0$.

On a : $E\begin{pmatrix}0\\1\end{pmatrix}$ et $J\begin{pmatrix}0,5\\0\end{pmatrix}$ donc $\overrightarrow{EJ}\begin{pmatrix}0,5-0\\0-1\end{pmatrix}=\overrightarrow{EJ}\begin{pmatrix}0,5\\-1\end{pmatrix}$ (ça se voit !).

On a $F\begin{pmatrix}1\\1\end{pmatrix}$ et $I\begin{pmatrix}0\\0{,}5\end{pmatrix}$ donc $\vec{FI}\begin{pmatrix}0-1\\0{,}5-1\end{pmatrix}=\vec{FI}\begin{pmatrix}-1\\-0{,}5\end{pmatrix}$.

Puisqu'on est dans un r.o.n, la formule $\vec{u}\cdot\vec{v}=xx'+yy'$ s'applique, et donc :

$\vec{EJ}\cdot\vec{FI}=0{,}5\times(-1)+(-1)\times(-0{,}5)=-0{,}5+0{,}5=0$. Conclusion : $(EJ)\perp(FI)$.

Facile ! Trop facile pour vous, on vous sent frustré ! Voyons tout de suite un exemple un petit plus balaise ! (Sinon vous allez vous ennuyer !)

REMARQUE : On va revoir cet exemple, résolu par d'autres méthodes (au total huit !). Vous pourrez alors comparer chacune des résolutions, leur efficacité, leur brièveté et faire vous-même votre propre top Eight !

■ **Exemple :** *Soient* ABCD *et* DEFG *deux carrés disposés comme ci-dessous. Les droites* (FA) *et* (GB) *sont sécantes en un point* Ω.

Démontrer que : $(D\Omega)\perp(AG)$.

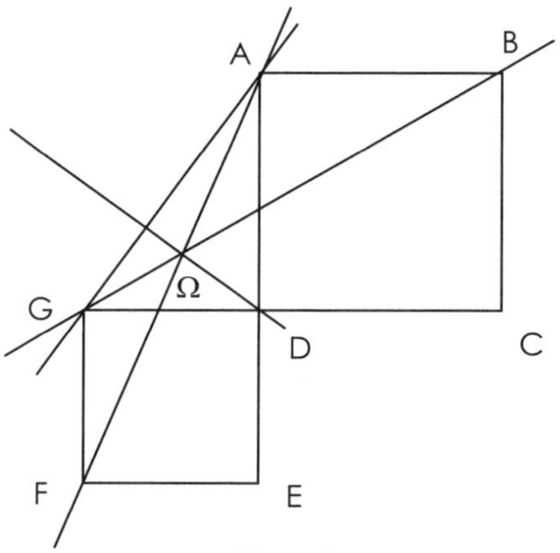

L'idéal serait de montrer que $\overrightarrow{D\Omega}\cdot\overrightarrow{AG}=0$. On va prendre le grand carré comme repère : introduisons le repère $(D;\overrightarrow{DC},\overrightarrow{DA})$. Dans ce repère orthonormé, les points ont pour coordonnées : $D\begin{pmatrix}0\\0\end{pmatrix}$, $C\begin{pmatrix}1\\0\end{pmatrix}$, $A\begin{pmatrix}0\\1\end{pmatrix}$, $B\begin{pmatrix}1\\1\end{pmatrix}$ et $E\begin{pmatrix}0\\-a\end{pmatrix}$, $F\begin{pmatrix}-a\\-a\end{pmatrix}$, $G\begin{pmatrix}-a\\0\end{pmatrix}$ où $a>0$ désigne la longueur du petit carré DEFG.

Pour trouver les coordonnées de Ω, on va encore raisonner analytiquement en déterminant les équations réduites des deux droites (FA) et (GB) (voir Method's Seconde ou le Chapitre 13 pour savoir comment on fait !)

Après calculs, on trouve : $(FA): y=\left(\dfrac{a+1}{a}\right)x+1$ et $(GB): y=\left(\dfrac{1}{a+1}\right)x+\dfrac{a}{a+1}$.

Pour déterminer Ω, on résout le système : $\begin{cases} y = \left(\dfrac{a+1}{a}\right)x + 1 \\ y = \left(\dfrac{1}{a+1}\right)x + \dfrac{a}{a+1} \end{cases}$ qui admet pour solution (après calculs) : $\begin{cases} x = \dfrac{-a}{a^2+a+1} \\ y = \dfrac{a^2}{a^2+a+1} \end{cases}$ et donc : $\Omega\begin{pmatrix} x_\Omega = \dfrac{-a}{a^2+a+1} \\ y_\Omega = \dfrac{a^2}{a^2+a+1} \end{pmatrix}$.

Reste à calculer les deux vecteurs $\overrightarrow{D\Omega}$ et $\overrightarrow{AG}$ et à montrer que : $\overrightarrow{D\Omega} \cdot \overrightarrow{AG} = 0$.

On a : $\overrightarrow{D\Omega}\begin{pmatrix} \dfrac{-a}{a^2+a+1} \\ \dfrac{a^2}{a^2+a+1} \end{pmatrix}$ et $\overrightarrow{AG}\begin{pmatrix} -a \\ -1 \end{pmatrix}$ d'où : (après calculs) $\overrightarrow{D\Omega} \cdot \overrightarrow{AG} = 0$, donc oui : $(D\Omega) \perp (AG)$. C'était un peu plus dur mais vraiment fun, non ?

METHODE 12 : Utiliser la formule $\vec{u} \cdot \vec{v} = \frac{1}{2}\left(\|\vec{u}\|^2 + \|\vec{v}\|^2 - \|\vec{u} - \vec{v}\|^2\right)$

■ Principe

Comme $\vec{u} \cdot \vec{v} = \frac{1}{2}\left(\|\vec{u}\|^2 + \|\vec{v}\|^2 - \|\vec{u} - \vec{v}\|^2\right)$, en calculant les normes de chacun des vecteurs, on peut démontrer le résultat.

■ Exemple : EFGH *est un carré,* $I = \text{mil}[EH]$, $J = \text{mil}[HG]$.

Démontrer que $(EJ) \perp (FI)$.

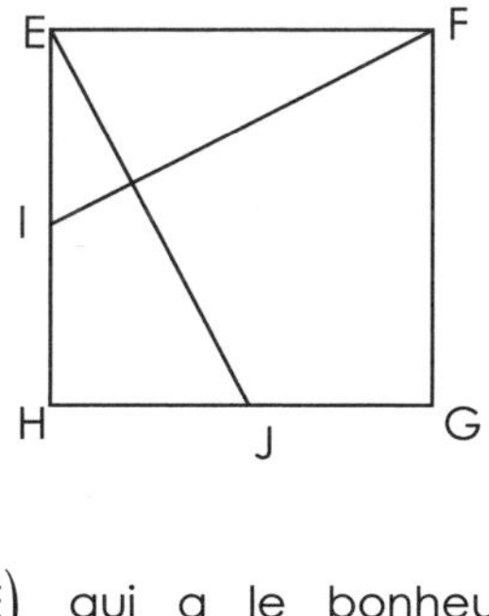

Montrons que $\overrightarrow{EJ} \cdot \overrightarrow{FI} = 0$.

Dans le repère $\left(H;\overrightarrow{HG},\overrightarrow{HE}\right)$ qui a le bonheur d'être un r.o.n (repère orthonormal), on pose $\vec{u} = \overrightarrow{EJ}$ donc $\vec{u} = \vec{u}\begin{pmatrix} x_J - x_E \\ y_J - y_E \end{pmatrix} = \vec{u}\begin{pmatrix} 0,5-0 \\ 0-1 \end{pmatrix} = \vec{u}\begin{pmatrix} 0,5 \\ -1 \end{pmatrix}$ et $\|\vec{u}\| = \sqrt{(0,5)^2 + (-1)^2} = \sqrt{0,25+1} = \sqrt{1,25}$.

On pose $\vec{v} = \vec{FI}$ donc $\vec{v} = \vec{FI}\begin{pmatrix}-1\\-0,5\end{pmatrix}$ et $\|\vec{v}\| = \sqrt{(-1)^2 + (-0,5)^2} = \sqrt{1+0,25} = \sqrt{1,25}$.

Comme $\vec{u}\begin{pmatrix}0,5\\-1\end{pmatrix}$ et $\vec{v}\begin{pmatrix}-1\\-0,5\end{pmatrix}$, on a $(\vec{u}-\vec{v})\begin{pmatrix}0,5-(-1)\\-1-(-0,5)\end{pmatrix} = (\vec{u}-\vec{v})\begin{pmatrix}1,5\\-0,5\end{pmatrix}$ et donc $\|\vec{u}-\vec{v}\| = \sqrt{(1,5)^2 + (-0,5)^2} = \sqrt{2,25+0,25} = \sqrt{2,5}$. Maintenant, on applique la formule, ce qui nous donne :

$\vec{u}\cdot\vec{v} = \frac{1}{2}\left(\|\vec{u}\|^2 + \|\vec{v}\|^2 - \|\vec{u}-\vec{v}\|^2\right) = \frac{1}{2}\left(\left(\sqrt{1,25}\right)^2 + \left(\sqrt{1,25}\right)^2 - \left(\sqrt{2,5}\right)^2\right)$

soit $\vec{u}\cdot\vec{v} = \frac{1}{2}(1,25+1,25-2,5) = \frac{1}{2}\times 0 = 0$ et donc $\vec{EJ}\cdot\vec{FI} = 0$. Oui, ça marche aussi, mais c'est plus long et c'est moins fun (c'est pour ça qu'on ne l'aime pas cette formule...).

■ **Exemple :** *Soient* $A\begin{pmatrix}2\\1\end{pmatrix}$, $B\begin{pmatrix}1\\5\end{pmatrix}$ *et* $C\begin{pmatrix}10\\3\end{pmatrix}$.

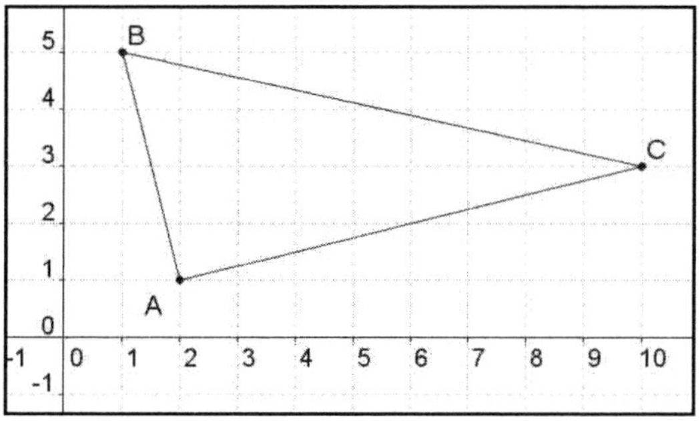

Démontrer que le triangle ABC est rectangle en A.

On va montrer que $\overrightarrow{AB}\cdot\overrightarrow{AC} = 0$. Pour cela, on va utiliser la formule $\vec{u}\cdot\vec{v} = \frac{1}{2}\left(\|\vec{u}\|^2 + \|\vec{v}\|^2 - \|\vec{u}-\vec{v}\|^2\right)$ avec $\vec{u} = \overrightarrow{AB}$, $\vec{v} = \overrightarrow{AC}$ et donc :

$\vec{u}-\vec{v} = \overrightarrow{AB} - \overrightarrow{AC} = \overrightarrow{AB} + \overrightarrow{CA} = \overrightarrow{CA} + \overrightarrow{AB} = \overrightarrow{CB}$ (Chasles).

On a : $\vec{u} = \overrightarrow{AB}\begin{pmatrix}1-2\\5-1\end{pmatrix} = \overrightarrow{AB}\begin{pmatrix}-1\\4\end{pmatrix}$ donc $\|\vec{u}\| = \sqrt{(-1)^2 + 4^2} = \sqrt{17}$ et donc : $\|\vec{u}\|^2 = 17$.

On a : $\vec{v} = \overrightarrow{AC}\begin{pmatrix}10-2\\3-1\end{pmatrix} = \overrightarrow{AC}\begin{pmatrix}8\\2\end{pmatrix}$ donc $\|\vec{v}\| = \sqrt{8^2 + 2^2} = \sqrt{68}$ et donc : $\|\vec{v}\|^2 = 68$.

On a : $\vec{u}-\vec{v} = \overrightarrow{CB}\begin{pmatrix}1-10\\5-3\end{pmatrix} = \overrightarrow{CB}\begin{pmatrix}-9\\2\end{pmatrix}$ donc $\|\vec{u}-\vec{v}\| = \sqrt{(-9)^2 + 2^2} = \sqrt{85}$ et donc $\|\vec{u}-\vec{v}\|^2 = 85$. D'après la formule $\vec{u}\cdot\vec{v} = \frac{1}{2}\left(\|\vec{u}\|^2 + \|\vec{v}\|^2 - \|\vec{u}-\vec{v}\|^2\right)$, on a :

$\overrightarrow{AB}\cdot\overrightarrow{AC} = \frac{1}{2}(17+68-85) = 0$ soit : $(AB)\perp(AC)$ et donc ABC est rectangle en A.

METHODE 13 : Utiliser Chasles

■ Principe

Chasles, Chasles et encore Chasles... (Ah ce Michel Chasles (1793-1880) et sa relation : $\overrightarrow{AB}+\overrightarrow{BC}=\overrightarrow{AC}$ qu'on peut décliner à l'infini, c'est tout un poème...)

■ **Exemple :** EFGH *est un carré,* $I=\text{mil}[EH]$, $J=\text{mil}[HG]$.

Démontrer que $(EJ)\perp(FI)$.

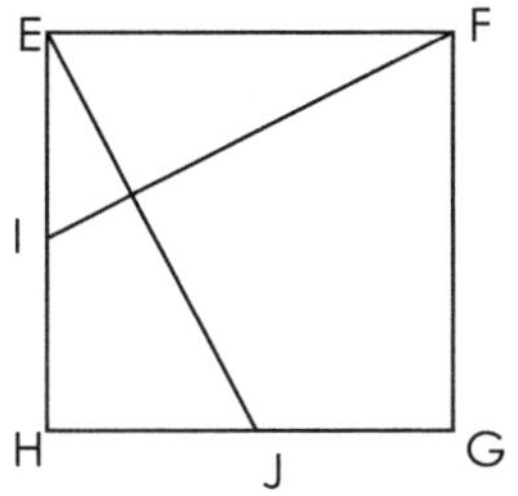

Montrons que $\overrightarrow{EJ}\cdot\overrightarrow{FI}=0$. On va appliquer Chasles (intelligemment pour faire apparaître le maximum d'angles droits donc le maximum de produits scalaires nuls !).

$\overrightarrow{EJ}\cdot\overrightarrow{FI}=\left(\overrightarrow{EH}+\overrightarrow{HJ}\right)\cdot\left(\overrightarrow{FE}+\overrightarrow{EI}\right)$ (Avec Chasles, on a décomposé $\overrightarrow{EJ}$ en $\overrightarrow{EH}+\overrightarrow{HJ}$ et $\overrightarrow{FI}$ en $\overrightarrow{FE}+\overrightarrow{EI}$, merci Michel...). Bien, développons maintenant :

$\overrightarrow{EJ}\cdot\overrightarrow{FI}=\left(\overrightarrow{EH}+\overrightarrow{HJ}\right)\cdot\left(\overrightarrow{FE}+\overrightarrow{EI}\right)=\overrightarrow{EH}\cdot\overrightarrow{FE}+\overrightarrow{EH}\cdot\overrightarrow{EI}+\overrightarrow{HJ}\cdot\overrightarrow{FE}+\overrightarrow{HJ}\cdot\overrightarrow{EI}$

La bonne nouvelle, c'est que deux choses vont dégager (car elles vont s'annuler) : le premier terme qui donne $\overrightarrow{EH}\cdot\overrightarrow{FE}=0$ car $(EH)\perp(FE)$ (et oui c'est un carré, il y a angle droit !) attendez, attendez, c'est pas fini : même sort pour le dernier terme qui donne $\overrightarrow{HJ}\cdot\overrightarrow{EI}=0$ car $(HJ)\perp(EI)$. Bonne nouvelle donc, on n'a plus que deux termes (au lieu de quatre, c'est déjà pas mal) et ceux qui restent ($\overrightarrow{EH}\cdot\overrightarrow{EI}$ et $\overrightarrow{HJ}\cdot\overrightarrow{FE}$) vont être super faciles à calculer car on est dans un cas de colinéarité !

$\overrightarrow{EH}\cdot\overrightarrow{EI}=\left\|\overrightarrow{EH}\right\|\times\left\|\overrightarrow{EI}\right\|$ car $\overrightarrow{EH}$ et $\overrightarrow{EI}$ sont colinéaires de même sens (méthode 3)

$\overrightarrow{HJ}\cdot\overrightarrow{FE}=-\left\|\overrightarrow{HJ}\right\|\times\left\|\overrightarrow{FE}\right\|$ car $\overrightarrow{HJ}$ et $\overrightarrow{FE}$ sont colinéaires de sens contraire (méthode 3)

En appelant a $(a>0)$ la longueur du carré, on a donc : $\overrightarrow{EH}\cdot\overrightarrow{EI}=\left\|\overrightarrow{EH}\right\|\times\left\|\overrightarrow{EI}\right\|=a\times\frac{a}{2}=\frac{a^2}{2}$ et $\overrightarrow{HJ}\cdot\overrightarrow{FE}=-\left\|\overrightarrow{HJ}\right\|\times\left\|\overrightarrow{FE}\right\|=-\frac{a}{2}\times a=-\frac{a^2}{2}$.

Ainsi le développement : $\overrightarrow{EJ}\cdot\overrightarrow{FI}=\overrightarrow{EH}\cdot\overrightarrow{FE}+\overrightarrow{EH}\cdot\overrightarrow{EI}+\overrightarrow{HJ}\cdot\overrightarrow{FE}+\overrightarrow{HJ}\cdot\overrightarrow{EI}$ devient :

$\overrightarrow{EJ}\cdot\overrightarrow{FI}=0+\frac{a^2}{2}-\frac{a^2}{2}+0=0$ (Gagné !). Conclusion : $(EJ)\perp(FI)$. All right !

METHODE 14 : Utiliser la formule du projeté

■ Principe

On rappelle la formule du projeté : $\vec{u}\cdot\vec{v}=\vec{u}\cdot\vec{v}'$ (où $\vec{v}'$ est le projeté orthogonale de $\vec{v}$ sur $\vec{u}$). S'il y a des projections faciles à effectuer, l'exercice peut être « torché » en deux minutes !

■ **Exemple :** EFGH *est un carré,* $I=\text{mil}[EH]$, $J=\text{mil}[HG]$.

Démontrer que $(EJ)\perp(FI)$.

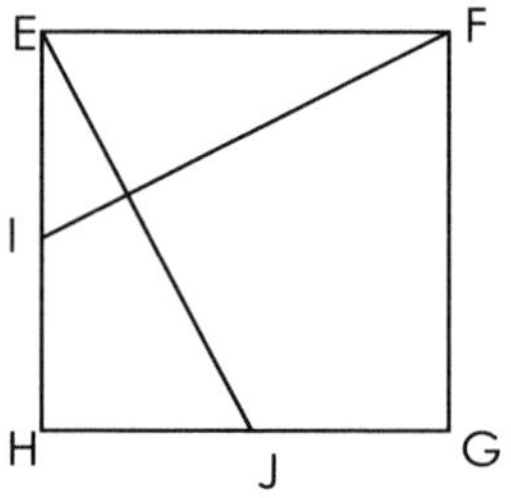

Montrons que $\overrightarrow{EJ}\cdot\overrightarrow{FI}=0$. Allez, on commence par Chasles :

$\overrightarrow{EJ}\cdot\overrightarrow{FI}=\left(\overrightarrow{EG}+\overrightarrow{GJ}\right)\cdot\left(\overrightarrow{FH}+\overrightarrow{HI}\right)=\overrightarrow{EG}\cdot\overrightarrow{FH}+\overrightarrow{EG}\cdot\overrightarrow{HI}+\overrightarrow{GJ}\cdot\overrightarrow{FH}+\overrightarrow{GJ}\cdot\overrightarrow{HI}$. Bien, et maintenant ?

On a $\overrightarrow{EG}\cdot\overrightarrow{FH}=0$ et $\overrightarrow{GJ}\cdot\overrightarrow{HI}=0$ (deux angles droits évidents).

Il ne reste plus que les deux termes du milieu : $\overrightarrow{EG}\cdot\overrightarrow{HI}$ et $\overrightarrow{GJ}\cdot\overrightarrow{FH}$.

On a par projection (et en appelant a, la longueur du carré) :

$\overrightarrow{EG}\cdot\overrightarrow{HI}=\overrightarrow{HI}\cdot\overrightarrow{EG}=\overrightarrow{HI}\cdot\overrightarrow{EH}=-\left\|\overrightarrow{HI}\right\|\cdot\left\|\overrightarrow{EH}\right\|=-\frac{a}{2}\times a=-\frac{a^2}{2}$ et

$\overrightarrow{GJ}\cdot\overrightarrow{FH}=\overrightarrow{GJ}\cdot\overrightarrow{GH}=\left\|\overrightarrow{GJ}\right\|\cdot\left\|\overrightarrow{GH}\right\|=\frac{1}{2}a\cdot a=\frac{a^2}{2}$

On a donc :

$\overrightarrow{EJ}\cdot\overrightarrow{FI}=0-\frac{a^2}{2}+\frac{a^2}{2}+0=0$ d'où : $(EJ)\perp(FI)$. Wouah, efficace la projection !

METHODE 15 : Utiliser la formule du cosinus

■ Principe

On la rappelle : $\vec{u}\cdot\vec{v}=\|\vec{u}\|\times\|\vec{v}\|\times\cos(\vec{u},\vec{v})$. Maintenant il faut se débrouiller pour utiliser des angles (sympas) dans la figure de l'énoncé !

■ **Exemple :** EFGH *est un carré,* $I=\text{mil}[EH]$, $J=\text{mil}[HG]$.

Démontrer que $(EJ)\perp(FI)$.

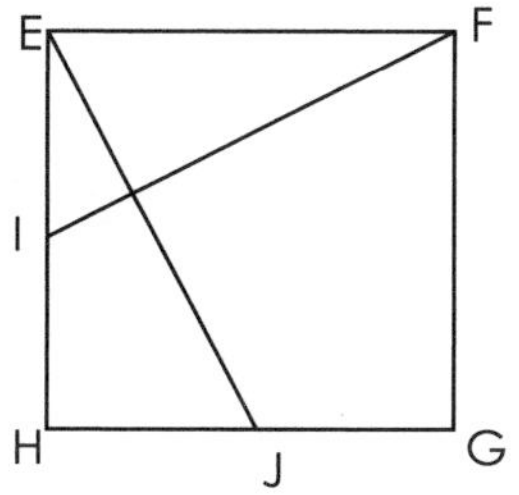

Montrons que $\overrightarrow{EJ}\cdot\overrightarrow{FI}=0$. Pour commencer, on va appliquer un p'tit Chasles :

$\overrightarrow{EJ}\cdot\overrightarrow{FI}=\left(\overrightarrow{EG}+\overrightarrow{GJ}\right)\cdot\left(\overrightarrow{FH}+\overrightarrow{HI}\right)=\overrightarrow{EG}\cdot\overrightarrow{FH}+\overrightarrow{EG}\cdot\overrightarrow{HI}+\overrightarrow{GJ}\cdot\overrightarrow{FH}+\overrightarrow{GJ}\cdot\overrightarrow{HI}$. Cool...

Or $\overrightarrow{EG}\cdot\overrightarrow{FH}=0$ et $\overrightarrow{GJ}\cdot\overrightarrow{HI}=0$ (on a des angles droits évidents comme celui des diagonales et des côtés adjacents).

Bien il ne reste plus que les deux termes du milieu : $\overrightarrow{EG}\cdot\overrightarrow{HI}$ et $\overrightarrow{GJ}\cdot\overrightarrow{FH}$.

Comme $\overrightarrow{HI}=\frac{1}{2}\overrightarrow{GF}$ et $\overrightarrow{GJ}=\frac{1}{2}\overrightarrow{FE}$, on a :

$\overrightarrow{EG}\cdot\overrightarrow{HI}=-\overrightarrow{GE}\cdot\frac{1}{2}\overrightarrow{GF}=-\frac{1}{2}\overrightarrow{GE}\cdot\overrightarrow{GF}=-\frac{1}{2}\left\|\overrightarrow{GE}\right\|\times\left\|\overrightarrow{GF}\right\|\times\cos\left(-\frac{\pi}{4}\right)$

$\overrightarrow{GJ}\cdot\overrightarrow{FH}=\frac{1}{2}\overrightarrow{FE}\cdot\overrightarrow{FH}=\frac{1}{2}\left\|\overrightarrow{FE}\right\|\times\left\|\overrightarrow{FH}\right\|\times\cos\left(\frac{\pi}{4}\right)$

(On a deux angles « sympas » dont on connaît facilement le cosinus.)

On a donc :

$\overrightarrow{EJ}\cdot\overrightarrow{FI}=0-\frac{1}{2}GE\times GF\times\frac{\sqrt{2}}{2}+\frac{1}{2}FE\times FH\times\frac{\sqrt{2}}{2}+0$ soit :

$\overrightarrow{EJ}\cdot\overrightarrow{FI}=\frac{\sqrt{2}}{4}(-GE\times GF+FE\times FH)=0$ puisque $GE=FH$ (les deux diagonales du carré sont égales) et $GF=FE$ (deux côtés du carré sont égaux !).

D'où $(EJ)\perp(FI)$. Pas mal aussi la formule du cosinus, non ?

■ **Exemple :** *Soient CBA et CED deux triangles rectangles isocèles en C, de sens direct comme ci-dessous. Démontrer que* $(AD)\perp(BE)$.

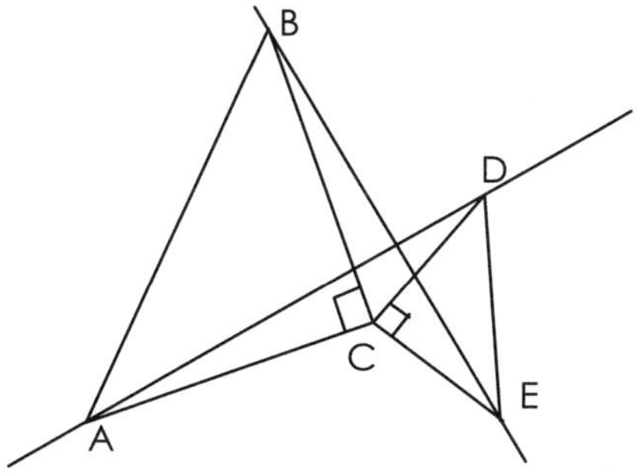

L'idéal serait de montrer que $\overrightarrow{AD}\cdot\overrightarrow{BE}=0$. Et bien partons de $\overrightarrow{AD}\cdot\overrightarrow{BE}$

$\overrightarrow{AD}\cdot\overrightarrow{BE}=\left(\overrightarrow{AC}+\overrightarrow{CD}\right)\cdot\left(\overrightarrow{BC}+\overrightarrow{CE}\right)=\overrightarrow{AC}\cdot\overrightarrow{BC}+\overrightarrow{AC}\cdot\overrightarrow{CE}+\overrightarrow{CD}\cdot\overrightarrow{BC}+\overrightarrow{CD}\cdot\overrightarrow{CE}$

Or, $(AC)\perp(BC)$ d'où : $\overrightarrow{AC}\cdot\overrightarrow{BC}=0$, de même $(CD)\perp(CE)$ d'où $\overrightarrow{CD}\cdot\overrightarrow{CE}=0$ et donc : $\overrightarrow{AD}\cdot\overrightarrow{BE}=\overrightarrow{AC}\cdot\overrightarrow{CE}+\overrightarrow{CD}\cdot\overrightarrow{BC}=-\overrightarrow{CA}\cdot\overrightarrow{CE}-\overrightarrow{CD}\cdot\overrightarrow{CB}$.

Bon, on n'est pas plus avancé. Ne désespérons pas, étudions plutôt les angles $\left(\overrightarrow{CA},\overrightarrow{CE}\right)$ et $\left(\overrightarrow{CD},\overrightarrow{CB}\right)$ qui vont nous permettre de calculer les deux produits scalaires restants.

Il est clair que $\left(\overrightarrow{CA},\overrightarrow{CE}\right)+\frac{\pi}{2}+\left(\overrightarrow{CD},\overrightarrow{CB}\right)+\frac{\pi}{2}=2\pi\ (2\pi)$ (tour complet) d'où :

$\left(\overrightarrow{CA},\overrightarrow{CE}\right)=\pi-\left(\overrightarrow{CD},\overrightarrow{CB}\right)\ (2\pi)$.

Donc $\cos\left(\overrightarrow{CA},\overrightarrow{CE}\right)=\cos\left(\pi-\left(\overrightarrow{CD},\overrightarrow{CB}\right)\right)=-\cos\left(\overrightarrow{CD},\overrightarrow{CB}\right)$ car $\cos(\pi-x)=-\cos(x)$

Or : $\overrightarrow{CA}\cdot\overrightarrow{CE}=\left\|\overrightarrow{CA}\right\|\times\left\|\overrightarrow{CE}\right\|\times\cos\left(\overrightarrow{CA},\overrightarrow{CE}\right)$ et $\overrightarrow{CD}\cdot\overrightarrow{CB}=\left\|\overrightarrow{CD}\right\|\times\left\|\overrightarrow{CB}\right\|\times\cos\left(\overrightarrow{CD},\overrightarrow{CB}\right)$

donc comme $\left\|\overrightarrow{CA}\right\|=\left\|\overrightarrow{CB}\right\|$ et $\left\|\overrightarrow{CE}\right\|=\left\|\overrightarrow{CD}\right\|$ on a : $\overrightarrow{CA}\cdot\overrightarrow{CE}=-\overrightarrow{CD}\cdot\overrightarrow{CB}$.

Ainsi $\overrightarrow{AD}\cdot\overrightarrow{BE}=0$ ce qui montre que $(AD)\perp(BE)$. Et voilà !

REMARQUE : On vous conseille de tracer la figure avec un logiciel de géométrie dynamique et de faire tourner les triangles ABC et CDE autour de C pour voir si l'angle droit entre (AD) et (BE) change. Vous pouvez vérifier, il ne changera pas, ça marche tout le temps !

METHODE 16 : Utiliser la propriété caractéristique du milieu d'un segment

■ Principe

Caractérisation du milieu d'un segment : $I=\text{mil}[AB]$ si et seulement si pour tout point M, $\overrightarrow{MI}=\frac{1}{2}\overrightarrow{MA}+\frac{1}{2}\overrightarrow{MB}$ (voir Chapitre 13).

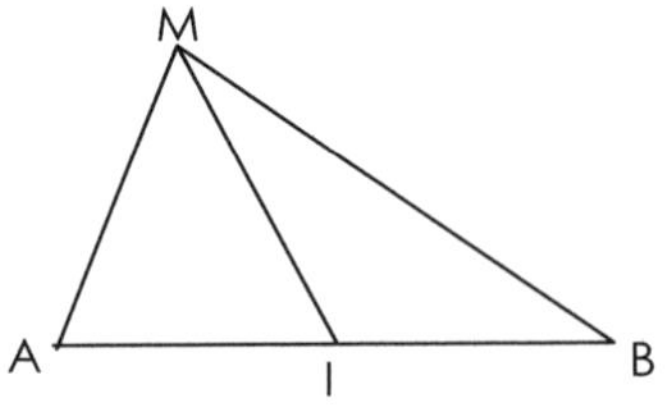

■ **Exemple :** EFGH *est un carré,* $I = \text{mil}[EH]$, $J = \text{mil}[HG]$.
Démontrer que $(EJ) \perp (FI)$.

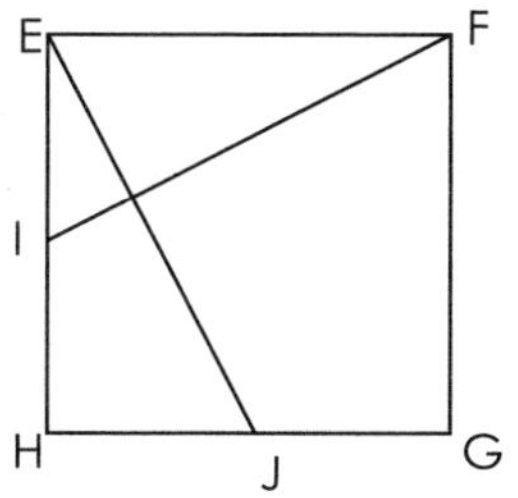

Montrons que $\overrightarrow{EJ} \cdot \overrightarrow{FI} = 0$.

$J = \text{mil}[HG]$ donc : $\overrightarrow{EJ} = \frac{1}{2}\overrightarrow{EH} + \frac{1}{2}\overrightarrow{EG}$. De même $I = \text{mil}[EH]$ donc $\overrightarrow{FI} = \frac{1}{2}\overrightarrow{FE} + \frac{1}{2}\overrightarrow{FH}$.

D'où : $\overrightarrow{EJ} \cdot \overrightarrow{FI} = \left(\frac{1}{2}\overrightarrow{EH} + \frac{1}{2}\overrightarrow{EG}\right) \cdot \left(\frac{1}{2}\overrightarrow{FE} + \frac{1}{2}\overrightarrow{FH}\right) = \frac{1}{4}\overrightarrow{EH} \cdot \overrightarrow{FE} + \frac{1}{4}\overrightarrow{EH} \cdot \overrightarrow{FH} + \frac{1}{4}\overrightarrow{EG} \cdot \overrightarrow{FE} + \frac{1}{4}\overrightarrow{EG} \cdot \overrightarrow{FH}$

Soit : $\overrightarrow{EJ} \cdot \overrightarrow{FI} = 0 + \frac{1}{4}\left(\overrightarrow{EH} \cdot \overrightarrow{FH} + \overrightarrow{EG} \cdot \overrightarrow{FE}\right) + 0$ (car EFGH est un carré donc il y a deux angles droits évidents, un entre deux côtés et un autre entre les diagonales !).
Ensuite :

1re manière : En projetant $\begin{cases} \overrightarrow{EH} \cdot \overrightarrow{FH} = \overrightarrow{EH} \cdot \overrightarrow{EH} = \left\|\overrightarrow{EH}\right\|^2 \\ \overrightarrow{EG} \cdot \overrightarrow{FE} = \overrightarrow{FE} \cdot \overrightarrow{EG} = \overrightarrow{FE} \cdot \overrightarrow{EF} = -\left\|\overrightarrow{EF}\right\|^2 \end{cases}$ donc :

$\overrightarrow{EJ} \cdot \overrightarrow{FI} = \frac{1}{4}\left(\left\|\overrightarrow{EH}\right\|^2 - \left\|\overrightarrow{EF}\right\|^2\right) = 0$ (car EFGH étant un carré, on a : $\left\|\overrightarrow{EH}\right\| = \left\|\overrightarrow{EF}\right\|$).

Donc, $(EJ) \perp (FI)$.

2e manière : en utilisant la formule du cosinus (mais pour bien l'utiliser il faut que les vecteurs aient bien la même origine) :

On a $\overrightarrow{EH} \cdot \overrightarrow{FH} = \left(-\overrightarrow{HE}\right) \cdot \left(-\overrightarrow{HF}\right) = \overrightarrow{HE} \cdot \overrightarrow{HF}$ (là c'est bien, ces deux vecteurs ont bien la même origine H !). De même, on a $\overrightarrow{EG} \cdot \overrightarrow{FE} = \overrightarrow{EG} \cdot \left(-\overrightarrow{EF}\right) = -\overrightarrow{EG} \cdot \overrightarrow{EF}$. Ainsi :

$\overrightarrow{EJ} \cdot \overrightarrow{FI} = \frac{1}{4}\left(\overrightarrow{HE} \cdot \overrightarrow{HF} - \overrightarrow{EG} \cdot \overrightarrow{EF}\right) = \frac{1}{4}\left(\left\|\overrightarrow{HE}\right\| \times \left\|\overrightarrow{HF}\right\| \times \cos\left(\overrightarrow{HE}, \overrightarrow{HF}\right) - \left\|\overrightarrow{EG}\right\| \times \left\|\overrightarrow{EF}\right\| \times \cos\left(\overrightarrow{EG}, \overrightarrow{EF}\right)\right)$

$\overrightarrow{EJ} \cdot \overrightarrow{FI} = \frac{1}{4}\left(HE \times HF \times \cos\left(-\frac{\pi}{4}\right) - EG \times EF \times \cos\left(\frac{\pi}{4}\right)\right) = 0$ (en effet :

$HE \times HF \times \cos\left(-\frac{\pi}{4}\right) = EG \times EF \times \cos\left(\frac{\pi}{4}\right)$ puisque $HE = EF$, $HF = EG$ et

$\cos\left(-\frac{\pi}{4}\right) = \cos\left(\frac{\pi}{4}\right) = \frac{\sqrt{2}}{2}$). Conclusion, comme $\overrightarrow{EJ} \cdot \overrightarrow{FI} = 0$, on a $(EJ) \perp (FI)$.

METHODE 17 : Utiliser le théorème de la bande

■ Principe

Remplacer un produit scalaire gênant par un produit scalaire qui lui est égal en utilisant le théorème que voici :

Théorème de la bande :

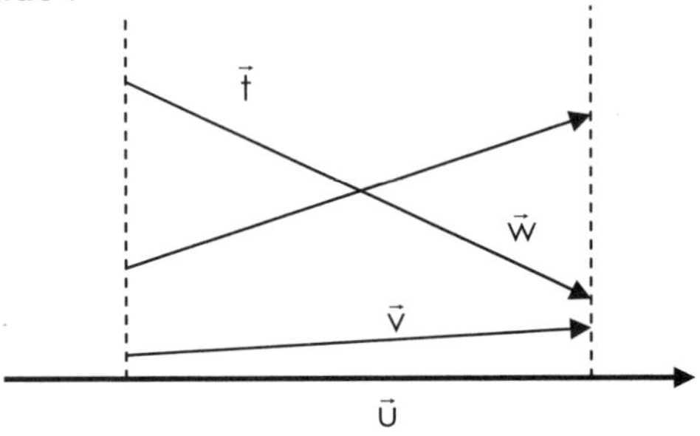

On a les égalités suivantes : $\vec{u}\cdot\vec{v}=\vec{u}\cdot\vec{w}=\vec{u}\cdot\vec{t}$ car tous les vecteurs de la "bande" ont même projeté orthogonal sur $\vec{u}$.

■ **Exemple :** EFGH *est un carré,* $I=\text{mil}[EH]$, $J=\text{mil}[HG]$.

Démontrer que $(EJ)\perp(FI)$.

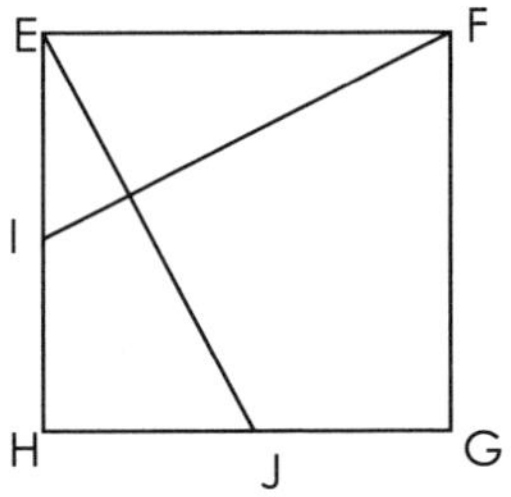

Montrons que $\overrightarrow{EJ}\cdot\overrightarrow{FI}=0$.

$\overrightarrow{EJ}=\frac{1}{2}\overrightarrow{EH}+\frac{1}{2}\overrightarrow{EG}$ et $\overrightarrow{FI}=\frac{1}{2}\overrightarrow{FE}+\frac{1}{2}\overrightarrow{FH}$ (toujours d'après la propriété des milieux) donc :

soit : $\overrightarrow{EJ}\cdot\overrightarrow{FI}=\left(\frac{1}{2}\overrightarrow{EH}+\frac{1}{2}\overrightarrow{EG}\right)\cdot\left(\frac{1}{2}\overrightarrow{FE}+\frac{1}{2}\overrightarrow{FH}\right)=\frac{1}{4}\overrightarrow{EH}\cdot\overrightarrow{FE}+\frac{1}{4}\overrightarrow{EH}\cdot\overrightarrow{FH}+\frac{1}{4}\overrightarrow{EG}\cdot\overrightarrow{FE}+\frac{1}{4}\overrightarrow{EG}\cdot\overrightarrow{FH}$

soit : $\overrightarrow{EJ}\cdot\overrightarrow{FI}=0+\frac{1}{4}\overrightarrow{EH}\cdot\overrightarrow{FH}+\frac{1}{4}\overrightarrow{EG}\cdot\overrightarrow{FE}+0$ (il y a deux angles droits évidents, on l'a déjà dit). Or :

$\overrightarrow{EH}\cdot\overrightarrow{FH}=\overrightarrow{EH}\cdot\overrightarrow{EG}$ ($\overrightarrow{EG}$ et $\overrightarrow{FH}$ sont dans la même bande) et donc :

$\overrightarrow{EJ}\cdot\overrightarrow{FI}=\frac{1}{4}\overrightarrow{EH}\cdot\overrightarrow{EG}+\frac{1}{4}\overrightarrow{EG}\cdot\overrightarrow{FE}=\frac{1}{4}\overrightarrow{EG}\cdot\left(\overrightarrow{EH}+\overrightarrow{FE}\right)=\frac{1}{4}\overrightarrow{EG}\cdot\left(\overrightarrow{FE}+\overrightarrow{EH}\right)=\frac{1}{4}\overrightarrow{EG}\cdot\overrightarrow{FH}=0$ (car les diagonales d'un carré sont orthogonales !). Ça y est, c'est fini : $(EJ)\perp(FI)$.

■ **Exemple :** ABC *est un triangle rectangle en* A, $I = \text{mil}[BC]$, H *est le pied de la hauteur issue de* A, K *le projeté de* H *sur* (AB), L *le projeté de* H *sur* (AC), *démontrer que* $(AI) \perp (LK)$.

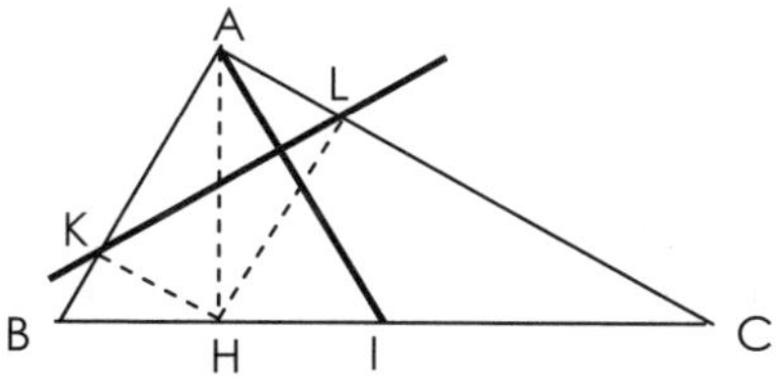

Montrons que $\overrightarrow{AI} \cdot \overrightarrow{LK} = 0$. Comme $I = \text{mil}[BC]$, on a :

$\overrightarrow{AI} = \frac{1}{2}\overrightarrow{AB} + \frac{1}{2}\overrightarrow{AC} = \frac{1}{2}\left(\overrightarrow{AB} + \overrightarrow{AC}\right)$ et $\overrightarrow{AI} \cdot \overrightarrow{LK} = \frac{1}{2}\left(\overrightarrow{AB} + \overrightarrow{AC}\right) \cdot \overrightarrow{LK} = \frac{1}{2}\left(\overrightarrow{AB} \cdot \overrightarrow{LK} + \overrightarrow{AC} \cdot \overrightarrow{LK}\right)$.

Mais, d'après le théorème de la bande : $\overrightarrow{AB} \cdot \overrightarrow{LK} = \overrightarrow{AB} \cdot \overrightarrow{AH}$ (car $\overrightarrow{LK}$ et $\overrightarrow{AH}$ ont même projeté $\overrightarrow{AK}$ sur $\overrightarrow{AB}$) et $\overrightarrow{AC} \cdot \overrightarrow{LK} = \overrightarrow{AC} \cdot \overrightarrow{HA}$ (car $\overrightarrow{LK}$ et $\overrightarrow{HA}$ ont même projetés $\overrightarrow{LA}$ sur $\overrightarrow{AC}$). D'où :

$\overrightarrow{AI} \cdot \overrightarrow{LK} = \frac{1}{2}\left(\overrightarrow{AB} \cdot \overrightarrow{AH} + \overrightarrow{AC} \cdot \overrightarrow{HA}\right) = \frac{1}{2}\left(\overrightarrow{AB} \cdot \overrightarrow{AH} - \overrightarrow{AC} \cdot \overrightarrow{AH}\right) = \frac{1}{2}\left(\overrightarrow{AB} - \overrightarrow{AC}\right) \cdot \overrightarrow{AH} = \frac{1}{2}\overrightarrow{CB} \cdot \overrightarrow{AH} = 0$

car $(CB) \perp (AH)$ (par hypothèse). Donc $(AI) \perp (LK)$, ce qui termine l'exemple.

Réflexes

	SITUATIONS	REFLEXES
1.	Calculer un produit scalaire	1) Méthode 3 si les deux vecteurs sont colinéaires. 2) Méthode 4 si l'un des vecteurs est facile à projeter sur l'autre. 3) Méthode 5 si l'on dispose d'un angle. 4) Méthode 6 si l'on dispose d'un repère. 5) Méthode 7 si l'on dispose de longueurs. 6) Méthode 9 si l'on voit des décompositions évidentes.
2.	Résoudre un problème d'orthogonalité	Au choix : 1) Soit introduire un repère orthonormal si la figure s'y prête bien (carrés...). 2) Soit utiliser des décompositions vectorielles permettant d'éliminer des termes et d'aboutir à des calculs de produit scalaire plus simples. 3) Soit utiliser la propriété caractéristique d'un milieu. 4) Soit utiliser le théorème de la bande.

Astuces

■ Voici un petit résumé des formules à bien connaître (par cœur) pour calculer un produit scalaire :

- $\vec{u}\cdot\vec{v}=\begin{cases}\|\vec{u}\|\times\|\vec{v}\| & \text{(colinéaires de même sens)}\\ -\|\vec{u}\|\times\|\vec{v}\| & \text{(colinaires de sens contraire)}\end{cases}$
- $\vec{u}\cdot\vec{v}=\vec{u}\cdot\vec{v}'$ (formule du projeté)
- $\vec{u}\cdot\vec{v}=\|\vec{u}\|\times\|\vec{v}\|\times\cos(\vec{u},\vec{v})$ (formule du cosinus)
- $\vec{u}\cdot\vec{v}=xx'+yy'$ (formule analytique)
- $\vec{u}\cdot\vec{v}=\frac{1}{2}\left(\|\vec{u}\|^2+\|\vec{v}\|^2-\|\vec{u}-\vec{v}\|^2\right)$ (formule des normes)

Après, suivant les circonstances, vous faites votre choix, le bon si possible, vous permettant d'arriver le plus vite au résultat ! Mémorisez-les bien !

■ Concernant la caractérisation du milieu d'un segment :

$I=\text{mil}[AB]$ si et seulement si pour tout point M, $\overrightarrow{MI}=\frac{1}{2}\overrightarrow{MA}+\frac{1}{2}\overrightarrow{MB}$

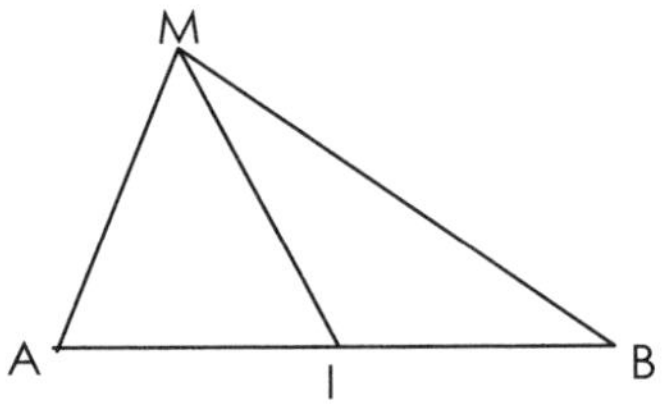

et bien cette caractérisation est importante (et souvent utilisée), vous en trouverez une démonstration dans la méthode 19 du chapitre 13.

■ Pourquoi ce drôle de nom que celui de produit "scalaire" ? Pourquoi pas produit tout court ? Et bien vous avez du remarquer que le produit scalaire de deux vecteurs ne donnait pas un vecteur mais un nombre. Ce qui fait de lui un produit inhabituel. Ensuite (vous le verrez juste après le bac), un scalaire désigne un nombre (et pas un poisson !). On comprend alors mieux pourquoi cela s'appelle un produit scalaire (c'est un produit qui donne un scalaire, c'est-à-dire un nombre). Cela n'a donc aucun rapport avec le poisson du même nom (au cas où certains y auraient pensé !).

■ Le produit scalaire a été inventé au XIXe siècle par le mathématicien irlandais William Hamilton (1805-1865, le père des quaternions, si chers à la Physique quantique et à l'informatique !) par le mathématicien allemand Hermann Grassmann (1809-1877, le père des espaces vectoriels, si chers aux élèves de prépa qui adorent ça paraît-il...), les italiens Roberto Marco-Longo (1862-1943, l'un des premiers physiciens et mathématiciens à avoir travaillé sur la quatrième dimension) et Cesare Buralo-Forti (1861-1931, un des fondateurs de la théorie des ensembles, et aussi l'un des fervants adversaires de la théorie de la Relativité). Ça n'est donc pas si vieux, ça ne sert pas à grand chose de le savoir, mais ça évite d'entendre dire par exemple que cela doit être une invention sûrement grecque, de Thalès (625-547 av. J.-C.) ou de Pythagore (580-495 av. J.-C.) par exemple. Les mathématiques ne se limitent pas à la Grèce Antique ! (Elles sont sorties depuis longtemps de leur berceau.)

Hamilton
(1805-1865)

Grassmann
(1809-1877)

Buralo-Forti
(1861-1931)

■ Descartes (1596-1650), Oresme (1325-1382), et Fermat (1601-1665) nous ont permis de simplifier les problèmes géométriques en utilisant les coordonnées (la géométrie analytique, ou la géométrie cartésienne), ce fut une avancée extraordinaire des mathématiques, ce qui en font des savants incontournables. Pensez donc en priorité à utiliser ou introduire des repères cartésiens (orthonormaux surtout !) dans les problèmes d'orthogonalité et plus généralement géométriques, ils simplifient tout ! (grâce à la formule $xx' + yy'$).

■ Le produit scalaire est une invention vraiment géniale : il faut imaginer les problèmes de géométrie avant son invention : c'était long et difficile. Faire une impasse sur ce chapitre est un très mauvais calcul et ce pour deux raisons : la première est que vous allez le réutiliser en Physique (par la notion de travail, voir plus haut), la deuxième est qu'en fait c'est un concept que vous retrouverez dans vos études supérieures : en effet imaginez que l'on peut créer un produit scalaire qui agirait sur des vecteurs comme des polynômes ou même des fonctions cosinus et sinus (théorie des séries de Fourier, théorie qui a plus de deux siècles et qui fait fonctionner aujourd'hui tout ce qui est onde, téléphonie, etc.) et ce sans aucun problème (voilà que la géométrie se mêle à l'analyse, au secours !). Oui en Maths, beaucoup de choses sont possibles !

■ Vous savez tous depuis la seconde que $\cos(-x) = \cos(x)$ pour tout x.

Ainsi comme $(\vec{v},\vec{u}) = -(\vec{u},\vec{v})\ (2\pi)$ on a $\cos(\vec{v},\vec{u}) = \cos(\vec{u},\vec{v})$, et ceci montre une fois de plus la symétrie du produit scalaire puisqu'on obtient :

$$\vec{v} \cdot \vec{u} = \|\vec{v}\| \times \|\vec{u}\| \times \cos(\vec{v},\vec{u}) = \|\vec{v}\| \times \|\vec{u}\| \times \cos(\vec{u},\vec{v}) = \|\vec{u}\| \times \|\vec{v}\| \times \cos(\vec{u},\vec{v}) = \vec{u} \cdot \vec{v}$$

■ L'avantage d'utiliser le produit scalaire en géométrie est la rapidité avec laquelle ça marche : on l'a vu avec Apollonius. Néanmoins on vous conseille de regarder un jour la démonstration originale (celle qui n'utilise pas le produit scalaire), ne serait-ce que pour en apprécier d'autant plus ce formidable outil et puis pour vous rendre compte pourquoi Apollonius était considéré comme le plus grand géomètre de l'Antiquité : le roi de la conique (parabole, hyperbole, ellipse) c'est lui, ah ces grecs, on pouvait vraiment dire qu'ils déchiraient grave...

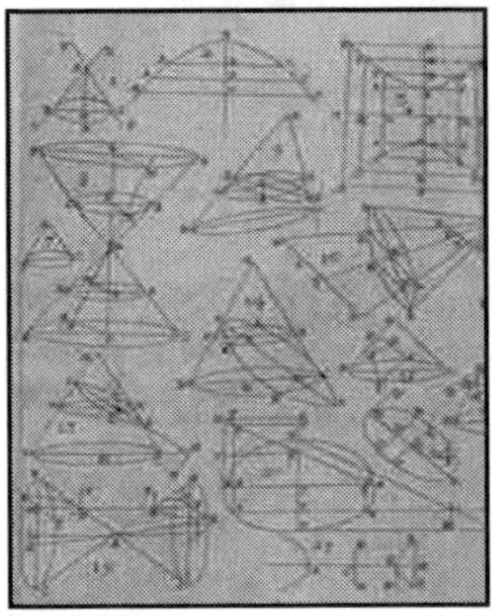

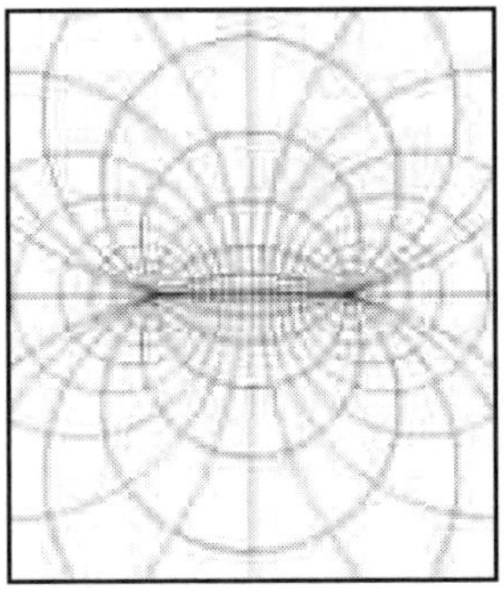

Ci-dessus une stature d'Apollonius de Pergé (262-190 av. J.-C.), il était le roi des coniques et des faisceaux de cercle (regardez les figures ci-dessus).

Erreurs

■ On ne peut pas projeter deux vecteurs sur un troisième. Non, c'est interdit ! Lorsque vous voulez calculer $\vec{u} \cdot \vec{v}$, soit vous projetez $\vec{u}$ sur $\vec{v}$, soit $\vec{v}$ sur $\vec{u}$, mais en aucun cas on ne peut projeter $\vec{u}$ et $\vec{v}$ sur un troisième vecteur $\vec{w}$!

■ Une erreur classique est malheureusement celle de ne pas bien connaître les cosinus des angles usuels. Un retour au chapitre 14 peut éviter bien des problèmes !

■ Une erreur classique également est de buter sur un problème parce qu'on ne veut pas changer de méthode. Il ne faut pas s'entêter, bien des calculs de produit scalaire pénibles peuvent être "trivialisés" par la méthode adéquate (comme la formule analytique par exemple). S'adapter (dans tout domaine, d'ailleurs) est la clef de la réussite !

Chapitre 16

METHODES SUR LES APPLICATIONS DU PRODUIT SCALAIRE

Bonne nouvelle ! Le produit scalaire va nous permettre d'enrichir nos connaissances en Trigonométrie : formules d'addition, de duplication, de linéarisation, formules d'Al Kashi... et c'est dans ce chapitre que l'on va les découvrir et les utiliser ! Les applications sont nombreuses : comparaison d'angles, découverte de nouvelles lignes trigonométriques et développement de connaissances dans un domaine qui nous plonge en pleine Révolution Française : à travers la résolution de triangles, le Calcul de grandeurs. Si la trigonométrie est utilisée dès l'antiquité pour les besoins de la navigation, de l'observation des astres ou de l'architecture, elle va être au fil des siècles complétée, et va révéler toute sa force, toute sa beauté et toute sa puissance pour mesurer la première fois la longueur de l'arc de méridien reliant Dunkerque à Barcelone ! (et ce en pleine période trouble et agitée de la Terreur ! Quel exploit ! Voir exercice sur la méthode de triangulation).
Pour vous "plonger dans l'ambiance", imaginez les deux Astronomes Méchain et Delambre (voir Partie exercices), concentrés sur leur travail, imperturbables, malgré les multiples réformes, les atrocités de la Terreur et des tribunaux révolutionnaires (qui avaient déjà fait exécuter un des plus grands génies de tous les temps, Lavoisier, le père de la Chimie moderne) et imaginez en fond sonore le chant "Ah ça ira, ça ira, ça ira ! " (C'est la Carmagnole, l'histoire de France et des sciences est passionnante, si vous faites un TPE Histoire-Maths, vous allez en apprendre des choses !)

1. Applications aux problèmes d'orthogonalité

Un produit scalaire sert essentiellement à montrer des angles droits. On vous renvoie donc directement au chapitre précédent où un nombre important d'exemples géométriques ont été traités.
Dans le paragraphe suivant, on va s'intéresser aux droites car les applications du produit scalaire qui les concernent sont très nombreuses et très importantes (et pas trop difficiles en plus, alors franchement, qu'attendons-nous ?).

2. Applications aux droites

METHODE 1 : Comment montrer que deux droites (d) et (d') sont orthogonales ?

■ **Principe**

Déterminer un vecteur directeur $\vec{u}$ de (d), un vecteur directeur $\vec{u}'$ de (d') et montrer que $\vec{u} \cdot \vec{u}' = 0$.

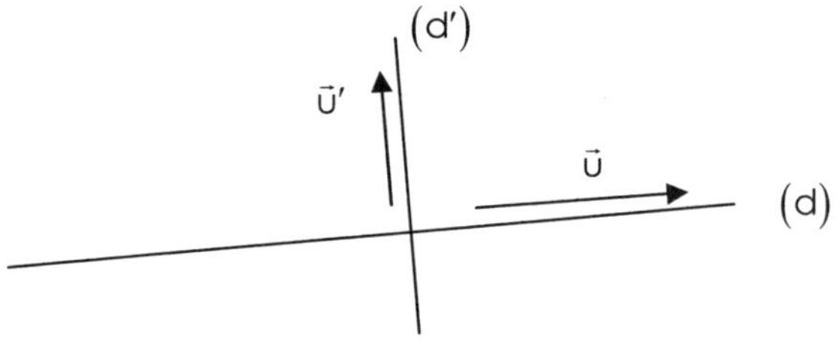

N'oubliez pas que (voir méthode 12, chapitre 13) :

a) $\vec{u}\begin{pmatrix}1\\m\end{pmatrix}$ est un vecteur directeur de la droite $(d): y = mx + p$.

b) $\vec{u}\begin{pmatrix}-b\\a\end{pmatrix}$ est un vecteur directeur de la droite $(d): ax + by + c = 0$.

■ **Exemple :** *Les droites* $(d_1): 2x + 3y - 1 = 0$ *et* $(d_2): y = \frac{3}{2}x + 2$ *sont-elles orthogonales ?*

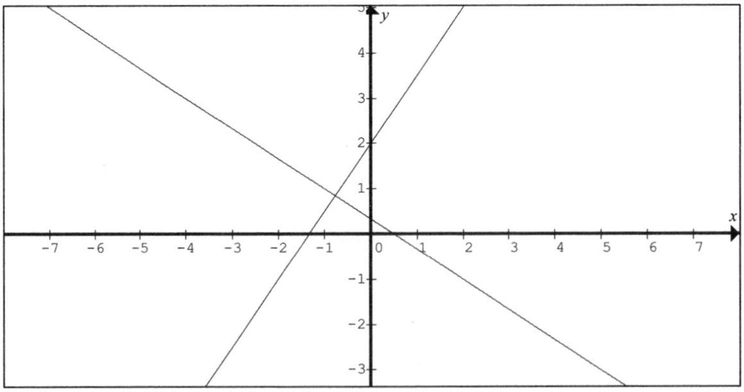

A première vue oui ! (Même si cela ne prouve rien.)

Bien, $(d_1): 2x + 3y - 1 = 0$ admet $\vec{u}_1\begin{pmatrix}-3\\2\end{pmatrix}$ comme vecteur directeur.

Et $(d_2): y = \frac{3}{2}x + 2$ admet $\vec{u}_2\begin{pmatrix}1\\ \frac{3}{2}\end{pmatrix}$ comme vecteur directeur.

Comme $\vec{u}_1 \cdot \vec{u}_2 = (-3) \times 1 + 2 \times \frac{3}{2} = -3 + 3 = 0$, il vient : $(d_1) \perp (d_2)$.

REMARQUE : On peut démontrer le critère suivant $(d): y = mx + p$ *et* $(d'): y = m'x + p'$ *sont orthogonales équivaut à* $mm' = -1$ *(on vous invite à aller voir l'exercice 1 !).*

METHODE 1 bis : Comment montrer que deux droites (d) et (d') sont orthogonales ?

■ **Principe**

Prendre un vecteur normal $\vec{n}$ de (d) (c'est un vecteur qui lui est orthogonal), un vecteur normal $\vec{n}'$ de (d') et montrer que $\vec{n} \cdot \vec{n}' = 0$.

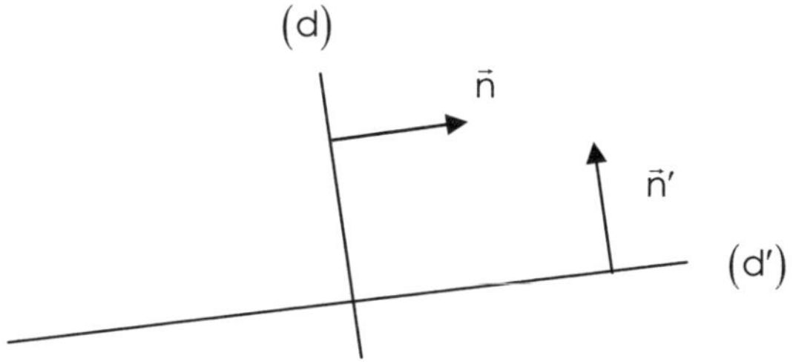

N'oubliez pas que :

- si une droite admet une équation cartésienne de la forme $(d): ax + by + c = 0$, alors $\vec{n}\begin{pmatrix}a\\ b\end{pmatrix}$ est un vecteur normal ;
- si elle admet une équation réduite de la forme : $(d): y = mx + p$, alors $\vec{n}\begin{pmatrix}-m\\ 1\end{pmatrix}$ est un vecteur normal.

■ **Exemple :** *Les droites* $(d_1): 2x + 3y - 1 = 0$ *et* $(d_2): y = \frac{3}{2}x + 2$ *sont-elles orthogonales ?*

Mêmes droites que dans l'exemple précédent mais méthode différente.

$(d_1): 2x + 3y - 1 = 0$ admet $\vec{n}_1\begin{pmatrix}2\\ 3\end{pmatrix}$ comme vecteur normal.

$(d_2): y = \frac{3}{2}x + 2$ admet $\vec{n}_2\begin{pmatrix}-\frac{3}{2}\\ 1\end{pmatrix}$ comme vecteur normal.

$\vec{n}_1 \cdot \vec{n}_2 = 2\times\left(-\dfrac{3}{2}\right)+3\times 1=-3+3=0$ donc (d_1) et (d_2) sont orthogonales.

Facile, non ? Ce qu'il faut voir, c'est que les deux façons de faire (méthode 1 et 1bis) sont rigoureusement équivalentes.

METHODE 2 : Comment déterminer l'équation d'une droite (d) passant par un point A et définie par un vecteur normal $\vec{n}$?

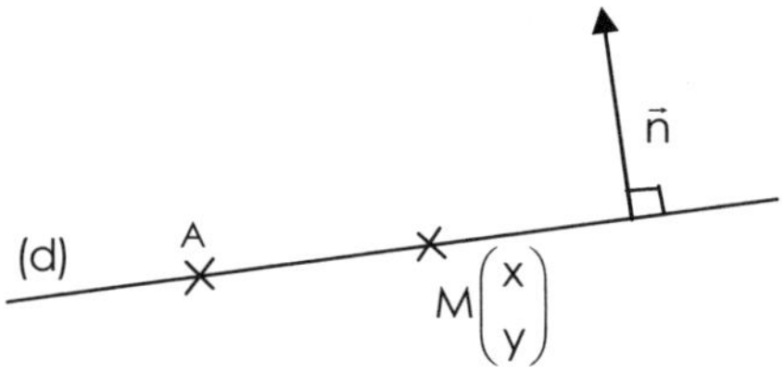

- **Principe**

La rédaction est la suivante :

$M\begin{pmatrix}x\\y\end{pmatrix}$ appartient à (d) si et seulement si $\overrightarrow{AM}\begin{pmatrix}x-x_A\\y-y_A\end{pmatrix}$ et $\vec{n}\begin{pmatrix}n_1\\n_2\end{pmatrix}$ sont orthogonaux, soit : $(x-x_A)\times n_1+(y-y_A)\times n_2=0$ (d'après la formule de colinéarité). Une fois que vous êtes lancés, votre but est d'aboutir à une équation de forme plus simple, soit cartésienne de la forme $ax+by+c=0$, soit réduite de la forme $y=mx+p$, selon ce qu'on vous demande.

- **Exemple :** *Déterminer l'équation réduite de la droite* (d) *passant par le point* $A\begin{pmatrix}-2\\3\end{pmatrix}$ *et admettant* $\vec{n}\begin{pmatrix}2\\1\end{pmatrix}$ *comme vecteur normal.*

$M\begin{pmatrix}x\\y\end{pmatrix}$ appartient à (d) si et seulement si $\overrightarrow{AM}\begin{pmatrix}x-(-2)\\y-3\end{pmatrix}=\overrightarrow{AM}\begin{pmatrix}x+2\\y-3\end{pmatrix}$ et $\vec{n}\begin{pmatrix}2\\1\end{pmatrix}$ sont orthogonaux, soit $(x+2)\times 2+(y-3)\times 1=0$, soit $2x+4+y-3=0$ ce qui donne : $y=-2x-1$.

Ainsi, (d) a pour équation réduite : $(d): y=-2x-1$. Voilà, c'est efficace, non ?

REMARQUE : Cette méthode permet par exemple de déterminer :

a) une équation cartésienne de la médiatrice d'un segment $[IJ]$ *(en prenant* $A=\text{mil}[IJ]$ *et* $\vec{n}=\vec{IJ}$ *comme vecteur normal) ;*

b) une équation cartésienne de la hauteur h_A *issue de A (dans un triangle ABC) (en prenant A et* $\vec{n}=\overrightarrow{BC}$ *comme vecteur normal) ;*

c) une équation cartésienne de la tangente en un point à un cercle (voir dans la partie exercices, l'exercice 2).

METHODE 3 : Comment déterminer les coordonnées d'un projeté orthogonal sur une droite ?

On considère une droite et un point M hors de la droite (d). Quelles sont les coordonnées du point H, projeté orthogonal sur (d) du point M ?

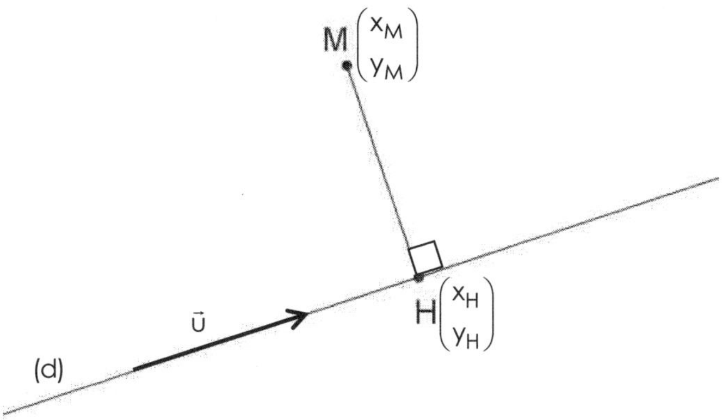

■ **Principe**

On prend un vecteur directeur $\vec{u}$ de (d). H le projeté orthogonal de M vérifie $\begin{cases}\overrightarrow{MH}\cdot\vec{u}=0\\H\in(d)\end{cases}$.

■ **Exemple :** *On considère la droite* $(d): y=\frac{1}{3}x+\frac{4}{3}$ *et le point* $M\begin{pmatrix}1\\5\end{pmatrix}$.

Déterminer les coordonnées de H, projeté orthogonal de M sur $(d): y=\frac{1}{3}x+\frac{4}{3}$.

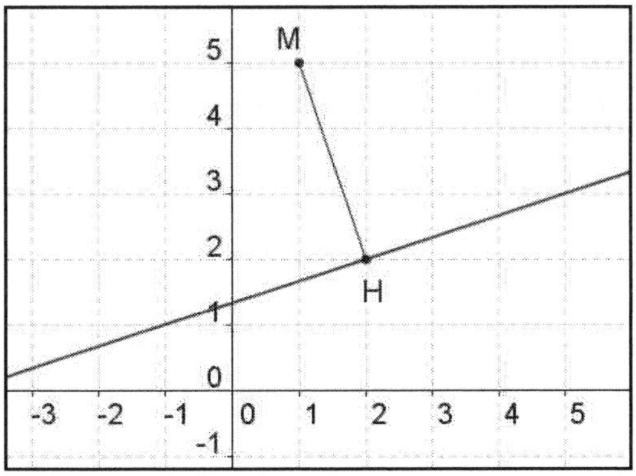

$\vec{u}\begin{pmatrix}1\\ \frac{1}{3}\end{pmatrix}$ est un vecteur directeur de la droite $(d): y=\frac{1}{3}x+\frac{4}{3}$.

Soit $H\begin{pmatrix}x_H\\ y_H\end{pmatrix}$ le fameux projeté, on a $\overrightarrow{MH}\begin{pmatrix}x_H-1\\ y_H-5\end{pmatrix}$.

$\overrightarrow{MH}\cdot\vec{u}=0$ équivaut à : $1\cdot(x_H-1)+\frac{1}{3}\cdot(y_H-5)=0$ *soit* : $x_H-1+\frac{1}{3}y_H-\frac{5}{3}=0$.

Par ailleurs $H\begin{pmatrix}x_H\\ y_H\end{pmatrix}\in(d): y=\frac{1}{3}x+\frac{4}{3}$ donc $y_H=\frac{1}{3}x_H+\frac{4}{3}$. Bien maintenant, retroussons nos manches, il va falloir résoudre le système : $\begin{cases}x_H-1+\frac{1}{3}y_H-\frac{5}{3}=0\\ y_H=\frac{1}{3}x_H+\frac{4}{3}\end{cases}$

Avec la 2e équation, on a $y_H=\frac{1}{3}x_H+\frac{4}{3}$ qu'on réinjecte dans la 1re équation, ce qui nous donne : $x_H-1+\frac{1}{3}\left(\frac{1}{3}x_H+\frac{4}{3}\right)-\frac{5}{3}=0$ soit $x_H-1+\frac{1}{9}x_H+\frac{4}{9}-\frac{5}{3}=0$ soit : $\frac{9}{9}x_H-\frac{9}{9}+\frac{1}{9}x_H+\frac{4}{9}-\frac{15}{9}=0$ soit : $9x_H-9+x_H+4-15=0$ soit : $10x_H-20=0$ soit : $10x_H=20$ soit : $x_H=\frac{20}{10}$ soit : $x_H=2$. Avec la 2e équation $\left(y_H=\frac{1}{3}x_H+\frac{4}{3}\right)$, on obtient : $y_H=\frac{1}{3}\times2+\frac{4}{3}=\frac{2}{3}+\frac{4}{3}=\frac{6}{3}=2$. Le projeté est donc $H\begin{pmatrix}2\\ 2\end{pmatrix}$ (ce qu'on peut voir graphiquement d'ailleurs).

METHODE 4 : Comment déterminer les coordonnées du symétrique d'un point par rapport à une droite ?

- **Principe**

a) On détermine H, le projeté orthogonal de M sur (d) (voir figure ci-après).

b) On utilise le fait que M' symétrique de M par rapport à (d) vérifie : $H=\text{mil}[MM']$, c'est-à-dire $\begin{cases}x_H=\frac{x_M+x_{M'}}{2}\\ y_H=\frac{y_M+y_{M'}}{2}\end{cases}$ soit : $\begin{cases}x_{M'}=2x_H-x_M\\ y_{M'}=2y_H-y_M\end{cases}$ (voir Method's Seconde).

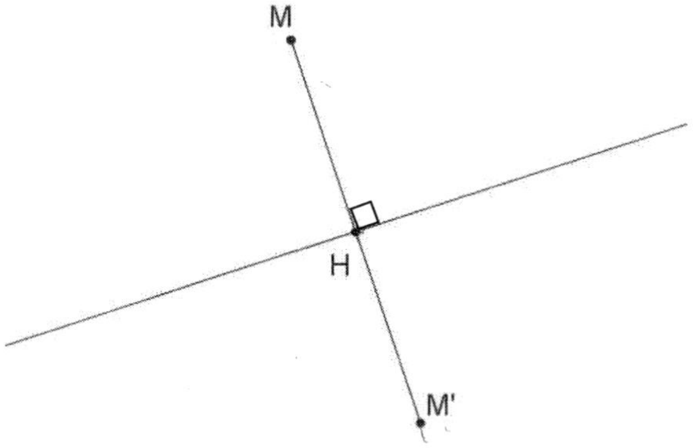

■ **Exemple :** *On considère la droite* $(d): y = \frac{1}{3}x + \frac{4}{3}$ *et le point* $M\begin{pmatrix}1\\5\end{pmatrix}$.

Déterminer les coordonnées de M', symétrique du point M par rapport à la droite (d).

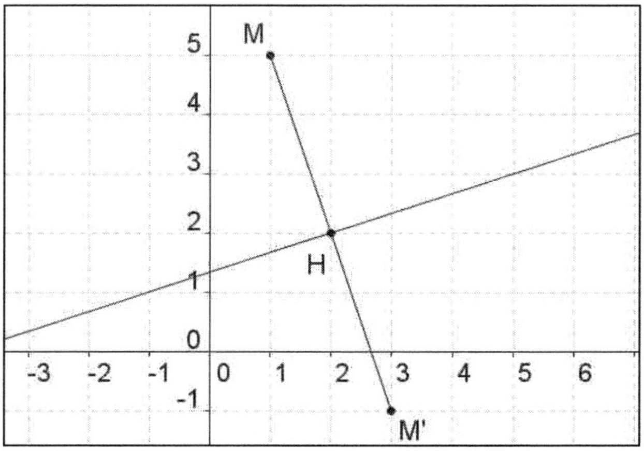

On détermine d'abord les coordonnées de H, projeté de M sur $(d): y = \frac{1}{3}x + \frac{4}{3}$.

Comme on l'a déjà fait juste avant, on donne le résultat directement $H\begin{pmatrix}2\\2\end{pmatrix}$.

Comme $\begin{cases} x_{M'} = 2x_H - x_M \\ y_{M'} = 2y_H - y_M \end{cases}$, on a : $\begin{cases} x_{M'} = 2\times 2 - 1 = 4 - 1 = 3 \\ y_{M'} = 2\times 2 - 5 = 4 - 5 = -1 \end{cases}$.

M' le symétrique de M par rapport à (d) a donc pour coordonnées : $M'\begin{pmatrix}3\\-1\end{pmatrix}$.

3. Applications aux cercles

METHODE 5 : Comment déterminer une équation de cercle ?

■ **Principe**

a) Si on connaît le centre $\Omega\begin{pmatrix} x_0 \\ y_0 \end{pmatrix}$ et le rayon r, alors le cercle (C) a pour équation $(C):(x-x_0)^2+(y-y_0)^2=r^2$.

b) Si on connaît le centre Ω et un point A du cercle, on se ramène au cas précédent en calculant $r^2=\Omega A^2$ (c'est juste un calcul de longueur ou de norme).

c) Si on connaît un diamètre $[AB]$, on sait que $M\begin{pmatrix} x \\ y \end{pmatrix}$ appartient au cercle si et seulement si $\overrightarrow{MA}\cdot\overrightarrow{MB}=0$ (car MAB est alors rectangle en M !).

■ **Exemple :** *Déterminer une équation du cercle de rayon 2 et de centre* $\Omega\begin{pmatrix} 3 \\ -1 \end{pmatrix}$.

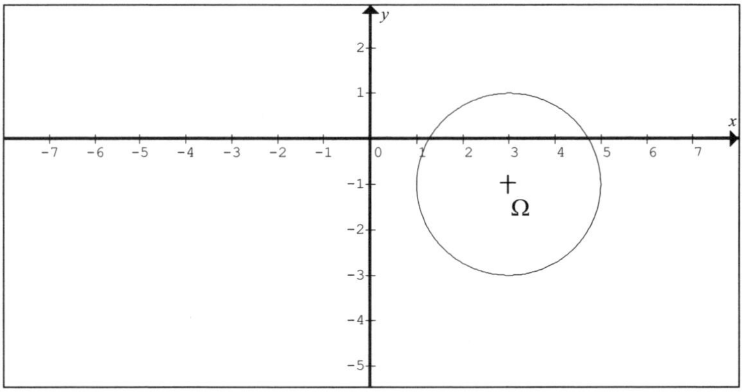

On ne se complique pas la vie, c'est le cas le plus simple (le a)) : on applique directement la formule avec $x_0=3$, $y_0=-1$, et $r=2$. (C) admet pour équation : $(C):(x-3)^2+(y-(-1))^2=2^2$ soit : $(C):(x-3)^2+(y+1)^2=4$.

■ **Erreur classique**

Oublier de mettre le rayon r au carré !

■ **Exemple :** *Déterminer une équation du cercle de centre* $\Omega\begin{pmatrix}-1\\2\end{pmatrix}$ *passant par le point* $A\begin{pmatrix}2\\3\end{pmatrix}$.

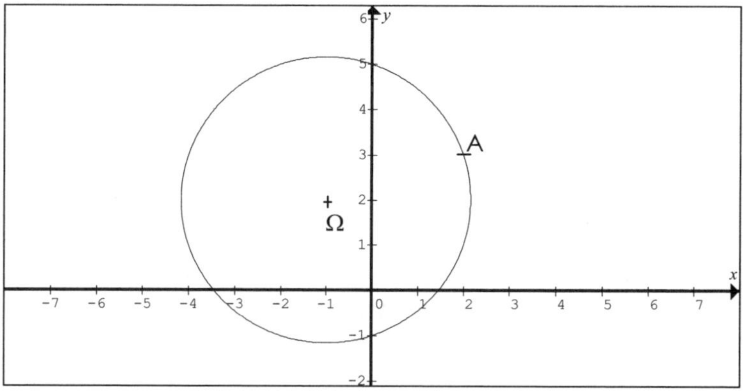

Là on est dans la situation du b) : il suffit de déterminer le rayon $r = \Omega A$

Comme $\overrightarrow{\Omega A}\begin{pmatrix}x_A - x_\Omega\\y_A - y_\Omega\end{pmatrix} = \overrightarrow{\Omega A}\begin{pmatrix}2-(-1)\\3-2\end{pmatrix} = \overrightarrow{\Omega A}\begin{pmatrix}3\\1\end{pmatrix}$, on a :

$r = \Omega A = \left\|\overrightarrow{\Omega A}\right\| = \sqrt{3^2+1^2} = \sqrt{9+1} = \sqrt{10}$, et donc on applique directement la formule : avec $x_0 = -1$, $y_0 = 2$, et $r = \sqrt{10}$. (C) admet pour équation : $(C) : (x-(-1))^2 + (y-2))^2 = \left(\sqrt{10}\right)^2$ soit $(C) : (x+1)^2 + (y-2)^2 = 10$.

■ **Exemple :** *Déterminer une équation du cercle de diamètre* $[AB]$ *où* $A\begin{pmatrix}-2\\3\end{pmatrix}$ *et* $B\begin{pmatrix}4\\1\end{pmatrix}$.

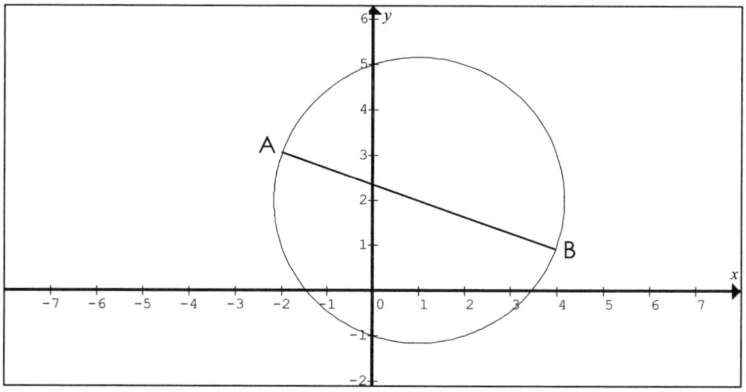

Là, c'est vraiment le cas c)

$M\begin{pmatrix}x\\y\end{pmatrix}$ appartient au cercle si et seulement si $\overrightarrow{MA} \cdot \overrightarrow{MB} = 0$

Or $\overrightarrow{MA}\begin{pmatrix}-2-x\\3-y\end{pmatrix}$ et $\overrightarrow{MB}\begin{pmatrix}4-x\\1-y\end{pmatrix}$ donc $M\begin{pmatrix}x\\y\end{pmatrix}\in(C)$ si et seulement si :

$(-2-x)\cdot(4-x)+(3-y)\cdot(1-y)=0$

soit $-8+2x-4x+x^2+3-3y-y+y^2=0$ soit : $x^2-2x+y^2-4y-5=0$.

Conclusion : une équation de (C) est $(C): x^2-2x+y^2-4y-5=0$.

REMARQUE : Un autre moyen de faire est aussi de déterminer le milieu Ω de $[AB]$ (donc le centre de (C)), puis le rayon $r=\Omega A$ de (C) et de se ramener au cas a). Ça marche très bien également !

METHODE 6 : Comment déterminer (voire tracer) un cercle à partir de son équation ?

■ **Principe**

Utiliser deux fois la mise sous forme canonique (voir Chapitre 1) : une "pour les x" et l'autre "pour les y".

■ **Exemple :** *Déterminer le centre et le rayon du cercle (Γ) dont une équation est : $(\Gamma): x^2-2x+y^2-4y-5=0$.*

On va effectuer comme promis deux mises sous forme canonique, une "pour les x" et l'autre "pour les y".

$x^2-2x+y^2-4y-5=0$ équivaut à : $x^2-2x+(1-1)+y^2-4y+(4-4)-5=0$

soit $(x^2-2x+1)-1+(y^2-4y+4)-4-5=0$ c'est-à-dire : $(x-1)^2+(y-2)^2-10=0$

Ce qui donne : $(x-1)^2+(y-2)^2=10$. On reconnaît le cercle de centre $\Omega\begin{pmatrix}1\\2\end{pmatrix}$ et de rayon (attention) $R=\sqrt{10}\approx 3{,}16$, ce qui ne pose aucun problème à tracer et ce pour deux raisons (dont une seule est bonne) la première (la sérieuse) est que l'on dispose du centre et du rayon et donc qu'un simple compas suffit, la deuxième est qu'on l'a déjà tracé dans l'exemple précédent. (Et oui pour plus de clarté on a repris le même exemple mais peut-être vous en étiez vous aperçu ? De toute façon pour ceux qui veulent de nouveaux exemples on vous invite à aller voir la partie exercices.)

REMARQUES : 1) Pour ceux qui ne se souviennent plus comment effectuer une mise sous forme canonique, il faut aller voir la méthode 1 du chapitre 1.
2) On peut utiliser un logiciel de géométrie dynamique comme Geogebra pour déterminer le centre et le rayon du cercle. Dans la ligne de saisie, on écrit l'équation :

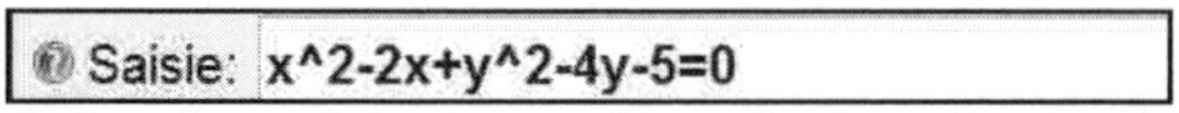

On appuie sur la touche entrée, le cercle se dessine dans la partie graphique et l'équation $(x-1)^2+(y-2)^2=10$ apparaît dans la colonne algébrique !

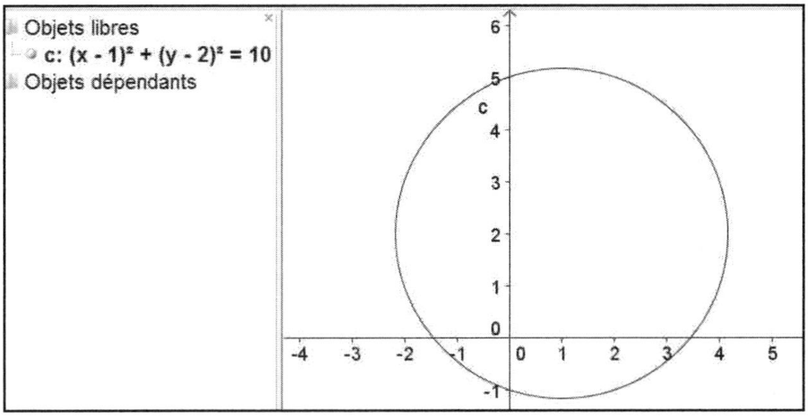

3) On peut également utiliser un logiciel de calcul formel (comme Xcas) pour déterminer le centre et le rayon du cercle, mais il faut procéder par étape. Pour $(\Gamma): x^2 - 2x + y^2 - 4y - 5 = 0$*, on demande d'abord la forme canonique pour la partie en x (soit* $x^2 - 2x$*) puis pour la partie en y (soit* $y^2 - 4y$*), puis on reporte les résultats :*

```
canonical_form(x^2-2x)
```
$$(x-1)^2-1$$

```
canonical_form(y^2-4y)
```
$$y^2-4y$$

Et là, c'est intéressant car si la mise sous forme canonique a bien marché pour les x, en revanche pour les y elle s'est bien plantée. En fait, trop habitué à manipuler des x, le logiciel a besoin que vous précisiez que vous voulez une mise sous forme canonique par rapport à x (car y, il le considère comme une constante).

```
canonical_form(y^2-4y,y)
```
$$(y-2)^2-4$$

Ce sont des petits trucs à savoir (car sinon on peut galérer longtemps...), merci Method's ! Bien maintenant, on reporte les résultats :

$(\Gamma): x^2 - 2x + y^2 - 4y - 5 = 0$ *devient :*

$(\Gamma): (x-1)^2 - 1 + (y-2)^2 - 4 - 5 = 0$ *puis* $(\Gamma): (x-1)^2 + (y-2)^2 = 10$ *et on retrouve le cercle de centre* $\Omega\begin{pmatrix}1\\2\end{pmatrix}$ *et de rayon* $R = \sqrt{10}$*. Oh que c'est cool...*

4. Applications aux angles et à la Trigonométrie

A- Calcul d'angle de deux vecteurs

METHODE 7 : Comment montrer que deux vecteurs $\vec{u}$ et $\vec{v}$ sont orthogonaux ?

■ **Principe**

Evident, on l'appelle parfois la formule d'orthogonalité : $\vec{u}\begin{pmatrix} x \\ y \end{pmatrix}$ et $\vec{v}\begin{pmatrix} x' \\ y' \end{pmatrix}$ sont orthogonaux si et seulement si : $xx' + yy' = 0$ (logique vu que $\vec{u} \cdot \vec{v} = xx' + yy'$).

■ **Exemple :** *Soient* $\vec{u}\begin{pmatrix} 3 \\ -2 \end{pmatrix}$ et $\vec{v}\begin{pmatrix} x \\ 4 \end{pmatrix}$ *deux vecteurs. Déterminer les valeurs de* x *pour lesquelles les vecteurs* $\vec{u}$ *et* $\vec{v}$ *sont orthogonaux.*

On a : $\vec{u} \cdot \vec{v} = 3x + (-2) \cdot 4 = 3x - 8$.

Ainsi $\vec{u} \cdot \vec{v} = 0$ si et seulement si $3x - 8 = 0$ soit $x = \frac{8}{3}$.

Donc $\vec{u}$ et $\vec{v}$ sont orthogonaux si et seulement si $x = \frac{8}{3}$.

($\vec{u}\begin{pmatrix} 3 \\ -2 \end{pmatrix}$ et $\vec{v}\begin{pmatrix} \frac{8}{3} \\ 4 \end{pmatrix}$ sont bien orthogonaux car $\vec{u} \cdot \vec{v} = 3 \times \frac{8}{3} + (-2) \times 4 = 8 - 8 = 0$).

METHODE 8 : Comment déterminer l'angle de deux vecteurs $\vec{u}$ et $\vec{v}$?

■ **Principe**

On calcule de deux manières le produit scalaire $\vec{u} \cdot \vec{v}$ (voir chapitre 15) :
La première par la formule analytique $\vec{u} \cdot \vec{v} = xx' + yy'$, la deuxième par la formule du cosinus : $\vec{u} \cdot \vec{v} = \|\vec{u}\| \times \|\vec{v}\| \times \cos(\vec{u}, \vec{v})$ puis on compare, ce qui donne :

$xx' + yy' = \|\vec{u}\| \times \|\vec{v}\| \times \cos(\vec{u}, \vec{v})$ soit : $\cos(\vec{u}, \vec{v}) = \frac{xx' + yy'}{\|\vec{u}\| \times \|\vec{v}\|}$. On en déduit l'angle $(\vec{u}, \vec{v})$ soit en reconnaissant une valeur remarquable (voir chapitre 14), soit en utilisant la touche $\cos^{-1}$ (Arccos ou Acs) de la calculatrice (en cas d'hésitation entre deux angles possibles, une figure permet de trancher la question).

■ **Exemple** : *Soient* $\vec{u}\begin{pmatrix}4\\0\end{pmatrix}$ et $\vec{v}\begin{pmatrix}-2\\2\sqrt{3}\end{pmatrix}$ *deux vecteurs. Déterminer une mesure de l'angle* $(\vec{u},\vec{v})$.

On a : $\cos(\vec{u},\vec{v})=\dfrac{4\times(-2)+0\times2\sqrt{3}}{4\times4}=\dfrac{-8}{16}=-\dfrac{1}{2}$ car $\|\vec{u}\|=\sqrt{4^2+0^2}=\sqrt{16}=4$ et $\|\vec{v}\|=\sqrt{(-2)^2+(2\sqrt{3})^2}=\sqrt{4+12}=\sqrt{16}=4$, d'où $(\vec{u},\vec{v})=\dfrac{2\pi}{3}(2\pi)$ ou $(\vec{u},\vec{v})=-\dfrac{2\pi}{3}(2\pi)$.

Pour trancher la question, il suffit de tracer une figure :

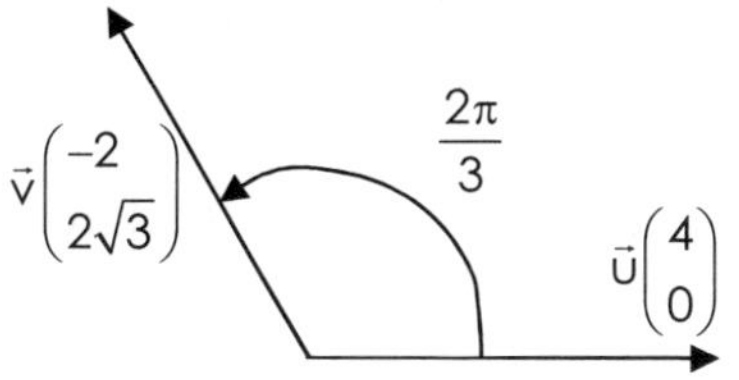

et en déduire que $(\vec{u},\vec{v})=\dfrac{2\pi}{3}(2\pi)$.

■ **Exemple** : *On considère le carré ABCD ci-dessous. En calculant de deux manières le produit scalaire* $\overrightarrow{AF}\cdot\overrightarrow{AE}$ *(par la formule analytique puis par la formule du cosinus), déterminer l'angle* $(\overrightarrow{AF},\overrightarrow{AE})$.

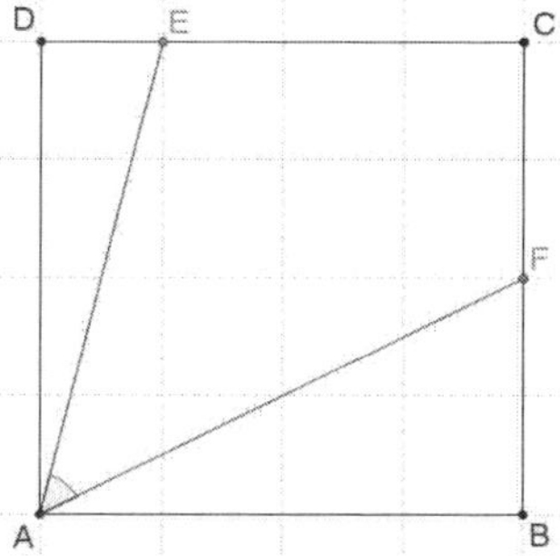

Dans le repère $(A,\overrightarrow{AB},\overrightarrow{AC})$, on a : $A\begin{pmatrix}0\\0\end{pmatrix}$ et $F\begin{pmatrix}1\\0,5\end{pmatrix}$ d'où : $\overrightarrow{AF}\begin{pmatrix}1-0\\0,5-0\end{pmatrix}=\overrightarrow{AF}\begin{pmatrix}1\\0,5\end{pmatrix}$.

On a $A\begin{pmatrix}0\\0\end{pmatrix}$ et $E\begin{pmatrix}0,25\\1\end{pmatrix}$ d'où : $\overrightarrow{AE}\begin{pmatrix}0,25-0\\1-0\end{pmatrix}=\overrightarrow{AE}\begin{pmatrix}0,25\\1\end{pmatrix}$.

On a donc : $\overrightarrow{AF}\cdot\overrightarrow{AE}=1\times0,25+0,5\times1=0,75$ (avec la formule $xx'+yy'$).

On a aussi $\overrightarrow{AF}\cdot\overrightarrow{AE}=\|\overrightarrow{AF}\|\times\|\overrightarrow{AE}\|\times\cos(\overrightarrow{AF},\overrightarrow{AE})$.

Or $\overrightarrow{AF}\begin{pmatrix}1\\0,5\end{pmatrix}$ donc $\|\overrightarrow{AF}\|=\sqrt{1^2+0,5^2}=\sqrt{1,25}$.

Or $\overrightarrow{AE}\begin{pmatrix}0,25\\1\end{pmatrix}$, on a $\|\overrightarrow{AE}\|=\sqrt{0,25^2+1^2}=\sqrt{1,000625}$.

On a donc : $\overrightarrow{AF}\cdot\overrightarrow{AE}=\sqrt{1,25}\times\sqrt{1,000625}\times\cos(\overrightarrow{AF},\overrightarrow{AE})$.

Comparons maintenant nos deux expressions de $\overrightarrow{AF}\cdot\overrightarrow{AE}$

$0{,}75=\sqrt{1{,}25}\times\sqrt{1{,}000625}\times\cos\left(\overrightarrow{AF},\overrightarrow{AE}\right)$ ce qui nous donne :

$\cos\left(\overrightarrow{AF},\overrightarrow{AE}\right)=\dfrac{0{,}75}{\sqrt{1{,}25}\times\sqrt{1{,}000625}}$ soit $\cos\left(\overrightarrow{AF},\overrightarrow{AE}\right)\approx 0{,}7606$ soit $\left(\overrightarrow{AF},\overrightarrow{AE}\right)\approx 47{,}9°$. On vous conseille de vérifier avec Geogebra en utilisant l'icône Angle, ça marche ! (Est-ce d'ailleurs cette méthode que les programmeurs de Geogebra ont utilisé pour calculer les angles ? C'est fort possible !).

B- Comment obtenir les formules d'addition ?

METHODE 9 : Comment démontrer les formules d'addition ?

■ **Principe**

Le but est d'obtenir les formules suivantes :

Formules d'addition

$\cos(a-b)=\cos(a)\cos(b)+\sin(a)\sin(b)$

$\cos(a+b)=\cos(a)\cos(b)-\sin(a)\sin(b)$

$\sin(a-b)=\sin(a)\cos(b)-\sin(b)\cos(a)$

$\sin(a+b)=\sin(a)\cos(b)+\sin(b)\cos(a)$

Pour cela, on ne va démontrer que la première (soit $\cos(a-b)=\cos(a)\cos(b)+\sin(a)\sin(b)$) en utilisant le produit scalaire et plus précisément la formule du cosinus puis la formule analytique. Attention, cet exemple ultra célèbre que nous allons traiter maintenant est considéré comme un **ROC** (restitution organisée de connaissances, donc exigible au BAC !), on vous met un peu la pression mais c'est pour votre bien.

■ **Exemple (ROC)** : *On veut démontrer la première formule d'addition : à savoir pour tout a, et tout b,* $\cos(a-b)=\cos(a)\cos(b)+\sin(a)\sin(b)$.

Sur le cercle trigonométrique ci-après, on a placé un point A correspondant à un angle a et un point B correspondant à un angle b.

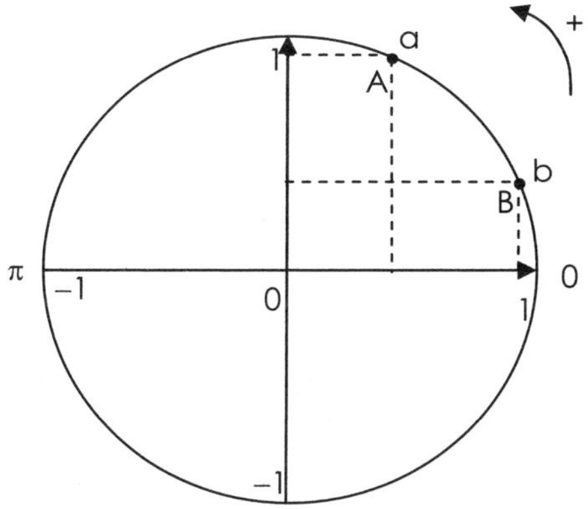

a) Déterminer les normes $\left\|\overrightarrow{OB}\right\|$, $\left\|\overrightarrow{OA}\right\|$ et l'angle $\left(\overrightarrow{OB},\overrightarrow{OA}\right)$. En déduire la valeur du produit scalaire $\overrightarrow{OB}\cdot\overrightarrow{OA}$ (on utilisera la formule du cosinus).
b) Déterminer les coordonnées des points O, B et A puis des vecteurs $\overrightarrow{OB}$ et $\overrightarrow{OA}$. En déduire la valeur du produit scalaire $\overrightarrow{OB}\cdot\overrightarrow{OA}$ (on utilisera la formule analytique).
c) Déduire des deux questions précédentes la formule :
$\cos(a-b)=\cos(a)\cos(b)+\sin(a)\sin(b)$.

a) Bonne nouvelle, dans cette question il n'y a quasiment aucun calcul à faire : B est sur le cercle trigo, comme ce cercle est de rayon 1 et de centre O (définition du cercle trigo), on a : $OB=1$ soit $\left\|\overrightarrow{OB}\right\|=1$. De même (inutile de tout refaire, on n'a pas la journée non plus) $\left\|\overrightarrow{OA}\right\|=1$. Pour l'angle $\left(\overrightarrow{OB},\overrightarrow{OA}\right)$ c'est tout simple, la relation de Chasles (vous savez pour les angles c'est la relation $(\vec{u},\vec{v})+(\vec{v},\vec{w})=(\vec{u},\vec{w})$, voir Chapitre 14) nous donne : $\left(\overrightarrow{OB},\overrightarrow{OA}\right)=a-b$. En effet :
$\left(\overrightarrow{OB},\overrightarrow{OA}\right)=\left(\overrightarrow{OB},\vec{u}\right)+\left(\vec{u},\overrightarrow{OA}\right)=-\left(\vec{u},\overrightarrow{OB}\right)+\left(\vec{u},\overrightarrow{OA}\right)=-b+a=a-b$.
On a donc d'après la formule du cosinus $\vec{u}\cdot\vec{v}=\|\vec{u}\|\times\|\vec{v}\|\times\cos(\vec{u},\vec{v})$,
$\overrightarrow{OB}\cdot\overrightarrow{OA}=\left\|\overrightarrow{OB}\right\|\times\left\|\overrightarrow{OA}\right\|\times\cos\left(\overrightarrow{OB},\overrightarrow{OA}\right)=1\times1\times\cos(a-b)$ soit :
$\overrightarrow{OB}\cdot\overrightarrow{OA}=\cos(a-b)$. Ok ?

b) Dans le repère à l'intérieur du cercle, on a évidemment $O\begin{pmatrix}0\\0\end{pmatrix}$, $A\begin{pmatrix}\cos(a)\\\sin(a)\end{pmatrix}$ (cos est l'abscisse de l'angle et sin son ordonnée !) et $B\begin{pmatrix}\cos(b)\\\sin(b)\end{pmatrix}$ et donc :
$\overrightarrow{OB}\begin{pmatrix}\cos(b)-0\\\sin(b)-0\end{pmatrix}=\overrightarrow{OB}\begin{pmatrix}\cos(b)\\\sin(b)\end{pmatrix}$. De même $\overrightarrow{OA}\begin{pmatrix}\cos(a)\\\sin(a)\end{pmatrix}$. D'après la formule analytique ($\vec{u}\cdot\vec{v}=xx'+yy'$), $\overrightarrow{OB}\cdot\overrightarrow{OA}=\cos(b)\cos(a)+\sin(b)\sin(a)$.

c) On a $\overrightarrow{OB}\cdot\overrightarrow{OA}=\cos(a-b)$ et $\overrightarrow{OB}\cdot\overrightarrow{OA}=\cos(a)\cos(b)+\sin(a)\sin(b)$ d'où : $\cos(a-b)=\cos(a)\cos(b)+\sin(a)\sin(b)$ ce qu'on voulait, non ?

REMARQUES :

a) On pouvait obtenir la formule directement avec la formule $\cos(\vec{u},\vec{v})=\dfrac{xx'+yy'}{\|\vec{u}\|\times\|\vec{v}\|}$ *(voir méthode 8). Avec* $\vec{u}=\overrightarrow{OB}\begin{pmatrix}\cos(b)\\\cos(a)\end{pmatrix}$ *et* $\vec{v}=\overrightarrow{OA}\begin{pmatrix}\cos(a)\\\sin(a)\end{pmatrix}$*,*

on a : $\cos(\overrightarrow{OB},\overrightarrow{OA})=\dfrac{\cos(a)\cos(b)+\sin(a)\sin(b)}{\sqrt{\cos^2(a)+\sin^2(a)}\times\sqrt{\cos^2(b)+\sin^2(b)}}$*. Comme pour tout x, on a* $\cos^2(x)+\sin^2(x)=1$ *(voir Method's seconde) on obtient :*

$\cos(a-b)=\cos(\overrightarrow{OB},\overrightarrow{OA})=\dfrac{\cos(a)\cos(b)+\sin(a)\sin(b)}{\sqrt{1}\times\sqrt{1}}$ *soit :*

$\cos(a-b)=\cos(a)\cos(b)+\sin(a)\sin(b)$ *(car* $\sqrt{1}=1$*). Ok ?*

b) Les autres formules d'addition s'en déduisent facilement, on utilise pour cela les angles associés (chapitre 14), regardez !

- $\cos(a+b)=\cos(a-(-b))=\cos(a)\cos(-b)+\sin(a)\sin(-b)$
  $=\cos(a)\cos(b)-\sin(a)\sin(b)$ *(car* $\cos(-b)=\cos(b)$ *et* $\sin(-b)=-\sin(b)$*)*
- $\sin(a-b)=\cos\left(\dfrac{\pi}{2}-(a-b)\right)=\cos\left(\dfrac{\pi}{2}-a+b\right)$ *(car* $\sin(x)=\cos\left(\dfrac{\pi}{2}-x\right)$*)*
  $=\cos\left(\dfrac{\pi}{2}-a\right)\cos(b)-\sin\left(\dfrac{\pi}{2}-a\right)\sin(b)=\sin(a)\cos(b)-\cos(a)\sin(b)$
  (car $\sin\left(\dfrac{\pi}{2}-x\right)=\cos(x)$*)*
- $\sin(a+b)=\sin(a-(-b))=\sin(a)\cos(-b)-\cos(a)\sin(-b)$
  $=\sin(a)\cos(b)+\cos(a)\sin(b)$
  (car $\cos(-b)=\cos(b)$ *et* $\sin(-b)=-\sin(b)$*)*

Ok ? Ça va ? Vous avez pas trop chaud à la tête ?

C- Utilisation des formules d'addition

■ Rappels

Formules d'addition

$\cos(a-b)=\cos(a)\cos(b)+\sin(a)\sin(b)$

$\cos(a+b)=\cos(a)\cos(b)-\sin(a)\sin(b)$

$\sin(a-b)=\sin(a)\cos(b)-\sin(b)\cos(a)$

$\sin(a+b)=\sin(a)\cos(b)+\sin(b)\cos(a)$

REMARQUE :

Pour se souvenir de ces formules, rappelez-vous d'un truc très simple : pour $\cos(a-b)$ *et* $\cos(a+b)$ *la formule paraît illogique (à cause des changements de signes), pour* $\sin(a-b)$ *et* $\sin(a+b)$ *la formule paraît logique mais les sin et les cos se croisent. Souvenez-vous enfin que c'est à l'aide du produit scalaire et des angles associés qu'on les démontre (en exprimant de deux façons le même produit scalaire). Maintenant comment les utiliser et quoi en faire ? Voyons cela...*

METHODE 10 : Pour déterminer des lignes trigonométriques

La famille des $\frac{\pi}{3}$, $\frac{\pi}{4}$ ou des $\frac{\pi}{6}$ et la valeur de leur cosinus et sinus sont ce qu'on appelle des lignes trigonométriques : elles vous sont connues depuis le chapitre 14 (et même depuis Method's Seconde !). Mais peut-on en connaître de nouvelles ? Oui, en voici un exemple.

■ Principe

Décomposer l'angle sous la forme $a-b$, où a et b sont des angles connus puis utiliser les expressions de $\cos(a-b)$ et de $\sin(a-b)$.

■ **Exemple :** *Calculez* $\cos\left(\frac{\pi}{12}\right)$ *et* $\sin\left(\frac{\pi}{12}\right)$.

De $\frac{\pi}{12}=\frac{\pi}{3}-\frac{\pi}{4}$ et des expressions de $\cos(a-b)$ et $\sin(a-b)$ on déduit que :

$$\begin{cases}\cos\left(\frac{\pi}{12}\right)=\cos\left(\frac{\pi}{3}-\frac{\pi}{4}\right)=\cos\left(\frac{\pi}{3}\right)\cos\left(\frac{\pi}{4}\right)+\sin\left(\frac{\pi}{3}\right)\sin\left(\frac{\pi}{4}\right)\\ \sin\left(\frac{\pi}{12}\right)=\sin\left(\frac{\pi}{3}-\frac{\pi}{4}\right)=\sin\left(\frac{\pi}{3}\right)\cos\left(\frac{\pi}{4}\right)-\sin\left(\frac{\pi}{4}\right)\cos\left(\frac{\pi}{3}\right)\end{cases}\text{ soit :}$$

$$\begin{cases}\cos\left(\frac{\pi}{12}\right)=\frac{1}{2}\cdot\frac{\sqrt{2}}{2}+\frac{\sqrt{3}}{2}\cdot\frac{\sqrt{2}}{2}=\frac{\sqrt{2}+\sqrt{6}}{4}\\ \sin\left(\frac{\pi}{12}\right)=\frac{\sqrt{3}}{2}\cdot\frac{\sqrt{2}}{2}-\frac{\sqrt{2}}{2}\cdot\frac{1}{2}=\frac{\sqrt{6}-\sqrt{2}}{4}\end{cases}$$

REMARQUE : Comme on le verra dans la méthode 14, on peut aussi calculer $\cos\left(\frac{\pi}{12}\right)$ *et* $\sin\left(\frac{\pi}{12}\right)$ *en utilisant les formules de linéarisation. Curieusement, on aurait abouti au même résultat mais exprimé sous une toute autre forme, moins commode d'ailleurs car contenant plus de racines carrées.*

METHODE 11 : Pour simplifier des expressions

■ **Principe**

Exprimer tous les termes en fonction de $\cos(x)$ et $\sin(x)$ puis regrouper et simplifier (n'oubliez pas que $\frac{\sin(x)}{\cos(x)} = \tan(x)$).

■ **Exemple :** *Simplifier l'expression* $\frac{\sin\left(x-\frac{\pi}{4}\right)}{\cos(x)}$.

On a, pour tout $x \notin \left\{\frac{\pi}{2}+k\pi,\ k \in \mathbb{Z}\right\}$ (il ne faut pas que $\cos(x)$ s'annule !) :

$$\frac{\sin\left(x-\frac{\pi}{4}\right)}{\cos(x)} = \frac{\sin(x)\cos\left(\frac{\pi}{4}\right)-\sin\left(\frac{\pi}{4}\right)\cos(x)}{\cos(x)} = \tan(x)\cdot\frac{\sqrt{2}}{2}-\frac{\sqrt{2}}{2} = \frac{\sqrt{2}}{2}\cdot(\tan(x)-1)$$

METHODE 12 : Pour montrer une égalité d'angles

■ **Principe**

Pour montrer que deux angles θ et θ' (tous deux compris dans l'intervalle $\left]0;\frac{\pi}{2}\right[$) sont égaux on montre l'égalité de leurs cosinus (voir chapitre 14, équations trigonométriques).

■ **Exemple :** *La figure suivante est constituée de trois carrés de côté* 1.

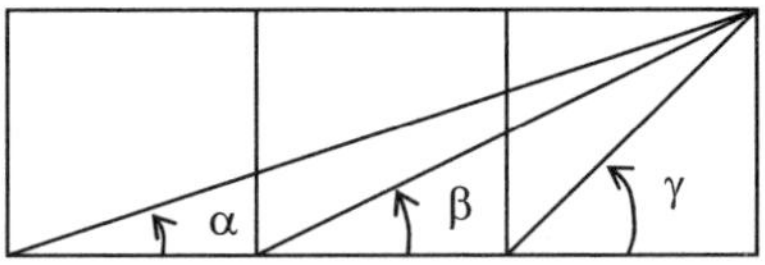

Montrer que $\alpha+\beta=\gamma$.

On va montrer que $\cos(\alpha+\beta)=\cos(\gamma)$ ce qui montrera que $\alpha+\beta=\gamma$ car, géométriquement $\alpha+\beta$ et γ sont tous deux des angles de l'intervalle $\left]0;\frac{\pi}{2}\right[$:

(en effet $0<\alpha+\beta<\frac{\pi}{2}$, car $0<\alpha<\frac{\pi}{4}$ et $0<\beta<\frac{\pi}{4}$, et $\gamma=\frac{\pi}{4}$).

Comme $\gamma = \frac{\pi}{4}$ (diagonale d'un carré) cela revient à montrer que $\cos(\alpha+\beta) = \frac{\sqrt{2}}{2}$. Bien, il y a trois triangles rectangles, on peut obtenir par Pythagore la mesure de leurs hypoténuses :

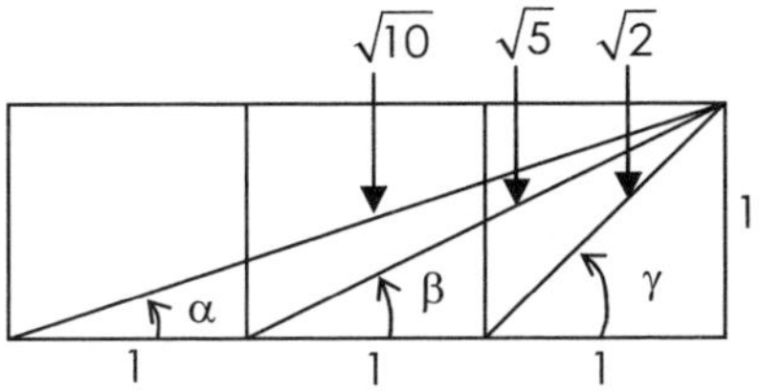

Dans chacun des trois triangles rectangles, les formules de trigonométrie donnent alors : $\cos(\alpha) = \frac{3}{\sqrt{10}}$, $\cos(\beta) = \frac{2}{\sqrt{5}}$, $\sin(\alpha) = \frac{1}{\sqrt{10}}$ et $\sin(\beta) = \frac{1}{\sqrt{5}}$.

On peut alors calculer $\cos(\alpha+\beta)$ par la formule d'addition :

$$\cos(\alpha+\beta) = \cos(\alpha)\cos(\beta) - \sin(\alpha)\sin(\beta) = \frac{3}{\sqrt{10}} \cdot \frac{2}{\sqrt{5}} - \frac{1}{\sqrt{10}} \cdot \frac{1}{\sqrt{5}} = \frac{6-1}{\sqrt{50}} = \frac{5}{5\sqrt{2}} = \frac{1}{\sqrt{2}}$$

soit $\cos(\alpha+\beta) = \frac{1}{\sqrt{2}} = \frac{1 \cdot \sqrt{2}}{\sqrt{2} \cdot \sqrt{2}} = \frac{\sqrt{2}}{2}$. Ainsi $\alpha + \beta = \frac{\pi}{4}$ et donc $\alpha + \beta = \gamma$.

D- Utilisation des formules de duplication et de linéarisation

■ Rappels

a) Formules de duplication :

$$\cos(2a) = \cos^2(a) - \sin^2(a) = 2\cos^2(a) - 1 = 1 - 2\sin^2(a)$$

$$\sin(2a) = 2\sin(a)\cos(a)$$

b) Formules de linéarisation :

$$\cos^2(a) = \frac{1+\cos(2a)}{2}$$

$$\sin^2(a) = \frac{1-\cos(2a)}{2}$$

REMARQUES : a) Les formules de duplication se démontrent par les formules d'addition (en choisissant $b = a$ *dans les formules donnant* $\cos(a+b)$ *et* $\sin(a+b)$*), et en utilisant l'égalité bien connue* $\cos^2(a) + \sin^2(a) = 1$*. Les formules de linéarisation se déduisent elles des formules de duplication, tout simplement.*

b) Normalement, vous savez que $\cos^2(a) + \sin^2(a) = 1$ (voir chapitre 14). Et bien, ça se vérifie avec les formules de linéarisation :

$$\cos^2(a)+\sin^2(a)=\frac{1+\cos(2a)}{2}+\frac{1-\cos(2a)}{2}=\frac{1+\cos(2a)+1-\cos(2a)}{2}=\frac{2}{2}=1.$$

Génial, non ?

METHODE 13 : Pour simplifier des expressions

■ Principe

Exprimer tous les termes en fonction de $\cos(x)$ et $\sin(x)$ puis regrouper et simplifier.

■ **Exemple :** *Simplifier l'expression* $\dfrac{\sin(2x)}{\cos(x)}$.

On a immédiatement, pour tout $x \notin \left\{\dfrac{\pi}{2}+k\pi,\ k \in \mathbb{Z}\right\}$:

$$\frac{\sin(2x)}{\cos(x)}=\frac{2\sin(x)\cos(x)}{\cos(x)}=2\sin(x)$$

METHODE 14 : Pour déterminer des lignes trigonométriques

■ Principe

Utiliser les formules de linéarisation $\cos^2(a)=\dfrac{1+\cos(2a)}{2}$ et $\sin^2(a)=\dfrac{1-\cos(2a)}{2}$ où $2a$ est un angle connu.

■ **Exemple :** *Calculez* $\cos\left(\dfrac{\pi}{12}\right)$ *et* $\sin\left(\dfrac{\pi}{12}\right)$

On a $\cos^2(a)=\dfrac{1+\cos(2a)}{2}$ d'où : $\cos^2\left(\dfrac{\pi}{12}\right)=\dfrac{1+\cos\left(\dfrac{\pi}{6}\right)}{2}=\dfrac{1+\dfrac{\sqrt{3}}{2}}{2}=\dfrac{2+\sqrt{3}}{4}$.

On a $\sin^2(a)=\dfrac{1-\cos(2a)}{2}$ d'où : $\sin^2\left(\dfrac{\pi}{12}\right)=\dfrac{1-\cos\left(\dfrac{\pi}{6}\right)}{2}=\dfrac{1-\dfrac{\sqrt{3}}{2}}{2}=\dfrac{2-\sqrt{3}}{4}$.

Or $\frac{\pi}{12}$ est situé sur le cercle trigonométrique de telle sorte que $\cos\left(\frac{\pi}{12}\right) > 0$ et $\sin\left(\frac{\pi}{12}\right) > 0$ (car $0 < \frac{\pi}{12} < \frac{\pi}{2}$) et donc $\cos\left(\frac{\pi}{12}\right) = \sqrt{\frac{2+\sqrt{3}}{4}} = \frac{\sqrt{2+\sqrt{3}}}{2}$ et $\sin\left(\frac{\pi}{12}\right) = \sqrt{\frac{2-\sqrt{3}}{4}} = \frac{\sqrt{2-\sqrt{3}}}{2}$.

REMARQUE : Comme promis dans la remarque de la méthode 10, on obtient un résultat qui semble différent (de la méthode 10 bien sûr). Il n'en est rien, en effet $\frac{\sqrt{2+\sqrt{3}}}{2} = \sqrt{\frac{2+\sqrt{3}}{4}} = \sqrt{\frac{8+4\sqrt{3}}{16}} = \sqrt{\frac{6+2\sqrt{12}+2}{16}} = \sqrt{\frac{\left(\sqrt{6}+\sqrt{2}\right)^2}{16}} = \frac{\sqrt{6}+\sqrt{2}}{4}$.
(Évidemment, nous vous l'accordons, cela ne sautait pas aux yeux !)

5. Comment résoudre un triangle ? (Applications aux calculs de grandeurs)

Que signifie résoudre un triangle ? Et bien considérons le triangle ABC ci-dessous (que l'on utilisera tout au long du paragraphe) :

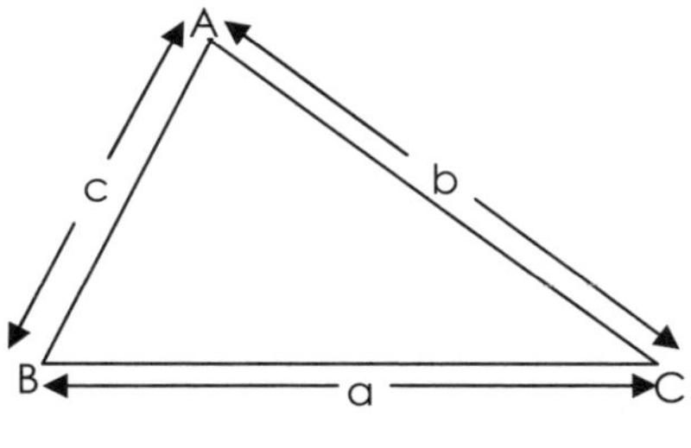

Résoudre le triangle ABC consiste à tout savoir de lui : la longueur de ses côtés a, b, c, et la mesure de ses trois angles $\hat{A}$, $\hat{B}$, $\hat{C}$. Pourquoi faire ? Les applications sont nombreuses ! (voir partie exercices) Est-ce facile ? Oui ! En fait, ce qui est génial avec le triangle, c'est qu'assez peu de renseignements sur lui permettent de le connaître et donc de le résoudre. Nous allons donc commencer par répondre à la question : comment résoudre un triangle ?

METHODE 15 : En connaissant les trois côtés

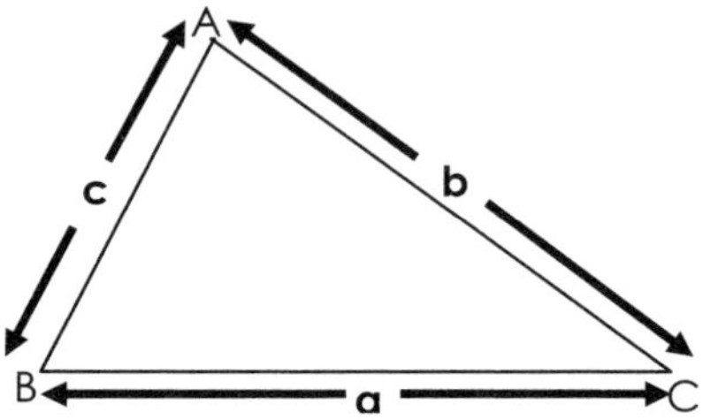

Si on connaît les trois côtés, alors on peut déterminer les trois angles ! Comment ? Et bien en utilisant la formule du Mathématicien persan (et Astronome) Al Kashi (1380-1429) :

■ Rappels

Formules d'Al Kashi (1380-1429): dans le triangle (quelconque) ABC, on a :

$$a^2 = b^2 + c^2 - 2bc \cdot \cos(\hat{A})$$

$$b^2 = a^2 + c^2 - 2ac \cdot \cos(\hat{B})$$

$$c^2 = a^2 + b^2 - 2ab \cdot \cos(\hat{C})$$

REMARQUE : Les relations d'Al Kashi (qui sont en fait connues depuis Euclide (325-265 av. J.-C.), mais sous une autre forme) sont aussi appelées relations de Pythagore généralisées, en effet si $\hat{A}$ *est un angle droit on a* $\cos(\hat{A}) = 0$ *et la première relation* $a^2 = b^2 + c^2 - 2bc \cdot \cos(\hat{A})$ *devient* $a^2 = b^2 + c^2$ *qui n'est rien d'autre que le théorème de Pythagore (580-495 av. J.-C.).*
Vous trouverez dans le livre deux démonstrations de ces formules : une dans l'exo 13 du chapitre 14 n'utilisant pas le produit scalaire, une autre dans l'exo 1 du chapitre 15 utilisant le produit scalaire. Bon, continuons !

■ Principe

D'après Al Kashi : $\cos(\hat{A}) = \frac{b^2 + c^2 - a^2}{2bc}$, $\cos(\hat{B}) = \frac{a^2 + c^2 - b^2}{2ac}$, et $\cos(\hat{C}) = \frac{a^2 + b^2 - c^2}{2ab}$.

■ **Exemple :** *Résoudre le triangle de côtés* $a = 5$, $b = 6$, $c = 8$.

Première remarque : on peut construire ce triangle sans aucun problème avec un compas, ce qui permettra de mesurer les angles (avec un rapporteur). On peut aussi le construire avec Geogebra (c'est encore plus fun !). Même si cela ne prouve rien, ça nous permettra de vérifier les résultats donnés par Al Kashi.

On a $\cos(\widehat{A}) = \dfrac{b^2+c^2-a^2}{2bc} = \dfrac{6^2+8^2-5^2}{2\cdot 6\cdot 8} = \dfrac{75}{96}$ soit $\widehat{A} \approx 38{,}6°$ (utilisez la touche Arccos (ou Acs) de votre calculatrice après vous être mis en mode degré)

On a $\cos(\hat{B}) = \dfrac{a^2+c^2-b^2}{2ac} = \dfrac{5^2+8^2-6^2}{2\cdot 5\cdot 8} = \dfrac{53}{80}$ soit $\hat{B} \approx 48{,}5°$,

et donc $\widehat{C} \approx 92{,}9°$ $(180° - 38{,}6° - 48{,}5°)$.

■ **Exemple :** *Résoudre le triangle de côtés* $a = 5$, $b = 4$, $c = 3$.

Ce qui est amusant avec cet exemple, c'est qu'en fait la réciproque du théorème de Pythagore aurait suffit à montrer que ABC était rectangle, puisque l'on a : $5^2 = 4^2 + 3^2$.

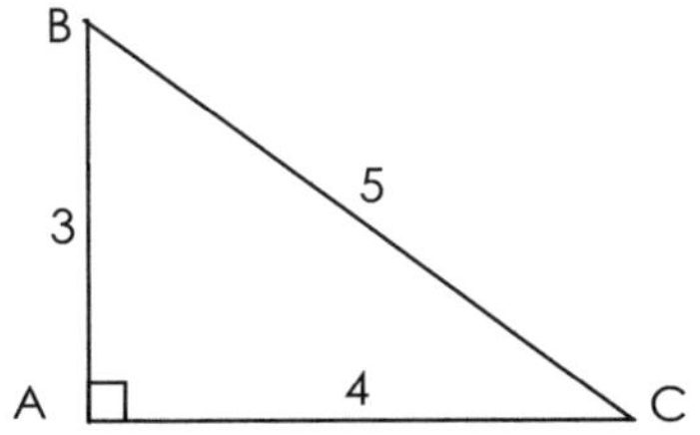

mais bon... Avec Al Kashi on retrouve bien sûr la même chose (ce qui est rassurant) puisqu'on a $\cos(\widehat{A}) = \dfrac{b^2+c^2-a^2}{2bc} = \dfrac{4^2+3^2-5^2}{2\cdot 4\cdot 3} = 0$ soit $\widehat{A} = 90°$. Les autres angles s'obtiennent soit par les formules de trigonométrie (puisque qu'on sait maintenant que ABC est rectangle en A), soit par Al Kashi, ce qui donne de toute façon la même chose, à savoir : $\cos(\hat{B}) = \dfrac{3}{5}$ et $\cos(\widehat{C}) = \dfrac{4}{5}$ soit $\hat{B} \approx 53{,}1°$ et $\widehat{C} \approx 36{,}9°$.

METHODE 16 : En connaissant un angle et les deux côtés qui l'entourent

■ **Principe**

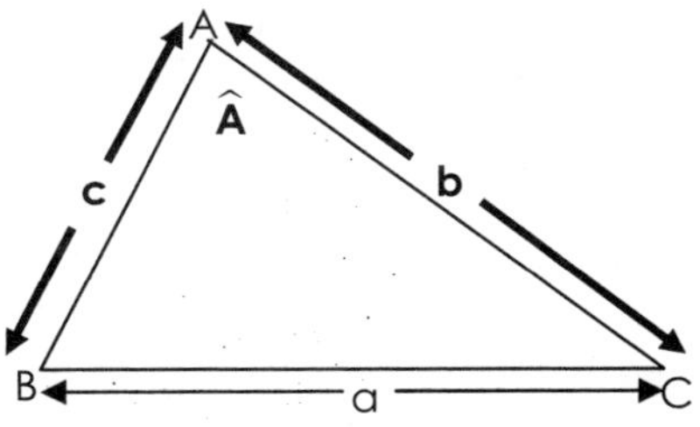

Supposons que l'on connaisse l'angle $\widehat{A}$ entouré des deux côtés b et c, alors on peut connaître le troisième côté a en utilisant la relation d'Al Kashi :

$a^2 = b^2 + c^2 - 2bc \cdot \cos(\hat{A})$ (dont on prend la racine carrée). On est alors ramené à la méthode 15 où les trois côtés a, b et c sont connus.

■ **Exemple :** *Résoudre le triangle MNP où* $\widehat{M} = 60°$, $n = 6$ *et* $p = 4$ *(vous avez vu on change les lettres, ce qui ne change rien aux relations, on adapte...)*

D'après Al Kashi on a : $m^2 = n^2 + p^2 - 2 \cdot n \cdot p \cdot \cos(\widehat{M})$ soit :

$m^2 = 6^2 + 4^2 - 2 \cdot 6 \cdot 4 \cdot \cos(60°) = 36 + 16 - 24 = 28$ d'où $m = \sqrt{28} = 2\sqrt{7}$.

On connaît donc maintenant les trois côtés m, n et p, on va pouvoir calculer les deux angles restants $\hat{N}$ et $\hat{P}$ par la méthode 15.

On a $\cos(\hat{N}) = \dfrac{m^2 + p^2 - n^2}{2mp} = \dfrac{28 + 16 - 36}{2 \cdot 2\sqrt{7} \cdot 4} = \dfrac{8}{16\sqrt{7}} = \dfrac{1}{2\sqrt{7}}$ ce qui donne $\hat{N} \approx 79{,}1°$.

Enfin on trouve $\hat{P} \approx 40{,}9°$ $(180° - 60° - 79{,}1° = 40{,}9°)$.

REMARQUE : En connaissant un angle entouré de deux côtés on peut calculer la surface du triangle ! C'est la formule de l'aire à savoir que la surface S du triangle vaut : $S = \frac{1}{2} bc \sin(\hat{A})$ *ou encore* $S = \frac{1}{2} ac \sin(\hat{B}) = \frac{1}{2} ab \sin(\hat{C})$ *(pas besoin de produit scalaire pour la démontrer, elle était déjà connue des grecs anciens !)*

METHODE 17 : En connaissant un côté et les deux angles qui l'entourent

■ **Principe**

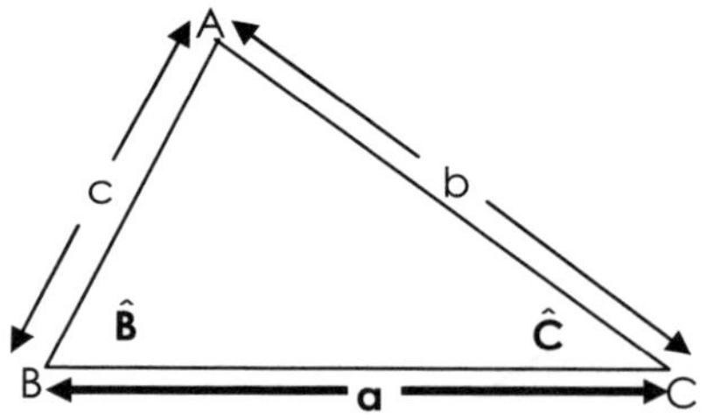

Supposons que l'on connaisse le côté a entouré des deux angles $\hat{B}$ et $\hat{C}$.

On peut tout de suite en déduire l'angle manquant $\hat{A}$ par la relation $\hat{A} + \hat{B} + \hat{C} = 180°$. Une fois que l'on connaît tous les angles on peut en utilisant la Formule des sinus en déduire les côtés b et c puisqu'on a :

$\dfrac{a}{\sin(\hat{A})} = \dfrac{b}{\sin(\hat{B})} = \dfrac{c}{\sin(\hat{C})}$ **(Formule des sinus).**

■ **Exemple :** *Résoudre le triangle* ABC où $\hat{B} = 35°$, $\hat{C} = 60°$ et $a = 5$.

On déduit tout de suite l'angle manquant : $\hat{A} = 85°$ (car $180° - 35° - 60° = 85°$).

En appliquant la Formule des sinus $\dfrac{a}{\sin(\hat{A})} = \dfrac{b}{\sin(\hat{B})} = \dfrac{c}{\sin(\hat{C})}$ on obtient :

$\dfrac{5}{\sin(85°)} = \dfrac{b}{\sin(35°)} = \dfrac{c}{\sin(60°)}$ ce qui donne les deux derniers côtés manquants :

$b = 5 \cdot \dfrac{\sin(35°)}{\sin(85°)} \approx 2{,}9$ et $c = 5 \cdot \dfrac{\sin(60°)}{\sin(85°)} \approx 4{,}3$.

METHODE 18 : Comment mesurer la distance entre deux points sans pouvoir les atteindre ?

■ **Principe**

Voici comment pourrait procéder un géomètre pour connaître la distance CD sur un terrain inaccessible car séparé de lui par un précipice. En choisissant deux points A et B à sa guise il fait cinq relevés : les quatre angles $\widehat{BAD}$, $\widehat{DAC}$, $\widehat{DBC}$, $\widehat{CBA}$ et la distance AB.

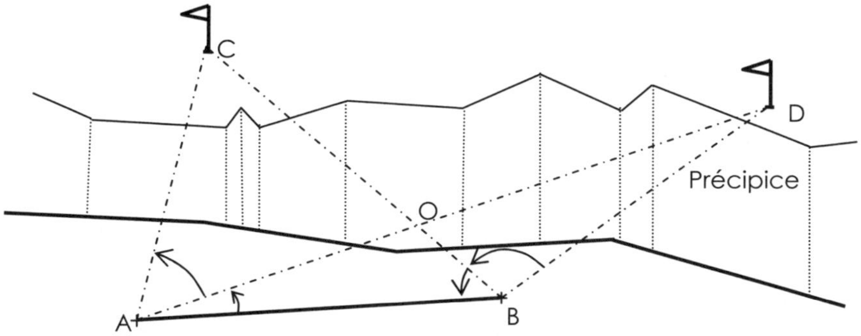

En fait, les quatre angles relevés nous donnent les mesures de tous les autres angles des triangles ABO, ABD et ABC (par déduction).

a) On peut alors, en appliquant la Formule des sinus dans le triangle ABD, calculer AD puisqu'on a : $\dfrac{AD}{\sin(\widehat{ABD})} = \dfrac{AB}{\sin(\widehat{ADB})}$ soit : $AD = AB \cdot \dfrac{\sin(\widehat{ABD})}{\sin(\widehat{ADB})}$.

b) En appliquant une nouvelle fois la Formule des sinus dans le triangle ABC, on peut calculer AC puisqu'on a : $\dfrac{AC}{\sin(\widehat{ABC})} = \dfrac{AB}{\sin(\widehat{ACB})}$ soit : $AC = AB \cdot \dfrac{\sin(\widehat{ABC})}{\sin(\widehat{ACB})}$

c) Enfin en se plaçant dans le triangle ACD, par Al Kashi on peut déduire le côté CD qui nous intéresse, puisqu'on a :

$CD^2 = CA^2 + AD^2 - 2 \cdot CA \cdot AD \cdot \cos\left(\widehat{CAD}\right)$ (et on prend la racine pour conclure).

■ **Exemple :** *Déterminer la distance entre C et D avec les relevés suivants :* $\widehat{DBC} = 95°$, $\widehat{CBA} = 30°$, $\widehat{BAD} = 25°$, $\widehat{DAC} = 50°$ *et* $AB = 20$ (m)

a) On a $\widehat{ABD} = \widehat{CBA} + \widehat{DBC} = 30° + 95° = 125°$ et donc

$\widehat{ADB} = 180° - 125° - 25° = 30°$ ainsi : $AD = AB \cdot \dfrac{\sin\left(\widehat{ABD}\right)}{\sin\left(\widehat{ADB}\right)} = 20 \cdot \dfrac{\sin(125°)}{\sin(30°)} \approx 32{,}8$ (m)

b) On a $\widehat{ACB} = 180° - \widehat{BAD} - \widehat{DAC} - \widehat{CBA} = 180° - 25° - 50° - 30° = 75°$ d'où :

$$AC = AB \cdot \frac{\sin\left(\widehat{ABC}\right)}{\sin\left(\widehat{ACB}\right)} = 20 \cdot \frac{\sin(30°)}{\sin(75°)} \approx 10{,}4 \text{ (m)}$$

c) On a d'après Al Kashi, $CD^2 = CA^2 + AD^2 - 2 \cdot CA \cdot AD \cdot \cos\left(\widehat{CAD}\right)$ soit :

$$CD^2 = \left(20 \cdot \frac{\sin(30°)}{\sin(75°)}\right)^2 + \left(20 \cdot \frac{\sin(125°)}{\sin(30°)}\right)^2 - 2 \cdot 20 \cdot \frac{\sin(30°)}{\sin(75°)} \cdot 20 \cdot \frac{\sin(125°)}{\sin(30°)} \cdot \cos(50°)$$

soit : $CD^2 \approx 744{,}7$ et $CD \approx 27{,}3$ (m).

Réflexes

	SITUATIONS	REFLEXES
1.	Déterminer l'équation d'une droite (d) définie par un point A et un vecteur normal $\vec{n}$	Utiliser l'orthogonalité de $\overrightarrow{AM}$ et $\vec{n}$ où $M\begin{pmatrix} x \\ y \end{pmatrix} \in (d)$.
2.	Montrer que deux droites sont orthogonales	▪ Prendre pour chacune un vecteur directeur et montrer que leur produit scalaire est nul. ▪ Prendre pour chacune un vecteur normal et montrer que leur produit scalaire est nul.
3.	Déterminer une équation de cercle	▪ Soit déterminer le centre et le rayon et remplacer dans la formule. ▪ Soit déterminer deux points A et B diamétralement opposés et utiliser le produit scalaire $\overrightarrow{MA} \cdot \overrightarrow{MB} = 0$.
4.	Comment déterminer un cercle à partir de son équation	Utiliser deux fois la mise sous forme canonique de manière à retomber sur une équation de la forme : $(x - x_0)^2 + (y - y_0)^2 = r^2$.

5.	Montrer que deux vecteurs sont orthogonaux	Utiliser la formule d'orthogonalité : $xx' + yy' = 0$.
6.	Déterminer l'angle de deux vecteurs	Calculer par $xx' + yy'$, puis par la formule du cosinus $\|\vec{u}\| \times \|\vec{v}\| \times \cos(\vec{u}, \vec{v})$ et comparer, faire une figure pour trouver $(\vec{u}, \vec{v})$.
7.	Simplifier une expression trigonométrique	Utiliser les formules d'addition ou de duplication.
8.	Déterminer de nouvelles lignes trigonométriques	Utiliser les formules d'addition ou de linéarisation.
9.	Résoudre un triangle	Cela n'est possible que dans les trois situations suivantes : a) On connaît les trois côtés : on utilise Al Kashi. b) On connaît un angle entouré de deux côtés : on utilise Al Kashi pour se ramener au cas a). c) On connaît un côté entouré de deux angles : on utilise la Formule des sinus.
10.	Mesurer une distance	Apprêtez-vous à résoudre un ou plusieurs triangles. Vérifiez que vous avez bien utilisé toutes les données !

Astuces

■ Révisez bien le chapitre 14 sur les angles car il est important d'être à l'aise avec toute la trigonométrie (cosinus, sinus,...) pour bien comprendre ce chapitre.

■ Apprenez à bien écrire Al Kashi, nom d'origine persane (la Perse étant anciennement un pays commun à l'Iran et l'Irak d'aujourd'hui) car les erreurs d'orthographe sur ce nom sont fréquentes et ça fait mauvais effet sur une copie ou un devoir. Si vous avez moins de problème avec l'orthographe grecque, sachez que les relations d'Al Kashi portent aussi le nom de relations de Pythagore généralisées...

■ Les vecteurs normaux sont d'une grande importance et c'est surtout dans l'espace (c'est-à-dire en 3D) que vous allez vous en apercevoir quand vous serez en Terminale. En effet, cette année vous avez vu que $\vec{n}\begin{pmatrix} a \\ b \end{pmatrix}$ était un vecteur normal de la droite $(d): ax + by + c = 0$ et que pour montrer que deux droites $(d): ax + by + c = 0$ et $(d'): a'x + b'y + c' = 0$ étaient orthogonales, on montrait que $\vec{n}\begin{pmatrix} a \\ b \end{pmatrix}$ et $\vec{n}'\begin{pmatrix} a' \\ b' \end{pmatrix}$ avaient un produit scalaire nul.

Et bien dans l'espace c'est pareil (ou presque), pour montrer que deux plans $(P): ax+by+cz+d=0$ et $(P'): a'x+b'y+c'z+d'=0$ sont orthogonaux, on montre que leurs vecteurs normaux $\vec{n}\begin{pmatrix}a\\b\\c\end{pmatrix}$ et $\vec{n}'\begin{pmatrix}a'\\b'\\c'\end{pmatrix}$ ont un produit scalaire nul.

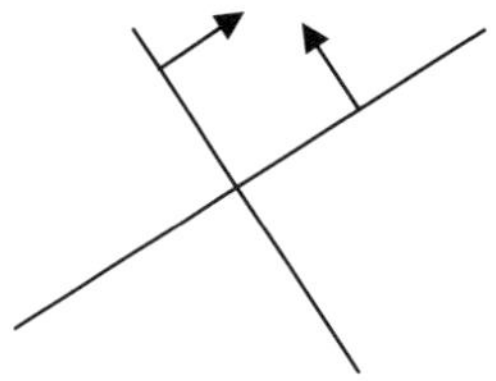

Dans le plan

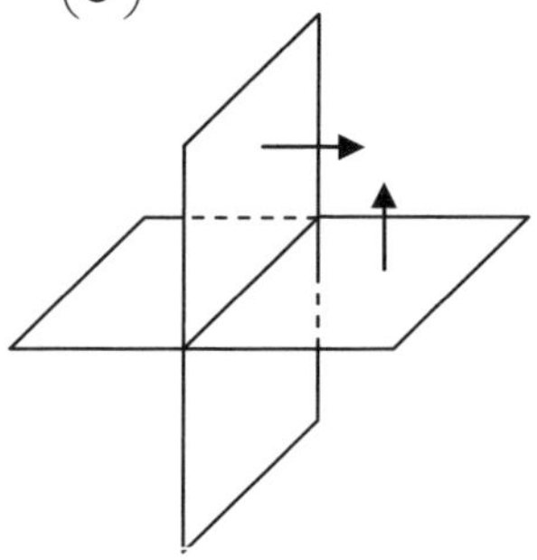

Dans l'espace

■ Avant Johannes Kepler (1571-1630, astronome et mathématicien allemand), on pensait que les orbites des planètes étaient des cercles (avec des équations du type $(x-x_0)^2+(y-x_0)^2-r^2=0$). En fait, c'est faux (mais il fallut un certain temps avant de s'en apercevoir), car il s'agit bel et bien d'ellipses (des ovales si vous voulez) qui, elles, admettent des équations du type : $\frac{(x-x_0)^2}{a^2}+\frac{(y-y_0)^2}{b^2}-1=0$). Les ellipses, que décrivent les planètes du système solaire, possèdent, à la différence des cercles, mieux qu'un centre : deux foyers dont l'un est occupé par le soleil. Il aura fallu attendre le génie de Kepler (s'appuyant sur les travaux de Copernic (1473-1543)) pour le réaliser. Merci à toi, Johannes... (quand on pense que pour gagner sa vie, il établissait des horoscopes : il faut dire qu'à l'époque, l'Astronomie ne permettait pas de correctement gagner sa vie, par contre bien des monarques étaient prêts à payer de grosses sommes pour des prévisions astrologiques faites par des gens qui connaissaient si bien le ciel...)

■ Dans l'histoire des sciences, résoudre des triangles a permis (entre autres) de mesurer (dès l'antiquité !) la distance terre-lune et la distance terre-soleil puis ensuite (sur une période qui s'étendit de la fin du règne de Louis XVI, jusqu'au Premier Empire) la détermination du dix-millionième de méridien terrestre qui permit d'unifier les mesures en créant le mètre étalon (vous pouvez le voir au 36 rue de Vaugirard, Paris VI). Ce mètre étalon a permis d'avoir enfin une unité de mesure commune pour tous, internationalement admise encore aujourd'hui ! Si vous voulez savoir comment les astronomes Delambre et Méchain s'y sont pris pour le déterminer, rendez-vous à l'exercice 8 ! Au musée des arts et métiers de Paris, un étage entier est consacré aux instruments de mesures scientifiques (dont des instruments de visée astronomique ou géographique utilisant la Trigonométrie !). Vous y verrez aussi un exemplaire de la fameuse Pascaline, première calculatrice au monde, inventée par Blaise Pascal dont vous avez déjà entendu parlé dans le chapitre sur les probabilités.

Un tel musée vous donnera l'éclairage historique qu'il peut manquer dans tout cours de Maths (et des idées pour les TPE !).

Erreurs

■ Le terme de vecteur normal peut prêter à confusion, il n'a rien de normal ni d'anormal, un vecteur normal à une droite est un vecteur qui lui est orthogonal. (Cela aurait été peut être plus simple de l'appeler ainsi d'ailleurs).

■ Quitte à décevoir les amateurs de formules évidentes mais fausses, nous tenons à préciser tout de suite que l'égalité suivante :
$\cos(a+b)=\cos(a)+\cos(b)$ est fausse, archi fausse ! Pour vous en persuader on peut l'appliquer à $a=\frac{\pi}{2}$ et $b=0$ pour obtenir la fameuse égalité $0=0+1$ que vous n'oseriez même pas écrire (enfin on l'espère).

■ L'égalité $\sin(2\alpha)=2\sin(\alpha)$ est fausse, archi fausse (sauf cas très particulier, comme $\alpha=0(2\pi)$ ou $\alpha=\pi(2\pi)$ évidemment). Cela troublait beaucoup le philosophe Voltaire (1694-1778), qui n'était, paraît-il, pas très bon en Maths (pour ne pas dire médiocre, au contraire de l'une de ses maîtresses, la marquise du Châtelet (1706-1749), mathématicienne et physicienne éclairée, traductrice de Newton), il déclarait (dans une lettre de 1736 adressée à Pitot de Launay, académicien des sciences) qu'il ne comprenait pas pourquoi le sinus d'un angle n'était pas proportionnel à l'angle ? (En gros, pourquoi on n'avait pas $\sin(2\alpha)=2\sin(\alpha)$, $\sin(3\alpha)=3\sin(\alpha)$, $\sin(4\alpha)=4\sin(\alpha)$, etc.) On rapporte qu'une fois qu'on lui eut expliqué ce qu'était vraiment un sinus, il voulut compléter son instruction mathématique afin de n'avoir plus de lacunes (quelle humilité, ce Voltaire) notamment auprès de sa maîtresse (tant qu'à faire), la marquise du Châtelet (le nom complet de cette aristocrate éclairée étant : Gabrielle Émilie Le Tonnelier de Breteuil, marquise du Châtelet (1706-1749)). Pour votre information, on vous rappelle la formule qu'il faut connaître (donc la bonne) : $\sin(2\alpha)=2\sin(\alpha)\cos(\alpha)$ qui montre bien que le sinus n'est pas proportionnel à l'angle (puisque $\cos(\alpha)$ varie lui aussi...). Ok ?

■ Les logiciels de calcul formel permettent d'obtenir la plupart des formules qu'on a vues dans ce chapitre, regardez !

Xcas en ligne. Tapez une instruction dans cette console (assistant avec

```
trigexpand(cos(a+b))
```

$\cos(a)\cos(b)-\sin(a)\sin(b)$

Evidemment, ça fait rêver...

■ On ne peut pas résoudre un triangle dont on connaît les trois angles, la simple et bonne raison est qu'il n'y en a pas qu'un seul mais une infinité, tous semblables ! (C'est-à-dire tous de la même forme, à des échelles différentes).

■ Vérifiez sur votre calculatrice que vous êtes bien en mode degré (resp. radian) quand vous manipulez des degrés (resp. radians). Et oui, les erreurs de calculs viennent parfois de là !

■ Ne confondez pas la Formule des sinus ($\frac{a}{\sin(\hat{A})} = \frac{b}{\sin(\hat{B})} = \frac{c}{\sin(\hat{C})}$, qui date de l'Antiquité) avec la Loi des sinus ($n_1 \sin(i_1) = n_2 \sin(i_2)$) ou loi de Snell-Descartes découverte par Willebrord Snell (mathématicien et physicien hollandais, 1580-1626) et René Descartes (mathématicien, physicien et philosophe français, 1596-1650), utilisée en Optique, appelée également Loi de réfraction.

EXERCICES ET CORRIGES

Chapitre 1 :
METHODES DU SECOND DEGRE
EXERCICES & CORRIGES

Exercices

1 Résoudre les équations du second degré suivantes :

1) $x^2-4x+3=0$ 2) $2x^2+6x+3=0$ 3) $-2x^2-4x+2=0$

4) $t^2+4t+3=0$ 5) $-x^2+5x-5=0$ 6) $x^2-\frac{1}{2}x-5=0$

7) $2x^2+3x=0$ 8) $x^2+4x+4=0$ 9) $x^2-x+1=0$

10) $x^2-3x=0$ 11) $10y^2+10y-5=0$ 12) $2x^2-9=0$

13) $x^2+2x=2$ 14) $x^2-\frac{1}{2}x+\frac{1}{16}=0$ 15) $x^2-\frac{1}{2}x=3$

16) $\frac{1}{2}x^2+x-3=0$ 17) $10x^2-5x-10=0$ 18) $\frac{1}{4}x^2+2x-3=0$

19) $3x^2-\frac{1}{2}x-1=0$ 20) $-x^2-4x=-9$ 21) $x^2-\frac{2}{3}x-1=0$

22) $x^2-16x=-64$ 23) $-\frac{1}{2}x^2-x+5=0$ 24) $x^2-x=-2$

25) $x^2-\frac{5}{3}x=6$

2 Factoriser (lorsque cela est possible) les trinômes suivants :

1) $2x^2+8x-10$ 2) x^2-5x+6 3) x^2-x-2

4) $-x^2-8x-3$ 5) $x^2-x+0,5$ 6) $2x^2-4x+2$

7) x^2-8x+1 8) x^2-x 9) t^2-4t+3

10) $2x^2-4x-2$ 11) y^2+4y+2 12) t^2-6t+3

13) $2x^2-12x+8$ 14) x^2+2x+2 15) $x^2-\frac{1}{2}x-3$

16) $t^2-12t+3$ 17) $-x^2+6x+2$ 18) $\frac{1}{2}x^2-6x+3$

19) x^2-4x+2 20) $-2x^2+6x+6$ 21) $-4x^2-8x-4$

22) $-\frac{1}{2}x^2+10x+4$ 23) x^2+6x-3 24) $2x^2-8x+8$

25) x^2+2x

3 Mettre sous forme canonique les trinômes suivants :

1) $x^2+8x+14$ 2) x^2-4x+3 3) $2x^2+8x+2$

4) $2x^2-4x+6$ 5) $2x^2-x+5$ 6) $-2x^2+4x-4$

7) $\frac{1}{2}x^2+2x+3$ 8) $-\frac{1}{2}x^2-4x+2$ 9) x^2-4x

10) $-x^2+3x$ 11) $\frac{1}{2}x^2+x$ 12) $-\frac{1}{2}x^2+\frac{1}{4}x$

13) $0{,}3x^2+0{,}6x$ 14) $4x^2+0{,}8x$ 15) $-3x^2+6x-5$

16) $-4x^2+2x+1$ 17) $-\frac{1}{2}x^2+6x$ 18) $-4x^2+3x$

19) $-\frac{1}{4}x^2+3x+2$ 20) x^2-6x+1 21) $-x^2-x-1$

22) $-5x^2-x-1$ 23) t^2-8t+4 24) $y^2-6y-12$

25) $-\frac{1}{6}x^2+2x-24$

4 Donner le tableau de signes des trinômes suivants :

1) $3x^2+3x-6$ 2) $-3x^2-15x-12$ 3) $-x^2+9$

4) x^2+4x+4 5) $-3x^2+15x-12$ 6) $2x^2-2x+\frac{1}{2}$

7) $-x^2+7x-10$ 8) $-x^2+6x-9$ 9) $-6x^2+22x-12$

10) $-3x^2-3x-\frac{3}{4}$ 11) $3x^2-3x-6$ 12) $\frac{1}{2}x^2+x+\frac{1}{2}$

13) x^2-x+1 14) $-2x^2+x-1$ 15) x^2-5x+6

5 Démontrer que le sommet de la parabole $y=ax^2+bx+c$ a pour sommet le point d'ordonnée $\frac{-\Delta}{4a}$.

6 Résoudre les équations :

a) $x^4-1=0$ b) $(x^2-4)(x^2-2x+5)=0$ c) $x^4-5x^2+6=0$

7 Résoudre l'inéquation $\frac{x^2-3x+1}{x-1}\leq 0$.

8 Les longueurs des côtés d'un triangle rectangle sont trois entiers consécutifs, déterminer ces trois longueurs.

9 **Un problème résolu par Gerbert d'Aurillac (945-1003)**

Dans son ouvrage *De geometria*, Gerbert d'Aurillac (945-1003), le pape de l'an 1000 (il fut élu pape en 999 et prit le nom de Sylvestre II) qui était également un grand mathématicien parvint à résoudre ce problème d'une grande difficulté pour l'époque : trouver les trois côtés d'un triangle rectangle dont on connaît l'hypoténuse et l'aire.

a) En posant e, f et g les côtés du triangle rectangle (prendre g pour l'hypoténuse), et A l'aire du triangle rectangle, montrer que e et f vérifient le système : $\begin{cases} e^2+f^2=g^2 \\ e^2\times f^2=4A^2 \end{cases}$

b) Déterminer une équation du 2nd degré que vérifient e^2 et f^2. En déduire e et f, lorsqu'ils existent.

c) Ecrire une feuille de calcul Excel qui à l'hypoténuse g et à l'aire A associe les dimensions e, f et g du triangle rectangle cherché.

10 **Le puits :** Après avoir jeté un caillou dans un puits (sec), j'entends "*toc*" au bout de 3 secondes. Quelle est la profondeur du puits ? (Indication : la distance x parcourue en fonction du temps t (en s) est donnée par $x(t)=\frac{1}{2}gt^2$ (loi de chute des corps de Galilée (et de Oresme)) où $g \approx 9{,}81\,m \cdot s^{-2}$, et la vitesse du son est de $340\ m \cdot s^{-1}$).

11 **Le messager**
Le général Napoléon Bonaparte (1769-1821) marche en tête d'une armée de 5 km de long avançant à vitesse constante. Soudain, le cavalier fermant la marche aperçoit un éclaireur de l'armée adverse passer derrière lui. Il part avertir le général et une fois arrivé, ce dernier lui donne un ordre de manœuvre pour les hommes fermant la marche. Au moment où le cavalier revient à l'arrière, l'armée a parcouru, elle, exactement 5 km. Quelle est la distance totale parcourue par le messager ?

Note (pour les amateurs d'histoire et d'anecdote) : Il existe une magnifique peinture pouvant illustrer cet exercice "Napoléon et ses maréchaux" par Jean Louis Ernest Meissonnier où l'on voit l'empereur (et plus seulement le général) en tête de son armée, et derrière lui ses maréchaux. Napoléon Bonaparte que (au passage) l'on disait être passionné de Mathématiques (d'ailleurs deux théorèmes portent son nom) à tel point qu'il disposait parmi ses conseillers d'un mathématicien particulier, que les célèbres mathématiciens Monge (1746-1818) et Fourier (1768-1830), l'astronome Méchain (1778-1851) l'accompagnèrent lors de la campagne d'Egypte (1798-1801) (en plus d'autres savants des autres disciplines) et qu'il nommera plus tard, alors empereur, Fourier comme préfet (préfet de l'Isère). Il nommera également le mathématicien, physicien et astronome Laplace (1748-1827, surnommé le "Newton français") ministre de l'intérieur, et le mathématicien physicien Lagrange (1736-1813) sera anobli (comte d'Empire). Bref, Napoléon aimait les mathématique et plus largement les sciences : est-ce dû à sa formation d'artilleur ou à son goût personnel, le mystère reste entier...

12 **Une tablette mésopotamienne du Louvre**
Sur la tablette mésopotamienne AO 8862 du Musée du Louvre (achetée à Bagdad (Irak), en 1922 par l'archéologue français François Thureau-Dangin (1872-1944), cette tablette en forme de prisme remonterait aux temps de la première dynastie babylonienne (2225-1595 av. J.-C.)) on peut lire le problème suivant : "*Un rectangle. J'ai multiplié la longueur par la largeur, j'ai ainsi construit une surface. Ensuite, j'ai ajouté à la surface ce par quoi la longueur dépasse la largeur ; j'ai obtenu 183. Enfin, j'ai ajouté la longueur à la largeur ; j'ai obtenu 27. Que sont la longueur, la largeur et la surface ?*".

Après avoir vérifié qu'en appelant x la longueur et y la largeur (avec $x > y$) le problème se traduisait par le système $\begin{cases} xy + (x - y) = 183 \\ x + y = 27 \end{cases}$, résoudre ce système.

13 **"Olympiadement vôtre"** (exercice posé aux olympiades de Mathématiques). Quelles sont les solutions de cette équation ?

$$x = 1+\cfrac{1}{x}}}}}}}}}}}}}}}}}}}}}}}}}}}}$$

14 **La quadrature de la parabole d'Archimède (287-121 av. J.-C.) et d'Apollonius de Pergé (262-180 av. J.-C.)**

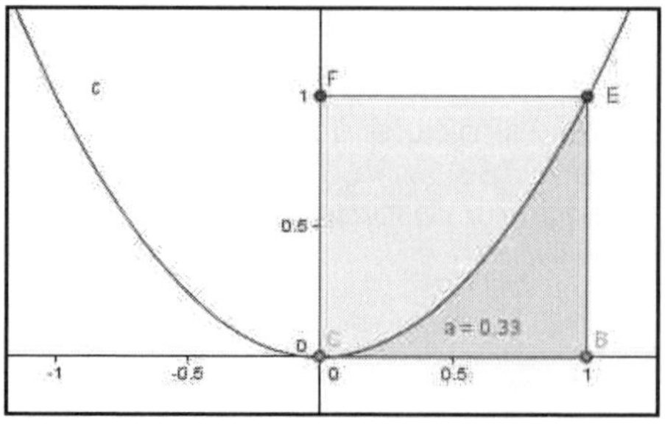

Archimède et Apollonius de Pergé ont découvert que l'aire entre la parabole $y = x^2$ et l'axe des abscisses (pour $0 \leq x \leq 1$) était égale à $\frac{1}{3}$ de l'aire du carré CBEF (donc l'aire sous la parabole est égale à $\frac{1}{3}$ puisque l'aire du carré vaut 1), ce qu'on peut constater avec Geogebra (pour l'aire sous la parabole, il faut écrire dans la ligne de saisie : a=Intégrale[x², 0, 1]).
Le but de l'exercice est d'utiliser pour le confirmer une méthode probabiliste résolument moderne : la **méthode de Monte Carlo** (c'est un quartier de Monaco où on trouve beaucoup de jeux de hasard) mise au point par John Von Neumann (1903-1957), Stanislaw Ulam (1909-1984) et Nicholas Metropolis (1915-1999) (La méthode de Monte Carlo a été utilisée en Physique des particules pour la conception de la bombe atomique américaine, pendant la seconde guerre mondiale). L'idée est toute simple : on tire au hasard des points dans le carré CBEF (avec la fonction alea()), et on compte ceux qui parmi eux se trouvent sous la parabole (après on calcule sa proportion).
a) Ecrire une feuille de calcul Excel permettant de simuler la méthode de Monte Carlo pour estimer l'aire sous la parabole.
b) Ecrire un algorithme permettant de simuler la méthode de Monte Carlo pour estimer l'aire sous la parabole.
c) Confirmez-vous la découverte d'Archimède et d'Apollonius de Pergé.
Note : vous reverrez la méthode de Monte Carlo en Terminale, alors investissez-vous dès maintenant !

15 **Un rectangle**
Un rectangle a pour aire 54. L'un de ses côtés mesure 3 de plus que l'autre. Déterminer les dimensions de ce rectangle.

16 Déterminer l'équation d'une parabole de sommet $S\begin{pmatrix} 2 \\ -2 \end{pmatrix}$ et qui coupe l'axe des abscisses pour $x = 1$ et $x = 3$.

17 **Equation, inéquations**
a) A l'aide d'un logiciel de géométrie dynamique, résoudre de manière approchée l'équation $x^2 - 3x + 1 = 0$. On donnera des valeurs approchées des solutions au centième près. En déduire les ensembles solutions des inéquations $x^2 - 3x + 1 > 0$ et $x^2 - 3x + 1 \leq 0$.
b) Comparer vos résultats avec une résolution de manière exacte (utilisant le discriminant).

18 **Equation, inéquations**
a) A l'aide d'un logiciel de géométrie dynamique, résoudre de manière approchée l'équation $x^2 - 5x + 7 = -x^2 + 5$. On donnera des valeurs approchées au dixième près. En déduire les ensembles solutions des inéquations $x^2 - 5x + 7 < -x^2 + 5$ et $x^2 - 5x + 7 \geq -x^2 + 5$.
b) Comparer vos résultats avec une résolution de manière exacte (utilisant le discriminant).

Corrigés

1 Méthode utilisée : 7.

Equation	Δ	Ensemble solution
1) $x^2-4x+3=0$	4	$S=\{1;3\}$
2) $2x^2+6x+3=0$	12	$S=\left\{\frac{-3-\sqrt{3}}{2};\frac{-3+\sqrt{3}}{2}\right\}$
3) $-2x^2-4x+2=0$	32	$S=\{-1-\sqrt{2};-1+\sqrt{2}\}$
4) $t^2+4t+3=0$	4	$S=\{-3;-1\}$
5) $-x^2+5x-5=0$	5	$S=\left\{\frac{5-\sqrt{5}}{2};\frac{5+\sqrt{5}}{2}\right\}$
6) $x^2-\frac{1}{2}x-5=0$	$\frac{81}{4}$	$S=\left\{-2;\frac{5}{2}\right\}$
7) $2x^2+3x=0$	9	$S=\left\{-\frac{3}{2};0\right\}$
8) $x^2+4x+4=0$	0	$S=\{-2\}$
9) $x^2-x+1=0$	-3	$S=\varnothing$
10) $x^2-3x=0$	9	$S=\{0;3\}$
11) $10y^2+10y-5=0$	300	$S=\left\{\frac{-1-\sqrt{3}}{2};\frac{-1+\sqrt{3}}{2}\right\}$
12) $2x^2-9=0$	72	$S=\left\{-\frac{3\sqrt{2}}{2};\frac{3\sqrt{2}}{2}\right\}$
13) $x^2+2x=2$	12	$S=\{-\sqrt{3}-1;\sqrt{3}-1\}$
14) $x^2-\frac{1}{2}x+\frac{1}{16}=0$	0	$S=\left\{\frac{1}{4}\right\}$
15) $x^2-\frac{1}{2}x=3$	$\frac{49}{4}$	$S=\left\{-\frac{3}{2};2\right\}$
16) $\frac{1}{2}x^2+x-3=0$	7	$S=\{-1-\sqrt{7};-1+\sqrt{7}\}$
17) $10x^2-5x-10=0$	425	$S=\left\{\frac{1-\sqrt{17}}{4};\frac{1+\sqrt{17}}{4}\right\}$
18) $\frac{1}{4}x^2+2x-3=0$	7	$S=\{-4-2\sqrt{7};-4+2\sqrt{7}\}$
19) $3x^2-\frac{1}{2}x-1=0$	$\frac{49}{4}$	$S=\left\{-\frac{1}{2};\frac{2}{3}\right\}$
20) $-x^2-4x=-9$	52	$S=\{-2-\sqrt{13};-2+\sqrt{13}\}$

21) $x^2 - \frac{2}{3}x - 1 = 0$	$\frac{40}{9}$	$S = \left\{\frac{1-\sqrt{10}}{3}; \frac{1+\sqrt{10}}{3}\right\}$
22) $x^2 - 16x = -64$	0	$S = \{8\}$
23) $-\frac{1}{2}x^2 - x + 5 = 0$	11	$S = \{-1-\sqrt{11}; -1+\sqrt{11}\}$
24) $x^2 - x = -2$	–7	$S = \varnothing$
25) $x^2 - \frac{5}{3}x = 6$	$\frac{241}{9}$	$S = \left\{\frac{5-\sqrt{241}}{6}; \frac{5+\sqrt{241}}{6}\right\}$

2 **Méthode utilisée : 11.**

Trinôme	Δ	Racine(s)	Factorisation
1) $2x^2 + 8x - 10$	144	–5 et 1	$2(x+5)(x-1)$
2) $x^2 - 5x + 6$	1	2 et 3	$(x-2)(x-3)$
3) $x^2 - x - 2$	9	–1 et 2	$(x-2)(x+1)$
4) $-x^2 - 8x - 3$	52	$-4-\sqrt{13}$ et $-4+\sqrt{13}$	$-(x+4-\sqrt{13})(x+4+\sqrt{13})$
5) $x^2 - x + 0{,}5$	–1	Pas de racine	$x^2 - x + 0{,}5$
6) $2x^2 - 4x + 2$	0	1 (double)	$2(x-1)^2$
7) $x^2 - 8x + 1$	60	$4-\sqrt{15}$ et $4+\sqrt{15}$	$(x+-4-\sqrt{15})(x-4+\sqrt{15})$
8) $x^2 - x$	1	0 et 1	$x(x-1)$
9) $t^2 - 4t + 3$	4	1 et 3	$(t-3)(t-1)$
10) $2x^2 - 4x - 2$	32	$1-\sqrt{2}$ et $1+\sqrt{2}$	$2(x-1-\sqrt{2})(x-1+\sqrt{2})$
11) $y^2 + 4y + 2$	8	$-2-\sqrt{2}$ et $-2+\sqrt{2}$	$(y+2-\sqrt{2})(y+2+\sqrt{2})$
12) $t^2 - 6t + 3$	24	$3-\sqrt{6}$ et $3+\sqrt{6}$	$(t-3-\sqrt{6})(t-3+\sqrt{6})$
13) $2x^2 - 12x + 8$	80	$3-\sqrt{5}$ et $3+\sqrt{5}$	$2(x-3-\sqrt{5})(x-3+\sqrt{5})$
14) $x^2 + 2x + 2$	–4	Aucune	$x^2 + 2x + 2$
15) $x^2 - \frac{1}{2}x - 3$	$\frac{25}{2}$	$-\frac{3}{2}$ et 2	$(x-2)\left(x+\frac{3}{2}\right)$
16) $t^2 - 12t + 3$	132	$6-\sqrt{33}$ et $6+\sqrt{33}$	$(t-6-\sqrt{33})(t-6+\sqrt{33})$
17) $-x^2 + 6x + 2$	44	$3-\sqrt{11}$ et $3+\sqrt{11}$	$-(x-3-\sqrt{11})(x-3+\sqrt{11})$
18) $\frac{1}{2}x^2 - 6x + 3$	30	$6-\sqrt{30}$ et $6+\sqrt{30}$	$\frac{1}{2}(x-6-\sqrt{30})(x-6+\sqrt{30})$
19) $x^2 - 4x + 2$	8	$2-\sqrt{2}$ et $2+\sqrt{2}$	$(x-2-\sqrt{2})(x-2+\sqrt{2})$
20) $-2x^2 + 6x + 6$	84	$\frac{3-\sqrt{21}}{2}$ et $\frac{3+\sqrt{21}}{2}$	$-2\left(x-\frac{3+\sqrt{21}}{2}\right)\left(x-\frac{3-\sqrt{21}}{2}\right)$

21) $-4x^2-8x-4$	0	-1 (double)	$-4(x+1)^2$
22) $-\frac{1}{2}x^2+10x+4$	108	$10-6\sqrt{3}$ et $10+6\sqrt{3}$	$-\frac{1}{2}\left(x-10-6\sqrt{3}\right)\left(x-10+6\sqrt{3}\right)$
23) x^2+6x-3	48	$-3-2\sqrt{3}$ et $-3+2\sqrt{3}$	$\left(x+3-2\sqrt{3}\right)\left(x+3+2\sqrt{3}\right)$
24) $2x^2-8x+8$	0	2	$2(x-2)^2$
25) x^2+2x	4	-2 et 0	$x(x+2)$

3 **Méthode utilisée : 1.**

Trinôme	Mise sous forme canonique	Trinôme	Mise sous forme canonique
1) $x^2+8x+14$	$(x+4)^2-2$	14) $4x^2+0{,}8x$	$4(x+0{,}1)^2-0{,}04$
2) x^2-4x+3	$(x-2)^2-1$	15) $-3x^2+6x-5$	$-3(x-1)^2-2$
3) $2x^2+8x+2$	$2(x+2)^2-6$	16) $-4x^2+2x+1$	$-4\left(x-\frac{1}{4}\right)^2+\frac{5}{4}$
4) $2x^2-4x+6$	$2(x-1)^2+4$	17) $-\frac{1}{2}x^2+6x$	$-\frac{1}{2}(x-6)^2+18$
5) $2x^2-x+5$	$2\left(x-\frac{1}{4}\right)^2+\frac{39}{8}$	18) $-4x^2+3x$	$-4\left(x-\frac{3}{8}\right)^2+\frac{9}{16}$
6) $-2x^2+4x-4$	$-2(x-1)^2-2$	19) $-\frac{1}{4}x^2+3x+2$	$-\frac{1}{4}(x-6)^2+11$
7) $\frac{1}{2}x^2+2x+3$	$\frac{1}{2}(x+2)^2+1$	20) x^2-6x+1	$(x-3)^2-8$
8) $-\frac{1}{2}x^2-4x+2$	$-\frac{1}{2}(x+4)^2+10$	21) $-x^2-x-1$	$-\left(x+\frac{1}{2}\right)^2-\frac{3}{4}$
9) x^2-4x	$(x-2)^2-4$	22) $-5x^2-x-1$	$-5\left(x+\frac{1}{10}\right)^2-\frac{19}{20}$
10) $-x^2+3x$	$-\left(x-\frac{3}{2}\right)^2+\frac{9}{4}$	23) t^2-8t+4	$(t-4)^2-12$
11) $\frac{1}{2}x^2+x$	$\frac{1}{2}(x+1)^2-\frac{1}{2}$	24) $y^2-6y-12$	$(y-3)^2-21$
12) $-\frac{1}{2}x^2+\frac{1}{4}x$	$-\frac{1}{2}\left(x-\frac{1}{4}\right)^2+\frac{1}{32}$	25) $-\frac{1}{6}x^2+2x-24$	$-\frac{1}{6}(x-6)^2-18$
13) $0{,}3x^2+0{,}6x$	$0{,}3(x+1)^2-0{,}3$		

4 **Méthode utilisée : 13.**

1) $3x^2+3x-6$

x	$-\infty$		-2		1		$+\infty$
$3x^2+3x-6$		+	0	−	0	+	

2) $-3x^2-15x-12$

x	$-\infty$		-4		-1		$+\infty$
$-3x^2-15x-12$		−	0	+	0	−	

3) $-x^2+9$

x	$-\infty$		-3		3		$+\infty$
$-x^2+9$		−	0	+	0	−	

4) x^2+4x+4

x	$-\infty$		-2		$+\infty$
x^2+4x+4		+	0	+	

5) $-3x^2+15x-12$

x	$-\infty$		1		4		$+\infty$
$-3x^2+15x-12$		−	0	+	0	−	

6) $2x^2-2x+\frac{1}{2}$

x	$-\infty$		$\frac{1}{2}$		$+\infty$
$2x^2-2x+\frac{1}{2}$		+	0	+	

7) $-x^2+7x-10$

x	$-\infty$		2		5		$+\infty$
$-x^2+7x-10$		−	0	+	0	−	

8) $-x^2+6x-9$

x	$-\infty$		3		$+\infty$
$-x^2+6x-9$		−	0	−	

9) $-6x^2+22x-12$

x	$-\infty$		$\frac{2}{3}$		3		$+\infty$
$-6x^2+22x-12$		−	0	+	0	−	

10) $-3x^2-3x-\frac{3}{4}$

x	$-\infty$		$-\frac{1}{2}$		$+\infty$
$-3x^2-3x-\frac{3}{4}$		−	0	−	

11) $3x^2-3x-6$

x	$-\infty$		-1		2		$+\infty$
$3x^2-3x-6$		+	0	−	0	+	

12) $\frac{1}{2}x^2+x+\frac{1}{2}$

x	$-\infty$		-1		$+\infty$
$\frac{1}{2}x^2+x+\frac{1}{2}$		$+$	0	$+$	

13) x^2-x+1

x	$-\infty$		$+\infty$
x^2-x+1		$+$	

14) $-2x^2+x-1$

x	$-\infty$		$+\infty$
$-2x^2+x-1$		$-$	

15) x^2-5x+6

x	$-\infty$		2		3		$+\infty$
x^2-5x+6		$+$	0	$-$	0	$+$	

5 **Méthode utilisée : 5.**

La parabole $y=ax^2+bx+c$ a pour sommet S d'abscisse $x_S=\frac{-b}{2a}$ (ça c'est le cours) et donc pour ordonnée $y_S=a\left(-\frac{b}{2a}\right)^2+b\left(\frac{-b}{2a}\right)+c$ (Bah oui, puisque le point appartient à la courbe, il doit vérifier l'équation $y_S=ax_S{}^2+bx_S+c$).

On a donc :

$$y_S=a\left(-\frac{b}{2a}\right)^2+b\left(\frac{-b}{2a}\right)+c=a\frac{b^2}{4a^2}-\frac{b^2}{2a}+c=\frac{b^2}{4a}-\frac{2b^2}{4a}+\frac{4ac}{4a}=\frac{b^2-2b^2+4ac}{4a}$$

$$=\frac{-b^2+4ac}{4a}=\frac{-\left(b^2-4ac\right)}{4a}=\frac{-\Delta}{4a}$$ ce qu'il fallait démontrer.

6 **Méthode utilisée : 7.**

a) C'est très simple il suffit pour commencer de reconnaître une identité remarquable $x^4-1=0 \Leftrightarrow \left(x^2\right)^2-1^2=0 \Leftrightarrow \left(x^2-1\right)\left(x^2+1\right)=0$ ce qui amène à résoudre : $(x-1)(x+1)\left(x^2+1\right)=0$. On a : $S=\{-1;1\}$ car $x^2+1>0$ pour tout x.

b) On a : $\left(x^2-4\right)\left(x^2-2x+5\right)=0 \Leftrightarrow \begin{cases} x^2-4=0 \\ x^2-2x+5=0 \end{cases}$. Or $x^2-4=0 \Leftrightarrow \begin{cases} x=2 \\ \text{ou} \\ x=-2 \end{cases}$ et $x^2-2x+5=0$ n'admet pas de solution $(\Delta=-16)$ donc : $S=\{-2;2\}$.

c) On pose $X=x^2$ et l'équation $x^4-5x^2+6=0$ devient : $X^2-5X+6=0$.

Or $X^2 - 5X + 6 = 0 \Leftrightarrow \begin{cases} X = 2 \\ \text{ou} \\ X = 3 \end{cases}$. Ce qui, puisque $X = x^2$, équivaut à : $\begin{cases} x^2 = 2 \\ \text{ou} \\ x^2 = 3 \end{cases}$ et donc : $S = \left\{-\sqrt{2};\sqrt{2};-\sqrt{3};\sqrt{3}\right\}$.

7 **Méthode utilisée : 13.**

Pour résoudre une équation du type : $\dfrac{x^2 - 3x + 1}{x - 1} \leq 0$, rien ne vaut un tableau de signes, et donc d'étudier au préalable les signes de $x^2 - 3x + 1$ et de $x - 1$ (évident).

$x^2 - 3x + 1$ admet comme racines $x_1 = \dfrac{3 - \sqrt{5}}{2}$ et $x_2 = \dfrac{3 + \sqrt{5}}{2}$, ce qui donne d'après le théorème du signe du trinôme (méthode 10) :

x	$-\infty$		$\frac{3-\sqrt{5}}{2}$		1		$\frac{3+\sqrt{5}}{2}$		$+\infty$
$x^2 - 3x + 1$		+	0	−		−	0	+	
$x - 1$		−		−	0	+		+	
$\dfrac{x^2 - 3x + 1}{x - 1}$		−	0	+	‖	−	0	+	

D'où $S = \left]-\infty;\dfrac{3 - \sqrt{5}}{2}\right] \cup \left]1;\dfrac{3 + \sqrt{5}}{2}\right]$.

8 **Méthode utilisée : 19.**

Bien, soit x la longueur du plus petit côté (le plus grand étant l'hypoténuse) alors les deux autres sont $x + 1$ et $x + 2$ (puisque ce sont des entiers consécutifs) donc l'hypoténuse mesure $x + 2$. Le triangle étant rectangle, d'après Pythagore on a : $(x + 2)^2 = (x + 1)^2 + x^2$ soit : $x^2 + 4x + 4 = x^2 + 2x + 1 + x^2$ soit : $x^2 - 2x - 3 = 0$, équation du second degré qui admet pour solutions : $x_1 = -1$ (que l'on ne prend pas car une longueur doit être positive) et $x_2 = 3$.

En conclusion les trois côtés sont $x = 3$, $x + 1 = 4$ et $x + 2 = 5$: ce qui forme bien un triangle rectangle d'après la réciproque de Pythagore car $3^2 + 4^2 = 5^2$.

9 **Méthode utilisée : 18.**

a)

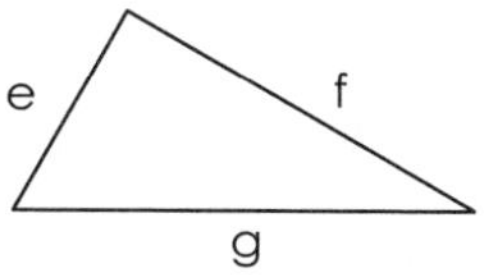

Soit e, f et g les côtés du triangle rectangle avec g pour hypoténuse.

D'après le théorème de Pythagore, on a : $g^2 = e^2 + f^2$.

L'aire du triangle vaut ($\frac{\text{base} \times \text{hauteur}}{2}$) $A = \frac{e \times f}{2}$.

L'énoncé nous demande de trouver e et f connaissant g (l'hypoténuse) et A (l'aire). Le système $\begin{cases} g^2 = e^2 + f^2 \\ A = \frac{e \times f}{2} \end{cases}$ équivaut à $\begin{cases} e^2 + f^2 = g^2 \\ e \times f = 2A \end{cases}$ soit : $\begin{cases} e^2 + f^2 = g^2 \\ e^2 \times f^2 = 4A^2 \end{cases}$.

b)

$$\begin{cases} e^2 + f^2 = g^2 \\ e^2 \times f^2 = 4A^2 \end{cases} \Leftrightarrow \begin{cases} f^2 = g^2 - e^2 \\ e^2 \times f^2 = 4A^2 \end{cases} \Leftrightarrow \begin{cases} f^2 = g^2 - e^2 \\ e^2 \times \left(g^2 - e^2\right) = 4A^2 \end{cases} \Leftrightarrow \begin{cases} f^2 = g^2 - e^2 \\ \left(e^2\right)^2 - g^2 e^2 + 4A^2 = 0 \end{cases}$$

(car $e^4 = \left(e^2\right)^2$) e^2 est donc solution de l'équation du 2nd degré $x^2 - g^2 x + 4A^2 = 0$. Résolvons cette équation :

On a $\begin{cases} a = 1 \\ b = -g^2 \\ c = 4A^2 \end{cases}$ d'où $\Delta = b^2 - 4ac = (-g^2)^2 - 4 \cdot 1 \cdot 4A^2 = g^4 - 16A^2$.

Bien, maintenant il faut faire bien gaffe, comme $\Delta = g^4 - 16A^2$.

1er cas : Si $g^4 - 16A^2 < 0$ (c'est-à-dire si $g^4 < 16A^2$) alors $\Delta < 0$ et il n'y a pas de solution, donc pas de triangle à trouver.

2e cas : Si $g^4 - 16A^2 = 0$ (c'est-à-dire si $g^4 = 16A^2$) alors $\Delta = 0$ et il y a une solution double :

$x_0 = \frac{-b}{2a} = \frac{g^2}{2}$. Conclusion, on a $e^2 = \frac{g^2}{2}$ (soit $e = \frac{g}{\sqrt{2}}$) et $f^2 = \frac{g^2}{2}$ (car $f^2 = g^2 - e^2$, soit $f = \frac{g}{\sqrt{2}}$), ce qui nous donne le triangle rectangle isocèle :

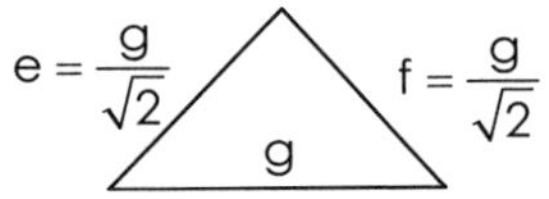

3e cas : Si $g^4 - 16A^2 > 0$ (c'est-à-dire si $g^4 > 16A^2$) alors on a deux solutions :

$$x_1 = \frac{-b - \sqrt{\Delta}}{2a} = \frac{g^2 - \sqrt{g^4 - 16A^2}}{2} \text{ et } x_2 = \frac{-b + \sqrt{\Delta}}{2a} = \frac{g^2 + \sqrt{g^4 - 16A^2}}{2}.$$

Conclusion, $e^2 = \frac{g^2 - \sqrt{g^4 - 16A^2}}{2}$ et $f^2 = \frac{g^2 + \sqrt{g^4 - 16A^2}}{2}$ (car $f^2 = g^2 - e^2$) ou l'inverse) soit : $e = \sqrt{\frac{g^2 - \sqrt{g^4 - 16A^2}}{2}}$ et $f = \sqrt{\frac{g^2 + \sqrt{g^4 - 16A^2}}{2}}$ (ou l'inverse).

Ce qui nous donne le triangle rectangle :

$e = \sqrt{\frac{g^2 - \sqrt{g^4 - 16A^2}}{2}}$ 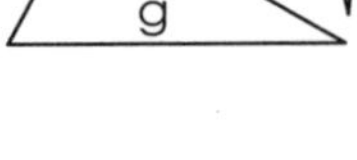 $f = \sqrt{\frac{g^2 + \sqrt{g^4 - 16A^2}}{2}}$

c)

	A	B	C	D	E	F
1	Données			Les trois côtés sont :		
2	Hypoténuse g	Aire A	Delta	e	f	g
3	5	6	49	3	4	5
4	13	30	14161	5	12	13
5	1,414213562	0,5	0	1	1	1,41421356
6	1	3	-143	impossible	impossible	1

Dans C3, on écrit =A3^4-16*B3^2
Dans D3, on écrit =SI(C3>=0;RACINE((A3^2-RACINE(C3))/2);"impossible")
Dans E3, on écrit =SI(C3>=0;RACINE((A3^2+RACINE(C3))/2);"impossible")
Dans F3, on écrit =A3.
Bien, il n'y a plus qu'à donner des valeurs à l'hypoténuse g (dans A3) et à l'aire A (dans B3) puis les calculs se font tout seul !
REMARQUE : Gerbert d'Aurillac était un homme tellement brillant (en Sciences, en Théologie, en Philosophie) qu'on soupçonnait de lui qu'il ait signé un pacte avec le diable (ce type de croyance était très fréquent à l'époque mais pour un pape c'était plus rare...). Plus sérieusement, il marque une étape fondamentale de l'histoire des sciences européennes : en effet par ses rapports étroits avec l'Espagne où s'était diffusée la science arabe, il ramena la technique de numération décimale (les chiffres indo arabes et le zéro) en France (ce que fera également Fibonacci (voir chapitre sur les suites), mais plus tard, au XIIIe siècle, en Italie), convaincu de la supériorité de ce système de numération sur la numération romaine (tenez essayez pour voir d'additionner deux nombres romains, voire pire de les multiplier : c'est la bonne grosse galère, alors qu'avec le système décimal c'est beaucoup plus simple : même un petit écolier sait le faire !).

10 **Méthode utilisée : 19.**

Entre le moment où on lâche le caillou et le moment où l'on entend le "*toc*", il s'est passé deux choses :

1) le caillou fait une chute jusqu'au fonds du puits, cela dure t_1 secondes ;

2) le "toc" remonte du fond du puits à nos oreilles, cela dure t_2 secondes.

Le tout durant 3 secondes, on obtient l'équation : $t_1 + t_2 = 3$.

Or, si on appelle d la profondeur du puits, on a : $d = x(t_1) = \frac{1}{2} g t_1^2$ soit $t_1 = \sqrt{\frac{2d}{g}}$.

De même, $d = 340 \cdot t_2$ (le bruit remonte le puits) soit $t_2 = \frac{d}{340}$.

Ainsi : $\sqrt{\frac{2d}{g}} + \frac{d}{340} = 3$ qui est une équation d'inconnue d. Transformons la :

$$\sqrt{\frac{2d}{g}} + \frac{d}{340} = 3 \Leftrightarrow \sqrt{\frac{d}{4,9}} + \frac{d}{340} = 3 \Leftrightarrow \frac{1}{\sqrt{4,9}}\sqrt{d} + \frac{1}{340}\left(\sqrt{d}\right)^2 = 3$$

(car $d > 0$ donc $\left(\sqrt{d}\right)^2 = d$).

On doit donc résoudre une équation du 2nd degré d'inconnue $\sqrt{d}$:

$$(E): \frac{1}{340}\left(\sqrt{d}\right)^2 + \frac{1}{\sqrt{4,9}}\sqrt{d} - 3 = 0 . \begin{cases} a = \dfrac{1}{340} \\ b = \dfrac{1}{\sqrt{4,9}} \\ c = -3 \end{cases}$$ on trouve : $\Delta \approx 0,239376$ et donc

deux solutions (après calculs) : $\begin{cases} \sqrt{d_1} \approx 6,37614 \\ \sqrt{d_2} \approx -159,97(\text{absurde}) \end{cases}$ soit : $d \approx 40,66\ (m)$.

11 Méthode utilisée : 19.

Intéressant, intéressant ce genre de problème, d'un point de vue militaire pour les vitesses d'exécution de manœuvre... Bien, soit V_1 la vitesse de l'armée et V_2 celle du cavalier. Bien sûr $V_2 > V_1$. Soit t la durée du trajet aller et t' la durée du trajet retour, bien sûr $t > t'$. Pour le trajet aller : on a : $V_2t = 5 + V_1t$, car la distance parcourue par le cavalier vaut la longueur de l'armée (5 Km) plus celle parcourue par Bonaparte pendant ce même temps (V_1t). Pour le trajet retour : on a : $V_2t' = 5 - V_1t'$ car la distance parcourue par le cavalier vaut la longueur de l'armée, retranchée de la distance parcourue par les hommes fermant la marche qui vont en fait à sa rencontre.

Enfin, $V_2(t + t') = 5$ puisque pendant cet aller retour durant au total $t + t'$, l'armée a, elle, imperturbablement marché 5 Km.

Ce qui nous fait donc trois équations : $\begin{cases} V_2t = 5 + V_1t \\ V_2t' = 5 - V_1t' \\ V_2(t + t') = 5 \end{cases}$.

Pour l'instant on ne voit toujours pas le lien avec les équations du deuxième degré mais regardez bien : $\begin{cases} V_2t = 5 + V_1t \\ V_2t' = 5 - V_1t' \\ V_1(t + t') = 5 \end{cases} \Leftrightarrow \begin{cases} t = \dfrac{5}{V_2 - V_1} \\ t' = \dfrac{5}{V_2 + V_1} \\ t + t' = \dfrac{5}{V_1} \end{cases}$

ce qui donne :

$$\frac{5}{V_2 - V_1} + \frac{5}{V_2 + V_1} = \frac{5}{V_1} \Leftrightarrow \frac{1}{V_2 - V_1} + \frac{1}{V_2 + V_1} = \frac{1}{V_1} \Leftrightarrow \frac{V_2 + V_1}{V_2^2 - V_1^2} + \frac{V_2 - V_1}{V_2^2 - V_1^2} = \frac{1}{V_1}$$ soit :

$$\frac{2V_2}{V_2^2 - V_1^2} = \frac{1}{V_1} \Leftrightarrow 2V_2V_1 = V_2^2 - V_1^2 \Leftrightarrow V_2^2 - 2V_2V_1 - V_1^2 = 0 \Leftrightarrow \left(\frac{V_2}{V_1}\right)^2 - 2\left(\frac{V_2}{V_1}\right) - 1 = 0$$

La voilà notre équation du second degré, d'inconnue $\frac{V_2}{V_1}$. Après calcul de Δ,

etc., on trouve : $\begin{cases} \frac{V_2}{V_1} = 1+\sqrt{2} \\ \text{ou} \\ \frac{V_2}{V_1} = 1-\sqrt{2} \text{ (absurde)} \end{cases}$ d'où : $V_2 = \left(1+\sqrt{2}\right)V_1$

Enfin, la distance totale parcourue par le cavalier vaut $d = V_2(t+t')$ ce qui donne : $d = \left(1+\sqrt{2}\right)\cdot V_1 \cdot (t+t') = \left(1+\sqrt{2}\right)\cdot V_1 \cdot \frac{5}{V_1} = 5\cdot\left(1+\sqrt{2}\right) \approx 12{,}07$ (km).

12 **Méthode utilisée : 18.**

Si x est la longueur et y la largeur (avec $x > y$) alors la surface vaut xy. $x-y$ représente "ce par quoi la longueur dépasse la largeur". Pour obtenir 183, on ajoute $x-y$ à xy ce qui donne la première équation : $xy+(x-y)=183$.

La deuxième équation est évidente.

Bien, résolvons maintenant le système $\begin{cases} xy+(x-y)=183 \\ x+y=27 \end{cases}$.

En utilisant la 2e ligne, on exprime y en fonction de x : $x+y=27$ donne $y=27-x$, expression qu'on réinjecte dans la 1re ligne, $xy+(x-y)=183$ devient alors : $x(27-x)+(x-(27-x))=183$ soit : $x(27-x)+(2x-27)=183$ soit : $27x-x^2+2x-27=183$ soit : $-x^2+29x-210=0$, équation du 2nd degré qu'on résout sans aucun problème !

$\begin{cases} a=-1 \\ b=29 \\ c=-210 \end{cases}$ d'où $\Delta = b^2-4ac = 29^2-4\cdot(-1)\cdot(-210) = 841-840 = 1$

$\Delta > 0$ donc $-x^2+29x-210=0$ admet deux solutions :

$x_1 = \frac{-b-\sqrt{\Delta}}{2a} = \frac{-29-\sqrt{1}}{2\cdot(-1)} = \frac{-30}{-2} = 15$ et $x_2 = \frac{-b+\sqrt{\Delta}}{2a} = \frac{-29+\sqrt{1}}{2\cdot(-1)} = \frac{-28}{-2} = 14$.

Une fois qu'on a x, il faut calculer les valeurs de y associées, sachant que $y=27-x$, on obtient $x_1=15$ et $y_1=27-15=12$ et $x_2=14$ et $y_2=27-14=13$.

Vérification : avec $x_1=15$ et $y_1=12$, on a bien :

$\begin{cases} x_1y_1+(x_1-y_1)=15\times12+(15-12)=180+3=183 \\ x_1+y_1=27 \end{cases}$

Avec $x_2=14$ et $y_2=13$, on a bien :

$\begin{cases} x_2y_2+(x_2-y_2)=14\times13+(14-13)=182+1=183 \\ x_1+y_1=27 \end{cases}$

REMARQUE : Sur la tablette, à la suite, on peut voir une méthode de résolution proposée par les babyloniens. Cette tablette comme d'autres conservées dans plusieurs musées d'Europe témoignent que ce peuple (il y a plus de 4000 ans !) maîtrisait déjà bien l'algèbre et notamment la résolution des équations du second degré. Balaise pour l'époque, n'est-ce pas ?

13 **Méthode utilisée : 19.**

Très amusant n'est-ce pas, avec 29 fois le même procédé. Pour résoudre le problème, il y a la méthode bourrin qui consiste à tout réduire au même dénominateur, mais il faut être courageux, très courageux ! (le bourrin est de nature courageuse)

Il y a une méthode plus astucieuse : on s'aperçoit que si au lieu d'écrire 29 fois la même chose, on ne l'écrit que deux fois, on obtient l'énoncé :

Résoudre $x = 1+\dfrac{1}{1+\dfrac{1}{x}}$ qui se ramène à : $x=\dfrac{2x+1}{x+1}$ soit l'équation du second degré : $x^2-x-1=0$. Pour trois fois, on obtient l'énoncé :

Résoudre $x = 1+\dfrac{1}{1+\dfrac{1}{1+x}}$ soit résoudre $x=1+\dfrac{1}{\dfrac{2x+1}{x+1}}=1+\dfrac{x+1}{2x+1}=\dfrac{3x+2}{2x+1}$ ce qui nous ramène une nouvelle fois à résoudre l'équation du second degré $x^2-x-1=0$ (comme par hasard). Ainsi, de proche en proche, on peut affirmer que l'équation donnée se ramène à l'équation du second degré : $x^2-x-1=0$ qui admet deux solutions : $\dfrac{1+\sqrt{5}}{2}$ et $\dfrac{1-\sqrt{5}}{2}$. Et voilà !

14

a)

	A	B	C	D	E
1	x	y			F9
2	0,01004272	0,73591309	0	0	0
3			Val theo	0,33	

Dans la cellule A2, on écrit =ALEA(). Dans B2, on écrit =ALEA().
Dans C2, on écrit =C2+SI(B2<A2^2;1;0). Dans D2, on écrit =C2/E2.
Dans E2, on écrit =E2+1.
Ensuite, on va dans : Options Excel (cliquer sur le bouton rond « Windows », en haut à gauche)>Formules>Activer le calcul itératif (cocher)>Nombre maximal d'itération 1>OK. Et c'est parti !

	A	B	C	D	E
1	x	y			F9
2	0,0366267	0,91110148	442	0,33233083	1331
3			Val theo	0,33	

On peut constater qu'on trouve bien $\dfrac{1}{3}$. La méthode de Monte Carlo a bien confirmé le résultat d'Archimède et d'Apollonius de Pergé.

b)

```
▼ VARIABLES
  ├─ x EST_DU_TYPE NOMBRE
  ├─ y EST_DU_TYPE NOMBRE
  ├─ i EST_DU_TYPE NOMBRE
  ├─ Nb_simulations EST_DU_TYPE NOMBRE
  └─ Dessous EST_DU_TYPE NOMBRE
▼ DEBUT_ALGORITHME
  ├─ Dessous PREND_LA_VALEUR 0
  ├─ LIRE Nb_simulations
  ▼ POUR i ALLANT_DE 1 A Nb_simulations
    ├─ DEBUT_POUR
    ├─ x PREND_LA_VALEUR random()
    ├─ y PREND_LA_VALEUR random()
    ▼ SI (y<pow(x,2)) ALORS
      ├─ DEBUT_SI
      ├─ Dessous PREND_LA_VALEUR Dessous+1
      └─ FIN_SI
    └─ FIN_POUR
  ├─ Dessous PREND_LA_VALEUR Dessous/Nb_simulations
  └─ AFFICHER Dessous
└─ FIN_ALGORITHME
```

En lançant l'algorithme pour Nb_simulations = 100000, on trouve 0,33249 (soit $\frac{1}{3}$) Cela confirme le résultat d'Archimède et d'Apollonius. Une question me taraude : avaient-ils à leur disposition un tableur ou un algorithme ? Ah, suis-je bête : les seuls outils dont-ils disposaient à l'époque étaient un simple bâton et de la terre battue qu'ils jetaient sur le sol pour dessiner : ah le génie grec, c'est quelque chose !

15 **Méthode utilisée : 19.**

Soit x la longueur du petit côté, alors l'autre mesure $x+3$. On doit donc résoudre l'équation $x(x+3)=54$ (bah oui, l'aire d'un rectangle vaut longueur$\times$largeur).

$x(x+3)=54 \Leftrightarrow x^2+3x=54 \Leftrightarrow x^2+3x-54=0$. $\begin{cases} a=1 \\ b=3 \\ c=-54 \end{cases}$ donc :

$\Delta=b^2-4ac=3^2-4\times1\times(-54)=9+216=225$

Il y deux solutions : $x_1=\frac{-b-\sqrt{\Delta}}{2a}=\frac{-3-\sqrt{225}}{2}=\frac{-3-15}{2}=\frac{-18}{2}=-9$ (à exclure puisque x est une longueur) et $x_1=\frac{-b+\sqrt{\Delta}}{2a}=\frac{-3+\sqrt{225}}{2}=\frac{-3+15}{2}=\frac{12}{2}=6$.

La petite longueur mesure 6 et l'autre mesure 9, le rectangle a donc bien pour aire 54.

16 **Méthodes utilisées : 5, 4.**

1re manière (la plus immédiate) : on utilise la forme $y=a(x-\alpha)^2+\beta$, parabole de sommet $S\begin{pmatrix}\alpha\\ \beta\end{pmatrix}$. Avec $S\begin{pmatrix}2\\ -2\end{pmatrix}$, on a $\begin{cases}\alpha=2\\ \beta=-2\end{cases}$ ce qui donne l'équation : $y=a(x-2)^2-2$.

Comme la courbe coupe l'axe des abscisses pour $x=1$ (cela veut dire qu'on a $y=0$ pour $x=1$), on obtient : $0=a(1-2)^2-2$ soit $0=a(-1)^2-2$ soit $0=a-2$ soit $a=2$. L'autre point ne sert à rien puisqu'on a fini (c'est tout l'avantage d'utiliser la forme $y = a(x-\alpha)^2 + \beta$, ça va super vite) : l'équation de la parabole cherchée est donc : $y = 2(x-2)^2 - 2$ soit :

$y = 2\left(x^2 - 4x + 4\right) - 2 = 2x^2 - 8x + 8 - 2 = 2x^2 - 8x + 6$.

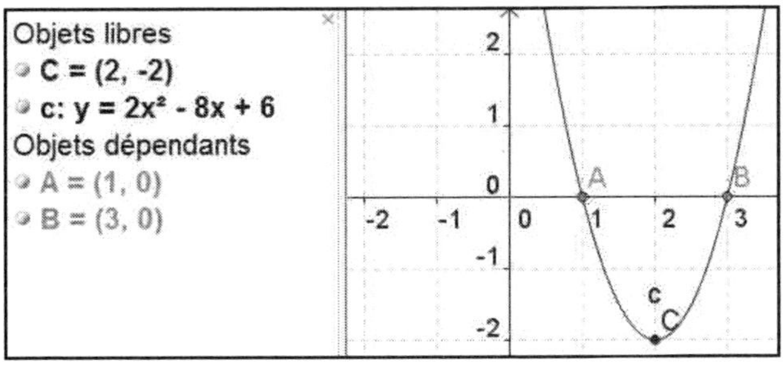

2e manière : On utilise la forme $y = ax^2 + bx + c$.

Comme $S\begin{pmatrix} 2 \\ -2 \end{pmatrix}$ appartient à la courbe, on a : $-2 = 4a + 2b + c$ (car les coordonnées de S vérifient l'équation $y = ax^2 + bx + c$).

Comme la courbe coupe l'axe des abscisses pour $x = 1$, on a : $0 = a + b + c$ (car on a le point de coordonnées $\begin{pmatrix} 1 \\ 0 \end{pmatrix}$ qui appartient à la courbe et à l'axe des abscisses). Comme elle coupe aussi l'axe des abscisses pour $x = 3$, on a : $0 = 9a + 3b + c$ (car le point de coordonnées $\begin{pmatrix} 3 \\ 0 \end{pmatrix}$ appartient à la courbe et à l'axe des abscisses).

Conclusion : on doit résoudre le système $\begin{cases} -2 = 4a + 2b + c \\ 0 = a + b + c \\ 0 = 9a + 3b + c \end{cases}$ (C'est là qu'on apprécie la 1re méthode, bien plus simple). On va résoudre ce système de 3 équations à 3 inconnues avec le logiciel de Calcul formel Xcas :

```
resoudre_systeme_lineaire([4*a+2*b+c=-2, a+b+c=0, 9*a+3*b+c=0], [a,b,c])
                                    [2, -8, 6]
```

Et on retrouve bien : $y = 2x^2 - 8x + 6$, mais c'est moins facile n'est-ce pas ?

17 **Méthode utilisée : 15.**

a) On trouve, après avoir rentré dans la ligne de saisie $y = x \wedge 2 - 3 * x + 1$ et après avoir construit les points d'intersection A et B de la courbe et de l'axe des abscisses :

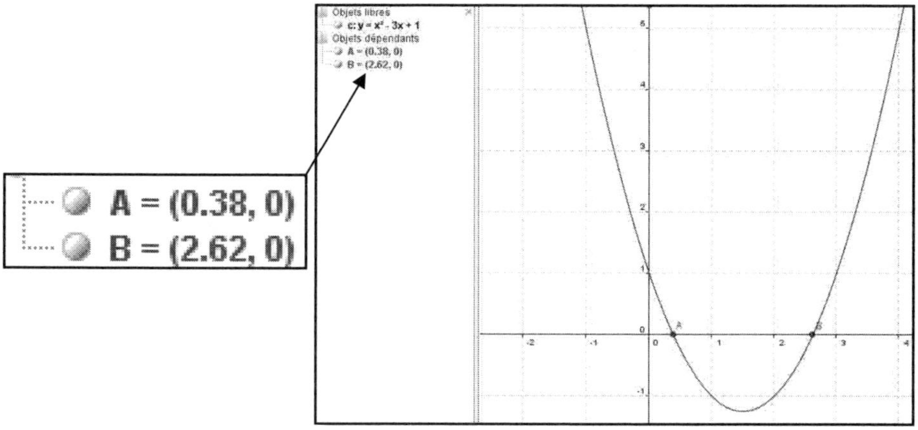

Les solutions approchées de l'équation $x^2-3x+1=0$ sont donc 0,38 et 2,62 (au centième près) : ce sont les abscisses des points d'intersection A et B.
On en déduit facilement $S=\left]-\infty;0,38\right[\cup\left]2,62;+\infty\right[$ pour $x^2-3x+1>0$ (C_f est au-dessus de l'axe des abscisses) et $S=\left[0,38;2,62\right]$ pour $x^2-3x+1\leq 0$ (C_f est au-dessous de l'axe des abscisses).

b) Déterminons les racines du trinôme $x \to x^2-3x+1$. On a $\begin{cases} a=1 \\ b=-3 \\ c=1 \end{cases}$, et

$\Delta=b^2-4ac=(-3)^2-4\times1\times1=9-4=5$ d'où les racines :

$x_1=\dfrac{-b-\sqrt{\Delta}}{2a}=\dfrac{-(-3)-\sqrt{5}}{2\times1}=\dfrac{3-\sqrt{5}}{2}\approx 0,38$ et

$x_2=\dfrac{-b+\sqrt{\Delta}}{2a}=\dfrac{-(-3)+\sqrt{5}}{2\times1}=\dfrac{3+\sqrt{5}}{2}\approx 2,62$.

D'après le théorème du signe du trinôme, on a :

x	$-\infty$		$\frac{3-\sqrt{5}}{2}$		$\frac{3+\sqrt{5}}{2}$		$+\infty$
x^2-3x+1		$+$	0	$-$	0	$+$	

Ces résultats sont cohérents avec ce que trouve Geogebra.

18 **Méthode utilisée : 15.**
a) On trouve, après avoir rentré dans la ligne de saisie $y=x\wedge2-5*x+7$ puis $y=-x\wedge2+5$ et après avoir construit les points d'intersection A et B des deux courbes.

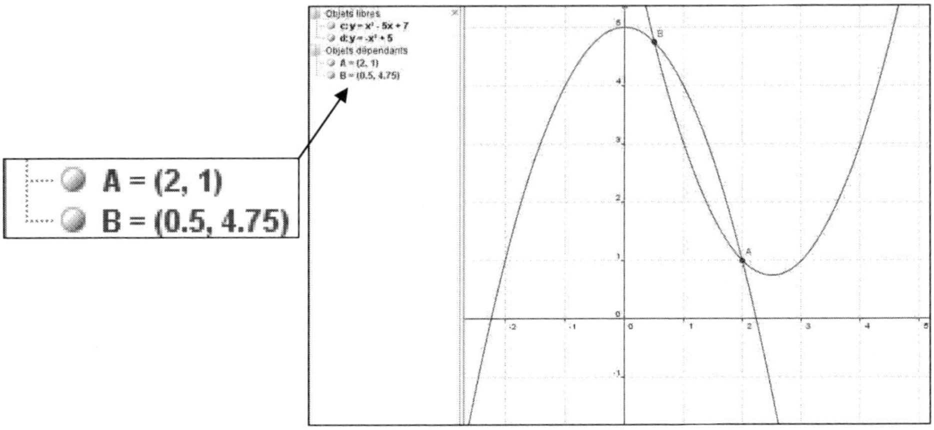

Les solutions de l'équation $x^2-5x+7=-x^2+5$ sont donc 0,5 et 2 (les solutions ont l'air de tomber juste puisque Géogébra qui est paramétré pour arrondir au centième près) : ce sont les abscisses des points d'intersection A et B, des deux courbes.

On en déduit facilement $S=]0,5;2[$ pour $x^2-5x+7<-x^2+5$ et

et $S=]-\infty;0,5]\cup[2;+\infty[$ pour $x^2-5x+7\geq -x^2+5$.

b) On a : $x^2-5x+7=-x^2+5 \Leftrightarrow 2x^2-5x+2=0$.

De même $x^2-5x+7<-x^2+5 \Leftrightarrow 2x^2-5x+2<0$

(et $x^2-5x+7\geq -x^2+5 \Leftrightarrow 2x^2-5x+2\geq 0$), tout revient donc à étudier les racines et le signe du trinôme $2x^2-5x+2$.

On a $\begin{cases} a=2 \\ b=-5 \\ c=2 \end{cases}$, et $\Delta=b^2-4ac=(-5)^2-4\times 2\times 2=25-16=9$ d'où les racines :

$x_1=\dfrac{-b-\sqrt{\Delta}}{2a}=\dfrac{-(-5)-\sqrt{9}}{2\times 2}=\dfrac{5-3}{4}=\dfrac{2}{4}=0,5$ et

$x_2=\dfrac{-b+\sqrt{\Delta}}{2a}=\dfrac{-(-5)+\sqrt{9}}{2\times 2}=\dfrac{5+3}{4}=\dfrac{8}{4}=2$

D'après le théorème du signe du trinôme, on a :

x	$-\infty$		0,5		2		$+\infty$
$2x^2-5x+2$		+	0	−	0	+	

Ces résultats sont cohérents avec ce que trouve Geogebra puisque :

- pour $x\in\{0,5;2\}$, $2x^2-5x+2=0$ soit $x^2-5x+7=-x^2+5$;
- pour $x\in]0,5;2[$, $2x^2-5x+2<0$ soit $x^2-5x+7<-x^2+5$;
- pour $x\in]-\infty;0,5]\cup[2;+\infty[$, $2x^2-5x+2\geq 0$ soit $x^2-5x+7\geq -x^2+5$.

Chapitre 2 :
METHODES SUR LES FONCTIONS
EXERCICES & CORRIGES

Exercices

1 Déterminer : a) $|-3|+|4-6|$ b) $|2-7|$ c) $|(-3)\cdot(7)|$ d) $0,2\cdot|5x-6|$

2 Résoudre : a) $|x-3|=2$ b) $|2x|=6$ c) $|-2x|=0,5$
d) $|x+4|=1$ e) $|x|\leq 3$ f) $|x|\geq 4$ g) $|x|>6,2$
h) $|3x-1|>1$ i) $|x+3|\leq 6$ j) $|x-1|<5$ k) $|x+0,5|<2$
l) $|x-3|\geq 1$

3 Déterminer un encadrement de $\sqrt{x}$ dans les cas suivants :
a) $16<x<25$ b) $8<x<24$ c) $0,25<x<1$

4 Pour chacune des fonctions suivantes, déterminer leur ensemble de définition :
a) $u : x \to u(x)=\sqrt{5-3x}$ b) $v : x \to v(x)=\dfrac{1}{\sqrt{x-2}}$ c) $w : x \to w(x)=\dfrac{1}{x^2-2}$

5 Déterminer le sens de variation des fonctions suivantes :
a) $x \to -x^2+3$ b) $x \to \dfrac{1}{x-2}+1$ c) $x \to \sqrt{3-3x}$
d) $x \to \dfrac{-1}{x^2+2}$ (sur l'intervalle $[-2;3]$)

Corrigés

1 **Méthode utilisée : 1.**
a) $|-3|+|4-6|=3+|-2|=3+2=5$ b) $|2-7|=|-5|=5$
c) $|(-3)\cdot(7)|=|-21|=21$ d) $0,2\cdot|5x-6|=|0,2|\cdot|5x-6|=|0,2\cdot(5x-6)|=|x-1,2|$

2 **Méthode utilisée : 5.**
a) $|x-3|=2 \Leftrightarrow \begin{cases} x-3=2 \\ \text{ou} \\ x-3=-2 \end{cases} \Leftrightarrow \begin{cases} x=5 \\ \text{ou} \\ x=1 \end{cases}$ b) $|2x|=6 \Leftrightarrow \begin{cases} 2x=6 \\ \text{ou} \\ 2x=-6 \end{cases} \Leftrightarrow \begin{cases} x=3 \\ \text{ou} \\ x=-3 \end{cases}$

c) $|-2x| = 0,5 \Leftrightarrow \begin{cases} -2x = 0,5 \\ \text{ou} \\ -2x = -0,5 \end{cases} \Leftrightarrow \begin{cases} x = -0,25 \\ \text{ou} \\ x = 0,25 \end{cases}$ d) $|x+4| = 1 \Leftrightarrow \begin{cases} x+4 = 1 \\ \text{ou} \\ x+4 = -1 \end{cases} \Leftrightarrow \begin{cases} x = -3 \\ \text{ou} \\ x = -5 \end{cases}$

e) $|x| \leq 3 \Leftrightarrow -3 \leq x \leq 3$ f) $|x| \geq 4 \Leftrightarrow \begin{cases} x \geq 4 \\ \text{ou} \\ x \leq -4 \end{cases}$ g) $|x| > 6,2 \Leftrightarrow \begin{cases} x > 6,2 \\ \text{ou} \\ x < -6,2 \end{cases}$

h) $|3x-1| > 1 \Leftrightarrow \begin{cases} 3x-1 > 1 \\ \text{ou} \\ 3x-1 < -1 \end{cases} \Leftrightarrow \begin{cases} 3x > 2 \\ \text{ou} \\ 3x < 0 \end{cases} \Leftrightarrow \begin{cases} x > \dfrac{2}{3} \\ \text{ou} \\ x < 0 \end{cases}$

i) $|x+3| \leq 6 \Leftrightarrow -6 \leq x+3 \leq 6 \Leftrightarrow -9 \leq x \leq 3$ j) $|x-1| < 5 \Leftrightarrow -5 < x-1 < 5 \Leftrightarrow -4 < x < 6$

k) $|x+0,5| < 2 \Leftrightarrow -2 < x+0,5 < 2 \Leftrightarrow -2,5 < x < 1,5$ l) $|x-3| \geq 1 \Leftrightarrow \begin{cases} x-3 \geq 1 \\ \text{ou} \\ x-3 \leq -1 \end{cases} \Leftrightarrow \begin{cases} x \geq 4 \\ \text{ou} \\ x \leq 2 \end{cases}$

3 **Méthode utilisée : 9.**

a) $4 < \sqrt{x} < 5$ b) $2\sqrt{2} < \sqrt{x} < 2\sqrt{6}$ c) $0,5 < \sqrt{x} < 1$

4 **Méthodes utilisées : 14, 16.**

a) $D_v = \left]-\infty; \dfrac{5}{3}\right]$ b) $D_v =]2;+\infty[$ c) $D_w = \mathbb{R} \setminus \{-\sqrt{2};\sqrt{2}\}$

5 **Méthodes utilisées : 11, 12, 13, 15, 17, 18.**

a)

x	$-\infty$		0		$+\infty$
$x \to x^2$		↘	0	↗	
$x \to -x^2$		↗	0	↘	
$x \to -x^2+3$		↗	3	↘	

b)

x	$-\infty$		2		$+\infty$
$x \to x-2$		↗	0	↗	
$x \to \dfrac{1}{x-2}$		↘	‖	↘	
$x \to \dfrac{1}{x-2}+1$		↘	‖	↘	

c)

x	$-\infty$		1
$x \to 3-3x$		↘	0
$x \to \sqrt{3-3x}$		↘	0

d)

x	-2		0		3
$x \to x^2+2$	6	↘	2	↗	11
$x \to \dfrac{1}{x^2+2}$	$\dfrac{1}{6}$	↗	$0,5$	↘	$\dfrac{1}{11}$
$x \to \dfrac{-1}{x^2+2}$	$-\dfrac{1}{6}$	↘	$-0,5$	↗	$-\dfrac{1}{11}$

Chapitre 3 :
METHODES DE DERIVATION
EXERCICES & CORRIGES

Exercices

1 Déterminer (s'ils existent) avec la limite du taux d'accroissement les nombres dérivés suivants :

a) $f'(0)$ où $f : x \to f(x) = x^2 + x$ b) $g'(2)$ où $g : x \to g(x) = -x^2 + x - 1$.

2 Démontrer à l'aide de la limite du taux d'accroissement, les formules :

a) $(uv)' = u'v + uv'$ **(ROC)** b) $(u^2)' = 2uu'$ c) $\left(\frac{1}{v}\right)' = \frac{-v'}{v^2}$ d) $\left(\frac{u}{v}\right)' = \frac{u'v - uv'}{v^2}$.

3 Déterminer graphiquement les nombres dérivés : $f'(-1)$, $f'\left(\frac{1}{2}\right)$, $f'(1)$.

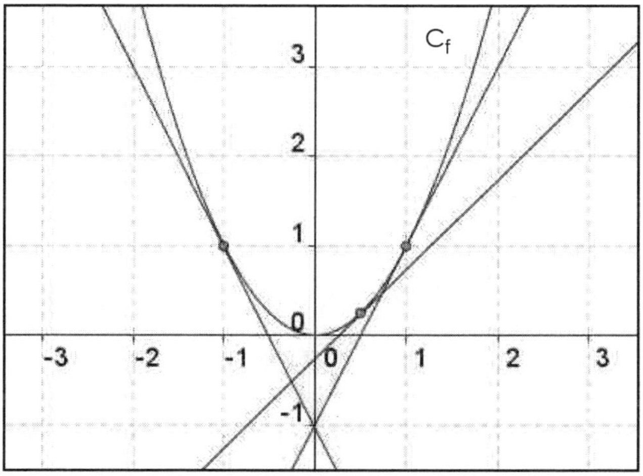

4 Pour chacune des fonctions suivantes, déterminer la fonction dérivée après avoir déterminé l'intervalle de dérivation I :

a) $a : x \to a(x) = x^2 + \frac{2}{x}$ b) $b : x \to b(x) = \frac{x+3}{x+2}$

c) $c : x \to c(x) = \left(\frac{1-x}{1+x}\right)^2$ d) $d : x \to d(x) = x\sqrt{x}$

5 Entraînement aux calculs de dérivées

Pour chacune des fonctions, donner l'intervalle de dérivation I, et la fonction dérivée.

Fonction à dériver	Fonction à dériver	Fonction à dériver
$f_1(x) = 2x + 3x^3 - 5$	$f_{26}(x) = 1 + 3\sqrt{x}$	$f_{51}(x) = -3,1 + 2x$
$f_2(x) = \dfrac{6x}{x^2+1}$	$f_{27}(x) = x + 4$	$f_{52}(x) = 2x^8$
$f_3(x) = 2x - \dfrac{1}{x}$	$f_{28}(x) = x^2 \cdot \sqrt{x}$	$f_{53}(x) = \left(\dfrac{1}{x+2}\right)^2$
$f_4(x) = -x + 3 + \dfrac{1}{x^2}$	$f_{29}(x) = 5\sqrt{x}$	$f_{54}(x) = \dfrac{1}{x+a}$
$f_5(x) = \dfrac{x^2}{x+1}$	$f_{30}(x) = \left(x^2 - 4\right)^2$	$f_{55}(t) = vt + x_0$
$f_6(x) = 5x^2 - 3x - 6,1$	$f_{31}(x) = \dfrac{1-x}{5-x}$	$f_{56}(t) = \dfrac{k}{t-1}$
$f_7(x) = -x^2 - \sqrt{x} + \dfrac{2}{x}$	$f_{32}(x) = \dfrac{1-x^2}{4-x}$	$f_{57}(x) = \dfrac{a}{x+2}$
$f_8(x) = \dfrac{x^2+1}{x^2-4}$	$f_{33}(x) = \left(x^2 - 3\right)\sqrt{x}$	$f_{58}(x) = \dfrac{-16}{x+3}$
$f_9(x) = x^3 - 3x$	$f_{34}(x) = 5$	$f_{59}(x) = x^2 - 6x + 5$
$f_{10}(x) = (-3x+1)^2$	$f_{35}(x) = \dfrac{6}{x-2}$	$f_{60}(x) = -\dfrac{1}{2}x^2 + 6x$
$f_{11}(x) = \dfrac{1}{3}x^3 + \dfrac{1}{2}x^2$	$f_{36}(x) = \dfrac{-6}{x+2}$	$f_{61}(x) = -x^2 + x$
$f_{12}(x) = x + \dfrac{1}{x}$	$f_{37}(x) = \dfrac{1}{x^2+2}$	$f_{62}(x) = \dfrac{1}{x}(x+1)$
$f_{13}(x) = \dfrac{3x+2}{2x}$	$f_{38}(x) = \dfrac{1}{3}x^3 - 3x$	$f_{63}(x) = \dfrac{-x}{2x-2}$
$f_{14}(x) = \dfrac{1}{\sqrt{x}} + 3x^2$	$f_{39}(x) = ax^2 + bx + c$	$f_{64}(x) = \dfrac{ax+b}{cx+d}$
$f_{15}(x) = \dfrac{1+x}{1-x}$	$f_{40}(t) = 2t + 5$	$f_{65}(x) = \dfrac{k}{ax+b}$
$f_{16}(x) = \dfrac{1+x^2}{1-x^2}$	$f_{41}(t) = 5t^2$	$f_{66}(x) = ax^3 + \dfrac{1}{2}bx^2$
$f_{17}(x) = \dfrac{-4}{1+x}$	$f_{42}(t) = \dfrac{1}{2}gt^2$	$f_{67}(x) = ax + b$
$f_{18}(x) = x\left(x^2 + 5\right)$	$f_{43}(x) = x \cdot \dfrac{1}{x-3}$	$f_{68}(x) = -ax^2 + bx$
$f_{19}(x) = (x+3)\left(x^2 - 5\right)$	$f_{44}(x) = x(2x+3)$	$f_{69}(x) = -3x^7 + \dfrac{2}{x}$

$f_{20}(x)=x^2(x+3)$	$f_{45}(x)=(x-3)^2$	$f_{70}(x)=2\sqrt{x}+3,1x$
$f_{21}(x)=\sqrt{x}\cdot x^3$	$f_{46}(x)=(2x+5)^2$	$f_{71}(x)=(x-2)(x-3)^2$
$f_{22}(x)=-\frac{9}{2}x^2+5x$	$f_{47}(x)=(-2x+1)^2$	$f_{72}(x)=(2x-5)(2x+3)$
$f_{23}(x)=\frac{1}{3}x^2-(5x+1)$	$f_{48}(x)=(x-5)^2$	$f_{73}(x)=\frac{3}{-2x+5}$
$f_{24}(x)=\frac{-3}{x+3}$	$f_{49}(x)=-3(2x-5)^2$	$f_{74}(x)=\frac{3x}{2x-0,5}$
$f_{25}(x)=(x-2)(x-2)$	$f_{50}(x)=-(5x+1)$	$f_{75}(x)=10\sqrt{x}$

6 a) On considère $f:x\to f(x)=\frac{x^2}{x^2+1}$ et $g:x\to g(x)=\frac{-1}{x^2+1}$. Calculer leurs dérivées, que remarquez-vous ? Comment l'expliquer ?

b) Même question avec $f:x\to f(x)=\frac{x}{x^2+3}$ et $g:x\to g(x)=\frac{2x^2+x+6}{x^2+3}$.

7 a) $f:x\to f(x)=k$, démontrer que $f'(x)=0$.

b) Soit $f:x\to f(x)=mx$, démontrer que $f'(x)=m$.

c) Soit $f:x\to f(x)=x^2$, démontrer que $f'(x)=2x$ **(ROC)**

d) Soit $f:x\to f(x)=x^3$, démontrer que $f'(x)=3x^2$ (on utilisera le fait que $(a+h)^3=a^3+3a^2h+3ah^2+h^3$, grâce au triangle de Pascal, voir chapitre 10).

e) Soit $f:x\to f(x)=x^4$, démontrer que $f'(x)=4x^3$ (on utilisera le fait que $(a+h)^4=a^4+4a^3h+6a^2h^2+4ah^3+h^4$, grâce au triangle de Pascal).

Corrigés

1 **Méthode utilisée : 1.**

a) On a $\lim_{x\to 0}\frac{f(x)-f(0)}{x-0}=\lim_{x\to 0}\frac{x^2+x}{x}=\lim_{x\to 0}(x+1)=1$, donc $f'(0)$ existe et $f'(0)=1$.

b) On a : $\lim_{x\to 2}\frac{g(x)-g(2)}{x-2}=\lim_{x\to 2}\frac{-x^2+x-1-(-3)}{x-2}=\lim_{x\to 2}\frac{-x^2+x+2}{x-2}$.

Or $-x^2+x+2=-(x-2)(x+1)$ d'après le théorème de factorisation (chapitre 1)

D'où $\lim_{x\to 2}\frac{g(x)-g(2)}{x-2}=\lim_{x\to 2}\frac{-(x-2)(x+1)}{x-2}=\lim_{x\to 2}-(x+1)=-3$

soit $\lim_{x\to 2}\frac{(x-2)(-x-1)}{x-2}=\lim_{x\to 2}(-x-1)=-3$, donc $g'(2)$ existe et $g'(2)=-3$.

2 **Méthode utilisée : 1.**

a) Montrons que pour tout a, $(uv)'(a) = u'(a)v(a) + u(a)v'(a)$.

Etudions le taux d'accroissement en a de la fonction uv :

$\frac{(uv)(a+h)-(uv)(a)}{h} = \frac{u(a+h)v(a+h)-u(a)v(a)}{h}$ et là une astuce de malade... : on introduit $-u(a)v(a+h)+u(a)v(a+h)$ qui vaut 0 (donc on a le droit) donc :

$$\frac{(uv)(a+h)-(uv)(a)}{h} = \frac{u(a+h)v(a+h)-u(a)v(a+h)+u(a)v(a+h)-u(a)v(a)}{h}$$

puis on sépare en deux la fraction (fallait y penser ! Ça doit être un coup de Newton, ou bien de Leibniz), ce qui donne :

$$\frac{(uv)(a+h)-(uv)(a)}{h} = \frac{u(a+h)v(a+h)-u(a)v(a+h)}{h} + \frac{u(a)v(a+h)-u(a)v(a)}{h}$$

soit : $\frac{(uv)(a+h)-(uv)(a)}{h} = \left(\frac{u(a+h)-u(a)}{h}\right)v(a+h) + u(a)\left(\frac{v(a+h)-v(a)}{h}\right)$

Maintenant en passant à la limite lorsque h tend vers 0, on obtient $(uv)'(a) = u'(a)v(a) + u(a)v'(a)$ ce qu'on voulait !

b) Puisque $(uv)' = u'v + uv'$, pour $v = u$, on obtient : $(uu)' = u'u + uu'$ soit $\left(u^2\right)' = 2uu'$.

c) Montrons que pour tout a, $\left(\frac{1}{v}\right)'(a) = \frac{-v'(a)}{(v(a))^2}$

Etudions le taux d'accroissement en a de la fonction $\frac{1}{v}$:

$$\frac{\left(\frac{1}{v}\right)(a+h)-\left(\frac{1}{v}\right)(a)}{h} = \frac{\frac{1}{v(a+h)}-\frac{1}{v(a)}}{h} = \frac{\frac{v(a)}{v(a)v(a+h)}-\frac{v(a+h)}{v(a)v(a+h)}}{h}$$

$$\frac{\frac{v(a)-v(a+h)}{v(a)v(a+h)}}{h} = \frac{v(a)-v(a+h)}{hv(a)v(a+h)} = \frac{v(a)-v(a+h)}{h} \times \frac{1}{v(a)v(a+h)}$$

En passant à la limite, on obtient : $\left(\frac{1}{v}\right)'(a) = -v'(a) \times \frac{1}{(v(a))^2} = \frac{-v'(a)}{(v(a))^2}$.

Ce qu'on voulait !

d) Montrons que pour tout a, $\left(\frac{u}{v}\right)'(a) = \frac{u'(a)v(a)-u(a)v'(a)}{(v(a))^2}$. Utilisons les deux questions précédentes (cette fois on n'utilise pas le taux d'accroissement) :

$$\left(\frac{u}{v}\right)'(a) = \left(u\frac{1}{v}\right)'(a) = u'(a)\frac{1}{v(a)} + u(a)\left(\frac{1}{v}\right)'(a) = \frac{u'(a)}{v(a)} + u(a)\frac{-v'(a)}{(v(a))^2}$$

$$= \frac{u'(a)v(a)}{(v(a))^2} - \frac{u(a)v'(a)}{(v(a))^2} = \frac{u'(a)v(a) - u(a)v'(a)}{(v(a))^2}$$

ce qu'on voulait. Ouh quelle horreur, c'était vraiment difficile n'est-ce pas ? (Cela dit, cet exercice est un bon moyen de progresser dans le calcul algébrique).

3 **Méthode utilisée : 3.**

En lisant graphiquement les coefficients directeurs de chacune des tangentes T_{-1}, $T_{\frac{1}{2}}$ et T_1 on trouve : $f'(-1) = -2$, $f'\left(\frac{1}{2}\right) = 1$, $f'(1) = 2$.

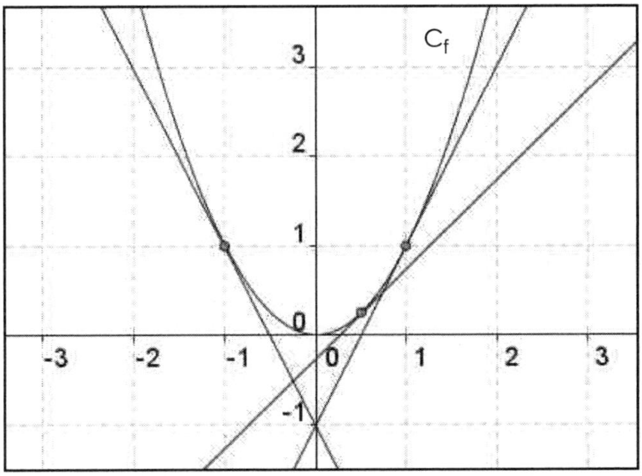

4 **Méthodes utilisées : 7, 8, 9, 10, 11.**

a) $I = \mathbb{R}^*$ et pour tout $x \in I$, $a'(x) = 2x - \frac{2}{x^2}$.

b) $I = \mathbb{R} \setminus \{-2\}$ et pour tout $x \in I$, $b'(x) = \frac{1 \cdot (x+2) - (x+3) \cdot 1}{(x+2)^2} = \frac{-1}{(x+2)^2}$

c) $I = \mathbb{R} \setminus \{-1\}$ et pour tout $x \in I$, $c'(x) = 2\left(\frac{1-x}{1+x}\right) \cdot \frac{-2}{(1+x)^2} = \frac{-4(1-x)}{(1+x)^3}$.

d) $I = \left]0;+\infty\right[$ et pour tout $x \in I$, $d'(x) = \sqrt{x} + \frac{x}{2\sqrt{x}} = \sqrt{x} + \frac{(\sqrt{x})^2}{2\sqrt{x}}$ car pour $x \in I$, $x > 0$ et $(\sqrt{x})^2 = x$, d'où : $d'(x) = \sqrt{x} + \frac{\sqrt{x}}{2} = \frac{3}{2}\sqrt{x}$.

5 **Méthodes utilisées : 7, 8, 9, 10, 11.**

I	Fonction dérivée		I	Fonction dérivée
$I=\mathbb{R}$	$f_1'(x)=2+9x^2$		$I=\mathbb{R}$	$f_{39}'(x)=2ax+b$
$I=\mathbb{R}$	$f_2'(x)=\dfrac{-6x^2+6}{\left(x^2+1\right)^2}$		$I=\mathbb{R}$	$f_{40}'(t)=2$
$I=\mathbb{R}^*$	$f_3'(x)=2+\dfrac{1}{x^2}$		$I=\mathbb{R}$	$f_{41}'(t)=10t$
$I=\mathbb{R}^*$	$f_4'(x)=-1-\dfrac{2}{x^3}$		$I=\mathbb{R}$	$f_{42}'(t)=gt$
$I=\mathbb{R}\setminus\{-1\}$	$f_5'(x)=\dfrac{x^2+2x}{(x+1)^2}$		$I=\mathbb{R}\setminus\{3\}$	$f_{43}'(x)=\dfrac{-3}{(x-3)^2}$
$I=\mathbb{R}$	$f_6'(x)=10x-3$		$I=\mathbb{R}$	$f_{44}'(x)=4x+3$
$I=\left]0;+\infty\right[$	$f_7'(x)=-2x-\dfrac{1}{2\sqrt{x}}-\dfrac{2}{x^2}$		$I=\mathbb{R}$	$f_{45}'(x)=2x-6$
$I=\mathbb{R}\setminus\{-2;2\}$	$f_8'(x)=\dfrac{-10x}{\left(x^2-4\right)^2}$		$I=\mathbb{R}$	$f_{46}'(x)=8x+20$
$I=\mathbb{R}$	$f_9'(x)=3x^2-3$		$I=\mathbb{R}$	$f_{47}'(x)=8x-4$
$I=\mathbb{R}$	$f_{10}'(x)=18x-6$		$I=\mathbb{R}$	$f_{48}'(x)=2x-10$
$I=\mathbb{R}$	$f_{11}'(x)=x^2+x$		$I=\mathbb{R}$	$f_{49}'(x)=-24x+60$
$I=\mathbb{R}^*$	$f_{12}'(x)=1-\dfrac{1}{x^2}$		$I=\mathbb{R}$	$f_{50}'(x)=-5$
$I=\mathbb{R}^*$	$f_{13}'(x)=\dfrac{-4}{4x^2}=\dfrac{-1}{x^2}$		$I=\mathbb{R}$	$f_{51}'(x)=2$
$I=\left]0;+\infty\right[$	$f_{14}'(x)=\dfrac{-\sqrt{x}}{2x^2}+6x$		$I=\mathbb{R}$	$f_{52}'(x)=16x^7$
$I=\mathbb{R}\setminus\{1\}$	$f_{15}'(x)=\dfrac{2}{(1-x)^2}$		$I=\mathbb{R}\setminus\{-2\}$	$f_{53}'(x)=\dfrac{-2}{(x+2)^3}$
$I=\mathbb{R}\setminus\{-1;1\}$	$f_{16}'(x)=\dfrac{4x}{\left(x^2-1\right)^2}$		$I=\mathbb{R}\setminus\{-a\}$	$f_{54}'(x)=\dfrac{-1}{(x+a)^2}$
$I=\mathbb{R}\setminus\{-1\}$	$f_{17}'(x)=\dfrac{4}{(x+1)^2}$		$I=\mathbb{R}$	$f_{55}'(t)=v$
$I=\mathbb{R}$	$f_{18}'(x)=3x^2+5$		$I=\mathbb{R}\setminus\{1\}$	$f_{56}'(t)=\dfrac{-k}{(t-1)^2}$
$I=\mathbb{R}$	$f_{19}'(x)=3x^2+6x-5$		$I=\mathbb{R}\setminus\{-2\}$	$f_{57}'(x)=\dfrac{-a}{(x+2)^2}$

$I=\mathbb{R}$	$f_{20}'(x)=3x^2+6x$		$I=\mathbb{R}\setminus\{-3\}$	$f_{58}(x)=\dfrac{16}{(x+3)^2}$
$I=]0;+\infty[$	$f_{21}'(x)=\dfrac{7x^2\sqrt{x}}{2}$		$I=\mathbb{R}$	$f_{59}'(x)=2x-6$
$I=\mathbb{R}$	$f_{22}'(x)=-9x+5$		$I=\mathbb{R}$	$f_{60}'(x)=-x+6$
$I=\mathbb{R}$	$f_{23}'(x)=\dfrac{2}{3}x-5$		$I=\mathbb{R}$	$f_{61}'(x)=-2x+1$
$I=\mathbb{R}\setminus\{-3\}$	$f_{24}'(x)=\dfrac{3}{(x+3)^2}$		$I=\mathbb{R}^*$	$f_{62}'(x)=-\dfrac{1}{x^2}$
$I=\mathbb{R}$	$f_{25}'(x)=2x-4$		$I=\mathbb{R}\setminus\{1\}$	$f_{63}'(x)=\dfrac{2}{(2x-2)^2}$
$I=]0;+\infty[$	$f_{26}'(x)=\dfrac{1,5}{\sqrt{x}}$		$I=\mathbb{R}\setminus\left\{-\dfrac{d}{c}\right\}$	$f_{64}(x)=\dfrac{ad-bc}{(cx+d)^2}$
$I=\mathbb{R}$	$f_{27}'(x)=1$		$I=\mathbb{R}\setminus\left\{-\dfrac{b}{a}\right\}$	$f_{65}'(x)=\dfrac{-ak}{(ax+b)^2}$
$I=]0;+\infty[$	$f_{28}'(x)=\dfrac{5x\sqrt{x}}{2}$		$I=\mathbb{R}$	$f_{66}'(x)=3ax^2+bx$
$I=]0;+\infty[$	$f_{29}'(x)=\dfrac{2,5}{\sqrt{x}}$		$I=\mathbb{R}$	$f_{67}'(x)=a$
$I=\mathbb{R}$	$f_{30}'(x)=4x^3-16x$		$I=\mathbb{R}$	$f_{68}'(x)=-2a+b$
$I=\mathbb{R}\setminus\{5\}$	$f_{31}'(x)=\dfrac{-4}{(5-x)^2}$		$I=\mathbb{R}^*$	$f_{69}'(x)=-21x^6-\dfrac{2}{x^2}$
$I=\mathbb{R}\setminus\{4\}$	$f_{32}'(x)=\dfrac{x^2-8x+1}{(4-x)^2}$		$I=]0;+\infty[$	$f_{70}'(x)=\dfrac{1}{\sqrt{x}}+3,1$
$I=]0;+\infty[$	$f_{33}'(x)=\dfrac{5x^2\sqrt{x}-3\sqrt{x}}{2x}$		$I=\mathbb{R}$	$f_{71}'(x)=3x^2-16x+21$
$I=\mathbb{R}$	$f_{34}'(x)=0$		$I=\mathbb{R}$	$f_{72}'(x)=8x-4$
$I=\mathbb{R}\setminus\{2\}$	$f_{35}'(x)=\dfrac{-6}{(x-2)^2}$		$I=\mathbb{R}\setminus\left\{\dfrac{5}{2}\right\}$	$f_{73}'(x)=\dfrac{6}{(-2x+5)^2}$
$I=\mathbb{R}\setminus\{-2\}$	$f_{36}'(x)=\dfrac{6}{(x+2)^2}$		$I=\mathbb{R}\setminus\{0,25\}$	$f_{74}'(x)=\dfrac{-1,5}{(2x-0,5)^2}$
$I=\mathbb{R}$	$f_{37}'(x)=\dfrac{-2x}{\left(x^2+2\right)^2}$		$I=]0;+\infty[$	$f_{75}'(x)=\dfrac{5}{\sqrt{x}}$
$I=\mathbb{R}$	$f_{38}'(x)=x^2-3$			

6 **Méthodes utilisées : 7, 8, 9, 10, 11.**

a) On trouve $f'(x)=\dfrac{2x}{\left(x^2+1\right)^2}$ et $g'(x)=\dfrac{2x}{\left(x^2+1\right)^2}$, c'est-à-dire $f'(x)=g'(x)$. C'est tout à fait normal (ah bon ?) car en fait $f(x)-g(x)=\dfrac{x^2}{x^2+1}-\dfrac{-1}{x^2+1}=\dfrac{x^2+1}{x^2+1}=1$ et donc en dérivant, on a : $f'(x)-g'(x)=0$ (la dérivée de 1, c'est-à-dire d'une constante vaut 0 !), c'est-à-dire $f'(x)=g'(x)$.

Autre manière de voir (si vous préférez) : on a $f(x)=\dfrac{x^2}{x^2+1}$ et $g(x)=\dfrac{-1}{x^2+1}$, et donc $f(x)=\dfrac{x^2}{x^2+1}=\dfrac{x^2+1-1}{x^2+1}=\dfrac{x^2+1}{x^2+1}+\dfrac{-1}{x^2+1}=1+g(x)$ et donc $f'(x)=g'(x)$. Ok ?

b) On trouve $f'(x)=\dfrac{3-x^2}{\left(x^2+3\right)^2}$ et $g'(x)=\dfrac{3-x^2}{\left(x^2+3\right)^2}$ ce qui est normal puisque :

$$g(x)=\frac{2x^2+x+6}{x^2+3}=\frac{2x^2+6}{x^2+3}+\frac{x}{x^2+3}=\frac{2\left(x^2+3\right)}{x^2+3}+\frac{x}{x^2+3}=2+\frac{x}{x^2+3}=2+f(x)$$

et donc $g'(x)=f'(x)$.

7 **Méthode utilisée : 1.**

a) $\lim\limits_{h\to0}\dfrac{f(a+h)-f(a)}{h}=\lim\limits_{h\to0}\dfrac{k-k}{h}=\lim\limits_{h\to0}\dfrac{0}{h}=\lim\limits_{h\to0}0=0$

Donc pour tout a réel, $f'(a)$ existe avec $f'(a)=0$.

Conclusion : pour tout x réel $f'(x)=0$.

b)

$$\lim_{h\to0}\frac{f(a+h)-f(a)}{h}=\lim_{h\to0}\frac{m(a+h)-ma}{h}=\lim_{h\to0}\frac{ma+mh-ma}{h}=\lim_{h\to0}\frac{mh}{h}=\lim_{h\to0}m=m$$

Donc pour tout a réel, $f'(a)$ existe avec $f'(a)=m$.

Conclusion : pour tout x réel $f'(x)=m$.

c) On a :

$$\lim_{h\to0}\frac{f(a+h)-f(a)}{h}=\lim_{h\to0}\frac{(a+h)^2-a^2}{h}=\lim_{h\to0}\frac{a^2+2ah+h^2-a^2}{h}=\lim_{h\to0}\frac{2ah+h^2}{h}$$

$$=\lim_{h\to0}\frac{h(2a+h)}{h}=\lim_{h\to0}2a+h=2a.$$

Donc pour tout a réel, $f'(a)$ existe avec $f'(a)=2a$.

Conclusion : pour tout x réel $f'(x)=2x$.

d) On a :

$$\lim_{h\to0}\frac{f(a+h)-f(a)}{h}=\lim_{h\to0}\frac{(a+h)^3-a^3}{h}=\lim_{h\to0}\frac{a^3+3a^2h+3ah^2+h^3-a^3}{h}$$

$$\lim_{h\to0}\frac{3a^2h+3ah^2+h^3}{h}=\lim_{h\to0}3a^2+3ah+h^2=3a^2.$$

Donc pour tout a réel, $f'(a)$ existe avec $f'(a)=3a^2$.

Conclusion : pour tout x réel $f'(x)=3x^2$.

e) Soit $f:x\to f(x)=x^4$, démontrer que $f'(x)=4x^3$

On a :

$$\lim_{h\to0}\frac{f(a+h)-f(a)}{h}=\lim_{h\to0}\frac{(a+h)^4-a^4}{h}=\lim_{h\to0}\frac{a^4+4a^3h+6a^2h^2+4ah^3+h^4-a^4}{h}$$

$$\lim_{h\to0}\frac{4a^3h+6a^2h^2+4ah^3+h^4}{h}=\lim_{h\to0}4a^3+6a^2h+4ah^2+h^3=4a^3$$

Donc pour tout a réel, $f'(a)$ existe avec $f'(a)=4a^3$.

Conclusion : pour tout x réel $f'(x)=4x^3$.

Chapitre 4 : METHODES D'APPLICATIONS DE LA DERIVATION

EXERCICES & CORRIGES

Exercices

1 a) Soit f la fonction définie sur $\mathbb{R}$ par $f(x)=x^3$. Déterminer les équations réduites de chacune des tangentes $T_{\frac{1}{2}}$, T_0 puis les tracer (en plus de la courbe C_f) dans un même repère orthonormé $(O;\vec{i},\vec{j})$.

b) Soit g la fonction définie sur $\mathbb{R}^*$ par $g(x)=\frac{1}{x}$. Déterminer les équations réduites des tangentes $T_{\frac{1}{2}}$ et T_{-1}, puis les tracer (en plus de la courbe C_g) dans un même repère orthonormé $(O;\vec{i},\vec{j})$.

2 Soit f la fonction définie sur $\mathbb{R}$ par $f(x)=\frac{1}{3}x^3-2x$. On souhaite résoudre l'équation $f(x)=0$.

a) Montrer que l'équation admet une solution évidente.
b) Localiser les deux autres solutions par Geogebra.
c) A l'aide de la méthode de Raphson-Newton et d'un tableur, déterminer une valeur approchée (à 10^{-3} près) des deux autres solutions.

3 Soit f la fonction définie sur $\mathbb{R}^*$ par $f(x)=\frac{1}{x}$ pour tout $x\in\mathbb{R}^*$. Etudier les variations de f sur $\mathbb{R}^*$.

4 Soit f la fonction définie sur $\mathbb{R}$ par $f(x)=-x^3+3x$ pour tout $x\in\mathbb{R}$.

a) Donner le tableau de variations de f sur $\mathbb{R}$.
b) Tracer la courbe $y=f(x)$.
c) Montrer que lorsque $-2\le x\le 2$, on a $-2\le -x^3+3x\le 2$.

5 Déterminer les éventuels extremums locaux sur $\mathbb{R}$ de la fonction $f:x\to f(x)=-x^3+3x-1$.

6 Déterminer les éventuels extremums locaux sur $\mathbb{R}$ de la fonction $f:x\to f(x)=x^4-2x^2$.

7 Si $1 < x < 2$, quel encadrement peut-on obtenir pour $-x^3 + x^2 + x$?

8 Montrer que pour tout $x \in \mathbb{R}$, $x(4-x) \leq 4$.

9 On considère l'équation $-2x^3 + 15x^2 - 36x + 1 = 0$.
Montrer qu'elle admet une solution x_0 telle que $0 < x_0 < 1$. Donner un encadrement d'amplitude 0,1 de x_0 à l'aide de la calculatrice.

10 Soient f et g deux fonctions définies par : pour tout $x \in \mathbb{R}$, $f(x) = -x^3 + x^2 + x$ et $g(x) = 2x^2 - 1$. Etudier les positions de leurs courbes représentatives C_f et C_g sur $\mathbb{R}$.

11 Une usine produisant des casseroles veut fabriquer des casseroles de format cylindrique et de volume V donné en utilisant un minimum de métal. Pour une casserole, soit h sa hauteur, soit r le rayon du cercle du fond et S son aire totale (aire latérale + fond).

1°) Déterminer S en fonction de h, r et V.

2°) Etudier la fonction $r \to \pi r^2 + \dfrac{2V}{r}$ pour $r \in]0;+\infty[$.

3°) En déduire le rayon donnant le coût de fabrication le plus bas.

12 Démontrer que parmi tous les rectangles de même périmètre donné p, celui qui a l'aire la plus grande est le carré.

13 $[OJ]$ est un segment de longueur 10 et I un point de $[OJ]$. On construit les cercles de diamètre $[OJ]$, $[OI]$ et $[IJ]$. Pour quelle position de I, l'aire hachurée est-elle maximale ?

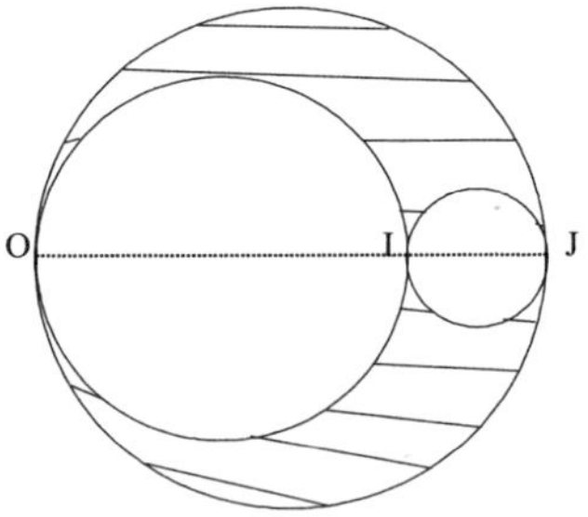

14 On construit un bâtiment de base rectangulaire sur un terrain de forme triangulaire (voir figure ci-après). Déterminer les dimensions de l'édifice pour que le bâtiment ait une surface maximale (A est toujours sur l'hypoténuse).

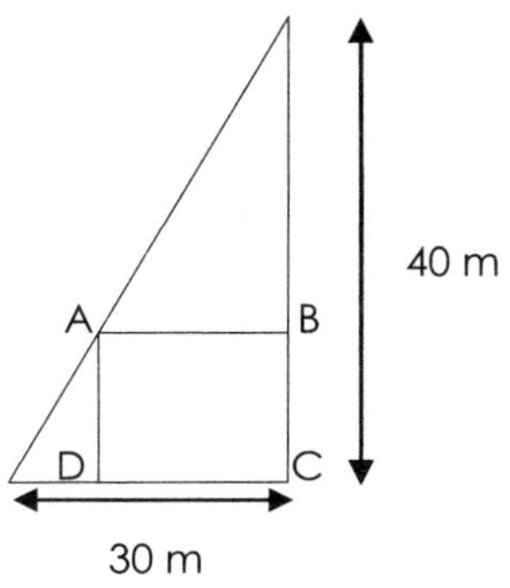

15 **"Olympiadement vôtre"** (exercice posé aux olympiades de mathématiques)

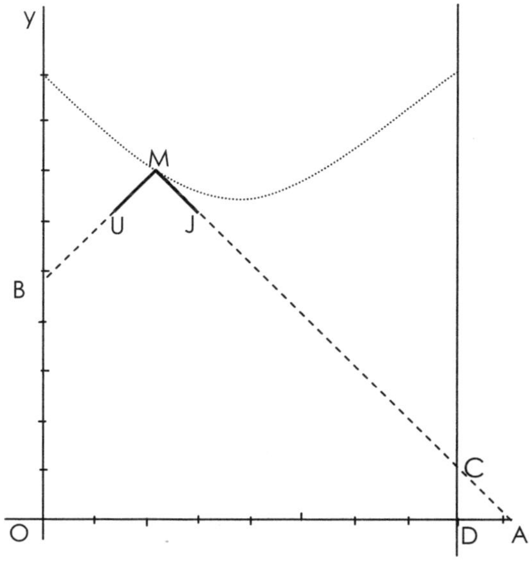

Une lampe entourée d'un abat-jour est suspendue entre deux murs distants de 8 mètres à une rampe. La situation est représentée par le schéma ci-dessus.
Les murs ont pour équations : $x = 0$, $x = 8$ et la rampe a pour équation : $y = \frac{1}{6}(x-4)^2 + \frac{19}{3}$.

L'abat-jour est symbolisé par un triangle rectangle isocèle UMJ de côtés 1 et $\sqrt{2}$.

1°) Vérifier que les bords de l'abat-jour ne touchent ni la rampe ni les murs lorsque $1 < x < 7$.

2°) Calculer l'aire du polygone éclairé OBMCD correspondant à $x = 3$.

3°) Trouver la position de la lampe sur la rampe qui donne un éclairage maximal.

16 Soit $f: x \to f(x) = x^2 - 5x + 9$.

1°) A l'aide de Geogebra, déterminer les points de la courbe $(C): y = f(x)$, en lesquels :

a) la tangente est parallèle à l'axe des abscisses (et déterminer l'équation de cette tangente) ;

b) la tangente forme un angle de +45° avec l'axe des abscisses (et déterminer l'équation de cette tangente) ;

2°) Retrouver les résultats des questions 1°)a) et 1°)b) algébriquement (c'est-à-dire par le calcul).

Corrigés

1 a) **Méthode utilisée : 2.**

La fonction f est dérivable sur $\mathbb{R}$ et pour tout $x \in \mathbb{R}, f'(x) = 3x^2$. Pour $T_{\frac{1}{2}}$, on a :

$$T_{\frac{1}{2}} : y = f'\left(\frac{1}{2}\right) \cdot \left(x - \frac{1}{2}\right) + f\left(\frac{1}{2}\right) \text{ c'est-à-dire : } T_{\frac{1}{2}} : y = \frac{3}{4} \cdot \left(x - \frac{1}{2}\right) + \frac{1}{8} = \frac{3}{4}x - \frac{1}{4},$$

car $f'\left(\frac{1}{2}\right) = 3\left(\frac{1}{2}\right)^2 = \frac{3}{4}$ et $f\left(\frac{1}{2}\right) = \left(\frac{1}{2}\right)^3 = \frac{1}{8}$.

Ainsi l'équation réduite de $T_{\frac{1}{2}}$ est $T_{\frac{1}{2}} : y = \frac{3}{4}x - \frac{1}{4}$.

Pour l'autre tangente, après calculs, on trouve $T_0 : y = f'(0) \cdot (x - 0) + f(0) = 0$ (c'est l'axe des abscisses !)

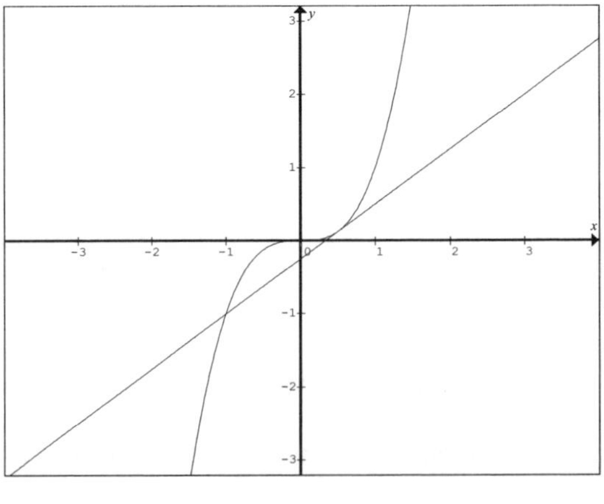

b) La fonction g est dérivable sur $\mathbb{R}^*$ et pour tout $x \in \mathbb{R}^*$, $g'(x) = -\frac{1}{x^2}$.

Pour $T_{\frac{1}{2}}$, on a $T_{\frac{1}{2}} : y = g'\left(\frac{1}{2}\right)\cdot\left(x-\frac{1}{2}\right)+g\left(\frac{1}{2}\right)$ c'est-à-dire :

$T_{\frac{1}{2}} : y = -4\cdot\left(x-\frac{1}{2}\right)+2 = -4x+2+2 = -4x+4$ car $g'\left(\frac{1}{2}\right) = -\frac{1}{\left(\frac{1}{2}\right)^2} = -\frac{1}{\frac{1}{4}} = -4$ et

$g\left(\frac{1}{2}\right) = \frac{1}{\frac{1}{2}} = 2$.

Ainsi l'équation réduite de $T_{\frac{1}{2}}$ est $T_{\frac{1}{2}} : y = -4x+4$.

Pour l'autre tangente, comme $g'(-1) = -1$ et $g(-1) = -1$, on trouve :

$T_{-1} : y = g'(-1)\cdot(x+1)+g(-1) = -(x+1)-1$ soit $T_{-1} : y = -x-2$.

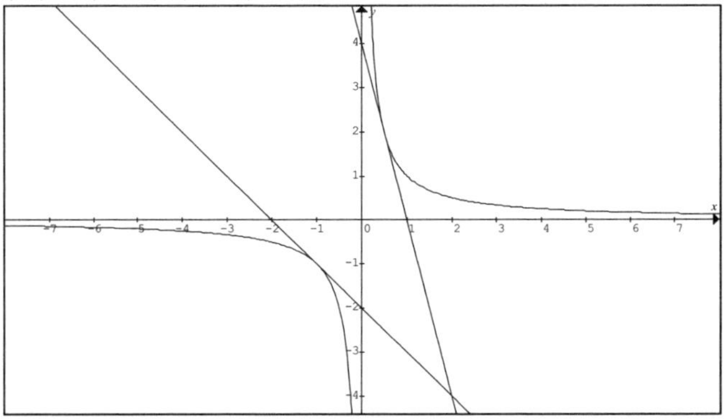

2 **Méthode utilisée : 6.**

a) 0 est bien sûr solution évidente puisque $f(0) = \frac{1}{3}\times 0^3 - 2\times 0 = 0$.

b) Les deux autres solutions semblent être entre 2,4 et 2,5 et entre $-2{,}5$ et $-2{,}4$. (Regardez avec Geogebra en zoomant !)

c) On a $f(x) = \frac{1}{3}x^3 - 2x$ donc $f'(x) = x^2 - 2$. Ainsi la suite $x_{n+1} = x_n - \frac{f(x_n)}{f'(x_n)}$

devient la suite : $x_{n+1} = x_n - \frac{\frac{1}{3}{x_n}^3 - 2x_n}{{x_n}^2 - 2}$.

	A	B	C	D	E	F
1	n	0	1	2	3	4
2	xn	3	2,5714	2,4576	2,4495	2,4495

	A	B	C	D	E	F	G
1	n	0	1	2	3	4	5
2	xn	-3	-2,571	-2,458	-2,45	-2,449	-2,449

Dans B1, on écrit 0. Dans C1, on écrit 1. On sélectionne la plage B1 :C1, sa poignée de copie qu'on étend jusqu'en G1.
Dans B2, on écrit 3 (on l'a choisi pas trop loin de la solution).
Dans C2, on écrit =B2-(1/3*B2^3-2*B2)/(B2^2-2). On prend sa poignée de copie qu'on étend jusqu'en G2.
Et hop, on trouve la fameuse solution approchée 2,449.

Pour l'autre solution ($-2,449$), dans B2, on écrit -3 (on l'a choisi également pas trop loin de la solution). Ok ?

3 **Méthode utilisée : 8.**

$f: x \to f(x) = \frac{1}{x}$ est une fonction dérivable sur $\mathbb{R}^*$ et pour tout $x \in \mathbb{R}^*$, $f'(x) = -\frac{1}{x^2}$ (son signe est donc facile à étudier). Utilisons le principe de Lagrange. On obtient le tableau suivant :

x	$-\infty$	0	$+\infty$
signe de f'	$-$	‖	$-$
f	↘	‖	↘

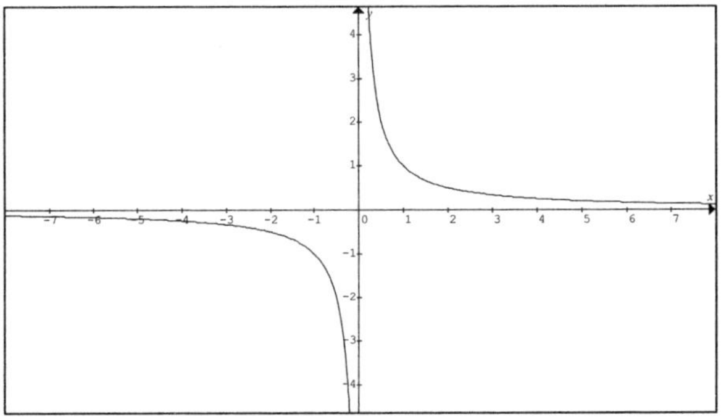

4 **Méthode utilisée : 8.**

a) La fonction $f(x) = -x^3 + 3x$ est une fonction dérivable sur $\mathbb{R}$ et qui admet comme dérivée : $f'(x) = -3x^2 + 3$. C'est un trinôme du second degré.

Etudions son signe :

on a $\begin{cases} a = -3 \\ b = 0 \\ c = 3 \end{cases}$, $\Delta = b^2 - 4ac = 0^2 - 4 \times (-3) \times 3 = 36$, il possède deux racines :

$x_1 = \frac{-b - \sqrt{\Delta}}{2a} = \frac{0 - \sqrt{36}}{-6} = \frac{-6}{-6} = 1$ et $x_2 = \frac{-b + \sqrt{\Delta}}{2a} = \frac{0 + \sqrt{36}}{-6} = \frac{6}{-6} = -1$.

D'après le théorème du signe du trinôme (pour le signe de $f'(x) = -3x^2 + 3$) et d'après le principe de Lagrange (pour le sens de variation de f) on a :

x	$-\infty$		-1		1		$+\infty$
$f'(x) = -3x^2 + 3$		$-$	0	$+$	0	$-$	
f		↘	-2	↗	2	↘	

b)

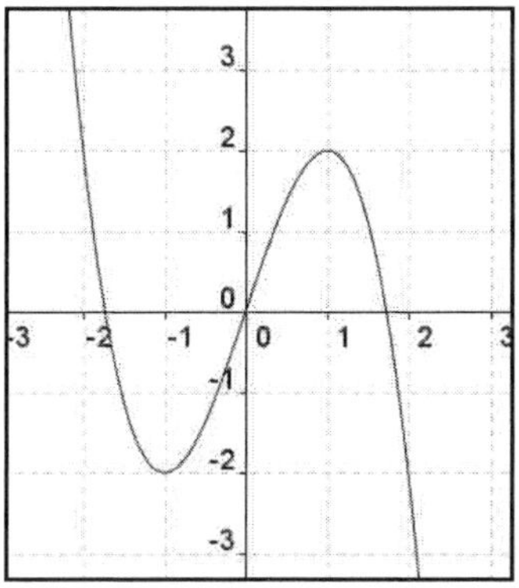

c) Déjà graphiquement ça se voit, mais pour le prouver réellement il va falloir compléter le tableau de variations :

x	$-\infty$		-2		-1		1		2		$+\infty$
$f'(x)=3x^2-3$				$-$	0	$+$	0	$-$			
f		↘	2	↘	-2	↗	2	↘	-2	↘	

D'après le tableau de variations : lorsque $-2 \leq x \leq 2$, on a $-2 \leq -x^3+3x \leq 2$ (et oui, la valeur la plus petite en ordonnée vaut -2 et la plus grande vaut 2).

5 Méthode utilisée : 9.

La fonction $f : x \to f(x) = -x^3+3x-1$ est dérivable sur $\mathbb{R}$ (comme fonction polynôme) et pour tout $x \in \mathbb{R}$, $f'(x) = -3x^2+3$. C'est un trinôme du 2nd degré de racines -1 et 1 (après calculs), d'après le théorème du signe du trinôme on obtient donc le tableau suivant :

x	$-\infty$		-1		1		$+\infty$
$f'(x)$		$-$	0	$+$	0	$-$	
f		↘	-3	↗	1	↘	

Ainsi, -3 est un minimum local et 1 un maximum local.

6 Méthode utilisée : 9.

La fonction $f : x \to f(x) = x^4-2x^2$ est dérivable sur $\mathbb{R}$ (comme fonction polynôme) et pour tout $x \in \mathbb{R}$,

$f'(x) = 4x^3-4x = 4(x^3-x) = 4x \cdot (x^2-1) = 4x \cdot (x-1) \cdot (x+1)$.

On obtient le tableau suivant :

x	$-\infty$		-1		0		1		$+\infty$
$x+1$		$-$	0	$+$		$+$		$+$	
x		$-$		$-$	0	$+$		$+$	
$x-1$		$-$		$-$		$-$	0	$+$	
signe de f'		$-$	0	$+$	0	$-$	0	$+$	
f		↘	-1	↗	0	↘	-1	↗	

-1 est un minimum global et 0 un maximum local.

7 **Méthode utilisée : 10.**

Pour essayer d'obtenir un encadrement, on va étudier la fonction $f : x \to f(x) = -x^3 + x^2 + x$, dérivable sur $\mathbb{R}$ avec $f'(x) = -3x^2 + 2x + 1$.

f' est un trinôme du 2nd degré dont les racines sont (après calculs) $-\frac{1}{3}$ et 1, donc d'après le théorème du signe du trinôme, on obtient le tableau suivant :

x	$-\infty$		$-\frac{1}{3}$		1		$+\infty$
$f'(x)$		$-$	0	$+$	0	$-$	
f		↘	$-\frac{5}{27}$	↗	1	↘	

D'après le tableau, f est strictement décroissante sur $[1;2]$. Ainsi si $1 \le x \le 2$ alors $f(1) \ge f(x) \ge f(2)$, c'est-à-dire : $1 \ge -x^3 + x^2 + x \ge -2$.

8 **Méthode utilisée : 10.**

Pour résoudre ce problème, nous allons montrer que la fonction $f : x \to f(x) = x \cdot (4 - x)$, définie sur $\mathbb{R}$, est majorée par 4. Pour cela, nous allons étudier f et construire son tableau de variations. f est dérivable sur $\mathbb{R}$ (comme fonction polynôme) et pour tout $x \in \mathbb{R}$, $f'(x) = -2x + 4$ car $f(x) = x \cdot (4 - x) = 4x - x^2$. On obtient alors le tableau ci-dessous :

x	$-\infty$		2		$+\infty$
signe de f'		$+$	0	$-$	
f		↗	4	↘	

D'après le tableau de variations, pour tout $x \in \mathbb{R}$, $f(x) \le 4$, c'est-à-dire :
pour tout $x \in \mathbb{R}$, $x \cdot (4 - x) \le 4$.

9 **Méthode utilisée : 11.**

Première chose : On utilise la calculatrice pour tracer la courbe de la fonction f.

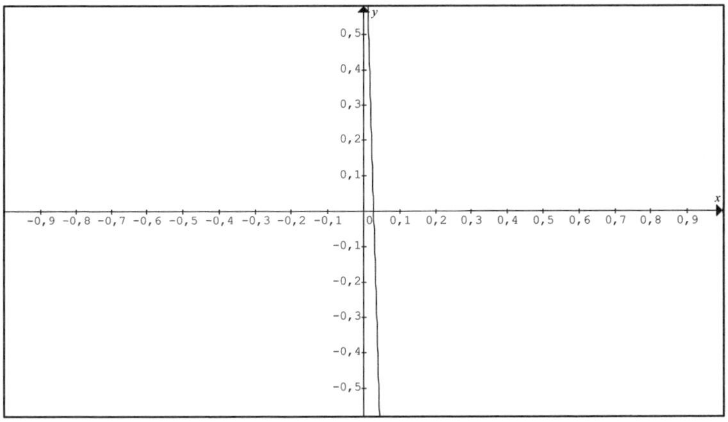

On constate tout de suite, que la fonction f s'annule pour une valeur x_0 appartenant à l'intervalle $[0;0{,}1]$ (c'est d'ailleurs un intervalle de longueur ou d'amplitude 0,1). Clairement, la calculatrice nous donne la réponse. Il reste à rédiger :

La fonction $f : x \to f(x) = -2x^3 + 15x^2 - 36x + 1$ est dérivable sur $\mathbb{R}$ et pour tout $x \in \mathbb{R}$, on a $f'(x) = -6x^2 + 30x - 36$. C'est un trinôme du 2nd degré de racines 2 et 3 (après calculs). D'après le théorème du signe du trinôme, on obtient :

x	$-\infty$		2		3		$+\infty$
$f'(x)$		−	0	+	0	−	
		↘	−27	↗	−26	↘	

Plus précisément, puisque on nous demande de localiser x_0 dans l'intervalle $]0;1[$, on a :

x	0		1
signe de f'		−	
f	1	↘	−22

car $f(0) = 1$ et $f(1) = -22$.

D'après le tableau de variations, la fonction f s'annule en une valeur x_0 comprise dans l'intervalle $]0;1[$. Plus précisément, f étant strictement décroissante sur $]0;1[$: Si $0 < x < 0{,}1$ alors $f(0) > f(x) > f(0{,}1)$ soit $1 > f(x) > -2{,}452$. Ainsi la valeur x_0 pour laquelle f s'annule est comprise dans l'intervalle $]0;0{,}1[$.

10 Méthode utilisée : 13.

On trace avec la calculatrice les courbes des fonctions f et g dans un même repère, (pour voir ce qui se passe) ce qui donne

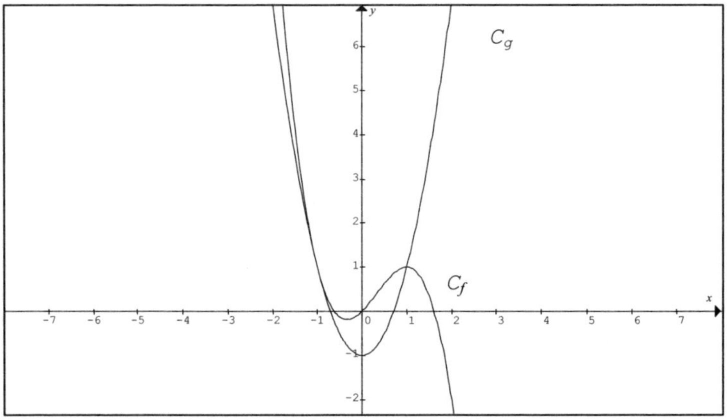

C_f et C_g se coupent aux points d'abscisse -1 et 1, pour lesquels on aura $f(x) = g(x)$, c'est-à-dire : $f(x) - g(x) = 0$.

On étudie la fonction $f - g$, dérivable sur $\mathbb{R}$, comme différence de deux fonctions polynômes f et g.

Pour tout $x \in \mathbb{R}$, $f(x) - g(x) = -x^3 + x^2 + x - (2x^2 - 1) = -x^3 - x^2 + x + 1$.

Donc, pour tout $x \in \mathbb{R}$, $f'(x) - g'(x) = -3x^2 - 2x + 1$. C'est un trinôme du 2nd degré de racines -1 et $\frac{1}{3}$ (après calculs). D'après le théorème du signe du trinôme, on a :

x	$-\infty$		-1		$\frac{1}{3}$		$+\infty$
$f'(x) - g'(x)$		$-$	0	$+$	0	$-$	
$f - g$		↘	0	↗	$\frac{32}{27}$	↘	

On peut compléter ce tableau avec la valeur $x = 1$ qui donnait $f(1) = g(1)$ soit $f(1) - g(1) = 0$.

x	$-\infty$		-1		$\frac{1}{3}$		1		$+\infty$
$f-g$		↘	0	↗	$\frac{32}{27}$	↘	0	↘	

A la lecture de ce tableau, on peut affirmer que C_f est au-dessus de C_g pour $x \in]-\infty;-1[\cup]-1;1[$, que C_f est au-dessous de C_g pour $x \in]1;+\infty[$, et enfin que C_f et C_g se coupent aux points d'abscisse –1 et 1.

[11] Méthode utilisée : 14.

1°) Rappelons que l'aire latérale d'un cylindre de rayon r et de hauteur h vaut $2\pi rh$. Ainsi $S = 2\pi rh + \pi r^2$ (aire latérale + fond).

2°) On peut tout d'abord se poser la question : Pourquoi nous fait-on étudier $\pi r^2 + \frac{2V}{r}$?

Et bien tout simplement parce que le volume d'un cylindre de révolution vaut $V = \pi r^2 h$ et que donc $h = \frac{V}{\pi r^2}$ et donc $S = 2\pi r \cdot \left(\frac{V}{\pi r^2}\right) + \pi r^2 = \frac{2V}{r} + \pi r^2$.

En fait on nous fait étudier la fonction $r \to S(r)$. Poursuivons : la fonction $S : r \to S(r) = \pi r^2 + \frac{2V}{r}$ est dérivable sur $]0;+\infty[$ et pour tout $r \in]0;+\infty[$, $S'(r) = 2\pi r - \frac{2V}{r^2} = \frac{1}{r^2}\cdot\left(2\pi r^3 - 2V\right) = \frac{2\pi}{r^2}\cdot\left(r^3 - \frac{V}{\pi}\right)$. Soit $a = \sqrt[3]{\frac{V}{\pi}}$ la racine cubique de $\frac{V}{\pi}$ (c'est-à-dire le réel a tel que $a^3 = \frac{V}{\pi}$, par exemple la racine cubique de 8 est 2 car $2^3 = 8$). On obtient le tableau de variations suivant :

x	0		a		$+\infty$
signe de S'		$-$	0	$+$	
S		↘	$S(a)$	↗	

3°) Le minimum de S est atteint pour $r = a$, racine cubique de $\frac{V}{\pi}$ qui correspond au rayon utilisant le minimum de métal donc au coût de fabrication le plus bas.

[12] Méthode utilisée : 15.

Voici un énoncé où l'on ne donne guère d'indications : à nous de trouver la variable la mieux adaptée au problème.

Appelons x la longueur d'un rectangle de périmètre p et y sa largeur : Observons tout de suite que l'on a nécessairement $0 < x < \frac{p}{2}$ (car si on avait $x \geq \frac{p}{2}$, on aurait $2x \geq p$, ce qui est impossible !)

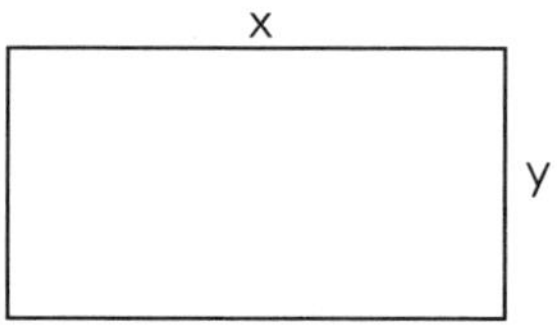

On a donc $2x + 2y = p$ soit $y = \frac{1}{2}(p - 2x) = -x + \frac{1}{2}p$

L'aire du rectangle vaut donc $A = x \cdot y = x \cdot \left(-x + \frac{1}{2}p\right) = -x^2 + \frac{1}{2}px$

Voici notre fonction à étudier : $x \to A(x) = -x^2 + \frac{1}{2}px$ sur l'intervalle $\left]0; \frac{p}{2}\right[$.

A est dérivable sur $\left]0; \frac{p}{2}\right[$ (comme fonction polynôme) et pour tout $x \in \left]0; \frac{p}{2}\right[$

$A'(x) = -2x + \frac{1}{2}p$. On obtient donc le tableau suivant :

x	0		$\frac{p}{4}$		$\frac{p}{2}$
signe de A'		$+$	0	$-$	
A		↗	$\frac{p^2}{16}$	↘	

car $A'(x) = 0$ équivaut à $-2x + \frac{1}{2}p = 0$ soit $x = \frac{p}{4}$, et car $A\left(\frac{p}{4}\right) = \left(\frac{p}{4}\right)^2 = \frac{p^2}{16}$.

Ainsi l'aire maximale est obtenue pour $x = \frac{p}{4}$ (le quart du périmètre) ce qui correspond au cas du carré (carré de côté $\frac{p}{4}$).

13 **Méthode utilisée : 15.**

Observons bien la figure... c'est I qui varie.

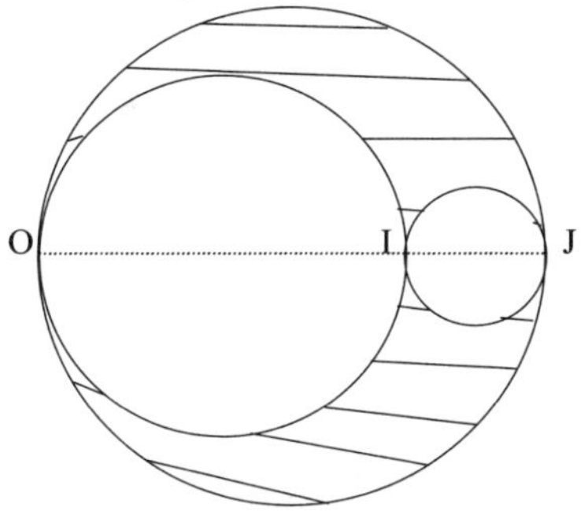

Soit $x = OI$ (alors $IJ = 10 - x$), x varie dans l'intervalle $]0;10[$.

L'aire de la surface hachurée s'exprime en fonction de x par :

$$S(x) = \pi \cdot 5^2 - \pi \cdot \left(\frac{x}{2}\right)^2 - \pi \cdot \left(\frac{10-x}{2}\right)^2 = \pi \cdot \left(25 - \frac{x^2}{4} - \left(\frac{100 - 20x + x^2}{4}\right)\right) \text{ soit}$$

$$S(x) = \pi \cdot \left(25 - \frac{x^2}{4} - 25 + 5x - \frac{x^2}{4}\right) = \pi \cdot \left(-\frac{x^2}{2} + 5x\right).$$

On va donc étudier la fonction $x \to S(x) = \pi \cdot \left(-\frac{x^2}{2} + 5x\right)$ sur l'intervalle $]0;10[$ et essayer de déterminer la valeur de x pour laquelle elle atteint un maximum.

S est dérivable sur $]0;10[$, et pour tout $x \in]0;10[$ $S'(x) = \pi \cdot (-x + 5)$.

On obtient immédiatement le tableau suivant :

x	0		5		10
signe de S′		+	0	−	
S	0	↗	$12{,}5\pi$	↘	0

La valeur cherchée est donc $x = 5$ pour laquelle l'aire hachurée S est maximale ce qui correspond à la configuration ci-dessous :

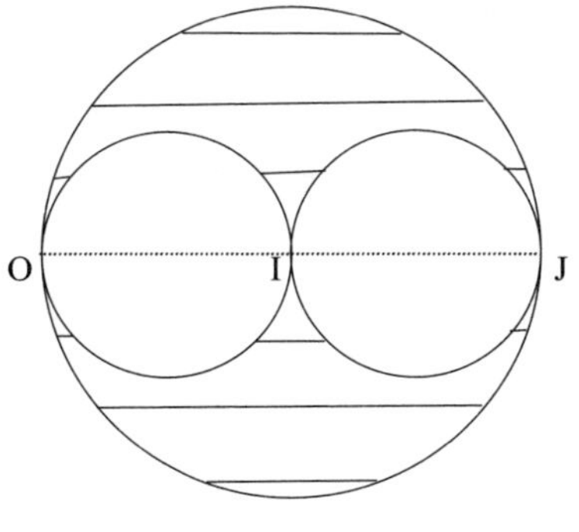

14 **Méthode utilisée : 15.**

Complétons la figure en posant x comme étant la largeur du rectangle $(0 < x < 30)$ et y la longueur $0 < y < 40$.

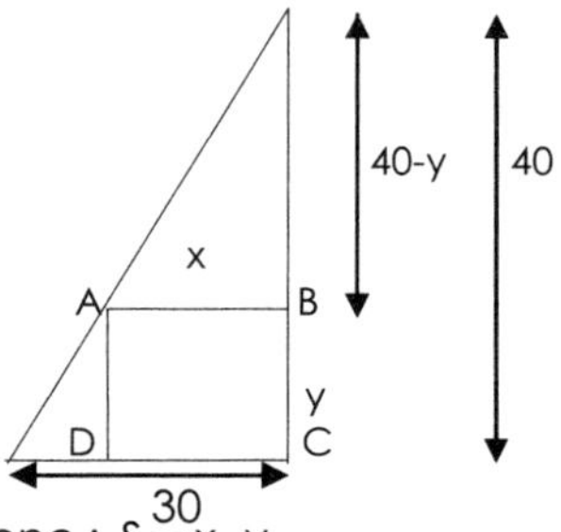

La surface du rectangle vaut donc : $S = x \cdot y$

Mais cela fait deux variables donc une de trop. Exprimons y en fonction de x (on aurait pu aussi exprimer x en fonction de y).

On a une configuration de Thalès (car ABCD étant un rectangle $(AB)//(CD)$).

Donc $\frac{x}{30} = \frac{40-y}{40}$ ce qui donne (après calculs) $y = -\frac{4}{3}x + 40$.

Ainsi $S = x \cdot \left(-\frac{4}{3}x + 40\right) = -\frac{4}{3}x^2 + 40x$. Etudions la fonction S définie sur $]0;30[$ par $S(x) = -\frac{4}{3}x^2 + 40x$. S est dérivable sur $]0;30[$ (comme fonction polynôme) et pour tout $x \in \mathbb{R}$, $S'(x) = -\frac{8}{3}x + 40$. On obtient le tableau suivant :

x	0		15		30
signe de S'		+	0	−	
S	0	↗	300	↘	0

car $-\frac{8}{3}x + 40 = 0 \Leftrightarrow x = 15$ (après calculs) et car (après calculs également) $S(15) = 300$, $S(0) = 0$ et $S(30) = 0$. La surface maximale est donc atteinte pour $x = 15$ et $y = 20$ car $x \cdot y = 300$.

15 **Méthode utilisée : 15.**

L'utilisation du repère est clairement indiquée.

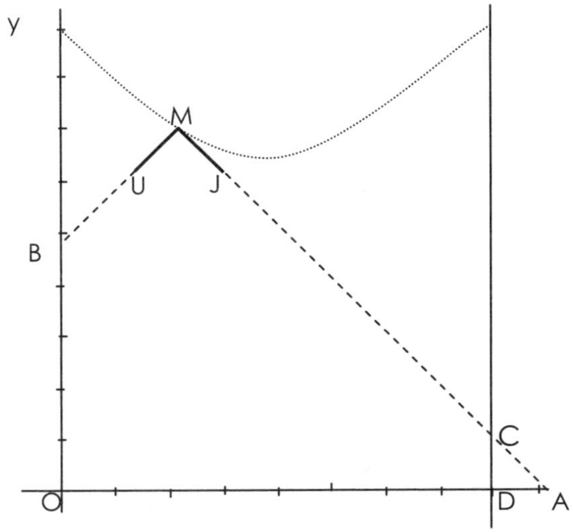

Appelons R le repère orthonormé d'origine O. Dans R, Si M a pour coordonnées $M(x;y)$ alors les sommets U et J du triangle rectangle isocèle ont pour coordonnées : $U\left(x-\frac{\sqrt{2}}{2};y-\frac{\sqrt{2}}{2}\right)$ et $J\left(x+\frac{\sqrt{2}}{2};y-\frac{\sqrt{2}}{2}\right)$.

Pour cela on utilise la figure suivante :

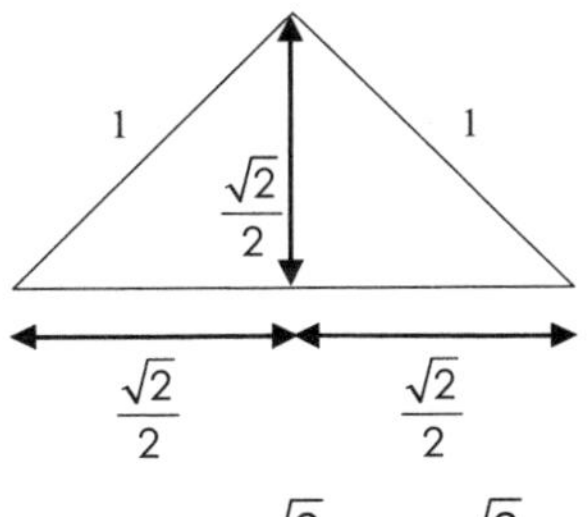

1°) Si x est tel que $1<x<7$ on a : $1-\frac{\sqrt{2}}{2}<x-\frac{\sqrt{2}}{2}<7-\frac{\sqrt{2}}{2}$ donc $x_U>0$ et U ne touche pas le mur de gauche (d'équation $x=0$). De même $1+\frac{\sqrt{2}}{2}<x+\frac{\sqrt{2}}{2}<7+\frac{\sqrt{2}}{2}$ donc $x_V<8$ et donc V ne touche pas le mur de droite (d'équation $x=8$), tout cela car $\frac{\sqrt{2}}{2}\approx 0{,}7$. Pour que l'abat-jour ne touche pas la rampe d'équation $y=f(x)$ avec $x\to f(x)=\frac{1}{6}(x-4)^2+\frac{19}{3}$, la tangente T_x au point M à la rampe doit être comprise entre les deux droites (MU) et (MJ), c'est-à-dire que son coefficient directeur $f'(x)$ doit être compris entre les deux coefficients directeurs -1 de (MU) et 1 de (MJ) : $f'(x)$ doit donc vérifier l'encadrement suivant : $-1<f'(x)<1$.

Or $f'(x)=\frac{1}{3}(x-4)$ et donc pour tout $x\in[1;7]$, on a bien $-1<f'(x)<1$ car $1<x<7 \Leftrightarrow -3<x-4<3 \Leftrightarrow -1<\frac{1}{3}(x-4)<1$.

Conclusion : l'abat-jour ne touche pas la rampe.

2°) Quand on voit la question 3°) on réalise que l'on a plutôt intérêt à calculer l'aire quelque soit x, à remplacer x par 3 et à enchaîner immédiatement la question suivante.

$A(OBMCD)=A(OBCD)+A(BMC)$.

Or $A(OBCD)=\frac{(BO+CD)}{2}\times OD$ et $A(BMC)=\frac{BM\times MC}{2}$

Par ailleurs, on a $O(0,0)$ et $B(0,y-x)$ d'où $BO=\sqrt{(0-0)^2+(y-x-0)^2}=|y-x|$.

De même comme $C(8;y+x-8)$ et $D(8;0)$ on a $CD=|y+x-8|$,

comme $O(0;0)$ et $D(8;0)$ on a $OD=8$, comme $B(0,y-x)$ et $M(x;y)$ on a $BM=\sqrt{2}|x|$ et comme $M(x;y)$ et $C(8;y+x-8)$ on a $MC=\sqrt{2}|8-x|$.

Or un examen attentif de la figure montre que tout point $M(x;y)$ de la rampe vérifie $y>x$ et $y>-x+8$ (en effet les droites d'équation $y=x$ et $y=-x+8$ sont sous la courbe, ce que l'on pourrait vérifier par le calcul) d'où $|y-x|=y-x$ et $|y+x-8|=y+x-8$, enfin puisque $x>8$ on a $|8-x|=8-x$.

Ainsi $A(OBMCD)=A(OBCD)+A(BMC)=\frac{(y-x+y+x-8)}{2}\times 8+\frac{\left(\sqrt{2}\cdot x\cdot\sqrt{2}(8-x)\right)}{2}$

ce qui donne après calculs $A(OBMCD)=-x^2+8x+8y-32$. Par ailleurs, comme $M(x;y)$ est sur la rampe on a $y=\frac{1}{6}(x-4)^2+\frac{19}{3}$, ce qui donne

$A(OBMCD)=\frac{1}{3}x^2-\frac{8}{3}x+40$ (après calculs).

Ainsi pour $x=3$ on a $A(OBMCD)=35$.

3°) On étudie donc la fonction A définie sur $]1;7[$ par $A: x\to A(x)=\frac{1}{3}x^2-\frac{8}{3}x+40$.

Cette fonction est dérivable sur $]0;8[$ (comme fonction polynôme) et pour tout x, $A'(x)=\frac{2}{3}x-\frac{8}{3}$. Ce qui donne le tableau suivant :

x	1		4		7
signe de A'		−	0	+	
A	$\frac{113}{3}$	↘	$\frac{104}{3}$	↗	$\frac{113}{3}$

L'éclairage maximal est donc obtenu pour $x=1$ ou $x=7$.

16 **Méthode utilisée : 3.**

1°)

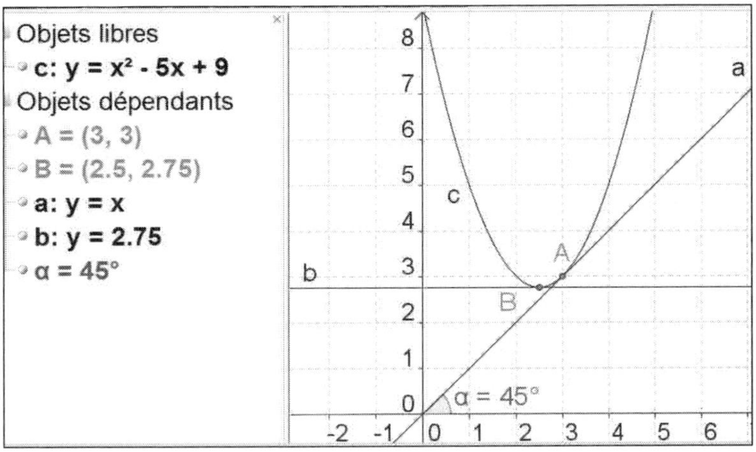

Dans la ligne de saisie (tout en bas), on écrit x^2-5x+9.
Ensuite on crée un point sur la courbe (le point A) puis la tangente à la courbe au point A (on prend l'icône tangente (4e en partant de la gauche, penser à faire défiler)) puis l'angle (icône angle, huitième en partant de la gauche, faire défiler) et on fait bouger le point.

a) Pour la tangente horizontale, on trouve $B(2,5;2,75)$ et la tangente d'équation : $y = 2,75$.

b) Pour la tangente à 45°, on trouve $A(3,3)$ et la tangente d'équation : $y = x$.

2°) On a $f(x) = x^2 - 5x + 9$ d'où $f'(x) = 2x - 5$.

Il ne faut pas oublier que $f'(a) = \tan(\alpha)$ où α est l'angle que forme la tangente avec l'axe des abscisses (voir partie astuces).

a) Cela revient à résoudre $f'(x) = 0$ (car $\tan(0°) = 0$) ce qui donne $2x - 5 = 0$ soit $2x = 5$ soit : $x = \frac{5}{2} = 2,5$. Le point cherché a donc pour abscisse 2,5 (donc la tangente cherchée sera $T_{2,5}$) et a pour ordonnée $f(2,5) = 2,5^2 - 5 \cdot 2,5 + 9 = 2,75$. La tangente qu'on cherche est $T_{2,5} : y = f'(2,5)(x - 2,5) + f(2,5)$ avec $f'(2,5) = 0$ (bah oui par définition $x = 2,5$ vérifie $f'(x) = 0$) et $f(2,5) = 2,75$ (on vient de le calculer), ce qui donne : $T_{2,5} : y = 0 \cdot (x - 2,5) + 2,75 = 2,75$.

b) Cela revient à résoudre $f'(x) = 1$ (car $\tan(45°) = 1$) ce qui donne $2x - 5 = 1$ soit $2x = 6$ soit $x = 3$. Le point cherché a donc pour abscisse 3 et pour ordonnée $f(3) = 3^2 - 5 \cdot 3 + 9 = 3$. La tangente qu'on cherche est $T_3 : y = f'(3)(x - 3) + f(3)$ avec $f'(3) = 1$ (par définition : $x = 3$ vérifie $f'(x) = 1$) et $f(3) = 3$ (on vient de le calculer), ce qui donne :

$T_3 : y = 1 \cdot (x - 3) + 3 = x - 3 + 3 = x$. On retrouve bien les mêmes résultats !

Chapitre 5 :
METHODES SUR LES SUITES
EXERCICES & CORRIGES

Exercices

1 Pour chaque suite définie pour $n \geq 0$:

1°) Déterminer algébriquement les trois premiers termes.

2°) Donner une feuille de calcul Excel permettant de déterminer les cent premiers termes.

3°) Conjecturer son sens de variation et le prouver.

a) (A_n) est la suite définie par : $A_n = -2n+3$.

b) (B_n) est la suite définie par : $B_n = 2^n$.

c) (C_n) est la suite définie par : $C_n = 2^n + 5$.

d) (D_n) est la suite définie par : $\begin{cases} D_{n+1} = D_n - 1 \\ D_0 = 3 \end{cases}$.

e) (E_n) est la suite définie par : $E_n = 3 - \dfrac{1}{n+1}$.

f) (F_n) est la suite définie par : $F_n = \dfrac{-n}{n+1}$.

g) (G_n) est la suite définie par : $G_n = n^2 - 5n + 6$.

2 **Identité de Jean Dominique Cassini (1625-1712, appelé Cassini I)**

On considère la suite de Fibonacci (F_n) définie par : $\begin{cases} F_{n+2} = F_{n+1} + F_n \\ F_1 = F_0 = 1 \end{cases}$.

a) A l'aide d'un tableur, donner les quarante premiers termes de la suite (c'est-à-dire F_0, F_1, F_2,... F_{39}).

b) Vérifier avec le tableur que pour tout entier n (compris entre 1 et 38), on a :

$F_{n-1}F_{n+1} - F_n{}^2 = (-1)^{n+1}$ (Identité de Cassini).

3 Déterminer le sens de variation des suites suivantes :

a) $(U_n)_{n\geq 1}$ est la suite définie par : $U_n = \dfrac{3n+2}{2n-1}$.

b) (V_n) est la suite définie par : $\begin{cases} V_{n+1} = V_n + 2 \\ V_0 = -1 \end{cases}$.

c) (W_n) est la suite définie par : $W_n = \dfrac{5}{2^n}$.

d) $(Y_n)_{n\geq 1}$ est la suite définie par : $Y_n = 2^n - n$.

e) $(Z_n)_{n\geq 1}$ est la suite définie par : $Z_n = \dfrac{n\cdot\left(\frac{1}{2}\right)^n}{n+1}$.

4 **"Olympiadement vôtre"** (exercice posé aux olympiades de Mathématiques). Le rayon d'action (la distance maximale pouvant être parcourue sans ravitaillement) d'un avion est R. Des avions identiques peuvent échanger du carburant en vol, un avion au réservoir vide peut se poser en vol plané. On considère que la consommation est proportionnelle à la distance parcourue.
Quelle est, en fonction de R, la distance maximale D que peut parcourir un avion, si au départ décollent n avions aux réservoirs pleins ?

5 **Modèle proies prédateurs de Lotka (1880-1949) et Volterra (1860-1940) (Idée TPE !)**
En 1925 et en 1926, les mathématiciens Lotka et Volterra proposèrent (indépendamment l'un de l'autre) le modèle suivant (dit modèle proies-prédateurs) permettant de déterminer comment évoluent, simultanément, le nombre de proies et le nombre de prédateurs. Considérons donc une population de "poissons-proies" modélisée par la suite $(\mathrm{Proies}_n)_n$ et une population de "poissons prédateurs" modélisée par la suite $(\mathrm{Prédateurs}_n)_n$. A l'aide du modèle de Lotka-Volterra et de relevés, des biologistes d'un port de pêche ont proposé le modèle suivant (où n est le nombre d'années) :

$$\begin{cases} \mathrm{Proies}_{n+1} = 1{,}07 \times \mathrm{Proies}_n - 0{,}0003 \times \mathrm{Proies}_n \times \mathrm{Prédateurs}_n \\ \mathrm{Prédateurs}_{n+1} = 0{,}00002 \times \mathrm{Proies}_n \times \mathrm{Prédateurs}_n + 0{,}98 \times \mathrm{Prédateurs}_n \end{cases}$$

a) Simuler ce modèle avec un tableur en prenant $\mathrm{Proies}_0 = 600$ et $\mathrm{Prédateurs}_0 = 300$ sur environ 315 ans. Tracer les représentations des deux suites dans un même repère.
b) Les courbes obtenues sont-elles logiques (d'un point de vue Sciences naturelles) ?

6 **Isochronisme du pendule (Galilée (1564-1642) et Huygens (1629-1695)) (Idée TPE !)**
En 1583, à l'âge de 19 ans (seulement !), Galilée se trouve dans la cathédrale de Pise. Des courants d'air font osciller l'un des lustres de la Cathédrale. Il l'observe attentivement, et s'aperçoit que la cadence du lustre semble identique quelque soit l'amplitude du mouvement : le pendule est isochrone (il met le même temps à faire un aller et retour, quelque soit l'angle dont il part !).
Le but de cet exo est de modéliser cette expérience par des suites !
On considère que les coordonnées du poids du pendule de longueur L, lâché avec un angle faisant θ_0 avec la verticale sont : $\begin{cases} x(t) = -L\sin(\theta_0\cos(\omega_0 t)) \\ y(t) = -L\cos(\theta_0\cos(\omega_0 t)) + L \end{cases}$

où $w_0 = \sqrt{\dfrac{g}{L}}$ est appelée pulsation du pendule.

Modéliser cette expérience à l'aide d'un tableur pour un pendule de longueur $L = 25$ et $\theta_0 = 40°$ (qu'on n'oubliera pas de convertir en radians !) (on prendra

$g = 9{,}81$) tous les dixièmes de seconde pendant 10 secondes, c'est-à-dire aux instants : $t_n = 0{,}1 \times n$ avec n entier entre 0 et 100.
Donnez différentes valeurs à l'angle de départ θ_0. Quelle période d'oscillation T trouvez-vous ? Qu'observez-vous ? Ce résultat concorde-t-il avec la formule $T = 2\pi\sqrt{\frac{L}{g}}$? Confirmez-vous l'intuition de Galilée ? Vers la fin de sa vie, il publia ce résultat accompagné d'une application technologique immense. Il n'eut pas le temps de finir, mais son fils puis le grand savant hollandais Huygens (1629-1695, on en entendra parler dans le chapitre Statistiques) prirent le relais. De quoi s'agit-il ?

Corrigés

1 **Méthodes utilisées : 1, 2, 3, 6, 7, 8, 11, 12, 13.**

a) 1°) On trouve $A_0 = 3$, $A_1 = 1$, $A_2 = -1$

2°)

	A	B	C	D	E	F
1	n	0	1	2	3	4
2	An	3	1	-1	-3	-5

Dans B1, on écrit 0. Dans C1, on écrit 1. On sélectionne la plage B1:C1, sa poignée de copie qu'on étend jusqu'à CW1.
Dans B2, on écrit =-2*B1+3. On sélectionne la cellule B2, sa poignée de copie qu'on étend jusqu'à CW2.
3°) (A_n) semble strictement décroissante, prouvons-le : pour tout n,
$A_{n+1} - A_n = -2(n+1) + 3 - (-2n+3) = -2n - 2 + 3 + 2n - 3 = -2$; $A_{n+1} - A_n < 0$ donc (A_n) est strictement décroissante.

b) 1°) On trouve $B_0 = 1$, $B_1 = 2$, $B_2 = 4$

2°)

	A	B	C	D	E	F
1	n	0	1	2	3	4
2	Bn	1	2	4	8	16

Même chose sauf que dans dans B2, on écrit =2^B1.
3°) (B_n) semble croissante, prouvons-le : pour tout n, $B_n > 0$ et
$\frac{B_{n+1}}{B_n} = \frac{2^{n+1}}{2^n} = 2^{n+1-n} = 2^1 = 2$ donc $\frac{B_{n+1}}{B_n} > 1$ donc (B_n) est strictement croissante.

c) 1°) On trouve 6, 7 et 9.

2°)

	A	B	C	D	E	F	G
1	n	0	1	2	3	4	5
2	Cn	6	7	9	13	21	37

Dans B2, on écrit =2^B1+5.
3°) (C_n) semble strictement croissante, prouvons-le : pour tout n,
$C_{n+1} - C_n = 2^{n+1} + 5 - (2^n + 5) = 2^{n+1} - 2^n = 2^n \times 2 - 2^n = 2^n(2-1) = 2^n$ donc

$C_{n+1} - C_n > 0$ donc (C_n) est strictement croissante.

d) 1°) On trouve 3, 2 et 1.
2°)

	A	B	C	D	E	F	G
1	n	0	1	2	3	4	5
2	Dn	3	2	1	0	-1	-2

Dans B2, on écrit 3 et dans C2, on écrit =B2-1
3°) (D_n) semble strictement décroissante, prouvons-le : pour tout n,
$D_{n+1} - D_n = D_n - 1 - D_n = -1$ donc $D_{n+1} - D_n < 0$ donc (D_n) est strictement décroissante (Quoi ? C'était aussi simple que cela ? Et oui !)

e) 1°) On trouve 2, 2,5 et 2,67 (environ).
2°)

	A	B	C	D	E	F	G
1	n	0	1	2	3	4	5
2	En	2	2,5	2,667	2,75	2,8	2,833

Dans B2, on écrit =3-1/(B1+1)
3°) (E_n) semble croissante, prouvons-le : pour tout n,

$$E_{n+1} - E_n = 3 - \frac{1}{n+2} - \left(3 - \frac{1}{n+1}\right) = \frac{1}{n+1} - \frac{1}{n+2} = \frac{n+2-(n+1)}{(n+1)(n+2)} = \frac{1}{(n+1)(n+2)}$$

donc $E_{n+1} - E_n > 0$, donc (E_n) est strictement croissante.

f) 1°) On trouve 0, –0,5 et –0,67 (environ).
2°)

	A	B	C	D	E	F	G
1	n	0	1	2	3	4	5
2	Fn	0	-0,5	-0,67	-0,75	-0,8	-0,83

Dans B2, on écrit =-B1/(B1+1)
3°) (F_n) semble strictement décroissante, prouvons-le : pour tout n,

$$F_{n+1} - F_n = \frac{-(n+1)}{n+2} - \frac{-n}{n+1} = \frac{n}{n+1} - \frac{n+1}{n+2} = \frac{n(n+2)-(n+1)^2}{(n+1)(n+2)} = \frac{n^2+2n-n^2-2n-1}{(n+1)(n+2)}$$

$F_{n+1} - F_n = \dfrac{-1}{(n+1)(n+2)}$ donc $F_{n+1} - F_n < 0$ donc (F_n) est strictement décroissante.

g) 1°) On trouve 6, 2 et 0 mais ça vaut le coup de continuer pour s'apercevoir que la suite n'est pas décroissante, bien au contraire : regardez !
2°)

	A	B	C	D	E	F	G
1	n	0	1	2	3	4	5
2	Gn	6	2	0	0	2	6

Dans B2, on écrit =B1^2-5*B1+6
3°) (G_n) semble strictement croissante mais seulement à partir de $n = 3$ prouvons-le : pour tout n,

$G_n = f(n)$ avec $f(x) = x^2 - 5x + 6$ fonction trinôme du 2nd degré, de dérivée $f'(x) = 2x - 5$ (qui s'annule en 2,5). f admet pour tableau de variations :

x	$-\infty$		2,5		$+\infty$
signe de f'		$-$	0	+	
f		↘	$-0{,}25$	↗	

f est strictement croissante sur $[2{,}5;+\infty[$ donc sur $[3;+\infty[$ donc $(G_n)_{n\geq 3}$ est strictement croissante.

2 **Méthodes utilisées : 3, 7.**

a)

	A	B	C	D	E	F	G	H	I	J	K	L
1	n	0	1	2	3	4	5	6	7	8	9	10
2	Fn	1	1	2	3	5	8	13	21	34	55	89
3			VRAI	VRAI	VRAI	VRAI	VRAI	VRAI	VRAI	VRAI	VRAI	VRAI

Dans B1, on écrit : 0 et dans C1, on écrit 1. On sélectionne la plage B1:C1, sa poignée de copie qu'on étend jusqu'à la cellule AO1.
Dans B2, on écrit 1 et dans C2 aussi. Dans D2, on écrit =B2+C2. On sélectionne la cellule D2, sa poignée de copie qu'on étend jusqu'à la cellule AO2.

b) Dans la cellule C3, on écrit =SI(B2*D2-C2^2=(-1)^(C1+1);VRAI;FAUX). Cette formule va tester l'identité de Cassini. Ensuite, on sélectionne la cellule C3, sa poigné de copie jusqu'à AO3.
On constate que notre test répond toujours vrai, l'identité de Cassini est donc vraie pour toutes les valeurs de n comprises entre 1 et 38. En réalité elle est vraie pour tout n, mais pour le prouver il faudrait utiliser un raisonnement par récurrence, raisonnement que vous verrez bien plus tard.

REMARQUE : Cette identité fut découverte par le grand astronome (l'un des plus grands astronomes de tous les temps), ingénieur et mathématicien français Jean-Dominique Cassini (1625-1712). C'est le premier d'une grande famille d'astronomes et de cartographes : il y eut Jean-Dominique Cassini (1625-1712) dit Cassini 1er (on lui doit la découverte de quatre satellites de Saturne, la "division de Cassini" (zone d'ombre entre deux anneaux de Saturne) et une carte de la surface lunaire. Il y eut aussi son 1er fils, Jacques Cassini (1677-1756) dit Cassini II (on lui doit un travail sur l'inclinaison des satellites et des anneaux de Saturne), il y a ensuite César François Cassini (1714-1784) (dit Cassini III) le fils de Jacques Cassini (plus cartographe qu'astronome, il commença l'une des plus belles et plus abouties cartes de France) et enfin Jean-Dominique Cassini (1748-1845) dit Cassini IV, le fils de César François Cassini, cartographe également : il termina le travail de son père : à savoir ce qu'on appelle couramment la carte Cassini (que vous pouvez visualiser gratuitement sur le site de la BNF : (http://gallica.bnf.fr).

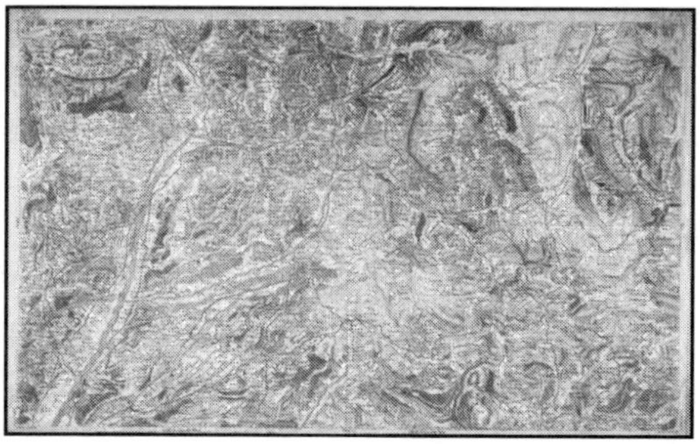

Carte générale de la France. 153, [Digne-les-Bains. Nouv. éd.]. N°153 / [établie sous la direction de César-François Cassini de Thury] BNF (Bibliothèque Nationale de France), Gallica.bnf.fr.

3 Méthodes utilisées : 11, 12, 13.

a) La suite est définie à partir de $n \geq 1$, étudions donc les variations de la fonction $f : x \to f(x) = \dfrac{3x+2}{2x-1}$ sur $[1\,;+\infty[$. Pour tout $x \in [1\,;+\infty[$, $f'(x) = \dfrac{-7}{(2x-1)^2}$, donc pour tout $x \in [1\,;+\infty[$, $f'(x) < 0$, donc f est strictement décroissante sur $[1\,;+\infty[$ et donc $(U_n)_{n\geq 1}$ est strictement décroissante.

b) Pour tout n, $V_{n+1} - V_n > 0$, car : $V_{n+1} - V_n = 2$, donc (V_n) est strictement croissante.

c) Pour tout n, $W_n > 0$ et $\dfrac{W_{n+1}}{W_n} < 1$ car : $\dfrac{W_{n+1}}{W_n} = \dfrac{\frac{5}{2^{n+1}}}{\frac{5}{2^n}} = \dfrac{5}{2^{n+1}} \cdot \dfrac{2^n}{5} = \dfrac{1}{2}$, donc (W_n) est strictement décroissante.

d) Pour tout $n \geq 1$, $Y_{n+1} - Y_n = 2^{n+1} - (n+1) - (2^n - n) = 2^{n+1} - 2^n - 1$ soit :

$Y_{n+1} - Y_n = 2^n(2-1) - 1 = 2^n - 1$. Or pour tout $n \geq 1$, $2^n \geq 2$ et donc pour tout $n \geq 1, Y_{n+1} - Y_n > 0$ ce qui montre que $(Y_n)_{n\geq 1}$ est strictement croissante.

e) Pour tout $n \geq 1$,

$$Z_n > 0 \text{ et } \frac{Z_{n+1}}{Z_n} = \frac{\dfrac{(n+1)\cdot\left(\frac{1}{2}\right)^{n+1}}{(n+2)}}{\dfrac{n\cdot\left(\frac{1}{2}\right)^{n}}{(n+1)}} = \frac{(n+1)}{(n+2)} \cdot \frac{(n+1)}{n} \cdot \left(\frac{1}{2}\right) = \frac{(n+1)^2}{2n(n+2)}$$

Bien, on aimerait montrer que ce quotient est strictement inférieur à 1 car un calcul de premiers termes semble nous indiquer que $(Z_n)_{n\geq 1}$ est strictement croissante : $Z_1 = \dfrac{1}{4}$, $Z_2 = \dfrac{1}{6}$, $Z_3 = \dfrac{3}{32}$...

A-t-on $\frac{(n+1)^2}{2n(n+2)}<1$? On a l'équivalence : $\frac{(n+1)^2}{2n(n+2)}<1 \Leftrightarrow (n+1)^2<2n\cdot(n+2)$ (car $2n(n+2)>0$) soit : $n^2+2n+1<2n^2+4n$ soit : $0<n^2+2n-1$.

Peut-on démontrer que $0<n^2+2n-1$ pour $n\geq 1$? Oui, on le peut : regardez ! n^2+2n-1 est un trinôme du second degré qui admet pour racines (après calculs) : $-1-\sqrt{2}\approx -2,41$ et $-1+\sqrt{2}\approx 0,41$, ce qui d'après le signe du trinôme nous donne que $0<n^2+2n-1$ pour $n>-1+\sqrt{2}$ (aussi pour $n<-1-\sqrt{2}$ mais ça on s'en moque) et donc à fortiori pour $n\geq 1$.

Conclusion : comme pour $n\geq 1$, $0<n^2+2n-1$ il vient que : pour $n\geq 1$, $\frac{(n+1)^2}{2n(n+2)}<1$ soit : $\frac{Z_{n+1}}{Z_n}<1$. Ainsi $(Z_n)_{n\geq 1}$ est strictement décroissante. Elle était difficile, cette question !

4 Un schéma est bien utile pour comprendre ce qu'il se passe surtout pour les premiers cas : $n=2$, $n=3$,...
Appelons K la quantité initiale de Kérosène dans chaque avion, et D_n la distance maximale associée à n avions.

a) Pour $n=1$, il y a un avion et il parcourt $D_1=R$.
b) Pour $n=2$, il y a deux avions A_1 et A_2 :

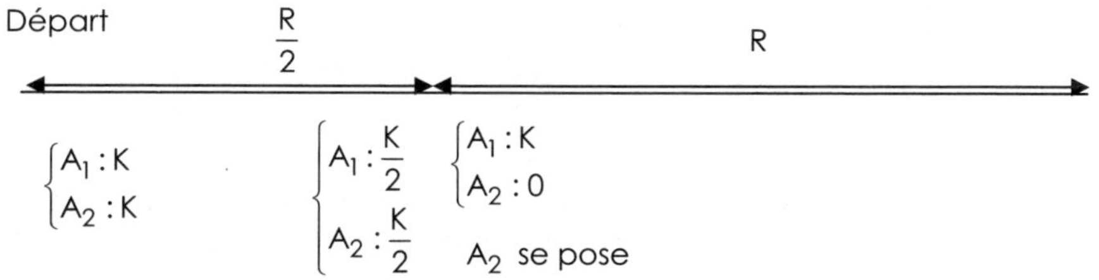

La distance maximale est $D_2=R+\frac{R}{2}$.
c) Pour $n=3$, il y a trois avions A_1, A_2 et A_3

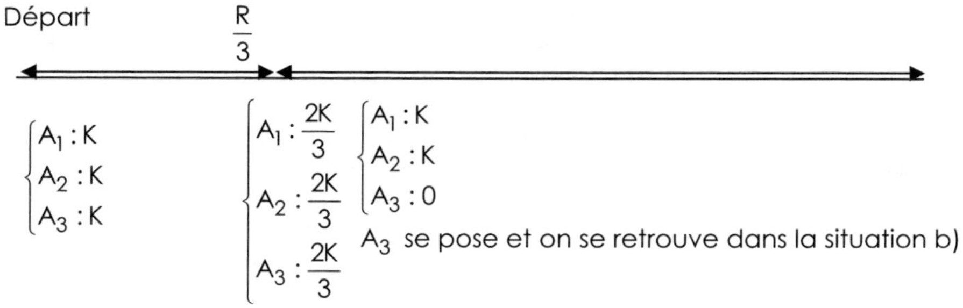

D'où $D_3 = R + \frac{R}{2} + \frac{R}{3}$. On va pouvoir généraliser sans problème.

d) Pour n, $D_n = R + \frac{R}{2} + \frac{R}{3} + ... + \frac{R}{n} = R \cdot \left(1 + \frac{1}{2} + \frac{1}{3} + ... + \frac{1}{n}\right)$.

REMARQUE : Cette suite (sans le R) porte un nom : c'est la série harmonique. On l'étudie dans l'exercice 4 du Chapitre 6). Elle est souvent étudiée en classe préparatoire (ou à l'université) et a la caractéristique d'avoir une croissance très lente, ce qui signifie clairement que la portée maximale ne risque pas de s'améliorer beaucoup en augmentant le nombre d'avions au départ : il faut donc prévoir un système plus performant si l'on veut augmenter la distance parcourue.

5 **Méthodes utilisées : 3, 7.**

a)

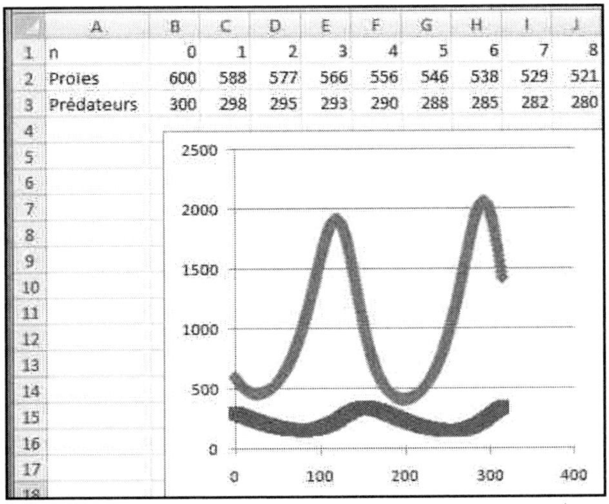

	A	B	C	D	E	F	G	H	I	J
1	n	0	1	2	3	4	5	6	7	8
2	Proies	600	588	577	566	556	546	538	529	521
3	Prédateurs	300	298	295	293	290	288	285	282	280

Dans B1, on écrit 0. Dans C1, on écrit 1. On sélectionne la plage B1:C1, sa poignée de copie qu'on étend jusqu'à LE1 (et oui, il faut 315 ans !).
Dans B2, on écrit 600 (le nombre de proies au départ). Dans C3, on écrit 300 (le nombre de prédateurs au départ). Dans C2, on écrit =1,07*B2-0,0003*B2*B3.
Dans C3, on écrit =0,00002*B2*B3+0,98*B3. On sélectionne la plage C2:C3 qu'on étend jusqu'à LE2:LE3.
Ensuite, on va dans insertion>nuages de points> sélectionner les données>ajouter. En abscisse, on sélectionne la plage B1:LE1, en ordonnées on sélectionne la plage B2:LE2. On refait "ajouter", on sélectionne à nouveau la plage B1:LE1 en abscisses, et la plage B3:LE3 pour les ordonnées.
b) Le dessin est étonnant mais logique. Au moment ou les proies augmentent, il y a plus à manger : mécaniquement les prédateurs se sentent "mieux" et se multiplient davantage, leur nombre augmente. Lorsqu'ils deviennent plus nombreux, ils mangent plus (enfin pas chacun individuellement mais au total), il y a donc moins de proies (leur nombre va diminuer). S'il y a moins de proies, les prédateurs mangent moins, se sentent donc moins bien (certains même vont commencer à avoir la dalle !) et vont diminuer en nombre, et ainsi de suite : la boucle est bouclée !
Mais Volterra (dans son modèle) va plus loin, il ajoute :

« Si l'on détruit les deux espèces uniformément et proportionnellement aux nombres de leurs individus (assez peu pour que les fluctuations subsistent), la moyenne du nombre des individus de l'espèce dévorée croît et celle de l'espèce dévorante diminue. »

Vito Volterra (1860-1940)

Cette phrase est en fait une réponse à une interrogation du zoologiste Umberto d'Ancona (1896-1964) qui étudiait l'activité de pêche dans la mer adriatique et s'était étonné que pendant la 1re guerre mondiale, la pêche dans cette zone s'étant quasiment arrêtée, le nombre des poissons prédateurs augmentait. Il était donc persuadé que l'activité de pêche augmentait le nombre de poissons proies tout en provoquant une diminution des poissons prédateurs (et donc perturbait l'équilibre naturel). Grâce à ce modèle, Volterra put conforter et prouver mathématiquement l'intuition d'Ancona (qui était d'ailleurs son gendre) et établir qu'en pêchant moins, on favorise les poissons prédateurs aux dépens des poissons proies. Ajoutons que Lotka et Volterra ne furent pas les premiers à étudier les dynamiques des populations animales : Léonardo Fibonacci (1175-1250, ou Léonard de Pise, considéré comme le plus grand mathématicien européen de son temps) le fit le premier, avec les lapins modélisés par la suite de Fibonacci. Il y eut aussi bien plus tard l'économiste anglais Thomas Malthus (1766-1834) qui s'intéressa à la population humaine, et qui donna naissance au Malthusianisme, doctrine politique visant à restreindre la progression selon lui exponentielle (ou géométrique) de la population humaine (pour Malthus, la croissance démographique non contrôlée menait inéluctablement à une catastrophe humaine et économique car les ressources agricoles ne pourraient suivre. Aujourd'hui il existe clairement un discours néomalthusien économique considérant comme "impossible écologiquement" pour les pays émergeants de vouloir vivre comme les pays du G20. Comme quoi, tout finit toujours par réapparaître : même des idées développées il y a plus de 200 ans). Ouh là là, ça m'a donné mal à la tête tout ça...

6 **Méthodes utilisées : 3, 7.**

Bien, on obtient la feuille de calcul ci-dessous :

	A	B	C	D	E	F	G	H	I
1	L	25,0							
2	w0	0,6							
3	Teta 0 (degré)	40,0							
4	Teta 0 (radian)	0,7							
5	n	0	1	2	3	4	5	6	7
6	tn	0,0	0,1	0,2	0,3	0,4	0,5	0,6	0,7
7	x(tn)	-16,1	-16,0	-16,0	-15,8	-15,6	-15,4	-15,1	-14,8
8	y(tn)	5,8	5,8	5,8	5,7	5,5	5,3	5,1	4,8

Dans B1, on écrit 25. Dans B3, on écrit 40. Dans B4, on écrit =(B3/360)*2*PI().
Dans B2, on écrit =RACINE(9,81/B1) (pour la pulsation).
Dans B5, on écrit 0. Dans C5 on écrit 1. On sélectionne la plage B1:C1, sa poignée de copie qu'on étend jusqu'à CX5.
Dans B6, on écrit =0,1*B5. on prend sa poignée de copie qu'on étend jusqu'à CX6.
Dans B7, on écrit =-$B$1*SIN($B$4*COS($B$2*B6))

Dans B8 on écrit =-$B$1*COS($B$4*COS($B$2*B6))+$B$1

On sélectionne la plage B7:B8, sa poignée de copie qu'on étend jusqu'à CX7:CX8.

Enfin, on va dans insertion>nuages de points>ajouter>sélectionner des données. Dans "valeurs de la série des abscisses X", on sélectionne la plage B7:CX7. Dans "valeurs de la série des ordonnées Y", on sélectionne la plage B8:CX8.

Pour 40°

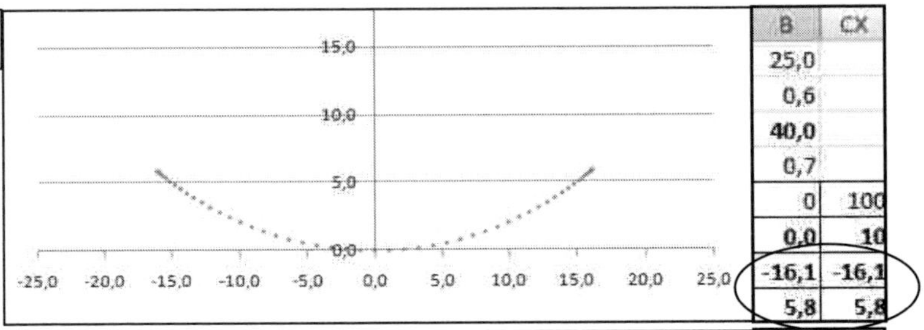

Pour 50°

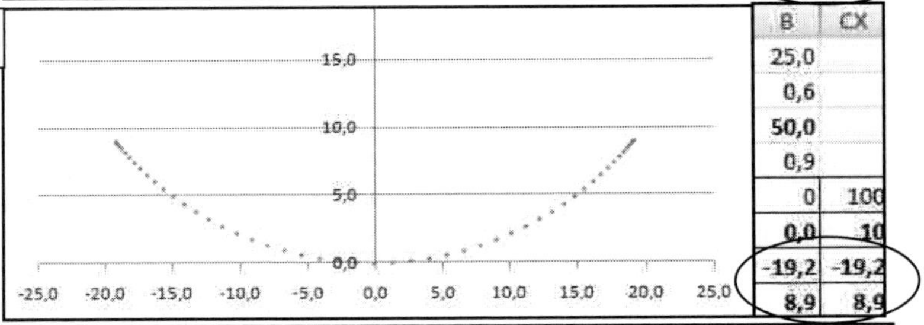

Pour 30°

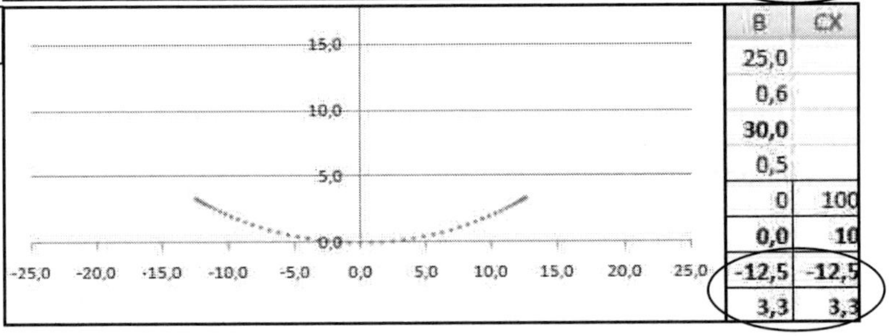

On observe que la valeur de l'angle fait monter plus ou moins haut le pendule (ce qui est plutôt logique somme toute), mais la vraie chose à remarquer se trouve dans les plages B7:B8 et CX7:CX8 (regarder à droite de chaque) graphique !) Quelque soit l'angle, au bout de 10 secondes (regardez au-dessus des valeurs entourées) on revient au point de départ (même abscisse, même ordonnée, regardez les valeurs entourées !), c'est ça l'isochronisme ! Dans tous les cas, la période d'oscillation vaut 10 s !), ce résultat concorde avec la valeur théorique $T = 2\pi\sqrt{\dfrac{L}{g}} = 2\pi\sqrt{\dfrac{25}{9{,}8}} \approx 10$.

L'intuition de Galilée était bonne. Il mit du temps à publier ce résultat mais comprit que cette propriété permettrait de construire des horloges (une horloge à balancier). C'est Huygens qui rentrera dans l'histoire en reprenant et en achevant les travaux de Galilée qui lui permettra de créer la première horloge à balancier du monde (fini la clepsydre de Fort-boyard !).

Chapitre 6 : METHODES SUR COMPORTEMENTS D'UNE SUITE A L'INFINI

EXERCICES & CORRIGES

Exercices

1 Pour chaque suite (U_n) :

1°) Déterminer algébriquement les cinq premiers termes.

2°) Donner une feuille de calcul Excel permettant de déterminer les cent premiers termes.

3°) Conjecturer son sens de variation et le prouver.

4°) Conjecturer sa limite.

5°) Evolution de seuil :

- Si la suite converge vers une limite finie L, déterminer le rang n_0 à partir duquel la suite (U_n) se trouve à 0,01 de distance seulement de L (si par exemple elle est croissante de limite 3, déterminer le rang à partir duquel $n \geq n_0$ entraîne $U_n \geq 2{,}99$, si elle est décroissante de limite 5, déterminer le rang à partir duquel $n \geq n_0$ entraîne $U_n \leq 5{,}01$, si elle n'est ni croissante ni décroissante mais converge vers 4, déterminer le rang n_0 à partir duquel : $n \geq n_0$ entraîne $|U_n - 4| \leq 0{,}01$, etc.).
- Si la suite est divergente de limite $+\infty$, déterminer le rang n_0 à partir duquel la suite (U_n) est supérieure à 10000 (c'est-à-dire le rang n_0 à partir duquel : $n \geq n_0$ entraîne $U_n \geq 10000$).
- Si la suite est divergente de limite $-\infty$, déterminer le rang n_0 à partir duquel la suite est inférieure à -10000 (c'est-à-dire le rang n_0 à partir duquel : $n \geq n_0$ entraîne $U_n \leq -10000$).

a) (A_n) est la suite définie par : $\begin{cases} A_{n+1} = -0{,}5A_n + 3 \\ A_0 = 4 \end{cases}$.

b) (B_n) est la suite définie par : $\begin{cases} B_{n+1} = 0{,}5B_n + 3 \\ B_0 = 4 \end{cases}$.

c) (C_n) est la suite définie par : $\begin{cases} C_{n+1} = 0{,}75C_n - 5 \\ C_0 = 2 \end{cases}$.

d) (D_n) est la suite définie par : $\begin{cases} D_{n+1} = 2D_n - 1 \\ D_0 = 3 \end{cases}$.

e) (E_n) est la suite définie par : $E_n = \dfrac{1}{n-2}$.

f) (F_n) est la suite définie par : $\begin{cases} F_{n+2} = F_{n+1} + F_n \\ F_1 = F_0 = 1 \end{cases}$ (suite de Fibonacci (1170-1245))

g) (G_n) est la suite définie par : $G_n = n - n^2$.

h) (H_n), la suite définie par : $H_n = \frac{1}{2} + \frac{1}{4} + \frac{1}{8} + \frac{1}{16} + \ldots + \frac{1}{2^n}$

2 Les limites de Bernoulli (les limites de q^n)

1°) Soit (Q_n) est la suite définie par $Q_n = q^n$. On considère les sept cas : $q = -2$, $q = -1$, $q = -0{,}5$, $q = 0$, $q = 0{,}5$, $q = 1$, $q = 2$.

a) Donner une feuille de calcul Excel permettant de déterminer les premiers termes de (Q_n) (suivant les cas).

b) Conjecturer (suivant les cas) le sens de variation de (Q_n).

c) Conjecturer (suivant les cas) la limite de (Q_n).

2°) Une balle en caoutchouc rebondit de 10 % de sa hauteur de chute (cela veut dire que si elle tombe de 100 m elle remonte de 10 m puis retombe et remonte de 1 m...). On lâche cette balle d'une hauteur de 100 m. Quelle est la longueur "limite" du parcours de cette balle ? (On utilisera la formule suivante, qu'on verra dans le chapitre 7 : $1 + q + q^2 + \ldots q^n = \frac{1 - q^{n+1}}{1 - q}$ (si $q \neq 1$).)

3 L'algorithme de Babylone (ou algorithme de Héron d'Alexandrie (1er siècle)). Les babyloniens avaient imaginé l'algorithme suivant : On choisit un nombre N. A ce nombre N on lui associe le nombre $N' = \frac{1}{2}\left(N + \frac{2}{N}\right)$, à ce nombre on lui associe $N'' = \frac{1}{2}\left(N' + \frac{2}{N'}\right)$ et ainsi de suite...

Cela revient donc à étudier la suite : $\begin{cases} U_{n+1} = \frac{1}{2}\left(U_n + \frac{2}{U_n}\right) \\ U_0 = N \end{cases}$.

a) Ecrire un algorithme permettant de faire fonctionner l'algorithme de Babylone pour $N = 2$; $N = 3$; $N = 4$ (avec 100000 itérations).

b) Que conjecturez-vous ?

REMARQUE : Cet algorithme est aussi appelé algorithme de Héron (du nom de Héron d'Alexandrie (1er siècle)) mais une tablette babylonienne (datant d'environ 1700 av. J.-C.), la tablette YBC 7289 conservé à l'université Yale (Connecticut, Etats-Unis) montre que cette civilisation brillante (et dont on a déjà parlé dans le chapitre du second degré) maîtrisait déjà cet algorithme. La voici (quelle merveille !), regardez-la !

Bon d'accord, ça ne saute pas aux yeux, mais promis : à la fin du corrigé on vous explique comment l'interpréter (un peu comme si on était Indiana Jones en fait...).

4 Divergence de la série harmonique par Nicolas Oresme (1325-1382)

On considère la suite $(H_n)_{n\geq 1}$ (appelée série harmonique) définie par $H_n = 1+\frac{1}{2}+\frac{1}{3}+\frac{1}{4}+...+\frac{1}{n}$.

Partie 1 : a) On a : $H_1 = 1, H_2 = 1+\frac{1}{2} = 1{,}5, H_3 = 1+\frac{1}{2}+\frac{1}{3} \approx 1{,}833$. Déterminer algébriquement (à 10^{-3} près) les quatre termes suivants.

b) Calculer à l'aide d'un tableur les mille premiers termes.

c) Calculer à l'aide d'un algorithme le terme $H_{1000} = 1+\frac{1}{2}+\frac{1}{3}+\frac{1}{4}+...+\frac{1}{1000}$ et $H_{100000} = 1+\frac{1}{2}+\frac{1}{3}+\frac{1}{4}+...+\frac{1}{100000}$

d) Selon toute vraisemblance, cette suite est divergente de limite $+\infty$ (dans la partie 2, on verra comment le grand savant (et évêque de Lisieux) Nicolas Oresme (1325-1382) l'a démontré). Ecrire un algorithme qui pour un seuil donné permet de donner la première valeur de n pour laquelle $H_n > \text{Seuil}$.

e) Faire fonctionner cet algorithme pour $\text{Seuil} = 3$, $\text{Seuil} = 4$ $\text{Seuil} = 10$ puis $\text{Seuil} = 12$. Que constatez-vous ?

Partie 2 : Nicolas Oresme (1325-1382, évêque de Lisieux) a démontré que la suite $(H_n)_{n\geq 1}$ (la série harmonique) divergeait (de limite $+\infty$). Montrer que :

a) $H_2 \geq 1+\frac{1}{2}$.

b) Démontrer que $H_4 = 1+\frac{1}{2}+\frac{1}{3}+\frac{1}{4}$ vérifie : $H_4 > 1+\frac{1}{2}+\frac{1}{2}$.

c) Démontrer que $H_8 = 1+\frac{1}{2}+\frac{1}{3}+\frac{1}{4}+\frac{1}{5}+\frac{1}{6}+\frac{1}{7}+\frac{1}{8}$ vérifie : $H_8 > 1+\frac{1}{2}+\frac{1}{2}+\frac{1}{2}$.

On en déduit que pour tout n, $H_{2^n} > 1+\frac{n}{2}$.

e) Montrer à l'aide d'un tableur ou de Xcas que $\lim\left(1+\frac{n}{2}\right) = +\infty$.

f) En déduire, comme Oresme, que la série harmonique est divergente de limite $+\infty$.

5 **Nombre e (exponentielle)**

On considère la suite $S_n = 1+\frac{1}{1}+\frac{1}{1\times 2}+\frac{1}{1\times 2\times 3}+...+\frac{1}{1\times 2\times 3\times ...\times n}$

a) Démontrer algébriquement que pour tout n, $2{,}5 < S_n < 3$. (Indication : on pourra comparer $\frac{1}{1\times 2\times 3\times ...\times n}$ avec $\frac{1}{2^{n-1}}$ et on utilisera la formule suivante, qu'on prouvera dans le chapitre 7 : $1+q+q^2+...q^n = \frac{1-q^{n+1}}{1-q}$ (si $q \neq 1$)).

b) A l'aide d'un algorithme, évaluer les sommes successives : S_1, S_2, S_3, S_{100}, S_{150}. Donner alors une valeur de $\lim S_n$ à 10^{-7} près.

6 Etudier la minoration ou majoration des suites suivantes :

a) (U_n) est la suite définie par : $U_n = (-1)^n + 3$.

b) (V_n) est la suite définie par : $V_n = \frac{1}{n+1}$.

c) (W_n) est la suite définie par : $W_n = \cos(n)+\sin(n)$.

d) (y_n) est la suite définie par : $y_n = \sqrt{\sin(n)+3}$.

7 On considère les deux suites $(U_n)_{n\geq 0}$ et $(V_n)_{n\geq 0}$ définies par :

$U_n = 3+\frac{1}{n+1}$ et $V_n = 5-\frac{1}{n+1}$ (pour tout n positif)

a) A l'aide d'un tableur (ou de la calculatrice), calculer les onze premiers termes de chacune de ces suites.

b) Que peut-on conjecturer sur le sens de variation de chacune de ces deux suites ? Prouvez-le.

c) Que peut-on conjecturer sur le caractère minoré, majoré, borné de chacune de ces deux suites ? Prouvez-le.

d) Que peut-on conjecturer sur la propriété : pour tout n positif, $V_n \geq U_n$. Prouvez-le.

Corrigés

1 **Méthodes utilisées : 1, 2, 3, 5.**

a) **1°) Algébriquement** : $A_0 = 4$, $A_1 = -0{,}5A_0+3 = -0{,}5\times 4+3 = -2+3 = 1$,

$A_2 = -0{,}5A_1+3 = -0{,}5\times 1+3 = -0{,}5+3 = 2{,}5$,

$A_3 = -0{,}5A_2+3 = -0{,}5\times 2{,}5+3 = -1{,}25+3 = 1{,}75$

$A_4 = -0{,}5A_3+3 = -0{,}5\times 1{,}75+3 = 2{,}125$.

2°) Avec un tableur : Dans B1, on écrit 0. Dans C1, on écrit 1. On sélectionne la plage B1:C1, sa poignée de copie qu'on étend jusqu'à CX1 (c'est ce qu'on fera pour chacune des suites).

Dans B2, on écrit 4. Dans C4, on écrit =-0,5*B2+3. On prend sa poignée de copie qu'on étend jusqu'à CX2.

On obtient alors :

	A	B	C	D
1	n	0	1	2
2	An	4	1	2,5

	CV	CW	CX
1	98	99	100
2	2	2	2

REMARQUE : On peut calculer les premiers termes avec cet algorithme :

```
VARIABLES
  n EST_DU_TYPE NOMBRE
  Nb_termes EST_DU_TYPE NOMBRE
  U EST_DU_TYPE LISTE
DEBUT_ALGORITHME
  LIRE Nb_termes
  U[0] PREND_LA_VALEUR 4
  AFFICHER "U(0)="
  AFFICHER U[0]
  TRACER_POINT (0,U[0])
  POUR n ALLANT_DE 1 A Nb_termes
    DEBUT_POUR
    U[n] PREND_LA_VALEUR -0.5*U[n-1]+3
    AFFICHER "U["
    AFFICHER n
    AFFICHER "]="
    AFFICHER U[n]
    TRACER_POINT (n,U[n])
    FIN_POUR
FIN_ALGORITHME
```

3°) La suite n'est manifestement ni croissante, ni décroissante.
4°) Limite : 2.
5°) Evolution de Seuil : On a $|A_n - 2| \leq 0,01$ dès que $n \geq 9$.

	J	K	L
1	8	9	10
2	2,008	1,996	2,002

b) **1°) Algébriquement** : $B_0 = 4$, $B_1 = 0,5B_0 + 3 = 0,5 \times 4 + 3 = 2 + 3 = 5$,
$B_2 = 0,5B_1 + 3 = 0,5 \times 5 + 3 = 2,5 + 3 = 5,5$, $B_3 = 0,5B_2 + 3 = 0,5 \times 5,5 + 3 = 5,75$
$B_4 = 0,5B_3 + 3 = 0,5 \times 5,75 + 3 = 5,875$.

2°) Avec un tableur : Dans B1, on écrit 0. Dans C1, on écrit 1. On sélectionne la plage B1:C1, sa poignée de copie qu'on étend jusqu'à CX1 (c'est ce qu'on fera pour chacune des suites).
Dans B2, on écrit 4. Dans C4, on écrit =0,5*B2+3. On prend sa poignée de copie qu'on étend jusqu'à CX2.
3°) La suite est manifestement strictement croissante.
4°) Limite : 6
Evolution de Seuil : On a $B_n \geq 5,99$ dès que $n \geq 8$.

	A	B	C	D	E	F	G	H	I	J
1	n	0	1	2	3	4	5	6	7	8
2	Bn	4	5	5,5	5,75	5,875	5,938	5,969	5,984	5,992

c) **1°) Algébriquement** : $C_0 = 2$, $C_1 = 0{,}75C_0 - 5 = -3{,}5$, $C_2 = -7{,}625$, $C_3 = -10{,}71875$, $C_4 = -13{,}0390625$.

2°) Avec un tableur : Dans B1, on écrit 0. Dans C1, on écrit 1. On sélectionne la plage B1:C1, sa poignée de copie qu'on étend jusqu'à CX1.
Dans B2, on écrit 2. Dans C4, on écrit =0,75*B2-5. On prend sa poignée de copie qu'on étend jusqu'à CX2.

	A	B	C	D	E	F
1	n	0	1	2	3	4
2	Cn	2	-3,5	-7,625	-10,71875	-13,0390625

3°) La suite est manifestement strictement décroissante.
4°) Limite : -20
Evolution de Seuil : On a $C_n \leq -19{,}99$ dès que $n \geq 27$.

	AB	AC	AD
1	26	27	28
2	-19,987583	-19,9907	-19,99302

d) **1°) Algébriquement** : $D_0 = 3$, $D_1 = 2D_0 - 1 = 2 \cdot 3 - 1 = 6 - 1 = 5$, $D_2 = 2D_1 - 1 = 2 \cdot 5 - 1 = 10 - 1 = 9$, $D_3 = 2D_2 - 1 = 2 \cdot 9 - 1 = 18 - 1 = 17$, et $D_4 = 2D_3 - 1 = 2 \cdot 17 - 1 = 34 - 1 = 33$.

2°) Avec un tableur : Dans B1, on écrit 0. Dans C1, on écrit 1. On sélectionne la plage B1:C1, sa poignée de copie qu'on étend jusqu'à CX1.
Dans B2, on écrit 3. Dans C4, on écrit =2*B2-1. On prend sa poignée de copie qu'on étend jusqu'à CX2.

	A	B	C	D	E
1	n	0	1	2	3
2	Dn	3	5	9	17

3°) La suite est manifestement strictement croissante.
4°) Limite : $+\infty$
Evolution de Seuil : On a $D_n \geq 10000$ dès que $n \geq 13$.

	N	O	P
1	12	13	14
2	8193	16385	32769

e) **1°) Algébriquement** La suite n'est pas définie pour $n = 2$. Le premier terme est donc : $E_3 = \dfrac{1}{3-2} = 1$. Ensuite : $E_4 = \dfrac{1}{2}$, $E_5 = \dfrac{1}{3}$, $E_6 = \dfrac{1}{4}$ et $E_7 = \dfrac{1}{5}$.

2°) Avec un tableur : Dans B1, on écrit 0. Dans C1, on écrit 1. On sélectionne la plage B1:C1, sa poignée de copie qu'on étend jusqu'à CX1.
Dans B2, on écrit =1/(B1-2). On prend sa poignée de copie qu'on étend jusqu'à CX2.

	A	B	C	D	E	F	G
1	n	0	1	2	3	4	5
2	En	-0,5	-1	#####	1	0,5	0,333

3°) La suite est manifestement strictement décroissante (à partir de $n \geq 3$).
4°) Limite : 0
Evolution de Seuil : On a $E_n \leq 0{,}01$ dès que $n \geq 102$.

	CY	CZ	DA
1	101	102	103
2	0,01010101	0,01	0,00990099

f)) **1°) Algébriquement** : $F_0 = 1$, $F_1 = 1$, $F_2 = F_1 + F_0 = 1+1 = 2$, $F_3 = F_2 + F_1 = 2+1 = 3$ et $F_4 = F_3 + F_2 = 3+2 = 5$.

2°) Avec un tableur : Dans B1, on écrit 0. Dans C1, on écrit 1. On sélectionne la plage B1:C1, sa poignée de copie qu'on étend jusqu'à CX1.
Dans B2, on écrit 1, dans C2, on écrit 1. Dans D2, on écrit = B2+C2. On prend sa poignée de copie qu'on étend jusqu'à CX2.

	A	B	C	D	E	F	G
1	n	0	1	2	3	4	5
2	Fn	1	1	2	3	5	8

3°) La suite est manifestement strictement croissante.
4°) Limite : $+\infty$
Evolution de Seuil : On a $F_n \geq 10000$ dès que $n \geq 20$.

	U	V	W
1	19	20	21
2	6765	10946	17711

g) **1°) Algébriquement** : $G_0 = 0 - 0^2 = 0$, $G_1 = 1 - 1^2 = 1 - 1 = 0$,
$G_2 = 2 - 2^2 = 2 - 4 = -2$, $G_3 = 3 - 3^2 = 3 - 9 = -6$, $G_4 = 4 - 4^2 = 4 - 16 = -12$.

2°) Avec un tableur : Dans B1, on écrit 0. Dans C1, on écrit 1. On sélectionne la plage B1:C1, sa poignée de copie qu'on étend jusqu'à CX1.
Dans B2, on écrit =B1-B1^2. On prend sa poignée de copie qu'on étend jusqu'à CX2.

	A	B	C	D	E	F
1	n	0	1	2	3	4
2	Gn	0	0	-2	-6	-12

3°) La suite est manifestement strictement décroissante.
4°) Limite : $-\infty$
Evolution de Seuil : On a $G_n \leq -10000$ dès que $n \geq 101$.

	CX	CY	CZ
1	100	101	102
2	-9900	-10100	-10302

h) (H_n), la suite définie par : $H_n = \frac{1}{2} + \frac{1}{4} + \frac{1}{8} + \frac{1}{16} + \ldots + \frac{1}{2^n}$

1°) Algébriquement : $H_1 = \frac{1}{2}$, $H_2 = \frac{1}{2} + \frac{1}{4} = \frac{3}{4}$, $H_3 = \frac{1}{2} + \frac{1}{4} + \frac{1}{8} = \frac{7}{8}$, $H_4 = \frac{15}{16}$, $H_5 = \frac{31}{32}$.

2°) Avec un tableur : Dans B1, on écrit 0. Dans C1, on écrit 1. On sélectionne la plage B1:C1, sa poignée de copie qu'on étend jusqu'à CY1.
Dans C2, on écrit =0,5^C1. Dans D2, on écrit =C2+(1/2)^D1. On prend sa poignée de copie qu'on étend jusqu'à Cy2.

	A	B	C	D	E	F	G
1	n	0	1	2	3	4	5
2	Hn		0,5	0,75	0,875	0,9375	0,96875

3°) La suite est manifestement strictement croissante.
4°) Limite : 1
Evolution de Seuil : On a $H_n \geq 0{,}99$ dès que $n \geq 7$.

H	I	J
6	7	8
0,984375	**0,992188**	0,996094

2 **Méthodes utilisées : 1, 2.**

1°) a) Autant utiliser une seule feuille de calcul pour tous les cas !

	A	B	C	D	E	F	G	H	I	J	K	L	M	N
1		n	0	1	2	3	4	5	6	7	8	9	10	11
2	q													
3	-2		1	-2	4	-8	16	-32	64	-128	256	-512	1024	-2048
4	-1		1	-1	1	-1	1	-1	1	-1	1	-1	1	-1
5	-0,5		1	-0,5	0,25	-0,125	0,0625	-0,03125	0,015625	-0,00781	0,003906	-0,00195	0,000977	-0,000488
6	0		#####	0	0	0	0	0	0	0	0	0	0	0
7	0,5		1	0,5	0,25	0,125	0,0625	0,03125	0,015625	0,007813	0,003906	0,001953	0,000977	0,000488
8	1		1	1	1	1	1	1	1	1	1	1	1	1
9	2		1	2	4	8	16	32	64	128	256	512	1024	2048

Dans les cellules de B1 à M11 on met les valeurs de n : 0, 1, 2, 3, jusqu'à 11.
Dans les cellules A3 à A9, les différentes valeurs de q : -2, -1, -0.5, 0, 0.5 1 et 2.
Maintenant, on va utiliser les dollars (l'indexation) pour ne pas avoir trop de boulot ! Dans la cellule C3, on écrit : =($A3)^C$1, on prend la poignée de copie jusqu'à B9, (où il y aura écrit =($A9)^C$1). Ensuite, on prend la plage B3 :B9 puis la poignée de copie jusqu'à la plage M3 :M9. On lâche et hop magie : on a tous les termes qu'on voulait ! Merci Excel !
b) En fait les observations de ces exemples illustrent un théorème (qui se démontre à l'aide de l'inégalité de Jakob Bernoulli (1654-1705) :

- Si $q \leq -1$, alors $\left(q^n\right)$ n'est pas monotone et $\lim q^n$ n'existe pas.
- Si $-1 < q < 0$, alors $\left(q^n\right)$ n'est pas monotone et on a $\lim q^n = 0$.
- Si $q = 0$, alors $\left(q^n\right)$ est constante et $\lim q^n = 0$.

- Si $0<q<1$, alors (q^n) est décroissante et on a $\lim q^n = 0$.
- Si $q=1$, alors (q^n) est constante et $\lim q^n = 1$.
- Si $q>1$, alors (q^n) est croissante et $\lim q^n = +\infty$.

2°) La longueur limite parcourue revient à étudier
$100+(10+10)+(1+1)+(0{,}1+0{,}1)+(0{,}01+0{,}01)+(0{,}001+0{,}001)+\ldots$ c'est-à-dire :
$-100+(100+100)+(10+10)+(1+1)+(0{,}1+0{,}1)+(0{,}01+0{,}01)+(0{,}001+0{,}001)+\ldots$
soit : $-100+2\cdot(100+10+1+0{,}1+0{,}01+0{,}001+\ldots)$ soit encore :
$-100+200\cdot(1+0{,}1+0{,}01+0{,}001+0{,}0001+0{,}00001\ldots)$.
Bien, étudions en particulier $1+0{,}1+0{,}01+0{,}001+0{,}0001+0{,}00001+\ldots$ C'est en fait la limite de la suite suivante :

$$1+(0{,}1)^1+(0{,}1)^2+(0{,}1)^3+(0{,}1)^4+(0{,}1)^5+\ldots+(0{,}1)^n=\frac{1-(0{,}1)^{n+1}}{1-0{,}1}$$

(car $1+q+q^2+\ldots q^n=\dfrac{1-q^{n+1}}{1-q}$, formule qui était donnée et qu'on démontrera dans le chapitre 7)
Et comme $\lim\limits_{n\to+\infty}(0{,}1)^{n+1}=0$, $1+0{,}1+0{,}01+0{,}001+0{,}0001+0{,}00001+\ldots$ vaut :
$\dfrac{1}{1-0{,}1}=\dfrac{1}{0{,}9}=\dfrac{10}{9}$. Finalement, la longueur limite du parcours est :
$-100+200\cdot\dfrac{10}{9}=\dfrac{1100}{9}\approx 122{,}23$ (m).

3 **Méthode utilisée : 3.**

a) Avec l'algorithme suivant, on obtient :

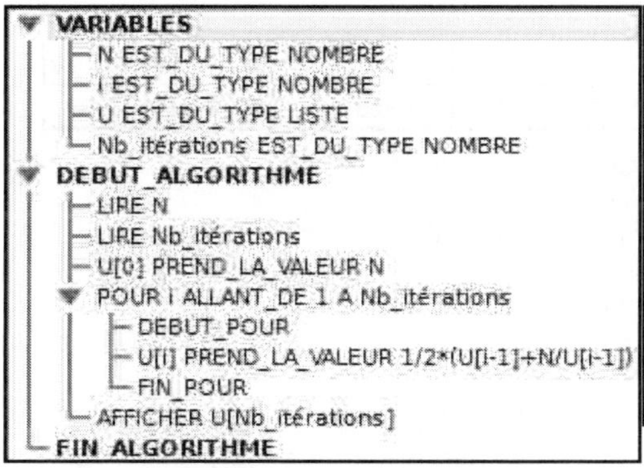

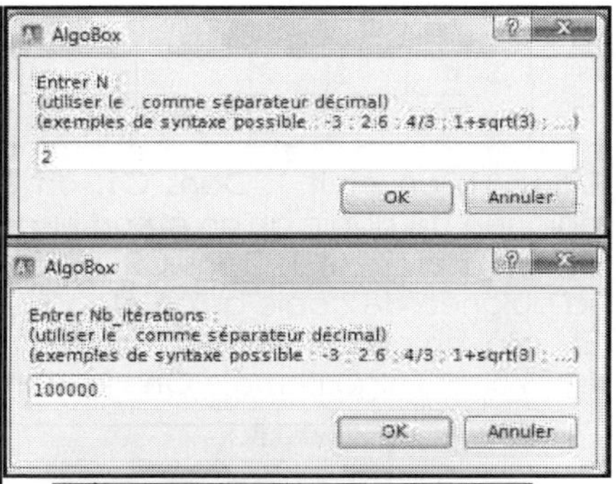

Pour $N=2$, et $Nb\_itérations=100000$ on trouve 1,4142136.

On conjecture qu'on obtient une valeur approchée de $\sqrt{2}$ pour $N=2$, de $\sqrt{3}$ pour $N=3$ et de $\sqrt{4}$ c'est-à-dire 2 pour $N=4$.

b) On conjecture que l'algorithme de Babylone permet d'obtenir la valeur approchée d'une racine carrée très rapidement.

Bien et cette tablette alors, quelle secret détient-elle ? (C'est le moment de mettre à fond la musique d'Indiana Jones...)

Regardez-la bien : il y a un carré et une diagonale. A côté, on trouve des inscriptions (on appelle cela des cunéiformes, c'est probablement le plus ancien système d'écriture du monde, mis au point il y a trois à quatre mille ans av. J.-C. en Mésopotamie) et ces inscriptions représentent des nombres : en fait on peut lire les nombres : 1 24 51 10. Or les babyloniens comptaient en base soixante (d'ailleurs nous le faisons encore : pensez aux secondes (60 secondes forment une minute, 60 minutes forment une heure)) 1 24 51 10 veut donc dire $1+\frac{24}{60}+\frac{51}{60^2}+\frac{10}{60^3}$ ce qui nous donne 1,41421296 qui est une excellente approximation de la diagonale du carré (de côté 1) $\sqrt{2}=1,41421356...$ Balaises les babyloniens, non ?

4 Méthodes utilisées : 2, 3, 13, 14, 4.

Partie 1 :

a) A 10^{-3} près, on trouve $H_4 \approx 2,083$, $H_5 \approx 2,283$, $H_6 = 2,45$, $H_6 \approx 2,593$.

b)

	A	B	C	D	E	F	G	H	I	J	K
1	n	1	2	3	4	5	6	7	8	9	10
2	Hn	1	1,5	1,8333	2,0833	2,2833	2,45	2,5929	2,7179	2,829	2,929

Dans B1, on écrit 1. Dans C1, on écrit 2. On sélectionne la plage B1:C1, sa poignée de copie qu'on étend jusqu'à ALL1.
Dans B2, on écrit 1. Dans C2, on écrit =B2+1/C1. On sélectionne la cellule C2, sa poignée de copie qu'on étend jusqu'à ALL2.
Et voilà, on obtient nos 1000 premiers termes !
c) Voici l'algorithme. On le lance successivement pour $n=1000$ puis $n=100000$.

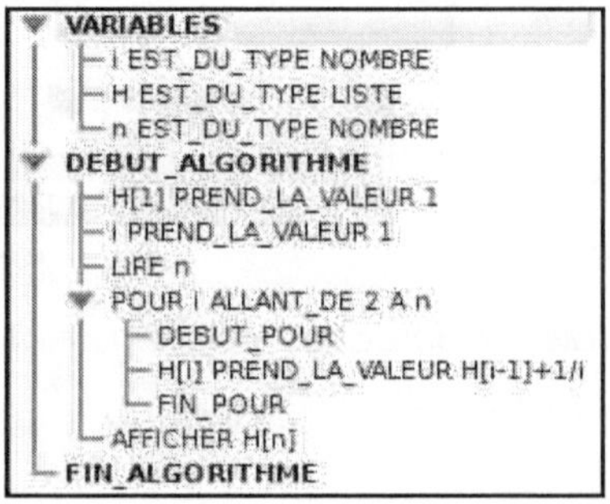

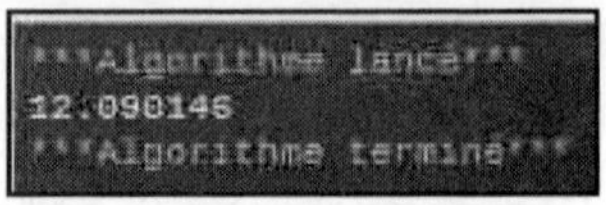

On obtient : $H_{1000} = 1 + \frac{1}{2} + \frac{1}{3} + \frac{1}{4} + \ldots + \frac{1}{1000} \approx 7,4854709$ et :

$H_{100000} = 1 + \frac{1}{2} + \frac{1}{3} + \frac{1}{4} + \ldots + \frac{1}{100000} \approx 12,090146$.

d)

```
VARIABLES
  i EST_DU_TYPE NOMBRE
  H EST_DU_TYPE LISTE
  Seuil EST_DU_TYPE NOMBRE
DEBUT_ALGORITHME
  H[1] PREND_LA_VALEUR 1
  LIRE Seuil
  TANT_QUE (H[i]<Seuil) FAIRE
    DEBUT_TANT_QUE
    i PREND_LA_VALEUR i+1
    H[i] PREND_LA_VALEUR H[i-1]+1/i
    FIN_TANT_QUE
  AFFICHER "La série harmonique dépasse "
  AFFICHER Seuil
  AFFICHER "dès que n>= "
  AFFICHER i
FIN_ALGORITHME
```

e) Pour $\text{Seuil} = 3$, on trouve $n \geq 11$. Pour $\text{Seuil} = 4$, on trouve $n \geq 31$. Pour $\text{Seuil} = 10$, on trouve $n \geq 12367$. Pour $\text{Seuil} = 12$ il faut attendre une éternité, c'est-à-dire : 91380 ("Ah oui ? Quand même !" comme dirait l'humoriste (subtil et délicat) Jean-Marie Bigard...) On constate qu'il faut attendre un paquet de temps avant que la série (qui pourtant diverge bien) atteigne de grandes valeurs (et 12 on peut pas dire que ce soit grand) : c'est un exemple fondamental (que bien des élèves de prépa connaissent) de suite strictement croissante, divergente de limite $+\infty$ mais à croissance vraiment très lente... (pour ne pas dire désespérément lente...)

a) $H_2 \geq 1 + \frac{1}{2}$ est évident car $H_2 = 1 + \frac{1}{2}$ (d'où l'importance qu'on ait $\geq$ et pas $>$)

b) C'est maintenant que va entrer en scène l'idée géniale d'Oresme.

Dans $H_4 = 1 + \frac{1}{2} + \frac{1}{3} + \frac{1}{4}$, Oresme va étudier le groupe $\frac{1}{3} + \frac{1}{4}$ qui est supérieur à $\frac{1}{4} + \frac{1}{4}$ c'est-à-dire $\frac{2}{4} = \frac{1}{2}$. On a donc bien : $H_4 > 1 + \frac{1}{2} + \frac{1}{2}$.

c) Toujours avec Oresme, on réécrit la somme $H_8 = 1 + \frac{1}{2} + \frac{1}{3} + \frac{1}{4} + \frac{1}{5} + \frac{1}{6} + \frac{1}{7} + \frac{1}{8}$,

sous la forme $H_8 = 1 + \frac{1}{2} + \left(\frac{1}{3} + \frac{1}{4}\right) + \left(\frac{1}{5} + \frac{1}{6} + \frac{1}{7} + \frac{1}{8}\right)$.

On a toujours : $\frac{1}{3} + \frac{1}{4} > \frac{1}{2}$ (déjà fait) et $\frac{1}{5} + \frac{1}{6} + \frac{1}{7} + \frac{1}{8} > \frac{1}{8} + \frac{1}{8} + \frac{1}{8} + \frac{1}{8}$ soit $\frac{1}{5} + \frac{1}{6} + \frac{1}{7} + \frac{1}{8} > \frac{4}{8}$ soit $\frac{1}{5} + \frac{1}{6} + \frac{1}{7} + \frac{1}{8} > \frac{1}{2}$ d'où : $H_8 > 1 + \frac{1}{2} + \frac{1}{2} + \frac{1}{2}$ soit $H_{2^3} > 1 + \frac{3}{2}$ (génial ce Nicolas...).

De même on aurait $H_{16} > 1 + \frac{1}{2} + \frac{2}{4} + \frac{4}{8} + \frac{8}{16}$ soit $H_{16} > 1 + \frac{1}{2} + \frac{1}{2} + \frac{1}{2} + \frac{1}{2}$ soit $H_{2^4} > 1 + \frac{4}{2}$. De manière générale, on a : $H_{2^n} > 1 + \frac{n}{2}$.

e) Avec le tableur :

	A	B	C	D	E	F	G	H	I	J	K	L
1	n	0	1	2	3	4	5	6	7	8	9	10
2	1+n/2	1	1,5	2	2,5	3	3,5	4	4,5	5	5,5	6

Dans B1, on écrit 0. Dans C1, on écrit 1. On sélectionne la plage B1:C1, sa poignée de copie qu'on étend jusqu'à CW1 (pour avoir au moins 100 termes). Dans B2, on écrit =1+B1/2. On sélectionne la cellule B2, sa poignée de copie qu'on étend jusqu'à CW2. Cette suite ne fait aucun mystère, elle diverge bien, de limite $+\infty$. On a : $\lim\left(1+\frac{n}{2}\right)=+\infty$.

Avec Xcas :

```
limite(1+n/2,n,+infinity)
                                        +∞
```

f) Comme $H_{2^n} > 1+\frac{n}{2}$, la suite de gauche (la série harmonique) n'a pas d'autres choix que de diverger également (être plus grand que $+\infty$, c'est valoir $+\infty$ soi-même). Un seul mot : Merci ! (Merci à toi, Oresme).

5 **Méthode utilisée : 3.**

$1\times 2\times 3\times \ldots \times n > 1\times \underbrace{2\times 2\times \ldots \times 2}_{n-1 \text{ fois}}$ soit : $1\times 2\times 3\times \ldots\times n > 2^{n-1}$ soit $\frac{1}{1\times 2\times 3\times \ldots \times n} < \frac{1}{2^{n-1}}$.

On a donc $1+\frac{1}{1}+\frac{1}{1\times 2}+\frac{1}{1\times 2\times 3}+\ldots+\frac{1}{1\times 2\times 3\times \ldots\times n} < 1+\frac{1}{1}+\frac{1}{2}+\frac{1}{2^2}+\ldots+\frac{1}{2^{n-1}}$ soit :

$S_n < 1+\left(1+\frac{1}{2}+\left(\frac{1}{2}\right)^2+\ldots+\left(\frac{1}{2}\right)^{n-1}\right)$ soit $S_n < 1+\frac{1-\left(\frac{1}{2}\right)^n}{1-\frac{1}{2}}$ soit : $S_n < 1+\frac{1}{1-\frac{1}{2}}$ soit :

$S_n < 1+\frac{1}{\frac{1}{2}}$ soit $S_n < 1+2$ soit $S_n < 3$.

(En effet la formule $1+q+q^2+\ldots q^n = \frac{1-q^{n+1}}{1-q}$ donne $1+q+q^2+\ldots q^{n-1} = \frac{1-q^n}{1-q}$ (en prenant $n-1$ à la place de n) et pour $q=\frac{1}{2}$ on a $1+\frac{1}{2}+\left(\frac{1}{2}\right)^2+\ldots\left(\frac{1}{2}\right)^{n-1} = \frac{1-\left(\frac{1}{2}\right)^n}{1-\frac{1}{2}}$). Ok ?

Par ailleurs on a évidemment $S_n > 1+\frac{1}{1}+\frac{1}{1\times 2}$ soit $S_n > 2,5$.

Conclusion : pour tout n, $2,5 < S_n < 3$

b)

```
VARIABLES
  i EST_DU_TYPE NOMBRE
  n EST_DU_TYPE NOMBRE
  S EST_DU_TYPE LISTE
  f EST_DU_TYPE LISTE
DEBUT_ALGORITHME
  S[1] PREND_LA_VALEUR 2
  f[1] PREND_LA_VALEUR 1
  LIRE n
  POUR i ALLANT_DE 1 A n
    DEBUT_POUR
    f[i+1] PREND_LA_VALEUR f[i]*1/(i+1)
    S[i+1] PREND_LA_VALEUR S[i]+f[i+1]
    FIN_POUR
  AFFICHER S[n+1]
FIN_ALGORITHME
```

Pour $n=99$, on trouve $S_{100}=2{,}7182818$ $S_{150}=2{,}7182818$. On en déduit que $\lim S_n=2{,}7182818$.

REMARQUE : Ce nombre limite est appelé e, c'est l'exponentiel. Vous le verrez en Terminale de manière plus précise. Sachez que ce nombre intervient dans l'une des plus belles formules de l'histoire des mathématiques (la formule d'Euler (1707-1783) du nom du mathématicien suisse qui l'a découverte et que vous verrez aussi en Terminale) et qu'on ne résiste pas à la tentation de vous montrer : $e^{i\pi}+1=0$. *Cette relation fait intervenir en une seule ligne les cinq nombres les plus importants des mathématiques : 1 (le premier nombre à avoir été inventé),* π *(le nombre défini comme étant le rapport entre la longueur d'un cercle et son diamètre) le 0 (connu des Babyloniens, des Mayas et des Grecs mais qui aura un rôle capital à partir du système de numération positionnel élaboré au Ve siècle par les mathématiciens indiens), e (qu'on vient de voir, l'exponentiel) et i (le nombre impossible ou imaginaire (car son carré est négatif !), appelé ainsi par Descartes (1596-1650) découvert par les mathématiciens italiens de la Renaissance (Scipione del Ferro (1465-1526), Tartaglia (1499-1557), Cardan (1501-1576), Ferrari (1522-1565), Bombelli (1526-1572)), et dont vous entendrez parler l'année prochaine dans le chapitre sur les nombres complexes).*

6 **Méthodes utilisées : 19, 20.**

a) Pour tout n, $-1\le(-1)^n\le 1$ d'où : $2\le U_n\le 4$ donc (U_n) est bornée par 2 et 4.

b) Pour tout $n\ge 0$, $n+1\ge 1$ soit : $0<\dfrac{1}{n+1}\le\dfrac{1}{1}$ donc (V_n) est bornée par 0 (strictement) et par 1. On peut aussi étudier $f : x\to f(x)=\dfrac{1}{x+1}$ et montrer qu'elle est bornée par 0 et 1, sur $[0;+\infty[$.

c) Pour tout n, $\begin{cases}-1\le\cos(n)\le 1\\-1\le\sin(n)\le 1\end{cases}$ d'où : $-2\le\cos(n)+\sin(n)\le 2$ donc (W_n) est bornée par -2 et 2.

d) Trop facile, pour tout n, $-1\le\sin(n)\le 1$ d'où $2\le\sin(n)+3\le 4$ d'où $\sqrt{2}\le y_n\le 2$.

7 **Méthode utilisée : 20.**

a)

	A	B	C	D	E	F	G	H	I	J	K	L
1	n	0	1	2	3	4	5	6	7	8	9	10
2	Un	4	3,5	3,3333	3,25	3,2	3,1667	3,1429	3,125	3,1111	3,1	3,0909
3	Vn	4	4,5	4,6667	4,75	4,8	4,8333	4,8571	4,875	4,8889	4,9	4,9091

Dans la cellule B1, on écrit 0. Dans la B2 : 1. Poignée de copie jusqu'à L1.
Dans la cellule B2, on écrit =3+1/(B1+1), puis poignée de copie jusqu'à L2.
Dans la cellule B3, on écrit =5-1/(B1+1), puis poignée de copie jusqu'à L3.

b) $(U_n)_{n\geq 0}$ semble strictement décroissante. Prouvons-le : pour tout $n\geq 0$,
$U_{n+1}-U_n=3+\frac{1}{n+2}-\left(3+\frac{1}{n+1}\right)=\frac{1}{n+2}-\frac{1}{n+1}=\frac{n+1}{(n+2)(n+1)}-\frac{n+2}{(n+2)(n+1)}$
$=\frac{n+1-(n+2)}{(n+2)(n+1)}=\frac{n+1-n-2}{(n+2)(n+1)}=\frac{-1}{(n+2)(n+1)}$. Ainsi, pour tout $n\geq 0$, $U_{n+1}-U_n<0$ donc $(U_n)_{n\geq 0}$ est strictement décroissante.

$(V_n)_{n\geq 0}$ semble strictement croissante. Prouvons-le : pour tout $n\geq 0$,
$V_{n+1}-V_n=5-\frac{1}{n+2}-\left(5-\frac{1}{n+1}\right)=-\frac{1}{n+2}+\frac{1}{n+1}=-\frac{n+1}{(n+2)(n+1)}+\frac{n+2}{(n+2)(n+1)}$
soit $V_{n+1}-V_n=\frac{-(n+1)+n+2}{(n+2)(n+1)}=\frac{-n-1+n+2}{(n+2)(n+1)}=\frac{1}{(n+2)(n+1)}$, donc pour tout $n\geq 0, V_{n+1}-V_n>0$ donc $(V_n)_{n\geq 0}$ est strictement croissante.

c) $(U_n)_{n\geq 0}$ semble majorée par 4 et minorée par 3. C'est facile à montrer !
Pour tout $n\geq 0$, $n+1\geq 1$ et donc par passage à l'inverse (ou par décroissance de $x\to\frac{1}{x}$ sur $]0;+\infty[$ donc sur $[1;+\infty[$), on a : $\frac{1}{n+1}\leq\frac{1}{1}$. On a donc : $0<\frac{1}{n+1}\leq 1$ (car n est positif donc $\frac{1}{n+1}$ aussi) et donc $3<3+\frac{1}{n+1}\leq 4$ ce qui montre que $(U_n)_{n\geq 0}$ est minorée par 3, majorée par 4 c'est-à-dire : bornée par 3 et par 4.

De même $(V_n)_{n\geq 0}$ est majorée par 5 et minorée par 4. Montrons-le :

On a déjà vu que pour tout $n\geq 0$, $0<\frac{1}{n+1}\leq\frac{1}{1}$ donc : $0>-\frac{1}{n+1}\geq -1$ et donc :

$5>5-\frac{1}{n+1}\geq 4$. Ainsi, $(V_n)_{n\geq 0}$ est majorée par 5 et minorée par 4.

d) On peut conjecturer que la propriété "pour tout n positif, $V_n\geq U_n$" est vraie.
Montrons-le : $(V_n)_{n\geq 0}$ est minorée par 4, et $(U_n)_{n\geq 0}$ est majorée par 4. On a donc : pour tout n positif, $V_n\geq 4\geq U_n$, c'est-à-dire : pour tout n positif, $V_n\geq U_n$.
Et voilà, le tour est joué !

Chapitre 7 :
METHODES SUR LES SUITES ARITHMETIQUES ET GEOMETRIQUES
EXERCICES & CORRIGES

Exercices

1 Démontrer que pour tout n entier supérieur ou égal à 1.

a) $1+2+...+n=\frac{n(n+1)}{2}$ **(ROC)** b) $1+q+...+q^n=\frac{1-q^{n+1}}{1-q}$ (pour $q \neq 1$). **(ROC)**

Note : Le vrai ROC consiste également à savoir donner de mémoire les formules (nous on vous les a rappelées parce qu'on vous aime bien...)

2 **La spirale droite** : On construit des points P_0, P_1, P_2,..., P_n... de la façon suivante :

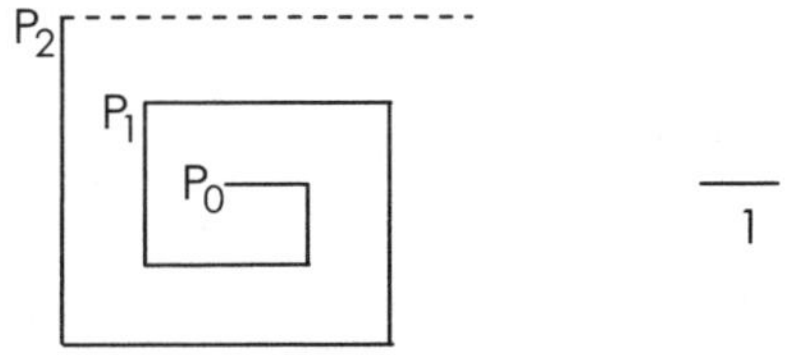

a) Calculer les longueurs des spirales P_0P_1, P_0P_2, P_0P_3.

b) Calculer la longueur de la spirale P_0P_n pour tout $n \geq 1$.

c) Au bout de combien d'étapes, la spirale dépasse-t-elle une longueur de 10000 ?

d) Ecrire un algorithme permettant de connaître le nombre d'étapes nécessaires à ce que le spirale dépasse un seuil donné L.

3 **La spirale circulaire** : On construit des points P_0, P_1, P_2,..., P_n... de la façon suivante :

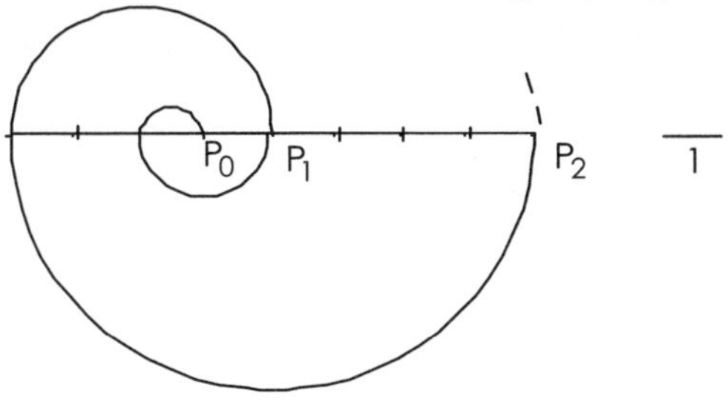

a) Calculer les longueurs des spirales P_0P_1, P_0P_2, P_0P_3.

b) Calculer la longueur de la spirale P_0P_n pour tout n.

c) Au bout de combien d'étapes (donc combien de tours ?), la spirale dépasse-t-elle une longueur de 10000 ?

d) Ecrire un algorithme permettant de connaître le nombre d'étapes nécessaires à ce que le spirale dépasse un seuil donné L.

4 **Placement en banque à intérêts simples** : on place 100€ le 01/01/13, à 5 % d'intérêts simple (c'est-à-dire ne portant que sur la somme initialement versée). Quelle somme obtient-on le 01/01/14 ? Le 01/01/23 ?

5 **Placement en banque à intérêts composés**

a) On place 100 € le 01/01/13, à 5% d'intérêts composés (c'est-à-dire portant sur le capital de l'année en cours). Quelle somme obtient-on le 01/01/14 ? Le 01/01/23 ?

b) Ecrire un algorithme qui à une date donnée associe la somme obtenue.

c) Ecrire un algorithme qui donne la date à partir de laquelle on aura dépassé une somme désirée S. A quelle date, obtiendra-t-on au moins 200 € ?

d) Dans une autre banque, on place 1000 € le 01/01/14 à t % d'intérêts composés. Le 01/01/16 on récupère 1040,40 €. Calculer le taux d'intérêt t en %.

6 **Somme des entiers impairs**

a) Calculer les sommes : $1+3$, $1+3+5$, $1+3+5+7$, $1+3+5+7+9$, $1+3+5+7+9+11$.

b) Sachant que la forme générale des entiers impairs positifs est $2n-1$ (avec n entier supérieur à 1). Montrer que $1+3+5+7+9+11+...+2n-1=n^2$.

7 **Un peu de stratégie algébrique**

Montrer que $(1+x)(1+x^2+x^4)(1+x^6+x^{12}+x^{18})=1+x+x^2+x^3+...+x^{23}$ pour tout x (on évitera de développer comme "un bourrin" (même si évidemment ça marche) et on pensera à utiliser astucieusement les sommes de puissances...)

8 **Racine cubique d'un nombre**

$\sqrt[3]{a}$, la racine cubique de a, est le nombre qui porté au cube vaut a ("keskidit ?"). Par exemple $\sqrt[3]{8}=2$ car $2^3=8$. De même $\sqrt[3]{27}=3$, $\sqrt[3]{64}=4$, etc.

Démontrer que : a) $1+\sqrt[3]{8}+\left(\sqrt[3]{8}\right)^2=7$. b) $\sqrt[3]{8}+\left(\sqrt[3]{8}\right)^2+\left(\sqrt[3]{8}\right)^3+\left(\sqrt[3]{8}\right)^4+\left(\sqrt[3]{8}\right)^5=62$

REMARQUE : Pour calculer une racine cubique comme $\sqrt[3]{8}$ par exemple, avec une calculatrice (ou Xcas) on écrit $8^{\frac{1}{3}}$ (c'est-à-dire 8^(1/3)). De même pour calculer $\sqrt{25}$, on écrit $25^{\frac{1}{2}}$ (c'est-à-dire 25^(1/2)).

9 **Loi de chute des corps de Galilée (1564-1642). (Idée TPE !)**

En 1604, Galilée détermine la loi de chute des corps $z(t)=\frac{1}{2}gt^2$, loi en réalité déjà découverte (mais sans que Galilée ne le sache) par le grand savant et évêque de Lisieux, Nicolas Oresme (1325-1382), deux siècles et demi plus tôt. L'avantage de la démonstration de Galilée est qu'elle utilise les suites arithmétiques (nous allons voir comment). En effet, à partir d'expériences sur des plans de plus en plus inclinés (il incline les plans de manière à ralentir la chute pour mieux l'étudier), il découvre, en extrapolant, qu'en cas de chute verticale, l'objet lâché sans vitesse initiale, parcoure 4,9 m la 1re seconde, 14,7 m pendant la 2e, 24,5 m pendant la 3e, 34,3 m pendant la 4e, etc.

1°) On pose $U_1=4{,}9$, $U_2=14{,}7$, $U_3=24{,}5$, $U_4=34{,}3$. Quelle semble être la nature de la suite $(U_n)_{n\geq 1}$? En admettant sa nature, montrer que $U_n=9{,}8n-4{,}9$ pour tout $n\geq 1$.

2°) On s'intéresse à la distance totale parcourue depuis l'instant 0.
On pose $Z_1=U_1$ (distance parcourue pendant une chute d'une seconde), $Z_2=U_1+U_2$ (distance parcourue pendant une chute de deux secondes), $Z_3=U_1+U_2+U_3$ (distance parcourue pendant une chute de trois secondes), etc.

a) Calculer Z_1, Z_2, Z_3, Z_4 et montrer que $Z_1=4{,}9\times 1^2$, $Z_2=4{,}9\times 2^2$, $Z_3=4{,}9\times 3^2$, $Z_4=4{,}9\times 4^2$.

b) Donner l'expression de $Z_n=U_1+U_2+U_3+\ldots+U_n$ et montrer que $Z_n=\frac{1}{2}gn^2$ (g est la constante de gravitation universelle, elle a pour valeur approchée $g=9{,}8\ \left(m\cdot s^{-2}\right)$) (on pourra factoriser par 4,9 et utiliser l'exercice 6).

c) En déduire la **loi de chute des corps de Galilée** : $z(t)=\frac{1}{2}gt^2$ et calculer la distance totale parcourue par le corps pendant une chute de 5 s, puis de 7 s.

3°) On considère que la distance parcourue par un objet lâché sans vitesse initiale est donnée par la loi $z(t)=\frac{1}{2}gt^2$.

a) En considérant que la vitesse instantanée de l'objet vaut $z'(t)$. Calculer la **vitesse instantanée** de l'objet aux instants 0, 1, 2, 3, 4, 5 puis 10. Que pensez-vous de la phrase de Leibniz : "Pour avoir la vitesse au moment de la chute, multiplier par 10 (environ) le temps de chute."

b) En considérant que l'accélération de l'objet vaut $z''(t)$ (la dérivée de $z'(t)$, c'est-à-dire la dérivée de la vitesse), calculer l'**accélération** de l'objet aux instants 0, 1, 2 et 3. Que constatez-vous ?

4°) Modéliser la chute d'un corps avec un tableur (en donner une représentation graphique où on voit la position du corps à chaque seconde).

10 **La légende de Sessa (Ve siècle, Inde), l'inventeur du jeu d'échec**
La légende raconte que le roi des Indes, voulant remercier Sessa l'inventeur du jeu d'échecs lui dit : "demande-moi ce que tu veux, tu l'obtiendras". Ce dernier lui demanda "Je veux que pour la 1re case de l'échiquier tu me donnes un grain de blé, pour la 2e deux grains de blé, pour la 3e quatre grains de blé, pour la 4e huit grains de blé et ainsi de suite jusqu'à la 64e".
Le roi étonné, lui répondit "ta demande est bien modeste pour avoir inventé un jeu aussi génial (le jeu d'échecs), mais soit, je te l'accorde".
Pourquoi le roi n'a-t-il jamais pu tenir sa promesse ? (C'est donc ce qui fait de cette histoire une légende... entre autre).

11 **"Olympiadement vôtre"** (exercice posé aux olympiades de mathématiques) : Les pages d'un livre sont numérotées de 1 à n (la page numérotée 1 est toujours celle de droite). On additionne les numéros de toutes les pages et on trouve un total égal à 2003. Mais deux pages numérotées sont restées collées et leurs numéros n'ont pas été comptés. Quels sont le nombre de pages du livre et les numéros des pages collées ?

12 **Moyenne arithmétique et moyenne géométrique de deux nombres**

1°) La moyenne arithmétique de deux nombres a et b vaut $\frac{a+b}{2}$, par exemple la moyenne arithmétique de 2 et 8 vaut : $\frac{2+8}{2}=\frac{10}{2}=5$.
Bien, quand on regarde une suite arithmétique comme par exemple : 1, 4, 7, 10, 13, 16 ... on constate que 4 est la moyenne arithmétique de 1 et 7, que 10 est la moyenne arithmétique de 7 et 13, que 13 est la moyenne arithmétique de 10 et 16, etc. On veut démontrer ce résultat dans sa généralité, c'est-à-dire que dans une suite arithmétique, chaque terme est égal à la moyenne arithmétique de son prédécesseur et de son successeur. Pour cela on considère une suite arithmétique $(U_n)_{n\geq 0}$.

a) Donner l'expression de U_n en fonction de U_0.

b) De même donnez les expressions de U_{n-1} et de U_{n+1} en fonction de U_0.

c) En déduire le résultat, à savoir que chaque terme U_n (pour $n \geq 1$) est égal à la moyenne arithmétique de son terme précédent U_{n-1} et de son successeur U_{n+1}.

2°) La moyenne géométrique de deux nombres a et b positifs vaut $\sqrt{ab}$, par exemple la moyenne géométrique de 2 et 8 vaut : $\sqrt{2\times 8}=\sqrt{16}=4$.
Quand on regarde une suite géométrique (à termes positifs) comme par exemple 1, 2, 4, 8, 16, 32, ... on constate que 2 est la moyenne géométrique de 1 et 4, que 4 est la moyenne géométrique de 2 et 8, que 8 est la moyenne géométrique de 4 et 16, que 16 est la moyenne géométrique de 8 et 32, etc.
En vous inspirant de la question 1°), quel résultat peut-on démontrer pour les suites géométriques (à termes positifs) ? Le démontrer. (On considèrera uniquement le cas $V_0 > 0$ et $q > 0$.)

13 **Un théorème d'Archimède (287-212 av. J.-C.)**
Archimède a remarqué que dans la progression arithmétique H, θ, I, K, on a $\left(\frac{K}{I}\right)^3 < \frac{K}{H}$ (on suppose que tous les termes H, θ, I, K sont positifs).

1°) Effectuer une simulation Excel (où on pourra changer la raison et le premier terme H) et conjecturer sur la véracité de la remarque d'Archimède à l'aide d'une instruction Si(. On vous prévient tout de suite, ça fait assez prétentieux de dire qu'Archimède s'est trompé... donc vérifiez bien votre feuille de calcul avant de vous prononcer.
2°) Démontrer algébriquement ce théorème.

14 **Suite arithmético-géométrique**
On considère la suite $(U_n)_{n\geq 0}$ définie par la relation de récurrence $\begin{cases} U_{n+1} = \frac{1}{2}U_n - 3 \\ U_0 = 4{,}5 \end{cases}$. Cette suite n'est ni géométrique (à cause du -3) ni arithmétique (à cause du $\frac{1}{2}$). Un peu "un mélange des deux", on la qualifie de suite arithmético-géométrique. Vous les étudierez "à fond" en Terminale mais on peut déjà le faire avec les outils de Première, voyons cela !

1°) Avec un tableur
a) Déterminer les onze premiers termes de cette suite $(U_n)_{n\geq 0}$.
b) Déterminer $S_{10} = U_0 + U_1 + ... + U_{10}$, la somme des onze premiers termes de la suite $(U_n)_{n\geq 0}$.

2°) Avec l'algèbre
a) On considère la suite $(V_n)_{n\geq 0}$ définie par $V_n = U_n + 6$. Montrer que $V_{n+1} = \frac{1}{2}V_n$ et en déduire que $(V_n)_{n\geq 0}$ est une suite géométrique de raison $\frac{1}{2}$.
b) Calculer V_0 et en déduire que pour tout n, $V_n = 10{,}5 \times \left(\frac{1}{2}\right)^n$ et $U_n = 10{,}5 \times \left(\frac{1}{2}\right)^n - 6$.
c) Montrer que la suite $(U_n)_{n\geq 0}$ est décroissante.
d) Calculer la somme $S_n = U_0 + U_1 + ... + U_n$ pour tout n, puis la somme S_{10}.

15 **Reconstitution d'une suite arithmétique à partir de deux de ses termes**
a) On considère la suite arithmétique (u_n) vérifiant $u_2 = 5$ et $u_6 = 7$. Calculer u_0 et u_{10}.
b) Reconstituer entièrement la suite avec un tableur (on demande les onze premières valeurs).

16 Datation au carbone 14 d'un fossile (Os d'Ishango). (Idée TPE)

Les organismes végétaux et animaux possèdent de leur vivant une certaine quantité d'atomes de Carbone 14. A leur mort, tout organisme perd 1,24 % de ces atomes chaque siècle (la période de désintégration (ou demi-vie) du Carbone 14 est d'environ 5500 ans : cela signifie que la moitié de ces atomes disparaîssent tous les 5500 ans). Le principe de datation par le Carbone 14 (inventé par le prix Nobel de Chimie : l'américain Willard Franck Libby (1908-1980) dans les années 40) est le suivant :

Pour dater un os (trouvé sur des fouilles archéologiques), on mesure sa quantité de Carbone 14 qu'on compare à la quantité de Carbone 14 d'un os de même taille mais contemporain. Le rapport permet d'en déduire de quand date l'os.

a) Soit $(V_n)_{n\geq 0}$ la suite associée à la quantité de Carbone 14 d'un os (au bout de n siècles). Montrer que $(V_n)_{n\geq 0}$ est une suite géométrique de raison $q = 0,9876$. Donner l'expression de V_n en fonction de n.

b) En 1950, une équipe de chercheurs belges a découvert sur le site d'Ishango en République démocratique du Congo, un os (l'os d'Ishango) d'environ 10 cm de longueur (on ne sait pas encore de quel animal il provient) témoignant à ce jour probablement de la plus vieille activité mathématique du monde (il est gravé, strié de petites marques ou encoches).

Dater cet os, sachant qu'il contient environ 5 % de son carbone 14 d'origine.

17 Plaques d'isolation phonique

Chaque plaque d'isolation phonique permet d'atténuer le son (en décibels) de 10 %. Combien faut-il de plaques superposées pour l'atténuer de 50 % ? de 60 % ?

18 Calculs de sommes arithmétiques

Pour chacune des sommes, déterminer le premier terme u_0, la raison r, le rang n du dernier terme et le total de la Somme S.

a) $S = 5 + 10 + 15 + ... + 2015$

b) $S = 2 + 2,3 + 2,6 + 2,9 + ... + 35$

c) $S = 5 + 3 + 1 - 1 - 3 - 6 - ... - 615$

d) $S = 3 + 1,5 + 0 - 1,5 - 3 - 4,5 - ... - 627$

19 Calculs de sommes géométriques

Pour chacune des sommes, déterminer le premier terme v_0, la raison q, le rang n du dernier terme et le total de la Somme S.

a) $S = 3 + 6 + 12 + ... + 3072$

b) $S = 2 + 6 + 18 + ... + 1458$

c) $S = 2 - 4 + 8 - 16 + 32 ... - 1024 + 2048$

d) $S = -1 - 2 - 4 - 8 - ... - 128$

Corrigés

1 Méthodes utilisées : 1, 6, 13.

a) On va procéder comme le petit Gauss :
pour tout n entier supérieur ou égal à 1, posons : $S_n = 1+2+...+n$.

On a : $S_n = 1 + 2 + ... + n$

Mais aussi : $S_n = n + n-1 + ... + 1$

Et donc : $2S_n = (n+1)+(n+1)+...+(n+1)$ (on additionne en colonne !)

Ainsi : $2S_n = n(n+1)$ (car $(n+1)$ est écrit n fois)

Et donc : $S_n = \frac{n(n+1)}{2}$. Et voilà c'est terminé !

b) On va vous montrer les deux premières étapes (c'est-à-dire le cas $n=1$ et $n=2$) pour bien comprendre ce qui se passe :

$(1+q)(1-q) = 1-q^2$ et donc $(1+q) = \frac{1-q^2}{1-q}$ (pour $q \neq 1$).

$(1+q+q^2)(1-q) = 1 \cancel{-q} \cancel{+q} \cancel{-q^2} \cancel{+q^2} - q^3 = 1-q^3$ et donc $(1+q+q^2) = \frac{1-q^3}{1-q}$ (pour $q \neq 1$).

Soyons clair, si vous avez bien compris c'est pareil en raisonnant pour tout n :
$(1+q+...+q^n)(1-q) = 1 \cancel{-q} \cancel{+q} - ... \cancel{-q^n} \cancel{+q^n} - q^{n+1} = 1-q^{n+1}$ et donc

$1+q+...+q^n = \frac{1-q^{n+1}}{1-q}$ (pour $q \neq 1$). Et voilà, c'est gagné !

REMARQUE : Dans votre ROC, vous n'êtes pas obligé de faire figurer les deux première étapes. Vous pouvez y aller directement avec n, ok ?

2 Méthode utilisée : 6.

a) $P_0P_1 = (1+1)+(2+2) = 2\cdot(1+2) = 6$,

$P_0P_2 = (1+1)+(2+2)+(3+3)+(4+4) = 2\cdot(1+2+3+4) = 20$,

$P_0P_3 = (1+1)+(2+2)+(3+3)+(4+4)+(5+5)+(6+6) = 2\cdot(1+2+3+4+5+6) = 42$.

b) $P_0P_n = (1+1)+(2+2)+...+(2n+2n) = 2\cdot(1+2+...+2n) = 2\cdot\frac{2n\cdot(2n+1)}{2}$ soit :

$P_0P_n = 2n\cdot(2n+1) = 4n^2+2n$ (pour tout $n \geq 1$).

c) Cela revient à résoudre $4n^2+2n > 10000$ soit $4n^2+2n-10000 > 0$. Il s'agit d'une inéquation du second degré : Tenez, utilisons XCAS pour changer un peu (sinon on peut faire le calcul à la main avec $a=4$, $b=2$, $c=-10000$, $\Delta = b^2-4ac = 160004$, $n_1 = \frac{-2-\sqrt{160004}}{8}$ et $n_2 = \frac{-2+\sqrt{160004}}{8}$ puis le théorème du signe du trinôme qui nous donne $S = \left]-\infty;\frac{-2-\sqrt{160004}}{8}\right[\cup \left]\frac{-2+\sqrt{160004}}{8};+\infty\right[$) :

```
resoudre(4x^2+2x>10000)
```

$$[x<(\frac{1}{4}(-1-\sqrt{40001})),\ x>(\frac{1}{4}(-1+\sqrt{40001}))]$$

On a deux valeurs exactes (simplifiées par rapport à notre calcul précédent) dont l'une est à coup sûr négative, mais ce n'est pas très concret, demandons à Xcas une valeur approchée décimale : on écrit approx(, on clique avec le bouton droit (de la souris) sur le résultat précédent, puis on tape sur la touche Entrée.

```
resoudre(4x^2+2x>10000)
```

$$[x<(\frac{1}{4}(-1-\sqrt{40001})),\ x>(\frac{1}{4}(-1+\sqrt{40001}))]$$

```
approx(([x<(1/4*(-1-sqrt(40001))),x>(1/4*(-1+sqrt(40001)))])
```

$$[(-50.2506249961)>x,\ x>49.7506249961]$$

Pour commencer on écarte la valeur négative, puis on cherche l'entier positif directement supérieur à 49,7506… qui est 50.
Conclusion : c'est au bout de 50 étapes (ce qui correspond à P_{50}) qu'on dépasse les 10000.
d) On utilise l'algo "Suite croissante à limite finie" qu'on adapte un peu :

```
VARIABLES
  U EST_DU_TYPE LISTE
  n EST_DU_TYPE NOMBRE
  Seuil EST_DU_TYPE NOMBRE
DEBUT_ALGORITHME
  LIRE Seuil
  n PREND_LA_VALEUR 1
  U[1] PREND_LA_VALEUR 6
  TANT_QUE (U[n]<=Seuil) FAIRE
    DEBUT_TANT_QUE
    n PREND_LA_VALEUR n+1
    U[n] PREND_LA_VALEUR 4*pow(n,2)+2*n
    FIN_TANT_QUE
  AFFICHER "U[n] > "
  AFFICHER Seuil
  AFFICHER " dès que n >= "
  AFFICHER n
FIN_ALGORITHME
```

Pour $Seuil = 10000$ par exemple, l'algo trouve bien $n \geq 50$ (ce qui correspond au point P_{50}).

3 **Méthode utilisée : 13.**

En fait, on calcule des demi-périmètres : Un cercle de rayon R admet pour périmètre $2\pi R$ et donc pour demi-périmètre πR. Le premier a pour rayon $\frac{1}{2}$, le deuxième : 1, le troisième : 2, le quatrième : 4, le cinquième : 8,.... d'où :

a) $P_0P_1 = \pi\frac{1}{2} + \pi = \frac{1}{2}(\pi + 2\pi) = \frac{\pi}{2}(1+2)$

$P_0P_2 = \pi\frac{1}{2} + \pi + 2\pi = \frac{1}{2}(\pi + 2\pi + 4\pi) = \frac{\pi}{2}(1+2+4) = \frac{\pi}{2}\left(1+2+2^2\right)$

$P_0P_3 = \pi\frac{1}{2} + \pi + 2\pi + 4\pi = \frac{1}{2}(\pi + 2\pi + 4\pi + 8\pi) = \frac{\pi}{2}(1+2+4+8) = \frac{\pi}{2}\left(1+2+2^2+2^3\right)$.

b) $P_0P_n = \pi\frac{1}{2} + \pi + 2\pi + 4\pi + 8\pi + ... + 2^{n-1}\pi = \frac{1}{2}\cdot\left(\pi + 2\pi + 4\pi + 8\pi + ... + 2^n\pi\right)$

soit $P_0P_n = \frac{\pi}{2}\cdot\left(1+2+4+8+...+2^n\right) = \frac{\pi}{2}\cdot\left(\frac{1-2^{n+1}}{1-2}\right)$ (pour $n \geq 1$).

Ouf, pas facile : il faut vraiment faire gaffe !

c) On doit résoudre l'inéquation $\frac{\pi}{2}\cdot\left(\frac{1-2^{n+1}}{1-2}\right) > 10000$ ce qui donne : $\left(\frac{1-2^{n+1}}{1-2}\right) > 10000\cdot\frac{2}{\pi}$ soit : $2^{n+1} - 1 > 10000\cdot\frac{2}{\pi}$ soit $2^{n+1} > \frac{20000}{\pi} + 1$ soit $2^{n+1} > \frac{20000}{\pi} + 1$ soit : $2^{n+1} > 6367,4$ (environ) soit : $n+1 > 12,6$ (environ) soit $n > 11,6$ soit $n \geq 12$ (puisque n doit être entier !), ce qui correspond au point P_{12}.

d) On utilise l'algo "Suite croissante à limite finie" qu'on adapte un peu :

```
▼ VARIABLES
  ├─ U EST_DU_TYPE LISTE
  ├─ n EST_DU_TYPE NOMBRE
  └─ Seuil EST_DU_TYPE NOMBRE
▼ DEBUT_ALGORITHME
  ├─ LIRE Seuil
  ├─ n PREND_LA_VALEUR 1
  ├─ U[1] PREND_LA_VALEUR Math.PI*3/2
  ▼ TANT_QUE (U[n]<=Seuil) FAIRE
     ├─ DEBUT_TANT_QUE
     ├─ n PREND_LA_VALEUR n+1
     ├─ U[n] PREND_LA_VALEUR (Math.PI/2)*(1-pow(2,n+1))/(1-2)
     └─ FIN_TANT_QUE
  ├─ AFFICHER "U[n] > "
  ├─ AFFICHER Seuil
  ├─ AFFICHER " dès que n >= "
  └─ AFFICHER n
└─ FIN_ALGORITHME
```

Pour $Seuil = 10000$, l'algo trouve bien $n \geq 12$ (ce qui correspond au point P_{12}). C'est cool, les algorithmes, non ?

4 Méthode utilisée : 2.

C'est un placement en banque à intérêts simples : on place $U_0 = 100$ (€) le 01/01/13, à 5 % d'intérêts simple, ce qui donne chaque année $r = \frac{5}{100}\times 100 = 5$ (€) d'intérêts, cela revient donc à étudier la suite arithmétique : $\begin{cases} U_{n+1} = U_n + 5 \\ U_0 = 100 \end{cases}$. On a : $U_n = U_0 + nr = 100 + 5n$.

Le 01/01/14, soit 1 an après on a : $U_1 = 100 + 5 = 105$ (€).
Le 01/01/23, soit 10 ans après on a : $U_{10} = 100 + 10 \times 5 = 150$ (€).

5 Méthode utilisée : 9.

a) C'est un placement en banque à intérêts composés : on place $V_0 = 100$ (€) le 01/01/13, à 5 %, les intérêts de l'année $n+1$ agissent sur l'année directement précédente n, le nouveau capital V_{n+1} étant égal à :

$V_n + \frac{5}{100}V_n = V_n \times \left(1 + \frac{5}{100}\right) = V_n \times 1{,}05$, cela revient donc à étudier la suite géométrique : $\begin{cases} V_{n+1} = V_n \times 1{,}05 \\ V_0 = 100 \end{cases}$. On a $V_n = V_0 \times q^n = 100 \times (1{,}05)^n$

Le 01/01/14, soit 1 an après on a : $V_1 = 100 \times 1{,}05 = 105$ (€).

Le 01/01/23, soit 10 ans après on a : $V_{10} = 100 \times 1{,}05^{10} \approx 162{,}9$ (€).

b) et c)

```
▼ VARIABLES
│ ├─S EST_DU_TYPE NOMBRE
│ ├─i EST_DU_TYPE NOMBRE
│ └─A EST_DU_TYPE NOMBRE
▼ DEBUT_ALGORITHME
│ ├─S PREND_LA_VALEUR 100
│ ├─LIRE A
│ ▼ POUR i ALLANT_DE 1 A A-2013
│ │ ├─DEBUT_POUR
│ │ ├─S PREND_LA_VALEUR S*1.05
│ │ └─FIN_POUR
│ └─AFFICHER S
└─FIN_ALGORITHME
```

```
▼ VARIABLES
│ ├─S EST_DU_TYPE NOMBRE
│ ├─A EST_DU_TYPE NOMBRE
│ └─Somme_désirée EST_DU_TYPE NOMBRE
▼ DEBUT_ALGORITHME
│ ├─S PREND_LA_VALEUR 100
│ ├─LIRE Somme_désirée
│ ├─A PREND_LA_VALEUR 0
│ ▼ TANT_QUE (S<Somme_désirée) FAIRE
│ │ ├─DEBUT_TANT_QUE
│ │ ├─S PREND_LA_VALEUR S*1.05
│ │ ├─A PREND_LA_VALEUR A+1
│ │ └─FIN_TANT_QUE
│ ├─AFFICHER "Date : "
│ ├─A PREND_LA_VALEUR A+2013
│ ├─AFFICHER A
│ ├─AFFICHER "La somme sera de : "
│ └─AFFICHER S
└─FIN_ALGORITHME
```

L'algo nous dit que pour une somme désirée de 200 €, on obtiendra en 2028 la somme de 207,89 €.

d) Cette fois, on a $V_{n+1} = V_n + \frac{t}{100}V_n = V_n\left(1 + \frac{t}{100}\right)$ vérifiant : $V_0 = 1000$ (le 01/01/14) et $V_2 = 1040{,}40$ (deux ans plus tard, le 01/01/16).

(V_n) est donc une suite géométrique de premier terme $V_0 = 1000$ et de raison $q = 1 + \frac{t}{100}$. Comme $V_2 = V_0 \times q^2 = 1000 \times q^2$, on a donc : $1040{,}4 = 1000 \times q^2$ soit $1{,}0404 = q^2$ soit : $q = \sqrt{1{,}0404} = 1{,}02$. On a donc $1 + \frac{t}{100} = 1{,}02$ soit $\frac{t}{100} = 0{,}02$ soit $t = 2$. Le taux d'intérêt cherché est donc de 2 %.

6 Méthode utilisée : 7.

a) $1+3=4$; $1+3+5=9$; $1+3+5+7=16$; $1+3+5+7+9=25$; $1+3+5+7+9+11=36$, ça ressemble à la suite des carrés ça !

b) Soit (U_n) la suite arithmétique de premier terme $U_0 = 1$ et de raison $r = 2$, on a : $U_n = U_0 + nr = 1 + 2n$. Par conséquent, on a :

$1+3+5+7+9+11+...+2n-1 = U_0 + U_1 + U_2 + U_3 + U_4 + U_5 + ... + U_{n-1}$

(car $U_{n-1} = 1 + 2(n-1) = 2n-1$). On a donc :

$$1+3+5+7+9+11+...+2n-1 = (n-1+1)\left(\frac{U_0 + U_{n-1}}{2}\right) = n\left(\frac{1+2n-1}{2}\right) = n\frac{2n}{2} = n \cdot n = n^2$$

7 Méthode utilisée : 13.

Il y a plusieurs manières de faire :

a) On peut développer directement mais c'est long.

b) On peut le faire avex Xcas (c'est moins fatiguant et moins gratifiant aussi) :

```
developper((1+x)*(1+x^2+x^4)*(1+x^6+x^12+x^18))
```

$$x^{22}+x^{20}+x^{18}+x^{16}+x^{14}+x^{12}+x^{10}+x^{8}+x^{6}+x^{4}+x^{2}+x^{23}+x^{21}+x^{19}+x^{17}+x^{15}+x^{13}+x^{11}+x^{9}+x^{7}+x^{5}+x^{3}+x+1$$

```
simplifier((x^22+x^20+x^18+x^16+x^14+x^12+x^10+x^8+x^6+x^4+x^2+x^23+x^21+x^19+x^17+x^15+x^1
```

$$x^{23}+x^{22}+x^{21}+x^{20}+x^{19}+x^{18}+x^{17}+x^{16}+x^{15}+x^{14}+x^{13}+x^{12}+x^{11}+x^{10}+x^{9}+x^{8}+x^{7}+x^{6}+x^{5}+x^{4}+x^{3}+x^{2}+x+1$$

mais ça ne prouve pas grand-chose (sauf que Xcas sait super bien calculer mais ça c'est pas nouveau ...)

c) Ou on peut utiliser la formule : $1+q+q^2+...q^n = \dfrac{1-q^{n+1}}{1-q}$ (avec $q \neq 1$).

On a : $1+x = \dfrac{1-x^2}{1-x}$ (si $x \neq 1$).

On a : $1+x^2+x^4 = 1+x^2+\left(x^2\right)^2 = \dfrac{1-\left(x^2\right)^3}{1-x^2} = \dfrac{1-x^6}{1-x^2}$ (si $x^2 \neq 1$).

On a : $1+x^6+x^{12}+x^{18} = 1+x^6+\left(x^6\right)^2+\left(x^6\right)^3 = \dfrac{1-\left(x^6\right)^4}{1-x^6} = \dfrac{1-x^{24}}{1-x^6}$ (si $x^6 \neq 1$).

Et donc dans le cas (si $x \neq 1$, $x^2 \neq 1$, $x^6 \neq 1$, c'est-à-dire si $x \neq 1$ et $x \neq -1$) on a :

$$(1+x)\left(1+x^2+x^4\right)\left(1+x^6+x^{12}+x^{18}\right) = \frac{1-x^2}{1-x}\cdot\frac{1-x^6}{1-x^2}\cdot\frac{1-x^{24}}{1-x^6} = \frac{1-x^{24}}{1-x}.$$

Et donc $(1+x)\left(1+x^2+x^4\right)\left(1+x^6+x^{12}+x^{18}\right) = 1+x+x^2+x^3+...+x^{23}$ (car $1+x+x^2+x^3+...+x^{23} = \dfrac{1-x^{24}}{1-x}$).

Reste à traiter deux cas :

Si $x = 1$, et bien $(1+x)\left(1+x^2+x^4\right)\left(1+x^6+x^{12}+x^{18}\right) = 2\times3\times4 = 24$ et $1+x+x^2+x^3+...+x^{23} = \underbrace{1+1+1+1+...+1}_{24\text{ fois}} = 24$ et donc c'est bon !

Si $x = -1$, on a $(1+x)\left(1+x^2+x^4\right)\left(1+x^6+x^{12}+x^{18}\right) = 0\times3\times4 = 0$ et

$$1+x+x^2+x^3+...+x^{23} = 1-1+1-1+...+1-1 = \underbrace{0+0+...+0}_{11\text{ fois}} = 0$$

Ainsi dans tous les cas, on a bien démontré l'égalité cherchée !

8 **Méthode utilisée : 13.**

Avec Xcas, ça marche tout de suite !

```
simplifier(1+8^(1/3)+8^(2/3))
                                                        7
simplifier(8^(1/3)+8^(2/3)+8^(3/3)+8^(4/3)+8^(5/3))
                                                       62
```

a) $1+\sqrt[3]{8}+\left(\sqrt[3]{8}\right)^2=\dfrac{1-\left(\sqrt[3]{8}\right)^3}{1-\sqrt[3]{8}}=\dfrac{1-8}{1-2}=\dfrac{-7}{-1}=7$

b) On a :

$$1+\sqrt[3]{8}+\left(\sqrt[3]{8}\right)^2+\left(\sqrt[3]{8}\right)^3+\left(\sqrt[3]{8}\right)^4+\left(\sqrt[3]{8}\right)^5=\frac{1-\left(\sqrt[3]{8}\right)^6}{1-\sqrt[3]{8}}=\frac{1-\left(\left(\sqrt[3]{8}\right)^3\right)^2}{1-\sqrt[3]{8}}=\frac{1-8^2}{1-2}=\frac{-63}{-1}=63$$

Donc : $\sqrt[3]{8}+\left(\sqrt[3]{8}\right)^2+\left(\sqrt[3]{8}\right)^3+\left(\sqrt[3]{8}\right)^4+\left(\sqrt[3]{8}\right)^5=63-1=62$.

9 **Méthode utilisée : 3, 7.**

1°) $U_2-U_1=14{,}7-4{,}9=9{,}8$; $U_3-U_2=24{,}5-14{,}7=9{,}8$; $U_4-U_3=34{,}3-24{,}5=9{,}8$

Il semble que la suite $\left(U_n\right)_{n\geq 1}$ soit une suite arithmétique de premier terme $U_1=4{,}9$ et de raison $r=9{,}8$. En admettant que ce soit le cas, et en appliquant la formule $U_n=U_p+(n-p)r$, on obtient (en prenant $p=1$) $U_n=U_1+(n-1)r$ soit : $U_n=4{,}9+(n-1)9{,}8=4{,}9+9{,}8n-9{,}8=9{,}8n-4{,}9$.

2°) a) $Z_1=U_1=4{,}9$ et d'autre part $4{,}9\times 1^2=4{,}9\times 1=4{,}9$ donc $Z_1=4{,}9\times 1^2$

$Z_2=U_1+U_2=4{,}9+14{,}7=19{,}6$ et $4{,}9\times 2^2=4{,}9\times 4=19{,}6$ donc $Z_2=4{,}9\times 2^2$

$Z_3=U_1+U_2+U_3=4{,}9+14{,}7+24{,}5=44{,}1$ et $4{,}9\times 3^2=44{,}1$ donc $Z_3=4{,}9\times 3^2$

$Z_4=U_1+U_2+U_3+U_4=4{,}9+14{,}7+24{,}5+34{,}3=78{,}4$ et $4{,}9\times 4^2=78{,}4$

donc : $Z_4=4{,}9\times 4^2$

b) $Z_n=U_1+U_2+U_3+\ldots+U_n=4{,}9+14{,}7+24{,}5+\ldots+9{,}8n-4{,}9$

en factorisant par 4,9, on a :

$$Z_n=4{,}9\left(\frac{4{,}9}{4{,}9}+\frac{14{,}7}{4{,}9}+\frac{24{,}5}{4{,}9}+\ldots+\frac{9{,}8n-4{,}9}{4{,}9}\right)=4{,}9(1+3+5+\ldots+2n-1)$$

Or d'après l'exo 6 : $1+3+5+\ldots+2n-1=n^2$ d'où $Z_n=4{,}9n^2$ soit $Z_n=\dfrac{1}{2}gn^2$

(puisque $g=9{,}8$ et que donc $\dfrac{1}{2}g=4{,}9$).

c) La loi de chute des corps est donc $Z_n=\dfrac{1}{2}gn^2$ où n désigne le temps, ce qui avec une notation plus commune donne $z(t)=\dfrac{1}{2}gt^2$ (où t est le temps).

La distance totale parcourue après 5 s vaut : $z(5)=\frac{1}{2}g5^2=4{,}9\times 25=122{,}5$ (m)

La distance totale parcourue après 7 s vaut : $z(7)=\frac{1}{2}g7^2=4{,}9\times 49=240{,}1$ (m)

3°) On considère que la distance parcourue par un objet lâché sans vitesse initiale est donnée par la loi $z(t)=\frac{1}{2}gt^2$.

A) On dérive $z(t)=\frac{1}{2}gt^2$ ce qui nous donne $z'(t)=\frac{1}{2}g\times 2t=gt=9{,}8t$.

La vitesse instantanée de l'objet à l'instant 1 vaut $z'(1)=9{,}8\ \left(m\cdot s^{-1}\right)$.

La vitesse instantanée de l'objet à l'instant 2 vaut $z'(2)=9{,}8\times 2=19{,}6\ \left(m\cdot s^{-1}\right)$.

La vitesse instantanée de l'objet à l'instant 3 vaut $z'(3)=9{,}8\times 3=58{,}8\ \left(m\cdot s^{-1}\right)$.

On constate bien qu'il y a une accélération !
La phrase de Leibniz "Pour avoir la vitesse au moment de la chute, multiplier par 10 (environ) le temps de chute" est approximative mais vraie si on prend 10 comme valeur arrondie de $g=9{,}8\ \left(m\cdot s^{-2}\right)$, car alors $z'(t)=\frac{1}{2}g\times 2t=gt=10t$ et $z'(1)=10\ \left(m\cdot s^{-1}\right)$, $z'(2)=10\times 2=20\ \left(m\cdot s^{-1}\right)$, $z'(3)=10\times 3=30\ \left(m\cdot s^{-1}\right)$.

b) On dérive $z'(t)=9{,}8t$ ce qui donne $z''(t)=9{,}8\ \left(m\cdot s^{-2}\right)$. On constate que cette accélération ne dépend pas de t, donc qu'elle est constante. A chaque instant, un objet en chute libre subit une accélération de $9{,}8\ m\cdot s^{-2}$.

4°)

B4 fx =0-4,9*B3^2

	A	B	C	D	E	F	G
1							
2		0	0	0	0	0	0
3	t	0	1	2	3	4	5
4	z(t)	0	-4,9	-19,6	-44,1	-78,4	-122,5

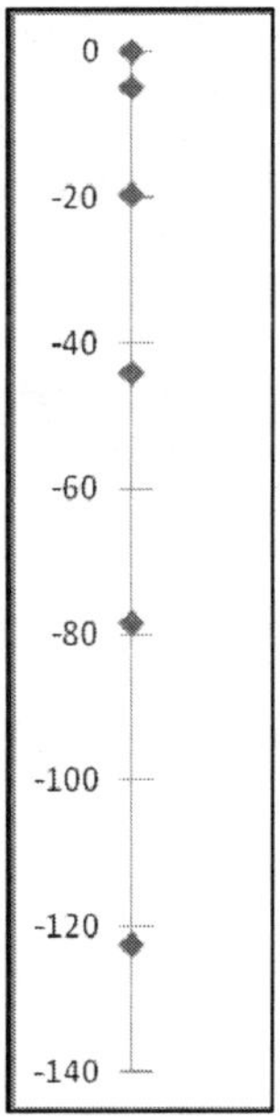

Pour effectuer la figure, on prend Excel.
Pour le temps t, dans la cellule B3, on écrit 0, dans C3 on écrit 1, on sélectionne la poignée de copie de la plage B3:C3 qu'on étend jusqu'à G3.
Pour la position du corps à l'instant t, dans la cellule B4, on écrit =0-4,9*B3^2 (cette formule permet d'avoir un objet qui descend au lieu d'un objet qui monte !), on sélectionne la poignée de copie de la cellule B4 qu'on étend jusqu'à G4.
Ensuite, on crée des 0 dans la plage B2:G2, on sélectionne la plage B2:G2, on appuie sur la touche Ctrl, on sélectionne la plage B4:G4, puis on va dans insertion, nuage de points et haut merveille on voit apparaître la chute du corps, subissant une accélération à chaque instant ! Merveilleux, n'est-ce pas ?

REMARQUE : Galilée a effectué ses mesures sur un plan incliné, afin de ralentir la chute, car la chute verticale était bien trop rapide pour observer quoi que ce soit. Ensuite, il a disposé des clochettes le long du plan afin que la bille les fasse tinter à chaque passage. Il les a tout d'abord régulièrement espacées et a constaté que le rythme entre chaque clochette n'était pas régulier mais qu'il s'accélérait. Dans le but d'avoir un rythme parfaitement régulier, il décida d'espacer les clochettes, jusqu'à avoir un tintement parfaitement régulier (il se fiait là à son éducation musicale qu'il avait reçu de son père). Mesurant les espaces entre les clochettes il trouva une progression arithmétique (exactement ce qu'on a fait) puis extrapola au cas où la chute était parfaitement verticale (ce qui n'est pas si évident d'ailleurs) pour trouver les valeurs qu'on a utilisées dans cet exo. Génial, n'est-ce pas ?

10 **Méthode utilisée : 13.**

Le roi des Indes pour s'acquitter de sa dette doit donner $1+2+4+8+16+...+2^{63}$ grains de blés, soit $\frac{1-2^{64}}{1-2}=2^{64}-1$ grains, nombre absolument astronomique (c'est un nombre à 17 chiffres, il s'agit de 18 446 744 073 551 616) qui représente quand même une quantité de grains de 5 mètres de largeur, 10 mètres de longueur et plus de 300 millions de kilomètres de hauteur ! La promesse est un peu difficile à tenir, n'est-ce pas ?

REMARQUE : En fait l'inventeur du jeu d'échecs était un jeune philosophe indien du nom de Sessa (Ve siècle de notre ère). Ce dernier rendit un grand service au roi en l'initiant au jeu d'échecs, ce jeu permet de se rendre compte qu'un roi n'est rien (même s'il a le rôle le plus important) sans l'appui des autres pièces (les sujets). On raconte qu'après avoir découvert les échecs, le roi ouvrit les yeux sur sa vilaine conduite qui consistait à s'entourer de vils flatteurs et à négliger ses sujets, et que son plus grand désir était de récompenser celui qui lui avait ouvert les yeux. La légende explique aussi que les comptables du roi utilisant des abaques n'arrivaient pas à calculer le nombre de grains car le nombre devenait vite trop grand. Le roi alors les congédia et fit appel à d'autres calculateurs qui eux, utilisant des techniques nouvelles (les chiffres indiens ou chiffres indo-arabes : à savoir le 1, le 2, ..., le 9 et le 0) arrivèrent au chiffre astronomique de 18 446 744 073 551 616.

Méditez la dessus, après tout vous y avez bien droit avant d'attaquer le terrible exercice suivant...

11 **Méthode utilisée : 6.**

Le nombre total de pages est n, donc la somme totale des pages vaut : $1+2+3+...+n=\frac{n(n+1)}{2}$, mais deux pages restent collées, appelons-les $2p$ et $2p+1$ (logique, n° $2p$ pour la page de droite et n° $2p+1$ pour la page de gauche), donc $2003=\frac{n(n+1)}{2}-(2p+2p+1)=\frac{n(n+1)}{2}-(4p+1)$.

Par ailleurs on peut obtenir un encadrement de $2p$: on a $2\le 2p<n$ (car $2p$ est paire donc commence au minimum à la page 2 et comme $2p+1$ est collé à $2p$, on ne peut avoir $2p$ égale à la dernière page), d'où $5\le 4p+1<2n+1$, ce qui donne : $\frac{n(n+1)}{2}-(2n+1)<\frac{n(n+1)}{2}-(4p+1)\leq\frac{n(n+1)}{2}-5$ soit :

$\frac{n(n+1)}{2}-(2n+1)<2003\leq\frac{n(n+1)}{2}-5$ soit : $\begin{cases}n^2-3n-4008<0\\ n^2+n-4016\geq 0\end{cases}$.

Ce sont deux inéquations du second degré que l'on sait résoudre : sinon voir chapitre 1.

On obtient : $\begin{cases}n\in\left]\frac{3-\sqrt{16041}}{2};\frac{3+\sqrt{16041}}{2}\right[\\ n\in\left]-\infty;\frac{-1-\sqrt{16065}}{2}\right]\cup\left[\frac{-1+\sqrt{16065}}{2};+\infty\right[\end{cases}$, ce qui donne, compte tenu du fait que n est entier positif, que : $\begin{cases}n<64{,}8\\ n>62{,}9\end{cases}$, soit deux cas : $\begin{cases}n=63\\ \text{ou}\\ n=64\end{cases}$.

Comme $2003=\frac{n(n+1)}{2}-(4p+1)$, on a : $\begin{cases}p=3\\ \text{ou}\\ p=19\end{cases}$. Donc : soit le livre a 63 pages et les pages 6 et 7 sont collées, soit le livre a 64 pages et les pages 38 et 39 sont collées.

12 **Méthode utilisée : 2, 9.**

1°) a) On a $U_n=U_0+nr$ (pour tout n).

b) On a $U_{n-1}=U_0+(n-1)r$ (il suffit de remplacer n par $n-1$ dans la formule du dessus, vraie pour tout n).

De même, on a $U_{n+1}=U_0+(n+1)r$.

c) Pour montrer que $U_n=\frac{U_{n-1}+U_{n+1}}{2}$, on va calculer $\frac{U_{n-1}+U_{n+1}}{2}$.

$$\frac{U_{n-1}+U_{n+1}}{2}=\frac{U_0+(n-1)r+U_0+(n+1)r}{2}=\frac{U_0+nr-r+U_0+nr+r}{2}=\frac{2U_0+2nr}{2}=U_0+nr=U_n$$

Et hop, terminé !

2°) On va démontrer que chaque terme V_n (à partir de V_1) est égal à la moyenne géométrique de son terme précédent V_{n-1} et de son successeur V_{n+1}. En reprenant le même plan que la question précédente.

a) On a $V_n=V_0\times q^n$ (pour tout n).

b) On a $V_{n-1}=V_0\times q^{n-1}$.

c) On a $V_{n+1}=V_0\times q^{n+1}$.

d) Pour montrer que $V_n=\sqrt{V_{n-1}\times V_{n+1}}$, on va calculer $\sqrt{V_{n-1}\times V_{n+1}}$.

$$\sqrt{V_{n-1}\times V_{n+1}}=\sqrt{V_0\times q^{n-1}\times V_0\times q^{n+1}}=\sqrt{V_0^2\times q^{n-1+n+1}}=\sqrt{V_0^2\times q^{2n}}=\sqrt{V_0^2}\times\sqrt{q^{2n}}$$

$$=\sqrt{V_0^2}\times\sqrt{q^{2n}}=|V_0|\times\sqrt{(q^n)^2}=|V_0|\times|q^n|=V_0\times q^n=V_n$$

REMARQUE : Attention $\sqrt{x^2}$ *ne vaut pas x en général mais* $|x|$

Par exemple, $\sqrt{3^2}=3$ *mais* $\sqrt{(-3)^2}\neq -3$*, on a* $\sqrt{(-3)^2}=|-3|=3$.

Dans notre cas donc , on a $\sqrt{V_0^2}=|V_0|$ *mais comme* $V_0>0$*, on a* $|V_0|=V_0$.

De même, $\sqrt{(q^n)^2}=|q^n|=q^n$ *(car* $q>0$*). Ok ?*

13 Méthode utilisée : 2.

1°) Essayons un premier exemple avec pour premier terme $H=25$ et pour raison 5.

C4 — fx =SI(A4<B4;"vrai";"faux")

	A	B	C	D	E
1	H	O	I	K	Raison
2	25	30	35	40	5
3	(K/I)^3	K/H			
4	**1,4927**	**1,6**	**vrai**		

Dans B1, on écrit 25 et dans E2 on écrit 5. Dans B2, on écrit =A2+$E$2, on sélectionne la cellule B2, la poignée de copie qu'on étend jusqu'à D2.
Dans A4, on écrit =(D2/C2)^3 et dans B4 on écrit =D2/A2
Enfin dans C4, on écrit =SI(A4<B4;"vrai";"faux"), formule qui teste si la propriété est vraie ou pas. Ensuite, libre à vous de donner des valeurs différentes au premier terme H (en A2) et à la raison r (dans E2), vous verrez que le tableau dit toujours "vrai" !

2°) On a $\left(\frac{K}{I}\right)^3=\frac{K}{I}\times\frac{K}{I}\times\frac{K}{I}$. Or : $\frac{K}{I}<\frac{I}{\theta}$. En effet : $K\times\theta=(I+r)\times(I-r)=I^2-r^2$ donc $K\times\theta<I^2$ soit puisque $\theta>0$, $K<\frac{I^2}{\theta}$ et puisque $I>0$, $\frac{K}{I}<\frac{I}{\theta}$.

De même, $\frac{I}{\theta}<\frac{\theta}{H}$ (car $I\times H=(\theta+r)\times(\theta-r)=\theta^2-r^2$ donc $I\times H<\theta^2$ et puisque $H>0$ et $\theta>0$, on a : $\frac{I}{\theta}<\frac{\theta}{H}$). Ainsi $\frac{K}{I}<\frac{I}{\theta}<\frac{\theta}{H}$.

On a donc : $\frac{K}{I}\times\frac{K}{I}\times\frac{K}{I}<\frac{K}{I}\times\frac{I}{\theta}\times\frac{\theta}{H}$ ce qui donne : $\left(\frac{K}{I}\right)^3<\frac{K}{\cancel{I}}\times\frac{\cancel{I}}{\cancel{\theta}}\times\frac{\cancel{\theta}}{H}$ soit : $\left(\frac{K}{I}\right)^3<\frac{K}{H}$. Ça y est, le théorème d'Archimède est démontré !

REMARQUE : Archimède (287-212 av. J.-C.) est probablement le plus grand génie scientifique de l'Antiquité. Ses découvertes mathématiques (utilisation de suites pour l'approximation de pi, premiers calculs d'aires annonçant le calcul intégral, etc.), ses découvertes physiques (poussée d'Archimède, principe du levier, etc.), militaires (catapultes, miroirs ardents, etc.) étaient extraordinaires. Sa mort tragique et imbécile fut une tache de honte sur l'armée romaine. Il fut en effet assassiné par un légionnaire romain, lors du siège de Syracuse, ce dernier demandant à Archimède de se rendre. Archimède trop absorbé par les figures géométriques qu'il était en train de faire au sol et gêné par l'ombre du soldat, lui répondit "Ote toi de mon soleil !"

Le romain vexé le tua d'un coup de glaive. C'est bête, comme quoi ça peut être dangereux de faire des maths parfois...

14 Méthode utilisée : 8, 9, 13.

1°) Avec un tableur :

	A	B	C	D	E	F	G	H	I	J	K	L
1	n	0	1	2	3	4	5	6	7	8	9	10
2	Un	4,5	-0,75	-3,375	-4,688	-5,344	-5,672	-5,836	-5,918	-5,959	-5,979	-5,99
3												
4		S10	-45,01									

Dans B1, on écrit 0, dans C1 : on écrit 1, on sélectionne la plage (B1:C1) puis poignée de copie jusqu'à L1.
Dans B2, on écrit 4,5 (le premier terme). Dans C2, on écrit =0,5*B2-3 (la relation de récurrence), puis poignée de copie jusqu'à L2.
b) Dans la cellule B5, on écrit =SOMME(B2:L2), on trouve −45,01 (environ).

2°) Avec l'algèbre

a) Si pour tout n, $V_n = U_n + 6$ alors $V_{n+1} = U_{n+1} + 6$.

Or $U_{n+1} = \frac{1}{2}U_n - 3$ (par définition) donc $V_{n+1} = U_{n+1} + 6 = \frac{1}{2}U_n - 3 + 6 = \frac{1}{2}U_n + 3$

Par ailleurs $\frac{1}{2}V_n = \frac{1}{2}(U_n + 6) = \frac{1}{2}U_n + 3$ (lui aussi).

On a donc bien $V_{n+1} = \frac{1}{2}V_n$, ce qui montre (par définition) que $(V_n)_{n\geq 0}$ est une suite géométrique de raison $\frac{1}{2}$.

b) On a $V_n = U_n + 6$ donc : $V_0 = U_0 + 6 = 4,5 + 6 = 10,5$.

Par ailleurs, on a (théorème) $V_n = V_0 \times q^n$ donc $V_n = 10,5 \times \left(\frac{1}{2}\right)^n$.

Comme $V_n = U_n + 6$, on a : $U_n = V_n - 6$ ce qui donne :

$U_n = V_n - 6 = 10,5 \times \left(\frac{1}{2}\right)^n - 6$ soit : $U_n = 10,5 \times \left(\frac{1}{2}\right)^n - 6$.

c) On a :

$$U_{n+1} - U_n = 10,5 \times \left(\frac{1}{2}\right)^{n+1} - 6 - \left(10,5 \times \left(\frac{1}{2}\right)^n - 6\right) = 10,5 \times \left(\frac{1}{2}\right)^n \left(\frac{1}{2}\right) - 10,5 \times \left(\frac{1}{2}\right)^n$$

$$= 10,5 \times \left(\frac{1}{2}\right)^n \left(\frac{1}{2} - 1\right) = 10,5 \times \left(\frac{1}{2}\right)^n \left(-\frac{1}{2}\right) = -5,25 \times \left(\frac{1}{2}\right)^n.$$

Or pour tout n, $\left(\frac{1}{2}\right)^n > 0$ (bah oui, n'importe quelle puissance de $\frac{1}{2}$ est positive). Donc $U_{n+1} - U_n < 0$ et donc $(U_n)_{n\geq 0}$ est décroissante.

d) On a : $S_n = U_0 + U_1 + ... + U_n = 10,5 \times \left(\frac{1}{2}\right)^0 - 6 + 10,5 \times \left(\frac{1}{2}\right)^1 - 6 + ... + 10,5 \times \left(\frac{1}{2}\right)^n - 6$

$$S_n = U_0 + U_1 + ... + U_n = 10{,}5 \times \left(\left(\frac{1}{2}\right)^0 + \left(\frac{1}{2}\right)^1 + ... + \left(\frac{1}{2}\right)^n \right) - \left(\underbrace{6 + 6 + ... + 6}_{n+1 \text{ fois}} \right)$$

$$S_n = U_0 + U_1 + ... + U_n = 10{,}5 \times \left(1 + \left(\frac{1}{2}\right)^1 + ... + \left(\frac{1}{2}\right)^n \right) - 6(n+1)$$

Or : $1 + \left(\frac{1}{2}\right)^1 + ... + \left(\frac{1}{2}\right)^n = \dfrac{1 - \left(\frac{1}{2}\right)^{n+1}}{1 - \frac{1}{2}} = \dfrac{1 - \left(\frac{1}{2}\right)^{n+1}}{\frac{1}{2}} = 2\left(1 - \left(\frac{1}{2}\right)^{n+1}\right)$ et donc :

$S_n = 10{,}5 \times 2\left(1 - \left(\frac{1}{2}\right)^{n+1}\right) - 6(n+1)$. En remplaçant n par 10, on obtient :

$S_{10} = 10{,}5 \times 2\left(1 - \left(\frac{1}{2}\right)^{11}\right) - 6 \times 11 = 21 \times \left(1 - \frac{1}{2048}\right) - 66 = 21 \times \frac{2047}{2048} - 66 \approx -45{,}01$, le même résultat que dans la question 1°).

15 **Méthode utilisée : 3.**

a) On va d'abord commencer par chercher la raison : sachant que $u_n = u_p + (n-p)r$, en prenant $n = 2$ et $p = 6$, on obtient $u_2 = u_6 + (2-6)r$ ce qui donne (en remplaçant par leurs valeurs) : $5 = 7 - 4r$ soit : $-2 = -4r$ soit : $r = \frac{-2}{-4} = 0{,}5$. Ensuite, toujours avec $u_n = u_p + (n-p)r$, en prenant $n = 0$ et $p = 2$ (ou $p = 6$) on obtient : $u_0 = u_2 + (0-2) \times 0{,}5 = 5 - 1 = 4$. Puis en prenant $n = 10$ et $p = 0$, on obtient : $u_{10} = u_0 + (10-0) \times 0{,}5 = 4 + 5 = 9$.

b)

	A	B	C	D	E	F	G	H	I	J	K	L
1	n	0	1	2	3	4	5	6	7	8	9	10
2	un	4	4,5	5	5,5	6	6,5	7	7,5	8	8,5	9

Dans B1, on écrit 0 et dans C1 on écrit 1. On sélectionne la plage B1:C1, la poignée de copie jusqu'à L1. Dans B2, on écrit 4 et dans C2, on écrit =B2+0,5, la poignée de copie jusqu'à L2. On retrouve bien les deux termes de départ $u_2 = 5$ et $u_6 = 7$!

16 **Méthode utilisée : 9.**

a) Si on perd 1,24 % tous les siècles, cela veut dire qu'on en conserve $100 - 1{,}24 = 98{,}76$ %. On a donc : $V_{n+1} = 0{,}9876 \times V_n$, c'est une suite géométrique de raison $q = 0{,}9876$, on a alors : $V_n = (0{,}9876)^n \times V_0$.

b) On doit résoudre l'équation $V_n = 0{,}05 \times V_0$ soit $(0{,}9876)^n \times V_0 = 0{,}05 \times V_0$ soit : $(0{,}9876)^n = 0{,}05$. Avec la calculatrice, on calcule $\dfrac{\ln(0{,}05)}{\ln(0{,}9876)}$ et on trouve : $n \approx 240$. L'os date donc d'environ 24000 ans (car n est en siècles !).

Cet os témoigne d'une activité mathématique certaine : il possède des encoches permettant de mener des calculs : peut-être pour des comptes agricoles, ou pour des calculs de calendriers, mais peut-être aussi des sommes de termes consécutifs, des manipulations de nombres premiers, à vrai dire on ne sait pas encore : en tout cas il s'agit (à ce jour) du plus ancien outil mathématique de notre histoire, datant de plus de 20000 ans !

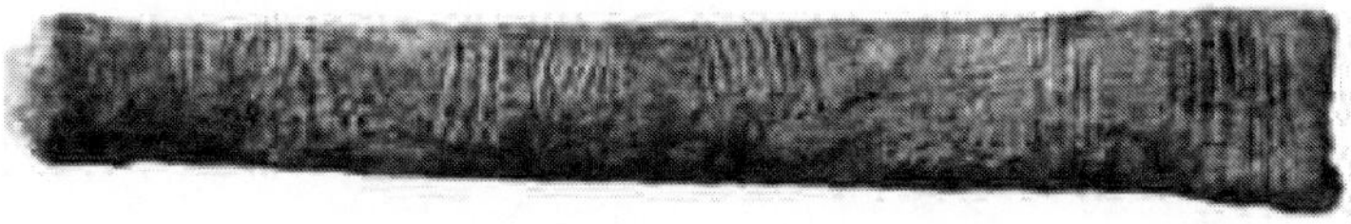

Os d'Ishango (République démocratique du Congo. Environ 22000 ans av. J.-C.)

17 **Méthode utilisée : 9.**

Il ne faut surtout pas foncer tête baisser et répondre 5 (respectivement 6) en pensant avec bonne conscience que bien sûr c'est 5 (resp. 6) puisque $5\times10\ \% = 50\ \%$ (resp. $6\times10\ \% = 60\ \%$).

En fait c'est plus compliqué que cela : il faut utiliser les suites géométriques.

Soit $(V_n)_{n\geq0}$ la suite associée à l'intensité du son après n plaques superposées.

V_0 correspond donc au son de départ sans plaque isolante. Puisque chaque plaque diminue de 10 % le son, il en reste donc 90 % : on a donc $V_{n+1} = 0{,}90\times V_n$. D'après un théorème de cours, on a donc : $V_n = V_0\times(0{,}90)^n$.

a) On cherche à diminuer de 50 % le bruit d'origine (il doit donc en rester 50 %), on va donc résoudre l'équation $V_n = V_0\times0{,}50$ (d'inconnue n) équivalente à $V_0\times(0{,}90)^n = V_0\times0{,}50$ soit $(0{,}90)^n = 0{,}50$. Pour $n=6$, on a $(0{,}90)^6 \approx 0{,}53$ et pour $n=7$, on a $(0{,}90)^7 \approx 0{,}48$. On en conclut qu'il faut donc 7 plaques pour atténuer le son d'au moins 50 %.

b) On cherche à diminuer de 60 % le bruit d'origine (il doit donc en rester 40 %), on va donc résoudre l'équation $V_n = V_0\times0{,}40$ (d'inconnue n) équivalente à $V_0\times(0{,}90)^n = V_0\times0{,}40$ soit $(0{,}90)^n = 0{,}40$. Pour $n=8$, on a $(0{,}90)^8 \approx 0{,}43$ et pour $n=9$, on a $(0{,}90)^9 \approx 0{,}38$. On en conclut qu'il faut donc 9 plaques pour atténuer le son d'au moins 60 %.

Je crois qu'après ce petit moment de réflexion sur les plaques isolantes, nous pouvons saluer Valérie Damidot (fan paraît-il (enfin c'est ce qu'on m'a dit dans les milieux autorisés...) de la collection Method'S) qui, sur le sujet, doit en connaître un morceau c'est sûr...

18 **Méthode utilisée : 7.**

On trouve :

a) $u_0 = 5$, $r = 5$, $n = 402$, $S = 407030$

b) $u_0 = 2$, $r = 0{,}3$, $n = 110$, $S = 2053{,}5$

c) $u_0 = 5$, $r = -2$, $n = 310$, $S = -94855$

d) $u_0 = 3$, $r = -1{,}5$, $n = 420$, $S = -131352$

19 **Méthode utilisée : 14.**

On trouve :

a) $v_0 = 3$, $q = 2$, $n = 10$, $S = 6141$

b) $v_0 = 2$, $q = 3$, $n = 6$, $S = 2186$

c) $v_0 = 2$, $q = -2$, $n = 10$, $S = 1366$

d) $v_0 = -1$, $q = 2$, $n = 7$, $S = -255$

Chapitre 8 :
METHODES SUR LES STATISTIQUES
EXERCICES & CORRIGES

Exercices

1 Précipitations annuelles

Comparer les deux séries statistiques suivantes à l'aide des couples (moyenne-écart type) et (médiane-intervalle interquartile).

	A	B	C	D	E	F	G	H	I	J	K	L	M
1	Précipitations (Moyennes mensuelles, mm)												
2		Jan	Fev	Mars	Avril	Mai	Juin	Juil	Août	Sept	Oct	Nov	Dec
3	Biarritz	81,6	75,8	62,2	92,1	66,6	61,1	55	61,3	82,8	111	123	88,9
4	Nancy	46	39,5	39,1	37,1	42,8	42,7	47,9	41,8	43	52,2	47,9	54,9

2 Comparaisons de salaires

Une agence d'Interim propose à une recrue deux entreprises.

Il lui annonce pour la 1re un salaire moyen de 2783,75 € et pour la 2e un salaire moyen de 2678,75 €. Avant de se prononcer, la recrue, prudente, souhaite examiner les listes détaillées (non nominative bien évidemment, pour des problèmes de légalité) des salaires de l'entreprise. Les voici :

Entreprise 1 : 1000, 1000, 1050, 1100, 1200, 1200, 1200, 1200, 1200, 1250, 1300, 1350, 1400, 1400, 1400, 1400, 1400, 1450, 1450, 1450, 1450, 2000, 2500, 2500, 2600, 2700, 2800, 2900, 3000, 3000, 3000, 3000, 4500, 5000, 5000, 8000, 8000, 8000, 8000, 8000

Entreprise 2 : 1250, 1250, 1500, 1600, 1700, 1700, 1800, 1800, 1900, 2000, 2000, 2000, 2000, 2000, 2050, 2050, 2050, 2100, 2100, 2500, 2500, 2600, 2600, 2600, 2600, 2700, 2700, 3000, 3000, 3500, 3500, 4100, 4100, 4100, 4100, 4200, 4200, 4200, 4500, 5000

a) A l'aide du tableur Geogebra, saisir ces deux séries statistiques.

b) Déterminer le couple (moyenne-écart type) de chacune des deux séries.
et le couple (médiane-écart interquartile)

c) Déterminer la boîte à moustaches de chacune des deux séries.

d) Aidez la recrue à prendre la bonne décision.

3 Les athlètes

Un sélectionneur sportif entraîne deux athlètes, tous deux lanceurs de disques. Pour décider qui des deux il fera concourir aux jeux olympiques, il souhaite s'appuyer sur des données statistiques. Il note pendant une semaine chacune des 30 performances sportives, voici les résultats des lancers (en mètres) :

Joueur 1 : 73.5 ; 73.5 ; 73.4 ; 73.4 ; 73.3 ; 73.2 ; 73.1 ; 73.2 ; 72.8 ; 72.9 ; 73.4 ; 73.6 ; 73 ; 72.9 ; 72.5 ; 73.8 ; 73.8 ; 73.9 ; 73.8 ; 73.9 ; 73.6 ; 73 ; 72.9 ; 73.4 ; 73.8 ; 73.8 ; 73.9 ; 74.2 ; 72 ; 74

Joueur 2 : 72 ; 74 ; 72.5 ; 72.6 ; 74 ; 74.1 ; 74.2 ; 71 ; 71.5 ; 70 ; 71 ; 71 ; 73.9 ; 73.8 ; 73.8 ; 74 ; 73.9 ; 74 ; 74.2 ; 73.8 ; 73.8 ; 73.2 ; 74 ; 73.8 ; 73.8 ; 73.8 ; 74 ; 74 ; 73.9 ; 74

L'entraîneur estime que pour avoir une chance d'avoir une médaille (c'est-à-dire être parmi les trois premiers) sachant que le record du monde est de 74,08, il faut réussir une performance le jour J d'au moins de 73,8.
Quel athlète lui conseilleriez-vous de choisir ?

Le discobole
Myron
Ve siècle av. J.-C.

Corrigés

1 **Méthodes utilisées : 2, 3, 6, 9, 15, 19, 21, 22, 23, 24, 25.**
On trouve les deux couples (moyenne-écart type) et (médiane-intervalle interquartile) suivants :

	Moy	Ecart type	Q1	Médiane	Q3
Biarritz	80,1	20,17118	62,0	78,7	89,7
Nancy	44,6	5,14249	41,2	42,9	47,9

- Pour le couple (moyenne-écart type)

Il pleut (en moyenne) presque deux fois plus à Biarritz qu'à Nancy (là, ça y est je me suis fâché avec les basques. Je vais essayer de rattraper le coup en ajoutant que c'est pour cela que la nature y est si belle, si verte et les paysages si magiques...), il y a une dispersion plus grande à Biarritz qu'à Nancy (à cause de l'écart type) : en fait il pleut régulièrement peu à Nancy tandis que les écarts peuvent être importants à Biarritz (il n'y a qu'à comparer le mois de juillet avec le mois de novembre : à Biarritz c'est du simple au double, alors qu'à Nancy, ça ne bouge pas !).

- Pour le couple (Médiane-intervalle interquartile)

Il y a 6 mois sur 12 où il pleut moins de 78,7 mm et 6 mois où il pleut plus, à Biarritz contre 42,9 mm pour Nancy.
Il y a 6 mois sur 12 où il pleut entre 62 mm et 89,7 mm à Biarritz contre 41,2 et 47,9 mm à Nancy.
Pour Biarritz, l'écart interquartile vaut 27,7. Pour Nancy, il vaut 6,7. Les précipitations sont bien plus rassemblées autour de la médiane pour Nancy que pour Biarritz. Cela témoigne d'une certaine régularité dans la pluviométrie à Nancy contre une réelle dispersion à Biarritz. Les conclusions sont concordantes.
Cela me fait penser que j'ai oublié de dire du bien de Nancy et de la Lorraine en générale, région magnifique où il fait si bon vivre... (voilà c'est fait). Promis j'arrête les statistiques comparatifs entre les régions de France, de toute façon tout le monde sait qu'en Pluviométrie ce sont les Rouennais les champions du monde (c'est ma ville de naissance et d'enfance chérie donc j'ai le droit d'en parler, surtout que j'adore la pluie) et que là c'est même pas la peine de faire des statistiques, dans ce domaine ma chère ville normande bat tout le monde...

2 **Méthodes utilisées : 2, 3, 6, 9, 15, 19, 21, 22, 23, 24, 25.**

a) b) On saisie chacune des valeurs autant de fois que l'effectif

	A	B
1	1000	1250
2	1000	1250
3	1050	1500

$Ecarttype_1 = 2224.17$
$Ecarttype_2 = 1002.93$
$L_1 = \{1000, 1000, 1050,$
$L_2 = \{1250, 1250, 1500,$
$Moy_1 = 2783.75$
$Moy_2 = 2678.75$

$Médiane_1 = 1450$
$Médiane_2 = 2500$
$Q1_1 = 1275$
$Q1_2 = 2000$
$Q3_1 = 3000$
$Q3_2 = 3500$

- Le couple (moyenne-écart type) de la 1e série vaut : (2783,75 ; 2224,17)
  Le couple (moyenne-écart type) de la 2e série vaut : (2678,75 ; 1002,93)

Du point de vue Moyenne, la 1e paraît plus alléchante que la 2e mais méfiance ! L'écart type de la 1e est bien plus grand que l'écart type de la 2e : cela témoigne d'une plus grande dispersion des salaires (autour de la moyenne) chez la 1e que chez la 2e : déjà, ça sent le coup fourré.

- Le couple (médiane-écart interquartile) de la 1e série vaut : (1450 ; 1725) car (3000-1275=1725)
  Le couple (médiane-écart interquartile) de la 2e série vaut : (2500 ; 1500) car (3500-2000=1500)

Du point de vue de la médiane, 50 % des gens gagnent moins de 1450 € chez la 1e contre 2500 € chez la 2e. nos soupçons semblent se confirmer.
Du points de vue de l'écart-interquartile, il y a une plus grande dispersion (autour de la médiane) chez la 1e série que chez la 2e (1725 contre 1500) mais bon ça reste assez comparable. Mais alors, où est le problème ? Et bien on va le voir bien mieux avec les boîtes à moustache.

c)

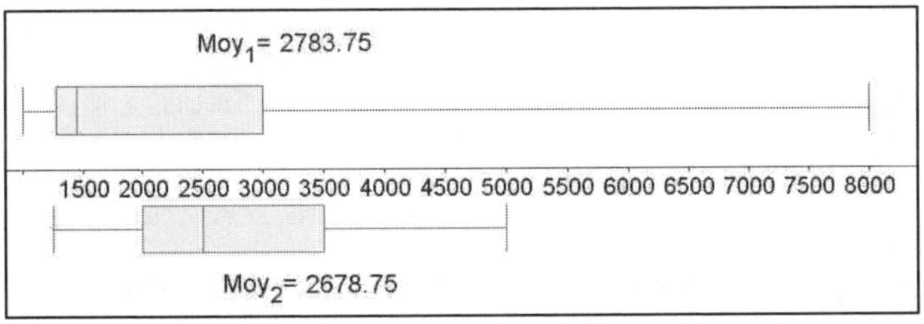

On peut constater que les boîtes ont globalement la même taille (bah oui, on vient de le dire : elles ont un écart interquartile assez comparable) mais par contre celle de la 1e série est bien plus vers les bas salaires que celle de la 2e série : le voilà, le problème !
d) Bien, vous avez la démonstration qu'avec les deux couples (moyenne-écart type) et (médiane-écart interquartile) et les boîtes à moustaches, on peut se faire une opinion pertinente. En effet, au vu de tout cela, il faudrait conseiller à la recrue de se diriger plutôt vers la 2e entreprise, qui possède certes un salaire moyen plus bas que la 1e mais une répartition plus équilibrée et moins "injuste" en termes de pogn... euh pardon en termes de rémunération.

Moralité : Méfiance, méfiance et heureusement qu'on a les statistiques pour se défendre et réfléchir avant d'agir. On vous laisse avec deux proverbes, un chinois, l'autre grec sur l'art de se méfier (rien à voir avec les statistiques, mais ça fait du bien de temps en temps de méditer sur des proverbes) : "la porte la mieux fermée est celle que l'on peut laisser ouverte" (je l'ai lu au fond d'une tasse l'autre jour dans le restaurant chinois de mon quartier, excellent d'ailleurs, et ça m'a laissé perplexe pendant un moment, je l'avoue). L'autre proverbe, grec, plus direct : "Souviens-toi de te méfier" (simple mais efficace) dont l'origine est incertaine : j'hésite entre Pythagore (car c'était aussi un philosophe), Platon ou Nikos Aliagas, je ne sais pas, oh puis après tout, peu importe... tout ça finalement c'est du pareil au même...

3 **Méthode utilisée : 2, 3, 6, 9, 15, 19, 21, 22, 23, 24, 25.**

Une fois les deux séries rentrées, on interroge le tableur :

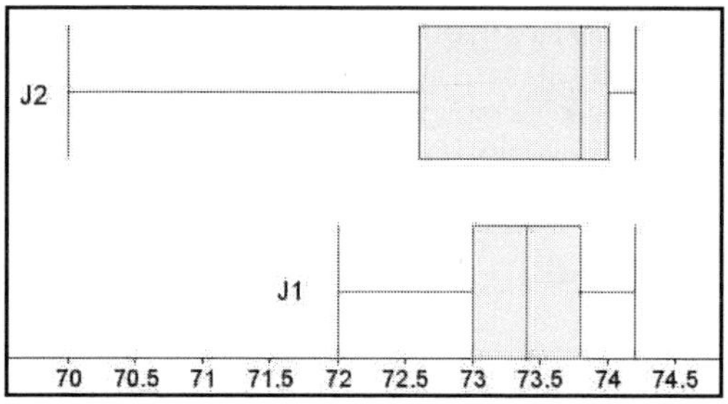

$Med_1 = 73.4$
$Med_2 = 73.8$
$Moy_1 = 73.38$
$Moy_2 = 73.25$
$Q1_1 = 73$
$Q1_2 = 72.6$
$Q3_1 = 73.8$
$Q3_2 = 74$
$\sigma_1 = 0.48$
$\sigma_2 = 1.18$

On obtient donc les couples suivants :

	Couple (moyenne-écart type)	Couple (médiane-écart interquartile)
J1	(73,38 - 0,48)	(73,4 - 0,8)
J2	(73,25 - 1,18)	(73,8 - 1,4)

Les deux joueurs parviennent de temps en temps à dépasser les 73,6 donc ils peuvent théoriquement aller sur le podium. Maintenant pour comprendre la différence qu'il y a dans les performances des joueurs, il faut interpréter les deux couples (moyenne- écart type) et (médiane - écart interquartile).

Avec le couple (moyenne-écart type) :

Au regard des moyennes, pas facile de faire son choix : elles sont assez comparables.

Mais l'écart type est intéressant, il montre que le joueur J1 est bien plus régulier (valeurs peu dispersées autour de la moyenne) que le joueur J2. La régularité est une qualité dans le milieu du sport.

Avec le couple (médiane-écart interquartile) :

La médiane est un peu plus haute chez J2 que J1 mais l'écart interquartile moins fort chez J1 que chez J2 montre que les valeurs sont moins dispersées (autour de la médiane) chez J1 que chez J2, témoignant encore d'une régularité plus forte chez J1 que chez J2. Mais là, le joueur J2 tire son épingle du jeu : il a bien plus souvent que J1 des performances élevées (regardez les boîtes à moustaches, J2 a 25 % de ses valeurs comprises entre 73,8 et 74 et 25 % au-dessus de 74 alors que J1 a 25 % de ses valeurs comprises entre 73,4 et 73,8 et 25 % au-dessus de 73,8) Maintenant tout dépend de la politique de l'entraîneur : s'il souhaite plutôt du sûr, il a un intérêt à miser sur la régularité du joueur J1.

S'il souhaite de la performance, au risque d'une catastrophe, il peut miser sur le joueur J2. Vous voyez, rien n'est simple, rien n'est garanti : il est très difficile de faire un choix mais l'avantage des statistiques est de comprendre quel choix on a fait.

Chapitre 9 :
METHODES SUR LES PROBABILITES ET LES VARIABLES ALEATOIRES
EXERCICES & CORRIGES

Exercices

1 On jette deux dés, l'un à six faces (chaque face du cube est numérotée de 1 à 6) l'autre à 4 faces (chaque face du tétraèdre est numérotée de 1 à 4). Soit X la variable aléatoire qui aux résultats des deux dés associe la valeur absolue de la différence (exemple : si le dé à six faces tombe sur 2 et le dé à quatre faces tombe sur 4, alors la différence vaut $2-4=-2$ et X vaut $|-2|=2$).

a) A l'aide d'un tableau, donner les valeurs possibles de X.
b) Déterminer de manière théorique la loi de probabilité de X ainsi que son espérance mathématique, sa variance et son écart type.
c) A l'aide d'une simulation tableur, donner une estimation de la loi de probabilité de X (on simulera au moins 1000 lancers de dés), de son espérance mathématique, de sa variance et de son écart type.
d) Obtient-on un résultat plus proche du résultat théorique avec 2000 lancers ? 10000 lancers ? Quelle loi ce phénomène illustre-t-il ?

2 **Un jeu de loterie**

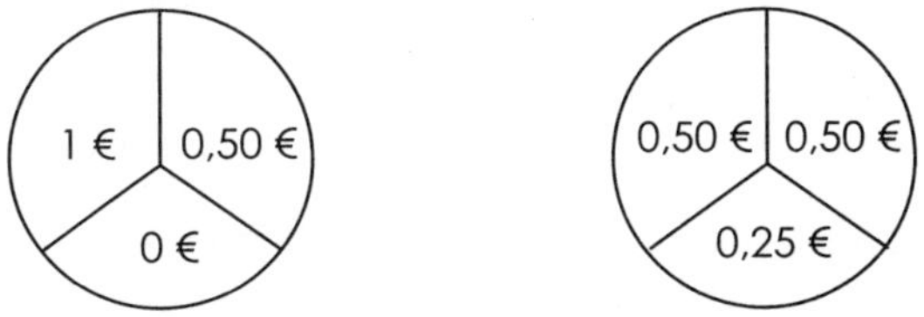

Un joueur mise 1 €, il lance les deux roues et reçoit la somme des deux nombres obtenus. (Si par exemple la 1re roue tombe sur 1 €, et la 2de sur 0,25 €, il touche 1,25 € desquels il devra déduire sa mise : il se sera donc enrichi de 1,25 € − 1 € soit 0,25 €).
Soit X la variable aléatoire associée au gain du joueur (c'est-à-dire son enrichissement !).
a) Décrire l'univers Ω à l'aide d'un arbre. A côté des issues, donner la valeur de X correspondante.
b) Donner toutes les valeurs possibles de X.
c) Donner la loi de probabilité de X.
d) Calculer l'espérance mathématique $E(X)$ de la variable aléatoire X.
e) Combien en moyenne gagne (ou perd) le joueur ? Le jeu est-il favorable au joueur ? Défavorable ? Equitable pour le joueur et la loterie ?
f) La loterie espère 1000 visiteurs jouant chacun une fois. Combien peut-elle espérer gagner (ou perdre) ?
g) Quelle mise devrait-elle fixer pour espérer gagner 100 € ? Est-ce que cette mise est "pratique", "attractive" pour le joueur ?

h) Effectuer une simulation sous Excel, en raisonnant en toute généralité sur une mise (pour la changer à loisir) pour voir le gain moyen (pour 1 partie).

3 **Jeu d'urne avec remise**
Une urne contient quatre boules : une rouge (R), une bleue (B), une verte (V) et une jaune (J).
On tire au hasard une boule dans l'urne. On note sa couleur, on la remet et on recommence (une fois).
a) A l'aide d'un arbre, décrire l'univers Ω .

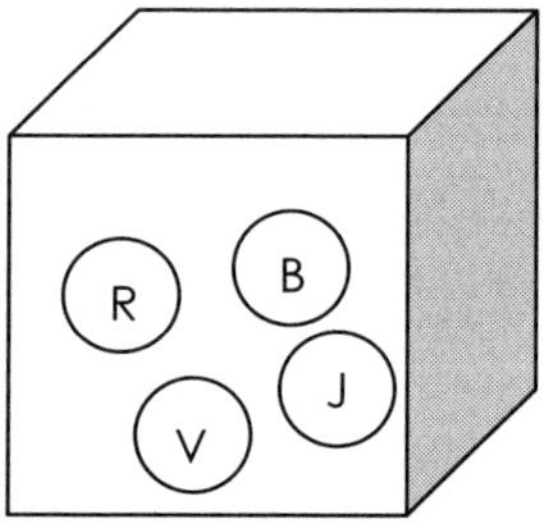

b) On mise 15 €. Chaque boule bleu tirée rapporte 15 €. Chaque boule jaune rapporte 10 €. Chaque boule verte rapporte 3 €. Chaque boule rouge ne rapporte rien. Soit X la variable aléatoire associée au gain (c'est-à-dire l'enrichissement).
1°) Déterminez la loi de probabilité de X.
2°) Calculer l'espérance mathématique de X.
3°) Le jeu est-il favorable au joueur ?
4°) Combien l'organisateur du jeu doit-il espérer de parties (à 15 € chacune) pour espérer un gain de 100 € ?
5°) Si l'organisateur augmente la mise de 5 € (donc passe d'une mise de 15 € à 20 €), combien l'organisateur peut-il espérer gagner si 1000 joueurs se présentent (pour jouer chacun une partie) ?
6°) Quelle mise doit-il fixer s'il veut espérer un gain de 3000 € avec 1200 joueurs attendus ?
c) Retrouver tous ces résultats à l'aide d'une simulation Excel.

4 **Le problème du Chevalier de Méré.** "Quel est l'événement le plus probable : obtenir au moins une fois 6 en lançant 4 fois un dé ou obtenir au moins une fois un double six en lançant 24 fois une paire de dés ? "
a) Résoudre ce problème de manière théorique.
b) Modéliser ce problème à l'aide d'un tableur.
Note : le chevalier de Méré était un homme de lettres, féru de sciences il posa ce problème à Pascal. La suite on la connaît, un échange entre Pascal et Fermat s'ensuivit, c'est l'acte de naissance (avec le problème des partis, également proposé par le Chevalier de Méré) du calcul des probabilités.

5 **Au casino "Royal des Mathématiques.** "On peut jouer aux machines à sous. Parmi toutes celles qui existent, voici celle qui remporte le plus grand succès : le Jackpot des Grands Mathématiciens : quatre rouleaux tournent indépendamment les uns des autres et 8 portraits de grands probabilistes (parmi d'autres) peuvent sortir (pour chacun des rouleaux) : Bernoulli, Fermat, Gauss, Kolmogorov, Laplace, Pascal, Poincaré, Tchebychev.

Exemple d'une partie (après avoir mis une pièce d'un euro et actionné la manivelle)

Fermat Laplace Pascal Laplace

On joue une partie à 1 euro.
1°) Calculer la probabilité des événements suivants :
A : "Obtenir quatre portraits identiques".
B : "Obtenir trois portraits (et trois seulement) identiques".
C : "Obtenir quatre portraits distincts".
2°) Les gains sont :
- On gagne 50 euros si on obtient quatre portraits identiques.
- On gagne 5 euros pour trois portraits (et trois seulement) identiques.
- On gagne 1 euro pour quatre portraits distincts.
- On gagne rien sinon.

Soit G la variable aléatoire associée au gain. Déterminer la loi de probabilité de G, puis calculer son espérance. Ce jeu est-il rentable pour le casino ?

6 Martingale de Jean le rond d'Alembert (1717-1783, philosophe, physicien et mathématicien français)

Nous n'étudierons que la martingale classique (la plus célèbre, mais il faut savoir que d'Alembert en a exposé plein d'autres). Un joueur joue à la roulette sur le rouge (17 chances sur 37 de gagner). Sa stratégie (appelé martingale) est la suivante : il mise 1 € : si le rouge sort, il s'arrête, sinon il recommence en doublant la mise.
Ecrire un algorithme permettant de simuler cette martingale et affichant la somme engagée, le nombre de parties jouées et le gain. Que pensez-vous de cette martingale ?

Corrigés

1 Méthode utilisée : 5, 6.

a) Les valeurs prises par X pour chaque issue sont écrites en **caractères gras**.

dé 1 \ dé 2	1	2	3	4
1	(1,1) **0**	(1,2) **1**	(1,3) **2**	(1,4) **3**
2	(2,1) **1**	(2,2) **0**	(2,3) **1**	(2,4) **2**
3	(3,1) **2**	(3,2) **1**	(3,3) **0**	(3,4) **1**
4	(4,1) **3**	(4,2) **2**	(4,3) **1**	(4,4) **0**
5	(5,1) **4**	(5,2) **3**	(5,3) **2**	(5,4) **1**
6	(6,1) **5**	(6,2) **4**	(6,3) **3**	(6,4) **2**

Il y a donc cinq valeurs possibles de X qui sont : **0, 1, 2, 3, 4, et 5.**
La loi de probabilité de X est donc :

Valeurs possibles x_i de X	$x_1 = 0$	$x_2 = 1$	$x_3 = 2$	$x_4 = 3$	$x_5 = 4$	$x_6 = 5$
Probabilités associées p_i	$p_1 = \frac{4}{24} \approx 0,167$	$p_2 = \frac{7}{24} \approx 0,292$	$p_3 = \frac{6}{24} = 0,25$	$p_4 = \frac{4}{24} \approx 0,167$	$p_5 = \frac{2}{24} \approx 0,083$	$p_6 = \frac{1}{24} \approx 0,041$

Pour l'espérance mathématique :

$$E(X) = \sum_{i=1}^{5} x_i p_i = x_1 p_1 + x_2 p_2 + x_3 p_3 + x_4 p_4 + x_5 p_5$$

$$= 0 \cdot \frac{4}{24} + 1 \cdot \frac{7}{24} + 2 \cdot \frac{6}{24} + 3 \cdot \frac{4}{24} + 4 \cdot \frac{2}{24} + 5 \cdot \frac{1}{24} = \frac{7+12+12+8+5}{24} = \frac{44}{24} \approx 1,833$$

Pour la variance :

$$V(X) = \sum_{i=1}^{5} p_i \left(x_i - E(X)\right)^2 = p_1\left(x_1 - E(X)\right)^2 + p_2\left(x_2 - E(X)\right)^2 + \ldots + p_5\left(x_5 - E(X)\right)^2$$

$$V(X) = \frac{4}{24}\left(0 - \frac{44}{24}\right)^2 + \frac{7}{24}\left(1 - \frac{44}{24}\right)^2 + \ldots + \frac{1}{24}\left(5 - \frac{44}{24}\right)^2 \approx 1,8056$$

Pour l'écart type : $\sigma(X) = \sqrt{V(X)} \approx \sqrt{1,8056} \approx 1,344$

c)

	A	B	C	D	E	F	G
1	Nbre de F9	1000					
2	Dé 6	Dé 4	X				
3	2	2	0				
4							
5	**xi**	**0**	**1**	**2**	**3**	**4**	**5**
6		181	280	225	183	86	45
7	**pi**	**0,181**	**0,28**	**0,225**	**0,183**	**0,086**	**0,045**
8	**probas theo**	0,167	0,292	0,25	0,167	0,083	0,041
9							
10	E(X)	1,848		V(X)	1,913	σ(X)	1,383
11	Val théo	1,833		val th	1,806	Val th	1,344

Dans B1, on écrit : =B1+1
Dans A3, on écrit : =ALEA.ENTRE.BORNES(1;6)
Dans B3, on écrit : =ALEA.ENTRE.BORNES(1;4)
Dans C3, on écrit : =ABS(A3-B3)
Dans B6, on écrit : =B6+SI($C$3=B5;1;0)
Dans B7, on écrit : =B6/$B$1
Dans B10, on écrit : =B5*B7+C5*C7+D5*D7+E5*E7+F5*F7+G5*G7 (pour calculer l'espérance).
Dans E10, on écrit : =B7*(B5-B10)^2+C7*(C5-B10)^2+D7*(D5-B10)^2+E7*(E5-B10)^2+F7*(F5-B10)^2+G7*(G5-B10)^2 (pour la variance).

Dans G10, on écrit : =E10^0,5 (pour l'écart type).
Surtout, on n'oublie pas d'aller dans Options Excel (cliquer sur le bouton rond « Windows », en haut à gauche)>Formules>Activer le calcul itératif (cocher)>Nombre maximal d'itération 1>OK, pour activer le calcul itératif.
Maintenant, on appuie sur F9 :

d)

	A	B	C	D	E	F	G
1	Nbre de F9	2000					
2	Dé 6	Dé 4	X				
3	5	4	1				
4							
5	**xi**	**0**	**1**	**2**	**3**	**4**	**5**
6		343	584	473	350	159	91
7	**pi**	**0,172**	**0,292**	**0,237**	**0,175**	**0,08**	**0,046**
8	**probas theo**	0,167	0,292	0,25	0,167	0,083	0,041
9							
10	E(X)	1,836		V(X)	1,853	σ(X)	1,361
11	Val théo	1,833		val th	1,806	Val th	1,344

	A	B	C	D	E	F	G
1	Nbre de F9	10000					
2	Dé 6	Dé 4	X				
3	3	2	1				
4							
5	**xi**	**0**	**1**	**2**	**3**	**4**	**5**
6		1643	2854	2507	1758	817	421
7	**pi**	**0,164**	**0,285**	**0,251**	**0,176**	**0,082**	**0,042**
8	**probas theo**	0,167	0,292	0,25	0,167	0,083	0,041
9							
10	E(X)	1,852		V(X)	1,802	σ(X)	1,342
11	Val théo	1,833		val th	1,806	Val th	1,344

Oui, plus le nombre de lancers est grand et plus le résultat est proche du résultat théorique : cela illustre la loi des grands nombres.

2 **Méthode utilisée : 5, 6, 7.**

a) Ω est décrit par l'arbre suivant :

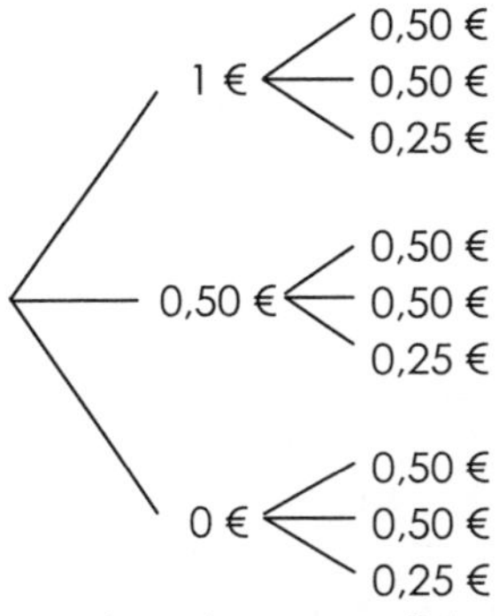

Issues	X
(1 ; 0,50)	$1+0,50-1=0,50$
(1 ; 0,50)	$1+0,50-1=0,50$
(1 ; 0,25)	$1+0,25-1=0,25$
(0,50 ; 0,50)	$0,50+0,50-1=0$
(0,50 ; 0,50)	$0,50+0,50-1=0$
(0,50 ; 0,25)	$0,50+0,25-1=-0,25$
(0 ; 0,50)	$0+0,50-1=-0,50$
(0 ; 0,50)	$0+0,50-1=-0,50$
(0 ; 0,25)	$0+0,25-1=-0,75$

b) Il y a six valeurs possibles de X : $x_1=0,50$, $x_2=0,25$, $x_3=0$, $x_4=-0,25$, $x_5=-0,50$, $x_6=-0,75$.

c) Loi de probabilité de X :

Valeurs possibles x_i de X	$x_1=0,50$	$x_2=0,25$	$x_3=0$	$x_4=-0,25$	$x_5=-0,50$	$x_6=-0,75$
Probabilités associées p_i	$p_1=\frac{2}{9}$ $\approx 0,222$	$p_2=\frac{1}{9}$ $\approx 0,111$	$p_3=\frac{2}{9}$ $\approx 0,222$	$p_4=\frac{1}{9}$ $\approx 0,111$	$p_5=\frac{2}{9}$ $\approx 0,222$	$p_6=\frac{1}{9}$ $\approx 0,111$

d) $E(X)=\sum_{i=1}^{6} x_i p_i = x_1p_1+x_2p_2+x_3p_3+x_4p_4+x_5p_5+x_6p_6$

$$E(X)=0,50\times\frac{2}{9}+0,25\times\frac{1}{9}+0\times\frac{2}{9}-0,25\times\frac{1}{9}-0,50\times\frac{2}{9}-0,75\times\frac{1}{9}$$

$$E(X)=\frac{1+0,25+0-0,25-1-0,75}{9}=\frac{-0,75}{9}\approx-0,083$$

e) A chaque partie (d'1 €), le joueur perd en moyenne 0,083 € (soit un peu plus de 8 cents). Comme $E(X)<0$ (car $E(X)\approx-0,083$), le jeu est défavorable au joueur (peu c'est vrai, mais défavorable tout de même).

f) Pour 1 joueur (qui joue une seule partie à 1 €), la loterie peut espérer gagner 0,083 €. Pour 1000 joueurs (jouant chacun une seule partie à 1 €), la loterie peut espérer gagner $\approx 1000\times 0,083$ € soit environ 83 €.

g) 1re méthode : Soit m la mise cherchée. Soit Y la v.a associée au gain avec cette mise m. Alors, on a :

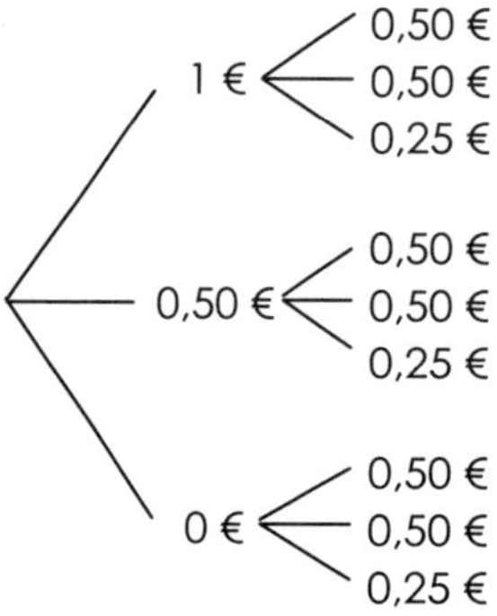

Issues	Y
(1 ; 0,50)	$1+0,50-m=1,50-m$
(1 ; 0,50)	$1+0,50-m=1,50-m$
(1 ; 0,25)	$1+0,25-m=1,25-m$
(0,50 ; 0,50)	$0,50+0,50-m=1-m$
(0,50 ; 0,50)	$0,50+0,50-m=1-m$
(0,50 ; 0,25)	$0,50+0,25-m=0,75-m$
(0 ; 0,50)	$0+0,50-m=0,50-m$
(0 ; 0,50)	$0+0,50-m=0,50-m$
(0 ; 0,25)	$0+0,25-m=0,25-m$

La loi de probabilité de Y est alors :

Valeurs possibles y_i de Y	$y_1=$ $1,50-m$	$y_2=$ $1,25-m$	$y_3=$ $1-m$	$y_4=$ $0,75-m$	$y_5=$ $0,50-m$	$y_6=$ $0,25-m$
Probabilités associées p_i	$p_1=\frac{2}{9}$ $\approx 0,222$	$p_2=\frac{1}{9}$ $\approx 0,111$	$p_3=\frac{2}{9}$ $\approx 0,222$	$p_4=\frac{1}{9}$ $\approx 0,111$	$p_5=\frac{2}{9}$ $\approx 0,222$	$p_6=\frac{1}{9}$ $\approx 0,111$

Y a alors pour espérance :

$$E(Y)=\sum_{i=1}^{6} y_i p_i = y_1p_1+y_2p_2+y_3p_3+y_4p_4+y_5p_5+y_6p_6$$

$$=(1,5-m)\times\frac{2}{9}+(1,25-m)\times\frac{1}{9}+(1-m)\times\frac{2}{9}+(0,75-m)\times\frac{1}{9}+(0,5-m)\times\frac{2}{9}+(0,25-m)\times\frac{1}{9}$$

$$=\frac{3-2m+1,25-m+2-2m+0,75-m+1-2m+0,25-m}{9}$$

$$E(Y)=\frac{8,25-9m}{9}.$$

Pour espérer 100 € sur 1000 parties, il faut espérer 0,1 € sur une partie (en moyenne). On résout donc l'équation : $E(Y)=-0{,}1$ soit : $\dfrac{8{,}25-9m}{9}=-0{,}1$

soit : $8{,}25-9m=-0{,}9$ soit : $9m=-9{,}15$ soit : $m=\dfrac{-9{,}15}{-9}\approx 1{,}0167$ €.

2e méthode (expéditive) : Soit Y la va associée au gain pour la nouvelle mise. Si on réfléchit deux secondes, on a $Y=X+1-m$ (et oui, pour avoir le nouveau gain, on rajoute la mise d'avant de laquelle on déduit la nouvelle mise).
On a donc :

$E(Y)=E(X+1-m)=E(X)+1-m=\dfrac{-0{,}75}{9}+1-m=\dfrac{-0{,}75}{9}+\dfrac{9}{9}-\dfrac{9m}{9}=\dfrac{8{,}25-9m}{9}$ (on retrouve bien le résultat qui se trouve plus haut). Pas mal aussi non ?

Bon maintenant, ce qu'il faut bien comprendre c'est que fixer une telle mise (1,0167 €) n'est absolument pas pratique pour le joueur (le temps qu'il fasse l'appoint, il risque de se décourager et d'aller voir ailleurs). Autant passer franchement à $m=1{,}10$ € (chiffre plus rond) et là on aura une espérance égale à $E(Y)=\dfrac{8{,}25-9\times 1{,}10}{9}\approx -0{,}183$ soit un bénéfice moyen de 0,183 € pour chaque partie, et donc un bénéfice moyen de 183 € (environ) pour 1000 parties.
h) Voici ce qu'on obtient avec le tableur :

	A	B	C	D	E	F	G
1	Mise m	1		1e roue	2e roue	**Gain**	
2	F9	16422		2	1		
3				0,5	0,25	**-0,25**	
4	Loi de Y						
5	yi	y1	y2	y3	y4	y5	y6
6		0,5	0,25	0	-0,25	-0,5	-0,75
7	ni	3606	1850	3632	1777	3744	1813
8	pi	p1	p2	p3	p4	p5	p6
9		0,21958	0,11265	0,22117	0,10821	0,22799	0,1104007
10	**theo**	**0,22222**	**0,11111**	**0,22222**	**0,11111**	**0,22222**	**0,1111111**
11							
12	E(Y)	**-0,08589**					
13	**theo**	**-0,08333**					

Dans la cellule B1, on écrit 1 (par exemple, c'est notre mise de départ, mais on pourra la changer quand on voudra).
Dans B2, on écrit =B2+1 (notre compteur de F9, il faudra penser à aller dans : Options Excel (cliquer sur le bouton rond « Windows », en haut à gauche)>Formules>Activer le calcul itératif (cocher)>Nombre maximal d'itération 1>OK, pour activer le calcul itératif).
Dans D2, on écrit =ALEA.ENTRE.BORNES(1;3). Dans E2, on écrit =ALEA.ENTRE.BORNES(1;3) également.
Dans D3, on écrit =SI(D2=1;1;SI(D2=2;0,5;0))
Dans E3, on écrit =SI(E2=1;0,25;0,5)
Dans F3, on écrit =D3+E3-B1 (la somme obtenue après déduction de la mise !)
Dans B6, on écrit =1,5-B1. Dans C6, on écrit =1,25-B1. Dans D6, on écrit =1-B1.
Dans E6, on écrit =0,75-B1. Dans F6, on écrit =0,5-B1. Dans G6, on écrit =0,25-B1.

Dans B7, on écrit =B7+SI($F$3=B6;1;0). On sélectionne la cellule B7, sa poignée de copie qu'on étend jusqu'à G7.
Dans B9, on écrit =B7/$B$2. On sélectionne la cellule B9, sa poignée de copie qu'on étend jusqu'à G9.
Dans E12, on écrit =B6*B9+C6*C9+D6*D9+E6*E9+F6*F9+G6*G9
Dans E13, on écrit =(8,25-9*B1)/9
Et voilà, on peut constater que la loi des grands nombres se fait vraiment désirer puisqu'il faut attendre 16422 simulations pour avoir une espérance proche à 0,02 près de l'espérance théorique.

3 **Méthode utilisée : 5, 6, 7.**

a) et b) Ω est décrit par l'arbre suivant :

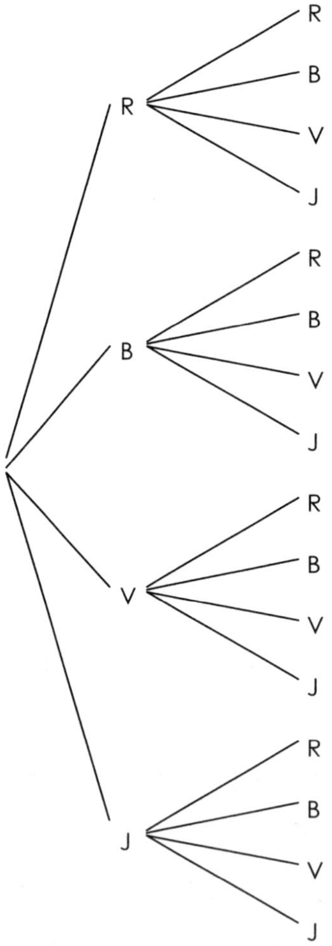

Issues	X
(R ; R)	$0+0-15=-15$
(R ; B)	$0+15-15=0$
(R ; V)	$0+3-15=-12$
(R ; J)	$0+10-15=-5$
(B ; R)	$15+0-15=0$
(B ; B)	$15+15-15=15$
(B ; V)	$15+3-15=3$
(B ; J)	$15+10-15=10$
(V ; R)	$3+0-15=-12$
(V ; B)	$3+15-15=3$
(V ; V)	$3+3-15=-9$
(V ; J)	$3+10-15=-2$
(J ; R)	$10+0-15=-5$
(J ; B)	$10+15-15=10$
(J ; V)	$10+3-15=-2$
(J ; J)	$10+10-15=5$

1°) Loi de probabilité de X :

Valeurs possibles x_i de X	$x_1 = -15$	$x_2 = -12$	$x_3 = -9$	$x_4 = -5$	$x_5 = -2$	$x_6 = 0$
Probabilités associées p_i	$p_1 = \frac{1}{16}$	$p_2 = \frac{2}{16}$	$p_3 = \frac{1}{16}$	$p_4 = \frac{2}{16}$	$p_5 = \frac{2}{16}$	$p_6 = \frac{2}{16}$

Valeurs possibles x_i de X	$x_7 = 3$	$x_8 = 5$	$x_9 = 10$	$x_{10} = 15$
Probabilités associées p_i	$p_7 = \frac{2}{16}$	$p_8 = \frac{1}{16}$	$p_9 = \frac{2}{16}$	$p_{10} = \frac{1}{16}$

2°) $E(X) = \sum_{i=1}^{10} x_i p_i = x_1p_1 + x_2p_2 + ... + x_{10}p_{10} = -1$

3°) Le jeu est défavorable au joueur puisque $E(X) < 0$ (On a : $E(X) = -1$).

4°) En moyenne, on perd 1 € pour chaque partie jouée. Pour espérer un gain de 100 €, l'organisateur du jeu doit donc espérer 100 parties.

5°) On va utiliser la formule : $E(aX + b) = aE(X) + b$.

En effet, soit Y la variable aléatoire associée au gain pour une mise augmentée de 5 €, ainsi tous les gains seront diminués de 5 € : on a donc $Y = X - 5$. On a donc : $E(Y) = E(X-5) = E(X) - 5 = -1 - 5 = -6$.

L'organisateur peut cette fois espérer gagner 6 € par partie jouée. Pour 1000 parties jouées, l'organisateur peut donc espérer gagner 6000 €.

6°) Soit m la mise cherchée et soit Z la variable aléatoire associée au gain.

1e manière : c'est inutile de refaire l'arbre, on obtient la loi de probabilité de Z :

Valeurs possibles z_i de Z	$z_1 = -m$	$z_2 = 3 - m$	$z_3 = 6 - m$	$z_4 = 10 - m$	$z_5 = 13 - m$
Probabilités associées p_i	$p_1 = \frac{1}{16}$	$p_2 = \frac{2}{16}$	$p_3 = \frac{1}{16}$	$p_4 = \frac{2}{16}$	$p_5 = \frac{2}{16}$

Valeurs possibles x_i de X	$z_6 = 15 - m$	$z_7 = 18 - m$	$z_8 = 20 - m$	$z_9 = 25 - m$	$z_{10} = 30 - m$
Probas associées p_i	$p_6 = \frac{2}{16}$	$p_7 = \frac{2}{16}$	$p_8 = \frac{1}{16}$	$p_9 = \frac{2}{16}$	$p_{10} = \frac{1}{16}$

On a alors $E(Z) = \sum_{i=1}^{10} z_i p_i = z_1p_1 + z_2p_2 + ... + z_{10}p_{10}$ soit :

$$E(Z)=\frac{-m+6-2m+6-m+20-2m+26-2m+30-2m+36-2m+20-m+50-2m+30-m}{16}$$

$$E(Z)=\frac{224-16m}{16}=14-m.$$

Un gain moyen de 3000 € sur 1200 parties représente un gain moyen de 2,5 € sur une partie. On doit donc résoudre : $E(Z)=-2,5$ soit $14-m=-2,5$ soit $m=16,5$ €.

2ememanière : on va utiliser la formule $E(aX+b)=aE(X)+b$.

On a $Z=X+15-m$ (pour avoir le nouveau gain, on rajoute la mise d'avant de laquelle on déduit la nouvelle mise).

On a donc : $E(Z)=E(X)+15-m=-1+15-m=14-m$ (et on retrouve le résultat plus haut).

c)

	A	B	C	D	E	F	G	H	I	J	K
1	Mise m	15		1e urne	2e urne	**Gain**					
2	F9	2500		4	2						
3				10	15	**10**					
4	Loi de Z										
5	zi	z1	z2	z3	z4	z5	z6	z7	z8	z9	z10
6		-15	-12	-9	-5	-2	0	3	5	10	15
7	ni	157	314	165	305	339	297	285	146	323	169
8	pi	p1	p2	p3	p4	p5	p6	p7	p8	p9	p10
9		0,0628	0,1256	0,066	0,122	0,1356	0,1188	0,114	0,0584	0,1292	0,0676
10	**theo**	**0,0625**	**0,125**	**0,0625**	**0,125**	**0,125**	**0,125**	**0,125**	**0,0625**	**0,125**	**0,0625**
11											
12	E(Z)	**-0,9844**									
13	**theo**	**-1**									

Dans la cellule B1, on écrit 15 (par exemple, c'est notre mise de départ, mais on pourra la changer quand on voudra).

Dans B2, on écrit =B2+1 (notre compteur de F9, il faudra penser à aller dans : Options Excel (cliquer sur le bouton rond « Windows », en haut à gauche)>Formules>Activer le calcul itératif (cocher)>Nombre maximal d'itération 1>OK, pour activer le calcul itératif).

Dans D2, on écrit =ALEA.ENTRE.BORNES(1;4). Dans E2, on écrit =ALEA.ENTRE.BORNES(1;4) également.

Dans D3, on écrit =SI(D2=1;0;SI(D2=2;15;SI(D2=3;3;10)))

Dans E3, on écrit =SI(E2=1;0;SI(E2=2;15;SI(E2=3;3;10)))

Dans F3, on écrit =D3+E3-B1 (la somme obtenue après déduction de la mise !)

Dans B6, on écrit =-B1. Dans C6, on écrit =3-B1. Dans D6, on écrit =6-B1. Dans E6, on écrit =10-B1. Dans F6, on écrit =13-B1. Dans G6, on écrit =15-B1. Dans H6, on écrit =18-B1. Dans I6, on écrit =20-B1. Dans J6, on écrit =25-B1. Dans K6, on écrit =30-B1.

Dans B7, on écrit =B7+SI($F$3=B6;1;0). On sélectionne la cellule B7, sa poignée de copie qu'on étend jusqu'à K7.

Dans B9, on écrit =B7/$B$2. On sélectionne la cellule B9, sa poignée de copie qu'on étend jusqu'à K9.

Dans E12, on écrit
=B6*B9+C6*C9+D6*D9+E6*E9+F6*F9+G6*G9+H6*H9+I6*I9+J6*J9+K6*K9

Dans E13, on écrit =14-B1

Et voilà, on peut constater que la loi des grands nombres se fait vraiment désirer puisqu'il faut attendre 2500 simulations pour avoir une espérance proche à 0,02 près de l'espérance théorique. En changeant la mise départ, on retrouve les résultats des autres questions.

4 Méthodes utilisées : 2, 4.

a) Il y a bien deux expériences aléatoires distinctes dans ce problème.

1) La première consistant à jeter quatre fois le même dé peut être au moyen d'un arbre qui aura d'après le principe multiplicatif : $6\times6\times6\times6=6^4$ feuilles.

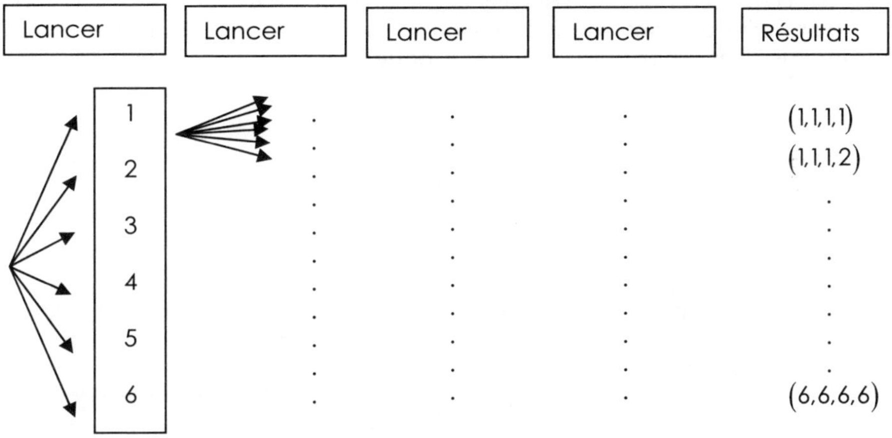

Il y a bien sûr équiprobabilité.

Déterminons la probabilité de l'événement A : "obtenir au moins une fois 6".

$\overline{A}$: "ne pas obtenir de 6 du tout" est plus facile à étudier, $\overline{A}$ est décrit par l'arbre suivant :

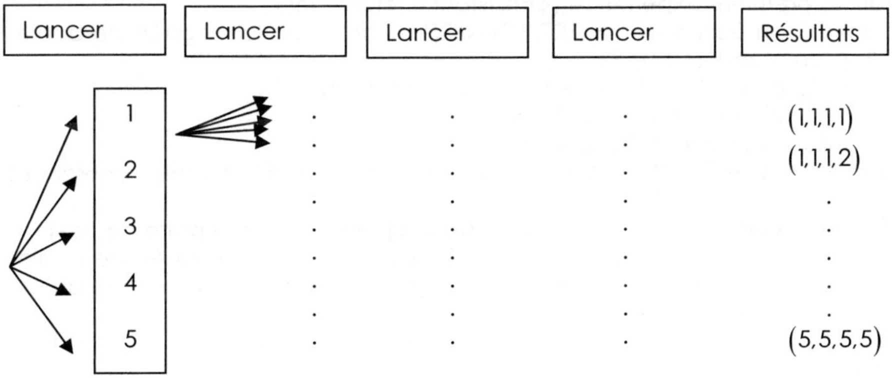

qui possède $5\times5\times5\times5=5^4$ cas favorables, donc $p\left(\overline{A}\right)=\dfrac{5^4}{6^4}$ et donc :

$p(A)=1-p\left(\overline{A}\right)=1-\dfrac{5^4}{6^4}=1-\left(\dfrac{5}{6}\right)^4\approx0,5177$.

2) La deuxième consistant à jeter 24 fois une paire de dés peut être écrit en reproduisant 24 fois le tableau de l'exemple : il y a 36^{24} cas possibles avec équiprobabilité.
Etudions l'événement B : "obtenir au moins une fois un double six".
$\overline{B}$: "ne pas obtenir de double six du tout" est plus facile à étudier car il y 35^{24} cas favorables (et à chaque lancer il y a un seul double six possible à écarter).

Donc $p(\overline{B}) = \dfrac{35^{24}}{36^{24}}$, ce qui donne : $p(B) = 1 - p(\overline{B}) = 1 - \dfrac{35^{24}}{36^{24}} = 1 - \left(\dfrac{35}{36}\right)^{24} \approx 0,4914$

Il y a ainsi plus de chances d'obtenir au moins une fois 6 en lançant 4 fois un dé que d'obtenir au moins une fois un double six en lançant 24 fois une paire de dés (même si les probabilités sont très proches).
b) Modélisation :

	A	B	C	D	E	F	G	H	I	J	K	L	M	N
1			4 dés											
2	n° lancer		1	2	3	4		0				F9	10000	
3			4	2	5	4		5155						
4							proba	0,516						
5														
6		24 fois paire de dés												
7	n° lancer	1	2	3	4	5	6	7	8	9	10	11	12	13
8	Dé 1	3	2	2	3	2	1	1	3	1	6	4	4	5
9	Dé 2	3	2	3	6	6	6	3	6	5	4	2	5	3
10	Somme	6	4	5	9	8	7	4	9	6	10	6	9	8
11														
12				0										
13				4942										
14			proba	0,494										

Pour la première expérience (consistant à jeter 4 dés) :
Dans C3, on écrit =ALEA.ENTRE.BORNES(1;6), on prend la poignée de copie de C3 qu'on étend jusqu'à F3.
Dans M2, on écrit =M2+1 (c'est notre compteur de F9).
Dans H2, on écrit =NB.SI(C3:F3;"=6").
Dans H3, on écrit =H3+SI(H2>=1;1;0).
Dans H4, on écrit =H3/M2 (qui va nous calculer la première proba cherchée).

Pour la deuxième expérience (consistant à jeter 24 fois une paire de dés) :
Dans B8, on écrit =ALEA.ENTRE.BORNES(1;6), on prend la poignée de copie de B8 qu'on étend jusqu'à Y8. On sélectionne la plage B8:Y8, sa poignée de copie qu'on étend (juste en dessous) sur la cellule B9:Y9.
Dans B10, on écrit =SOMME(B8:B9), sa poignée de copie qu'on étend jusqu'à Y10.
Dans D12, on écrit =NB.SI(B10:Y10;"=12").
Dans D13, on écrit =D13+SI(D12>=1;1;0)
Dans D14, on écrit =D13/M2 (qui va nous calculer la deuxième proba cherchée).
On active le calcul itératif (Options>...) et on constate bien qu'il y a ainsi plus de chances d'obtenir au moins une fois 6 en lançant 4 fois un dé que d'obtenir

au moins une fois un double six en lançant 24 fois une paire de dés. Ah, si le chevalier de Méré avait eu à sa disposition un tableur...

REMARQUE : Le chevalier de Méré (1607-1684) était un homme de lettres bien connu de la cour de Louis XIV (1638-1715, le roi Soleil). C'était aussi un passionné de jeux (jeux de hasard, jeux d'argent) et les questions qu'il posa à Pascal (1623-1662) permirent indirectement à la science d'avancer (grâce à la correspondance qui s'en suivit entre Pascal et Fermat (1601-1665), pour résoudre le problème des partis). Homme d'un grand raffinement, il prônait entre autre la galanterie, paraît-il considérée comme exception française (c'est peut-être pour compenser notre réputation de râleur qu'on a, paraît-il, à l'étranger...), comme étant "l'acte procédant principalement d'une humeur enjouée avec une grande confiance que ce qu'on fait sera bien reçu". On vous laisse méditer là-dessus, ça vous donnera peut-être de l'inspiration pour votre future discert'...

5 Méthodes utilisées : 5, 6.
L'univers est décrit par l'arbre suivant :

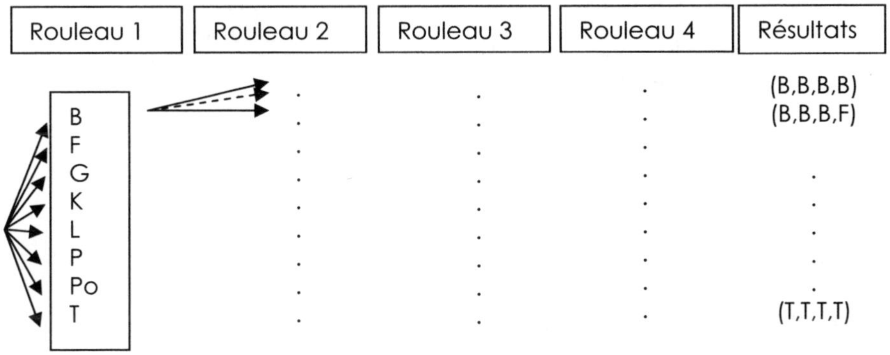

ce qui fait, d'après le principe multiplicatif $8 \times 8 \times 8 \times 8 = 8^4$ cas possibles équiprobables.
Il y a donc équiprobabilité.

1°) L'événement A : "Obtenir quatre portraits identiques" est $A = \{(B,B,B,B)\ (F,F,F,F)\ (G,G,G,G)\ (K,K,K,K)\ (L,L,L,L)\ (P,P,P,P)\ (Po,Po,Po,Po)$ $(T,T,T,T)\}$.

Donc $p(A) = \dfrac{8}{8^4} = \dfrac{1}{8^3} = \dfrac{1}{512}$.

Etudions l'événement B : "Obtenir trois portraits (et trois seulement) identiques". Pour chacun des mathématiciens le raisonnement est le même : comptons donc par exemple le nombre de cas favorables à "on obtient trois portraits de Bernoulli" à l'aide du schéma ci-après :

Rouleau 1	Rouleau 2	Rouleau 3	Rouleau 4	possibilités
B	B	B	?	8
B	B	?	B	8
B	?	B	B	8
?	B	B	B	8

ce qui fait rien que pour Bernoulli un total de $8+8+8+8=32$ possibilités. Il y a donc (puisqu'il y a huit mathématiciens en tout) $8\times 32=256$ cas favorables à l'événement B : "Obtenir trois portraits (et trois seulement) identiques", donc $p(B)=\frac{256}{8^4}=\frac{1}{16}=\frac{32}{512}$.

L'événement C : "Obtenir quatre portraits distincts" est décrit par l'arbre suivant

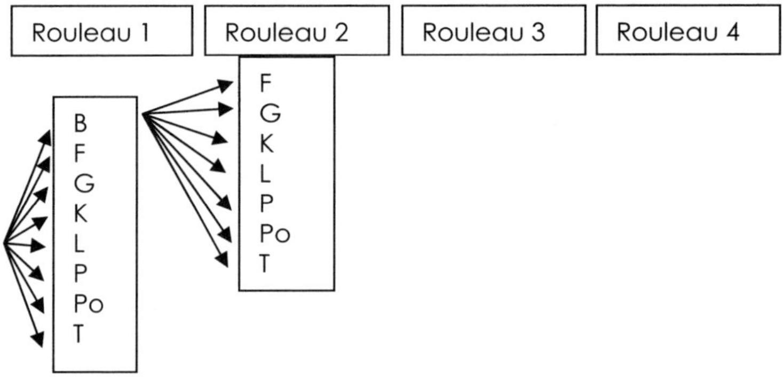

ce qui donne $8\times 7\times 6\times 5$ cas favorables à C. Donc $p(C)=\frac{8\times 7\times 6\times 5}{8^4}=\frac{210}{512}$.

2°) Déterminons la loi de probabilité de la variable aléatoire G.

Valeurs possibles de G : $g_1=-1$, $g_2=0$, $g_3=4$, $g_4=49$ avec les probabilités,

$p_2=p(C)=\frac{210}{512}$, $p_3=p(B)=\frac{32}{512}$, $p_4=p(A)=\frac{1}{512}$ et

$p_1=1-\left(\frac{210}{512}+\frac{32}{512}+\frac{1}{512}\right)=\frac{269}{512}$, d'où :

Valeurs possibles g_i de G	$g_1=-1$	$g_2=0$	$g_3=4$	$g_4=49$
Probabilités associées p_i	$p_1=\frac{269}{512}$	$p_2=\frac{210}{512}$	$p_3=\frac{32}{512}$	$p_4=\frac{1}{512}$

$$E(G)=g_1p_1+g_2p_2+g_3p_3+g_4p_4=(-1)\times\frac{269}{512}+0\times\frac{210}{512}+4\times\frac{32}{512}+49\times\frac{1}{512}=-\frac{92}{512}$$

soit $E(G)\approx -0{,}18$. Ce jeu est donc défavorable au joueur (espérance de gain négative) et donc favorable au casino.

6

C'est le fameux cas (signalé dans la partie astuces) où l'utilisation d'un algorithme est vraiment plus pertinente que celle d'un tableur.
L'algo ci-après permet de simuler tous les cas de cette situation probabiliste, historiquement si importante :

```
VARIABLES
  Mise EST_DU_TYPE NOMBRE
  sort EST_DU_TYPE NOMBRE
  Gain EST_DU_TYPE NOMBRE
  Compteur EST_DU_TYPE NOMBRE
  Somme EST_DU_TYPE NOMBRE
DEBUT_ALGORITHME
  Mise PREND_LA_VALEUR 1
  Compteur PREND_LA_VALEUR 0
  Gain PREND_LA_VALEUR 0
  sort PREND_LA_VALEUR 1
  Somme PREND_LA_VALEUR Mise
  TANT_QUE (sort>=18/37) FAIRE
    DEBUT_TANT_QUE
    sort PREND_LA_VALEUR random()
    Compteur PREND_LA_VALEUR Compteur+1
    SI (sort<=17/37) ALORS
      DEBUT_SI
      Gain PREND_LA_VALEUR Gain+Mise
      FIN_SI
    SINON
    DEBUT_TANT_QUE
    sort PREND_LA_VALEUR random()
    Compteur PREND_LA_VALEUR Compteur+1
    SI (sort<=17/37) ALORS
      DEBUT_SI
      Gain PREND_LA_VALEUR Gain+Mise
      FIN_SI
      SINON
        DEBUT_SINON
        Gain PREND_LA_VALEUR Gain-Mise
        Mise PREND_LA_VALEUR 2*Mise
        Somme PREND_LA_VALEUR Somme+Mise
        FIN_SINON
    FIN_TANT_QUE
  AFFICHER "La somme engagée vaut : "
  AFFICHER Somme
  AFFICHER "Nombre de parties jouées "
  AFFICHER Compteur
  AFFICHER "Le gain est de : "
  AFFICHER Gain
FIN_ALGORITHME
```

Quand on exécute l'algorithme, on s'aperçoit que le gain est bien maigre (il est toujours de 1 €, alors que le nombre de parties et les sommes engagées peuvent monter très haut). Voilà pourquoi, les casinos limitent les mises dans les parties, afin que cette martingale (certes bénéficiaire) ne puisse pas être jouée suffisamment longtemps pour gagner (et être rentable).
Signalons qu'aucune autre des martingales existantes (la piquemouche, la contre d'Alembert, la pyramide de d'Alembert, la martingale hollandaise, américaine, la grande martingale...) n'est davantage tenable pour le joueur (ni même rentable) : rien à faire, ce n'est pas comme ça qu'on peut faire fortune ! Merci en tout cas d'Alembert de nous avoir éclairé sur ce point !

Note : C'est à d'Alembert et Diderot (1713-1784) (mais aussi Condorcet (1743-1794) et autres collaborateurs illustres) qu'on doit la rédaction de *l'Encyclopédie* (éditée de 1751 à 1772).

D'Alembert
(1717-1783)

Diderot
(1713-1784)

Condorcet
(1743-1794)

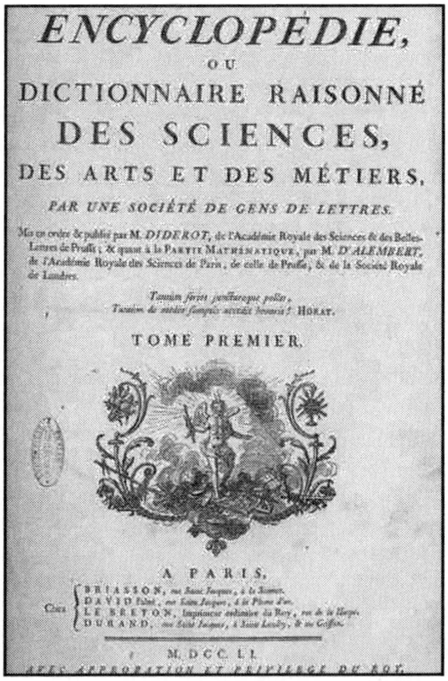

ENCYCLOPÉDIE,
OU
DICTIONNAIRE RAISONNÉ
DES SCIENCES,
DES ARTS ET DES MÉTIERS,
PAR UNE SOCIÉTÉ DE GENS DE LETTRES.
Mis en ordre & publié par M. *DIDEROT*, de l'Académie Royale des Sciences & des Belles-Lettres de Prusse ; & quant à la PARTIE MATHÉMATIQUE, par M. *D'ALEMBERT*, de l'Académie Royale des Sciences de Paris, de celle de Prusse, & de la Société Royale de Londres.
Tantùm series juncturaque pollet,
Tantùm de medio sumptis accedit honoris! HORAT.
TOME PREMIER.
A PARIS,
Chez BRIASSON, rue Saint Jacques, à la Science.
DAVID l'aîné, rue Saint Jacques, à la Plume d'or.
LE BRETON, Imprimeur ordinaire du Roy, rue de la Harpe.
DURAND, rue Saint Jacques, à Saint Landry, & au Griffon.
M. DCC. LI.
AVEC APPROBATION ET PRIVILEGE DU ROY.

L'Encyclopédie
(1751-1772)

Chapitre 11 :
METHODES SUR LA LOI BINOMIALE
EXERCICES & CORRIGES

Exercices

1 **La classe** : Dans une classe, il y a 35 élèves dont 18 filles.
Un enseignant décide pendant l'heure de cours d'interroger au hasard trois élèves (chaque élève pouvant être interrogé plusieurs fois).
Quelle est la probabilité que l'enseignant interroge au moins deux filles ?

2 **Sécurité aérienne et loi binomiale** : Un constructeur de réacteurs d'avions réalise dans son laboratoire de recherche, des statistiques sur la fiabilité de ses prototypes. A l'aide de ces statistiques, il estime à 0,5 % la probabilité qu'un réacteur tombe en panne.
a) La fiabilité d'un réacteur n'influant pas sur les autres, et sachant qu'un avion peut terminer convenablement son vol s'il a la moitié de ses réacteurs opérationnels, expliquer, en vous appuyant sur la loi binomiale, pourquoi un quadriréacteur est dans ce cas plus sûr qu'un biréacteur.
b) Simuler 3000 tests de fiabilité à l'aide d'une feuille de calcul Excel et afin de répondre aux questions précédentes. Comparer vos résultats avec vos résultats théoriques !
c) Changez (dans la feuille de calcul Excel) le risque de panne de 0,5 % pour 35 % (l'enfer quoi, franchement inenvisageable, à moins que la compagnie aérienne ne s'appelle Air-inconscients...). Que constatez-vous ?

3 **Surréservation dans une compagnie aérienne**
Une compagnie aérienne estime que la probabilité qu'un voyageur ayant réservé un billet ne se présente pas à l'embarquement est de 10 % (on suppose que la présence d'une personne à l'embarquement n'influe par sur les autres).
Elle possède sur une ligne régulière un gros transporteur de 500 places.
Elle décide donc de vendre 530 réservations contre 500 places.
a) Déterminer la probabilité que l'avion décolle en laissant des voyageurs en "galère" (ou disons plus correctement : en difficulté).
b) La compagnie a-t-elle raison d'adopter une telle politique ?
c) Combien en moyenne y aura-t-il de voyageurs (sur les 530 ayant réservé) qui se présenteront à l'embarquement ?
d) Déterminer le nombre de réservations que la compagnie pourrait vendre si elle se basait sur une moyenne de 500. Déterminer alors la probabilité que l'avion décolle en laissant des voyageurs en "galère".

4 **Un magasin**
Une grande chaîne de magasins de téléphonie estime qu'un client entrant dans un magasin a 90 % de chances de rentrer et sortir sans rien acheter.
Un matin, 37 clients entrent dans la boutique.
a) Déterminer la probabilité que 5 clients passent en caisse.
b) Déterminer la probabilité qu'au moins 4 clients passent en caisse.

c) Combien y aura-t-il en moyenne de clients qui passeront en caisse ?

Corrigés

1 **Méthodes utilisées : 3, 6, 8, 12.**

C'est un schéma de Bernoulli de paramètres $n=3$ et $p=\frac{18}{35}$ (donc $q=1-\frac{18}{35}=\frac{17}{35}$). On cherche à déterminer $p([X \geq 2])$.

1re **méthode :** D'après le triangle de Pascal, on a :

$(p+q)^3 = p^3 + 3p^2q + 3pq^2 + q^3$, d'où la loi binomiale :

Valeurs possibles k de X	3	2	1	0
Probabilités associées $p([X=k])$	p^3	$3p^2q$	$3pq^2$	q^3

Ce qui donne :

Valeurs possibles k de X	3	2	1	0
Probabilités associées $p([X=k])$	$\left(\frac{18}{35}\right)^3$	$3\left(\frac{18}{35}\right)^2 \frac{17}{35}$	$3\left(\frac{18}{35}\right)\left(\frac{17}{35}\right)^2$	$\left(\frac{17}{35}\right)^3$

On cherche $p([X \geq 2])$ donc :

$$p(X \geq 2) = p([X=2]) + p([X=3]) = 3\left(\frac{18}{35}\right)^2 \frac{17}{35} + \left(\frac{18}{35}\right)^3 \approx 0{,}5214 \text{ (après calculs).}$$

2e **méthode :** On prend le tableur

	A	B	C	D	E
1	k	3	2	1	0
2	p(X=k)	0,13602332	0,38539942	0,36398834	0,11458892

Dans B1, on écrit 3. Dans C1, on écrit 2. On sélectionne la plage B1:C1, sa poignée de copie qu'on étend jusqu'à E1.
Dans B2, on écrit =LOI.BINOMIALE(B1;3;18/35;FAUX). On prend sa poignée de copie qu'on étend jusqu'à E2. On cherche $p([X \geq 2])$ donc :

$$p([X \geq 2]) = p([X=2]) + p([X=3]) \approx 0{,}3854 + 0{,}1360 = 0{,}5214.$$

2 **Méthodes utilisées : 3, 5, 8, 12, 15.**

Evidemment ce n'est pas le genre d'exo qu'il faut faire avant de prendre l'avion, bien que ce soit statistiquement le moyen de transport le plus sûr. Et pourtant, il faut bien qu'un constructeur se pose ce genre de questions avant de lancer un nouveau produit comme celui-là sur le marché (il n'est jamais agréable de faire des statistiques sur la sécurité mais c'est souvent dans le but de la faire progresser). Bien, pour le biréacteur il s'agit d'un schéma de Bernoulli de paramètres $n=2$ et $p=\frac{0,5}{100}=0,005$. Pour le quadriréacteur, il s'agit d'un schéma de Bernoulli de paramètres $n=4$ et $p=\frac{0,5}{100}=0,005$.

En appelant X la variable aléatoire associée au nombre de pannes de réacteurs du biréacteur (X prendra les valeurs 0, 1 et 2) et Y la variable aléatoire associée au nombre de pannes du quadriréacteur (Y prendra les valeurs 0, 1, 2, 3 et 4), on a donc :

- Pour X : on a $n=2$, $p=\frac{0,5}{100}=0,005$ ce qui donne la loi de probabilité :

Valeurs possibles k (nombre de pannes) de X	2	1	0
Probabilités associées $p([X=k])$	p^2	$2pq$	q^2

Soit :

Valeurs possibles k (nombre de pannes) de X	2	1	0
Probabilités associées $p([X=k])$	0,000025	0,00995	0,990025

La probabilité que le biréacteur puisse terminer son vol vaut donc :
$p([X\leq 1])=p([X=0])+p([X=1])=0,990025+0,00995=0,999975$ (soit plus de 99,9975 % tout de même !

- Pour Y : on a $n=4$, $p=\frac{0,5}{100}=0,005$ ce qui donne la loi de probabilité :

Valeurs possibles k (nombre de pannes) de Y	4	3	2	1	0
Probabilités associées $p([Y=k])$	p^4	$4p^3q$	$6p^2q^2$	$4pq^3$	q^4

Ce qui nous donne :

Valeurs possibles k (nombre de pannes) de Y	4	3	2	1	0
Probabilités associées $p([Y=k])$	$6,25\times 10^{-10}$	$4,98\times 10^{-7}$	$1,485\times 10^{-4}$	0,0197015	0,9801495

La probabilité que le quadriréacteur puisse terminer son vol vaut donc :

$$p([Y \le 2]) = p([Y = 0]) + p([Y = 1]) + p([Y = 2])$$

$= 0,9801495006 + 0,0197014975 + 0,00014850375 = 99,99995019$ (on a pris la précision maximale donnée par le tableur). Soit plus de 99,99995 % !

b) On a mis les résultats en % pour plus de lisibilité.

	A	B	C	D	E	F	G	H	I
1	panne p	0,005				X : nombre de pannes			
2	1-p	0,995				p(X=2)	p(X=1)	p(X=0)	**DANGER**
3			**Biréacteur**		%	0	1,067	98,93	**0**
4			Réacteur 1	Réacteur 2	theo (%)	0,003	0,995	99	**0,0025**
5		Test 1	Opérationnel	Opérationnel	0				
6		Test 2	Opérationnel	Opérationnel	0				
7		Test 3	Opérationnel	Opérationnel	0				
8		Test 4	Opérationnel	Opérationnel	0				
9		Test 5	Opérationnel	Opérationnel	0				

J	K	L	M	N	O	P	Q	R	S	T	U
						Y : nombre de pannes					
						p(Y=4)	p(Y=3)	p(Y=2)	p(Y=1)	p(Y=0)	**DANGER**
		Quadriréacteur			%	0	0	0,0333	######	97,933	**0,000000**
	Réacteur 1	Réacteur 2	Réacteur 3	Réacteur 4	theo (%)	6E-08	5E-05	0,0149	1,9701	98,015	**5E-05**
Test 1	Opérationnel	Opérationnel	Opérationnel	Opérationnel	0						
Test 2	Opérationnel	Opérationnel	Opérationnel	Opérationnel	0						
Test 3	Opérationnel	Opérationnel	Opérationnel	Opérationnel	0						
Test 4	Opérationnel	Opérationnel	Opérationnel	Opérationnel	0						
Test 5	Opérationnel	Opérationnel	Opérationnel	Opérationnel	0						

Pour la modélisation du biréacteur :
Dans B1, on écrit 0,005. Dans B2, on écrit =1-B1.
Dans C5, on écrit =SI(ALEA()<$B$2;"Opérationnel";"panne"). On prend sa poignée de copie qu'on étend à D5.
Dans E5, on écrit =NB.SI(C5:D5;"panne").
On sélectionne la plage C5:E5, sa poignée de copie qu'on étend jusqu'à la plage C3004:E3004.
Dans F3, on écrit =NB.SI($E$5:$E$3004;2)/3000*100.
Dans G3, on écrit =NB.SI($E$5:$E$3004;1)/3000*100.
Dans H3, on écrit =NB.SI($E$5:$E$3004;0)/3000*100.
Dans I3, on écrit =F3.

Pour les résultats théoriques du biréacteur :
Dans F4, on écrit =LOI.BINOMIALE(2;2;$B$1;FAUX)*100.
Dans G4, on écrit =LOI.BINOMIALE(1;2;$B$1;FAUX)*100.
Dans H4, on écrit =LOI.BINOMIALE(0;2;$B$1;FAUX)*100.
Dans I4, on écrit =F4

Pour la modélisation du quadriréacteur :
Dans K5, on écrit =SI(ALEA()<$B$2;"Opérationnel";"panne"). On prend sa poignée de copie qu'on étend jusqu'à N5.
Dans O5, on écrit =NB.SI(K5:N5;"panne").
On sélectionne la plage K5:O5, sa poignée de copie qu'on étend jusqu'à K3004:O3004.
Dans P3, on écrit =NB.SI($O$5:$O$3004;4)/3000*100
Dans Q3, on écrit =NB.SI($O$5:$O$3004;3)/3000*100
Dans R3, on écrit =NB.SI($O$5:$O$3004;2)/3000*100

Dans S3, on écrit =NB.SI($O$5:$O$3004;1)/3000*100
Dans T3, on écrit =NB.SI($O$5:$O$3004;0)/3000*100
Dans U3, on écrit =SOMME(P3:Q3).

Pour les résultats théoriques du quadriréacteur :
Dans P4, on écrit =LOI.BINOMIALE(4;4;$B$1;FAUX)*100
Dans Q4, on écrit =LOI.BINOMIALE(3;4;$B$1;FAUX)*100
Dans R4, on écrit =LOI.BINOMIALE(2;4;$B$1;FAUX)*100
Dans S4, on écrit =LOI.BINOMIALE(1;4;$B$1;FAUX)*100
Dans T4, on écrit =LOI.BINOMIALE(0;4;$B$1;FAUX)*100
Dans U4, on écrit =SOMME(P4:Q4).
On constate alors que la modélisation nous bonne bien des résultats très proches des résultats théoriques !
c) On constate en modifiant dans la cellule B1 le nombre 0,005 pour le nombre 0,35 qu'à ce moment le biréracteur devient plus sûr que le quadriréacteur (c'est même étonnant pour le sens commun, comme quoi les Maths permettent de révéler des choses étonnantes parfois !). En effet, on a un risque théorique de grand danger de 12,25 % pour le biréacteur contre 12,64 % pour le quadriréacteur. De toute façon, avec des chiffres aussi inquiétants (plus d'une chance sur dix d'y passer en gros), nous personnellement on monte pas dans l'avion, biréacteur ou pas, et on fuit ce genre de compagnies ! (quitte à rentrer à pied ou en paquebot...)

3 **Méthodes utilisées : 3, 12, 17.**
Soit X la va associée au nombre de voyageurs (ayant réservé) se présentant à l'embarquement. X suit une loi binomiale de paramètres $n = 530$ et $p = 0{,}90$

a) Cela revient à évaluer $p([X > 500]) = 1 - p([X \leq 500])$

On va utiliser le tableur et la formule :
=LOI.BINOMIALE(nombre_succès;tirages;probabilité_succès;vrai).

	A	B	C	D	E	F
1	k	530	529	528	527	526
2	p(X<=k)	1	1	1	1	1

Dans B1, on écrit 530. Dans C1, on écrit 529. On sélectionne la plage B1:C1, sa poignée de copie qu'on étend jusqu'à TL1 (comme ça, on va de 530 à 0).
Dans B2, on écrit =LOI.BINOMIALE(B1;530;0,9;VRAI). On sélectionne la cellule B2, sa poignée de copie qu'on étend jusqu'à TL2.
Maintenant, on va chercher $p([X \leq 500])$

	AD	AE	AF	AG
1	502	501	500	499
2	0,9999696	0,9999372	0,999875	0,9997595

Le tableur nous dit que $p([X \leq 500]) = 0{,}999875$.

La probabilité cherchée vaut $p([X > 500]) = 1 - p([X \leq 500])$ c'est-à-dire :

$p([X > 500]) = 1 - p([X \leq 500]) = 1 - 0{,}999875 = 0{,}000125$ soit 0,0125 %.

b) Franchement, la compagnie aurait tort de ne pas pratiquer la surréservation, rendez-vous compte : il y a seulement 0,01 % de risque de mettre des passagers en difficulté. C'est peut-être pour cela qu'elles le pratiquent toutes (ou presque).

c) On a $E(X) = np = 530 \times 0,90 = 477$. Il y aura donc en moyenne 477 voyageurs (sur les 530 ayant réservé) qui se présenteront à l'embarquement.

La compagnie, en vendant 530 réservations, peut donc être confiante car elle se laisse une marge confortable. Il pourrait être tentant de vendre plus de places, mais la réponse à la question d) va nous mettre en garde !

d) On résout $E(X) = 500$ ce qui donne $n \times 0,90 = 500$ soit $n = 555,55$. Prenons $n = 555$ (car à 556, on dépasse l'espérance de 500). Supposons que la compagnie vende 555 réservations.

Avec le tableur et l'instruction =LOI.BINOMIALE(500;555;0,9;VRAI), on obtient :

$p([X \leq 500]) = 0,548$ soit $p([X > 500]) \approx 1 - 0,549$ soit $p([X > 500]) \approx 0,451$. Il y a donc 45,1 % de chance de mettre des voyageurs en galère : impensable pour l'image de marque d'une compagnie aérienne !

4 Méthodes utilisées : 3, 12, 17.

Soit X la va associée au nombre de clients passant en caisse. X suit une loi binomiale de paramètres $n = 37$ et $p = 0,10$

a) Déterminons la probabilité que 5 clients passent en caisse.

Dans B2, on écrit =LOI.BINOMIALE(B1;37;0,1;FAUX) puis on prend sa poignée de copie...

B2 =LOI.BINOMIALE(B1;37;0,1;FAUX)

	A	B	C	D	E
1	k	37	36	35	34
2	p(X=k)	1E-37	3,33E-35	5,3946E-33	5,6643E-31

	AG	AH	AI
1	6	5	4
2	0,08869526	0,14967325	0,20409988

$p([X = 5]) = 0,14967325$ soit une probabilité d'environ 15 % qu'il y ait cinq clients qui passent en caisse.

b) Déterminons la probabilité qu'au moins 4 clients passent en caisse.

Dans B2, on écrit =LOI.BINOMIALE(B1;37;0,1;VRAI) puis on prend sa poignée de copie...

	A	B	C	D
1	k	37	36	35
2	p(X<=k)	1	1	1

	AI	AJ	AK
1	4	3	2
2	0,69054644	0,48644655	0,27034079

$p([X \geq 4]) = 1 - p(X \leq 3) \approx 1 - 0,48644655 \approx 0,51355345$ soit une probabilité de 51,3 % (environ) qu'au moins 4 clients passent en caisse.

c) On a $E(X) = np = 37 \times 0,10 = 3,7$. Il y aura donc en moyenne 3,7 clients qui passeront en caisse (plus 3 que 4 d'ailleurs).

Chapitre 12 :
METHODES SUR L'ECHANTILLONNAGE
EXERCICES & CORRIGES

Exercices

1 Sondage et élection

Un candidat demande un sondage sur les intentions de vote en sa faveur pour une élection qui aura lieu le lendemain. L'organisme de sondage l'effectue sur 400 personnes et trouve 53 % de votes en sa faveur.

a) Le candidat peut-il être raisonnablement confiant sur sa victoire prochaine ?

b) Le jour du vote, le candidat a obtenu 49 % des voix. Le sondage était-il réellement fantaisiste ? Répondre en utilisant la loi binomiale

2 Les groupes sanguins

Un médecin nouvellement nommé dans un hôpital se souvient avoir appris pendant ses études que 45 % de la population française avait pour groupe sanguin le groupe A (que ce soit un Rhésus + ou un Rhésus −). Seulement, ce chiffre il se souvient l'avoir appris au début de ses études (c'est-à-dire il y a neuf ans) et se demande si cette proportion est toujours d'actualité.

Il décide de se renseigner auprès d'un ami (ancien étudiant) qui travaille dans un camion itinérant chargé de récolter du sang de la part de donneurs volontaires (et majeurs !) dans des universités. Celui-ci lui répond, que :

- dans la faculté n°1, il a eu 134 donneurs dont 61 de groupe A ;
- dans la faculté n°2, il a eu 115 donneurs dont 49 de groupe A ;
- dans la faculté n°3, il a eu 86 donneurs dont 37 de groupe A.

La proportion de 45 % est-elle toujours d'actualité ou faut-il la rejeter ?

3 Dans le car...

Dans un car scolaire, le chauffeur souhaite mettre un film pour les élèves (la route est longue). Le chauffeur a deux DVD : un film d'action et une comédie. il pense d'expérience qu'à priori l'un ou l'autre plaira autant aux élèves mais par politesse (les routiers sont sympa) il demande l'avis à un des enseignants encadrant (ça sent le vécu tout ça...). L'enseignant étant prof de Maths, il décide d'interroger directement les élèves (on considère que l'avis d'un élève n'a pas d'influence sur celui de ses camarades). Sur les 35 élèves : 20 déclarent préférer le film d'action et 15 la comédie.

Expliquez pourquoi le professeur revient en annonçant au chauffeur que ce dernier a sans doute raison.

4 La pièce truquée ?

Lors d'un jeu de piles ou faces, un joueur suspecte de tricherie son adversaire : il prétend que sa pièce n'est pas équilibrée. Comment peut-il faire pour le lui prouver ? (Le joueur est prêt à effectuer 100 lancers de pièces)

Corrigés

1 Méthodes utilisées : 2, 5, 8, 9.

a) Par l'intervalle de confiance théorique :

On a $n = 400$; $f = 0{,}53$ et p inconnue. On calcule l'intervalle $\left[f - \frac{1}{\sqrt{n}} ; f + \frac{1}{\sqrt{n}}\right]$ et on trouve $[0{,}48;0{,}58]$ (car $f - \frac{1}{\sqrt{n}} = 0{,}53 - \frac{1}{\sqrt{400}} = 0{,}53 - 0{,}05 = 0{,}48$ et $f + \frac{1}{\sqrt{n}} = 0{,}53 + \frac{1}{\sqrt{400}} = 0{,}53 + 0{,}05 = 0{,}58$) donc le lendemain, au seuil de 95 % de confiance, on devrait avoir $p \in [0{,}48;0{,}58]$: c'est-à-dire que le candidat devrait obtenir une proportion de voix comprise entre 48 % et 58 % (sur les 42 000 000 d'électeurs). Le candidat ne peut pas être confiant : tout peut arriver. Ce qu'il devrait faire, c'est commander un sondage sur un échantillon plus grand de manière à obtenir une fourchette plus réduite, plus précise.

b) Par la loi binomiale : La proportion de voix vaut $p \in 0{,}49$.

1re étape : Le tableur

B2 =LOI.BINOMIALE(B1;400;0,49;VRAI)

	A	B	C	D	E
1	k	0	1	2	3
2	P(X<=k)	1,0668E-117	4,11E-115	7,899E-113	1,01E-110

Dans B1, on écrit 0. Dans C1, on écrit 1. On prend la plage B1 :C1, la poignée de copie qu'on étend jusqu'à OL1. On obtient tous les nombres entre 0 et 400.
Dans B2, on écrit =LOI.BINOMIALE(B1;400;0,49;VRAI).
On sélectionne B2, sa poignée de copie qu'on étend jusqu'à OL2.

2e étape : la lecture de la feuille de calcul. Maintenant on cherche a tel que $P([X \le a]) > 0{,}025$ et b tel que $P([X \le b]) > 0{,}975$.

	FU	FV	FW
1	175	**176**	177
2	0,02004309	**0,02544097**	0,03200429

	HI	HJ	HK
1	215	**216**	217
2	0,97444734	**0,97985243**	0,98425582

On trouve $a = 176$ et $b = 216$.

3e étape : comme $n = 400$, l'intervalle de fluctuation cherché est $\left[\frac{a}{n};\frac{b}{n}\right] = \left[\frac{176}{400};\frac{216}{400}\right] \approx [0{,}44;0{,}54]$ (soit entre 44 % et 54 %).

4e étape-Conclusion : La fréquence observée le jour du sondage était de 0,53 (53 %). Cette fréquence f appartient à l'intervalle de fluctuation $[0{,}44;0{,}54]$.
On ne peut donc pas considérer que le sondage ait été réellement fantaisiste.
On peut le voir aussi d'une autre manière : l'hypothèse que la proportion fut de 49 % n'aurait pas été à rejeter puisque notre sondage de 53 % faisait partie de l'intervalle de fluctuation $[0{,}44;0{,}54]$. Ok ?

2 Méthode utilisée : 5, 9.

a) Dans la faculté n°1, il y a eu 134 donneurs dont 61 de groupe A.

1re étape : Le tableur

B2 fx =LOI.BINOMIALE(B1;134;0,45;VRAI)

	A	B	C	D	E
1	k	0	1	2	3
2	p(X<=k)	1,61659E-35	1,7885E-33	9,8222E-32	3,5698E-30

Dans B1, on écrit 0. Dans C1, on écrit 1. On prend la plage B1 :C1, la poignée de copie qu'on étend jusqu'à EF1. On obtient tous les nombres entre 0 et 134.
Dans B2, on écrit =LOI.BINOMIALE(B1;134;0,45;VRAI)
On sélectionne B2, sa poignée de copie qu'on étend jusqu'à EF2.
2e étape : la lecture de la feuille de calcul. Maintenant on cherche a tel que $P([X \le a]) > 0{,}025$ et b tel que $P([X \le b]) > 0{,}975$.

	AX	AY	AZ
1	48	49	50
2	0,01957023	0,02965878	0,04369104

	BU	BV	BW
1	71	72	73
2	0,97381996	0,9826995	0,98886984

On trouve $a = 49$ et $b = 72$.
3e étape : comme $n = 134$, l'intervalle de fluctuation cherché est $\left[\frac{a}{n};\frac{b}{n}\right] = \left[\frac{49}{134};\frac{72}{134}\right] \approx [0{,}366;0{,}537]$ (soit entre 36,6% et 53,7 %).

4e étape-Conclusion : La fréquence observée vaut $f = \frac{61}{134} \approx 0{,}455$ (soit 45,5 %).
Cette fréquence f appartient à l'intervalle de fluctuation $[0{,}366;0{,}537]$. Pour l'instant, il n'y a pas de raison de rejeter la proportion.
b) Dans la faculté n°2, on trouve comme intervalle de fluctuation (avec =loi.binomiale(...;115;0,45;VRAI)) :
$\left[\frac{a}{n};\frac{b}{n}\right] = \left[\frac{48}{115};\frac{61}{115}\right] \approx [0{,}417;0{,}530]$. La fréquence observée vaut $f = \frac{49}{115} \approx 0{,}426$, elle appartient bien à l'intervalle de fluctuation. Il n'y a toujours pas de raison de rejeter la proportion.
c) Dans la faculté n°3, on trouve comme intervalle de fluctuation (avec =loi.binomiale(...;86;0,45;VRAI)):
$\left[\frac{a}{n};\frac{b}{n}\right] = \left[\frac{30}{86};\frac{48}{86}\right] \approx [0{,}349;0{,}558]$. La fréquence observée vaut $f = \frac{37}{86} \approx 0{,}430$, elle appartient bien à l'intervalle de fluctuation. Il n'y a toujours pas de raison de rejeter la proportion.
Conclusion : l'hypothèse sur la proportion $p = 0{,}45$ n'est pas à rejeter.

3 **Méthode utilisée : 5, 9.**
Le prof de Maths se base sur la notion d'intervalle de fluctuation : la proportion (d'élèves qui en général préfèrent le film d'action) annoncée par le chauffeur est $p = 0{,}5$ ne doit pas être rejetée et on va voir pourquoi.
On va simuler la loi binomiale de paramètres $n = 35$ et $p = 0{,}5$ avec le tableur et la formule =LOI.BINOMIALE(Nombre de succès; Nombre de tirages, probabilité;VRAI).

1re étape : Le tableur
Dans B1, on écrit 0. Dans C1, on écrit 1. On prend la plage B1:C1, la poignée de copie qu'on étend jusqu'à AK1. On obtient tous les nombres entre 0 et 35.
Dans B2, on écrit =LOI.BINOMIALE(A1;35;0,50;VRAI)

B2 fx =LOI.BINOMIALE(B1;35;0,5;VRAI)

	A	B	C	D	E
1	k	0	1	2	3
2	p(X<=k)	2,91038E-11	1,0477E-09	1,8365E-08	2,0885E-07

On sélectionne B2, sa poignée de copie qu'on étend jusqu'à AK2.
2e étape : la lecture de la feuille de calcul. Maintenant on cherche a tel que $P([X \le a]) > 0{,}025$ et b tel que $P([X \le b]) > 0{,}975$.

	M	N	O
1	11	**12**	13
2	0,0204798	**0,04476554**	0,08773262

	X	Y	Z
1	22	**23**	24
2	0,95523446	**0,9795202**	0,99166308

Et on trouve $a = 12$ et $b = 23$.
3e étape : comme $n = 35$, l'intervalle de fluctuation cherché est $\left[\frac{a}{n};\frac{b}{n}\right] = \left[\frac{12}{35};\frac{22}{35}\right] \approx [0{,}342;0{,}628]$ (soit entre 34,2 % et 62,8 %).

4e étape-Conclusion : La fréquence observée vaut $f = \frac{20}{35} \approx 0{,}571$ (soit 57,1 %).

Cette fréquence f appartient à l'intervalle de fluctuation $[0{,}342;0{,}628]$. L'hypothèse du chauffeur sur la proportion $p = 0{,}5$ ne doit donc pas être rejetée. Maintenant, que peut faire le professeur ? Soit il a envie de voir le film d'action et tant mieux pour lui, il peut regarder le film qui voulait sans créer d'émeute. Soit il voulait voir la comédie et a encore une carte dans son jeu : les embrouiller avec les intervalles de fluctuation (on ne garantie pas que ça marche vu qu'en général les élèves connaissent bien leur cours : le risque pour le prof est de finir le voyage à courir derrière le car...). Il reste encore une solution : faire croire que le DVD du film d'action n'est pas dans sa pochette mais que par chance celui de la comédie l'est (on a déjà été témoin de ce mensonge honteux mais on ne donnera pas de nom, même sous la contrainte... quel manque de professionnalisme, heureusement que les élèves ne connaissent pas toutes les feintes déloyales des profs...).

4 **Méthode utilisée : 5, 9.**
Il doit rejeter l'hypothèse que la pièce est équilibrée donc rejeter l'hypothèse suivant laquelle $p = 0{,}5$. Déterminons l'intervalle de fluctuation pour 100 lancers $(n = 100)$, avec la loi binomiale du tableur, on trouve $[0{,}40;0{,}60]$.

B2 fx =LOI.BINOMIALE(B1;100;0,5;VRAI)

	A	B	C	D	E
1	k	0	1	2	3
2	p(X<=k)	7,88861E-31	7,9675E-29	3,9845E-27	1,3154E-25

AO	AP	AQ
39	**40**	41
0,0176001	**0,02844397**	0,04431304

BI	BJ	BK
59	**60**	61
0,97155603	**0,9823999**	0,98951063

Maintenant, il doit s'armer de courage et effectuer à la main 100 lancers de pièce. S'il trouve une fréquence hors de cet intervalle de fluctuation $[0{,}40;0{,}60]$, alors pas de doute (enfin avec une certitude de 95 %), il peut rejeter l'hypothèse que la pièce est équilibrée (on a donc bien à faire à un tricheur). Sinon, le joueur est bon pour faire des excuses, même si l'accusé a une tête d'escroc comme le chat ou le renard de Pinocchio (on ne juge pas au physique, même parmi les joueurs, ce sont des choses qui ne se font pas...).

Chapitre 13 :
METHODES SUR LES VECTEURS
EXERCICES & CORRIGES

Exercices

1 Un petit problème d'alignement

On considère deux parallélogramme EFGH et EKLO comme ci-dessous avec : $\overrightarrow{EK} = 3\overrightarrow{EF}$ et $\overrightarrow{EO} = 3\overrightarrow{EH}$

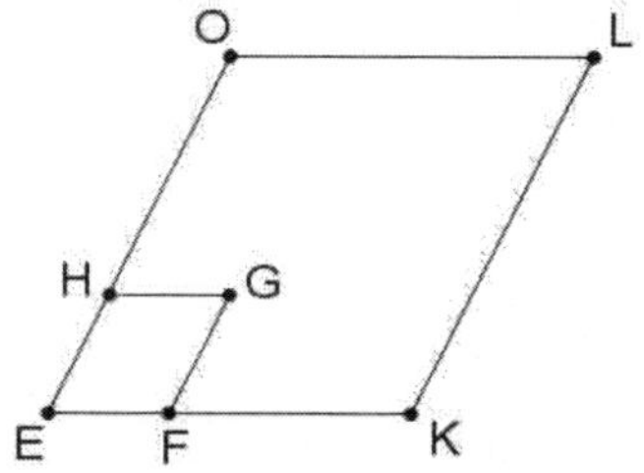

Démontrer que E, G et L sont alignés.

2 Equation de droites

Dans chaque cas, déterminer une équation cartésienne de la droite (AB).

a) $A\begin{pmatrix}1\\2\end{pmatrix}$ et $B\begin{pmatrix}4\\3\end{pmatrix}$ b) $A\begin{pmatrix}1\\1\end{pmatrix}$ et $B\begin{pmatrix}2\\4\end{pmatrix}$ c) $A\begin{pmatrix}1\\4\end{pmatrix}$ et $B\begin{pmatrix}2\\1\end{pmatrix}$ d) $A\begin{pmatrix}1\\2\end{pmatrix}$ et $B\begin{pmatrix}2\\1\end{pmatrix}$

3 Calculs de normes

Dans chaque cas, calculer la norme $\|\vec{u}\|$ du vecteur $\vec{u}$.

a) $\vec{u} = \overrightarrow{AB}$ avec $A\begin{pmatrix}-5\\4\end{pmatrix}$ et $B\begin{pmatrix}-2\\8\end{pmatrix}$ b) $\vec{u} = \overrightarrow{CD}$ avec $C\begin{pmatrix}-2\\1\end{pmatrix}$ et $D\begin{pmatrix}2\\3\end{pmatrix}$

c) $\vec{u} = \overrightarrow{EF}$ avec $E\begin{pmatrix}1\\1\end{pmatrix}$ et $F\begin{pmatrix}2\\1\end{pmatrix}$ d) $\vec{u} = \overrightarrow{GH}$ avec $G\begin{pmatrix}3\\3\end{pmatrix}$ et $H\begin{pmatrix}3\\5\end{pmatrix}$

e) $\vec{u} = \overrightarrow{IJ}$ avec $I\begin{pmatrix}5\\3\end{pmatrix}$ et $J\begin{pmatrix}2\\1\end{pmatrix}$ f) $\vec{u} = \overrightarrow{KL}$ avec $K\begin{pmatrix}-6\\2\end{pmatrix}$ et $L\begin{pmatrix}-7\\3\end{pmatrix}$

4 Alignement de points

Les points $A\begin{pmatrix}-2\\0\end{pmatrix}$, $B\begin{pmatrix}0\\1\end{pmatrix}$ et $C\begin{pmatrix}6\\4\end{pmatrix}$ sont-ils alignés ? Le prouver.

5 Principe du levier d'Archimède (287-212 av. J.-C.)

Dans son ouvrage *De l'équilibre des figures planes*, Archimède énonce le principe du levier : "Deux corps s'équilibrent à des distances inversement proportionnelles à leur poids". Sur la figure ci-dessous, cela revient à constater que pour avoir l'équilibre, il faut que :

"Masse $\times$ longueur (à gauche) $=$ Masse $\times$ longueur (à droite)".

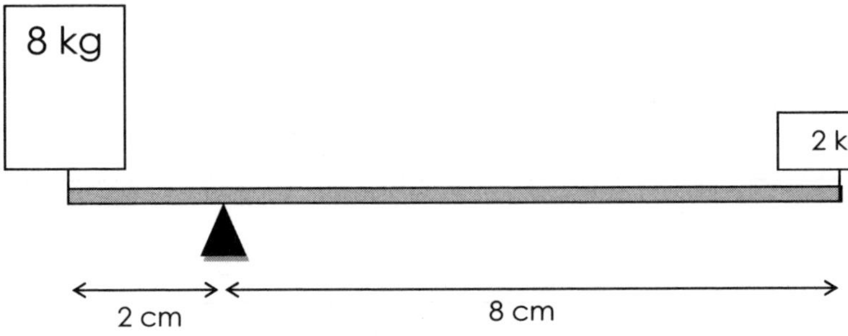

Dans notre cas, si on considère que le levier a pour extrémités A et B et que le point d'appui est représenté par le point G, alors G vérifie l'égalité vectorielle : $8\overrightarrow{GA} + 2\overrightarrow{GB} = \vec{0}$ (vous pouvez vérifier !).

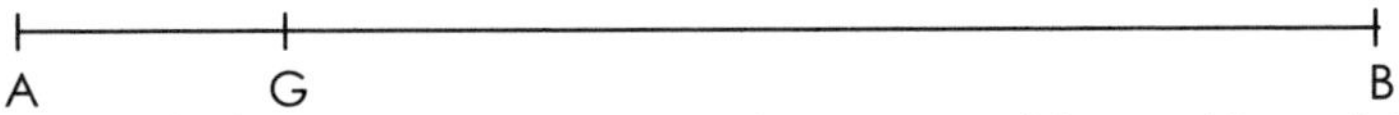

De manière générale, si on munit le point A du poids α et le point B du point β, pour qu'il y ait équilibre il faut que le point G vérifie l'égalité vectorielle $\alpha\overrightarrow{GA} + \beta\overrightarrow{GB} = \vec{0}$.

a) Montrer que cette égalité vectorielle est équivalente à l'égalité vectorielle : $\overrightarrow{AG} = \dfrac{\beta}{\alpha + \beta}\overrightarrow{AB}$.

b) Où doit-on placer le point d'appui pour un levier de 2 mètres (une barre d'acier trempé) afin de soulever un poids de 175 kg à gauche, par le seul poids d'un homme de 75 kg à droite. Faire une figure.

REMARQUE : Archimède en découvrant ce principe des leviers annonça : "Donnez moi un point d'appui et un levier et je vous soulèverai le monde".

[6] Principe de la poussée d'Archimède (287-212 av. J.-C.) (Idée TPE !)

"Tout corps plongé dans l'eau subit une poussée dirigée de bas en haut égale au poids du volume d'eau déplacée".

On plonge dans l'eau deux planches de même dimension (Longueur : 0,50 m, Largeur : 0,20 m , Hauteur : 0,02 m).

a) La première planche est en sapin (densité : 0,4). Expliquez pourquoi la planche remonte à la surface.

b) La deuxième planche est en bois d'amourette (densité : 1,10. C'est un bois extrêmement dense qui vient de Guyane, avec lequel on fabrique des archets par exemple). Expliquez pourquoi la planche coule.

On utilisera le fait que si on appelle $\vec{g}$ le vecteur gravité dirigé verticalement vers le bas et d'intensité 9,81, le poids d'un objet de masse m vaut $\vec{P} = m\vec{g}$ et qu'il est subit à la poussée d'Archimède $\overrightarrow{P_A} = -V\vec{g}$ (puisque la densité de l'eau vaut 1).

Corrigés

1 Méthodes utilisées : 1, 9, 18.

Il faut choisir deux vecteurs de référence : prenons $\overrightarrow{EF}$ et $\overrightarrow{EH}$.
On va exprimer chacun des vecteurs $\overrightarrow{EG}$ et $\overrightarrow{EL}$ en fonction de ces deux vecteurs de référence. On a $\overrightarrow{EG} = \overrightarrow{EF} + \overrightarrow{EH}$ (règle du parallélogramme, Voir Method's Seconde). De même $\overrightarrow{EL} = \overrightarrow{EK} + \overrightarrow{EO}$. Ainsi :
$\overrightarrow{EL} = 3\overrightarrow{EF} + 3\overrightarrow{EH} = 3\left(\overrightarrow{EF} + \overrightarrow{EH}\right) = 3\overrightarrow{EG}$ ce qui prouve que E, G et L sont alignés.

2 Méthodes utilisées : 1, 15.

a) On a $A\begin{pmatrix}1\\2\end{pmatrix}$ et $B\begin{pmatrix}4\\3\end{pmatrix}$ donc $\overrightarrow{AB}\begin{pmatrix}4-1\\3-2\end{pmatrix} = \overrightarrow{AB}\begin{pmatrix}3\\1\end{pmatrix}$. Soit $M\begin{pmatrix}x\\y\end{pmatrix} \in (AB)$, alors $\overrightarrow{AM}\begin{pmatrix}x-1\\y-2\end{pmatrix}$ et $\overrightarrow{AB}\begin{pmatrix}3\\1\end{pmatrix}$ sont colinéaires, ce qui donne : $(x-1)\cdot 1 - 3\cdot(y-2) = 0$ soit : $x - 1 - 3y + 6 = 0$ soit : $x - 3y + 5 = 0$. On obtient donc : $(AB) : x - 3y + 5 = 0$.
Pour les autres, on trouve :
b) $(AB) : -3x + y + 2 = 0$ c) $(AB) : 3x + y - 7 = 0$ d) $(AB) : x + y - 3 = 0$

3 Méthodes utilisées : 1, 3.

a) On a : $\vec{u} = \overrightarrow{AB}\begin{pmatrix}-2-(-5)\\8-4\end{pmatrix} = \overrightarrow{AB}\begin{pmatrix}3\\4\end{pmatrix}$ d'où $\|\vec{u}\| = \sqrt{3^2 + 4^2} = \sqrt{25} = 5$.

b) On a : $\vec{u} = \overrightarrow{CD}\begin{pmatrix}2-(-2)\\3-1\end{pmatrix} = \overrightarrow{CD}\begin{pmatrix}4\\2\end{pmatrix}$ d'où $\|\vec{u}\| = \sqrt{4^2 + 2^2} = \sqrt{20} = 2\sqrt{5}$.

c) On a : $\vec{u} = \overrightarrow{EF}\begin{pmatrix}2-1\\1-1\end{pmatrix} = \overrightarrow{EF}\begin{pmatrix}1\\0\end{pmatrix}$ d'où : $\|\vec{u}\| = \sqrt{1^2 + 0^2} = \sqrt{1} = 1$.

d) On a : $\vec{u} = \overrightarrow{GH}\begin{pmatrix}3-3\\5-3\end{pmatrix} = \overrightarrow{GH}\begin{pmatrix}0\\2\end{pmatrix}$ d'où : $\|\vec{u}\| = \sqrt{0^2 + 2^2} = \sqrt{4} = 2$.

e) On a : $\vec{u} = \overrightarrow{IJ}\begin{pmatrix}2-5\\1-3\end{pmatrix} = \overrightarrow{IJ}\begin{pmatrix}-3\\-2\end{pmatrix}$ d'où : $\|\vec{u}\| = \sqrt{(-3)^2 + (-2)^2} = \sqrt{9+4} = \sqrt{13}$.

f) On a : $\vec{u} = \overrightarrow{KL}\begin{pmatrix}-7-(-6)\\3-2\end{pmatrix} = \overrightarrow{KL}\begin{pmatrix}-1\\1\end{pmatrix}$ d'où $\|\vec{u}\| = \sqrt{(-1)^2 + 1^2} = \sqrt{2}$

4 Méthodes utilisées : 1, 5.

On a $\overrightarrow{AB}\begin{pmatrix}0-(-2)\\1-0\end{pmatrix} = \overrightarrow{AB}\begin{pmatrix}2\\1\end{pmatrix}$ et $\overrightarrow{AC}\begin{pmatrix}6-(-2)\\4-0\end{pmatrix} = \overrightarrow{AC}\begin{pmatrix}8\\4\end{pmatrix}$. On a :
$xy' - x'y = 2\cdot 4 - 8\cdot 1 = 8 - 8 = 0$ donc $\overrightarrow{AB}$ et $\overrightarrow{AC}$ sont colinéaires et donc A, B et C sont alignés.

5 Méthode utilisée : 3.

$\alpha\overrightarrow{GA} + \beta\overrightarrow{GB} = \vec{0}$ équivaut à $\alpha\overrightarrow{GA} + \beta\left(\overrightarrow{GA} + \overrightarrow{AB}\right) = \vec{0}$ (d'après Chasles (1793-1880))

Soit : $\alpha\overrightarrow{GA}+\beta\overrightarrow{GA}+\beta\overrightarrow{AB}=\vec{0}$ soit : $(\alpha+\beta)\overrightarrow{GA}+\beta\overrightarrow{AB}=\vec{0}$ soit : $-(\alpha+\beta)\overrightarrow{AG}+\beta\overrightarrow{AB}=\vec{0}$ soit $-(\alpha+\beta)\overrightarrow{AG}=-\beta\overrightarrow{AB}$ soit : $(\alpha+\beta)\overrightarrow{AG}=\beta\overrightarrow{AB}$ soit : $\overrightarrow{AG}=\dfrac{\beta}{\alpha+\beta}\overrightarrow{AB}$ (puisque $\alpha+\beta\neq 0$).

b) On a $\alpha=175$ et $\beta=75$. On a donc : $\overrightarrow{AG}=\dfrac{75}{175+75}\overrightarrow{AB}$ soit : $\overrightarrow{AG}=\dfrac{75}{250}\overrightarrow{AB}$ soit $\overrightarrow{AG}=\dfrac{75}{250}\overrightarrow{AB}=0{,}3\overrightarrow{AB}$.

Si le levier AB mesure 2 mètres, alors le segment $[AG]$ mesure $0{,}3\times 2=0{,}6$ soit 60 cm. Prenons pour unité : 1 cm $\leftrightarrow$ 0,2 m.
On obtient alors :

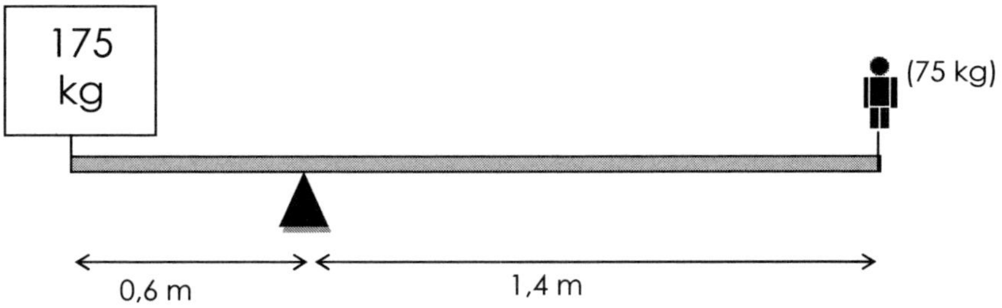

Efficace le principe des leviers n'est-ce pas ? (C'est vrai qu'on peut soulever de lourdes charges avec peu de moyen !).

REMARQUE : Le principe des leviers fait partie de ce qu'on appelle le calcul barycentrique.

6

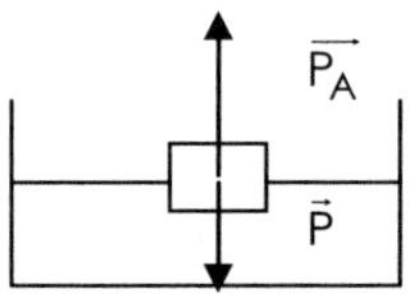

Tout revient à un rapport de force entre le vecteur poids $\vec{P}=m\vec{g}$ et le vecteur poussée d'Archimède $\overrightarrow{P_A}=-V\vec{g}$ dirigé verticalement vers le haut (où V est le volume du corps plongé).

a) On a : Volume de la planche : $V=0{,}50\times 0{,}20\times 0{,}02=0{,}002$ (m^3)

Densité de la planche : $\mu=0{,}4$

Masse de la planche : $m=\mu V=0{,}4\times 0{,}002=0{,}0008$ (kg)

On a $\vec{P}=0{,}0008\vec{g}$ et $\overrightarrow{P_A}=-0{,}002\vec{g}$.

On a $\vec{P}+\overrightarrow{P_A}=0{,}0008\vec{g}-0{,}002\vec{g}=-0{,}0012\vec{g}$. $\vec{g}$ étant dirigé vers le bas, $-0{,}0012\vec{g}$ est dirigé vers le haut et la planche remonte à la surface !

b) On a : Volume de la planche : $V=0{,}002$ (m^3) (il n'a pas changé !).

Densité de la planche : $\mu=1{,}10$

Masse de la planche : $m = \mu V = 1{,}10 \times 0{,}002 = 0{,}0022$ (kg)

On a $\vec{P} = 0{,}0022\vec{g}$ et $\overrightarrow{P_A} = -0{,}002\vec{g}$.

On a $\vec{P} + \overrightarrow{P_A} = 0{,}0022\vec{g} - 0{,}002\vec{g} = 0{,}0020\vec{g}$. $\vec{g}$ étant dirigé vers le bas, la planche coule !

REMARQUE : La légende raconte qu'Archimède découvrit ce principe alors qu'il était dans sa baignoire. De joie, il quitta son bain, puis sans même prendre la peine de s'habiller, il sortit courir dans les rues de Syracuse (La Sicile à l'époque était grecque) exprimer sa joie en poussant des "Eurêka, eurêka" (signifiant : j'ai trouvé, j'ai trouvé, en grec ancien.). Il faut dire qu'Archimède venait de faire une découverte majeure de la mécanique des fluides. De plus, par son principe, il venait de résoudre un problème que le monarque du coin (Héron II de Syracuse) lui avait posé : comment savoir si la couronne qu'il avait commandée à un orfèvre était bien faite d'or pur (on voit les préoccupations bassement matérielles déjà...), comment être sûr que l'orfèvre n'est pas un truand qui lui aurait refourgué un vulgaire alliage, moins cher évidemment. L'or étant plus dense que l'alliage, Archimède put lui répondre et lui annoncer une mauvaise nouvelle : le roi s'était fait avoir. (Il est fort probable que l'orfèvre ait mal fini d'ailleurs).

Archimède (287-212 av. J.-C.) a beaucoup d'inventions qui portent son nom (il y a de quoi faire au moins 20 TPE avec, avis aux amateurs !). Il inspirait une véritable vénération mélangée de crainte dans l'Antiquité, surtout de la part des romains : lors de la seconde guerre punique (ce sont des guerres qui opposèrent les Romains aux Carthaginois), les Romains s'attaquèrent au grand allié de Carthage : Syracuse (là où vivait Archimède) : voici le témoignage effrayant qu'ils nous en ont laissé rapporté dans un excellent livre d'Egmont Colerus :

"[...] les romains semblent jouer de malheur [...] les vaisseaux romains sont saisis par des pinces en fer qui les soulèvent puis les laissent retomber lourdement ; les soldats se cramponnent comme ils peuvent aux épaves et débris divers pour échapper à la noyade, mais voici que des blocs géants s'abattent sur eux. Ces pierres sont d'un poids tel que nul homme ne pourrait songer à les ébranler. Les vétérans les plus aguerris pâlissent à ce spectacle et la simple vue d'un bout de câble et d'un morceau de bois par dessus le rempart suffit à les faire fuir, en proie à la panique. Les légionnaires veulent bien combattre des hommes, ou même, à la rigueur les éléphants d'Annibal, mais ils ne

veulent pas lutter contre des divinités hostiles ou des géants aux cent bras. Cependant le chef, le grand consul Marcellus, cherche à trouver l'explication de ces prodiges, le bruit court qu'ils sont l'œuvre d'un vieillard de 72 ans. Son nom est Archimède, c'est le plus grand de tous les mathématiciens hellènes, un de ces hommes ridicules qui ont toujours l'air de ne pas vivre sur la terre." (Egmont Colerus, De Pythagore à Hilbert).

Vous avez là une idée des inventions d'Archimède et de l'application des mathématiques à l'art de la guerre (Napoléon, l'un des plus grands stratèges de tous les temps avec Alexandre le grand, était lui-même un grand amateur de Mathématiques !). Sachez qu'Archimède utilisa également des miroirs paraboliques (les miroirs ardents) réfléchissant les rayons du soleil afin de brûler les voiles des navires romains. Vous pourrez étudier ces miroirs dans l'exercice 9 du chapitre 16.

Chapitre 14 :
METHODES SUR LES ANGLES ET LA TRIGONOMETRIE
EXERCICES & CORRIGES

Exercices

1 Soit ABCDEF un hexagone régulier de centre Ω (de sens indirect, c'est-à-dire que A, B, C, D, E et F se suivent dans le sens des aiguilles d'une montre).
Exprimer en radians la mesure principale de chacun des angles suivants :

a) $\left(\overrightarrow{\Omega A},\overrightarrow{\Omega B}\right)$ b) $\left(\overrightarrow{\Omega A},\overrightarrow{\Omega E}\right)$ c) $\left(\overrightarrow{CD},\overrightarrow{AF}\right)$ d) $\left(\overrightarrow{A\Omega},\overrightarrow{\Omega B}\right)$ e) $\left(\overrightarrow{BA},\overrightarrow{DC}\right)$

f) $\left(\overrightarrow{BD},\overrightarrow{BE}\right)$ g) $\left(\overrightarrow{\Omega D},\overrightarrow{C\Omega}\right)$ h) $\left(\overrightarrow{CA},\overrightarrow{\Omega B}\right)$ i) $\left(\overrightarrow{EF},\overrightarrow{BA}\right)$ j) $\left(\overrightarrow{\Omega B},\overrightarrow{\Omega D}\right)$

2 Déterminer la mesure principale de chacun des angles suivants :

a) $\left(\vec{u},\vec{v}\right)=\frac{197\pi}{4}(2\pi)$ b) $\left(\vec{u},\vec{v}\right)=\frac{197\pi}{3}(2\pi)$ c) $\left(\vec{u},\vec{v}\right)=\frac{197\pi}{6}(2\pi)$

d) $\left(\vec{u},\vec{v}\right)=\frac{7\pi}{4}(2\pi)$ e) $\left(\vec{u},\vec{v}\right)=\frac{9\pi}{2}(2\pi)$ f) $\left(\vec{u},\vec{v}\right)=\frac{-4\pi}{3}(2\pi)$

g) $\left(\vec{u},\vec{v}\right)=-\frac{7\pi}{6}(2\pi)$ h) $\left(\vec{u},\vec{v}\right)=\frac{43\pi}{4}(2\pi)$ i) $\left(\vec{u},\vec{v}\right)=\frac{-19\pi}{3}(2\pi)$

j) $\left(\vec{u},\vec{v}\right)=\frac{37\pi}{6}(2\pi)$ k) $\left(\vec{u},\vec{v}\right)=\frac{29\pi}{4}(2\pi)$ l) $\left(\vec{u},\vec{v}\right)=\frac{-17\pi}{12}(2\pi)$

3 Calculer le périmètre du domaine hachuré ci-dessous, inscrit dans un carré de coté 1.

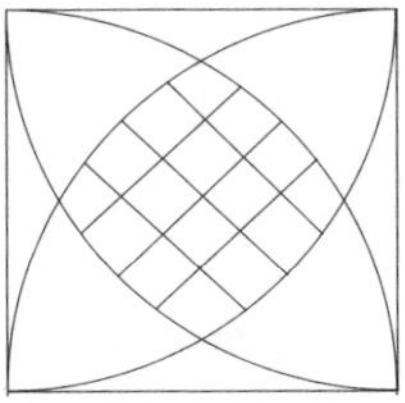

4 Il est 17h54 (bientôt la fin des cours...), quel angle (en degrés) forment les deux aiguilles de votre montre ?

5 **"Olympiadement vôtre"** (exercice posé aux olympiades de mathématiques). Deux polygones réguliers, un de 2000 côtés et l'autre de 2001 côtés sont inscrits dans un cercle. Montrer qu'il existe deux sommets, un de chaque polygone, tel que l'angle au centre qu'ils définissent soit inférieur à $\frac{\pi}{2000\times 2001}$ radians.

6 **Triangle de Reuleaux (1829-1905)**

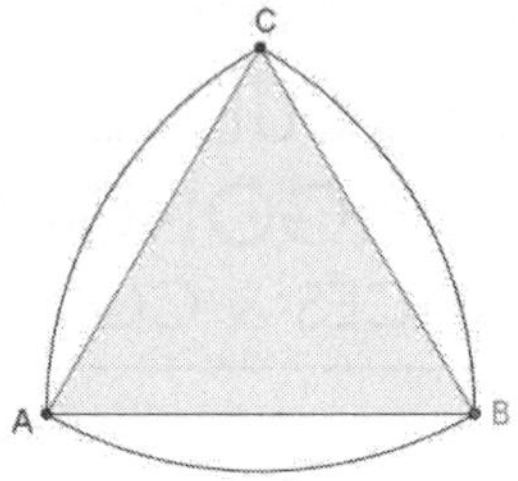

Pour construire un triangle de Reuleaux, on construit un triangle équilatéral ABC, puis l'arc de centre A passant par B et C, l'arc de centre B passant par C et A, l'arc de centre C passant par A et B.
a) Construire à l'aide de Geogebra un triangle de Reuleaux à partir d'un triangle équilatéral de côté 3.
b) Evaluer son périmètre avec Geogebra.
c) Calculer son périmètre de manière algébrique.

7 Déterminer la longueur de la courroie ci-dessous, sachant que : $OO' = d$, $OA = R$, $OB = R'$. Effectuer une application numérique pour $R = 20$ cm, $R' = 5$ cm et $d = 30$ cm.

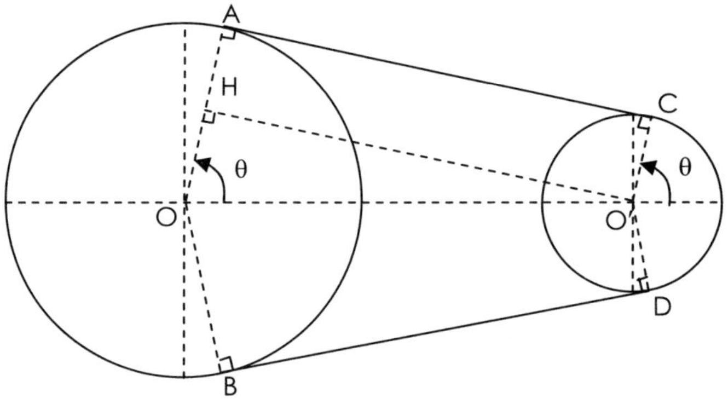

8 Sachant que $(\vec{u},\vec{v}) = -\frac{\pi}{3}(2\pi)$ et $(\vec{u},\vec{w}) = \frac{\pi}{6}(2\pi)$. Donner les mesures principales des angles : $(\vec{v},\vec{w})$, $(-\vec{u},\vec{v})$, $(\vec{u},-\vec{v})$ et $(-\vec{u},\vec{w})$.

9 Résoudre les équations trigonométriques suivantes :

a) $4\cos(x) = -2\sqrt{2}$ b) $\cos(x) = \sin(3x)$ c) $4\sin^2(x) = 3$

d) $2\cos^2(x) - 3\cos(x) + 1 = 0$ e) $\cos^2(x) - 5\cos(x) + 6 = 0$

10 **Formule de duplication** $\sin(2\alpha) = 2\sin(\alpha)\cos(\alpha)$ **démontrée par Claude Ptolémée (mathématicien et astronome grec, 90-168)**
Le but de l'exercice est de démontrer géométriquement la formule de duplication : $\sin(2\alpha) = 2\sin(\alpha)\cos(\alpha)$ (On la reverra dans le Chapitre 16).

Partie 1 : Construire la figure ci-après avec Geogebra (il s'agit d'un cercle trigo de rayon 1).

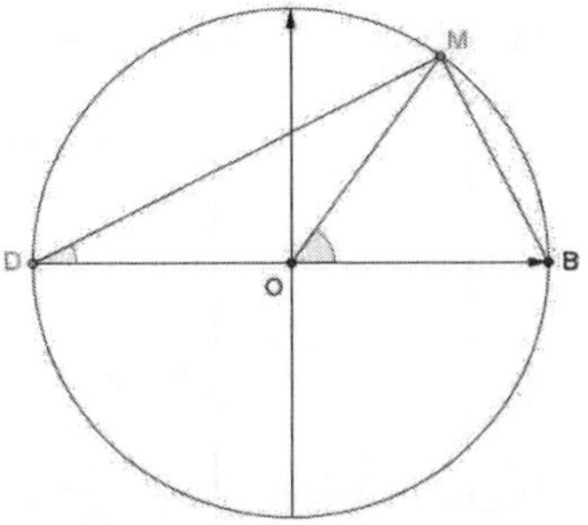

a) Faites bouger le point M. Que pouvez-vous conjecturer comme relation entre l'angle $\left(\overrightarrow{DB},\overrightarrow{DM}\right)$ et l'angle $\left(\overrightarrow{OB},\overrightarrow{OM}\right)$. Prouvez-la.

b) Que pouvez-vous également conjecturer comme relation entre la distance MB et l'angle $\left(\overrightarrow{DB},\overrightarrow{DM}\right)$. Prouvez-la.

Partie 2 : On pose : $\alpha = \left(\overrightarrow{OB},\overrightarrow{OM}\right)(2\pi)$.

On admet que $\left(\overrightarrow{DB},\overrightarrow{DM}\right) = \frac{\alpha}{2}(2\pi)$ et que $MB = 2\sin\left(\frac{\alpha}{2}\right)$.

Soit F le pied de la hauteur du triangle OMB issue de M.

a) Démontrer que $\left(\overrightarrow{MF},\overrightarrow{MB}\right) = \left(\overrightarrow{DF},\overrightarrow{DM}\right)(2\pi)$.

b) En déduire que $\cos\left(\frac{\alpha}{2}\right) = \frac{\sin(\alpha)}{2\sin\left(\frac{\alpha}{2}\right)}$.

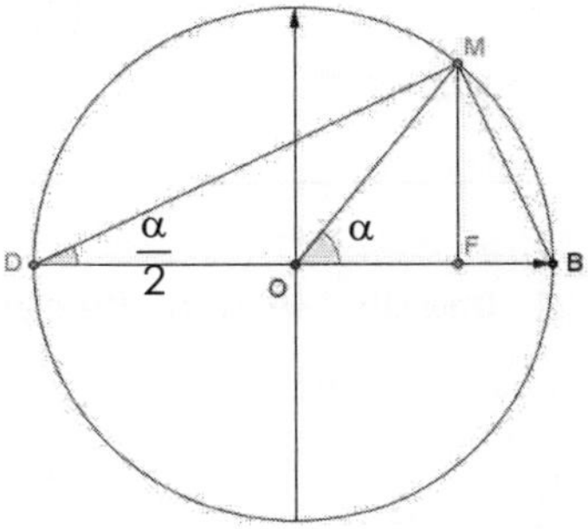

c) En déduire alors la formule de duplication : $\sin(2\alpha) = 2\sin(\alpha)\cos(\alpha)$.

11 Relation d'Al Kashi (1380-1429, mathématicien et astronome perse)

Al Kashi a démontré que dans un triangle (quelconque) ABC, on a : $b^2 = a^2 + c^2 - 2ac \cdot \cos\left(\hat{B}\right)$.

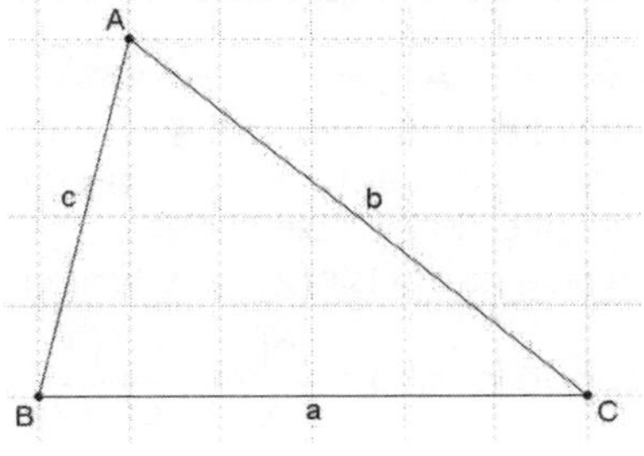

Voici une démonstration utilisant la trigonométrie (nous en verrons une autre utilisant le produit scalaire dans l'exercice 1 du chapitre 15).

a) Démontrer que dans les deux cas de figure : on a $h^2 = c^2 - BH^2$ et $h^2 = b^2 - CH^2$.

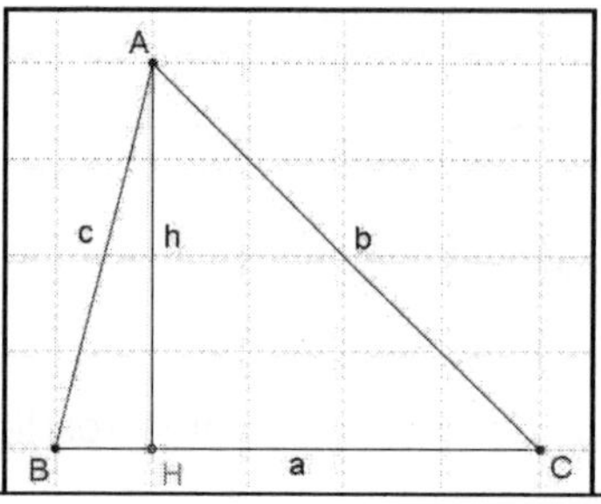

Montrer que :

b) $c^2 - BH^2 = b^2 - a^2 + 2a \times BH - BH^2$.

c) $b^2 = a^2 + c^2 - 2a \times BH$.

d) $b^2 = a^2 + c^2 - 2ac \cdot \cos(\hat{B})$.

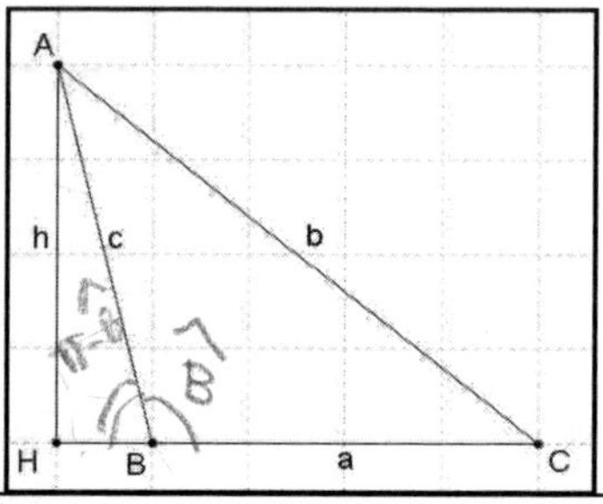

Montrer que :

b) $c^2 - BH^2 = b^2 - a^2 - 2a \times BH - BH^2$.

c) $b^2 = a^2 + c^2 + 2a \times BH$.

d) $b^2 = a^2 + c^2 - 2ac \cdot \cos(\hat{B})$.

(On utilisera le fait que $\cos(\pi - x) = -\cos(x)$).

12 **Une double inégalité célèbre :** $\cos(x) \le \dfrac{\sin(x)}{x} \le \dfrac{1}{\cos(x)}$

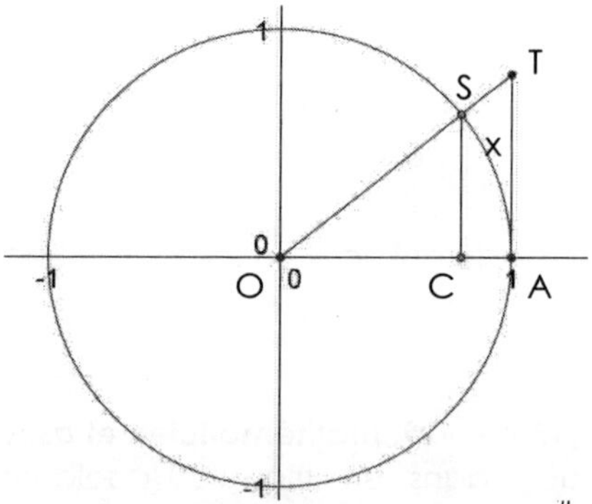

Soit x un nombre réel compris strictement entre 0 et $\frac{\pi}{2}$. On considère le point S tel que $\widehat{AS} = x$ (tel que l'arc $\widehat{AS}$ mesure x).

a) Déterminer l'aire du triangle OCS.

b) Déterminer l'aire du secteur (portion de disque) OAS.

c) Déterminer l'aire du triangle OAT.

d) En déduire que $\cos(x)\sin(x) \le x \le \tan(x)$.

e) En déduire que $\cos(x) \le \dfrac{\sin(x)}{x} \le \dfrac{1}{\cos(x)}$.

f) A l'aide d'un logiciel de calcul formel, vérifier que $\lim\limits_{x\to 0}\dfrac{\sin(x)}{x}=1$. Ce résultat était-il prévisible par rapport à l'inégalité précédente ?

Corrigés

1 **Méthode utilisée : 3.**

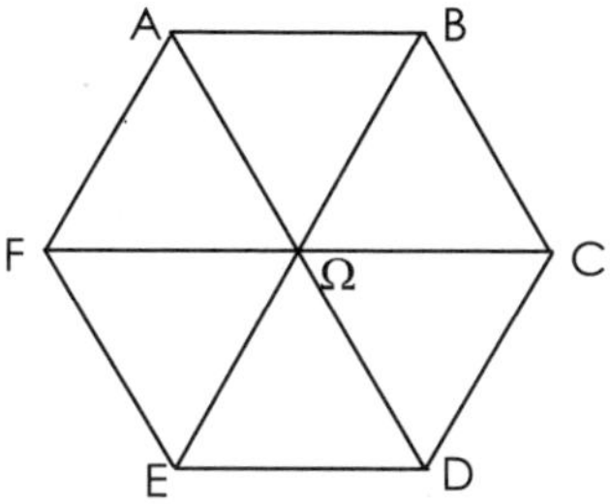

a) $\left(\overrightarrow{\Omega A},\overrightarrow{\Omega B}\right)=-\frac{\pi}{3}\ (2\pi)$ b) $\left(\overrightarrow{\Omega A},\overrightarrow{\Omega E}\right)=\frac{2\pi}{3}(2\pi)$ c) $\left(\overrightarrow{CD},\overrightarrow{AF}\right)=\left(\overrightarrow{AF},\overrightarrow{AF}\right)=0(2\pi)$

d) $\left(\overrightarrow{A\Omega},\overrightarrow{\Omega B}\right)=\left(\overrightarrow{\Omega D},\overrightarrow{\Omega B}\right)=\frac{2\pi}{3}\ (2\pi)$ e) $\left(\overrightarrow{BA},\overrightarrow{DC}\right)=\left(\overrightarrow{DE},\overrightarrow{DC}\right)=-\frac{2\pi}{3}\ (2\pi)$

f) $\left(\overrightarrow{BD},\overrightarrow{BE}\right)=-\frac{\pi}{6}\ (2\pi)$ g) $\left(\overrightarrow{\Omega D},\overrightarrow{C\Omega}\right)=\left(\overrightarrow{\Omega D},\overrightarrow{\Omega F}\right)=-\frac{2\pi}{3}\ (2\pi)$ h) $\left(\overrightarrow{CA},\overrightarrow{\Omega B}\right)=-\frac{\pi}{2}\ (2\pi)$

i) $\left(\overrightarrow{EF},\overrightarrow{BA}\right)=\left(\overrightarrow{\Omega A},\overrightarrow{\Omega F}\right)=\frac{\pi}{3}\ (2\pi)$ j) $\left(\overrightarrow{\Omega B},\overrightarrow{\Omega D}\right)=-\frac{2\pi}{3}\ (2\pi)$

2 **Méthode utilisée : 3.**

a) $\left(\vec{u},\vec{v}\right)=\frac{197\pi}{4}=\frac{(4\times 49+1)\pi}{4}=49\pi+\frac{\pi}{4}=\pi+\frac{\pi}{4}=-\pi+\frac{\pi}{4}=-\frac{3\pi}{4}(2\pi)$

b) $\left(\vec{u},\vec{v}\right)=\frac{197\pi}{3}=\frac{(3\times 65+2)\pi}{3}=65\pi+\frac{2\pi}{3}=\pi+\frac{2\pi}{3}=-\pi+\frac{2\pi}{3}=-\frac{\pi}{3}(2\pi)$

c) $\left(\vec{u},\vec{v}\right)=\frac{197\pi}{6}=\frac{(6\times 32+5)\pi}{6}=32\pi+\frac{5\pi}{6}=0+\frac{5\pi}{6}=\frac{5\pi}{6}(2\pi)$

d) $\left(\vec{u},\vec{v}\right)=\frac{7\pi}{4}-2\pi=-\frac{\pi}{4}(2\pi)$ e) $\left(\vec{u},\vec{v}\right)=\frac{9\pi}{2}-4\pi=\frac{\pi}{2}(2\pi)$

f) $\left(\vec{u},\vec{v}\right)=\frac{-4\pi}{3}+2\pi=\frac{2\pi}{3}(2\pi)$ g) $\left(\vec{u},\vec{v}\right)=-\frac{7\pi}{6}+2\pi=\frac{5\pi}{6}(2\pi)$

h) $\left(\vec{u},\vec{v}\right)=\frac{43\pi}{4}-10\pi=\frac{3\pi}{4}(2\pi)$ i) $\left(\vec{u},\vec{v}\right)=\frac{-19\pi}{3}+6\pi=\frac{-\pi}{3}(2\pi)$

j) $\left(\vec{u},\vec{v}\right)=\frac{37\pi}{6}=\frac{37\pi}{6}-6\pi=\frac{37\pi}{6}-\frac{36\pi}{6}=\frac{\pi}{6}(2\pi)$

k) $\left(\vec{u},\vec{v}\right)=\frac{29\pi}{4}=\frac{29\pi}{4}-8\pi=\frac{29\pi}{4}-\frac{32\pi}{4}=\frac{-3\pi}{4}(2\pi)$

l) $\left(\vec{u},\vec{v}\right)=\frac{-17\pi}{12}=\frac{-17\pi}{12}+2\pi=\frac{-17\pi}{12}+\frac{24\pi}{12}=\frac{7\pi}{12}(2\pi)$

3 **Méthodes utilisées : 17.**

Soit $\left(O;\vec{i},\vec{j}\right)$ le repère orthonormé associé au carré de côté 1.

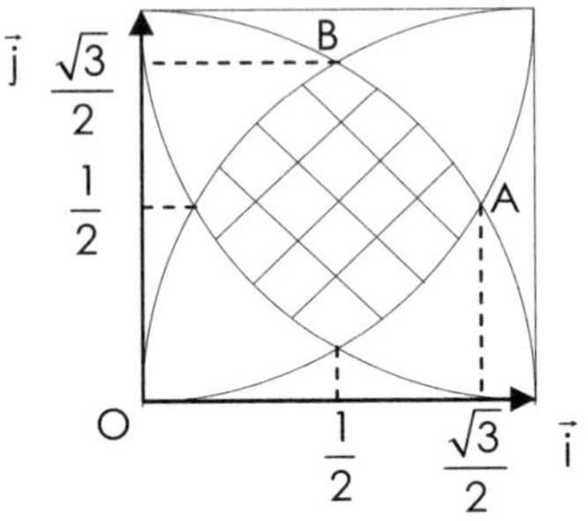

Dans ce repère, on place facilement les "$\frac{1}{2}$" et donc les "$\frac{\sqrt{3}}{2}$" qui y correspondent et donc les angles $\left(\vec{i},\overrightarrow{OA}\right)=\frac{\pi}{6}\ (2\pi)$ et $\left(\vec{i},\overrightarrow{OB}\right)=\frac{\pi}{3}\ (2\pi)$.

Donc $\widehat{AB}=\frac{\pi}{3}-\frac{\pi}{6}=\frac{\pi}{6}$ (car tous les cercles ont pour rayon 1).

Finalement $P=4\widehat{AB}=4\times\frac{\pi}{6}=\frac{2\pi}{3}\approx 2{,}1$.

4 **Méthodes utilisées : 4.**

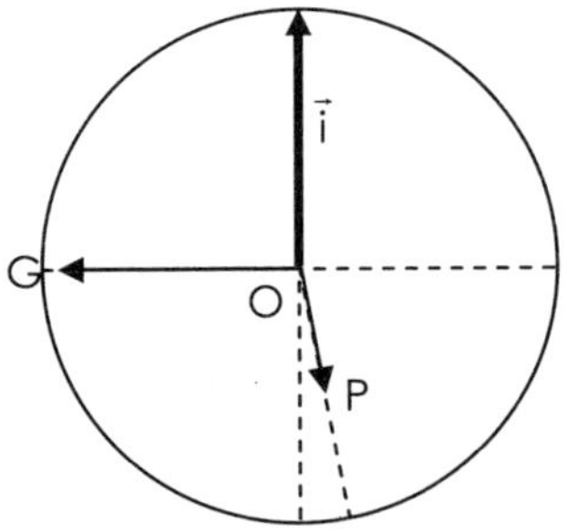

Soit t $(0\leq t\leq 12)$ le temps exprimé en heures (P et G désignant l'extrémité de la petite et de la grande aiguille). On a : $\left(\vec{i},\overrightarrow{OP}\right)=t\times\frac{2\pi}{12}=\frac{\pi t}{6}\ (2\pi)$. En effet, on utilise pour cela un tableau de proportionnalité (puisque l'angle est proportionnel au temps) : à 12 heures correspond l'angle 2π, à t heures correspond l'angle θ, vérifiant (produit en croix) : $12\times\theta=t\times 2\pi$, soit $\theta=t\times\frac{2\pi}{12}(2\pi)$. De même, $\left(\vec{i},\overrightarrow{OG}\right)=t\times\frac{2\pi}{12}\times 12=2\pi t\ (2\pi)$ (la grande aiguille avance 12 fois plus vite que la petite).

D'où : $\left(\overrightarrow{OP},\overrightarrow{OG}\right)=\left(\vec{i},\overrightarrow{OG}\right)-\left(\vec{i},\overrightarrow{OP}\right)=2\pi t-\frac{\pi t}{6}=\frac{11\pi t}{6}(2\pi)$.

Bien, lorsqu'il est 17h54, soit 5h54 sur la montre, en fait on a : $t=5{,}9$ (car 54 mn représente $\frac{54}{60}=0{,}9$ heure), ce qui donne :

$\left(\overrightarrow{OP},\overrightarrow{OG}\right)=\frac{11\pi\times 5{,}9}{6}=\frac{64{,}9\pi}{6}=\frac{60\pi+4{,}9\pi}{6}=10\pi+\frac{4{,}9\pi}{6}\ (2\pi)$ soit

$\left(\overrightarrow{OP},\overrightarrow{OG}\right)=\frac{4{,}9\pi}{6}(2\pi)$ soit $\widehat{POG}=147°$.

L'angle que forment les deux aiguilles est donc de 147°.

5 **Méthode utilisée : 4.**

On peut mieux voir ce qu'il se passe pour deux polygones, l'un à 3 côtés et l'autre à 4 cotés :

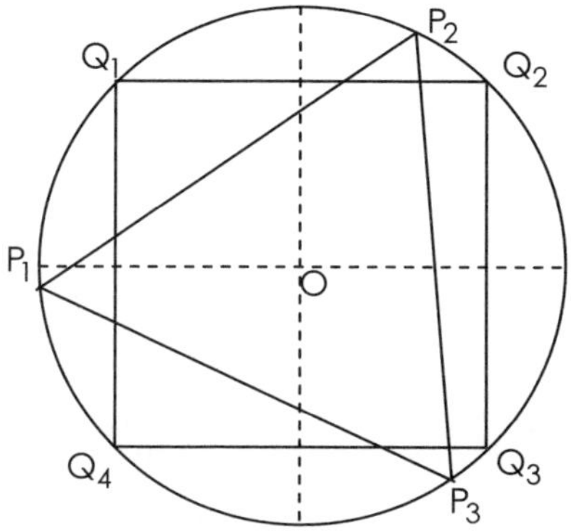

C'est en fait le principe des tiroirs : Si vous avez trois tiroirs et quatre objets à ranger, il est sûr que l'un des trois tiroirs contiendra au moins deux objets (C'est bête à dire mais c'est ça le principe des tiroirs). Et bien là c'est pareil, le cercle est partagé en trois tiroirs : les arcs $\widehat{P_1P_2}$, $\widehat{P_2P_3}$, $\widehat{P_3P_1}$ et il y quatre objets : les points Q_1, Q_2, Q_3 et Q_4 à ranger. Et bien on peut voir sur la figure qu'en effet l'un des tiroirs (c'est-à-dire $\widehat{P_2P_3}$) contient deux sommets Q_2 et Q_3. Et bien c'est justement les angles $\left(\overrightarrow{OP_2},\overrightarrow{OQ_2}\right)$ et $\left(\overrightarrow{OQ_3},\overrightarrow{OP_3}\right)$ qui vont nous intéresser.

On a $\left(\overrightarrow{OP_2},\overrightarrow{OQ_2}\right)+\left(\overrightarrow{OQ_2},\overrightarrow{OQ_3}\right)+\left(\overrightarrow{OQ_3},\overrightarrow{OP_3}\right)=\frac{2\pi}{3}\ (2\pi)$ soit :

$\left(\overrightarrow{OP_2},\overrightarrow{OQ_2}\right)+\frac{2\pi}{4}+\left(\overrightarrow{OQ_3},\overrightarrow{OP_3}\right)=\frac{2\pi}{3}\ (2\pi)$ soit :

$\left(\overrightarrow{OP_2},\overrightarrow{OQ_2}\right)+\left(\overrightarrow{OQ_3},\overrightarrow{OP_3}\right)=\frac{2\pi}{3}-\frac{2\pi}{4}=\frac{2\pi}{12}=\frac{2\pi}{3\times 4}(2\pi)$

et donc nécessairement $\begin{cases}\left(\overrightarrow{OP_2},\overrightarrow{OQ_2}\right)\le\frac{\pi}{3\times 4}\\ \text{ou}\\ \left(\overrightarrow{OQ_3},\overrightarrow{OP_3}\right)\le\frac{\pi}{3\times 4}\end{cases}$ car si les deux étaient strictement supérieurs à $\frac{\pi}{3\times 4}$ leur somme ne pourrait être égale à $\frac{2\pi}{3\times 4}$.

Voilà on peut terminer en disant que le raisonnement valable pour deux polygones réguliers à trois et quatre côtés reste valable pour deux polygones réguliers à 2000 et 2001 côtés (le principe des tiroirs restant valable pour 2000 tiroirs et 2001 côtés) et que donc il existe deux sommets, un de chaque polygone, tel que l'angle au centre qu'ils définissent soit inférieur à $\frac{\pi}{2000\times 2001}$ radians (et non plus $\frac{\pi}{3\times 4}$ radians).

6 Méthode utilisée : 17.

a)

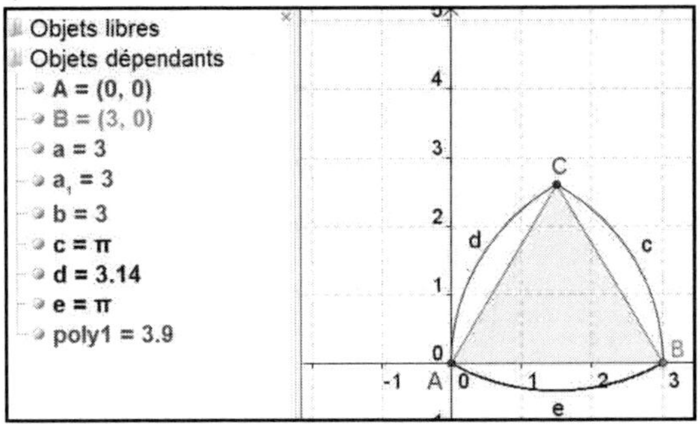

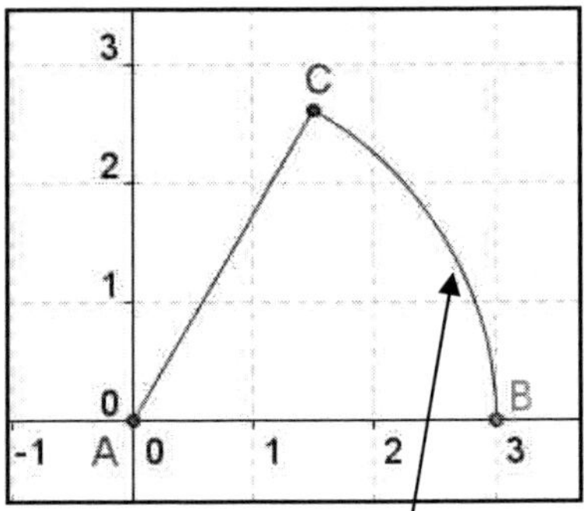

b) Geogebra nous dit (regardez les longueurs c, d et e de la colonne algébrique, c'est-à-dire de la colonne de gauche !) que le périmètre vaut $\pi+3{,}14+\pi$ donc 3π.

c) Chacun des arcs a un rayon de 3 et un angle de 60° (c'est-à-dire $\frac{\pi}{3}$) puisque la construction s'est faite à partir d'un triangle équilatéral.

En effet : l'arc $\widehat{BC}$ (de centre A et passant par B et C, par exemple) a pour rayon $AB = AC = 3$ et pour angle au centre $\left(\overrightarrow{AB},\overrightarrow{AC}\right)=\frac{\pi}{3}(2\pi)$.

Avec la formule $L = R\alpha$, on a : $\widehat{AB} = 3\times\frac{\pi}{3} = \pi$.

On a également : $\widehat{AC} = \widehat{BC} = 3\times\frac{\pi}{3} = \pi$ donc le périmètre vaut 3π.

REMARQUE : L'ingénieur allemand Franz Reuleaux (1829-1905) a mis au point un piston rotatif (utilisé dans les moteurs Wenkel) dont la forme est ce fameux triangle. En effet, il est remarquable que si vous faites tourner ce triangle d'une certaine manière, il laisse une trace en forme de carré quasi parfait (si, si !) augmentant la performance énergétique entre essence et gaz d'échappement.

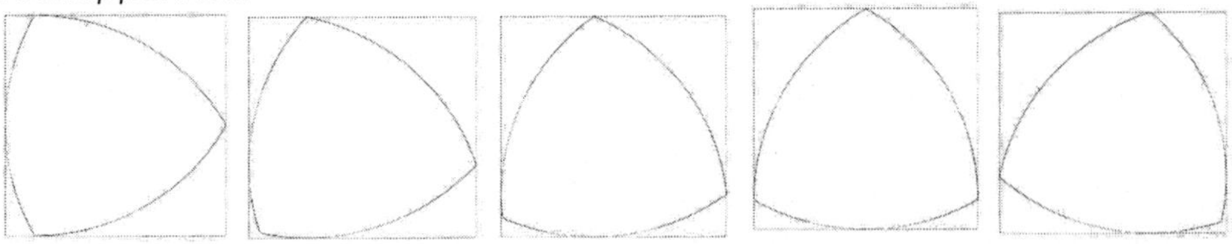

Comme quoi de simples figures géométrique un peu originales peuvent avoir des applications technologiques étonnantes !

7 **Méthode utilisée : 17.**

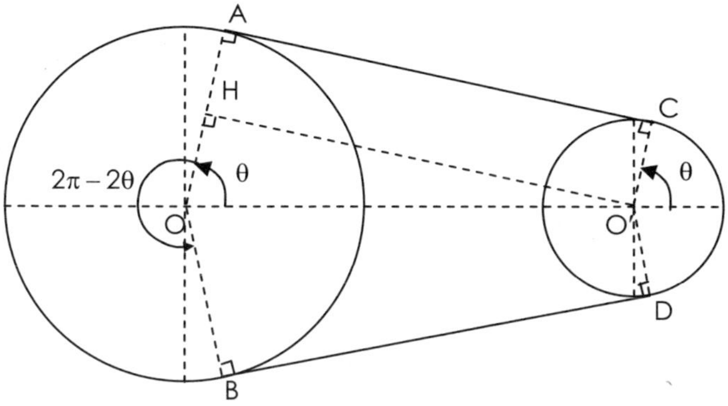

La longueur de la courroie vaut : $L = AC + \widehat{AB} + BD + \widehat{DC}$.

Or $\widehat{AB} = R(2\pi - 2\theta)$ et $\widehat{DC} = R'2\theta$.

Enfin, $AC = HO' = OO'\sin(\theta) = d\sin(\theta)$. Bien sûr : $BD = AC$

d'où : $L = R(2\pi - 2\theta) + R'2\theta + 2d\sin(\theta)$

Application numérique : $L = 20(2\pi - 2\theta) + 5 \times 2\theta + 2 \times 30 \times \sin(\theta)$

Déterminons θ : $\cos(\theta) = \dfrac{OH}{OO'} = \dfrac{R - R'}{d} = \dfrac{20 - 5}{30} = \dfrac{1}{2}$ d'où : $\theta = \dfrac{\pi}{3}$, d'où :

$$L = 20(2\pi - 2\theta) + 5 \times 2\theta + 2 \times 30 \times \sin(\theta) = 20\left(2\pi - \frac{2\pi}{3}\right) + \frac{10\pi}{3} + 60\sin\left(\frac{\pi}{3}\right)$$

soit : $L = 20 \times \dfrac{4\pi}{3} + \dfrac{10\pi}{3} + 60 \times \dfrac{\sqrt{3}}{2} = 30\pi + 30\sqrt{3} \approx 146{,}2$ (cm).

8 **Méthode utilisée : 4.**

$$(\vec{v}, \vec{w}) = (\vec{v}, \vec{u}) + (\vec{u}, \vec{w}) = -(\vec{u}, \vec{v}) + (\vec{u}, \vec{w}) = \frac{\pi}{3} + \frac{\pi}{6} = \frac{\pi}{2}(2\pi)$$

$$(-\vec{u}, \vec{v}) = (-\vec{u}, \vec{u}) + (\vec{u}, \vec{v}) = \pi - \frac{\pi}{3} = \frac{2\pi}{3}(2\pi)$$

$$(\vec{u}, -\vec{v}) = (\vec{u}, \vec{v}) + (\vec{v}, -\vec{v}) = -\frac{\pi}{3} + \pi = \frac{2\pi}{3}(2\pi)$$

$$(-\vec{u}, \vec{w}) = (-\vec{u}, \vec{u}) + (\vec{u}, \vec{w}) = \pi + \frac{\pi}{6} = \frac{7\pi}{6} = -\frac{5\pi}{6}(2\pi)$$

9 **Méthodes utilisées : 12, 13, 14, 15.**

On a :

a) $4\cos(x) = -2\sqrt{2} \Leftrightarrow \cos(x) = \dfrac{-2\sqrt{2}}{4} = -\dfrac{\sqrt{2}}{2}$ d'où :

$$S = \left\{\frac{3\pi}{4} + 2k\pi,\ k \in \mathbb{Z}\right\} \cup \left\{-\frac{3\pi}{4} + 2k'\pi,\ k' \in \mathbb{Z}\right\}$$

b) $\cos(x)=\sin(3x) \Leftrightarrow \cos(x)=\cos\left(\frac{\pi}{2}-3x\right) \Leftrightarrow \begin{cases} x=\frac{\pi}{2}-3x\ (2\pi) \\ x=-\left(\frac{\pi}{2}-3x\right)\ (2\pi) \end{cases}$ d'où :

$$S=\left\{\frac{\pi}{8}+2k_1\pi, k_1\in\mathbb{Z}\right\}\cup\left\{\frac{5\pi}{8}+2k_2\pi, k_2\in\mathbb{Z}\right\}\cup\left\{\frac{9\pi}{8}+2k_3\pi, k_3\in\mathbb{Z}\right\}\cup\left\{\frac{13\pi}{8}+2k_4\pi, k_4\in\mathbb{Z}\right\}$$

$$\cup\left\{\frac{\pi}{4}+2k_5\pi, k_5\in\mathbb{Z}\right\}\cup\left\{\frac{5\pi}{4}+2k_6\pi, k_6\in\mathbb{Z}\right\}$$

c) $4\sin^2(x)=3 \Leftrightarrow \sin^2(x)=\frac{3}{4} \Leftrightarrow \begin{cases} \sin(x)=\frac{\sqrt{3}}{2} \\ \sin(x)=-\frac{\sqrt{3}}{2} \end{cases}$ d'où :

$$S=\left\{\frac{\pi}{3}+2k_1\pi, k_1\in\mathbb{Z}\right\}\cup\left\{\frac{2\pi}{3}+2k_2\pi, k_2\in\mathbb{Z}\right\}\cup\left\{-\frac{\pi}{3}+2k_3\pi, k_3\in\mathbb{Z}\right\}\cup\left\{-\frac{2\pi}{3}+2k_4\pi, k_4\in\mathbb{Z}\right\}$$

d) Pour résoudre l'équation $2\cos^2(x)-3\cos(x)+1=0$, on effectue le changement de variable : $X=\cos(x)$, pour lequel l'équation devient : $2X^2-3X+1=0$ qui admet pour solutions (après calcul du discriminant $\Delta=9-8=1$) : $X_1=1$ (soit $\cos(x_1)=1$) et $X_2=\frac{1}{2}$ (soit $\cos(x_2)=\frac{1}{2}$).

$\cos(x_1)=1 \Leftrightarrow x_1=0(2\pi)$; $\cos(x_2)=\frac{1}{2} \Leftrightarrow x_2=\frac{\pi}{3}(2\pi)$ ou $x_2=-\frac{\pi}{3}(2\pi)$.

Conclusion : $S=\{0+2k_1\pi, k_1\in\mathbb{Z}\}\cup\left\{\frac{\pi}{3}+2k_2\pi, k_2\in\mathbb{Z}\right\}\cup\left\{-\frac{\pi}{3}+2k_3\pi, k_3\in\mathbb{Z}\right\}$.

e) Cette fois pour l'équation $\cos^2(x)-5\cos(x)+6=0$, le changement de variable : $X=\cos(x)$, donne $X^2-5X+6=0$ pour laquelle on trouve $X_1=2$ (soit $\cos(x_1)=2$ ce qui est impossible car on a toujours pour tout x, $-1\le\cos(x)\le1$) et $X_2=3$ (soit $\cos(x_1)=3$ ce qui est également impossible).
Conclusion : $S=\varnothing$.

10 Méthode utilisée : 4.

Partie 1 :

a) On conjecture que $2\left(\overrightarrow{DB},\overrightarrow{DM}\right)=\left(\overrightarrow{OB},\overrightarrow{OM}\right)(2\pi)$.

Prouvons-le : DMB est isocèle en O (car DO = OM = 1, le rayon du cercle).

Par ailleurs $\left(\overrightarrow{OM},\overrightarrow{OD}\right)=\pi-\left(\overrightarrow{OB},\overrightarrow{OM}\right)(2\pi)$ (car $\left(\overrightarrow{OB},\overrightarrow{OD}\right)$ est un angle plat !).

Intéressons-nous donc au triangle DOM.
On a :

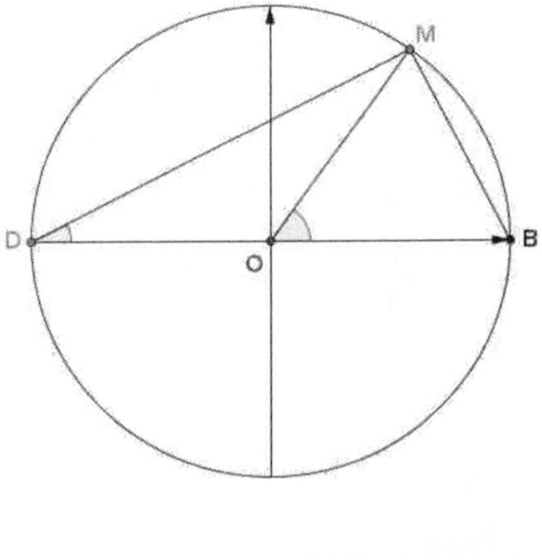

$\left(\overrightarrow{DO},\overrightarrow{DM}\right)+\left(\overrightarrow{OM},\overrightarrow{OD}\right)+\left(\overrightarrow{MD},\overrightarrow{MO}\right)=\pi(2\pi)$ (La somme des angles d'un triangle vaut $180°$, soit π rad).

Comme DMB est isocèle, on a : $\left(\overrightarrow{DO},\overrightarrow{DM}\right)=\left(\overrightarrow{MD},\overrightarrow{MO}\right)(2\pi)$. On a donc :

$2\left(\overrightarrow{DO},\overrightarrow{DM}\right)+\pi-\left(\overrightarrow{OB},\overrightarrow{OM}\right)=\pi(2\pi)$ soit : $2\left(\overrightarrow{DO},\overrightarrow{DM}\right)-\left(\overrightarrow{OB},\overrightarrow{OM}\right)=0(2\pi)$ soit :

$2\left(\overrightarrow{DO},\overrightarrow{DM}\right)=\left(\overrightarrow{OB},\overrightarrow{OM}\right)(2\pi)$ donc : $2\left(\overrightarrow{DB},\overrightarrow{DM}\right)=\left(\overrightarrow{OB},\overrightarrow{OM}\right)(2\pi)$.

b) On conjecture que $MB=2\sin\left(\overrightarrow{DB},\overrightarrow{DM}\right)$. Prouvons-le :

Le triangle DMB est rectangle en M (car M appartient au cercle de diamètre $[DB]$). Dans ce triangle rectangle, on a $\sin\left(\overrightarrow{DB},\overrightarrow{DM}\right)=\dfrac{MB}{DB}$ soit :

$\sin\left(\overrightarrow{DB},\overrightarrow{DM}\right)=\dfrac{MB}{2}$ soit $MB=2\sin\left(\overrightarrow{DB},\overrightarrow{DM}\right)$.

Partie 2 : En posant : $\alpha=\left(\overrightarrow{OB},\overrightarrow{OM}\right)(2\pi)$.

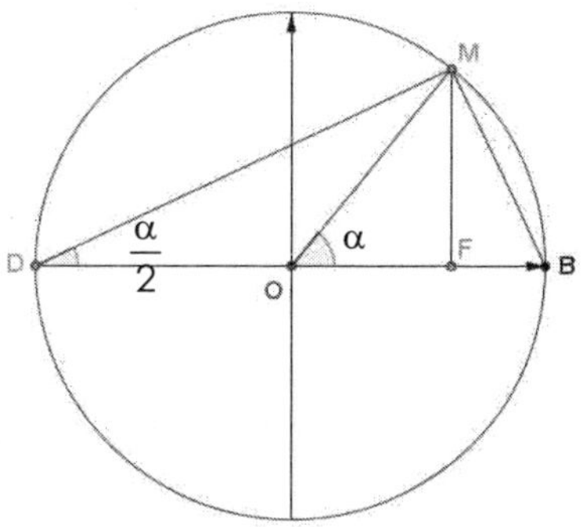

Si F est le pied de la hauteur du triangle OMB issue de M, alors le triangle MFB est rectangle en F.

Ainsi : $\left(\overrightarrow{MF},\overrightarrow{MB}\right)=\dfrac{\pi}{2}-\left(\overrightarrow{BM},\overrightarrow{BF}\right)(2\pi)$

Le triangle DMB est rectangle en M, donc : $\left(\overrightarrow{DF},\overrightarrow{DM}\right)=\dfrac{\pi}{2}-\left(\overrightarrow{BM},\overrightarrow{BF}\right)(2\pi)$

Conclusion : $\left(\overrightarrow{MF},\overrightarrow{MB}\right)=\left(\overrightarrow{DF},\overrightarrow{DM}\right)(2\pi)$.

b) Intéressons-nous au triangle FMB, il est rectangle en F et $\left(\overrightarrow{MF},\overrightarrow{MB}\right)=\dfrac{\alpha}{2}(2\pi)$.

On a donc $\cos\left(\dfrac{\alpha}{2}\right)=\dfrac{MF}{MB}=\dfrac{\sin(\alpha)}{2\sin\left(\dfrac{\alpha}{2}\right)}$ (car $MB=2\sin\left(\dfrac{\alpha}{2}\right)$ et car MF c'est exactement $\sin(\alpha)$ puisqu'on est dans un cercle trigo).

c) Comme $\cos\left(\dfrac{\alpha}{2}\right)=\dfrac{\sin(\alpha)}{2\sin\left(\dfrac{\alpha}{2}\right)}$, on a donc : $2\sin\left(\dfrac{\alpha}{2}\right)\cos\left(\dfrac{\alpha}{2}\right)=\sin(\alpha)$ ou ce qui revient au même : $2\sin(\alpha)\cos(\alpha)=\sin(2\alpha)$.

REMARQUES : a) Cette formule $2\sin(\alpha)\cos(\alpha)=\sin(2\alpha)$, *est appelée formule de duplication. On la reverra dans le chapitre 16 (expédiée en deux coups de cuiller à pot avec les formules d'addition, formule découlant du produit scalaire d'ailleurs).*

b) Claude Ptolémée (90-168) est l'un des plus grands astronomes de l'Antiquité (avec Hipparque de Nicée (190-120 av. J.-C.)). Son œuvre fondamentale : L'almageste *(dont est tiré cet exo) fut l'ouvrage de référence pendant des siècles : à la suite d'observations astronomiques d'une grande précision, et remarquables pour l'époque, Ptolémée avait mis au point un système très ingénieux dans lequel il plaçait la terre au centre de l'univers (on sait*

maintenant que c'est faux). Ce système marchait plutôt bien et fit autorité pendant des siècles. Néanmoins des mesures nouvelles (notamment effectuée par Copernic (1473-1543), puis confirmées plus tard par Galilée (1564-1642) et Kepler (1571-1630) montraient une contradiction du système. Le procès de Galilée accusé d'hérésie (pour son ouvrage Dialogue sur les deux grands systèmes du monde, 1633*) pour avoir défendu le système héliocentrique (le soleil au centre de l'univers) avancé par Copernic (mais déjà pressentie par Pythagore (580-495 av. J.-C.) fut un fait marquant du XVII*e *siècle, beaucoup de théologiens de l'époque (dont des dominicains et des jésuites) préférant le système de Ptolémée (la terre au centre du monde, décrit dans l'Almageste) plus conforme aux écritures.*
*Cet exercice est donc tiré d'un livre (*L'Almageste*) qui fut au centre (avec l'ouvrage de Galilée) d'un débat marquant de l'histoire des sciences. Galilée défendait le système de Copernic contre celui de Ptolémée, il fut contraint de se rétracter et d'abjurer ses propos (soumis à une pression immense, Galilée savait qu'avant lui, le malheureux savant Giordano Bruno (1548-1600) avait été condamné au bûcher, à être brûlé en place publique à Rome pour des propos similaires), puis fut assigné à résidence (et au silence) jusqu'à la fin de ses jours. Vous comprenez pourquoi il vaut mieux avoir entendu parlé de Ptolémée : son œuvre, indissociable de celle de Copernic (et de Galilée) furent au cœur d'un des plus grands procès du XVII*e *siècle !*

11

C'est de la trigonométrie usuelle (c'est-à-dire celle de collège et de Seconde).

a) D'après Pythagore dans le triangle ABH, on a : $c^2 = h^2 + BH^2$ d'où : $h^2 = c^2 - BH^2$. Toujours d'après Pythagore dans le triangle ACH cette fois, on a : $b^2 = h^2 + CH^2$ d'où : $h^2 = b^2 - CH^2$.

b)

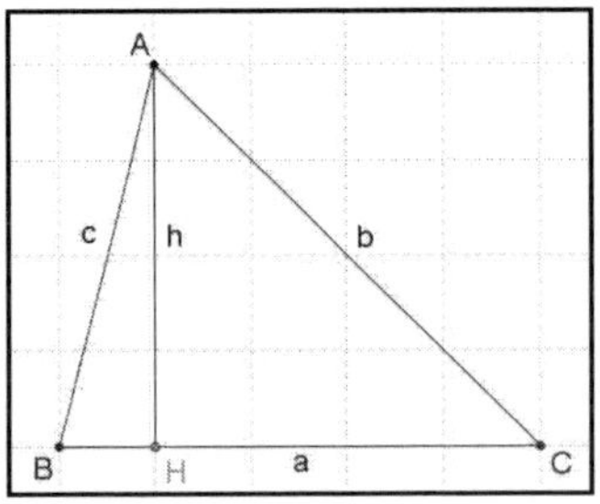

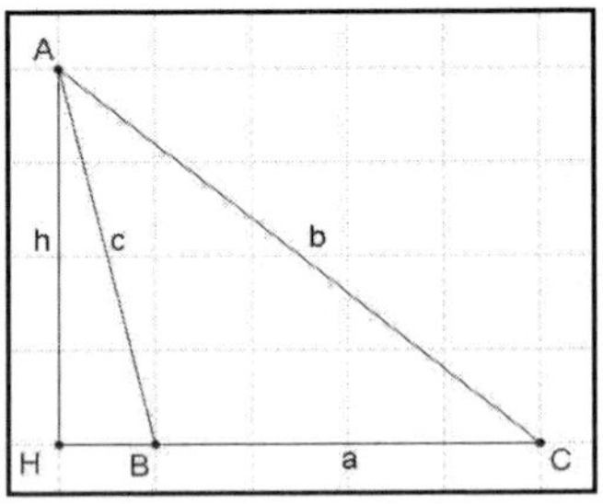

b) Comme $h^2 = h^2$, on a :
$c^2 - BH^2 = b^2 - CH^2$ et comme $CH = a - BH$, on a :
$c^2 - BH^2 = b^2 - (a - BH)^2$ soit :
$c^2 - BH^2 = b^2 - a^2 + 2a \times BH - BH^2$
c) $c^2 - BH^2 = b^2 - a^2 + 2a \times BH - BH^2$ devient : $c^2 = b^2 - a^2 + 2aBH$ soit : $b^2 = a^2 + c^2 - 2a \times BH$.
d) On a : $\cos(\hat{B}) = \frac{BH}{c}$ d'où :
$\cos(\hat{B})c = BH$.
Comme $b^2 = a^2 + c^2 - 2aBH$, on a $b^2 = a^2 + c^2 - 2ac \cdot \cos(\hat{B})$.

b) Comme $h^2 = h^2$, on a :
$c^2 - BH^2 = b^2 - CH^2$ et comme $CH = a + BH$, on a :
$c^2 - BH^2 = b^2 - (a + BH)^2$ soit :
$c^2 - BH^2 = b^2 - a^2 - 2a \times BH - BH^2$
c) $c^2 - BH^2 = b^2 - a^2 - 2a \times BH - BH^2$ devient : $c^2 = b^2 - a^2 - 2a \times BH$ soit : $b^2 = a^2 + c^2 + 2a \times BH$.
d) On a : $\cos(\widehat{HBA}) = \frac{BH}{c}$ d'où :
$\cos(\widehat{HBA})c = BH$. Or $\widehat{HBA} = \pi - \hat{B}$ d'où $\cos(\pi - \hat{B})c = BH$. Or $\cos(\pi - x) = -\cos(x)$, d'où :
$-\cos(\hat{B})c = BH$.
$b^2 = a^2 + c^2 + 2a \times BH$ devient alors : $b^2 = a^2 + c^2 - 2ac \cdot \cos(\hat{B})$.

12

C'est de la trigonométrie usuelle (c'est-à-dire celle de collège et de Seconde).

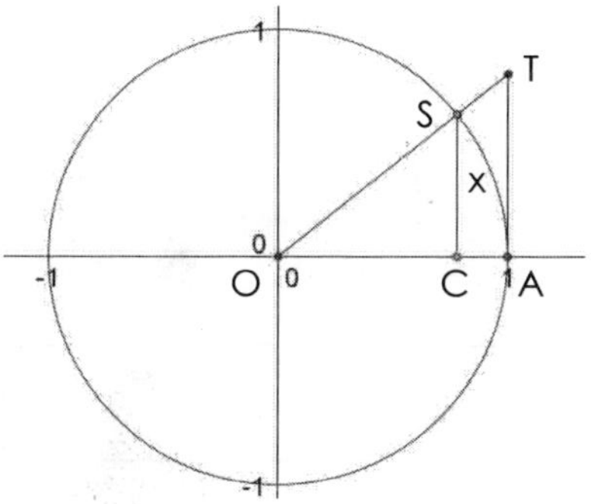

On reconnaît le cercle trigo (puisqu'il est de rayon 1), avec : $OC = \cos(x)$ et $CS = \sin(x)$, $OA = 1$, $OS = 1$. Pour AT, il faut travailler un peu, dans le triangle rectangle OAT, on a : $\tan(\widehat{AOT}) = \frac{AT}{OA} = \frac{AT}{1} = AT$ ce qui donne $\tan(x) = AT$.

REMARQUE : On peut avoir aussi une autre expression qui est $\frac{\sin(x)}{\cos(x)} = AT$ *(car* $\tan(x) = \frac{\sin(x)}{\cos(x)}$*, ce qui se démontre facilement par le Théorème de Thalès,* *regardez : On a* $(SC)//(TA)$*, et donc* $\frac{SC}{AT}=\frac{OC}{OA}$ *soit* $\frac{\sin(x)}{AT}=\frac{\cos(x)}{1}$ *soit* $\sin(x)=AT\cdot\cos(x)$ *soit* $\frac{\sin(x)}{\cos(x)}=AT$*, enfin bref...).*

Bien maintenant qu'on a toutes les mesures, on peut y aller !

a) OCS est rectangle en C donc : $\text{Aire}(OCS)=\frac{OC\times OS}{2}=\frac{\cos(x)\sin(x)}{2}$

b) L'aire du disque total (pour un tour complet, donc un angle de 2π) vaut π (le rayon vaut 1 donc $\pi R^2=\pi$), le secteur cherché (portion de disque correspondant à un angle de x) a donc pour aire $\frac{x}{2}$ (c'est proportionnel !).

$\text{Aire}(\text{Secteur})=\frac{x}{2}$

c) $\text{Aire}(OAT)=\frac{OA\times AT}{2}=\frac{1\cdot\tan(x)}{2}=\frac{\tan(x)}{2}$

d) L'aire du secteur est comprise entre celle du petit triangle OCS et du grand triangle OAT. On a donc $\frac{\cos(x)\sin(x)}{2}<\frac{x}{2}<\frac{\tan(x)}{2}$ soit :

$\cos(x)\sin(x)\leq x\leq\tan(x)$.

e) Comme $\tan(x)=\frac{\sin(x)}{\cos(x)}$, il vient : $\cos(x)\sin(x)\leq x\leq\frac{\sin(x)}{\cos(x)}$. Si on divise tout par $\sin(x)>0$ (car x est compris entre 0 et $\frac{\pi}{2}$), on obtient : $\cos(x)\leq\frac{x}{\sin(x)}\leq\frac{1}{\cos(x)}$ maintenant si on passe à l'inverse tous ces nombres (positifs car x est compris entre 0 et $\frac{\pi}{2}$), on obtient : $\frac{1}{\cos(x)}\geq\frac{\sin(x)}{x}\geq\cos(x)$

soit : $\cos(x)\leq\frac{\sin(x)}{x}\leq\frac{1}{\cos(x)}$.

f) Avec Xcas, on écrit :

```
limite(sin(x)/x,x,0)
                                   1
```

ce qui était prévisible, puisque : $\cos(0)=1$ et $\frac{1}{\cos(0)}=\frac{1}{1}=1$ et donc par encadrement $\left(\cos(x)\leq\frac{\sin(x)}{x}\leq\frac{1}{\cos(x)}\right)$, on a : $\lim_{x\to0}\frac{\sin(x)}{x}=1$ (Un jour, vous verrez que cette astuce s'appelle le théorème des gendarmes !).

Chapitre 15 :
METHODES SUR LE PRODUIT SCALAIRE
EXERCICES & CORRIGES

Exercices

1 **Relation d'Al Kashi (1380-1429) et Formule de Héron d'Alexandrie (1er siècle après J.-C.).**

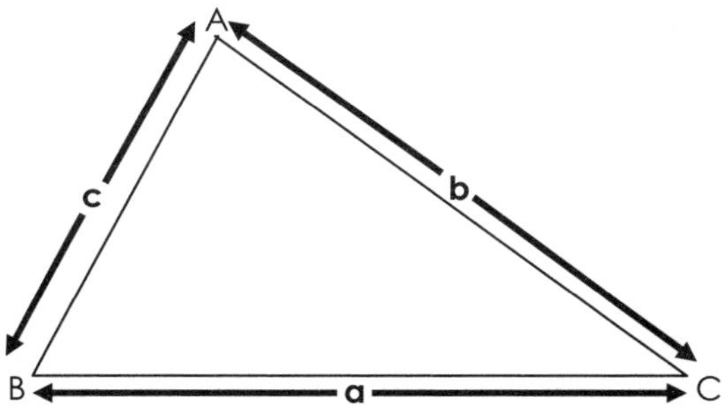

1°) Démontrer la **relation d'Al Kashi** : $a^2 = b^2 + c^2 - 2bc \cdot \cos(\widehat{A})$ **(ROC)**

(Pour y arriver, on utilisera les outils modernes : on calculera le carré scalaire $\overrightarrow{BC}^2 = \overrightarrow{BC} \cdot \overrightarrow{BC}$ en décomposant par Chasles (1793-1880) le vecteur $\overrightarrow{BC}$ en $\overrightarrow{BA} + \overrightarrow{AC}$ puis en utilisant la formule du cosinus).

2°) Démontrer **la formule de Héron d'Alexandrie** : $S = \sqrt{p(p-a)(p-b)(p-c)}$ où S désigne la surface du triangle et p le demi-périmètre).

Indications :

- On pourra utiliser la formule de l'aire $S = \frac{1}{2} bc \sin(\widehat{A})$ (connue des grecs anciens) en la passant au carré et en la comparant avec la formule de Héron également passée au carré...
- On pourra utiliser que le fait que $\cos(\widehat{A}) = \frac{b^2 + c^2 - a^2}{2bc}$ (formule qui découle de la relation d'Al Kashi, vue dans la question 1°)).

3°) Ecrire un algorithme permettant de calculer la surface d'un triangle à partir de ses trois côtés.

2 IJK est un triangle quelconque, extérieurement au triangle IJK on construit deux carrés : IJLM et IKNO. Soit $\Omega = \text{mil}[JK]$, démontrer que $(I\Omega) \perp (MO)$.

3 Soit ABCD un carré, $G = \text{mil}[AD]$, $Z = \text{mil}[DC]$. Démontrer par plusieurs méthodes différentes (utilisant le produit scalaire) que $(CG) \perp (BZ)$.

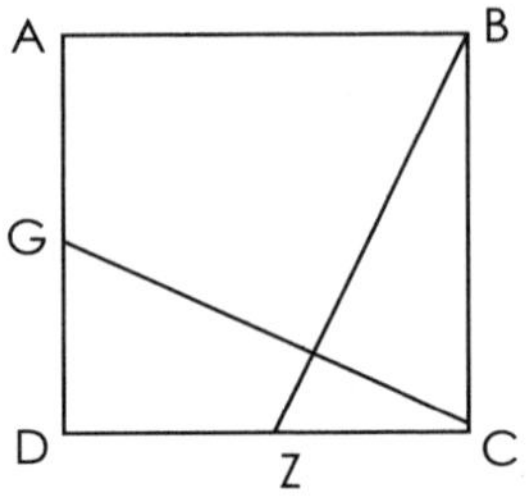

4 **Coordonnées d'un vecteur (à la Physicienne !)**

On considère le repère orthonormé $(O, \vec{i}, \vec{j})$. Soit $\vec{u}$ un vecteur non nul et soit $\alpha = (\vec{i}, \vec{u})$. Montrer que $\vec{u}$ admet pour coordonnées : $\vec{u}\begin{pmatrix} \|\vec{u}\|\cos(\alpha) \\ \|\vec{u}\|\sin(\alpha) \end{pmatrix}$.

5 On se place dans un repère orthonormal $(O; \vec{i}, \vec{j})$, la distance $d\left(M\begin{pmatrix} x_0 \\ y_0 \end{pmatrix}, (d)\right)$ d'un point $M\begin{pmatrix} x_0 \\ y_0 \end{pmatrix}$ à une droite $(d): ax + by + c = 0$ est la distance MH représentée ci-contre :

Démontrer que cette distance vaut : $d\left(M\begin{pmatrix} x_0 \\ y_0 \end{pmatrix}, (d)\right) = \dfrac{|ax_0 + by_0 + c|}{\sqrt{a^2 + b^2}}$

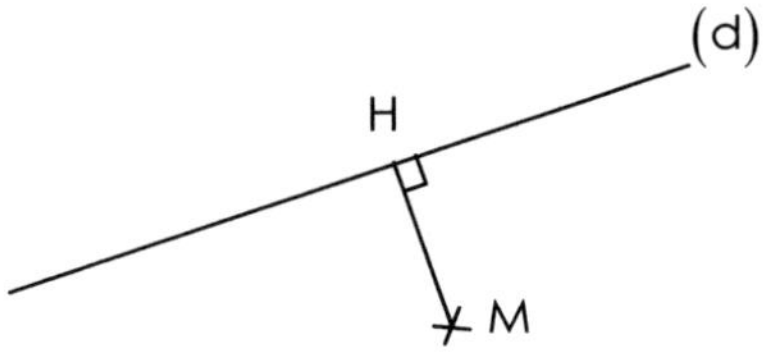

REMARQUE : On pourra utiliser le fait que $\vec{u}\begin{pmatrix} -b \\ a \end{pmatrix}$ *est un vecteur directeur de* $(d): ax + by + c = 0$

6 On considère le carré ABCD, et r un nombre réel positif.

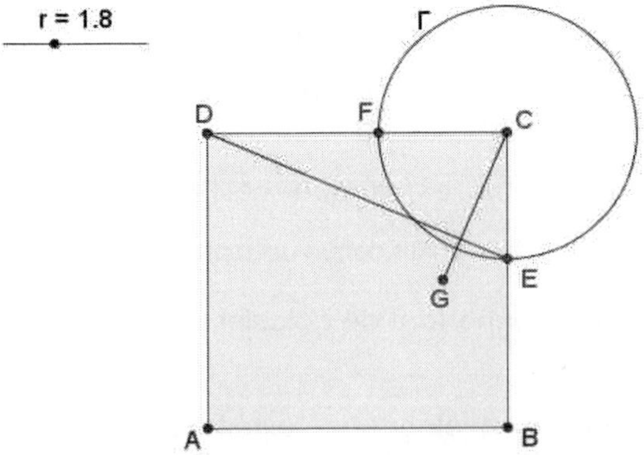

Soit (Γ) le cercle de centre C et de rayon r $(r < BC)$. Soit E le point d'intersection de (Γ) et du segment $[BC]$ et F le point d'intersection de (Γ) avec $[CD]$. Soit $G = \text{mil}[FB]$.

a) Construire une figure Geogebra avec ABCD de côté 5 et r un nombre réel compris entre 0 et 5 qu'on pourra faire varier par un curseur.
b) Que peut-on conjecturer sur les droites (GC) et (DE) ?
c) Démontrer votre conjecture.

7 **Inégalité de Cauchy-Schwarz**
Augustin Louis Cauchy (1789-1857, mathématicien français) et Hermann Schwarz (1843-1921, mathématicien allemand) ont montré indépendamment l'un de l'autre l'inégalité suivante : $|\vec{u}\cdot\vec{v}| \leq \|\vec{u}\| \times \|\vec{v}\|$ (valable pour tous vecteurs $\vec{u}$ et $\vec{v}$).
a) Démontrer cette inégalité en utilisant la formule du cosinus.
b) Démontrer cette inégalité en étudiant le signe du trinôme du second degré $P(x) = \|\vec{u} + x\vec{v}\|^2 = \|\vec{u}\|^2 + 2x\vec{u}\cdot\vec{v} + x^2\|\vec{v}\|^2$ ainsi que son discriminant.
c) Utiliser cette inégalité pour démontrer successivement que pour tous a et b (positifs), $2ab \leq a^2 + b^2$ puis que : $(a+b)^2 \leq 2(a^2+b^2)$.

Cauchy (1789-1857)

Schwarz (1843-1921)

Corrigés

1 **Méthodes utilisées : 5, 9.**

1°) On utilise le carré scalaire, à savoir que $a^2 = BC^2 = \overrightarrow{BC}^2$:

$$a^2 = BC^2 = \overrightarrow{BC}^2 = \overrightarrow{BC}\cdot\overrightarrow{BC} = \left(\overrightarrow{BA}+\overrightarrow{AC}\right)\cdot\left(\overrightarrow{BA}+\overrightarrow{AC}\right) = \overrightarrow{BA}\cdot\overrightarrow{BA}+\overrightarrow{BA}\cdot\overrightarrow{AC}+\overrightarrow{AC}\cdot\overrightarrow{BA}+\overrightarrow{AC}\cdot\overrightarrow{AC}$$

$$= \overrightarrow{BA}^2 + 2\overrightarrow{BA}\cdot\overrightarrow{AC} + \overrightarrow{AC}^2 = \overrightarrow{BA}^2 - 2\overrightarrow{AB}\cdot\overrightarrow{AC} + \overrightarrow{AC}^2 = BA^2 - 2\|\overrightarrow{AB}\|\cdot\|\overrightarrow{AC}\|\cos\left(\overrightarrow{AB},\overrightarrow{AC}\right) + AC^2$$

$$= c^2 - 2cb\cos\left(\overrightarrow{AB},\overrightarrow{AC}\right) + b^2 = b^2 + c^2 - 2bc\cos\left(\overrightarrow{AB},\overrightarrow{AC}\right) = b^2 + c^2 - 2bc\cos\left(\widehat{A}\right)$$

Remarque : on utilisera cette relation d'Al Kashi dans le futur chapitre 16 : Applications du produit scalaire.

2°) On a $S = \frac{1}{2}bc\sin\left(\widehat{A}\right)$ (Formule de l'aire) soit :

$S^2 = \left(\frac{1}{2}bc\sin\left(\widehat{A}\right)\right)^2 = \frac{1}{4}b^2c^2\sin^2\left(\widehat{A}\right) = \frac{1}{4}b^2c^2\left(1-\cos^2\left(\widehat{A}\right)\right)$. Or d'après Al Kashi,

$\cos\left(\widehat{A}\right) = \frac{b^2+c^2-a^2}{2bc}$ soit : $\cos^2\left(\widehat{A}\right) = \left(\frac{b^2+c^2-a^2}{2bc}\right)^2 = \frac{1}{4b^2c^2}\left(b^2+c^2-a^2\right)^2$

d'où : $S^2 = \frac{1}{4}b^2c^2\left(1-\frac{1}{4b^2c^2}\left(b^2+c^2-a^2\right)^2\right)$ soit :

$S^2 = \frac{1}{4}b^2c^2\left(\frac{4b^2c^2}{4b^2c^2}-\frac{1}{4b^2c^2}\left(b^2+c^2-a^2\right)^2\right)$ soit (après calculs) :

$S^2 = \frac{1}{16}\left(2b^2c^2-a^4+2a^2b^2+2a^2c^2-b^4-c^4\right)$.

Comparons avec l'expression de la formule de Héron ($\sqrt{p(p-a)(p-b)(p-c)}$) "passée" au carré : posons $H=\sqrt{p(p-a)(p-b)(p-c)}$ et calculons alors H^2 :

$H^2 = \left(\sqrt{p(p-a)(p-b)(p-c)}\right)^2$, ce qui donne naturellement :

$H^2 = p(p-a)(p-b)(p-c)$. Or $p=\frac{a+b+c}{2}$ (c'est le demi périmètre !) d'où :

$H^2 = p(p-a)(p-b)(p-c) = \left(\frac{a+b+c}{2}\right)\left(\frac{a+b+c}{2}-a\right)\left(\frac{a+b+c}{2}-b\right)\left(\frac{a+b+c}{2}-c\right)$

soit : $H^2 = \left(\frac{a+b+c}{2}\right)\left(\frac{a+b+c}{2}-a\right)\left(\frac{a+b+c}{2}-b\right)\left(\frac{a+b+c}{2}-c\right)$ soit :

$H^2 = \left(\frac{a+b+c}{2}\right)\left(\frac{b+c-a}{2}\right)\left(\frac{a+c-b}{2}\right)\left(\frac{a+b-c}{2}\right)$ soit (après calculs...)

$H^2 = \frac{1}{16}\left(-a^4+2a^2b^2+2a^2c^2-b^4+2b^2c^2-c^4\right)$ (allez-y ! Vérifiez-le !). Ainsi (oh miracle !) $S^2=H^2$ ce qui compte tenu du fait que S et H sont deux réels positifs donne $S=H$, c'est-à-dire : $S=\sqrt{p(p-a)(p-b)(p-c)}$ (Bravo Héron !)

3°) C'est fait en deux secondes !

```
▼ VARIABLES
  ├─ a EST_DU_TYPE NOMBRE
  ├─ b EST_DU_TYPE NOMBRE
  ├─ c EST_DU_TYPE NOMBRE
  ├─ p EST_DU_TYPE NOMBRE
  └─ S EST_DU_TYPE NOMBRE
▼ DEBUT_ALGORITHME
  ├─ LIRE a
  ├─ LIRE b
  ├─ LIRE c
  ├─ p PREND_LA_VALEUR (a+b+c)/2
  ├─ S PREND_LA_VALEUR (p*(p-a)*(p-b)*(p-c))^0.5
  ├─ AFFICHER "Le triangle a pour superficie : "
  └─ AFFICHER S
└─ FIN_ALGORITHME
```

REMARQUES : a) Cette formule a une curieuse histoire, elle porte le nom de Héron d'Alexandrie (Alexandra... Aaah... j'ai plus d'appétit...aaah... qu'un barracuda), grand mathématicien et mécanicien (il a inventé une machine à vapeur, entre autre), alors qu'en fait elle était connue bien avant d'Archimède

(287-212 av. J.-C.), le plus grand génie de l'antiquité (ba-ra-cou-da !). De même, la démonstration qu'on vient de voir utilise la relation de l'astronome et mathématicien persan Al Kashi (1380-1429). Il y a comme un problème d'incompatibilité de dates, ne trouvez-vous pas ? Et bien non, car toutes les formules qu'on vient de citer étaient déjà connues d'Euclide (325-265 av. J.-C.), l'un des plus grands mathématiciens de tous les temps, auteur des Eléments, le livre au plus grand nombre d'éditions après la Bible ... L'histoire des sciences est curieuse (mais c'est ainsi), des théorèmes portent parfois les noms des seconds découvreurs et pas toujours des premiers. C'est parfois parce que les premiers ne prenaient pas la peine de bien publier ou faire connaître leurs résultats, démonstration à l'appui. Il en est ainsi des théorèmes de Pythagore et de Thalès probablement déjà connues bien avant des babyloniens et des prêtres égyptiens. Il est en ainsi du calcul intégral (à qui on associe systématiquement le nom de Newton et de Leibniz) alors qu'il était déjà connu (et manipulé !) avant de Fermat, Roberval, Pascal, Cavalieri, et probablement d'Archimède. Pourquoi l'histoire a retenu certains noms plutôt que d'autres, en voilà une bonne question qui pourrait faire une bonne discert' de philo par exemple, ou un magnifique (ou pénible ?) débat d'universitaires érudits. On vous laisse le choix, nous on va se coucher…

b) Sachez que la formule de Héron (les sirènes du port d'Alexandrie…), valable pour les triangles, existe pour les quadrilatères, c'est la formule de Brahmagupta (grand mathématicien indien, 598-670), la voici :

$S=\sqrt{(p-a)(p-b)(p-c)(p-d)}$ *(où a, b, c et sont les quatre côtés du quadrilatère et p le demi-périmètre du quadrilatère). Seul bémol (…chantent encore la même…), cette formule n'est vraie que pour les quadrilatères inscriptibles dans un cercle (mélodie, woh, woh, woh). Remarquez tout de même (La lumière du phare… fait naufrager…) qu'en prenant un côté égal à 0, par exemple, c'est-à-dire en prenant un triangle (et tout triangle est inscriptible dans un cercle, à savoir son cercle circonscrit) on retombe sur la formule de Barracu… pardon, de Héron* $S=\sqrt{(p-a)(p-b)(p-c)p}$ *! Tout se retrouve, ah c'est vraiment merveilleux les maths. Des trucs aussi beaux (les papillons… de ma jeuness…..se), y a de quoi avoir la larme à l'œil, non ?*

2 **Méthodes utilisées : 16, 3, 15.**

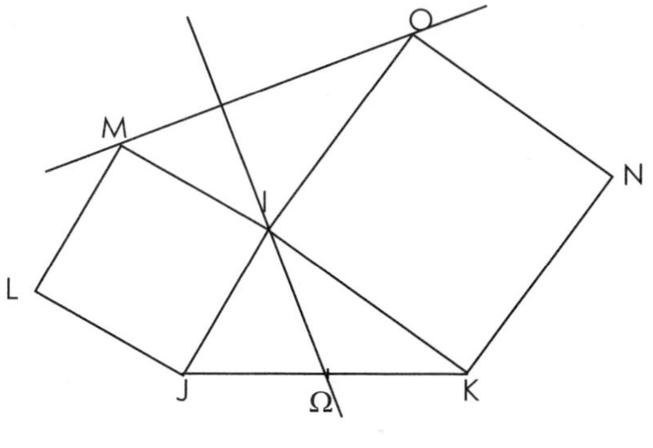

Montrons que $\overrightarrow{I\Omega}\cdot\overrightarrow{OM}=0$.

$\overrightarrow{I\Omega}\cdot\overrightarrow{OM}=\frac{1}{2}\left(\overrightarrow{IJ}+\overrightarrow{IK}\right)\cdot\left(\overrightarrow{OI}+\overrightarrow{IM}\right)=\frac{1}{2}\left(\overrightarrow{IJ}\cdot\overrightarrow{OI}+\overrightarrow{IJ}\cdot\overrightarrow{IM}+\overrightarrow{IK}\cdot\overrightarrow{OI}+\overrightarrow{IK}\cdot\overrightarrow{IM}\right)$ soit :

$\overrightarrow{I\Omega}\cdot\overrightarrow{OM}=\frac{1}{2}\left(\overrightarrow{IJ}\cdot\overrightarrow{OI}+0+0+\overrightarrow{IK}\cdot\overrightarrow{IM}\right)$.

Or : $\overrightarrow{IJ}\cdot\overrightarrow{OI}=-\overrightarrow{IJ}\cdot\overrightarrow{IO}=-\left\|\overrightarrow{IJ}\right\|\times\left\|\overrightarrow{IO}\right\|\times\cos\left(\overrightarrow{IJ},\overrightarrow{IO}\right)$ et $\overrightarrow{IK}\cdot\overrightarrow{IM}=\left\|\overrightarrow{IK}\right\|\times\left\|\overrightarrow{IM}\right\|\times\cos\left(\overrightarrow{IK},\overrightarrow{IM}\right)$

Par ailleurs : $\begin{cases}\left(\overrightarrow{IJ},\overrightarrow{IO}\right)=\left(\overrightarrow{IJ},\overrightarrow{IK}\right)+\frac{\pi}{2}\ (2\pi)\\ \left(\overrightarrow{IK},\overrightarrow{IM}\right)=\frac{\pi}{2}+\left(\overrightarrow{IO},\overrightarrow{IM}\right)\ (2\pi)\end{cases}$ et $\left(\overrightarrow{IO},\overrightarrow{IM}\right)+\frac{\pi}{2}+\left(\overrightarrow{IJ},\overrightarrow{IK}\right)+\frac{\pi}{2}=2\pi\ (2\pi)$

d'où : $\left(\overrightarrow{IJ},\overrightarrow{IK}\right)=\pi-\left(\overrightarrow{IO},\overrightarrow{IM}\right)\ (2\pi)$

et donc $\left(\overrightarrow{IJ},\overrightarrow{IO}\right)=\frac{3\pi}{2}-\left(\overrightarrow{IO},\overrightarrow{IM}\right)=-\frac{\pi}{2}-\left(\overrightarrow{IO},\overrightarrow{IM}\right)=-\left(\frac{\pi}{2}+\left(\overrightarrow{IO},\overrightarrow{IM}\right)\right)=-\left(\overrightarrow{IK},\overrightarrow{IM}\right)\ (2\pi)$ et

donc : $\cos\left(\overrightarrow{IJ},\overrightarrow{IO}\right)=\cos\left(\overrightarrow{IK},\overrightarrow{IM}\right)$ (car $\cos(-x)=\cos(x)$). Tout ça pour ça ! Mais oui car alors tout va se simplifier :

$\overrightarrow{I\Omega}\cdot\overrightarrow{OM}=\frac{1}{2}\left(\overrightarrow{IJ}\cdot\overrightarrow{OI}+0+0+\overrightarrow{IK}\cdot\overrightarrow{IM}\right)=-\left\|\overrightarrow{IJ}\right\|\times\left\|\overrightarrow{IO}\right\|\times\cos\left(\overrightarrow{IJ},\overrightarrow{IO}\right)+\left\|\overrightarrow{IK}\right\|\times\left\|\overrightarrow{IM}\right\|\times\cos\left(\overrightarrow{IK},\overrightarrow{IM}\right)=0$

(car $\left\|\overrightarrow{IJ}\right\|=\left\|\overrightarrow{IM}\right\|$ et $\left\|\overrightarrow{IO}\right\|=\left\|\overrightarrow{IK}\right\|$). Donc $(I\Omega)\perp(MO)$.

3 **Méthode utilisée : 10, 11, 13, 3, 16, 4, 5, 16, 17.**

1re **méthode** (utilisant les repères) :

Dans le r.o.n $\left(D;\overrightarrow{DC},\overrightarrow{DA}\right)$ on a : $C\begin{pmatrix}1\\0\end{pmatrix}$, $G\begin{pmatrix}0\\0{,}5\end{pmatrix}$ donc $\overrightarrow{CG}\begin{pmatrix}0-1\\0{,}5-0\end{pmatrix}=\overrightarrow{CG}\begin{pmatrix}-1\\0{,}5\end{pmatrix}$.

On a aussi $B\begin{pmatrix}1\\1\end{pmatrix}$, $Z\begin{pmatrix}0{,}5\\0\end{pmatrix}$ et donc $\overrightarrow{BZ}\begin{pmatrix}0{,}5-1\\0-1\end{pmatrix}=\overrightarrow{BZ}\begin{pmatrix}-0{,}5\\-1\end{pmatrix}$.

Puisqu'on est dans un r.o.n, la formule $\vec{u}\cdot\vec{v}=xx'+yy'$ s'applique, et donc :
$\overrightarrow{CG}\cdot\overrightarrow{BZ}=(-1)\times(-0{,}5)+0{,}5\times(-1)=0{,}5-0{,}5=0$ et donc $(CG)\perp(BZ)$.

2e **méthode** (utilisant Chasles et les vecteurs colinéaires) :

$\overrightarrow{CG}\cdot\overrightarrow{BZ}=\left(\overrightarrow{CD}+\overrightarrow{DG}\right)\cdot\left(\overrightarrow{BC}+\overrightarrow{CZ}\right)=\overrightarrow{CD}\cdot\overrightarrow{BC}+\overrightarrow{CD}\cdot\overrightarrow{CZ}+\overrightarrow{DG}\cdot\overrightarrow{BC}+\overrightarrow{DG}\cdot\overrightarrow{CZ}$

Or $(CD)\perp(BC)$ donc $\overrightarrow{CD}\cdot\overrightarrow{BC}=0$. $(DG)\perp(CZ)$ donc $\overrightarrow{DG}\cdot\overrightarrow{CZ}=0$.

$\overrightarrow{CD}$ et $\overrightarrow{CZ}$ sont colinéaires de même sens donc

$\overrightarrow{CD}\cdot\overrightarrow{CZ}=\left\|\overrightarrow{CD}\right\|\cdot\left\|\overrightarrow{CZ}\right\|=a\times\frac{a}{2}=\frac{a^2}{2}$ (où a $(a>0)$ est la longueur du carré).

$\overrightarrow{DG}$ et $\overrightarrow{BC}$ sont colinéaires de sens contraire donc

$\overrightarrow{DG}\cdot\overrightarrow{BC}=-\left\|\overrightarrow{DG}\right\|\cdot\left\|\overrightarrow{BC}\right\|=-\frac{a}{2}\times a=-\frac{a^2}{2}$.

Conclusion : $\overrightarrow{CG}\cdot\overrightarrow{BZ}=0+\frac{a^2}{2}-\frac{a^2}{2}+0=0$ et donc $(CG)\perp(BZ)$.

3e **et** 4e **méthodes** (utilisant la caractérisation des milieux, la projection ou la formule des cosinus):

$G = \text{mil}[AD]$ donc : $\overrightarrow{CG} = \frac{1}{2}\overrightarrow{CA} + \frac{1}{2}\overrightarrow{CD}$. De même $Z = \text{mil}[DC]$ donc $\overrightarrow{BZ} = \frac{1}{2}\overrightarrow{BD} + \frac{1}{2}\overrightarrow{BC}$. D'où :

$$\overrightarrow{CG}\cdot\overrightarrow{BZ} = \left(\frac{1}{2}\overrightarrow{CA} + \frac{1}{2}\overrightarrow{CD}\right)\cdot\left(\frac{1}{2}\overrightarrow{BD} + \frac{1}{2}\overrightarrow{BC}\right) = \frac{1}{4}\overrightarrow{CA}\cdot\overrightarrow{BD} + \frac{1}{4}\overrightarrow{CA}\cdot\overrightarrow{BC} + \frac{1}{4}\overrightarrow{CD}\cdot\overrightarrow{BD} + \frac{1}{4}\overrightarrow{CD}\cdot\overrightarrow{BC}$$

soit : $\overrightarrow{CG}\cdot\overrightarrow{BZ} = 0 + \frac{1}{4}\overrightarrow{CA}\cdot\overrightarrow{BC} + \frac{1}{4}\overrightarrow{CD}\cdot\overrightarrow{BD} + 0 = \frac{1}{4}\left(\overrightarrow{CA}\cdot\overrightarrow{BC} + \overrightarrow{CD}\cdot\overrightarrow{BD}\right)$

- 1re manière : En projetant : $\begin{cases} \overrightarrow{CA}\cdot\overrightarrow{BC} = \overrightarrow{BC}\cdot\overrightarrow{CA} = \overrightarrow{BC}\cdot\overrightarrow{CB} = -\left\|\overrightarrow{BC}\right\|^2 \\ \overrightarrow{CD}\cdot\overrightarrow{BD} = \overrightarrow{CD}\cdot\overrightarrow{CD} = \left\|\overrightarrow{CD}\right\|^2 \end{cases}$ donc :

$\overrightarrow{CG}\cdot\overrightarrow{BZ} = \frac{1}{4}\left(-\left\|\overrightarrow{BC}\right\|^2 + \left\|\overrightarrow{CD}\right\|^2\right) = 0$ (car ABCD est un carré donc $\left\|\overrightarrow{BC}\right\| = \left\|\overrightarrow{CD}\right\|$).

Donc $(CG) \perp (BZ)$.

- 2e manière : en utilisant la formule du cosinus (mais pour bien l'utiliser il faut que les vecteurs aient bien la même origine) :

On a $\overrightarrow{CA}\cdot\overrightarrow{BC} = -\overrightarrow{CA}\cdot\overrightarrow{CB}$. De même, on a $\overrightarrow{CD}\cdot\overrightarrow{BD} = \left(-\overrightarrow{DC}\right)\cdot\left(-\overrightarrow{DB}\right) = \overrightarrow{DC}\cdot\overrightarrow{DB}$. Ainsi :

$$\overrightarrow{CG}\cdot\overrightarrow{BZ} = \frac{1}{4}\left(-\overrightarrow{CA}\cdot\overrightarrow{CB} + \overrightarrow{DC}\cdot\overrightarrow{DB}\right)$$

$$\overrightarrow{CG}\cdot\overrightarrow{BZ} = \frac{1}{4}\left(-\left\|\overrightarrow{CA}\right\|\times\left\|\overrightarrow{CB}\right\|\times\cos\left(\overrightarrow{CA},\overrightarrow{CB}\right) + \left\|\overrightarrow{DC}\right\|\times\left\|\overrightarrow{DB}\right\|\times\cos\left(\overrightarrow{DC},\overrightarrow{DB}\right)\right)$$

$\overrightarrow{CG}\cdot\overrightarrow{BZ} = \frac{1}{4}\left(-CA\times CB\times\cos\left(-\frac{\pi}{4}\right) + DC\times DB\times\cos\left(\frac{\pi}{4}\right)\right) = 0$ (en effet : $CA\times CB\times\cos\left(-\frac{\pi}{4}\right) = DC\times DB\times\cos\left(\frac{\pi}{4}\right)$ puisque $CA = DB$, $CB = DC$ et $\cos\left(-\frac{\pi}{4}\right) = \cos\left(\frac{\pi}{4}\right) = \frac{\sqrt{2}}{2}$). Conclusion, comme $\overrightarrow{CG}\cdot\overrightarrow{BZ} = 0$, on a $(CG) \perp (BZ)$.

5e méthode (utilisant les milieux et le théorème de la bande) : $G = \text{mil}[AD]$ donc : $\overrightarrow{CG} = \frac{1}{2}\overrightarrow{CA} + \frac{1}{2}\overrightarrow{CD}$. De même $Z = \text{mil}[DC]$ donc $\overrightarrow{BZ} = \frac{1}{2}\overrightarrow{BD} + \frac{1}{2}\overrightarrow{BC}$. D'où :

$$\overrightarrow{CG}\cdot\overrightarrow{BZ} = \left(\frac{1}{2}\overrightarrow{CA} + \frac{1}{2}\overrightarrow{CD}\right)\cdot\left(\frac{1}{2}\overrightarrow{BD} + \frac{1}{2}\overrightarrow{BC}\right) = \frac{1}{4}\overrightarrow{CA}\cdot\overrightarrow{BD} + \frac{1}{4}\overrightarrow{CA}\cdot\overrightarrow{BC} + \frac{1}{4}\overrightarrow{CD}\cdot\overrightarrow{BD} + \frac{1}{4}\overrightarrow{CD}\cdot\overrightarrow{BC}$$

$\overrightarrow{CG}\cdot\overrightarrow{BZ} = 0 + \frac{1}{4}\overrightarrow{CA}\cdot\overrightarrow{BC} + \frac{1}{4}\overrightarrow{CD}\cdot\overrightarrow{BD} + 0$. Or $\overrightarrow{CA}\cdot\overrightarrow{BC} = \overrightarrow{DB}\cdot\overrightarrow{BC}$ ($\overrightarrow{CA}$ et $\overrightarrow{DB}$ sont dans la même bande) et donc :

$$\overrightarrow{CG}\cdot\overrightarrow{BZ} = \frac{1}{4}\overrightarrow{DB}\cdot\overrightarrow{BC} + \frac{1}{4}\overrightarrow{CD}\cdot\overrightarrow{BD} = \frac{1}{4}\overrightarrow{DB}\cdot\overrightarrow{BC} - \frac{1}{4}\overrightarrow{CD}\cdot\overrightarrow{DB} = \frac{1}{4}\overrightarrow{DB}\cdot\left(\overrightarrow{BC} - \overrightarrow{CD}\right)$$

$\overrightarrow{CG}\cdot\overrightarrow{BZ} = \frac{1}{4}\overrightarrow{DB}\cdot\left(\overrightarrow{BC} + \overrightarrow{DC}\right) = \frac{1}{4}\overrightarrow{DB}\cdot\left(\overrightarrow{AD} + \overrightarrow{DC}\right) = \frac{1}{4}\overrightarrow{DB}\cdot\overrightarrow{AC} = 0$ (car les diagonales d'un carré sont orthogonales !).

Il y a d'autres méthodes, peut-être en aviez-vous d'autres vous-même. C'est ça qui est génial avec les Maths : souvent il n'y a pas qu'un chemin qui mène au but ! Parfois même les chemins détournés mènent aux découvertes les plus belles.

[4] Méthodes utilisées : 6, 5.

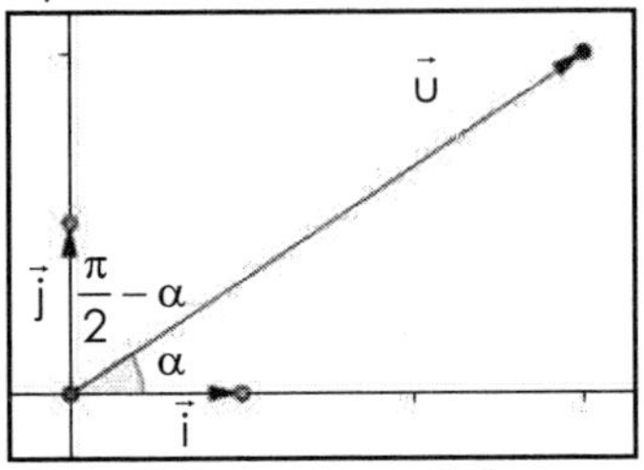

On a : $\vec{i}\cdot\vec{u}=\|\vec{i}\|\times\|\vec{u}\|\times\cos(\vec{i},\vec{u})=1\times\|\vec{u}\|\times\cos(\alpha)=\|\vec{u}\|\cos(\alpha)$.

On a : $\vec{j}\cdot\vec{u}=\|\vec{j}\|\times\|\vec{u}\|\times\cos(\vec{j},\vec{u})=1\times\|\vec{u}\|\times\cos\left(\frac{\pi}{2}-\alpha\right)=\|\vec{u}\|\sin(\alpha)$.

car $\cos\left(\frac{\pi}{2}-x\right)=\sin(x)$ (voir angles associées, méthode 10, Chapitre 14).

D'autre part : $\vec{i}\begin{pmatrix}1\\0\end{pmatrix}$ et $\vec{u}\begin{pmatrix}x\\y\end{pmatrix}$ donne d'après la formule analytique : $\vec{i}\cdot\vec{u}=x$.

$\vec{j}\begin{pmatrix}0\\1\end{pmatrix}$ et $\vec{u}\begin{pmatrix}x\\y\end{pmatrix}$ donne d'après la formule analytique : $\vec{j}\cdot\vec{u}=y$.

On a donc $x=\|\vec{u}\|\cos(\alpha)$ et $y=\|\vec{u}\|\sin(\alpha)$ d'où $\vec{u}\begin{pmatrix}x\\y\end{pmatrix}=\vec{u}\begin{pmatrix}\|\vec{u}\|\cos(\alpha)\\\|\vec{u}\|\sin(\alpha)\end{pmatrix}$.

[5] Méthode utilisée : 6, 10.

Il faut déterminer les coordonnées de H, projeté orthogonal de $M\begin{pmatrix}x_0\\y_0\end{pmatrix}$ sur $(d): ax+by+c=0$. Ce point $H\begin{pmatrix}x_H\\y_H\end{pmatrix}$ est caractérisé par deux choses :

a) $\overrightarrow{MH}\begin{pmatrix}x_H-x_0\\y_H-y_0\end{pmatrix}$ et $\vec{u}\begin{pmatrix}-b\\a\end{pmatrix}$ sont orthogonaux donc :

$(x_H-x_0)\times(-b)+(y_H-y_0)\times a=0 \Leftrightarrow -bx_H+ay_H+bx_0-ay_0=0$

b) $H\begin{pmatrix}x_H\\y_H\end{pmatrix}\in(d)$ donc : $ax_H+by_H+c=0$.

Donc $H\begin{pmatrix}x_H\\y_H\end{pmatrix}$ vérifie le système : $\begin{cases}-bx_H+ay_H+bx_0-ay_0=0\\ax_H+by_H+c=0\end{cases}$ (1)

Déterminons x_H : $(1)\Leftrightarrow\begin{cases}-b^2x_H+aby_H+b^2x_0-aby_0=0\\a^2x_H+aby_H+ca=0\end{cases}$

ce qui donne en soustrayant les deux équations :

$(a^2+b^2)x_H+ca-b^2x_0+aby_0=0 \Leftrightarrow x_H=\dfrac{b^2x_0-ca-aby_0}{(a^2+b^2)}$.

Déterminons y_H : $(1) \Leftrightarrow \begin{cases} -abx_H + a^2y_H + bax_0 - a^2y_0 = 0 \\ abx_H + b^2y_H + cb = 0 \end{cases}$

ce qui donne en ajoutant les deux équations :

$$\left(a^2+b^2\right)y_H + bax_0 + cb - a^2y_0 = 0 \Leftrightarrow y_H = \frac{a^2y_0 - cb - abx_0}{\left(a^2+b^2\right)}.$$

Bien calculons maintenant $d\left(M\begin{pmatrix} x_0 \\ y_0 \end{pmatrix},(d)\right) = \left\|\overrightarrow{MH}\right\|$.

Comme $\left\|\overrightarrow{MH}\right\| = \sqrt{(x_H - x_0)^2 + (y_H - y_0)^2}$,

$$\left\|\overrightarrow{MH}\right\| = \sqrt{\left(\frac{b^2x_0 - ca - aby_0}{\left(a^2+b^2\right)} - x_0\right)^2 + \left(\frac{a^2y_0 - cb - abx_0}{\left(a^2+b^2\right)} - y_0\right)^2} \text{ soit :}$$

$$\left\|\overrightarrow{MH}\right\| = \sqrt{\left(\frac{-a(ax_0 + by_0 + c)}{a^2+b^2}\right)^2 + \left(\frac{-b(ax_0 + by_0 + c)}{a^2+b^2}\right)^2} = \sqrt{\frac{(ax_0 + by_0 + c)^2}{a^2+b^2}} \text{ d'où :}$$

$\left\|\overrightarrow{MH}\right\| = \dfrac{|ax_0 + by_0 + c|}{\sqrt{a^2+b^2}}$ comme promis (ouf).

[6] **Méthodes utilisées : 10, 11.**

a) b) On peut conjecturer que $(GC) \perp (DE)$ quelque soit le rayon r (r compris entre 0 et 5). C'est vrai qu'en faisant varier r, l'angle reste droit.

c) Dans le repère $\left(A;\overrightarrow{AB},\overrightarrow{AD}\right)$, on a $F\begin{pmatrix} 1-r \\ 1 \end{pmatrix}$ et $B\begin{pmatrix} 1 \\ 0 \end{pmatrix}$.

Comme $G = \text{mil}[FB]$, on a : $G\begin{pmatrix} \frac{1-r+1}{2} \\ \frac{1+0}{2} \end{pmatrix} = G\begin{pmatrix} \frac{2-r}{2} \\ \frac{1}{2} \end{pmatrix}$.

Comme $C\begin{pmatrix} 1 \\ 1 \end{pmatrix}$, on a $\overrightarrow{GC}\begin{pmatrix} 1-\frac{2-r}{2} \\ 1-\frac{1}{2} \end{pmatrix} = \overrightarrow{GC}\begin{pmatrix} \frac{2-(2-r)}{2} \\ \frac{1}{2} \end{pmatrix} = \overrightarrow{GC}\begin{pmatrix} \frac{r}{2} \\ \frac{1}{2} \end{pmatrix}$. Par ailleurs, on a $D\begin{pmatrix} 0 \\ 1 \end{pmatrix}$ et $E\begin{pmatrix} 1 \\ 1-r \end{pmatrix}$ et donc $\overrightarrow{DE}\begin{pmatrix} 1-0 \\ 1-r-1 \end{pmatrix} = \overrightarrow{DE}\begin{pmatrix} 1 \\ -r \end{pmatrix}$. Enfin $\overrightarrow{GC}\cdot\overrightarrow{DE} = \frac{r}{2}\times 1 + \frac{1}{2}\times(-r) = 0$ ce qui prouve que $(GC) \perp (DE)$.

[7] **Méthode utilisée : 5.**

C'est l'inéquation la plus connue des cours d'Analyse mathématique. (C'est un grand classique des colles de Maths Sup !) : on la voit en avant première pour vous dès la 1e S, parce qu'elle est tout à fait abordable à votre niveau !).

a) D'après la formule du cosinus, on a $\vec{u}\cdot\vec{v} = \|\vec{u}\| \times \|\vec{v}\| \times \cos(\vec{u},\vec{v})$. Or un cosinus étant toujours compris entre -1 et 1, on a toujours $\left|\cos(\vec{u},\vec{v})\right| \leq 1$.

Comme $|\vec{u}\cdot\vec{v}| = \|\vec{u}\|\times\|\vec{v}\|\times|\cos(\vec{u},\vec{v})|$, on a : $|\vec{u}\cdot\vec{v}| \le \|\vec{u}\|\times\|\vec{v}\|\times 1$ soit $|\vec{u}\cdot\vec{v}| \le \|\vec{u}\|\times\|\vec{v}\|$.

b) On considère : $P(x) = \|\vec{u}+x\vec{v}\|^2$.

Démontrons d'abord que $P(x) = \|\vec{u}\|^2 + 2x\vec{u}\cdot\vec{v} + x^2\|\vec{v}\|^2$.

On a :

$$P(x) = \|\vec{u}+x\vec{v}\|^2 = (\vec{u}+x\vec{v})^2 = (\vec{u}+x\vec{v})\cdot(\vec{u}+x\vec{v}) = \vec{u}\cdot\vec{u} + 2\vec{u}\cdot x\vec{v} + x\vec{v}\cdot x\vec{v} = \vec{u}^2 + 2x\vec{u}\cdot\vec{v} + \vec{v}^2x^2$$

soit : $P(x) = \|\vec{u}\|^2 + 2x\vec{u}\cdot\vec{v} + x^2\|\vec{v}\|^2$.

C'est donc bien un trinôme du second degré avec $\begin{cases} a = \|\vec{v}\|^2 \\ b = 2\vec{u}\cdot\vec{v} \\ c = \|\vec{u}\|^2 \end{cases}$ et pour discriminant : $\Delta = b^2 - 4ac = (2\vec{u}\cdot\vec{v})^2 - 4\|\vec{u}\|^2\|\vec{v}\|^2 = 4(\vec{u}\cdot\vec{v})^2 - 4\|\vec{u}\|^2\|\vec{v}\|^2$.

Par ailleurs l'expression $P(x) = \|\vec{u}+x\vec{v}\|^2$ montre (puisque c'est un carré et une norme !) que le trinôme $P(x)$ est toujours positif : cela signifie qu'il ne change pas de signe et que donc $\Delta \le 0$ (car si on avait $\Delta > 0$, nous aurions deux racines et un changement de signe, d'après le théorème du signe du trinôme).

$\Delta \le 0$ implique $4(\vec{u}\cdot\vec{v})^2 - 4\|\vec{u}\|^2\|\vec{v}\|^2 \le 0$ soit $(\vec{u}\cdot\vec{v})^2 - \|\vec{u}\|^2\|\vec{v}\|^2 \le 0$ (en divisant par 4, le sens de l'inégalité ne change pas !) soit : $(\vec{u}\cdot\vec{v})^2 \le \|\vec{u}\|^2\|\vec{v}\|^2$ soit en passant à la racine carrée $|\vec{u}\cdot\vec{v}| \le \|\vec{u}\|\|\vec{v}\|$. Génial !

c) On va prendre $\vec{u}\begin{pmatrix} a \\ b \end{pmatrix}$ et $\vec{v}\begin{pmatrix} b \\ a \end{pmatrix}$ qui nous donne : $\vec{u}\cdot\vec{v} = ab + ba = 2ab$ et $\|\vec{u}\| = \sqrt{a^2+b^2}$ et $\|\vec{v}\| = \sqrt{b^2+a^2}$ (c'est-à-dire $\|\vec{u}\| = \|\vec{v}\|$). L'inégalité de Cauchy-Schwarz $|\vec{u}\cdot\vec{v}| \le \|\vec{u}\|\|\vec{v}\|$ nous donne alors (car a et b sont positifs) : $2ab \le \left(\sqrt{a^2+b^2}\right)^2$ soit $2ab \le a^2 + b^2$. Cool...

Maintenant on a : $(a+b)^2 = a^2 + 2ab + b^2$ et comme $2ab \le a^2 + b^2$ (on vient de le démontrer), il vient : $(a+b)^2 \le a^2 + a^2 + b^2 + b^2$ soit $(a+b)^2 \le 2(a^2+b^2)$.

REMARQUE : Cette inégalité est l'une des plus belles de l'histoire des sciences (et l'une des plus fréquemment employées, si vous continuez à faire des Maths après le Bac, vous le verrez !) car elle se généralise à plusieurs variables mais aussi à d'autres cadres comme les intégrales (vous verrez cela en Terminale), les probabilités (espérance mathématique, variance et covariance), le traitement du signal, en Physique (avec le principe d'incertitude d'Heisenberg (1901-1976, prix Nobel 1932) qui explique qu'on ne peut connaître à la fois la position et la vitesse d'une particule massique !) et les quanta de lumière. Il fallait la voir, ne serait-ce que pour vous convaincre de découvrir la magie des Mathématiques et leur caractère universel.

Chapitre 16 : METHODES SUR LES APPICATIONS DU PRODUIT SCALAIRE

EXERCICES & CORRIGES

Exercices

1 On se place dans un repère orthonormé. On considère deux droites $(d): y = mx + p$ et $(d'): y = m'x + p'$.

a) Montrer que $(d) \perp (d')$ équivaut à : $mm' = -1$.

b) On considère les deux droites ci-dessous.

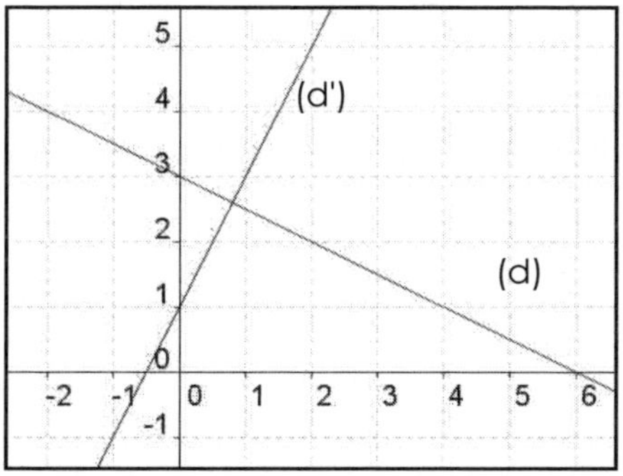

1°) Donner par lecture graphique les équations réduites des droites (d) et (d') puis démontrer que $(d) \perp (d')$ en utilisant la question a).

2°) Autre méthode : donner par lecture graphique un vecteur directeur de (d) et un vecteur directeur de (d') et utiliser-les pour montrer que $(d) \perp (d')$.

2 Soit dans un repère orthonormé $(O;\vec{i},\vec{j})$ un cercle (C) dont une équation est $(C): x^2 - x + y^2 - \frac{3}{2}y - 1 = 0$. Déterminer une équation cartésienne puis une équation réduite de la tangente T_A à (C) passant par le point $A\begin{pmatrix}1\\2\end{pmatrix}$.

3 Soit dans un repère orthonormé $(O;\vec{i},\vec{j})$ deux cercles $(C_1): x^2 + (y-1)^2 = 1$ et $(C_2): x^2 + y^2 + 2y - 4 = 0$. Tracer ces deux cercles dans le même repère et déterminer leurs éventuels points d'intersection.

4 Comparer les diamètres des deux cercles $(C_1): x^2 - 4x + y^2 - 4y + 4 = 0$ et $(C_2): x^2 + 2x + y^2 + 2y - 23 = 0$.

5 **Un cercle et deux tangentes**

Soit (Γ) un cercle de diamètre $[AB]$ avec $A\begin{pmatrix}-2\\3\end{pmatrix}$ et $B\begin{pmatrix}4\\1\end{pmatrix}$.

a) Tracer le cercle (Γ) dans un r.o.n. (repère orthonormé) et en donner une équation.

b) Démontrer que $E\begin{pmatrix}2\\-1\end{pmatrix} \in (\Gamma)$ et que $F\begin{pmatrix}4\\3\end{pmatrix} \in (\Gamma)$.

c) Déterminer une équation réduite de la tangente au cercle T_E et une équation réduite de la tangente au cercle T_F (on utilisera le fait que T_E est orthogonal au rayon $[\Omega E]$ et que T_E est orthogonal au rayon $[\Omega F]$).

d) Démontrer que $T_E \perp T_F$ et démontrer que leur point d'intersection K a pour coordonnées $K\begin{pmatrix}5\\0\end{pmatrix}$.

6 **"Olympiadement vôtre"** (exercice posé aux olympiades de Mathématiques) : Un disque de rayon $\sqrt{50}$ est découpé comme l'indique la figure suivante :

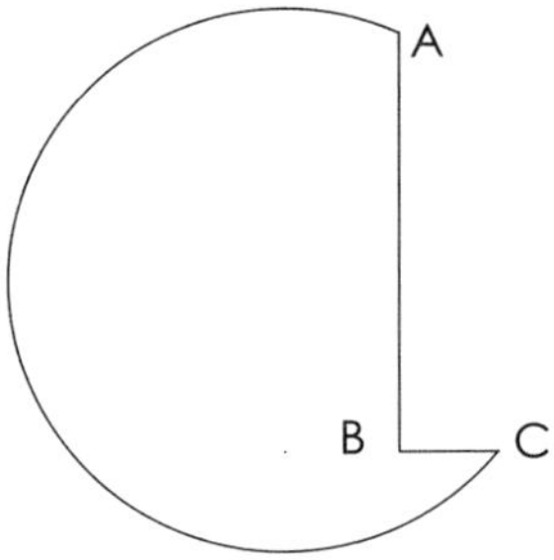

On donne : $AB = 6$ cm, $BC = 2$ cm et l'angle $\widehat{ABC}$ est droit. Calculer le carré de la distance de B au centre du disque.

7 Montrer que : a) $\cos(x) + \sin(x) = \sqrt{2}\cos\left(\frac{\pi}{4} - x\right)$

b) $\cos(x) - \sin(x) = \sqrt{2}\cos\left(\frac{\pi}{4} + x\right)$.

8 **Méthode de triangulation** : Jean-Baptiste Joseph Delambre (1749-1822) et Pierre Méchain (1744-1804), astronomes français, sont chargés (en pleine période révolutionnaire, ils y travailleront de 1792 à 1798 sous la Convention, la Terreur et le Directoire) de mesurer l'arc de méridien de Dunkerque à Barcelone (en vue de créer un mètre étalon par ordre de l'Assemblée et de Louis XVI (1754-1793) sous les conseils du grand savant Antoine Laurent de Lavoisier (1743-1794, le père de la chimie moderne, mort guillotiné sous la Terreur). Etant très difficile en pratique de mesurer de longues distances en

ligne droite sans obstacle et bien plus facile de mesurer des angles (avec des appareils de visée comme le cercle répétiteur de Borda-Lenoir), voici sur un exemple très simple comment ils procédèrent. Supposons que l'on souhaite connaître la longueur de l'arc de méridien MN.

a) Ils décident de choisir des points A, B, C, D comme sites facilement repérables (sommet de collines, flèches de châteaux, clochers, calvaires, etc.).

b) Ils mesurent directement une seule distance AM qui soit facile à déterminer (en ligne droite sans obstacle).

c) Ils mesurent les angles de tous les triangles (à l'aide de l'instrument de l'époque, le cercle répétiteur).

Voici leurs relevés :

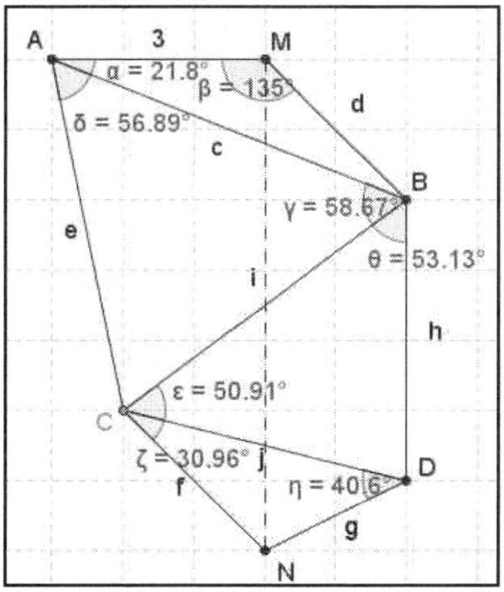

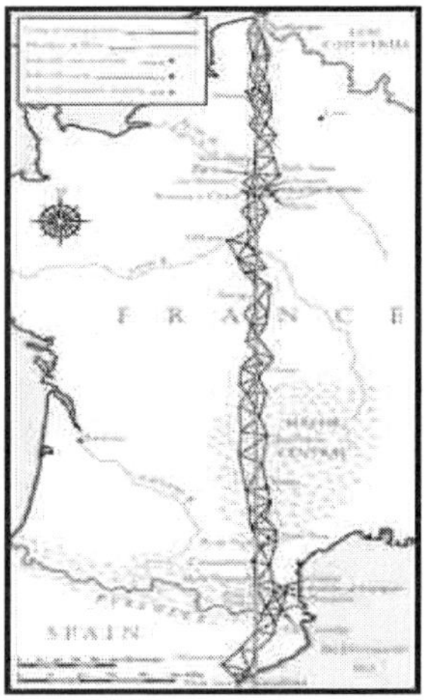

Le but de l'exo est de calculer MN sur cette portion toute simple (regardez la carte de France et le nombre de triangulations qu'il a fallu effectuer !).

Voici comment y parvenir :

a) Déterminer d, c, i, e, h, j, f, g par la Formule des sinus ($\frac{\sin(\hat{A})}{a} = \frac{\sin(\hat{B})}{b} = \frac{\sin(\hat{C})}{c}$ dans un triangle ABC avec $a = BC$, $b = CA$ et $c = AB$).

b) Déterminer la longueur la longueur MD en utilisant Al Kashi dans le triangle MBD puis les angles du triangle MBD.

c) Déterminer la longueur MN en utilisant Al Kashi dans le triangle MDN.

Delambre (1749-1822)

Méchain (1744-1804)

Cercle répétiteur
de Borda (1733-1799)
et Lenoir (1744-1832)

9 **La méthode d'Archimède (287-212 av. J.-C.) pour approximer π**

On considère un cercle de rayon 1, donc de périmètre 2π (le périmètre d'un cercle de rayon R vaut $2\pi R$).

1re partie : polygones réguliers inscrits à 3×2^n côtés (approx. par défaut de π)

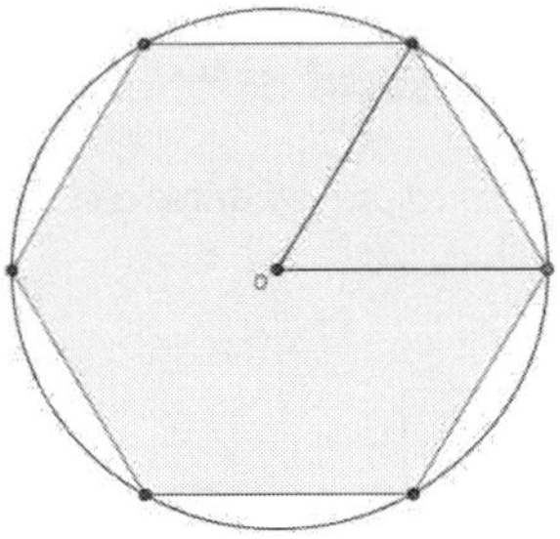

Démontrer qu'un polygone régulier inscrit à 3×2^n côtés admet pour périmètre $2\times 3\times 2^n\times\sin\left(\frac{\pi}{3\times 2^n}\right)$. En déduire que $3\times 2^n\times\sin\left(\frac{\pi}{3\times 2^n}\right)<\pi$.

(On raisonnera d'abord pour $n=1$, c'est-à-dire le cas de l'hexagone inscrit).

2e partie : polygones exinscrits à 3×2^n côtés (approx. par excès de π)

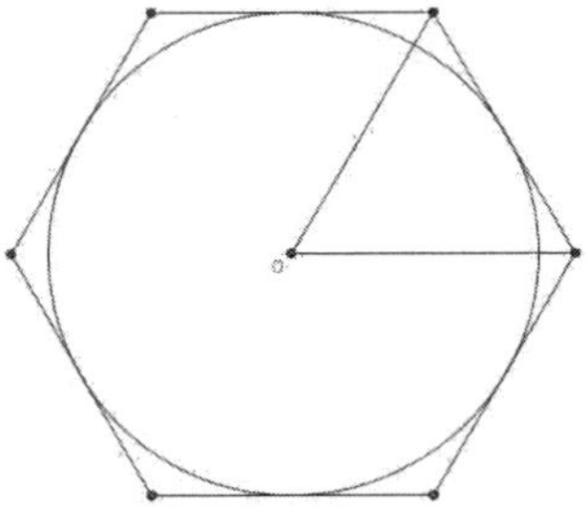

Démontrer qu'un polygone régulier exinscrit à 3×2^n côtés admet pour périmètre $2\times 3\times 2^n\times\tan\left(\frac{\pi}{3\times 2^n}\right)$. En déduire que $\pi<3\times 2^n\times\tan\left(\frac{\pi}{3\times 2^n}\right)$.

(On raisonnera d'abord pour $n=1$, c'est-à-dire le cas de l'hexagone exinscrit).

3e partie : double approximation de π par les suites et le tableur

a) On considère les suites (p_n) et (q_n) définies par : pour tout $n\geq 0$,

$p_n=3\times 2^n\times\sin\left(\frac{\pi}{3\times 2^n}\right)$ et $q_n=3\times 2^n\times\tan\left(\frac{\pi}{3\times 2^n}\right)$.

Démontrer que pour tout $n\geq 0$, $p_{n+1}=\sqrt{p_n q_{n+1}}$ et $q_{n+1}=\frac{2p_n q_n}{p_n+q_n}$.

(On pourra utiliser le fait que $\tan(x)=\frac{\sin(x)}{\cos(x)}$, que $\sin(2x)=2\sin(x)\cos(x)$, et que $\cos^2(x)=\frac{\cos(2x)+1}{2}$).

b) En déduire avec un tableur une double approximation (par défaut et par excès) du nombre π.

10 En utilisant le fait que $\tan(x)=\dfrac{\sin(x)}{\cos(x)}$, montrer que :

a) $\tan(a+b)=\dfrac{\tan(a)+\tan(b)}{1-\tan(a)\tan(b)}$ et que $\tan(a-b)=\dfrac{\tan(a)-\tan(b)}{1+\tan(a)\tan(b)}$.

b) En déduire que $\tan(15°)=2-\sqrt{3}$.

c) Montrer que $\tan(2x)=\dfrac{2\tan(x)}{1-\tan^2(x)}$. En déduire que si on pose $t=\tan\left(\dfrac{x}{2}\right)$ alors $\tan(x)=\dfrac{2t}{1-t^2}$; $\cos(x)=\dfrac{1-t^2}{1+t^2}$; $\sin(x)=\dfrac{2t}{1+t^2}$.

11 **Un bon calcul bien bourrin**

1°) Montrer que :

a) $\cos(a)\cos(b)=\dfrac{1}{2}(\cos(a+b)+\cos(a-b))$

b) $\sin(a)\sin(b)=\dfrac{1}{2}(\cos(a-b)-\cos(a+b))$

c) $\sin(a)\cos(b)=\dfrac{1}{2}(\sin(a+b)+\sin(a-b))$

d) $\cos(a)\sin(b)=\dfrac{1}{2}(\sin(a+b)-\sin(a-b))$

2°) Montrer que en posant $p=a+b$ et $q=a-b$ et en utilisant les formules précédentes, on a :

a) $\cos(p)+\cos(q)=2\cos\left(\dfrac{p+q}{2}\right)\cos\left(\dfrac{p-q}{2}\right)$

b) $\cos(p)-\cos(q)=-2\sin\left(\dfrac{p+q}{2}\right)\sin\left(\dfrac{p-q}{2}\right)$

c) $\sin(p)+\sin(q)=2\sin\left(\dfrac{p+q}{2}\right)\cos\left(\dfrac{p-q}{2}\right)$

d) $\sin(p)-\sin(q)=2\sin\left(\dfrac{p-q}{2}\right)\cos\left(\dfrac{p+q}{2}\right)$

3°) Montrer que

a) $\tan(p)+\tan(q)=\dfrac{\sin(p+q)}{\cos(p)\cos(q)}$ b) $\tan(p)-\tan(q)=\dfrac{\sin(p-q)}{\cos(p)\cos(q)}$

12 **Modélisation et conjecture : trajectoires balistiques (Renaissance)**

Les équations de la Physique montrent que la trajectoire d'un projectile lancé depuis l'origine O avec une vitesse v (en $m\cdot s^{-1}$) suivant un angle α (compris entre 0° et 90°) est la parabole d'équation $y=\dfrac{-g}{2v^2\cos^2(\alpha)}x^2+\tan(\alpha)x$. (On a $g=9{,}8\ m\cdot s^{-2}$ et on considère qu'il n'y a pas de frottement de l'air !).

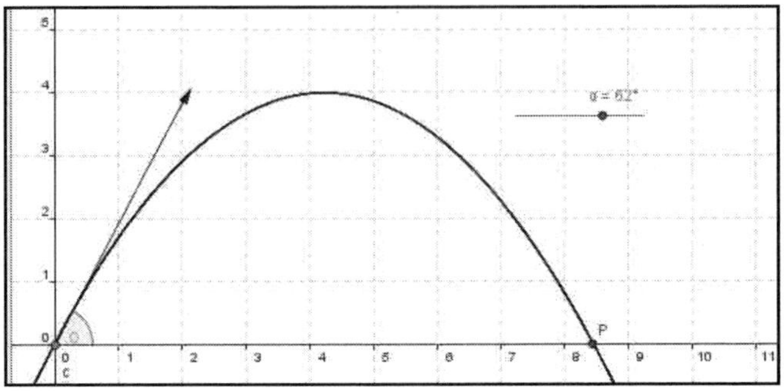

PARTIE 1

a) Modéliser cette expérience avec un logiciel de géométrie dynamique, une vitesse initiale $v = 10\ m \cdot s^{-1}$, où on pourra faire varier l'angle α avec un curseur.

b) Donner une valeur approchée de la portée (distance maximale). Pour quelle valeur de α est-elle obtenue ?

c) Donner les valeurs approchées de la portée pour $\alpha = 20°$ et $\alpha = 70°$. Qu'observez-vous ? Même chose avec $\alpha = 30°$ et $\alpha = 60°$. Que pouvez-vous conjecturer ?

PARTIE 2

1°) Montrer que l'équation $y = 0$ (avec $y = \frac{-g}{2v^2\cos^2(\alpha)}x^2 + \tan(\alpha)x$) admet pour solutions $\begin{cases} x = 0 \\ x = \frac{v^2\sin(2\alpha)}{g} \end{cases}$.

2°) Soit p (p comme portée) la fonction définie sur l'intervalle $\left]0;\frac{\pi}{2}\right[$ par $p : \alpha \to p(\alpha) = \frac{v^2\sin(2\alpha)}{g}$.

a) A l'aide d'un logiciel de calcul formel, vérifier que $\lim\limits_{h\to 0}\frac{\sin(2h)}{2h} = 1$ et que $\lim\limits_{h\to 0}\frac{\cos(2h)-1}{2h} = 0$.

b) Montrer en étudiant $\lim\limits_{h\to 0}\frac{p(\alpha+h)-p(\alpha)}{h}$ (et en admettant le fait que $\lim\limits_{h\to 0}\frac{\sin(2h)}{2h} = 1$ et que $\lim\limits_{h\to 0}\frac{\cos(2h)-1}{2h} = 0$) : que $p'(\alpha) = \frac{2v^2\cos(2\alpha)}{g}$.

3°) Montrer que lorsque $\alpha = \frac{\pi}{4}$ on a $p'(\alpha) = 0$, lorsque $0 < \alpha < \frac{\pi}{4}$ on a $p'(\alpha) > 0$ et que lorsque $\frac{\pi}{4} < \alpha < \frac{\pi}{2}$ on a $p'(\alpha) < 0$.

4°) En déduire le tableau de variations de la fonction p.

5°) Conclure.

13 **Modélisation et conjecture : les miroirs paraboliques (ou miroirs ardents) d'Archimède (287-212 av. J.-C.)**

Lors du siège de Syracuse en −215 av. J.-C. Archimède aurait utilisé des miroirs solaires paraboliques ayant permis d'enflammer à distance les voiles des navires romains. Pour cela, il aurait utilisé une propriété "magique" des paraboles, celle de faire converger tous les rayons du soleil en un seul point (et donc d'atteindre des températures extrêmement élevées mettant le feu instantanément à tout ce qui passe). L'objectif de ce problème est de vérifier cette propriété de convergence avec un logiciel de géométrie dynamique.

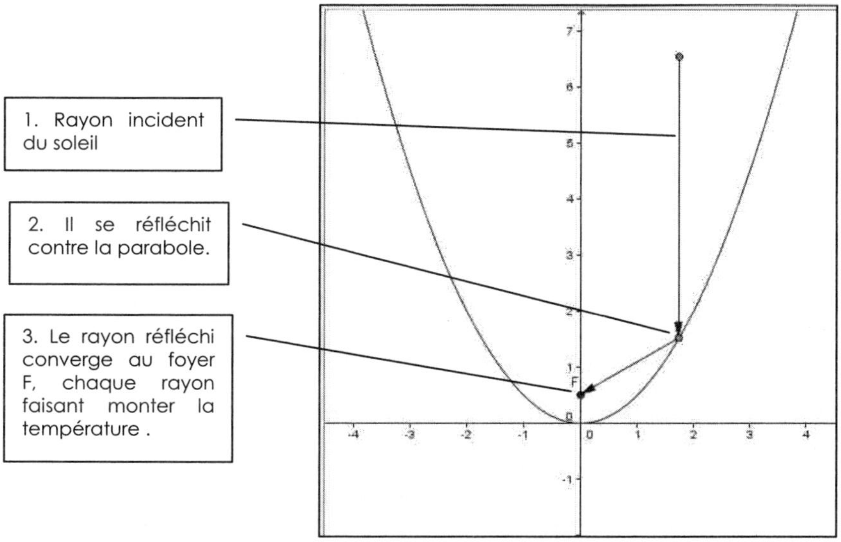

Voici donc le théorème qu'on veut illustrer :

Théorème : Une parabole d'équation $y = ax^2$ **possède la propriété suivante : tout rayon intérieur, parallèle à l'axe vertical, se réfléchit contre la parabole et converge vers le foyer de coordonnées** $F\begin{pmatrix} 0 \\ \dfrac{1}{4a} \end{pmatrix}$.

Nous nous contenterons d'illustrer cette propriété fantastique sur la parabole d'équation $y = 0,5x^2$. Pour cela :

Partie 1 : Conjecture

1) a) Construire la parabole d'équation $y = 0,5x^2$.

b) Placer un point M (en le renommant) sur la parabole (ce sera notre point de réflexion, là où le rayon va être dévié !).

c) Construire le rayon incident allant jusqu'à M (ce doit être une droite verticale !).

2) Pour la suite : les lois de la réflexion de la lumière nous disent la chose suivante :

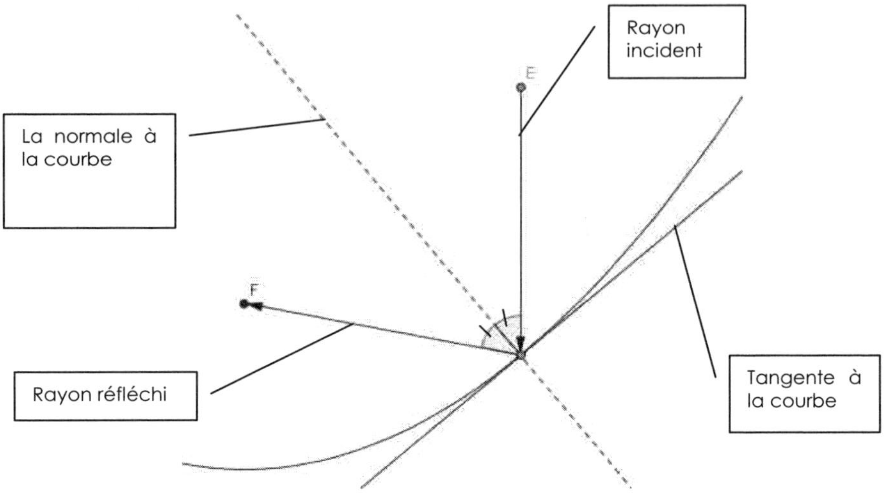

Si un rayon lumineux rencontre un miroir courbe en un point, pour savoir comment il se réfléchit, on trace la tangente à la courbe en ce point (un logiciel de géométrie dynamique sait le faire) puis la droite qui lui est perpendiculaire : la normale (en pointillés ici) et on applique la loi des angles : l'angle incident est égal à l'angle de réflexion, cela signifie que le rayon réfléchi est le symétrique du rayon incident par rapport à la normale à la courbe.

a) Construire la tangente en M à la parabole.

b) Construire la normale à la courbe passant par M.

c) Construire le symétrique du rayon incident par rapport à la normale.

d) Faites bouger M sur la parabole, on constate que tous les rayons réfléchis convergent vers le même point. Ce point sera appelé F (F est le foyer de la parabole). Préciser les coordonnées du point F. Votre résultat est-il conforme au théorème annoncé ?

Partie 2 : Prouvons maintenant ce résultat (on prévient tout de suite, cet exercice est d'une grande difficulté technique, en même temps il fait travailler beaucoup de points du programme : calcul de dérivées, équations de droites, produit scalaire, etc.).

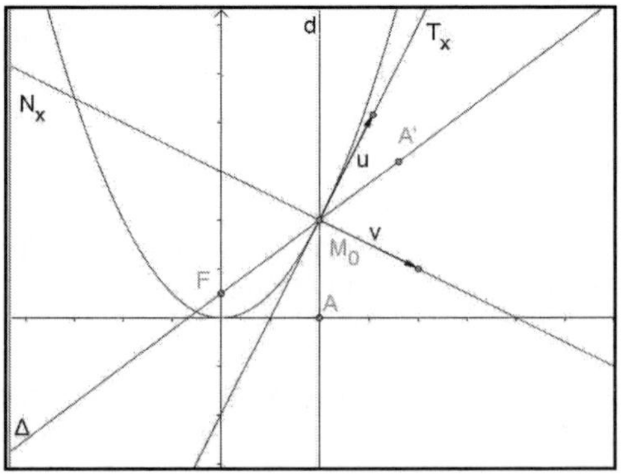

Soit $M_0\begin{pmatrix} x_0 \\ 0{,}5x_0^2 \end{pmatrix}$ un point de la parabole $(C): y = 0{,}5x^2$.

a) Montrer que T_{x_0}, la tangente en M_0 à la parabole admet pour équation réduite : $T_{x_0} : y = x_0 x - 0,5x_0^2$ et $\vec{u}\begin{pmatrix}1\\x_0\end{pmatrix}$ pour vecteur directeur.

b) Montrer que N_{x_0}, la normale à la courbe passant par M_0 admet pour équation cartésienne : $N_{x_0} : x + yx_0 - x_0 - 0,5x_0^3 = 0$ et donc $\vec{v}\begin{pmatrix}-x_0\\1\end{pmatrix}$ pour vecteur directeur.

c) Soit $(d) : x = x_0$ une droite verticale. Soit $A\begin{pmatrix}x_0\\0\end{pmatrix}$ un point de cette droite. Montrer que H, le projeté orthogonal de A sur la droite N_{x_0} admet pour coordonnées : $H\begin{pmatrix}\dfrac{1,5x_0^3 + x_0}{1+x_0^2}\\[2mm]\dfrac{0,5x_0^4}{1+x_0^2}\end{pmatrix}$.

d) En déduire que A′, le symétrique de A par rapport à N_{x_0} admet pour coordonnées $A'\begin{pmatrix}\dfrac{2x_0^3 + x_0}{1+x_0^2}\\[2mm]\dfrac{x_0^4}{1+x_0^2}\end{pmatrix}$.

e) Montrer alors que (Δ), la droite symétrique de la droite $(d) : x = x_0$ par rapport à la droite N_{x_0} admet pour équation cartésienne :

$$(\Delta) : x\cdot\frac{0,5x_0^2\left(x_0^2 - 1\right)}{1+x_0^2} - y\frac{x_0^3}{1+x_0^2} + \frac{0,5x_0^3}{1+x_0^2} = 0$$

f) Montrer que (Δ) et la droite verticale $(Oy) : x = 0$ admettent pour point d'intersection $F\begin{pmatrix}0\\ \dfrac{1}{2}\end{pmatrix}$ (quelque soit la position du point M_0 sur la parabole).

g) Conclure.

14 Montrer que pour tout réel x et tout entier n, $\begin{cases}\cos(x+n\pi) = (-1)^n \cos(x)\\ \sin(x+n\pi) = (-1)^n \sin(x)\end{cases}$

15 **Polynômes de Tchebychev (1821-1894)**

On considère la suite de polynômes $\left(T_n(x)\right)_{n\geq 0}$ définie par :

$$\begin{cases}T_{n+1}(x) = 2xT_n(x) - T_{n-1}(x)\\ T_1(x) = x\\ T_0(x) = 1\end{cases}$$

a) Démontrer que $T_2(x) = 2x^2 - 1$ et que $\cos(2\theta) = T_2(\cos(\theta))$.

b) Démontrer que $T_3(x) = 4x^3 - 3x$ et que $\cos(3\theta) = T_3(\cos(\theta))$.

Corrigés

1 **Méthode utilisée : 1.**

a) Un vecteur directeur de $(d): y = mx + p$ est $\vec{u}\begin{pmatrix}1\\m\end{pmatrix}$. Un vecteur directeur de $(d'): y = m'x + p'$ est $\vec{u'}\begin{pmatrix}1\\m\end{pmatrix}$. $(d) \perp (d')$ équivaut à $\vec{u} \cdot \vec{u'} = 0$ soit : $1 \times 1 + m \times m' = 0$ soit : $m \times m' = -1$.

b) 1°) On lit $(d): y = -\frac{1}{2}x + 3$ (Voir Method's 3e ou Method's 2nde pour savoir comment on lit une équation de droite) donc $m = -\frac{1}{2}$.

On lit $(d'): y = 2x + 1$ donc $m' = 2$. On a $mm' = -\frac{1}{2} \times 2 = -1$, ainsi $(d) \perp (d')$.

2°) On lit $\vec{u}\begin{pmatrix}2\\-1\end{pmatrix}$ vecteur directeur de (d) et $\vec{u}'\begin{pmatrix}1\\2\end{pmatrix}$ vecteur directeur de (d') (par exemple). On a $\vec{u} \cdot \vec{u'} = 2 \times 1 + (-1) \times 2 = 2 - 2 = 0$ donc $(d) \perp (d')$.

2 **Méthodes utilisées : 1, 2.**

$$x^2 - x + y^2 - \frac{3}{2}y - 1 = 0 \Leftrightarrow x^2 - x + \left(\frac{1}{2}\right)^2 - \left(\frac{1}{2}\right)^2 + y^2 - \frac{3}{2}y + \left(\frac{3}{4}\right)^2 - \left(\frac{3}{4}\right)^2 - 1 = 0$$

$\Leftrightarrow \left(x - \frac{1}{2}\right)^2 - \frac{1}{4} + \left(y - \frac{3}{4}\right)^2 - \frac{9}{16} - 1 = 0 \Leftrightarrow \left(x - \frac{1}{2}\right)^2 + \left(y - \frac{3}{4}\right)^2 = \frac{29}{16}$ donc (C) est le cercle de centre $\Omega\begin{pmatrix}\frac{1}{2}\\\frac{3}{4}\end{pmatrix}$ et de rayon $\sqrt{\frac{29}{16}} = \frac{\sqrt{29}}{4}$.

$M\begin{pmatrix}x\\y\end{pmatrix} \in T_A$ si et seulement si $\overrightarrow{AM}\begin{pmatrix}x-1\\y-2\end{pmatrix}$ et $\overrightarrow{\Omega A}\begin{pmatrix}\frac{1}{2}\\\frac{5}{4}\end{pmatrix}$ sont orthogonaux, soit :

$$(x-1) \times \frac{1}{2} + (y-2) \times \frac{5}{4} = 0 \Leftrightarrow \frac{1}{2}x - \frac{1}{2} + \frac{5}{4}y - \frac{5}{2} = 0 \Leftrightarrow \frac{2x - 2 + 5y - 10}{4} = 0$$

$\Leftrightarrow 2x + 5y - 12 = 0$. Ainsi T_A : $2x + 5y - 12 = 0$ (équation cartésienne).

Pour l'équation réduite, on a : $2x + 5y - 12 = 0 \Leftrightarrow 5y = -2x + 12 \Leftrightarrow y = -0{,}4x + 2{,}4$, d'où : T_A : $y = -0{,}4x + 2{,}4$.

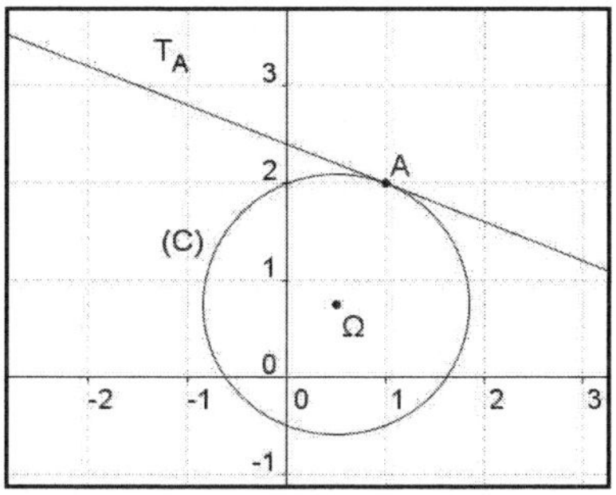

3 **Méthode utilisée : 6.**

$(C_1): x^2+(y-1)^2=1$ est un cercle de centre $\Omega\begin{pmatrix}0\\1\end{pmatrix}$ et de rayon $\sqrt{1}=1$.

$(C_2): x^2+y^2+2y-4=0 \Leftrightarrow x^2+y^2+2y+1-1-4=0 \Leftrightarrow x^2+(y+1)^2=5$ cercle de centre $\Omega'\begin{pmatrix}0\\-1\end{pmatrix}$ et de rayon $\sqrt{5}$.

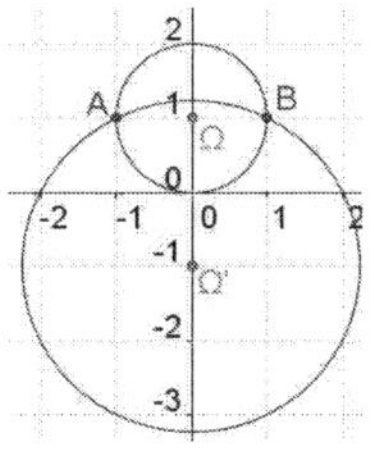

Il semble que les deux cercles se coupent. Prouvons-le en résolvant le système :

$$\begin{cases}x^2+(y-1)^2=1\\x^2+y^2+2y-4=0\end{cases} \Leftrightarrow \begin{cases}x^2+y^2-2y+1=1 & (1)\\x^2+y^2+2y-4=0 & (2)\end{cases} \Leftrightarrow \begin{cases}x^2+y^2-2y+1=1\\4y-5=-1 & (2)-(1)\end{cases}$$

$$\Leftrightarrow \begin{cases}x^2+y^2-2y=0\\4y=4\end{cases} \Leftrightarrow \begin{cases}x^2+1^2-2\cdot 1=0\\y=1\end{cases} \Leftrightarrow \begin{cases}x^2=1\\y=1\end{cases} \Leftrightarrow \begin{cases}x=1 \text{ et } y=1\\\text{ou}\\x=-1 \text{ et } y=1\end{cases}$$

ce qui donne deux points d'intersection : $A\begin{pmatrix}-1\\1\end{pmatrix}$ et $B\begin{pmatrix}1\\1\end{pmatrix}$ qu'on peut voir graphiquement d'ailleurs. Ok ?

4 **Méthode utilisée : 6.**

$x^2-4x+y^2-4y+4=0 \Leftrightarrow x^2-4x+4-4+y^2-4y+4=0 \Leftrightarrow (x-2)^2-4+(y-2)^2=0$

On trouve $(C_1): (x-2)^2+(y-2)^2=4$ qui est un cercle de rayon $\sqrt{4}=2$ et donc de diamètre 4.

$x^2+2x+y^2+2y-23=0 \Leftrightarrow x^2+2x+1-1+y^2+2y+1-1-23=0 \Leftrightarrow (x+1)^2+(y+1)^2=25$

On trouve $(C_2): (x+1)^2+(y+1)^2=25$ qui est un cercle de rayon $\sqrt{25}=5$ et donc de diamètre 10. (C_2) a donc un diamètre 2,5 fois plus grand que (C_1) (car $\frac{10}{4}=2,5$).

5 **Méthode utilisée : 5, 6, 2.**

a)

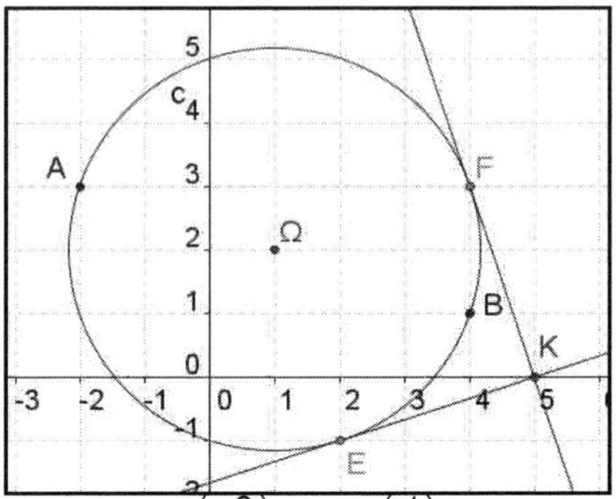

Soit (Γ) a pour diamètre $[AB]$ avec $A\begin{pmatrix}-2\\3\end{pmatrix}$ et $B\begin{pmatrix}4\\1\end{pmatrix}$, donc pour centre $\Omega\begin{pmatrix}\frac{-2+4}{2}\\\frac{3+1}{2}\end{pmatrix}=\Omega\begin{pmatrix}1\\2\end{pmatrix}$. Le rayon vaut :

$$R=\frac{AB}{2}=\frac{\sqrt{(x_B-x_A)^2+(y_B-y_A)^2}}{2}=\frac{\sqrt{(4-(-2))^2+(1-3)^2}}{2}=\frac{\sqrt{6^2+(-2)^2}}{2}=\frac{\sqrt{40}}{2}$$

$R=\frac{2\sqrt{10}}{2}=\sqrt{10}$. (Γ) a donc pour équation $(x-x_\Omega)^2+(y-y_\Omega)^2=R^2$ soit :

$(x-1)^2+(y-2)^2=\sqrt{10}^2$ soit : $(x-1)^2+(y-2)^2=10$ (on peut s'arrêter là) soit :

$x^2-2x+1+y^2-4y+4=10$ soit : $(\Gamma): x^2-2x+y^2-4y-5=0$.

Autre méthode : Soit $M\begin{pmatrix}x\\y\end{pmatrix}\in(\Gamma)$, alors $\overrightarrow{MA}\begin{pmatrix}-2-x\\3-y\end{pmatrix}$ et $\overrightarrow{MB}\begin{pmatrix}4-x\\1-y\end{pmatrix}$ sont orthogonaux, ce qui donne : $\overrightarrow{MA}\cdot\overrightarrow{MB}=0$ soit :

$(-2-x)(4-x)+(3-y)(1-y)=0 \Leftrightarrow -8+2x-4x+x^2+3-3y-y+y^2=0$

$\Leftrightarrow x^2-2x+y^2-4y-5=0$ (on retrouve bien la même équation de cercle !).

b) Les coordonnées de E vérifient l'équation de $(\Gamma): x^2-2x+y^2-4y-5=0$. En effet, $x_E{}^2-2x_E+y_E{}^2-4y_E-5=2^2-2\times2+(-1)^2-4\times(-1)-5=4-4+1+4-5=0$ ce qui prouve que $E\begin{pmatrix}2\\-1\end{pmatrix}\in(\Gamma)$. On montre de même que $F\begin{pmatrix}4\\3\end{pmatrix}\in(\Gamma)$ puisque ses coordonnées vérifient l'équation :

$x_F{}^2-2x_F+y_F{}^2-4y_F-5=4^2-2\times4+3^2-4\times3-5=16-8+9-12-5=0$.

c) Soit $M\begin{pmatrix}x\\y\end{pmatrix}\in T_E$, alors $\overrightarrow{EM}\cdot\overrightarrow{\Omega E}=0$ (car la tangente T_E est perpendiculaire au rayon $[\Omega E]$). Or $\overrightarrow{EM}\begin{pmatrix}x-2\\y-(-1)\end{pmatrix}=\overrightarrow{EM}\begin{pmatrix}x-2\\y+1\end{pmatrix}$ et $\overrightarrow{\Omega E}\begin{pmatrix}2-1\\-1-2\end{pmatrix}=\overrightarrow{\Omega E}\begin{pmatrix}1\\-3\end{pmatrix}$. $\overrightarrow{EM}\cdot\overrightarrow{\Omega E}=0$

équivaut donc à : $(x-2)\times 1+(y+1)\times(-3)=0$ soit : $x-2-3y-3=0$ soit $x-5=3y$ soit $y=\frac{1}{3}x-\frac{5}{3}$. On a donc : $T_E : y=\frac{1}{3}x-\frac{5}{3}$.

Soit $M\begin{pmatrix}x\\y\end{pmatrix}\in T_F$, alors $\overrightarrow{FM}\cdot\overrightarrow{\Omega F}=0$ (car la tangente T_F est perpendiculaire au rayon $[\Omega F]$). Or $\overrightarrow{FM}\begin{pmatrix}x-4\\y-3\end{pmatrix}$ et $\overrightarrow{\Omega F}\begin{pmatrix}4-1\\3-2\end{pmatrix}=\overrightarrow{\Omega F}\begin{pmatrix}3\\1\end{pmatrix}$. $\overrightarrow{FM}\cdot\overrightarrow{\Omega F}=0$ équivaut donc à : $(x-4)\times 3+(y-3)\times 1=0$ soit : $3x-12+y-3=0$ soit $y=-3x+15$. On a donc : $T_F : y=-3x+15$.

d) Un vecteur directeur de $T_E : y=\frac{1}{3}x-\frac{5}{3}$ est $\vec{u}\begin{pmatrix}1\\\frac{1}{3}\end{pmatrix}$. Un vecteur directeur de $T_F : y=-3x+15$ est $\vec{u}'\begin{pmatrix}1\\-3\end{pmatrix}$. On a $\vec{u}\cdot\vec{u}'=1\times 1+\frac{1}{3}\times(-3)=1-1=0$. Ainsi $T_E\perp T_F$.

Pour déterminer les coordonnées du point d'intersection K, on va résoudre le système $\begin{cases}y=\frac{1}{3}x-\frac{5}{3}\\y=-3x+15\end{cases}$ qui nous donne (puisque $y=y$), $\frac{1}{3}x-\frac{5}{3}=-3x+15$ soit : $\frac{x-5}{3}=\frac{-9x+45}{3}$ soit : $x-5=-9x+45$ soit : $10x=50$ soit $x=5$. Pour y, on utilise l'une des deux équations : $y=-3x+15$ (par exemple) qui donne : $y=-3\times 5+15=-15+15=0$. Finalement le point d'intersection a pour coordonnées $K\begin{pmatrix}5\\0\end{pmatrix}$ (ce qu'il fallait prouver).

6 **Méthodes utilisées : 5, 6.**

Introduisons le repère orthonormé $(O;\vec{i},\vec{j})$ comme ci-dessous :

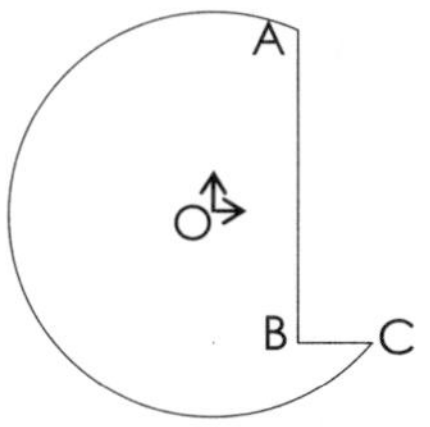

Dans ce repère, les points A, B et C ont pour coordonnées :

$A\begin{pmatrix}x_A\\y_A\end{pmatrix}$, $B\begin{pmatrix}x_B=x_A\\y_B=y_A-6\end{pmatrix}$ et $C\begin{pmatrix}x_C=x_A+2\\y_C=y_A-6\end{pmatrix}$.

et le cercle, disons (C), a pour équation : $(C): x^2+y^2=50$.

Nous, nous voulons calculer $OB^2={x_B}^2+{y_B}^2$. Il nous faut donc calculer x_B et y_B. Pour y arriver, calculons d'abord x_A et y_A.

Comme $A\begin{pmatrix} x_A \\ y_A \end{pmatrix} \in (C)$, $x_A^2 + y_A^2 = 50$, de même comme $C\begin{pmatrix} x_C = x_A + 2 \\ y_C = y_A - 6 \end{pmatrix} \in (C)$,

$x_C^2 + y_C^2 = 50 \Leftrightarrow (x_A + 2)^2 + (y_A - 6)^2 = 50 \Leftrightarrow x_A^2 + y_A^2 + 4x_A - 12y_A = 10$.

Il nous faut donc résoudre le système : $\begin{cases} x_A^2 + y_A^2 = 50 \\ x_A^2 + y_A^2 + 4x_A - 12y_A = 10 \end{cases}$ qui est

équivalent à :

$$\begin{cases} x_A^2 + y_A^2 = 50 \\ 50 + 4x_A - 12y_A = 10 \end{cases} \Leftrightarrow \begin{cases} x_A^2 + y_A^2 = 50 \\ x_A = -10 + 3y_A \end{cases} \Leftrightarrow \begin{cases} (-10 + 3y_A)^2 + y_A^2 = 50 \\ x_A = -10 + 3y_A \end{cases} \text{ soit :}$$

$$\begin{cases} y_A^2 - 6y_A + 5 = 0 \\ x_A = -10 + 3y_A \end{cases} \Leftrightarrow \begin{cases} (y_A - 5)(y_A - 1) = 0 \\ x_A = -10 + 3y_A \end{cases} \Leftrightarrow \begin{cases} y_A = 5 \text{ et } x_A = 5 \\ \text{ou} \\ y_A = 1 \text{ et } x_A = -7 \end{cases}.$$

Le deuxième cas est à écarter pour une raison géométrique très simple (A serait complètement à droite du centre du cercle). Donc $A\begin{pmatrix} x_A = 5 \\ y_A = 5 \end{pmatrix}$, d'où :

$B\begin{pmatrix} x_B = x_A = 5 \\ y_B = y_A - 6 = -1 \end{pmatrix}$ d'où $OB^2 = x_B^2 + y_B^2 = 5^2 + (-1)^2 = 26$, ce qui achève l'exercice.

7 **Méthode utilisée : 9.**

a)

$$\sqrt{2}\cos\left(\frac{\pi}{4} - x\right) = \sqrt{2}\left(\cos\left(\frac{\pi}{4}\right)\cos(x) + \sin\left(\frac{\pi}{4}\right)\sin(x)\right) = \sqrt{2}\left(\frac{\sqrt{2}}{2}\cos(x) + \frac{\sqrt{2}}{2}\sin(x)\right)$$

$$= \frac{2}{2}\cos(x) + \frac{2}{2}\sin(x) = \cos(x) + \sin(x)$$

b)

$$\sqrt{2}\cos\left(\frac{\pi}{4} + x\right) = \sqrt{2}\left(\cos\left(\frac{\pi}{4}\right)\cos(x) - \sin\left(\frac{\pi}{4}\right)\sin(x)\right) = \sqrt{2}\left(\frac{\sqrt{2}}{2}\cos(x) - \frac{\sqrt{2}}{2}\sin(x)\right)$$

$$= \frac{2}{2}\cos(x) - \frac{2}{2}\sin(x) = \cos(x) - \sin(x)$$

8 **Méthode utilisée : 15, 16, 17.**

a) D'après la loi des sinus, on a $\frac{\sin(21{,}8°)}{d} = \frac{\sin(135°)}{c} = \frac{\sin(23{,}2°)}{3}$ qui nous donne : $d = \frac{3 \times \sin(21{,}8°)}{\sin(23{,}2°)} \approx 2{,}83$. De même (après calculs), on trouve : $c \approx 5{,}39$, $i = 5$, $e \approx 5{,}1$, $h = 4$, $j \approx 4{,}12$, $f \approx 2{,}83$, $g \approx 2{,}24$.

b) D'après Al Kashi, on a : $MD^2 = d^2 + h^2 - 2dh \times \cos(135°)$ (car $58{,}67° + 53{,}13° + 23{,}2° = 135°$) ce qui donne : $MD \approx 6{,}32$. Avec la loi des sinus, on trouve $\widehat{DMB} \approx 26{,}6°$ et $\widehat{BDM} \approx 18{,}4°$

c) Comme $\widehat{CDB} \approx 76°$ et que $\widehat{BDM} \approx 18,4°$, on a $\widehat{MDC} \approx 57,6°$ puis $\widehat{MDN} \approx 98,2°$ et donc d'après Al Kashi, on a : $MN^2 = MD^2 + g^2 - 2MD \times g \times \cos(98,2°)$ soit : $MN = 7$.

REMARQUE : Beaucoup de savants furent inquiétés sous la Révolution française. Ce fut le cas du malheureux Lavoisier, inquiété à cause de son activité de fermier général. Demandant un sursis de quelques jours afin de pouvoir finir ses expériences, on le lui refusa prétextant la fameuse réplique tristement célèbre : "la République n'a pas besoin de savants ni de chimistes : le cours de la justice ne peut être suspendu". Attristé par son exécution, le grand savant Lagrange dira en parlant du tribunal révolutionnaire: "Il ne leur a fallu qu'un moment pour faire tomber cette tête et cent années, peut-être, ne suffiront pas pour en reproduire une semblable".). C'est donc sous une pression pareille (La Terreur) que Delambre et Méchain durent travailler, plusieurs fois inquiétés, ils réussirent tout de même ce tour de force qui permit de créer le mètre étalon.

9 **Méthode utilisée : 14, 15, 13.**

1e partie :

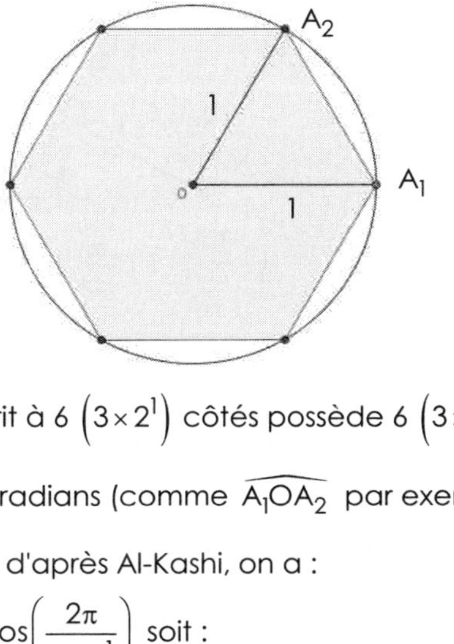

L'hexagone régulier inscrit à 6 (3×2^1) côtés possède 6 (3×2^1) angles au centre chacun de $\frac{2\pi}{6}$ $\left(\frac{2\pi}{3 \times 2^1}\right)$ radians (comme $\widehat{A_1OA_2}$ par exemple).

Dans le triangle A_1OA_2, d'après Al-Kashi, on a :

$A_1A_2^{\,2} = 1^2 + 1^2 - 2 \times 1 \times 1 \times \cos\left(\frac{2\pi}{3 \times 2^1}\right)$ soit :

$A_1A_2^{\,2} = 2 - 2\cos\left(\frac{2\pi}{3 \times 2^1}\right) = 2\left(1 - \cos\left(\frac{2\pi}{3 \times 2^1}\right)\right)$.

Or $\sin^2(a) = \frac{1 - \cos(2a)}{2}$ d'où $1 - \cos(2a) = 2\sin^2(a)$, ce qui nous donne :

$A_1A_2^{\,2} = 2\left(1 - \cos\left(\frac{2\pi}{3 \times 2^1}\right)\right) = 2 \cdot 2\sin^2\left(\frac{2\pi}{3 \times 2^2}\right) = 4\sin^2\left(\frac{2\pi}{3 \times 2^2}\right)$.

Ce qui donne $A_1A_2 = 2\sin\left(\frac{2\pi}{3\times 2^2}\right)$ (puisque les deux termes sont positifs). Ce calcul, c'est pour un seul côté, mais comme il y en a 3×2^1, cela nous donne un périmètre de $3\times 2^1 \times 2\sin\left(\frac{\pi}{3\times 2^1}\right)$.

Par un raisonnement strictement analogue (inutile de tout refaire !), un polygone régulier inscrit à 3×2^n côtés possède un périmètre égal à $3\times 2^n \times 2\sin\left(\frac{\pi}{3\times 2^n}\right)$.

Comme le cercle a pour périmètre 2π et que le polygone est inscrit (il est plus petit que le cercle !), on obtient $3\times 2^n \times 2\sin\left(\frac{\pi}{3\times 2^n}\right) < 2\pi$ soit :

$3\times 2^n \times \sin\left(\frac{\pi}{3\times 2^n}\right) < \pi$.

2e partie : les polygones exinscrits à 3×2^n côtés (approx. par excès de π)

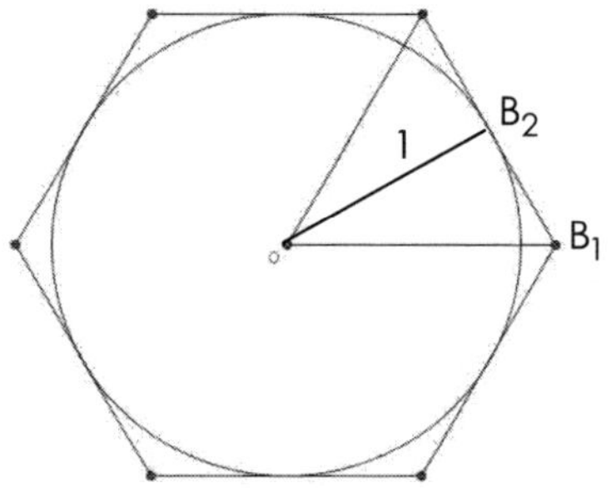

L'hexagone régulier exinscrit à 6 $\left(3\times 2^1\right)$ côtés possède 6 $\left(3\times 2^1\right)$ angles au centre chacun de $\frac{2\pi}{6}$ $\left(\frac{2\pi}{3\times 2^1}\right)$ radians (donc $\widehat{B_1OB_2}$ mesure $\frac{\pi}{6}$ $\left(\frac{\pi}{3\times 2^1}\right)$ radians.

Dans le triangle rectangle OB_1B_2, d'après la trigonométrie usuelle (celle du Collège), on a : $\tan\left(\frac{\pi}{3\times 2^1}\right) = \frac{B_1B_2}{1}$ soit $B_1B_2 = \tan\left(\frac{\pi}{3\times 2^1}\right)$. Ce calcul nous donne la moitié d'un côté, comme il y 3×2^1 côtés, cela nous donne un périmètre de $2\times 3\times 2^1 \times \tan\left(\frac{\pi}{3\times 2^1}\right)$.

Par un raisonnement strictement analogue, un polygone régulier exinscrit à 3×2^n côtés possède un périmètre égal à $2\times 3\times 2^n \times 2\tan\left(\frac{\pi}{3\times 2^n}\right)$.

Comme le cercle a pour périmètre 2π et que le polygone est exinscrit (il est plus grand), on obtient $2\pi < 2\times 3\times 2^n \times \tan\left(\frac{\pi}{3\times 2^n}\right)$ soit : $\pi < 3\times 2^n \times \tan\left(\frac{\pi}{3\times 2^n}\right)$.

3e partie : une double approximation de π par les suites et le tableur

a) On a $p_n = 3\times 2^n \times \sin\left(\frac{\pi}{3\times 2^n}\right)$ donc $p_{n+1} = 3\times 2^{n+1} \times \sin\left(\frac{\pi}{3\times 2^{n+1}}\right)$

On a $q_n = 3\times 2^n \times \tan\left(\frac{\pi}{3\times 2^n}\right)$ donc $q_{n+1} = 3\times 2^{n+1} \times \tan\left(\frac{\pi}{3\times 2^{n+1}}\right)$

- Démonstration de l'égalité : $p_{n+1} = \sqrt{p_n q_{n+1}}$ (on vous prévient, c'est dur)

$$\sqrt{p_n q_{n+1}} = \sqrt{3\times 2^n \times \sin\left(\frac{\pi}{3\times 2^n}\right)\times 3\times 2^{n+1}\times \tan\left(\frac{\pi}{3\times 2^{n+1}}\right)} \quad \left(\text{or } \tan(x) = \frac{\sin(x)}{\cos(x)}\right)$$

$$\sqrt{p_n q_{n+1}} = \sqrt{3^2\times 2^{2n+1}\times \sin\left(\frac{\pi}{3\times 2^n}\right)\times \frac{\sin\left(\frac{\pi}{3\times 2^{n+1}}\right)}{\cos\left(\frac{\pi}{3\times 2^{n+1}}\right)}} \quad (\text{or } \sin(2x) = 2\sin(x)\cos(x))$$

$$\sqrt{p_n q_{n+1}} = \sqrt{3^2\times 2^{2n+1}\times 2\sin\left(\frac{\pi}{3\times 2^{n+1}}\right)\times \cos\left(\frac{\pi}{3\times 2^{n+1}}\right)\times \frac{\sin\left(\frac{\pi}{3\times 2^{n+1}}\right)}{\cos\left(\frac{\pi}{3\times 2^{n+1}}\right)}}$$

$$\sqrt{p_n q_{n+1}} = \sqrt{3^2\times 2^{2n+2}\times \sin^2\left(\frac{\pi}{3\times 2^{n+1}}\right)} = \sqrt{\left(3\times 2^{n+1}\times \sin\left(\frac{\pi}{3\times 2^{n+1}}\right)\right)^2}$$

$\sqrt{p_n q_{n+1}} = 3\times 2^{n+1}\times \sin\left(\frac{\pi}{3\times 2^{n+1}}\right) = p_{n+1}$. Conclusion : $p_{n+1} = \sqrt{p_n q_{n+1}}$.

- Démonstration de l'égalité : $q_{n+1} = \frac{2p_n q_n}{p_n + q_n}$ (celle là aussi est dur !)

$$\frac{2p_n q_n}{p_n + q_n} = \frac{2\times 3\times 2^n\times \sin\left(\frac{\pi}{3\times 2^n}\right)\times 3\times 2^n\times \tan\left(\frac{\pi}{3\times 2^n}\right)}{3\times 2^n\times \sin\left(\frac{\pi}{3\times 2^n}\right) + 3\times 2^n\times \tan\left(\frac{\pi}{3\times 2^n}\right)}$$

$$= \frac{2^{2n+1}\times 3^2\times \sin\left(\frac{\pi}{3\times 2^n}\right)\times \tan\left(\frac{\pi}{3\times 2^n}\right)}{3\times 2^n\times \sin\left(\frac{\pi}{3\times 2^n}\right) + 3\times 2^n\times \tan\left(\frac{\pi}{3\times 2^n}\right)} = \frac{2^{2n+1}\times 3^2\times \sin\left(\frac{\pi}{3\times 2^n}\right)\times \tan\left(\frac{\pi}{3\times 2^n}\right)}{3\times 2^n\times \left(\sin\left(\frac{\pi}{3\times 2^n}\right) + \tan\left(\frac{\pi}{3\times 2^n}\right)\right)}$$

$$=\frac{2^{n+1}\times 3\times \sin\left(\frac{\pi}{3\times 2^n}\right)\times \tan\left(\frac{\pi}{3\times 2^n}\right)}{\left(\sin\left(\frac{\pi}{3\times 2^n}\right)+\tan\left(\frac{\pi}{3\times 2^n}\right)\right)}=\frac{\sin\left(\frac{\pi}{3\times 2^n}\right)\times 2^{n+1}\times 3\times \tan\left(\frac{\pi}{3\times 2^n}\right)}{\left(\sin\left(\frac{\pi}{3\times 2^n}\right)+\frac{\sin\left(\frac{\pi}{3\times 2^n}\right)}{\cos\left(\frac{\pi}{3\times 2^n}\right)}\right)}$$

$$=\frac{\sin\left(\frac{\pi}{3\times 2^n}\right)\times 2^{n+1}\times 3\times \tan\left(\frac{\pi}{3\times 2^n}\right)}{\sin\left(\frac{\pi}{3\times 2^n}\right)\left(1+\frac{1}{\cos\left(\frac{\pi}{3\times 2^n}\right)}\right)}=\frac{2^{n+1}\times 3\times \tan\left(\frac{\pi}{3\times 2^n}\right)}{\left(1+\frac{1}{\cos\left(\frac{\pi}{3\times 2^n}\right)}\right)}=\frac{2^{n+1}\times 3\times \tan\left(\frac{\pi}{3\times 2^n}\right)}{\left(\frac{\cos\left(\frac{\pi}{3\times 2^n}\right)+1}{\cos\left(\frac{\pi}{3\times 2^n}\right)}\right)}$$

$$=2^{n+1}\times 3\times \tan\left(\frac{\pi}{3\times 2^n}\right)\times\left(\frac{\cos\left(\frac{\pi}{3\times 2^n}\right)}{\cos\left(\frac{\pi}{3\times 2^n}\right)+1}\right)=2^{n+1}\times 3\times \tan\left(\frac{\pi}{3\times 2^n}\right)\times\left(\frac{\cos\left(\frac{\pi}{3\times 2^n}\right)}{2\cos^2\left(\frac{\pi}{3\times 2^{n+1}}\right)}\right)$$

(car $\cos^2(x)=\frac{\cos(2x)+1}{2}$, donc $\cos(2x)+1=2\cos^2(x)$).

$$=2^{n}\times 3\times \tan\left(\frac{\pi}{3\times 2^n}\right)\times\left(\frac{\cos\left(\frac{\pi}{3\times 2^n}\right)}{\cos^2\left(\frac{\pi}{3\times 2^{n+1}}\right)}\right)=2^{n}\times 3\times\frac{\sin\left(\frac{\pi}{3\times 2^n}\right)}{\cos\left(\frac{\pi}{3\times 2^n}\right)}\times\left(\frac{\cos\left(\frac{\pi}{3\times 2^n}\right)}{\cos^2\left(\frac{\pi}{3\times 2^{n+1}}\right)}\right)$$

$$=2^{n}\times 3\times\frac{\sin\left(\frac{\pi}{3\times 2^n}\right)}{\cos^2\left(\frac{\pi}{3\times 2^{n+1}}\right)}=2^{n}\times 3\times\frac{2\sin\left(\frac{\pi}{3\times 2^{n+1}}\right)\cos\left(\frac{\pi}{3\times 2^{n+1}}\right)}{\cos^2\left(\frac{\pi}{3\times 2^{n+1}}\right)}=2^{n+1}\times 3\times\frac{\sin\left(\frac{\pi}{3\times 2^{n+1}}\right)}{\cos\left(\frac{\pi}{3\times 2^{n+1}}\right)}$$

(car $\sin(2x)=2\sin(x)\cos(x)$)

$=2^{n+1}\times 3\times \tan\left(\frac{\pi}{3\times 2^{n+1}}\right)=q_{n+1}$. D'où : $q_{n+1}=\frac{2p_nq_n}{p_n+q_n}$. Ouf !

c) On a : $p_n=3\times 2^n\times \sin\left(\frac{\pi}{3\times 2^n}\right)$ donc $p_1=6\sin\left(\frac{\pi}{6}\right)=3$.

On a : $q_n=3\times 2^n\times \tan\left(\frac{\pi}{3\times 2^n}\right)$ donc :

$$q_1=6\times\tan\left(\frac{\pi}{6}\right)=6\times\frac{\sin\left(\frac{\pi}{6}\right)}{\cos\left(\frac{\pi}{6}\right)}=6\times\frac{\frac{1}{2}}{\frac{\sqrt{3}}{2}}=\frac{6}{\sqrt{3}}=2\sqrt{3}$$

Comme $p_{n+1} = \sqrt{p_n q_{n+1}}$ et $q_{n+1} = \dfrac{2p_n q_n}{p_n + q_n}$, on va pouvoir utiliser le tableur :

	A	B	C	D	E	F	G
1	n	0	1	2	3	4	5
2	pn	3	3,10582854	3,13262861	3,1393502	3,14103195	3,14145247
3	qn	3,46410162	3,21539031	3,15965994	3,14608622	3,1427146	3,14187305

Dans B1, on écrit 0. Dans C1, on écrit 1. On sélectionne la plage B1 :C1, sa poignée de copie qu'on étend jusqu'à G1 par exemple.
Dans B2, on écrit 3. Dans B3, on écrit =2*racine(3). Dans C3, on écrit =(2*B2*B3)/(B2+B3) et dans C2, on écrit =RACINE(B2*C3).
On sélectionne la plage C2 :C3, sa poignée de copie qu'on étend jusqu'à G2 :G3 pour obtenir une très bonne approximation de π ! Merci Archimède !
Mais comment Archimède a-t-il fait ? Quand on pense que le seul matériel dont il disposait était un bâton et de la terre battue qu'il jetait sur le sol pour tracer des figures !

10 **Méthode utilisée : 11.**

a)

- $\tan(a+b) = \dfrac{\sin(a+b)}{\cos(a+b)} = \dfrac{\sin(a)\cos(b)+\sin(b)\cos(a)}{\cos(a)\cos(b)-\sin(a)\sin(b)}$

$$= \frac{\cos(a)\cos(b)\left(\dfrac{\sin(a)\cos(b)+\sin(b)\cos(a)}{\cos(a)\cos(b)}\right)}{\cos(a)\cos(b)\left(\dfrac{\cos(a)\cos(b)-\sin(a)\sin(b)}{\cos(a)\cos(b)}\right)} = \frac{\dfrac{\sin(a)\cos(b)}{\cos(a)\cos(b)}+\dfrac{\sin(b)\cos(a)}{\cos(a)\cos(b)}}{\dfrac{\cos(a)\cos(b)}{\cos(a)\cos(b)}-\dfrac{\sin(a)\sin(b)}{\cos(a)\cos(b)}}$$

$$= \frac{\dfrac{\sin(a)}{\cos(a)}+\dfrac{\sin(b)}{\cos(b)}}{1-\dfrac{\sin(a)}{\cos(a)}\times\dfrac{\sin(b)}{\cos(b)}} = \frac{\tan(a)+\tan(b)}{1-\tan(a)\tan(b)}$$

- $\tan(a-b) = \tan(a+(-b)) = \dfrac{\tan(a)+\tan(-b)}{1-\tan(a)\tan(-b)}$.

Or $\tan(-x) = \dfrac{\sin(-x)}{\cos(-x)} = \dfrac{-\sin(x)}{\cos(x)} = -\tan(x)$ d'où $\tan(a-b) = \dfrac{\tan(a)-\tan(b)}{1+\tan(a)\tan(b)}$.

b) $\tan(15°) = \tan(60° - 45°) = \dfrac{\tan(60°)-\tan(45°)}{1+\tan(60°)\tan(45°)}$.

Or $\tan(60°) = \dfrac{\sin(60°)}{\cos(60°)} = \dfrac{\sin\left(\dfrac{\pi}{3}\right)}{\cos\left(\dfrac{\pi}{3}\right)} = \dfrac{\dfrac{\sqrt{3}}{2}}{\dfrac{1}{2}} = \dfrac{\sqrt{3}}{2}\times\dfrac{2}{1} = \sqrt{3}$ et

$\tan(45°) = \dfrac{\sin(45°)}{\cos(45°)} = \dfrac{\sin\left(\dfrac{\pi}{4}\right)}{\cos\left(\dfrac{\pi}{4}\right)} = \dfrac{\dfrac{\sqrt{2}}{2}}{\dfrac{\sqrt{2}}{2}} = 1$ donc :

$$\tan(15°)=\frac{\tan(60°)-\tan(45°)}{1+\tan(60°)\tan(45°)}=\frac{\sqrt{3}-1}{1+\sqrt{3}}=\frac{\sqrt{3}-1}{1+\sqrt{3}}=\frac{(\sqrt{3}-1)(1-\sqrt{3})}{(1+\sqrt{3})(1-\sqrt{3})}=\frac{\sqrt{3}-3-1+\sqrt{3}}{1^2-(\sqrt{3})^2}$$

$$=\frac{2\sqrt{3}-4}{1-3}=\frac{2\sqrt{3}-4}{-2}=\frac{2\sqrt{3}}{-2}+\frac{-4}{-2}=-\sqrt{3}+2=2-\sqrt{3}$$

c) $\tan(2x)=\tan(x+x)=\dfrac{\tan(x)+\tan(x)}{1-\tan(x)\cdot\tan(x)}=\dfrac{2\tan(x)}{1-\tan^2(x)}$

On pose $t=\tan\left(\dfrac{x}{2}\right)$. Donc : $\dfrac{2t}{1-t^2}=\dfrac{2\tan\left(\dfrac{x}{2}\right)}{1-\tan^2\left(\dfrac{x}{2}\right)}=\tan\left(2\cdot\dfrac{x}{2}\right)=\tan(x)$.

$\dfrac{1-t^2}{1+t^2}=\dfrac{1-\tan^2\left(\dfrac{x}{2}\right)}{1+\tan^2\left(\dfrac{x}{2}\right)}$. Or $1+\tan^2\left(\dfrac{x}{2}\right)=1+\dfrac{\sin^2\left(\dfrac{x}{2}\right)}{\cos^2\left(\dfrac{x}{2}\right)}=\dfrac{\cos^2\left(\dfrac{x}{2}\right)}{\cos^2\left(\dfrac{x}{2}\right)}+\dfrac{\sin^2\left(\dfrac{x}{2}\right)}{\cos^2\left(\dfrac{x}{2}\right)}$

Donc : $1+\tan^2\left(\dfrac{x}{2}\right)=\dfrac{\cos^2\left(\dfrac{x}{2}\right)+\sin^2\left(\dfrac{x}{2}\right)}{\cos^2\left(\dfrac{x}{2}\right)}=\dfrac{1}{\cos^2\left(\dfrac{x}{2}\right)}$

$$1+\tan^2\left(\frac{x}{2}\right)=1+\frac{\sin^2\left(\frac{x}{2}\right)}{\cos^2\left(\frac{x}{2}\right)}=\frac{\cos^2\left(\frac{x}{2}\right)}{\cos^2\left(\frac{x}{2}\right)}+\frac{\sin^2\left(\frac{x}{2}\right)}{\cos^2\left(\frac{x}{2}\right)}=\frac{\cos^2\left(\frac{x}{2}\right)+\sin^2\left(\frac{x}{2}\right)}{\cos^2\left(\frac{x}{2}\right)}=\frac{1}{\cos^2\left(\frac{x}{2}\right)}$$

d'où :

$$\frac{1-t^2}{1+t^2}=\frac{1-\tan^2\left(\frac{x}{2}\right)}{1+\tan^2\left(\frac{x}{2}\right)}=\frac{1-\tan^2\left(\frac{x}{2}\right)}{\frac{1}{\cos^2\left(\frac{x}{2}\right)}}=\left(1-\tan^2\left(\frac{x}{2}\right)\right)\cdot\cos^2\left(\frac{x}{2}\right)=\left(1-\frac{\sin^2\left(\frac{x}{2}\right)}{\cos^2\left(\frac{x}{2}\right)}\right)\cdot\cos^2\left(\frac{x}{2}\right)$$

d'où : $\dfrac{1-t^2}{1+t^2}=\cos^2\left(\dfrac{x}{2}\right)-\sin^2\left(\dfrac{x}{2}\right)=\cos\left(2\cdot\dfrac{x}{2}\right)=\cos(x)$. Dur, dur !

Comme $\tan(x)=\dfrac{\sin(x)}{\cos(x)}$ on a : $\sin(x)=\cos(x)\cdot\tan(x)$ d'où :

$\sin(x)=\dfrac{1-t^2}{1+t^2}\cdot\dfrac{2t}{1-t^2}=\dfrac{2t}{1+t^2}$ ce qu'on voulait (ouf !).

REMARQUE : a) Le changement de variable $t=\tan\left(\dfrac{x}{2}\right)$ *qui donne :*

$\tan(x)=\dfrac{2t}{1-t^2}$; $\cos(x)=\dfrac{1-t^2}{1+t^2}$; $\sin(x)=\dfrac{2t}{1+t^2}$ *est très connu des élèves de Prépa (vous avez vu, on fait déjà comme les grands). Il leur est très utile lorsqu'ils veulent calculer des intégrales (c'est du calcul d'aire). Le hic c'est quand ils n'arrivent plus à retrouver ces formules qu'un bon élève de Première S (c'est-à-dire vous !) arriverait à retrouver parce que c'est plus frais dans sa tête. C'est le genre de choses qui énerve beaucoup les examinateurs en colle de Maths...*

b) Vous savez tous que $\cos^2(x)+\sin^2(x)=1$ *(sinon un petit tour au chapitre 14 sur les angles s'impose). Et bien avec ces formules, ça marche : on a*

$$\cos^2(x)+\sin^2(x)=\left(\frac{1-t^2}{1+t^2}\right)^2+\left(\frac{2t}{1+t^2}\right)^2=\frac{\left(1-t^2\right)^2+(2t)^2}{\left(1+t^2\right)^2}=\frac{1-2t^2+t^4+4t^2}{1+2t^2+t^4}$$

$=\dfrac{1+2t^2+t^4}{1+2t^2+t^4}=1$ *Ouah, c'est trop génial !!!!!*

11 **Méthode utilisée : 11.**

1°) a)

$\cos(a+b)+\cos(a-b)=\cos(a)\cos(b)-\sin(a)\sin(b)+\cos(a)\cos(b)+\sin(a)\sin(b)$

donc : $\cos(a+b)+\cos(a-b)=2\cos(a)\cos(b)$

donc : $\frac{1}{2}(\cos(a+b)+\cos(a-b))=\cos(a)\cos(b)$ ce qu'on voulait. Yeah

b)

$\cos(a-b)-\cos(a+b)=\cos(a)\cos(b)+\sin(a)\sin(b)-(\cos(a)\cos(b)-\sin(a)\sin(b))$

$=\cos(a)\cos(b)+\sin(a)\sin(b)-\cos(a)\cos(b)+\sin(a)\sin(b)=2\sin(a)\sin(b)$

Donc : $\frac{1}{2}(\cos(a-b)-\cos(a+b))=\sin(a)\sin(b)$ ce qu'on voulait. Oh yeah !

c)

$\sin(a+b)+\sin(a-b)=\sin(a)\cos(b)+\sin(b)\cos(a)+\sin(a)\cos(b)-\sin(b)\cos(a)$

$=2\sin(a)\cos(b)$

donc : $\frac{1}{2}(\sin(a+b)+\sin(a-b))=\sin(a)\cos(b)$ ce qu'on voulait. All right !

d)

$\sin(a+b)-\sin(a-b)=\sin(a)\cos(b)+\sin(b)\cos(a)-(\sin(a)\cos(b)-\sin(b)\cos(a))$

$=\sin(a)\cos(b)+\sin(b)\cos(a)-\sin(a)\cos(b)+\sin(b)\cos(a)=2\sin(b)\cos(a)$

donc : $\frac{1}{2}(\sin(a+b)-\sin(a-b))=\cos(a)\sin(b)$. Yes !

2°) On a : $\frac{1}{2}(\cos(a+b)+\cos(a-b))=\cos(a)\cos(b)$.

On nous dit de poser $p=a+b$ et $q=a-b$, comme ça on aura pour la gauche $\frac{1}{2}(\cos(a+b)+\cos(a-b))=\frac{1}{2}(\cos(p)+\cos(q))$ mais comment exprimer le terme de droite $\cos(a)\cos(b)$? L'idée est la suivante, il faut exprimer a puis b en fonction de p et q. C'est un système (très simple) : si on a $p=a+b$ et $q=a-b$ alors $p+q=2a$ (et donc $\frac{p+q}{2}=a$) mais on a aussi $p-q=2b$ (et donc $\frac{p-q}{2}=b$).

On a donc : $\cos(a)\cos(b)=\cos\left(\frac{p+q}{2}\right)\cos\left(\frac{p-q}{2}\right)$.

Conclusion : l'égalité $\frac{1}{2}\left(\cos(a+b)+\cos(a-b)\right)=\cos(a)\cos(b)$ devient : $\frac{1}{2}\left(\cos(p)+\cos(q)\right)=\cos\left(\frac{p+q}{2}\right)\cos\left(\frac{p-q}{2}\right)$ soit :

$\cos(p)+\cos(q)=2\cos\left(\frac{p+q}{2}\right)\cos\left(\frac{p-q}{2}\right)$ ce qu'on voulait ! Ouf !

b) De même avec $p=a+b$ et $q=a-b$ et $\frac{p+q}{2}=a$ et $\frac{p-q}{2}=b$, l'égalité $\frac{1}{2}\left(\cos(a-b)-\cos(a+b)\right)=\sin(a)\sin(b)$

devient : $\frac{1}{2}\left(\cos(q)-\cos(p)\right)=\sin\left(\frac{p+q}{2}\right)\sin\left(\frac{p-q}{2}\right)$ soit :

$\cos(p)-\cos(q)=-2\sin\left(\frac{p+q}{2}\right)\sin\left(\frac{p-q}{2}\right)$.

c) Toujours avec $p=a+b$ et $q=a-b$ et $\frac{p+q}{2}=a$ et $\frac{p-q}{2}=b$, l'égalité $\frac{1}{2}\left(\sin(a+b)+\sin(a-b)\right)=\sin(a)\cos(b)$ devient :

$\frac{1}{2}\left(\sin(p)+\sin(q)\right)=\sin\left(\frac{p+q}{2}\right)\cos\left(\frac{p-q}{2}\right)$ soit :

$\sin(p)+\sin(q)=2\sin\left(\frac{p+q}{2}\right)\cos\left(\frac{p-q}{2}\right)$.

d) Enfin avec $p=a+b$ et $q=a-b$ et $\frac{p+q}{2}=a$ et $\frac{p-q}{2}=b$, l'égalité $\frac{1}{2}\left(\sin(a+b)-\sin(a-b)\right)=\cos(a)\sin(b)$ devient :

$\frac{1}{2}\left(\sin(p)-\sin(q)\right)=\sin\left(\frac{p-q}{2}\right)\cos\left(\frac{p+q}{2}\right)$ soit :

$\sin(p)-\sin(q)=2\sin\left(\frac{p-q}{2}\right)\cos\left(\frac{p+q}{2}\right)$.

3°) a) $\tan(p)+\tan(q)=\frac{\sin(p)}{\cos(p)}+\frac{\sin(q)}{\cos(q)}=\frac{\sin(p)\cos(q)}{\cos(p)\cos(q)}+\frac{\sin(q)\cos(p)}{\cos(q)\cos(p)}$

$=\frac{\sin(p)\cos(q)+\sin(q)\cos(p)}{\cos(p)\cos(q)}=\frac{\sin(p+q)}{\cos(p)\cos(q)}$

b) $\tan(p)-\tan(q)=\frac{\sin(p)}{\cos(p)}-\frac{\sin(q)}{\cos(q)}=\frac{\sin(p)\cos(q)}{\cos(p)\cos(q)}-\frac{\sin(q)\cos(p)}{\cos(q)\cos(p)}$

$\frac{\sin(p)\cos(q)-\sin(q)\cos(p)}{\cos(p)\cos(q)}=\frac{\sin(p-q)}{\cos(p)\cos(q)}$ C'est vraiment horrible, ces calculs. En même temps, après on se sent meilleure en Maths : on se dit même que tout paraît facile !

12 **Méthode utilisée : 11.**

PARTIE 1 : a)

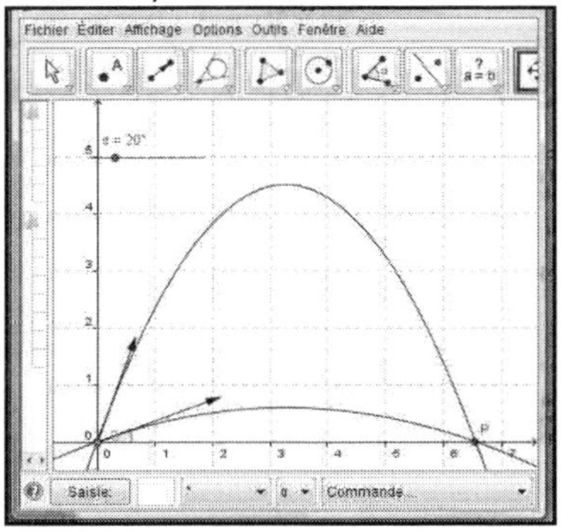

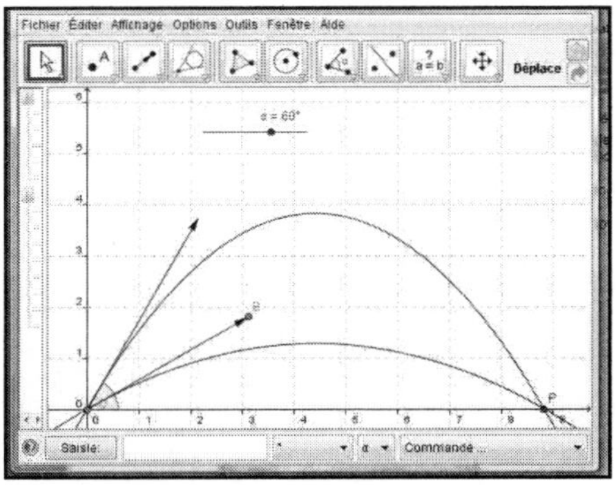

b) La portée maximale vaut environ 10,2, elle est atteinte pour $\alpha = 45°$.

c) Pour $\alpha = 20°$ comme pour $\alpha = 70°$, on trouve une portée identique de 6,56.
Pour $\alpha = 30°$ comme pour $\alpha = 60°$, on trouve une portée identique de 8,84.
On conjecture que deux angles complémentaires (angles dont la somme vaut 90°) donnent la même portée.

PARTIE 2

1°) $$\frac{-g}{2v^2\cos^2(\alpha)}x^2+\tan(\alpha)x=0 \Leftrightarrow x\left(\frac{-g}{2v^2\cos^2(\alpha)}x+\tan(\alpha)\right)=0$$

$$\Leftrightarrow \begin{cases} x=0 \\ \dfrac{-g}{2v^2\cos^2(\alpha)}x+\tan(\alpha)=0 \end{cases} \Leftrightarrow \begin{cases} x=0 \\ x=\dfrac{-\tan(\alpha)}{\dfrac{-g}{2v^2\cos^2(\alpha)}}=\dfrac{2v^2\cos^2(\alpha)\tan(\alpha)}{g} \end{cases}$$

$$\Leftrightarrow \begin{cases} x=0 \\ x=\dfrac{2v^2\cos^2(\alpha)\dfrac{\sin(\alpha)}{\cos(\alpha)}}{g}=\dfrac{2v^2\cos(\alpha)\sin(\alpha)}{g}=\dfrac{v^2\sin(2\alpha)}{g} \end{cases}$$

a) Avec Xcas, on trouve :

```
limite(sin(2h)/(2h),h,0)
1
```

et :

```
limite((cos(2h)-1)/(2h),h,0)
0
```

2°) Soit p la fonction définie sur l'intervalle $\left]0;\frac{\pi}{2}\right[$ par $p:\alpha \to p(\alpha)=\dfrac{v^2\sin(2\alpha)}{g}$

b) $$\frac{p(\alpha+h)-p(\alpha)}{h}=\frac{\dfrac{v^2\sin(2\alpha+2h)}{g}-\dfrac{v^2\sin(2\alpha)}{g}}{h}=\frac{v^2}{g}\frac{(\sin(2\alpha+2h)-\sin(2\alpha))}{h}$$

$$\frac{v^2}{g}\left(\frac{\sin(2\alpha+2h)-\sin(2\alpha)}{h}\right)=\frac{v^2}{g}\left(\frac{\sin(2\alpha)\cos(2h)+\sin(2h)\cos(2\alpha)-\sin(2\alpha)}{h}\right)$$

$$=\frac{v^2}{g}\left(\sin(2\alpha)\left(\frac{\cos(2h)-1}{h}\right)+\frac{\sin(2h)}{h}\cos(2\alpha)\right)=\frac{2v^2}{g}\left(\sin(2\alpha)\left(\frac{\cos(2h)-1}{2h}\right)+\frac{\sin(2h)}{2h}\cos(2\alpha)\right)$$

Or $\lim\limits_{h\to 0}\frac{\sin(2h)}{2h}=1$ et $\lim\limits_{h\to 0}\frac{\cos(2h)-1}{2h}=0$, on a donc :

$\lim\limits_{h\to 0}\frac{p(\alpha+h)-p(\alpha)}{h}=\frac{2v^2}{g}\cos(2\alpha)$ et donc $p'(\alpha)=\frac{2v^2\cos(2\alpha)}{g}$.

3°) Précisons tout de suite que g est positif ($g=9{,}81\left(m\cdot s^{-2}\right)$) ainsi que v^2 (bah oui c'est un carré !), le signe de $p'(\alpha)$ dépend donc de $\cos(2\alpha)$.

- lorsque $\alpha=\frac{\pi}{4}$, on a $2\alpha=\frac{\pi}{2}$ et donc $\cos(2\alpha)=0$ et donc $p'(\alpha)=0$
- lorsque $0<\alpha<\frac{\pi}{4}$, on a $0<2\alpha<\frac{\pi}{2}$ donc $\cos(2\alpha)>0$ et donc $p'(\alpha)>0$
- lorsque $\frac{\pi}{4}<\alpha<\frac{\pi}{2}$, on a $\frac{\pi}{2}<\alpha<\pi$ donc $\cos(2\alpha)<0$ et donc $p'(\alpha)<0$

4°) On obtient le tableau de variations :

α	0		$\frac{\pi}{4}$		$\frac{\pi}{2}$	$+\infty$
$p'(\alpha)$		$+$	0	$-$	0	
p	0	↗	$\frac{v^2}{g}$	↘	0	

Car $p(0)=\frac{v^2\sin(0)}{g}=0$, $p\left(\frac{\pi}{4}\right)=\frac{v^2\sin\left(\frac{\pi}{2}\right)}{g}=\frac{v^2}{g}$, $p\left(\frac{\pi}{2}\right)=\frac{v^2\sin(\pi)}{g}=0$

5°) La portée maximale (égale à $\frac{v^2}{g}$) est donc obtenue pour $\alpha=\frac{\pi}{4}$, ce que tout bon artilleur sait : pour avoir la portée la plus longue il faut tirer à 45°. Ok ?

REMARQUE : Il faut savoir que tous ces résultats ont été obtenues au XVIe siècle à partir de vrais expériences réalisées par Niccolo Tartaglia (mathématicien Italien 1499-1557). Il trouve l'angle optimal de 45° (que tous les profs de sport enseignent à leurs élèves, pour leur montrer comment envoyer le ballon le plus loin possible), et qu'un tir en cloche (supérieur à 45°) et un tir tendu (inférieur à 45°) aboutissent au même endroit pourvu que ces angles soient complémentaires (comme 60° et 30°, ou 40° et 50°, il faut que la somme soit égale à 90°, c'est ça être complémentaire !) ce qui est logique vu que $p\left(\frac{\pi}{2}-\alpha\right)=\frac{v^2\sin\left(2\left(\frac{\pi}{2}-\alpha\right)\right)}{g}=\frac{v^2\sin(\pi-2\alpha)}{g}=\frac{v^2\sin(2\alpha)}{g}=p(\alpha)$. *Un seul mot, merci Tartaglia !*

13 **Méthode utilisée : 1, 2, 3, 4.**

Partie 1 : On s'aperçoit que quelque soit la position de M, le rayon réfléchi passe par le foyer F de coordonnées de coordonnées $F\begin{pmatrix}0\\0,5\end{pmatrix}$, cela est donc bien conforme au théorème.

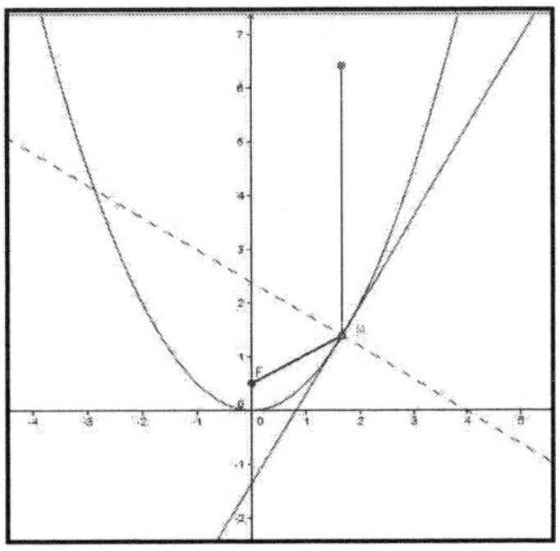

Partie 2 :

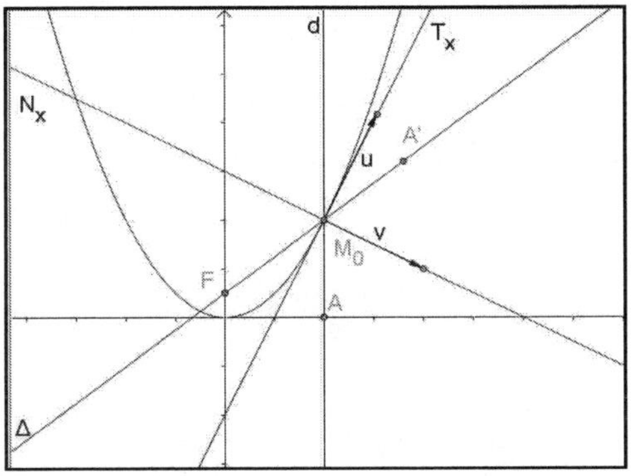

a) Posons $f : x \to f(x) = 0,5x^2$. On a $f'(x) = 0,5 \cdot 2x = x$. Avec la formule $T_{x_0} : y = f'(x_0)(x - x_0) + f(x_0)$, on obtient $T_{x_0} : y = x_0(x - x_0) + 0,5x_0^2$ soit $T_{x_0} : y = x_0 x - x_0^2 + 0,5x_0^2$ soit : $T_{x_0} : y = x_0 x - 0,5x_0^2$. T_{x_0} qui admet pour vecteur directeur $\vec{u}\begin{pmatrix}1\\m\end{pmatrix} = \vec{u}\begin{pmatrix}1\\x_0\end{pmatrix}$.

b) N_{x_0} passe par M_0 et est orthogonale à T_{x_0}. Soit $M\begin{pmatrix}x\\y\end{pmatrix} \in N_{x_0}$, alors $\overrightarrow{M_0M}\begin{pmatrix}x - x_0\\y - 0,5x_0^2\end{pmatrix}$ est orthogonal à $\vec{u}\begin{pmatrix}1\\x_0\end{pmatrix}$ (car c'est le vecteur directeur de T_{x_0}), ce qui donne $\overrightarrow{M_0M} \cdot \vec{u} = 0$ soit $(x - x_0) \cdot 1 + \left(y - 0,5x_0^2\right) \cdot x_0 = 0$ (formule analytique $xx' + yy' = 0$) soit : $x - x_0 + yx_0 - 0,5x_0^3 = 0$ soit $x + yx_0 - x_0 - 0,5x_0^3 = 0$ d'où $N_{x_0} : x + yx_0 - x_0 - 0,5x_0^3 = 0$. N_{x_0} qui admet donc $\vec{v}\begin{pmatrix}-b\\a\end{pmatrix} = \vec{v}\begin{pmatrix}-x_0\\1\end{pmatrix}$ comme vecteur directeur.

c) Soit $H\begin{pmatrix} x_H \\ y_H \end{pmatrix}$ le projeté orthogonal de $A\begin{pmatrix} x_0 \\ 0 \end{pmatrix}$ sur la droite N_{x_0}. Alors $\overrightarrow{AH}\begin{pmatrix} x_H - x_0 \\ y_H \end{pmatrix}$ et $\vec{v}\begin{pmatrix} -x_0 \\ 1 \end{pmatrix}$ sont orthogonaux, on a donc $\overrightarrow{AH}\cdot\vec{v}=0$ soit $(x_H - x_0)\cdot(-x_0)+y_H\cdot 1=0$ soit : $-x_0x_H + x_0^2 + y_H = 0$.

D'autre part, $H\begin{pmatrix} x_H \\ y_H \end{pmatrix} \in N_{x_0} : x + yx_0 - x_0 - 0{,}5x_0^3 = 0$ on a donc $x_H + y_Hx_0 - x_0 - 0{,}5x_0^3 = 0$.

Maintenant on va résoudre le système $\begin{cases} -x_0x_H + x_0^2 + y_H = 0 \\ x_H + y_Hx_0 - x_0 - 0{,}5x_0^3 = 0 \end{cases}$.

La 1e équation nous donne $y_H = x_0x_H - x_0^2$ qu'on réinjecte dans la 2e équation $x_H + y_Hx_0 - x_0 - 0{,}5x_0^3 = 0$ qui donne : $x_H + \left(x_0x_H - x_0^2\right)x_0 - x_0 - 0{,}5x_0^3 = 0$ soit : $x_H + x_0^2x_H - x_0^3 - x_0 - 0{,}5x_0^3 = 0$ soit $x_H\left(1+x_0^2\right) - x_0^3 - x_0 - 0{,}5x_0^3 = 0$ soit :

$x_H\left(1+x_0^2\right) = 1{,}5x_0^3 + x_0$ soit : $x_H = \dfrac{1{,}5x_0^3 + x_0}{1+x_0^2}$. Enfin avec la relation $y_H = x_0x_H - x_0^2$,

on obtient : $y_H = x_0\left(\dfrac{1{,}5x_0^3 + x_0}{1+x_0^2}\right) - x_0^2 = \dfrac{1{,}5x_0^4 + x_0^2 - x_0^2\left(1+x_0^2\right)}{1+x_0^2} = \dfrac{0{,}5x_0^4}{1+x_0^2}$. Ouf !

Conclusion : on obtient bien : $H\begin{pmatrix} \dfrac{1{,}5x_0^3 + x_0}{1+x_0^2} \\ \dfrac{0{,}5x_0^4}{1+x_0^2} \end{pmatrix}$.

d) A' doit vérifier $\begin{cases} x_{A'} = 2x_H - x_A \\ y_{A'} = 2y_H - y_A \end{cases}$, ce qui donne $\begin{cases} x_{A'} = 2\dfrac{1{,}5x_0^3 + x_0}{1+x_0^2} - x_0 \\ y_{A'} = 2\dfrac{0{,}5x_0^4}{1+x_0^2} - 0 \end{cases}$ soit

$\begin{cases} x_{A'} = \dfrac{3x_0^3 + 2x_0 - x_0\left(1+x_0^2\right)}{1+x_0^2} = \dfrac{2x_0^3 + x_0}{1+x_0^2} \\ y_{A'} = \dfrac{x_0^4}{1+x_0^2} \end{cases}$. On a donc bien : $A'\begin{pmatrix} \dfrac{2x_0^3 + x_0}{1+x_0^2} \\ \dfrac{x_0^4}{1+x_0^2} \end{pmatrix}$.

e) $A' \in (\Delta)$ (puisque $A \in (d)$ et que A' est le symétrique de A). On a aussi $M_0 \in (\Delta)$ (puisque M_0 est son propre symétrique puisque $M_0 \in \left(N_{x_0}\right)$, axe de symétrie). On a donc $(\Delta) = (A'M_0)$, tout revient donc à déterminer l'équation de la droite $(A'M_0)$. Soit $M\begin{pmatrix} x \\ y \end{pmatrix} \in (A'M_0)$, alors $\overrightarrow{M_0M}\begin{pmatrix} x - x_0 \\ y - 0,5x_0^2 \end{pmatrix}$ et

$$\overrightarrow{M_0A'}\begin{pmatrix} \dfrac{2x_0^3 + x_0}{1+x_0^2} - x_0 \\ \dfrac{x_0^4}{1+x_0^2} - 0,5x_0^2 \end{pmatrix} = \overrightarrow{M_0A'}\begin{pmatrix} \dfrac{2x_0^3 + x_0 - x_0\left(1+x_0^2\right)}{1+x_0^2} \\ \dfrac{x_0^4 - 0,5x_0^2\left(1+x_0^2\right)}{1+x_0^2} \end{pmatrix} = \overrightarrow{M_0A'}\begin{pmatrix} \dfrac{x_0^3}{1+x_0^2} \\ \dfrac{0,5x_0^4 - 0,5x_0^2}{1+x_0^2} \end{pmatrix}$$ sont

colinéaires. On a donc (d'après la formule de colinéarité $xy' - x'y = 0$) :

$$(x - x_0)\cdot\left(\frac{0,5x_0^4 - 0,5x_0^2}{1+x_0^2}\right) - \frac{x_0^3}{1+x_0^2}\cdot\left(y - 0,5x_0^2\right) = 0$$

Soit : $x\left(\dfrac{0,5x_0^4 - 0,5x_0^2}{1+x_0^2}\right) - x_0\left(\dfrac{0,5x_0^4 - 0,5x_0^2}{1+x_0^2}\right) - \dfrac{x_0^3}{1+x_0^2}\cdot y + \dfrac{0,5x_0^5}{1+x_0^2} = 0$

Soit : $x\cdot\left(\dfrac{0,5x_0^2\left(x_0^2 - 1\right)}{1+x_0^2}\right) - y\cdot\dfrac{x_0^3}{1+x_0^2} + \left(\dfrac{-0,5x_0^5 + 0,5x_0^3 + 0,5x_0^5}{1+x_0^2}\right) = 0$

$$(\Delta) : x\cdot\frac{0,5x_0^2\left(x_0^2 - 1\right)}{1+x_0^2} - y\frac{x_0^3}{1+x_0^2} + \frac{0,5x_0^3}{1+x_0^2} = 0$$

f) L'intersection avec la droite $(0y) : x = 0$ revient à résoudre le système : $\begin{cases} x\cdot\dfrac{0,5x_0^2\left(x_0^2 - 1\right)}{1+x_0^2} - y\dfrac{x_0^3}{1+x_0^2} + \dfrac{0,5x_0^3}{1+x_0^2} = 0 \\ x = 0 \end{cases}$ ce qui nous donne : $-y\dfrac{x_0^3}{1+x_0^2} + \dfrac{0,5x_0^3}{1+x_0^2} = 0$

soit : $y\dfrac{x_0^3}{1+x_0^2} = \dfrac{0,5x_0^3}{1+x_0^2}$ soit : $y = \dfrac{\dfrac{0,5x_0^3}{1+x_0^2}}{\dfrac{x_0^3}{1+x_0^2}} = \dfrac{0,5x_0^3}{1+x_0^2}\cdot\dfrac{1+x_0^2}{x_0^3} = 0,5$. Ouf : Le point

d'intersection est donc le point $F\begin{pmatrix} 0 \\ \dfrac{1}{2} \end{pmatrix}$, c'est notre foyer tant cherché !

g) Après tant d'efforts, on constate que tout rayon vertical se réfléchit contre la parabole pour venir rejoindre le foyer. Archimède avait toutes les raisons d'être fier de ses miroirs ardents.

REMARQUE : on peut estimer que si vous savez refaire cet exo si difficile, vous êtes sur le chemin pour devenir bon en Maths. Il n'y a pas de secret, de temps en temps il faut savoir se confronter à ce genre de calculs algébriques épouvantables, afin de vraiment progresser (surtout si vous voulez continuer plus tard dans les Maths).

14 **Méthode utilisée : 11.**

On a vu (voir rubriques Astuces du chapitre 14) que pour tout entier n, $\cos(n\pi) = (-1)^n$ et $\sin(n\pi) = 0$. Ainsi pour tout réel x, et tout entier n :

$$\cos(x + n\pi) = \cos(x)\cos(n\pi) - \sin(x)\sin(n\pi) = \cos(x) \cdot (-1)^n - \sin(x) \cdot 0 = (-1)^n \cos(x)$$

$$\sin(x + n\pi) = \sin(x)\cos(n\pi) + \cos(x)\sin(n\pi) = \sin(x) \cdot (-1)^n + \cos(x) \cdot 0 = (-1)^n \sin(x).$$

15 **Méthodes utilisées : 11.**

a) Comme $\begin{cases} T_{n+1}(x) = 2xT_n(x) - T_{n-1}(x) \\ T_1(x) = x \\ T_0(x) = 1 \end{cases}$,

On a : $T_2(x) = 2xT_1(x) - T_0(x)$ (en remplaçant n par 1) soit :

$T_2(x) = 2x \cdot x - 1 = 2x^2 - 1$. Ainsi $T_2(\cos(\theta)) = 2(\cos(\theta))^2 - 1 = 2\cos^2(\theta) - 1$.

Comme $\cos(2\theta) = 2\cos^2(\theta) - 1$, on a bien : $\cos(2\theta) = T_2(\cos(\theta))$

b) On a : $T_3(x) = 2xT_2(x) - T_1(x) = 2x \cdot (2x^2 - 1) - x = 4x^3 - 2x - x = 4x^3 - 3x$ et donc $T_3(\cos(\theta)) = 4\cos^3(\theta) - 3\cos(\theta)$.

Par ailleurs : $\cos(3\theta) = \cos(\theta + 2\theta) = \cos(\theta)\cos(2\theta) - \sin(\theta)\sin(2\theta)$

$= \cos(\theta)(2\cos^2(\theta) - 1) - \sin(\theta)2\sin(\theta)\cos(\theta) = 2\cos^3(\theta) - \cos(\theta) - 2\sin^2(\theta)\cos(\theta)$

$= 2\cos^3(\theta) - \cos(\theta) - 2(1 - \cos^2(\theta))\cos(\theta) = 2\cos^3(\theta) - \cos(\theta) - 2(\cos(\theta) - \cos^3(\theta))$

$= 2\cos^3(\theta) - \cos(\theta) - 2\cos(\theta) + 2\cos^3(\theta) = 4\cos^3(\theta) - 3\cos(\theta)$

On a donc bien : $\cos(3\theta) = T_3(\cos(\theta))$.

REMARQUE : on peut continuer ainsi et montrer que $T_4(x) = 8x^4 - 8x^2 + 1$ *et que* $\cos(4\theta) = T_4(\cos(\theta))$ *(c'est-à-dire que* $\cos(4\theta) = 8\cos^4(\theta) - 8\cos^2(\theta) + 1$*) et ainsi de suite. Ainsi, les polynômes de Tchebychev (qui ont de nombreuses propriétés) permettent d'exprimer* $\cos(n\theta)$ *en fonction de* $\cos(\theta)$.

Achevé d'imprimer en juillet 2011 par Normandie Roto Impression s.a.s., 61250 Lonrai
N° d'impression : 112510 - Dépôt légal : juillet 2011 - Imprimé en France